RÉSEAUX

Orléans, Midi, État

Guides Joanne

La collection des Guides Joanne, d'une réputation universelle, constitue une bibliothèque indispensable au Voyageur et au Touriste.

Rédigés d'après un plan particulièrement pratique, ils renferment les renseignements les plus complets sur les moyens de transport, les hôtels, la manière de visiter les villes, etc. Leur compétence est reconnue pour tout ce qui touche l'art, l'archéologie, l'histoire et la géographie.

Les deux cartes ci-contre donnent l'état actuel de la collection.

Autres Guides de la Collection

Outre les Guides qui figurent sur ces deux cartes ci-contre, la collection comprend encore :

1° *Rome*, monographie illustrée. . . . . . . **2** fr. **50**
2° *De Paris à Constantinople*. . . . . **15** fr.
3° *Athènes et ses environs*. . . . . **6** fr.
4° *Egypte*. . . . . **20** fr.

Géographies départementales de la France et de l'Algérie.

La collection comprend 88 vo[l.] in-16, cart.

Chaque département est vend[u] séparément. . . . . . **1** fr.
Le Départ. de la Seine. **1** fr. **5[0]**
L'Algérie. . . . . **1** fr. **5[0]**

Nouvelle carte de France au 100.000e

Dressée par le service vicinal p[ar] ordre du ministère de l'Int[é]rieur, complète en 587 feuille[s].

Chaque feuille se vend isol[é]ment. . . . . **0** fr. **8[0]**
Pliée et cartonnée. . **1** fr. **0[0]**

872-07. — Coulommiers. Imp. Paul BRODARD. — 6-07.

COLLECTION DES GUIDES-JOANNE

GUIDE DU VOYAGEUR EN FRANCE

RÉSEAUX

Orléans, Midi, État

PAR

P. JOANNE

4 CARTES ET 38 PLANS

PARIS
LIBRAIRIE HACHETTE ET Cie
79, BOULEVARD SAINT-GERMAIN, 79

1907

Toutes les mentions et recommandations contenues dans le texte des Guides-Joanne sont entièrement gratuites.

TABLE MÉTHODIQUE

CARTES ET PLANS

CARTES

PLANS

INDEX ALPHABÉTIQUE

CONTENANT

LES

RENSEIGNEMENTS PRATIQUES

N. B. — Les renseignements pratiques, c'est-à-dire les *hôtels*, classés (autant que possible) par ordre d'importance avec indication des prix de table d'hôte et de pension, les *restaurants* et *cafés*, les *voitures*, les *tramways*, etc., en un mot tout ce qui a rapport à la vie matérielle, se trouvent réunis dans l'Index alphabétique, au nom de chaque localité à laquelle ils se rapportent. Cette disposition nous permet de corriger ces renseignements, sujets à des changements, et de réimprimer l'Index alphabétique plusieurs fois dans le cours d'une édition. Nous prions instamment MM. les touristes de nous adresser toutes les corrections et observations nous permettant de tenir à jour cette partie importante du Guide.

Ce signe*, placé dans le texte des Routes, à la suite du nom d'une localité, indique qu'il se trouve à l'Index alphabétique des renseignements pratiques à consulter.

Ce signe*, placé dans l'Index alphabétique, à la suite d'un nom d'hôtel et lorsque les hôtels ne sont pas classés en hôtels de 1er ordre, de 2e ordre, etc., indique seulement que les prix de cet hôtel sont de première classe et n'implique aucune recommandation de notre part.

A

), r. Lafayette, 24; — *Jasmin*, vis-à-vis de la gare; — *Marty*.

Cafés : — *Foy*; — *Grand-Café d'Agen*; — *de l'Europe*; — *de la Bourse*; — *de la Poste*; — *de Paris*, etc.

Poste, télégraphe et téléphone : — pl. de l'Hôtel-de-Ville.

Voitures de place : — à 2 pl., la course 75 c., l'h. 1 fr. 75, en dehors de l'octroi 2 fr.; voit. à 4 pl. la course 1 fr. 25, l'h. 2 fr. 25, en dehors de l'octroi 2 fr. 50.

AGONAC, 109.
AHUN, 191.
AIFFRES, 55 et 60.
AIGOUAL [L'], 209.
AIGREFEUILLE, 35.
AIGREFEUILLE-LE-THOU, 56. — Hôt. *Chevalier*.
AIGUES-CLUSES [Lac d'], 166.
AIGUILLETTE [Castel de l'], 207.
AIGUILLON, 119. — Hôt. : *du Tapis-Vert; du Commerce*.
AIGUILLON [Pointe de l'], 63.
AIGUILLON-SUR-MER [L'], 63. — Hôt. : *des Voyageurs; Central*. — Sur la plage de la Faute, café-restaurant *de la Plage* ou *Guérande*. — Voit. publ. pour *Luçon-Gare* (1 dép. par j. l'hiver, 2 l'été; 2 fr.). — Bac pour *la Faute* (10 c.). — Bateau à vapeur pour *la Flotte*, île de Ré, le vendredi et le dim. (1 fr. 50; all. et ret. 2 fr. 50).
AIGURANDE, 191.
AINAY-LE-VIEIL, 187.
AIRE, 167. — Hôt. : *du Commerce; de la Paix*.
AIRVAULT, 52. — Hôt. *des Voyageurs*.
AIX [Ile d'], 64. — Hôt. et rest. *de l'Océan*. — Restaurant *Chevalier*. — Appartements meublés. — Communications avec le continent : tous l. j. avec *Fouras* par le bat. à vapeur (1 fr.); 2 fois par sem. avec *Rochefort* par la canonnière de l'Etat (gratis; s'informer et demander une permission à l'Arsenal).
AIX-D'ANGILLON [Les], 184. — Hôt. *de la Boule-d'Or*.
AIXE, 100. — Hôt. : *du Pêcheur-Limousin; des Charentes; du Chalet*. — Tram électrique pour *Limoges*.

AIX-LA-MARSALOUSE, 194.
ALARIC [Canal d'], 168.
ALARIC [Montagne d'], 215.
ALBAN, 201.

ALBI, 219.

Omnibus : — pour la ville, 30 c.; le faub. de la Madeleine, 50 c.; la nuit, 50 c. et 75 c.

Hôtels : — *de la Poste* (petit déj. dep. 75 c.; déj. 2 fr. 50, à part dep. 3 fr.; dîn. 3 fr. et 3 fr. 50; ch. de 3 à 8 fr.; pens. dep. 8 fr. 50; lum. électr.; téléph.; bains), sur les Lices; — *Hostellerie du Grand Saint-Antoine* (petit déj. 50 c.; déj. 2 fr., à part 2 fr. 50; dîn. 2 fr. 50 et 3 fr.; ch. de 1 fr. 50 à 3 fr.; pens. 6 fr. par j. et fosse; mécanicien), derrière le théâtre; — *du Vigan* (petit déj. 60 c. à 1 fr. 50; déj. 2 fr. 50, à part 3 fr.; dîn. 3 fr. et 3 fr. 50; ch. de 2 à 5 fr.; pens. 6 fr. 50 par j., pour familles, 5 fr.), pl. du Vigan; — *de l'Europe*, bd Montebello; — *du Nord* (petit déj. 50 c. et 75 c.; déj. 2 fr., à part 2 fr. 50; dîn. 2 fr. 50 et 3 fr.; ch. de 1 fr. 50 à 2 fr.; pens. 6 fr. par j.; ch. hyg.), pl. Ste-Claire, 1.

Cafés : — *Pontié*; — *Grand Café Glacier*; — *de la Préfecture*.

Voitures de place : — 80 c. la course.

ALDUDES [Les], 154. — Hôt. *de la Poste*.
ALET, 214. — Omnibus de la gare à l'hôtel ou à domicile, 25 c. par pers., autant par colis. — Hôt. *des Bains*, à l'établissement de la Source-Buvette (dep. 8 fr. par j.; télégr.; hydrothérapie; cuisines à la disposition des ménages). — Maisons ou chambres à louer dans le bourg.
ALLANZ [Brèche d'], 166.
ALLASSAC, 125.
ALLENC, 206.
ALOUETTE [Tunnel de l'], 101.
ALPES VENDÉENNES, 42.

ALTABISCAR [Pic d'], 154.
ALVIGNAC, 133. — Hôt. *Carbois et du Château.*
ALZAU [Prise d'eau d'], 219.
ALZON, 202.
ALZONNE, 212.
AMBAZAC, 106.
AMBIALET, 201.
AMBOISE, 14. — Omn., 30 c. par voyageur et par colis. — Hôt. : *du Lion-d'Or*; *du Cheval-Blanc*; *Saint-Vincent.* — Café *Bellevue.*

AMÉLIE-LES-BAINS, 226.

Omnibus-tram : — à la gare, 15 c. par place, 25 c. par colis.

Hôtels thermaux : — *des Thermes Pujade; des Thermes Romains* : 7 fr. 50 et 6 fr. 50 par j.; bains, douches, pulvérisations, inhalations; écl. électr.; parc; chalets; tennis (garage).

Hôtels : — *Pellinié* ou *de l'Union* (ch. hyg.; pet. déj. 50 c.; déj. ou dîn. 2 fr. 25; ch. à 1 lit 1 fr. 50, à 2 lits 2 fr. 25; pens. pour 8 ou 15 j., 4 fr. 50 par j.; pens. au mois pour la saison d'hiver, 120 fr.); — *Martinet* (petit déj. 50 c.; déj. et dîn. 2 fr. 50; serv. à part, 50 c. de suppl.; 6 fr. par j.; 5 fr. 50 par j. en pension), r. Hermabeissière; — *Bocassin*; — *Pellissié*; — *Bartre*, r. Nationale.

Restaurant : — *Combes*, r. Nationale.

Agence de locations : — *Coret*, r. des Thermes.

Syndicat d'Initiative : — à la mairie.

Poste et télégraphe : — r. des Thermes, près de l'église.

AMÉLIE-SUR-MER [L'], 72. — Café-rest. *de l'Océan*, près de la chapelle.
ANCENIS, 29. — Omn. 30 c. — Hôt. *des Voyageurs*, r. de la Gare.
ANCHÉ-VOULON, 82.
ANDABRE, 202.
ANDERNOS, 71. — Deux hôtels. — Chalets meublés.
ANDILLY-SAINT-OUEN, 52.

ANGERS, 24.

Omnibus : — des hôt. à la gare Saint-Laud.

Hôtels : — *du Cheval-Blanc** (téléph.; ascens. (garage)), r. Saint-Aubin, 12; — *Grand-Hôtel** (ascens.; téléph. (garage)), pl. du Ralliement; — *d'Anjou** (petit déj. 1 fr. 25; déj. 3 fr.; dîn. 4 fr.; ch. de 3 à 6 fr. à 1 lit; 6 à 10 fr. à 2 lits; pens. dep. 9 fr. 50 par j.; éclair. électr.; téléph. (garage)), bd de Saumur, 1; — *Saint-Julien* (déj. ou dîn. 2 fr. 50; pens. 6 fr. 50 par j.), pl. du Ralliement; — *de France* (petit déj., 75 c.; déj., 2 fr. 50; dîn., 3 fr.; serv. à part, 50 c. de suppl., ch. de 2 à 3 fr., pens. 7 fr. 50 par j.), r. Denis-Papin, 20, en face de la gare Saint-Laud; — *du Faisan* (petit déj., 1 fr.; déj. 2 fr. 50; dîn. 3 fr.; ch. de 2 fr. 50 à 5 fr. (garage)), rue Freslon, 3; — *des Voyageurs* (petit déj., 75 c.; déj. ou dîn., 2 fr. 50, à part, 50 c. de suppl.; ch. de 6 fr. 50 à 7 fr. 50), pl. de la Gare, 1.

Cafés : — *Gasnault*, *du Ralliement*, *du Grand-Hôtel*, *de France*, tous pl. du Ralliement; — *du Boulevard*, bd de Saumur.

Café-concert : — *de l'Alcazar*, r. Saint-Laud, 36.

Poste, télégraphe et téléphone : — pl. du Ralliement. Les bureaux de la poste sont ouverts de 7 h. matin (8 h. en hiver) à 9 h. soir; le télégraphe, de 7 h. (8 h. en hiver) à minuit; le téléphone, de 8 h. mat. à 3 h. matin.

Voitures de place : — l'heure dans les limites de la commune, voit. à 1 chev. 1 fr. 50, la nuit (10 h. soir à 6 h. matin) 2 fr., à 2 chev. 2 fr. et 3 fr.; la course dans les limites de l'octroi, voit. à 1 chev. 75 c., la nuit 1 fr. 50, à 2 chev. 1 fr. 50 et 2 fr. 50; la course dans l'étendue de la com., voit. à chev. 1 fr. 25, la nuit 1 fr. 75, à 2 chev. 1 fr. 75 et 2 fr. 75.

Trams électriques : — Trams urbains, 10 c. et 15 c. — *Ligne d'Erigné* : de la pl. du Ralliement à la mairie des *Ponts-de-Cé*, 25 c.; à Erigné, 25 c. — *Ligne de la Pyramide-Trélazé* : de la pl. du Ralliement à la Pyramide, 20 c.; Trélazé, 25 c.

Bateaux à vapeur : — Service de

promenade « Les Hirondelles » entre Angers, *Ecouflant*; *Bouchemaine* et *la Pointe*, les dim. et j. fériés, en été; — pour *Château-Gontier*, t. l. j. à 6 h. 1/2 matin; 1re cl. 3 fr., 2e cl. 2 fr.

ANGLES, 63.
ANGLES-SUR-L'ANGLIN, 81.

ANGOULÊME, 83.

Omnibus : — 40 c., 25 c. par colis.

Hôtels : — *des Postes* (petit déj. 50 c. à 75 c.; déj. 2 fr. 50, à part 3 fr. 50; dîn. 3 fr. et 4 fr.; ch. de 2 fr. 50 à 3 fr. 50; pens. de 7 fr. 50 à 12 fr. par j.; ch. hyg.; bains), r. de l'Arsenal, 44; — *de France* (petit déj. 1 fr.; déj. ou dîn. 3 fr.; à part 4 fr.; ch. de 2 fr. 50 à 5 fr. bains chauffage à la vap.), pl. des Halles-Centrales; — *Grand-Hôtel et Hôtel Moderne* (petit déj. 50 c.; déj. 2 fr. 50, à part 3 fr.; dîn. 3 fr. et 3 fr. 50; ch. de 1 fr. 50 à 5 fr.; pens. 7 fr. 50 par j.), av. Gambetta, 54 et 56; — *du Palais* (petit déj. 1 fr. 50; déj. 3 fr., à part 3 fr. 50; dîn. 4 fr. et 4 fr. 50; ch. de 3 fr. à 6 fr.; pens. 9 fr. par j.; ch. hyg.; bains lum. élect.; chauffage à vap.), pl. du Mûrier, 4; — *Grand Nouvel-Hôtel et des Trois-Piliers* (petit déj. 75 c.; repas froid 1 fr.; déj. 2 fr. 50, à part 3 fr. 50; dîn. 3 fr. et 4 fr.; ch. dep. 2 fr. 50), pl. du Champ-de-Mars.

Poste, télégraphe et téléphone : — pl. du Mûrier.

Voitures de place : — la course, *intra muros*, à 1 ou 2 chev., 75 c.; dans les limites de l'octroi, 1 fr. 50; l'h., dans l'étendue de la com., à 1 chev. 2 fr., à 2 chev. 2 fr. 50. — Les prix ci-dessus seront majorés de 50 c. pour un landau ou autre voit. découverte.

Tramways : — de la pl. *Bouillaud* à *la Bussate*, *Bardine*, *les Gares*; — *l'Houmeau-Saint-Martin* (dép. t. l. 10 min.); — *Jardin-Public-Ruelle* (trajet en 40 min., dép. t. l. 20 min.).

ANGOULINS, 63. — Hôt. : *du Parc*, dans le parc; *des Voyageurs*, sur la place. — Dans les familles, pens. 5 fr. par j. — Appartements meublés.
ANIANE, 222.
ANTERROCHE [Château], 198.
ANTIGNAC, 175.
ANTONY, 228.
ANTOUY [Gouffre de l'], 130.
APREMONT, 63.
ARAGNOUET, 152.
ARAMITS, 157.
ARAN [Pays d'], 176.
ARBANATS, 117.
ARBÉOUSSE [Cabanes d'], 165.
ARBIZON [Pic d'], 151.

ARCACHON, 147.

Omnibus à la gare : — service de la gare à domicile; ville d'été, 30 c. par pers., 30 c. par colis; ville d'hiver, 50 c. par pers., 50 c. par colis. — *Omnibus sans bagages* : 4 pers. au plus, 2 fr. — *Omnibus de famille à 6 places* : avec 120 kilogr. de bagages, 3 fr., de 120 à 200 kilogr., 4 fr., au-dessus de 200 kilogr., 10 c. par 10 kilogr. d'excédent.

Hôtels et pensions. — VILLE D'ÉTÉ : — *Grand-Hôtel* * (ouvert toute l'année; en reconstruction en 1907), bd de la Plage; — *de France* (ouv. t. l'année; petit déj. 1 fr. 50; déj. 3 fr. 50, dîn. 4 fr., sans vin, serv. à petites tables; ch. de 4 à 10 fr.; pens. de 10 à 14 fr. par j.; bains, téléph.), bd de la Plage, 175-177; — *Richelieu* (déj. 3 fr. 50, dîn. 4 fr., vin compris; ch. de 4 à 10 fr.; pens. de 10 à 14 fr. par j.; bains téléph.), pl. Thiers, bd de la Plage; — *Victoria-Hôtel et restaurant* (ouv. t. l'année; omn., 50 c.; petit déj. 1 fr., 1 fr. 50, dans la ch.; déj. 3 fr. 50, dîn. 4 fr., vin compris; ch. à 1 lit 2 à 8 fr., à 2 lits 3 à 10 fr.; pens. 63 fr. par sem., 250 fr. par mois), bd de la Plage; — *Jampy* (t. l'année; petit déj. 75 c.; déj. 3 fr.; dîn. 3 fr. 50, à petites tables, vin compris; ch. de 2 fr. 50 à 6 fr.; pens. de 8 à 10 fr. par j.), bd de la Plage, 268; — *Lapachet* (déj. ou dîn.,

2 fr. 50; pens. dep. 8 fr.), pl. de la Mairie.

VILLE D'HIVER : — *des Pins et Continental en Forêt* (ouv. t. l'année; pet. déj. 1 fr. 50; déj. 4 fr., dîn. 5 fr., vin compris, servis au rest. et à petites tables; ch. à 1 lit 3 à 10 fr., 2 lits 4 à 15 fr.; appartements avec salons dep. 20 fr.; téléph., ascens.), allée Carmen; — *Grand-Hôtel Régina-Forêt et d'Angleterre* * (ouv. t. l'année; petit déj. 1 fr. 50; déj. 4 fr., dîn. 4 fr. 50, vin compris, servis à petites tables; ch. à 1 lit de 3 à 8 fr., à 2 lits de 5 à 10 fr.; pens. de 50 à 90 fr. par sem.; bains électr.; lawn-tennis; parc), allée Corrigan; — *Moderne* * (petit déj. 1 fr. 50; déj. 4 fr., dîn. 5 fr., à petites tables; ch. à 1 lit de 3 à 6 fr.; à 2 lits de 8 à 12 fr. bains, ascens, téléph.), allée Lakmé; — **Maisons de famille** : *Villa Bon-Repos* (ouv. t. l'année; pens. avec ch. à 1 lit 12 à 15 fr.; avec ch. à 2 lits 22 à 25 fr.; à 2 lits sur la terrasse-jardin, 30 fr. par j.), route du Moulleau, près Notre-Dame; — *Villa Riquet* (parc: pens. dep. 7 fr.), en forêt; — *Villa Peyronnet* (petit déj. 75 c.; déj. 2 fr. 50, à part 3 fr.; dîn. 3 fr. et 3 fr. 50 avec vin; ch. de 8 à 15 fr.; bains), Promenade des Anglais et allée Brémontier; — *Villa Souvenir* (pens. dep. 8 fr.), en forêt; — *Villa Deïdamie* (pens. avec ch. dep. 7 fr. 50 par j.), av. Victoria, en forêt; — *Villa Notre-Dame-de-Bonne-Espérance* (pens. pour dames seules); — *Villa Carlo* (pens. dep. 7 fr.); — *Villa Thérésa*, pl. des Palmiers.

MOULLEAU : — *Grand-Hôtel* * (déj. 3 fr. 50, dîn. 4 fr., vin compris), sur la plage.

Restaurants : — *du High-Life*, dépendant de l'hôt. Victoria; — *aux Ancres-d'Or* (déj. 2 fr. 50, dîn. 3 fr.), pl. de la Mairie; — *de l'Etoile-d'Or* (déj. 2 fr. 50, dîn. 3 fr.), en face du château; — *des Acacias* (déj. 2 fr., dîn. 2 fr. 50), av. Lamartine; — *des Bains* (déj. ou dîn. 2 fr.), bd de la Plage; — *Duport*, *Hazera* (déj. ou dîn. 2 fr.), cours Lamarque; — *Vigne* (déj. ou dîn. 2 fr.), cours Tartas; — *Boudet* (déj. ou dîn. 2 fr.), cours Lamarque; — *Boigné*, à Moulleau.

Cafés-concerts : — *Athénée*, av. Gambetta et bd de la Plage; — *Eldorado Music-Hall et Grand-Café*, bd de la Plage, 252.

Agences de locations : — *Ducos aîné*, bd de la Plage, 284, et Villa Ducos, près du Casino; — *Arcachon-Office*, bd de la Plage, 250, et av. Gambetta, 1; — *Garcias*, bd de la Plage, 101; — *Agence Centrale*, av. Gambetta, 37; — à Moulleau, av. du Grand-Hôtel, etc. — Les agences fournissent le linge et l'argenterie pour les chalets.

Syndicat d'Initiative : — bd de la Plage, 193 (renseignements gratuits; brochures; salle de lecture et de correspondance).

Casino de la Plage (le concessionnaire a en même temps la charge du **Casino de la Forêt**; ouv. t. l'année). — Saison d'été du 1er juillet au 1er oct. — Abonnements (casino et théâtre) : 8 j. 1 pers. 15 fr., 2 pers. 25 fr., chaque pers. en plus 25 fr.; 15 j., 25 fr., 50 fr., 20 fr.; un mois, 50 fr., 90 fr., 30 fr.; saison, 100 fr., 160 fr., 50 fr.

Postes, télégraphes et téléphones : — pl. Tartas; h. d'ouverture : hiver, de 8 h. matin à 9 h. soir; été de 7 h. à 9 h. — Bureaux auxiliaires : Saint-Ferdinand, bd de la Plage, 52; allée de la Chapelle.

Bains chauds : — au *Grand-Hôtel* (en reconstruction); — *Grands Bains*, bd de la Plage, 233; eau douce, 1 fr. 25; eau salée, 1 fr.; — *bains d'Eyrac* (téléph.), bd de la Plage, 101; eau douce, 1 fr.; eau salée, 80 c.; bains médicinaux et de vapeur; bains à domicile.

Bains froids : — au *Grand-Hôtel* (en reconstruction); — *Grands Bains*; cabine et costume, 75 c.; — *bains d'Eyrac*, 50 c.; — dans tous les *hôtels* qui bordent la plage, 60 c. et 50 c.; — rue Grenier, rue du Casino, rue Marpon, rue François-Legallais, etc.

Hydrothérapie : — *Grand-Hôtel* (en reconstruction); douches chaudes, 2 fr.; froides, 1 fr. 50; massage; — *Grands Bains*; — *bains d'Eyrac*; mêmes prix qu'au Grand-Hôtel; — *hôtel Régina-Forêt*; douches d'eau douce.

Voitures de place : — à 1 chev., de 5 h. mat. à 8 h. s., la course 1 fr. 50, l'h. 2 fr. 50; la nuit, la course 2 fr.,

l'h. 3 fr.; — à 2 chev. : de 5 h. mat. à 8 h. s., la course 2 fr., l'h. 3 fr.; la nuit, la course 3 fr., l'h. 4 fr. — Course ou h. augmentées de 50 c. les dim. et fêtes. — La 1re h. est payée en entier; les suiv. par 1/4 d'h. — Les courses pour Moulleau se paient le même prix qu'une h. (soit de jour, soit de nuit), plus 1 fr. pour le retour à vide.

Bateaux à voiles : — 2 fr. l'h. jusqu'à 4 pers.

Bateaux à vapeur (embarcadère près du Musée-Aquarium; dép. affichés place Thiers) : — SUR LE BASSIN STEAMER COURRIER DU CAP (toute l'année) : *d'Arcachon au Phare* (1er juin au 12 oct. et pendant les vacances de Pâques) : 8 h. et 10 h. mat., midi (*dim. et fêtes seulement*), 2 h. et 6 h. 20 s. (5 h. 30 du 1er au 30 juin et du 15 sept. au 12 oct.); dép. du Phare à 6 h. 30 et 8 h. 30 mat., midi 30, 2 h. 40 et 5 h. 30 (5 h. du 1er au 30 juin et du 15 sept. au 12 oct.); all. et ret. 1 fr. 25, y compris la taxe de 15 c. pour le débarcadère de Bélisaire ou du Phare (café-restaur. *Bélisaire*, avec ch. meublées), un tram conduit l'été (50 c. all. et ret.) à l'Océan (café-rest. *Roux* ou *de l'Océan* : déj. 2 fr. 50 vin compris); *d'Arcachon à Piquey* (desservant les petits ports de la côte O. du Bassin) : à 10 h. mat. et 3 h. 30 s.; dép. de Piquey à 11 h. 30 mat. et 4 h. 15 ou 4 h. 20 s.; au dép. de 3 h. 30 d'Arcachon, grande *promenade autour de l'île aux Oiseaux* : 2 fr. all. et ret. — STEAMER VILLE DE ROCHEFORT : *d'Arcachon au cap d'Arcachon* (*Sémaphore*), l'été seulement (juin à fin sept.; dép. d'Arcachon à 9 h. et 11 h. mat., 1 h. et 3 h. s.; du cap à 9 h. 45, 11 h. 45, 1 h. 45, 4 h. et 5 h. s. (5 h. 15 au lieu de 6 h. à partir du 1er sept.); all. et ret. 1 fr. 25 y compris la taxe 15 c. pour le débarcadère de la ville; du débarcadère du cap d'Arcachon (restaurant *Lavergne*, avec ch. meublées, serv. à la carte), un tram conduit l'été (50 c. all. et ret.) à l'Océan (buvette-restaur.). *Excursion à l'Océan* le jeudi; dép. à 1 h., ret. à 6 h. 30 (4 h. 45 à partir du 1er sept.) : 3 fr. 15 all. et ret.

ARCACHON [Bassin d'], 148.

ARCAMBAL, 130.

ARÇAY, 46.

ARCHIAC, 68.

ARCUEIL, 227.

ARDENNES [Source des], 208.

ARDENTES, 104.

ARDIDEN [Pic d'], 165.

ARÈS, 71. — Hôt. *Sourgeac*. — Chalets meublés.

ARGELÈS [Vallée d'], 161.

ARGELÈS-GAZOST, 161. — Omn. 50 c. — Hôt. : *de France* (pet. déj. 1 fr. 50; déj. 3 fr., dîn. 4 fr., serv. à part, 50 c. de suppl.; ch. de 2 fr. 50 à 5 fr.; pens. de 9 à 12 fr. par j.; lum. électr.; bains local. d'autom. et voit. téleph.); *du Parc et d'Angleterre* (pens. dep. 8 fr. par j.; téléph. électr.); *Beau-séjour* (pens. dep. 6 fr.); pension de famille *Larrouy*. — Etablissements thermaux.

ARGELÈS-SUR-MER, 226. — Hôt. : *Noguès*; *Bonnat*; *Calt*. — Tram de la gare à la mer.

ARGENSON [Château d'], 76.

ARGENT, 183.

ARGENTAT, 194.

ARGENTON (Indre), 104. — Hôt. : *de la Promenade* (petit déj. 75 c.; déj. 2 fr. 50, à part 3 fr.; dîn. 3 fr. et 3 fr. 50; ch. de 2 à 3 fr.; pens. 6 fr. par j.; téléph.), av. Rollinat; *du Cheval-Noir* (petit déj. 75 c.; déj. 2 fr. 50, à part 3 fr.; dîn. 3 fr. et 3 fr. 50; ch. dep. 2 fr.; pens. 6 fr. 50 par j.; ch. hyg.; bains), r. Auclert-Descottes, 27; *de Poitiers* (petit déj. 75 c.; déj. 2 fr. 50, à part 3 fr.; dîn. 3 fr. et 3 fr. 50; ch. dep. 2 fr.; pens. dep. 6 fr. par j.), r. Gambetta, 56.

ARGENTON-CHATEAU, 41.

ARGY, 184.

ARJUZANX, 167.

ARLES-SUR-TECH, 226. — Hôt. : *Touron*; *Pujade*.

ARMAND [Aven], 209.

ARNÉGUY, 154.

ARPAJON, 16.

ARREAU, 151. — Hôt. : *d'Angleterre* (petit déj. 1 fr.; déj. 3 fr.; dîn. 4 fr.; servis à part, 50 c. de suppl.; ch. de 2 à 4 fr.; pens. pour une sem. 8 fr. par j.; un mois, 7 fr.), r. Principale; *Grand-Hôtel* (Vve

Sajous; petit déj. 1 fr.; déj. 2 fr. 50; dîn. 3 fr.; ch. à 1 lit 1 fr. 50; à 2 lits 3 fr.); *du Midi* (petit déj. 50 c.; repas 75 c.; déj. 2 fr. 50; dîn. 3 fr.; ch. de 1 fr. 50 à 2 fr.; pens. 7 à 8 fr. par j. ☸), pl. du Pont.

ARRIEL [Pic d'], 160.
ARROU, 39.
ARROUDET [Cascade d'], 165.
ARSAMENDI [L'], 154.
ARS-EN-RÉ, 59. — Hôt. *du Lion-d'Or*.
ARTENAY, 3.
ARTHON [Château d'], 82.
ARTIÈS [Bains d'], 176.
ARTIGUELOUTAN, 156.
ARTIGUELOUVE, 156.
ARTIGUES, 170. — Hôt. : *des Cascades de Gripp*; *des Pyrénées*. — Mulets (8 à 10 fr.) pour le Pic du Midi.
ARTOUSTE [Lac d'], 158.
ARUDY, 157. — Hôt. : *de la Poste*; *du Centre*.
ARVERT [Péninsule d'], 70.
ARVILLE-LE-GAULT, 48.
ASCAIN, 145. — Hôt. *du Pont-d'Ascain*.
ASPE [Vallée d'], 157.
ASPET, 152.
ASPIN [Col d'], 170.
ASSAT, 150.
ASSIER, 133.
ASTAFFORT, 171.
ASTAZOU [Brèche d'], 166.
ASTÉ, 170.
ATHIS-MONS, 1.
AUBAZINE, 194.
AUBETERRE, 85.
AUBIGNÉ, 49.
AUBIGNY-VILLE, 183.
AUBIN, 204. — Hôt. *des Voyageurs*.
AUBRAC, 200. — Hôt. (4 à 5 fr. par j.) : *Gros Adrien*; *Orlhac François*; *Fournier*; *Auguy*; *Bréchet*.
AUBRAIS [Les], 3.
AUBUSSON, 191. — Omnibus des hôtels à la gare. — Hôt. : *de France*, r. Franche, 6; *de la Paix*.

AUCH, 171.

Omnibus : — à la gare : 40 c. par place et par colis.

Hôtels : — *de France*, r. Laboulaye; — *de la Paix*, derrière le palais de justice; — *du Midi*, cours d'Alsace-Lorraine; — *Georges*, pl. Villaret-Joyeuse; — *d'Espagne*, côte des Neiges; — *de la Poste*.

Cafés : — *Delon*, pl. de la République; — *Daroles*, pl. de l'Hôtel-de-Ville.

Poste, télégraphe et téléphone : — r. Saint-Antoine.

Voitures de place : — à 2 chev., la course 1 fr. 10 le j., l'h. 1 fr. 80; nuit, l'h. ou la course, 2 fr. 50; voit. à 1 chev., la course 90 c. le j., l'h. 1 fr. 50; la nuit 2 fr.

Automobiles publiques pour *Condom* et *Masseube*.

AUDENGE, 71.
AUGY-SUR-L'AUBOIS, 185.
AULE [Lac d'], 160.
AULNAY, 228.
AULNAY, 60.
AULUS, 153. — Hôt. : *Grand-Hôtel** (ouv. toute l'année; petit déj. 1 fr.; déj. et dîn. par petites tables, 4 fr.; ch. de 2 à 5 fr.; pens. de 10 à 13 fr. par j.; écl. électr. ☸), en face les Thermes; *Grands hôtels du Parc** et *du Casino** (☸); *du Midi*; *George*; *de France*; *des Bains*; *de Paris*. — Maisons meublées : *Raphaël Calvet*; *Ch. Calvet* (villa Beauséjour); *Crouzat*; *Baptiste Souquet*; *Laporte*; *Peyrevidal*, *Amiel*, etc. — Établissement thermal : ouvert du 1er juin au 30 sept. : buvettes, abonnement de 21 j., 10 fr.; bains ou douches, 1 fr. à 2 fr. 50. — Grand Casino du Parc : petits chevaux, café-glacier. — Café-concert : *du Casino-Club*. — Poste, télégraphe et téléph. : 7 h. mat. à 9 h. s.
AUMESSAS, 202.
AUMONT, 200.
AUNEAU, 16.
AURAY, 38.
AURE [Vallée d'], 151.
AURENSAN, 156.
AURILLAC, 196. — Omnibus des hôtels à la gare. — Hôt : *Saint-Pierre*, pl. Monthyon; *de Bordeaux*, av. de la République.
AUSSEING [Tour d'], 153.
AUTÉNAC, 177.
AUTERIVE, 177.

nuit : 1 fr. 50, 2 fr. 50, 3 fr. 50; voit. à 4 pl., le j. : 1 fr., 3 fr., 4 fr.; la nuit : 2 fr., 3 fr., 4 fr. — Tarif spécial de la course à l'établissement du Salut : voit. à 2 pl., 1 fr. 50; à 4 pl., 2 fr.

BAGNÈRES-DE-LUCHON, *V.* Luchon.

BAGNEUX, 15 et 228.
BAGNEUX [Dolmen de], 23.
BAGNOLS, 214.
BAGNOLS-LES-BAINS, 206. — Hôt. : *Grand-Hôtel*; *des Bains*; *Dalverny*.
BAIGTS, 150.
BALAÏTOUS [Le], 160.
BALARUC-LES-BAINS, 218. — Etablissement de bains.
BALARUC-LE-VIEUX, 218.
BALEINES [Phare des], 59.
BALISTRES (Tunnel des), 227.
BALLAN, 43.
BALSIÈGES, 205.
BANASSAC-LA-CANOURGUE, 200.
BANNAY, 184.
BANNE D'ORDENCHE [La], 188.
BANNEGON, 184.
BANYULS-SUR-MER, 227. — Hôt. : *des Bains et de la Plage*; *Roussillonnais*.
BARBASTE [Moulin de], 119.
BARBAZAN, 174. — Hôt. *des Thermes*.
BARBEZIEUX, 97. — Hôt. : *de la Boule-d'Or et du Commerce*; *de France*.
BARBOTAN, 119. — Etablissement de bains. — *Grand-Hôtel des Thermes* (du 1er avril au 25 oct.; omn. 25 c. par place et par colis; petit déj. 75 c.; déj. 2 fr. 75, à part 3 fr. 25; dîn. 3 fr.; ch. de 2 fr. à 3 fr. 50; pens. 8 fr. par j.; bains; ch. hyg. 🏨 casino et parc); *Henri IV* (ouv. t. l'année; petit déj. 50 c.; déj. 2 fr. 25; dîn. 2 fr. 50; ch. de 1 fr. à 2 fr.; pens. 5 fr. 50 par j.). — Maisons meublées. — Bureau de poste et télégraphe, pendant la saison thermale.
BARCELONNE-DU-GERS, 167.

BARÈGES, 166.

Hôtels : — Nouvel hôtel en construction en 1907 (60 ch.; confort moderne); — *de l'Europe, de France et des Pyrénées* réunis; — *Richelieu et d'Angleterre* (du 15 mai à fin oct.; pet. déj. 1 fr.; déj. 3 fr.; dîn. 3 fr. 50; serv. à part, 50 c. de suppl.; pens. S à 12 fr. par j. 🏨 🚗); — *Hôtel-restaurant Teinturier* (rep., 2 fr. 50, 5 fr. par j.; ch. à 1 et 2 lits).

Casino : — petits chevaux, restaurant, café.

BARÉTOUS [Vallée de], 157.
BARRAGE [Lac du], 188.
BARRET, 68.
BARZUN, 156.
BASSAC, 97.
BASSAN, 202.
BASSAN, 223.
BASSE-INDRE, 36.
BATIE [Château de la], 46.
BAUDIMENT [Château de], 77.
BAUGÉ, 24. — Hôt. : *du Lion-d'Or*; *de France*.
BAUMES [Cirque des], 208.
BAVILLE [Buttes de], 16.

BAYONNE, 143.

Buvette-restaurant : — à la gare.

Hôtels : — *Grand-Hôtel** (déj., dîn. 4 fr., 5 fr. 🚗 et fosse), *Saint-Etienne**, *de Paris et Bilbaïna*, r. Thiers; — *du Panier-Fleuri* (omn. 75 c.; pet. déj. 1 fr.; déj. 3 fr.; dîn. 3 fr. 50; ch. à 1 lit 2 fr. 50; à 2 lits 5 fr.), r. du Port-Neuf; — *d'Europe et Guipuzcoana* (omn. 50 c.; petit déj., 75 c.; déj. 2 fr. 50; dîn. 3 fr.; ch. de 2 fr. à 2 fr. 50; pens. 7 fr. par j.), r. Thiers, 33; — *Hôtel-restaurant Capagorry* (petit déj. 50 c.; déj. 2 fr.; dîn. 2 fr. 50, à petites tables; ch. dep. 2 fr.; pens. dep. 6 fr. par j. 🚗), r. Thiers, 14 *bis*.

Restaurants : — aux hôtels; — au *Grand-Café* (déj. 4 fr.); — *Capagorry*, r. Victor-Hugo, 26.

Cafés : — *Farnié*, r. Bernède; — *du Grand-Balcon*, pl. d'Armes; — *du Théâtre*.

Syndicat d'Initiative du Pays-Basque : — bureau de renseignements, r. de la Mairie.

Voitures de place : — 1° dans le rayon de l'octroi, la course, voit. à 1 chev., le j., 1 fr. 50; la nuit, 2 fr.; à 2 chev., le j., 2 fr., la nuit, 2 fr. 50; — l'h., voit. à 1 chev., le j., 2 fr.; la nuit, 2 fr. 50; à 2 chev., le j., 2 fr. 50; la nuit, 3 fr. — 2° en dehors des limites de l'octroi et dans la com., la course, à 1 chev., le j., 2 fr.; la nuit, 2 fr. 50; à 2 chev., le j., 2 fr. 50; la nuit, 3 fr.; — l'h., voit. à 1 chev., le j., 2 fr. 50, la nuit, 3 fr.; à 2 chev., le j., 3 fr.; la nuit, 3 fr. 50. — Promenades à *la Barre*, à *Boucau*, à *la Croix-de-Mouguerre*, all. et ret. 5 fr. (minimum); au *Cimetière des Anglais*, all. 3 fr.; indemnité de ret. 3 fr.

Omnibus : — de la gare de Biarritz-Midi (Négresse) à la ville ou *vice versa* : 1 fr. par voyageur et 75 c. par colis enregistré. — Landaus ou omnibus de famille, 6 fr. à 4 pl., 8 fr. à 6 pl.

Hôtels : — *d'Angleterre** (pet. déj. 1 fr. 50; déj. 4 fr; serv. à part, 5 fr.; dîn. 5 fr., à part 7 fr., v. c.; ch. dep. 5 fr.; pens. dep. 15 fr. par j.; bains ⚿ ⚘ jardin, ascens., électr.), r. Mazagran, 6, et sur la mer; — *Grand-Hôtel** (pet. déj. 2 fr.; déj. à table d'hôte, 4 fr., v. c.; à table séparée 5 fr. (sans vin), dîn. 5 fr., v. c., et 6 fr. (sans vin); ch. dep. 6 fr.; pens. dep. 15 fr. par j.; bains; téléph.; électr. ⚿ ⚘; lawn-tennis couvert; jardin), pl. Bellevue, aussi sur la mer; — *du Casino** (écl. électr.), pl. Bellevue; — *Victoria et de la Grande Plage** (pet. déj. 1 fr. 50; déj. 4 fr.; dîn. 5 fr.; ch. à 1 lit 4 fr., à 2 lits 6 fr.; pens. 12 à 15 fr. par j. l'hiver, de 15 à 20 fr. l'été; bains, calorifère, écl. électr., ascens., jardin, lawn-tennis), av. du Palais; — *Continental** (pet. déj. 2 fr.; déj. à table séparée 4 fr., dîn. 6 fr., vin compris; ch. à 1 lit dep. 5 fr., à 2 lits dep. 8 fr.; pens. dep. 10 fr. par j.; bains ⚿ ⚘ ascens., écl. électr., calorifère, lawn-tennis), av. de la Reine-Victoria; — *du Palais** (appartements avec salle de bains et w.-c.; rest. avec véranda sur la mer, jardin d'hiver, ascens., chauffage central à vap.; parc, lawn-tennis), av. du Palais; — *Regina** (confort moderne; ch. en façade sur la mer ou sur le Golf avec cabinet de toilette et salle de bains; jardin d'hiver; rest.), plateau du Phare; — *Biarritz-Salins et des Thermes** (petit déj. 1 fr. 50; déj. 4 fr., dîn. 5 fr., à pet. tables; ch. de 3 à 6 fr.; pens. 10 à 15 fr. par j.; ascens., chauffage central, lawn-tennis, jardins), av. de la Reine-Nathalie; — *Château des Falaises* (pet. déj. 1 fr. 25; déj. 3 fr. 50; dîn. 4 fr. 50, v. c.; serv. à part, vin en plus; ch. de 3 fr. 50 à 10 fr.; pens. dep. 8 fr. par j.; bains; électr. 50 c. par lampe), Perspective Miramar, côte des Basques; — *des Princes** (pet. déj. 1 fr. 50; déj. 4 fr., dîn. 5 fr. à petites tables; pens. dep. 10 fr. par j.; ascens., téléph., écl. électr., 50 c. par lampe), r. Gambetta, 13; — *de France** (ascens., écl. électr., calorifères, bains, téléph., jardin), pl. de la Mairie; — *Cosmopolitain* (écl. électr., ascens., chauffage à vapeur; pens. dep. 8 fr. par j., sauf en août et sept.), pl. de la Mairie; — *Carré* (pens. dep. 8 fr. par j.; bains; ascens. électr.), en face du Jardin des Thermes Salins; — *Pavillon Henri IV** (pet. déj. 2 fr.; déj. 5 fr.; dîn. 6 fr., vin non compris; ch. de 8 à 25 fr.; pens. dep. 15 fr. par j.; ascens.; lum. électr.; chauffage à vap.; téléph., etc.), sur la Grande-Plage; — *Pavillon Alphonse XIII*, quartier de Thermes; — *de l'Europe* (pet. déj. 1 fr. 25; déj. 3 fr. 50, dîn. 4 fr. 50, vin compris; ch. de 4 à 8 fr.; pens. dep. 8 fr. l'hiver, dep. 9 fr. l'été), pl. de la Mairie; — *de Paris et de Londres* (pet. déj. 1 fr.; déj. 3 fr., dîn. 4 fr., v. c., serv. à part; ch. de 3 fr. 50 à 7 fr.; pens. de 8 fr. 50 à 12 fr. 50 par j.), pl. Sainte-Eugénie; — *de Bayonne et Métropole* (pet. déj. 1 fr. 25; déj. à pet. tables, 4 fr.; dîn. *id.* 5 fr., v. c.; ch. de 3 à 8 fr.; pens. dep. 10 fr. par j.; bains; ascens.; électr.; chauffage à la vap.; parc ⚿), r. Gambetta, 12; — *Saint-Julien* (pens. dep. 7 fr. 50), av. Carnot; — *Saint-James* (pet. déj. 75 c.; déj. 2 fr. 50, à part 3 fr.; dîn. 3 fr., à part 3 fr. 50, v. c.; ch. de 2 à 4 fr.; pens. dep. 7 fr. par j.), r. Gambetta, 15; — *Belle-Vue, Bristol* (pet. déj. 1 fr.; déj. à part 3 fr., dîn. 3 fr. 50, vin c.; ch. de 3 à 6 fr.; pens. dep. 8 fr. par j., sauf août et sept.); — *de Russie* (pens. dep. 7 fr.), bd de la Grande-Plage, etc.

Restaurants : — aux hôtels; — *du Casino Bellevue** (déj. 5 fr., dîn. 6 fr. et à la carte); — *du Casino Municipal**; — *du Palais Belle-Vue**, pl. Bellevue.

Agences de locations : — *Benquet*; — *Salzedo*, pl. de la Mairie; — *Bellairs*, pl. de la Liberté; — *Delvaille*, pl. de la Mairie; — *Bliss*, pl. de la Liberté, 4.

Casinos : — *Bellevue* et *Municipal*; concerts.

Concert-Variétés : — *Terminus-Olympia*.

Bains de mer : — Grande-Plage, au Port-Vieux et à la côte des Basques.

Thermes Salins : — entre les av. de la Reine-Victoria et de la Reine-Nathalie.

Poste, télégraphe et téléphone : — r. des Halles, près du marché; bureaux ouverts de 7 h. mat. à 9 h. s. pour la poste, jusqu'à minuit pour le télégr. — Bureau télégraphique au

tarif, ci-après); — 4° *Voitures du chemin de fer, dites de famille* : à 1 chev., 6 pl., 2 fr. pour 4 voyageurs et au-dessous et pour un seul domicile, sans bagages; chaque pers. en plus, 50 c.; pour deux domiciles, quel que soit le nombre des voyageurs, 3 fr.; pour chaque domicile en plus, 1 fr. de suppl.; avec bagages : pour un domicile, jusqu'à 120 kilogr. de bagages, 3 fr.; de 120 à 200 kilogr., 4 fr.; de 200 à 250 kilogr., 5 fr. pour deux domiciles, 200 kilogr., 4 fr.; de 200 à 250 kilogr., 5 fr.; pour chaque domicile en plus, 1 fr. de suppl.; — 5° *Omnibus de famille* (14 pl.) : une course en ville et de gare en gare, avec bagages, 12 fr.; avec escale de 2 h., 20 fr.

Buffet-Hôtel Terminus : — à la gare Saint-Jean (pet. déj. pris au rest., 1 fr. 20, dans l'appartement 1 fr. 50; déj. à table d'hôte, 3 fr. 50; vin compris; dîn. 4 fr., v. c.; ch. à 1 lit dep. 6 fr., à 2 lits dep. 12 fr., serv. et écl. compris; pens. dep. 15 fr. par j.

Syndicat d'initiative de la Gironde : — siège social, r. Daurade, 3.

Hôtels : — GARE SAINT-JEAN. — Dans la gare même : — *Terminus** (*V.* ci-dessus). — En face de la gare : — *du Printemps* (ch. dep. 2 fr.; déj. 2 fr. 50; dîn. 3 fr.; électr.; téléph.); — *du Faisan* (ch. dep. 2 fr.; déj. 2 fr. 50; dîn. 3 fr.; électr.; téléph.); — *Commercial*.

VILLE. — *Grand-Hôtel, Hôtel de France et de Nantes** (ch. dep. 3 fr.; pens. dep. 10 fr. par j.; bains, ascens.; électr.; téléph.; restaur.), r. Esprit-des-Lois, 9 et 11; — *des Princes et de la Paix** (ch. de 3 à 7 fr. à 1 lit; 6 à 10 fr. à 2 lits, serv. compris; rest.; bains; ascens.; éclair. électr. 🚗), cours du Chapeau-Rouge, 40; — *Nouvel-Hôtel du Café de Bordeaux** (install. moderne; ch. de 3 à 12 fr.; rest. de 1er ordre : déj. 4 fr.; dîn. 5 fr. et à la carte; ascens.; lum. électr.; téléph.), pl. de la Comédie; — *de Bayonne** (ch. dep. 2 fr. 50), r. Martignac, 6, et cours de l'Intendance, 15; — *Métropole et Excelsior** (rest.; cuisine renommée; confort moderne 🚗 couvert avec fosse), r. de Condé, 2, et r. Esprit-des-Lois, 23; — *du Chapon-Fin**, r. Montesquieu, 3, 5 et 7; — *Gobineau** (ch. dep. 3 fr., serv. compris; café rest.; déj. 2 fr. 50; dîn. 3 fr.; électr.; chauffage à vap.; téléph.), entre la pl. de la Comédie, les allées de Tourny et le Cours du XXX-Juillet; — *des Quatre-Sœurs* (ch. dep. 2 fr. 50; rest.; élect.; ascens.; téléph.), pl. de la Comédie et cours du XXX-Juillet, 6; — *d'Angleterre et restaurant Lanta* (déj. 2 fr. 50; dîn. 3 fr.; électr.; pens. dep. 8 fr. par j.), r. Montesquieu, 6; — *de Toulouse* (pet. déj. 1 fr. 50, déj. 3 fr., dîn. 3 fr. 50, ch. 3 fr., serv. et éclair. 75 c.), r. Vital-Carles, 6 et 8, et r. du Temple, 7; — *Français* (pet. déj. 1 fr.; déj. 2 fr. et 2 fr. 50, dîn. 2 fr. 50, vin compris; ch. dep. 2 fr.; pens. dep. 6 fr.; bains; téléph.), r. du Temple, 12; — *Beeli* (hôt.-rest.; pet. déj. 60 c. à 75 c.; déj. 2 fr.; dîn. 2 fr. 50, à petites tables, vin compris; dep. 6 fr. par j.; téléph.), r. Voltaire, 10; — *de Bordeaux* (7 fr. 50 par j.), r. Margaux, 11 et 13; — *de l'Europe* (ch. dep. 2 fr.), r. Pont-de-la-Mousque, 16; — *des Américains*, r. de Condé, 4; — *de la Poste* (déj. et dîn. 1 fr. 15; 5 fr. 50 par j.), r. Porte-Dijeaux, 64.

Restaurants : — *du Chapon-Fin**, r. Montesquieu; — *de Bayonne**, r. Martignac, 6; — *Métropole**, r. Esprit-des-Lois; — *Lanta**, r. Montesquieu; — *du café de Bordeaux**, pl. de la Comédie et r. Mautrec; — *du Louvre* (musique et cinématographe), cours de l'Intendance, 21; — *du Palais*, cours de l'Intendance; — *de Paris*, allées de Tourny, 13; — *des Deux-Chefs*, r. de Buffon; — *Beeli*, r. Voltaire, 10. — **Cafés-restaurants** : — *Taverne Gruber*, allées de Tourny; — *de la Comédie*; — *du café de Bordeaux*; — *café Bibent*.

Principaux cafés : — *de Bordeaux*, en face du Grand-Théâtre; — *de la Comédie*, sous le péristyle du Grand-Théâtre; — *Cardinal, de Suède, Montesquieu*, cours du XXX-Juillet; — *du Commerce*, r. Gobineau; — *de l'Opéra*, cours du Chapeau-Rouge, 50; — *Bibent, de Madrid* (soupers), *du Sport, Anglais*, allées de Tourny; — *Régent*, pl. Gambetta, 46; — *de la Préfecture, Turc*, cours du Chapeau-Rouge; — *de la Daurade*, r. des Piliers-de-Tutelle, 1; — *Taverne Gruber*, allées de Tourny,

15 et 17; — *Brasserie du Coq-d'Or* (soupers), r. Montesquieu.

Etablissements hydrothérapiques : — *Hammam Bordelais*, r. Vital-Carles et des Trois-Conils; — *Saint-Seurin*, r. Nauville, 57; — *des Chartrons*, r. Notre-Dame, 29; — *Fondaudège*, r. Fondaudège, 152; — *du Palais-Gallien*, r. du Palais-Gallien, 136.

Bains chauds : — r. du Palais-Gallien, 136; — r. de Cursol, 14; — pl. du Grand-Marché, 4; — r. Verteuil, 5; — r. Rodrigues-Péreire, 61; — r. Denize, 11; — r. du Couvent, 27; — route de Bayonne, 8; — r. Naujac, 169.

Ecoles de natation : — quai de la Monnaie; — quai Deschamps, à la Bastide. — Bains froids et chauds.

Poste, télégraphe et téléphone : — r. du Palais-Gallien, 7, ouvert jour et nuit pour le télégraphe, et, pour la poste, de 7 h. mat. à 9 h. s. l'été, de 8 h. mat. à 9 h. s. l'hiver, jusqu'à 6 h. s. seulement le dim.

Théâtres et concerts : — *Grand-Théâtre* (d'oct. à mai; opéra, opéra-comique, ballet), pl. de la Comédie; — *Théâtre des Arts* (d'oct. à juin; drame, comédie), r. Castelnau-d'Auros et r. Saint-Sernin; — *Théâtre Français* (opérette et comédie), à l'angle des r. Condillac et Montesquieu; — *Bouffes-Bordelais* (d'août à avril; spectacle-concert, revues, variétés), r. Judaïque; — *Alhambra* (ouv. l'été; concerts, attractions; beau jardin), r. d'Alzon; — *Casino des Lilas* (concerts, attractions; ouv. l'été), bd de Caudéran; — *Alcazar* (café-concert), pl. du Pont, 15, à la Bastide.

Voitures de place : — *Voit. à 1 chev., fermées* : de 6 h. mat. à minuit, 1 fr. 50 la course, 2 fr. l'h.; de minuit à 6 h. mat., 2 fr. la course, 3 fr. l'h.; — Banlieue : — de 6 h. mat. à minuit, 2 fr. 50 l'h., de minuit à 6 h. mat., 3 fr. l'h.; — *découvertes* : de 6 h. mat. à minuit, 1 fr. 50 et 2 fr. 50; de minuit à 6 h. mat., 2 fr. et 3 fr.; — Banlieue : 2 fr. 50 et 3 fr. l'h. — *Voit. à 2 chev., fermées et découvertes* : de 6 h. mat. à minuit, 2 fr. la course, 3 fr. l'h.; de minuit à 6 h. mat., 3 fr. la course, 3 fr. l'h.; — Banlieue : de 6 h. mat. à minuit, 3 fr. l'h., de minuit à 6 h. mat., 4 fr. l'h.

Trams électriques desservant la ville (10 c., 15 c. all. et ret.) et la banlieue (10 c. à 40 c.).

Bateaux à vapeur : — **Hirondelles** (ponton en face de la Bourse) : pour *la Bastide*, t. l. 5 min., 10 c.; *Lormont*, t. l. h. en hiver, t. l. 30 min. en été, 30 c. et 25 c.; avec escales aux *Chartrons*, *Bacalan*, *Queyries*; pour *la Baranquine*, t. l. h. 50 c. et 40 c.; *Bourg-sur-Gironde* avec escales à *Montferrand*, *Lagrange*, *Gerême* et *Ambès*, t. l. j. après-midi, 1 fr. 75 et 1 fr. 25; — **Abeilles** (ponton en face des Quinconces) : pour *la Bastide*, t. l. 5 min., 10 c.; — **Gondoles** (ponton en face de la Douane) : pour *la Bastide*, t. l. 5 min., 10 c.; la gare *Etat-Bastide* et le *tram de Cadillac*, t. l. 5 min., 10 c.; *la Souys* et *les Collines*, t. l. h. et quart, 30 c. et 25 c.; *Latresne*, *Quinsac*, t. l. 2 h. à partir du 1er mars, 50 c. et 40 c.; t. l. h. dim. et fêtes; — *Pauillac*, *Royan* et escales (dép. du ponton des Quinconces; V. en tête de la R. 9, C, et Royan à l'*Index*); — *Nantes* (s'adr. r. d'Orléans, 13).

BOURBOULE [La], 188.

Omnibus des hôtels : — à la gare.

Hôtels : — *Palace Hôtel et villa Médicis** (ouv. du 25 mai au 30 sept., à l'entrée du parc Fenestre; ch. hyg.; pens. dep. 12 fr. par j.; tables de régime; électr.; téléph.; ascens. bains et douches; fosse et atelier de réparation); — *Continental* et *de la Métropole** (du 25 mai au 30 sept.; pens. 10 à 20 fr. par j.; les prix de l'hôt. Continental sont inférieurs de 2 fr. par j. à ceux de la Métropole; éclair. électr.; ascens.; téléph.); — *de Paris** (du 25 mai au 30 sept.; ch. hyg.; pens. de 12 à 20 fr.; éclair. électr.; bains; ascens.; chauffage à la vap.); — *des Iles-Britanniques** (et fosse; ascens.; téléph.; éclair. électr.); — *Splendid-Hôtel** (téléph.; ascens.); — *Grand-Hôtel** (du 25 mai au 1er oct.; pens. de 10 à 16 fr. par j.; ascens.; téléph. et fosse); — *de l'Etablissement** (); — *des Anglais**; — *de Russie et Victoria** (ascens.; éclair. électr.); — *Richelieu* (ascens. électr.); — *des Ambassadeurs* (pens. en juin et sept. dep. 9 fr. par j.); — *Cosmopolitain* (dep. 7 fr. par j.); — *des Etrangers* (du 25 mai au 1er oct.; ch. hyg.; pens. de 8 à 12 fr. par j. éclair. électr.); — *de l'Univers* (dep. 8 fr. par j.; éclair. électr.); — *Borghèse Modern Hôtel* (du 25 mai au 30 sept.; pens. de 8 à 20 fr. [réduct. en juin et sept.]; téléph.), quai Féron; — *de la Bourboule*; — *d'Alger*; — *du Louvre* (bains et douches; électr.; ascens.), bd de l'Hôtel-de-Ville; — *Bristol* (de 9 à 15 fr.); — *de Londres* (dep. 8 fr.); — *du Parc* (pens. dep. 8 fr.); — *des Sources et villa du Trocadéro* (pens. dep. 7 fr.); — *des Nations* (du 25 mai au 30 sept.; pens. de 6 à 9 fr.); — *de Venise* (du 25 mai au 30 sept.; ch. hyg.; pens. dep. 7 fr. 50).

Agence de locations : — *Petit*, pl. de la République, 7.

Syndicat d'initiative local. — Pour tous renseignements sur la Bourboule, s'adresser au secrétaire.

Cafés-restaurants : — bd de l'Hôtel-de-Ville et à la station terminus du funiculaire de Charlanne.

Cafés : — *du Casino*; — *Français*, en face de l'Etablissement.

Casino et théâtre. — Entrée de 8 h. mat. à 6 h. s., 50 c.; de 6 h. à minuit, 1 fr; journée, 1 fr.

Poste, télégraphe et téléphone : — à la mairie, en face du grand établissement; bureau ouvert de 7 h. mat. à 9 h. s.; fermé à midi les dim. et jours fériés.

Voitures de place : — course à l'int. de la ville le jour, 1 fr.; la nuit, 1 fr. 50; à la gare 2 fr. et 3 fr.; à la gare all. et ret., 3 fr. et 4 fr.; voit. à l'heure, 2 fr. 50 à 4 fr.

BOURGES, 180.

Omnibus : — du ch. de fer aux hôtels.

Hôtels : — *Central* (pet. déj. 1 fr. 25, déj. 3 fr., dîn. 3 fr. 50, ch. de 3 fr. 50 à 10 fr.; calorifère), pl. des Quatre-Piliers; — *de France*, pl. Planchat, 8 (pet. déj. dep. 1 fr., déj. 3 fr., dîner 3 fr. 50, ch. à 1 lit dep. 3 fr., à 2 lits dep. 5 fr.); — *de la Boule-d'Or*, pl. Gordaine (déj. 3 fr., dîner, 3 fr. 50, ch. à 1 lit 2 fr. 50 à 5 fr., à 2 lits 5 fr. à 8 fr.); — *Jacques-Cœur* (pet. déj. 50 c. à 75 c.; déj. 2 fr. 50; dîn. 3 fr., à part, 50 c. de suppl.; ch. de 2 à 4 fr.; pens. dep. 7 fr. 50 par j.), r. des Arènes, 33, et pl. Berry.

Restaurants : — *du Grand-Café*, r. Moyenne; — *de Paris*, r. du Commerce, 9; — *de la Reine-Blanche*, r. Saint-Sulpice, 19.

Cafés : — *Grand-Café*, r. Moyenne, 16; — *des Beaux-Arts et Cujas*, pl. Cujas; — *de France*, à côté de l'hôt. de France; — *Eden-Concert* (jardin), av. de la Gare, 21.

Poste, télégraphe et téléphone : — r. des Arènes, 28.

Trams électriques : — Gare-octroi-route de Saint-Amand; gare-Arsenal;

gare-Pyrotechnie. 10 c. par pl., 15 c. avec corresp.

Voitures de place : — le jour, la course 1 fr., l'h. 2 fr. ; en dehors de l'octroi, 25 c. par k. ; la nuit, course 2 fr., l'h. 3 fr. ; en dehors de l'octroi, 50 c. par k.

C

CADILLAC, 117. — Hôt. : *de France; du Centre; du Commerce.*
CADOUIN, 112.
CADOURS, 140.

CAHORS, 128.

Omnibus : — à la gare.
Hôtels : — *des Ambassadeurs* (déj. 2 fr. 50, à part 3 fr.; dîn. 3 fr. et 3 fr. 50; ch. de 2 à 3 fr.; pens. 7 fr. 50 par j.), bd Gambetta, 20; — *de l'Europe* (pet. déj. 50 c.; déj. et dîn. 2 fr. 50, à part, 3 fr.; ch. de 1 fr. 50 à 4 fr. ⛫ 🚗), r. du Lycée, 12; — *du Lion-d'Or* (petit déj. 50 c.; déj. 2 fr. 25, à part 2 fr. 50; dîn. 2 fr. 50 et 3 fr.; ch. de 1 fr. 50 à 2 fr. 50; pens. dep. 6 fr. par j.), bd Gambetta, 11; — *Hôtel-restaurant de la Poste*, r. du Lycée, près la Poste.
Cafés : — *Salomon* (glacier), à côté du théâtre; — *de la Comédie, Tivoli, de Bordeaux*, bd Gambetta.
Poste et télégraphe : — r. du Lycée, presque à l'angle de la r. des Tabacs.

CAHUZAC, 173.
CAILLAOUAS [Lac de], 176.
CAJARC, 130.
CALMONT-D'OLT, 205.
CALVIAT, 113.
CAMARÈS, 202.
CAMARSAC, 92.
CAMBO-LES-BAINS, 153. — Etablissement thermal. — Hôt. : *d'Angleterre; de Paris et de Londres* ou *Colbert*, à côté de l'établissement; *de France; de la Gare.*
CAMPAGNAC-SAINT-GENIEZ, 200.
CAMPAGNE-SUR-AUDE, 214. — Établissement de Bains avec hôtel.
CAMPAN, 170.
CAMPAN [Marbrière et vallée de], 170.
CANAVEILLES [Graus de], 225.
CANDÉ, 76.
CANET, 225.
CANIGOU [Le], 225. — Chalet-Hôtel *du Canigou*, au lieu dit des Cortalets.
CANOURGUE [La], 200. — Hôt. : *Borel; des Voyageurs.*
CANTAOUS-TUZAGUET, 152.
CAPBRETON, 143. — Hôt. : *Grand-Hôtel, de la Plage*, sur la plage.
CAPBRETON [Gouf de], 143.
CAPCIR [Le], 214.
CAPDENAC, 133. — Buffet-hôt. *Raynal.*
CAPENDU, 215.
CAPTIEUX, 118.
CAPUCIN [Pic et Salon du], 189.
CAPVERN [Bains de], 151. — Hôt. : *Grand-Hôtel et des Pyrénées* *; *Beau-Séjour; Richelieu*, etc. — Poste et télégraphe. — Casino-théâtre pendant la saison.
CARAMAN, 140.
CARBONNE, 153.
CARCANIÈRES [Bains de], 214. — 3 établissements thermaux (7 fr. par j.).

CARCASSONNE, 213.

Omnibus : — à la gare, pour la ville et les hôtels : 25 c. par voyageur et par colis; pour la cité 50 c. (75 c. all. et ret.).
Hôtels : — *Bernard*, r. du Marché, 27; — *Bonnet* (pet. déj. 50 c. à 1 fr.; déj. 3 fr.; dîn. 3 fr. 50; ch. de 2 à 10 fr.; ch. hyg.; bains ⛫ 🚗 et fosse; électr.; téléph.), r. de la Mairie, 41; — *Saint-Jean-Baptiste* (pet. déj. 1 fr. et 1 fr. 50; déj. à petites tables 3 fr.; dîn. *id.* 3 fr. 50 et 4 fr.; ch. de 2 à 8 fr. 🚗), bd du Jardin-des-Plantes, 3; — *Moderne et du Commerce* (pet. déj. 75 c. et 1 fr.; déj. 3 fr.; dîn. 3 fr. 50; ch. de 2 fr. 25 à 5 fr.; ch. hyg.; téléph.; chauffage par la vap.; bains ⛫ 🚗 électr.), r. du Port, 14; — *de l'Ange*, r. de l'Hôtel-Dieu, 28; — *Notre-Dame*, près de la gare; — *de la Dorade*, r. Barbès, 46; — *de Paris*, bd de la Préfecture; — *Central* (🚗), bd de la Préfecture, 16; — *de la Gare* (pet. déj. 50 c. à 75 c.; déj. à part, 2 fr. 50; dîn. à 2 fr. 50 et 3 fr.; ch. de 2 à 4 fr.), av. de la Gare.
Restaurants : — *Jules Auter*, r. Courtejaire, 22 (cuisine renommée); — *Saint-Georges*, r. de la Gare, 27;

— *Villa Roy*, jardin d'été sur la rive g. de l'Aude (déj. 3 fr., dîn. 3 fr. 50).

Cafés : — *Ade*, en face la gare ; — *du Musée*, en face du square Gambetta ; — *Grand-Café*, pl. Carnot ; — *des Colonies* ; — *Grilhot* ; — *du Jardin*, à la Cité.

Poste et télégraphe : — r. de la Préfecture, à l'angle de la r. du Quatre-Septembre.

Syndicat d'initiative de l'Aude : — r. de la Gare, 61 (renseignements gratuits).

Voitures de place : — à 1 chev., le j., 75 c. la course, 1 fr. 50 l'h.; la nuit, 1 fr. 25 et 2 fr.; voit. à 2 chev., le j., 1 fr. la course, 2 fr. l'h., la nuit, 1 fr. 60 et 3 fr.

Extérieur de la ville : — voit. à 1 chev., l'h. 1 fr. 50 le j., 2 fr. 75 la nuit; voit. à 2 chev., 2 fr. et 3 fr.; 50 c. en plus quand on monte à la Cité (avec une voit. à 2 chev.).

CAUTERETS, 162.

Omnibus : — des hôt. à la gare, 50 c. par place et par colis.

Hôtels : — *d'Angleterre** (ouv. t. l'année; pet. déj. 1 fr. 50 au rest., 2 fr. dans l'appart.; déj. 4 fr., servi à part, 5 fr.; dîn. 5 fr. et 6 fr.; ch. de 3 fr. à 20 fr.; pens. dep. 12 fr. par j.; éclair. électr.; ascens.; téléph.), bd Latapie-Flurin et Esplanade; — *Continental** (pet. déj. 1 fr. 50; déj. à table d'hôte, 3 fr. 50; par petites tables ou au rest., 4 fr. 50; dîn. à table d'hôte, 4 fr. 50 et 5 fr. 50; ch. de 2 à 20 fr.; pens. dep. 10 fr. par j.; éclair. électr.; ascens.), bd Latapie-Flurin; — *de France** (pet. déj. 1 fr. 50; déj. 3 fr. 50; dîn. 4 fr. 50; ch. à 1 lit de 3 fr. à 10 fr.; à 2 lits dep. 5 fr.), r. Saint-Louis; — *Régina**, Esplanade; — *du Parc**, pl. Saint-Martin; — *de l'Univers* (ouv. du 1er mai au 1er nov.; pet. déj. 1 fr., 1 fr. 50 dans la ch.; déj. 3 fr., 3 fr. 50 et 4 fr., dîn. 3 fr. 50, 4 fr. et 5 fr.; ch. dep. 2 fr. 50; pens. dep. 8 fr.; 150 ch., rest.; confort moderne), pl. Saint-Martin; — *de Paris et Hôtel Moderne* (ouv. du 1er mai au 15 oct.; pet. déj. 1 fr.; déj. 3 fr.; dîn. 4 fr.; au rest. 3 fr. 50 et 4 fr. 50; ch. à 1 lit 3 fr. à 5 fr., à 2 lits 6 fr. à 8 fr.; pens. dep. 9 fr. par j.), pl. Saint-Martin; — *de la Paix* (1er mai au 31 oct.; pet. déj. 75 c.; déj. 3 fr.; dîn. 3 fr. 50; ch. de 2 à 4 fr.; pens. dep. 8 fr. par j.; omn. 40 c.), pl. Saint-Martin et de la Mairie; — *du Boulevard* (1er juin au 1er oct.; omn. 50 c.; pet. déj. 1 fr.; déj. 3 fr.; dîn. 3 fr. 50; serv. à part, 50 c. de suppl.; ch. de 2 à 8 fr.; pens. de 8 à 12 fr. par j.; bains jardin; lum. élect.), bd Latapie-Flurin; — *Thermal* (pens. dep. 6 fr.) *et maison de santé de Cauterets* (dep. 8 fr. par j.), r. d'Etigny et de César, 6 et 5; — *des Ambassadeurs* (pet. déj. 60 c.; déj. 3 fr., au rest. 3 fr. 50; dîn. 3 fr. 50 et 4 fr.; ch. à 1 lit 2 fr. 50; à 2 lits 4 fr. 50; pens. 65 fr. par sem.), r. Richelieu, 15; — *de Londres*, r. Richelieu; — *Belle-Vue* (pet. déj. 50 c. et 75 c.; déj. 3 fr.; dîn. 4 fr.; ch. de 2 fr. à 10 fr.; pens. dep. 7 fr. par j.), près du Parc et de la gare; —

de Russie (1er mai au 1er déc ; pet. déj., 75 c.; déj. 3 fr.. serv. à part, 3 fr. 50; dîn. 3 fr. 50; ch. de 1 fr. 50 à 4 fr.; pens. dep. 6 fr. par j.; rest., jardin couvert), r. de Belfort, etc.

Restaurants : — *du Casino*, Esplanade des OEufs; — *du Grand-Café*, pl. Saint-Martin; — *Lasserre*, pl. de la Halle; — *du Helder*, r. Belfort.

Maisons meublées : — *Villa des Roses*, av. du Mamelon-Vert; — *chalet Belveder*, pl. des Thermes de César; — *chalet du Boulevard*, bd Lapie-Flurin.

Grand Casino : — 1 j., 6 fr.

Poste et télégraphe : — à la mairie; télégraphe ouvert de 7 h. mat. à 9 h. s.

Syndicat d'initiative : — *Cauterets-Attractions*, à l'hôt. d'Angleterre.

Voitures de place : — à 2 pl. et 1 pl. sur le siège : course en ville, 1 fr.; pour la Raillère ou Pauze, aller seulement, 3 fr.; Mauhourat; Petit-Saint-Sauveur, le Pré, aller 3 fr. 50; le Bois, aller 5 fr.; ret. de la Raillère à Cauterets, 1 fr. 50. L'h., dans la ville, 1 fr. 50; à l'ext., jusqu'à 6 k., 5 fr. la 1re h., 3 fr. les h. suiv. — Voit. à 4 pl. et 1 pl. sur le siège : course en ville, 1 fr. 50; la Raillère ou Pauze, aller 4 fr.; Mauhourat, le Petit-Saint-Sauveur et le Pré, aller 5 fr.; le Bois, 6 fr.; de la Raillère à Cauterets, 2 fr. L'h. en ville, 2 fr.; à l'ext. jusqu'à 6 h., la 1re h. 6 fr., les h. suiv. 4 fr.

CETTE, 218.

Omnibus : — à la gare, 40 c. par voyageur et par colis.

Hôtels : — *Grand-Hôtel* (install. moderne; petit déj. 1 fr. 50; déj. à petites tables 3 fr. 50; dîn. *id.* 4 fr.; ch. de 3 à 5 fr.; pour 2 pers. 4 à 6 fr.; à 2 lits 6 à 10 fr.; ch. hyg. bains; téléph.), quai de Bosc, 17; — *Barillon*, même quai; — *du Grand-Galion* (pet. déj. 75 c.; déj. 2 fr. 50, à petites tables 3 fr.; dîn. 3 fr., *id.* 3 fr. 50; ch. de 2 fr. 50 à 6 fr.; pens. 6 fr. 50 par j.), rue des Hôtes.

Cafés : — *Grand-Café, Café-Glacier*, quai de Bosc; — *de la Bourse*, quai de Bosc et Grande-Rue; — *du Dôme*, av. de la Gare.

Eden-Concert, au Grand-Café, quai de Bosc.

Poste et télégraphe : — r. de l'Hospice (quai de Bosc).

Bains de mer : — près de l'ancien embarcadère de Montpellier.

Voitures de place : — à 1 chev., la course 1 fr., l'h. 1 fr. 50, la nuit 1. fr. 50 et 2 fr. 50; à 2 chev., la course 1 fr. 25, l'h. 2 fr., la nuit 2 fr. et 3 fr.

Bateaux à vapeur pour : — *Balaruc* (50 c.) et *Mèze* (75 c.; 1 fr. all. et ret.).

CHATEAUROUX, 102.

Omnibus : — 30 c.; chaque colis non porté à la main, 30 c.

Hôtels : — *Sainte-Catherine* (petit déj. 75 c. et 1 fr.; déj. 2 fr. 50, à part 3 fr.; dîn. 3 fr., 3 fr. 50 et 4 fr.; ch. de 2 à 4 fr. 🚲), pl. du Marché et r. Victor-Hugo; — *de France* (petit déj. 1 fr. à 1 fr. 50; déj. 2 fr. 50, à part 3 fr. à 5 fr.; dîn. 3 fr. et 4 fr.; ch. de 2 fr. 50 à 6 fr.), r. Victor-Hugo, 24; — *du Faisan* (petit déj. 75 c.; déj. et dîn. 2 fr. 50; ch. de 2 fr. à 5 fr.; pens. 7 fr. par j.; bains; chauffage central; jardin; téléph.), av. de la Gare, 54-58.

Cafés : — *Grand-Café*, r. Victor-Hugo; — *du Théâtre*; — *Sainte-Catherine*, pl. du Marché.

Poste, télégraphe et téléphone : — pl. Gambetta.

Voitures de place : — station, pl. du Marché; la course, 75 c.; l'h., 2 fr.

CHATEAU-YQUEM, 117.

CHATELAILLON, 64. — Hôt. : *Beauséjour* (ouv. du 1er avril à fin oct.; petit déj. 1 fr.; déj. 2 fr. 50, à part 3 fr.; dîn. 3 fr. et 3 fr. 50; ch. de 3 à 6 fr.; pens. de 8 à 12 fr. par j.; *de la Plage*; *des Bains*; *de l'Arrivée* (petit déj. 75 c.; déj. 2 fr. 50, à part 3 fr.; dîn. 3 fr. et 3 fr. 50; ch. de 2 à 3 fr.; pens. 7 fr. 50 par j.). — Restaurant : *au Grand Casino du Parc*. — Chalets meublés : 400 à 650 fr. pour la saison.

CHATELET [Le], 185.

CHATELLERAULT, 77.

Omnibus : — à la gare, 30 c.

Hôtels : — *de l'Univers* (petit déj., 60 c.; déj., 2 fr. 50; dîn., 3 fr.; ch. à 1 lit, 2 fr.; à 2 lits, 4 fr.; bains), r. de Berry, 2; — *Nouvel Hôtel et Hôtel Moderne* (petit déj., 1 fr.; déj., 2 fr. 50; dîn., 3 fr.; serv. à part, déj., 3 fr., dîn., 3 fr. 50 et 4 fr.; ch. de 2 fr. 50 à 8 fr.; pens. 8 fr. par j. bains; téléph.), r. du Berry et bd Blossac; — *du Lion-d'Or*, r. du Berry.

Cafés : — sur le cours Blossac.

Poste et télégraphe : — r. Descartes, qui s'ouvre sur le cours Blossac.

Voitures de place : — dans le périmètre de l'octroi, voit. à 2 pl., course 1 fr., l'h. 2 fr.; à 4 pl., 1 fr. et 2 fr., plus 25 c. par pers. au-dessus d'une.

CHATELLERAULT [Forêt de], 77.

CHÂTELUS-MALVALEIX, 191.

CHATENAY, 228.

CHATILLON, 227.

CHATILLON-SUR-INDRE, 96. — Hôt. : *de l'Europe*; *de la Croix-d'Or*; *du Lion-d'Or*.

CHATILLON-SUR-SÈVRE, 75.

CHATRE [La], 104. — Hôt. : *Descosses* ou *Saint-Germain*; *de France*; *du Bœuf*.

CHAUDEFONDS, 29.

CHAUDEFOUR [Vallée de], 189-190.

CHAUDESAIGUES, 199. — Établissement thermal : pens. 1re cl., 8 fr. par j. (10 fr. avec ch. de luxe); 2e cl., 5 fr. 50, logement et traitement compris. — Hôt. *du Midi* ou *Ginisty* (5 et 7 fr. par j.).

CHAUMIÈRE DE BELLEVUE [La], 176.

CHAUMONT [Château de], 14.

CHAUTAY [Le], 186.

CHAUVIGNY, 81. — Hôt. : *du Lion-d'Or*; *de France*.

CHAZALOUX [Camp des], 195.

CHEF-BOUTONNE, 55.

CHEMILLÉ, 29.

CHENONCEAUX, 93. — Hôt. *du Bon-Laboureur*.

CHEPNIERS, 68.

CHERVES, 97.

CHERVEUX, 53.

CHEVERNY [Château de], 13.

CHEVREUSE, 228. — Hôt. : *du Grand-Courrier*; *de la Croix-Blanche*; *de l'Espérance*.

CHINON, 45. — Hôt. : *de France* (); *de la Boule-d'Or* ().

CHINON [Forêt de], 44.

CHIRAC, 200.

CHISSAY, 93.

CHOISY-LE-ROI, 1.

CHOIZAL [Château de], 206.

CHOLET, 75. — Hôt. : *de France et du Lion-d'Or*; *du Champ-de-Foire*; *de la Gare*; *de la Boule-d'Or*.

CIMETIÈRE ENRAGÉ [Plateau du], 189.

CINGLEGROS [Pic de], 209.

CINQ-MARS-LA-PILE, 22.

CINTEGABELLE, 177.

CIRÉ, 56.

CIRON, 81.

CIVAUX, 81.

CIVRAY, 82. — Omn. de la gare à la ville, 30 c. — Hôt. *de France*.

D

DAX, 142.

Omnibus : — de la gare à la ville, 25 c. par pers. et par colis ; à l'établissement des Baignots et *vice versa*, 50 c.; par colis dépassant 5 kilogr., 50 c.; — des Baignots en ville (casino), 25 c.

Hôtels : — *des Thermes* (pens. dep. 8 fr. par j. du 1er mai au 30 sept., dep. 10 fr. du 1er oct. au 30 avril ; traitement thermal 2 fr. par j. en sus); — *Hôtel-annexe des Thermes* (2e cl.; pens., traitement thermal compris, 6 fr. 50 par j. en toute saison); — *de l'Etablissement des Baignots* (de 8 fr. 50 à 10 fr. 50 en 1re cl., 5 fr. 50 à 6 fr. 50 en 2e cl.; téléph. ; écl. électr. ; ascens.; chauffage en hiver [symbole]), promenade des Baignots; — *des Thermes Séris* (1er mai au 1er nov.; pens. 5 fr. par j., traitement balnéaire compris), promenade des Baignots; — *de la Paix et des Thermes romains* (pet. déj. 1 fr.; déj. 3 fr.; din. 3 fr. 50, vin compris; ch. à 1 lit 2 à 3 fr.; à 2 lits 4 à 5 fr.; dep. 8 fr. par j.), r. des Pénitents, 8; — *Richelieu* (petit déj. 60 c.; déj. 2 fr. 50; dîn. 3 fr.; serv. à part 50 c. de suppl.; ch. de 2 à 5 fr.; pens. 6 fr. 50 par j. [symboles]), av. Victor-Hugo; — *de l'Europe* (pet. déj. 75 c. à 1 fr.; déj. 2 fr. 50; dîn. 3 fr., vin compris; ch. à 1 lit, 2 à 3 fr.; à 2 lits 5 à 6 fr.), r. Vincent-de-Paul, au Sablar.

Restaurant : — au *Poisson frais*, r. Vincent-de-Paul, au Sablar.

Maisons meublées et pensions de famille : — *Villa Odette*, r. du Tuc-d'Eauze; — *Maison de famille A. Daleau*, bd de la Marine, 38; — *chalet Saint-Joseph*, r. du Tuc-d'Eauze; — *Vve Jarry*, pl. de la Fontaine-Chaude; — *maisons Cazalis, Lalanne, villa des Rosiers*, r. Chanzy.

Casino : — concerts publics 2 fois par j. en été ; entrée du parc libre.

Poste, télégraphe et téléphone : — r. Sainte-Ursule, à côté du théâtre.

Voitures de place : — à 1 ch. (2 pl. d'int. et une sur le siège), 75 c. la course, 1 fr. 50 l'h. le j., 1 fr. la course, 2 fr. l'h. la nuit; hors rayon à 10 k. au plus, l'h. 2 fr. le j., 3 fr. la nuit; voit. à 2 chev., 1 fr. 50 la course, 2 fr. l'h. le j., 1 fr. 75 la course, 3 fr. l'h. la nuit; hors rayon à 10 k. au plus, l'h. 2 fr. 50 le j., 3 fr. 50 la nuit.

E

EAUX-BONNES, 158.

Omnibus : — pour la gare de Laruns (1 fr. 50) et pour les Eaux-Chaudes (1 fr. 10). — Landau à 4 ou 5 places, 8 fr.

Hôtels : — *des Princes* * (petit déj., 1 fr.; déj. 3 fr. 50; dîn. 4 fr. 50; ch. à 1 lit dep. 3 fr.; à 2 lits dep. 5 fr.; pens. dep. 11 fr. par j.); — *de France* * (pet. déj. 1 fr. 50; déj. 3 fr. 50; dîn. 4 fr. 50, au rest. 4 fr. et 6 fr., vin compris; ch. à 1 lit de 2 à 12 fr.; à 2 lits de 3 à 20 fr.; ascens.); — *Richelieu*; — *Continental* (pet. déj. 75 c.; déj. 2 fr. 50; dîn. 3 fr., serv. à part, 50 c. de suppl.; ch. de 7 à 12 fr.; pens. 7 à 12 fr.), r. du Jardin-Public; — *Maison Tourné et Hôtel des Thermes* (ouv. pendant la saison; pet. déj. 50 c.; déj. par petites tables, 2 fr. 50; dîn. *id.*, 3 fr.; ch. de 2 à 4 fr.; pens. de 8 à 10 fr. par j.), à côté de l'église; — *de la Poste* ou *Dhérété* (petit déj. 1 fr.; déj. et dîn. à 3 et 4 fr., vin compris; ch. depuis 2 fr. 50); — *de la Paix*; — *Bernis et Maison Lagouarre*, etc.

Cafés : — *du Casino*; — de l'hôt. *des Princes*; — *du Chalet*.

Casino : — abonnement pour la saison, 20 fr.

Musique : — au kiosque du jardin Darralde, t. l. j. de 3 h. à 5 h. et de 7 h. à 9 h. du soir.

EAUX-CHAUDES [Les], 158.

Omnibus : — pour la gare de Laruns (1 fr. 50) et pour les Eaux-Bonnes (1 fr. 10). — Landau de ou pour la gare, 8 fr.

Hôtels : — *des Thermes*; — *Baudot*; — *de France* (pet. déj. 1 fr.; déj. servi à part, 3 fr.; dîn. *id.*, 3 fr. 50; ch. dep. 2 fr.; pens. 9 fr. par j.); — *Cazaux*.

Maisons meublées : — *P. Abbadie*, *Noguès*, *Claverie*, *Cazaux*, etc.

Cafés-restaurants : — *Henri IV*; — *de la Paix*.

Café : — *des Thermes*.

ETAULIERS, 69.
EUGÉNIE-LES-BAINS [Station thermale d'], 167. — *Grand-Hôtel* (5 à 6 fr. par j.).
EURE [Vallée de l'], 39.
EVAUX-LES-BAINS, 188. — Omnibus des hôt. à la gare, 50 c. — Etablissement-pension (10 fr. par j. en 1re cl. et 8 fr. en 2e cl., table, logement et bains compris). — Hôt. : *de l'Europe; Lépine; Druet; de la Fontaine; de Rome.*
EVRUNES-MORTAGNE, 75.
EXCIDEUIL, 109.
EXIDEUIL, 99.
EXOUDUN, 57.
EYGURANDE-MERLINES, 194.
EYMET, 118.
EYMOUTIERS, 193.
EYREIN, 193.
EYZIES [Les], 112. — Plusieurs auberges.

F

FABIAN, 152. — Gîte chez M. *Fouga.*
FABREZAN, 215.
FACTURE, 140.
FAISANS [Ile des], 145.
FALGOUX [Cirque du], 198.
FANJEAUX, 212.
FAREBOUT, 193.
FAUGÈRES, 202.
FAY-AUX-LOGES, 7.
FAYMOREAU-PUY-DE-SERRE, 49.
FÉAS, 157.
FELLETIN, 169. — Hôt. *Lecante-Lissac.*
FENILLE [Col de], 211.
FERRET [Cap], 148.
FERRIÈRES, 210.
FERRIÈRES-D'AUNIS, 52.
FERTÉ-IMBAULT [La], 184.
FERTÉ-REUILLY [Château de la], 101.
FERTÉ-SAINT-AUBIN [La], 100.
FIGEAC, 133. — Buffet-hôtel *Lajoinie* en face de la gare. — Hôt. *des Voyageurs.*
FILOLIE [Manoir de], 109.
FLÉAC, 60.
FLÈCHE [La], 49. — Hôt. *de l'Image; des Quatre-Vents; de France.*
FLEURANCE, 171. — Hôt. : *de France; Barria.*
FLEURY, 217.
FLOIRAC (Gironde), 92.
FLOIRAC (Lot), 132.
FLORAC, 208. — Hôt. *Melquion* (6 fr. 50 par j. service non compris; recommandé).
FLORENSAC, 218.
FLOTTE [La], 59. — Hôt. *de l'Espérance.* — Maisons meublées à louer sur le port.
FLOTTE [Château de la], 40.

FOIX, 177.

Omnibus : — 25 c.
Hôtels (pâtés de foie gras truffés) : — *Benoit* (pet. déj. 75 c. à 1 fr. 25; déj. 2 fr. 50; servi à part, 3 fr.; dîn. 3 fr. et 3 fr. 50, v. c. et fosse; téléph.); — *Lacoste* (pet. déj. 75 c.; déj. 2 fr. 50; dîn. 3 fr.; serv. à part, 50 c. de suppl.; ch. dep. 2 fr.; pens. 6 fr. par j.).
Syndicat d'initiative : — à la Mairie.

FOMPERRON, 53.
FONSERANNES [Ecluse de], 203.
FONSORBES, 130.
FONTAINE D'AMOUR, 175.
FONTAINE-GUÉRIN, 28.
FONTANGES, 196.
FONTARABIE, 145. — Hôt. : *Palais Miramar; de France; Mouriscot.* — Rest. *du Casino* (déj. 3 fr. café compris).
FONTENAY-AUX-ROSES, 228.
FONTENAY-LE-COMTE, 50. — Hôt. : *de Fontarabie*, r. de la République; *de France* (omn. gratuit; petit déj. 1 fr.; déj. 2 fr. 50, à part 3 fr.; dîn. 3 fr. et 3 fr. 50), r. de Blossac, 8-12; *des Trois-Pigeons*, r. des Halles. — Poste et télégraphe, r. de la République.
FONTESTORBES [Fontaine de], 178.

G

H

I

J

L

LOURDES, 160.

Buffet et hôtel-terminus : — à la gare (table d'hôte; déj. 3 fr., dîn. 3 fr. 50; tables particulières : déj. 3 fr. 50, dîn. 4 fr., vin compris; repas à 1 fr. 50); *Terminus-Touring Hôtel* (confort moderne), av. de la Gare.

Omnibus : — de la gare en ville ou de la ville à la Grotte, 30 c. par pers., 15 c. par colis; de la gare à la Grotte, 60 c. par pers., 25 c. par colis; de la gare ou de la ville au couvent des Sœurs Bleues, 1 fr.

Hôtels : — *d'Angleterre* *; — *de la Grotte* * (pet. déj. 1 fr. 25; déj. 3 fr. 50; 4 fr. au rest.; dîn. 4 fr. 50; 5 fr. au rest.; ch. de 3 à 8 fr.; pens. 10 fr., 12 fr. par j. et au-dessus; bains lum. électr.; téléph.), r. de la Grotte, 158; — *Heins, Villas Solitude et Grand Hôtel du Boulevard* * (pet. déj. 1 fr.; déj. 3 fr.; dîn. 4 fr.; ch. de 2 à 10 fr., lum. électr.; pens. mai, août et sept. 10 à 12 fr. par j.; le reste de l'année de 8 à 10 fr.; bains et fosse; lum. électr.); — *de la Chapelle* * (pet. déj. 1 fr.; déj. 3 fr., servi à part, 3 fr. 50; dîn. 4 fr.; ch. de 3 à 4 fr. par lit; pens. 10 à 12 fr. par j.; bains; lum. électr. téléph.), r. de la Grotte, 150; — *des Ambassadeurs et de Toulouse* * (pet. déj. 1 fr.; déj. à petites tables, 3 fr. 50, dîn. *id.*, 4 fr.; ch. de 3 à 5 fr.; pens. 10 et 12 fr. par j.; lum. électr.), bd de la Grotte, 66; — *Modern Hôtel* * (), à côté du Panorama de Lourdes et r. Sainte-Marie; — *Notre-Dame-de-Lourdes* (pet. déj. 1 fr.; déj. 3 fr., dîn. 3 fr. 50; serv. à part, 50 c. de suppl.; ch. de 2 à 5 fr.; pens. 8 à 10 fr. par j.; bains et fosse; lum. électr.), r. de la Grotte; — *Royal* (pet. déj. 1 fr.; déj. 3 fr. 50, dîn. 4 fr.; serv. à part 50 c. de suppl.; ch. de 2 fr. 50 à 6 fr.; pens. 10 à 12 fr. par j. et fosse; bains; ascens.; lum. électr.; chauffage; téléph.), près de la Grotte; — *Nouvel-Hôtel Saint-Louis-de-France*, chemin du Paradis, 7; — *Belge et de Madrid* (pet. déj. dep. 50 c.; déj. 2 fr. 50; dîn. 3 fr.; serv. à part, 50 c. de suppl.; pens. dep. 7 fr. 50 par j.), bd de la Grotte, 60; — *Richelieu* (pet. déj. 75 c. à 1 fr. 50; déj. 2 fr. 50; dîn. 3 fr.; serv. à part, 50 c. de suppl.; ch. de 2 à 4 fr.; pens. 7, 8 et 10 fr. par j.), r. Ste-Marie, 5, à côté du panorama de Lourdes; — *des Américains*, r. de la Grotte, 53; — *du Sacré-Cœur* (pet. déj. 75 c.; déj. 3 fr., dîn. 3 fr. 50; ch. de 6 fr. 50 à 12 fr.), bd de la Grotte, 65; — *Belle-Vue* (pet. déj. 50 c.; déj. 2 fr. 50, dîn. 3 fr.; ch. dep. 2 fr.; pens. dep. 7 fr. 50 par j.), r. de la Grotte; — *de l'Univers*, bd de la Grotte; — *Moura et du Commerce* (pet. déj. 1 fr.; déj. 2 fr. 75; dîn. 3 fr.; ch. 2 fr. 50; pens. dep. 8 fr.), près de la poste; — *de Paris* ou *Maumus* (pet. déj. 1 fr.; déj. 2 fr. 50, servi à part, 3 fr.; dîn. 3 fr., à part 3 fr. 50; pens. 8, 9 et 10 fr. par j.; lum. électr.; bains; téléph., café), r. de la Grotte, 1; — *de l'Univers* (7 fr. par j.), bd de la Grotte, 14; — *des Pyrénées* (pet. déj.; 1 fr.; déj. 3 fr., dîn. 4 fr.; ch. à 1 lit dep. 2 fr., à 2 lits dep. 4 fr.).

Poste, télégraphe et téléphone : — à l'angle de la r. Traversière et de la r. Saint-Pierre, à l'extrémité de la Chaussée Maransin (bureau de poste ouvert de 7 h. mat. à 7 h. s. l'été, de 8 h. mat. à 7 h. s. l'hiver).

Trams électriques : — *Basilique-Marcadal-Gare*; — *Gare-Basilique par le boulevard*; — *Gare-Basilique direct*; — *Soum-Funiculaire-Marcadal*. — Prix unique avec corresp. : 15 c. du 16 avril au 15 oct.; 10 c. du 16 oct. au 15 avril.

Funiculaire du Grand-Jer : — V. p. 161.

Voitures de louage : — dans le rayon de l'octroi, calèche 2 fr. l'h., landau 3 fr. l'h.; en dehors de l'octroi et dans un rayon de 12 k., calèche 3 fr. l'h., landau 4 fr. l'h.; la course de la gare ou de la ville aux couvents des religieuses de l'Assomption, des Carmélites, des Dominicaines, à Visens ou à Pédoupas, 1 fr. 50.

Omnibus : — du ch. de fer, 60 c. par pers.; 40 c. par colis.

Hôtels : — *Sacaron** (pet. déj. 2 fr.; déj. 5 fr.; dîn. 6 fr., vin non compris; ch. dep. 8 fr.), allées d'Etigny, 65; — *Bonnemaison** (pet. déj. 2 fr.; déj. 5 fr.; dîn. 6 fr., vin non compris; ch. dep. 7 fr.), allées d'Etigny, 81; — *du Casino** (petit déj. 1 fr. 50; déj. 4 fr.; dîn. 5 fr., vin compris; ch. dep. 6 fr.), bd Amédée-Fontan, 3; — *d'Angleterre* (petit déj. 1 fr. 50; déj. 4 fr.; dîn. 5 fr., vin compris; ch. dep. 4 fr.), allées d'Etigny, 24; — *Continental et Luchon-Palace** (pet. déj. 1 fr. 50; déj. 4 fr.; dîn. 5 fr., vin non compris; ch. dep. 4 fr. et fosse), allées d'Etigny, 22; — *des Bains** (du 1er mai au 30 sept.; pet. déj. 1 fr.; déj. et dîn. à pet. tables 4 et 5 fr. vin compris; ch. dep. 4 fr.; pens. en mai, juin et sept. 12 fr. par j.), allées d'Etigny, 75; — *Richelieu, des Thermes et de Londres réunis** (pet. déj. 1 fr. 50; déj. 4 fr.; dîn. 5 fr. vin compris; ch. dep. 3 fr.), r. des Thermes; — *Grand-Hôtel** (toute l'année; pet. déj. 1 fr. 25; déj. et dîn. à pet. tables 3 fr. 50 et 4 fr. 50, vin compris; ch. dep. 3 fr.; pens. 12 fr. par j. du 1er juill. à fin août, 10 fr. le reste de l'année), allées d'Etigny, 79; — *Baqué* (petit déj. 1 fr.; déj. 3 fr. 50; dîn. 4 fr. 50, vin compris; ch. dep. 3 fr.), allée des Bains, 12; — *du Parc* (pet. déj. 1 fr.; déj. 3 fr. 50; dîn. 4 fr. 50, vin compris; ch. dep. 3 fr.), allées d'Etigny, 28; — *de la Poste* (t. l'année; pet. déj. 1 fr.; déj. 3 fr. 50; dîn. 4 fr. 50, vin compris; ch. dep. 3 fr.; pens. 12 fr. par j. du 15 juill. à fin août, 9 à 10 fr. le reste de l'année; chauffage central), allées d'Etigny, 29, et av. du Casino; — *de Paris* (pet. déj. 1 fr.; déj. 3 fr. 50; dîn. 4 fr. 50, vin compris; ch. dep. 3 fr.), cours des Quinconces, 17; — *Pardeillan* (t. l'année; pet. déj. 1 fr.; déj. 3 fr. 50; dîn. 4 fr., vin compris; ch. dep. 3 fr.), Parc Beau-Séjour, allées d'Etigny, 7 et 9; — *Cavé et d'Europe* (t. l'année; installation moderne; pet. déj. 75 c.; déj. 2 fr. 50; dîn. 3 fr., vin compris; ch. dep. 2 fr.; pens. 7 à 9 fr. du 15 juill. au 15 sept., 6 à 7 fr. le reste de l'année), allées d'Etigny, 12 et 30; — *Canton* (pet. déj. 1 fr.; déj. 3 fr.; dîn. 4 fr., vin compris; ch. dep. 3 fr.), route d'Espagne, 29; — *d'Etigny* (pet. déj. 1 fr.; déj. 3 fr.; dîn. 4 fr., vin compris; ch. dep. 3 fr.), cours des Quinconces, 15; — *de la Paix* (t. l'année; petit déj. 1 fr.; déj. 3 fr. 50; dîn. 4 fr., vin compris; ch. dep. 2 fr. 50), allées d'Etigny, 19; — *de Bordeaux* (petit déj. 1 fr.; déj. 3 fr.; dîn. 3 fr. 50, vin compris; ch. dep. 3 fr.), allées d'Etigny, 15; — *Central* (pet. déj. 1 fr.; déj. 3 fr.; dîn. 3 fr. 50, vin compris; ch. dep. 2 fr.), allées d'Etigny, 14.

Maisons meublées : — *Lafont*, allées d'Etigny, 63; — *Bonnette*, pl. du Casino, 8; — *Larreau*, cours des Quinconces, 15, etc.

Agences de locations : — *Bonnette*, pl. du Casino; — *Bonpunt*, r. de l'Hôtel-de-Ville, 18.

Restaurants : — *du Casino Municipal**; — *Arnative**, allées d'Etigny, 40; — *de la Chaumière**, près de la gare supérieure du funiculaire; — *Sous les Tilleuls* (plats du pays), impasse du Champ-de-Mars.

Grand-Casino : — entrée 1 fr. 50.

Bains : — Tarif (variant suivant la saison et les heures) : bain, 1 fr. à 2 fr. 50; petite douche, 60 c. à 1 fr. 50; grande douche, 1 fr. à 2 fr. 50; douche écossaise, 1 fr. à 2 fr. 50;

umages, 60 c. à 1 fr.; piscine de atation, 1 fr. à 1 fr. 50; petites pisines; 1 fr.; étuves, 1 fr. à 1 fr. 50; tuves particulières, 2 fr.; lits de epos, 1 fr. — Prix invariable pendant oute l'année : pulvérisation, 1 fr.; d. (douches à colonne), 1 fr. 25; irrigations nasales, 50 c.; douches ascenlantes, 1 fr.; bain de pieds, 50 c.; nhalation, 1 fr.

Etablissement de bains émollients : — eau naturelle, 1 fr.; bain mollient, 2 fr.; bain de tilleul, fr. 50; douche froide, 1 fr.

Poste, télégraphe et téléphone : — rue Sylvie. Ouv. de 7 h. matin à) h. s.

Voitures de place : — dans le périmètre de la ville, à 1 chev., 1 fr. la course; 3 fr. l'heure; la nuit, 2 fr. 50 et 4 fr.; — à 2 chev., 1 fr. 30, 3 fr. 75, 3 fr. 25 et 5 fr.

M

MONTALIVET, 71.
MONTANER, 168.
MONTARTO D'ARAN [Pic de], 176.
MONTASTRUC, 135.

MONTAUBAN, 122.

Omnibus : — des gares aux hôtels, 30 c. par pl. et par colis.

Hôtels : — *du Midi* (petit déj. 50 c. à 1 fr.; déj. 3 fr.; dîn. 3 fr. 50, à part 4 fr.; téléph.), r. Notre-Dame et Saint-Louis, 71; — *de l'Europe*; — *de France* (petit déj. 50 c. à 1 fr.; déj. 2 fr. 50; dîn. 3 fr. à petites tables avec vin; ch. de 2 à 5 fr.; lum. électr.; pens. 7 fr. 50 par j. téléph.), r. Saint-Georges, 5; — *du Commerce* (petit déj. 50 c.; déj. et dîn. 2 fr.; ch. de 1 fr. 50 à 2 fr. 50; pens. 5 fr. par j.), pl. d'Armes, 10; — *des Quatre-Saisons* (petit déj. 50 c.; déj. 2 fr. 50, à part 3 fr.; dîn. 2 fr. 50; ch. de 1 fr. 50 à 2 fr. 50; pens. 6 fr. à 6 fr. 50), r. Bessière.

Cafés : — *des Mille-Colonnes*; — *de l'Europe*.

Poste, télégraphe et téléphone : à g. de la Préfecture, r. des Lixes.

Voitures de place : — pl. d'Armes.

MONTAUBAN [Cascade de], 176.
MONTAUT-BÉTHARRAM, 151.
MONTBAZIN-GIGEAN, 223.
MONTBAZON, 95.
MONTBERT, 35.
MONT-BINET, 157.
MONTBRUN, 207.
MONTCALM [Pic de], 178.
MONTDARRAIN [Le], 154.
MONT-D'ASTARAC, 173.

MONT-DE-MARSAN, 167.

Omnibus : — 25 c. par voyageur et par colis.

Hôtels : — *Richelieu* (pet. déj. 1 fr. et 1 fr. 50; déj. 3 fr.; dîn. 3 fr. 50; serv. à part, déj. et dîn. 5 fr. avec vin ou bière; ch. de 3 à 8 fr.; pens. dep. 10 fr. par j.; bains; téléph. et fosse), r. du Château-Vieux, 10; — *des Ambassadeurs* (pet. déj. 1 fr.; déj. 2 fr. 50; dîn. 3 fr.; serv. à part, 3 fr. et 3 fr. 50; ch. de 2 à 5 fr. téléph.), r. Armand-Dulamon.

Poste, télégraphe et téléphone : — pl. Pasteur-Duprat.

Voitures de place : — la course, 75 c. le j., 1 fr. la nuit; l'h., 1 fr. 50 et 2 fr.; dans un rayon de 20 k., 2 fr. l'h.

MONT-DORE-LES-BAINS, 189.

Hôtels : — *Sarciron-Ramaldy* *, sur le Parc et pl. de l'Etablissement; ch. hyg.; automobile à la gare; ouv. du 1er juin au 1er oct. (pens. 14 à 25 fr. par j.; 12 à 18 fr. dans les villas dépendant de l'hôtel 2 fr.; électr.; ascens.; téléph.; bains); — *Nouvel Hôtel*, r. Jean-Moulin, *Grand-Hôtel de la Poste*, pl. de l'Etablissement, et *Annexe*, r. Rigny, du 1er juin au 1er oct. (ch. hyg.; pens. de séj. de 11 à 16 fr. par j.; bains et fosse; ascens.; téléph.; lum. électr.); — *Grands Hôtels de Paris et du Parc*, sur le Parc et pl. de l'Etablissement; du 1er juin au 1er oct. (ch. hyg.; pens. de 9 à 13 fr.; ascens.; lum. électr. et fosse); — *Hôtel Bardet*, devant l'église, *Grand-Hôtel*, derrière le théâtre, *International-Hôtel et annexe*, derrière le Parc (ch. hyg.; de 12 à 18 fr. par j.; ascens.; lum. électr.; téléph. et fosse); — *Hôtel et Pension Thévenin* (du 1er juin au 1er oct.; ch. hyg.; 10 à 12 fr. par j. et fosse); — *Hôtel Ramade aîné et annexe* (ch. hyg.; 10 à 16 fr. par j.); — *des Etrangers, de France et de l'Univers* réunis (du 15 mai au 30 sept.; ch. hyg.; 8 à 12 fr. par j.); — *de la Paix*, r. du Nord, et *annexe*, r. Rigny (ouv. t. l'année; ch. hyg.; 9 à 15 fr. par j.); — *de l'Europe* (ch. hyg.; 8 à 14 fr.); — *de Lyon* (8 à 12 fr.); — *Tournaire*

MOURÈZE [Cirque de], 222.
MOURISCOT [Villa], 145.
MOUSSAIS-LA-BATAILLE, 77.
MOUSTEY, 141.
MOUTHIERS-SUR-BOEME, 85.
MOUTIER-D'AHUN, 191.
MOUTHOUMET, 215.
MOÛTIER-MALCARD, 191.
MOUTIERS [Les], 62.
MOUTIERS-LES-MAUXFAITS [Les], 46.
MOUX, 215.
MUGRON, 142.
MUNIA [La], 165.
MURAT, 198. — Hôt. : *de la Gare et des Messageries*, en face de la gare ; *de la Paix*.
MURAT [Château de], 187.
MURCENS [Oppidum de], 130.
MURET, 153. — Hôt. *de France*.
MUROLS, 190. — Hôt. *Niérat*.
MURSAY [Château de], 53.
MURVIEL, 223.
MUSSIDAN, 117. — Hôt. *des Voyageurs*.
MUZE [Pont de la], 209.

N

NAJAC, 134. — Hôt. *Miguel*.
NALLIERS, 63.
NANT-COMBEREDONDE, 202.

NANTES, 29.

Omnibus : — 75 c. avec bagages jusqu'à 30 kilogr.; au-dessus de 30 kilogr., 2 fr. par 100 kilogr. (bureau du ch. de fer, pl. Royale, 1).

Hôtels : — *de France** (petit déj. 1 fr. 25 et 1 fr. 50; déj. 3 fr.; dîn. 4 fr.; ch. de 3 fr. 50 à 12 fr.; pens. 10 fr. par j.; éclair. électr.; téléph.), pl. Graslin; — *de Bretagne** (petit déj., 1 fr. 50; déj. 3 fr.; dîn. 4 fr.; serv. à part, 50 c. de suppl.; ch. de 3 à 6 fr.; pens. de 8 à 12 fr. par j.; bains et douches électr.; téléph.), r. de Strasbourg, 23; — *des Voyageurs* (petit déj. 1 fr. 25; déj. 3 fr.; dîn. 4 fr.; ch. de 3 à 8 fr.; pens. dep. 10 fr. par j.; bains; téléph.), r. Molière, 4, à dr. du Grand-Théâtre; — *du Commerce et des Colonies* (éclair. électr.; téléph.), r. Santeuil, 12; — *de Paris* (petit déj. 1 fr.; déj. 3 fr.; dîn. 3 fr. 50; ch. de 2 à 6 fr.; pens. de 8 à 12 fr. par j.), r. Boileau, 2, et r. Crébillon, 12; — *de la Duchesse-Anne*, r. Félix, 3 (pl. de la Duchesse-Anne), près de la gare d'Orléans; — *des Trois-Marchands* (bains), r. d'Erdre, 26.

Restaurants : — *Prévot, Cambronne, de l'Univers*, pl. Graslin; — *du Faisan-Doré*, r. Crébillon; — *de la Bourse*, pl. du Commerce; — *de la Gerbe-de-Blé*, pl. Petite-Hollande, 1; — *de la Tour-du-Bouffay*, quai Jean-Bart, 4, etc.

Cafés : — *de la Comédie, Grand-Café, de l'Univers, de la Cigale, Molière, de France*, pl. Graslin; — *Continental*, pl. Royale, 1; — *de Nantes* (téléph.), *du Commerce*, pl. du Commerce; — *Riche* (concerts; téléph.), r. du Calvaire, 6; — *d'Orléans*, pl. Royale, 11; — *du Helder*, r. de Strasbourg, 28, etc.

Café-concert : — *Elysée-Graslin*, r. Corneille.

Poste, télégraphe et téléphone : — bureau principal, quai Brancas (r. Ducouédic et Lapérouse).

Bains : — *Saint-Louis*, r. Voltaire, 19; — *du Calvaire*, r. du Calvaire, 8; — *de Strasbourg*, quai du Port-Maillard, 11; — *Nantais*, r. Duguesclin; — *Sainte-Marie*, r. Paré, 7; — *Launay*, r. Dudrezène, 4.

Voitures de place : — de 6 h. mat. à minuit, voit. à 2 chev., la course, 2 fr., l'h. 2 fr. 50; voit. à 1 chev., la course, 1 fr. 50, l'h., 2 fr.; de minuit à 6 h. matin, voit. à 2 chev., la course, 2 fr. 50, l'h., 3 fr.; voit. à 1 chev., la course, 2 fr., l'h., 2 fr. 50.

Trams à air comprimé : — du bureau central, pl. du Commerce, à Pirmil, Chantenay, Doulon, etc. (10 c. par station).

Bateaux à vapeur pour *Paimbœuf, Saint-Nazaire* et escales (quai de la Fosse).

3 fr.; din. 3 fr. et 3 fr. 50; ch. de à 8 fr.; pens. 6 fr. 50 par j.; bains), r. Victor-Hugo; — *de France*, pl. du Temple; — *des Etrangers*, r. des Cordeliers.

Poste, télégraphe et téléphone : — r. de la Préfecture, 6.

Voitures de place : — à 2 pl., la course 1 fr., en dehors de l'octroi, fr. 50; l'h. 2 fr. et 3 fr.; la nuit, la course, 2 fr. et 3 fr.; l'h. 4 fr.; à pl., l'h. 3 fr., la course en ville fr. 50, en dehors 2 fr.; la nuit, 5 fr., fr. et 4 fr.

NIVE [Sources de la], 154.
NIZAN [Le], 118.
NOAILLES, 126.
NOBLAC [Pont de], 193.
NOGARO, 121.
NOHANT-VICQ, 104.
NOIRLAC [Abbaye de], 186.
NOIRMOUTIER, 62. — Hôt. : *Modern-Hôtel* (ouv. t. l'année; omn. 2 fr.; petit déj. 75 c.; déj. 3 fr.; din. 3 fr. 50; ch. de 2 fr. 50 à 3 fr. 50; ch. hyg.; pens. de juill. à oct. 7 fr. 50 et 8 fr. 50 par j.; d'oct. à juill. 6 fr. et 7 fr. 50; bains; électr., téléph.), r. Grande, dans la ville; *Beau-Rivage*, plage des Dames; *de France*; *de Nantes*. — Locations : appartements en ville et chalets meublés dans le bois de la Chaize. — Bains de mer : bain complet, 50 c. — Anes pour promenades. — Voit. publ. pour : *le bois de la Chaize* (1er juill. au 30 sept.; 50 c.), en corresp. avec le bateau de et pour Pornic; *la Fosse* (2 fr.; all. et ret. 3 fr.), en corresp. avec le bac à vapeur pour Fromentine. — Bateau à vapeur pour *Pornic* (1er juill. au 30 sept.; 3 dép. par j.; *V.* p. 62).
NONNES [Conche des], 73.
NONTRON, 98. — Hôt. : *du Nord*; *des Messageries*.
NORE [Pic de], 211.
NOTRE-DAME-DE-SABART, 178.
NOUAILLÉ [Abbaye de], 81.
NOUE-LEGÉ [La], 43.
NOUVELLE [La], 223. — Hôt. : *Continental*; *d'Italie*.
NOVEILLARD [La], 62.
NOYANT-MÉON, 41.
NUGÈRE [Puy de la], 195.

O.

OGEU, 156.
OIRON, 46.
OISEAUX [Ile aux], 148.
OLARGUES, 211.
OLERON [Ile d'], 66.
OLETTE, 225. — Hôt. : *de la Fontaine* (6 fr. par j.); *Gaillarde*.
OLIVET, 7. — Nombreux hôt.-restaurants : *Paul Forêt*, *Closerie des Lilas*, *Eldorado*, etc. (canots à louer).
OLONNE [Forêt d'], 46.
OLONZAC, 215.
OLORON-SAINTE-MARIE, 156. — Omn. à la gare, 25 c. — Hôt. : *Loustalot*; *de la Poste*.
ONGLOUS [Les], 218.
ONZAIN, 14.
OÔ, 176.
OÔ [Lac et Port d'], 176.
ORADOUR-SUR-VAYRES, 99.
ORGÈRES, 7.

ORLÉANS, 3.

Omnibus : — pour la ville, 30 c.; avec bagages, 60 c.

Hôtels : — *Saint-Aignan* (déj., 3 fr. 50; din. 4 fr.; ch., de 2 fr. 50 à 3 fr.; bains, électr., ascens., téléph.), pl. Gambetta; — *d'Orléans* (petit déj., 1 fr.; déj., 3 fr.; dîner, 3 fr. 50; ch. à 1 lit, 2 fr. 50 à 5 fr.; à 2 lits, 4 fr. à 8 fr.; lum. électr.), r. Bannier, 118; — *du Loiret*, bd Alexandre-Martin et r. de la République; — *Moderne* (bains et douches; ch. hyg.; calorifère; lum. électr.; ascens.; téléph.), r. de la République; — *du Berry*, bd Alexandre-Martin et r. de la République; — *de la Boule-*

PAU, 155.

Omnibus : — de la gare à la ville, dans le rayon de l'octroi, ou *vice versa* : 50 c. par voyageur, 30 c. par colis; trains de nuit, 1 fr. et 50 c. — Les hôtels ont leurs omnibus particuliers.

Hôtels : — *Gassion* * (petit déj. 1 fr. 50 au rest., 2 fr. dans l'appart.; déj. par petites tables, 4 fr.; dîn. *id.*, 5 fr.; au rest., 1 fr. de plus par repas; ch. de 4 à 20 fr.; pens. dep. 12 fr. 50 par j., bains ascens.; électr.; téléph.), r. Gontaut-Biron, 1; — *de France** (petit déj. 1 fr. 50; déj. 4 fr., dîn. 6 fr., vin compris; ch. de 5 fr. à 15 fr.; pension dep. 15 fr. par j.; bains; téléph.; ascens.), pl. Royale et bd des Pyrénées; — *du Palais et Beauséjour* *, bd des Pyrénées et r. du Lycée; — *Guichard**, r. O'Quin, 4; — *de la Poste* (petit déj. 1 fr.; déj. 3 fr.; dîn. 3 fr. 50; serv. à part, 50 c. de suppl.; ch. de 2 fr. 50 à 5 fr.; pens. dep. 9 fr. par j.; bains; éclair. élect. téléph.), pl. Gramont, 9; — *de la Paix* (pet. déj. 1 fr.; déj. 3 fr.; dîn. 4 fr.; ch. de 3 à 6 fr.; pens. dep. 9 fr. par j.; bains téléph.), pl. Royale, 9; — *Central* (petit déj. 1 fr.; repas 3 et 4 fr., vin compris; ch. dep. 3 fr.), pl. de la Halle; 20; — *du Commerce* (petit déj. 1 fr., déj. 3 fr.; dîn. 3 fr. 50, vin ou bière; ch. de 2 fr. 50 à 4 fr.; pens. 8 fr. par j.); — *de l'Europe*, r. de la Préfecture; — *des Pyrénées*, pl. de la Halle; — *Henri-IV* (pet. déj. 50 c. et 1 fr.; déj. 2 fr. 50; dîn. 3 fr.; serv. à part, 50 c. de suppl.; ch. de 2 fr. 50 à 4 fr.; pens. 7 fr. 50 à 9 fr. par j.), pl. de la Halle, 12, etc.

Hôtels-pensions (se louant généralement en appartements meublés, avec cuisine à part, de 3,000 à 6,000 fr. pour l'hiver) : *Splendide*, *Bellevue*, bd des Pyrénées; — *de Londres*, av. Gaston-Phœbus; — *Bristol*, r. Gambetta.

Agences de locations : — *Sarradet*, r. Taylor, 12; — *Cazaudehore*, pl. Gramont, 10; — *Bourdila*, r. Gambetta, 2; — *P. Barrère*, pl. de la Halle, 6; — *Aubert*, r. Adoue, 6; — *Anglo-Américain*, r. Latapie, 19, et pl. de la Halle.

Pensions : — *Colbert*. r. Montpensier; — *Hattersley*, av. Gaston-Phœbus.

Restaurants : — *Gassion* *, bd du Midi; — *Louis XV* ou *du Palais d'Hiver*; — *Bernis*, pl. Royale, 9; — *du Helder*, r. Notre-Dame, 3; — *Moderne*, *Dupon*, pl. de la Halle; — *du Nord*, r. des Arts, 17-19.

Cafés principaux : — *du Palais d'Hiver*; — *Grand-Café*, pl. Royale; — *Central*, à côté de la Préfecture.

Bureaux de renseignements : — à la mairie, bureau du commissaire central, entrée rue Saint-Louis, et au **Syndicat d'Initiative** de Pau, du Béarn et des Pyrénées, r. Adoue, 4.

Voitures de place : — la course dans le rayon de l'octroi : à 2 chev., jour 1 fr. 25, nuit 1 fr. 50; à 1 chev., j. 1 fr., nuit 1 fr. 25; la course hors l'octroi jusqu'à 3 k. : à 2 chev., j. 1 fr. 75, nuit 2 fr.; à 1 chev., j. 1 fr. 25, nuit 1 fr. 75. — L'h., dans un rayon de 3 k. : à 2 chev., jour 2 fr., nuit 2 fr. 50; à 1 chev., j. 1 fr. 75, nuit 2 fr.; dans un rayon de 8 k. : à 2 chev. j. 2 fr. 50, nuit 3 fr.; à 1 chev., j. 2 fr., nuit 2 fr. 50.

Trams électriques : de la *place de la Halle* : 1° *à la Croix du Prince*; — 2° *aux Allées de Morlaás*; — 3° *à la Gare*; — 4° *à la route de Bordeaux*; prix : 10 c., 15 c. avec corresp.

Poste, télégraphe et téléphone : — pl. Bosquet et r. Gambetta, ouv. de 7 h. mat. à 9 h. s. en sem. (les dim. et fêtes de 7 h. à 4 h.). Le télégraphe est ouvert de 8 h. mat. à minuit.

Paudy, 102.

Pauillac, 71. — Hôt. : *du Commerce*; *de France et d'Angleterre*.

Paulhan, 222.

Paulilles [Anse des], 227.

Paulmy, 95.

Pavin [Lac], 190.

Payzac, 125.

Pécher [Source du], 208.

Pellevoisin, 184.

Penchot, 203.

Pène de Lhéris [La], 170.

PÉRIGUEUX, 109.

Omnibus : — 30 c. ; 20 c. par colis.

Hôtels (pâtés de foie gras) : — *du Commerce et des Postes* (petit déj. 60 et 75 c. ; déj. 2 fr. 50, à part 3 fr. ; dîn. 3 fr. et 3 fr. 50 ; ch. 2 fr. 50 à 5 fr. ; pens. 7 fr. 50 par j. ; lum. électr. ; bains ; install. moderne ; ch. hyg., téléph. et fosse), pl. du Quatre-Septembre ; — *des Messageries* (petit déj. de 1 fr. à 1 fr. 50 ; déj. 3 fr., à part 3 fr. 50 ; dîn. 3 fr. 50 et 4 fr., vin compris ; ch. de 3 à 10 fr. ; pens. dep. 8 fr. par j.), pl. Francheville ; — *de France*, pl. Francheville et pl. Bugeaud ; — *de l'Univers* (petit déj. 75 c., déj. 2 fr. 50, à part 3 fr., dîn. 3 fr. et 3 fr. 50 ; ch. de 2 à 5 fr.), r. de Bordeaux ; — *du Périgord* (petit déj. 75 c. et 1 fr. ; déj. 2 fr. 50, à part 3 fr. ; dîn. 3 fr. et 3 fr. 50 ; dîn. petits salons 4 fr. ; ch. de 2 à 5 fr. ; pens. dep. 7 fr. 50 par j. ; ch. hyg.), cours Michel-Montaigne, 12, et pl. du Palais-de-Justice.

Cafés : — *de la Comédie*, près du théâtre ; — *de Paris* (café-concert en été), *Grand-Café*, *de la Poste*, cours Michel-Montaigne.

Poste, télégraphe et téléphone : — r. Gambetta.

Voitures de place : — dans le rayon de l'octroi, voit. à 1 cheval, 60 c. la course, 85 c. l'h. ; à 2 chev., 1 fr. 35.

PERPIGNAN, 224.

Omnibus : — de la gare aux hôtels, 30 c. par place et par colis.

Hôtels : — *Grand-Hôtel* (confort moderne ; petit déj. 75 c. à 1 fr. 25 ; déj. 3 fr. ; dîn. 3 fr. 50, serv. à part 50 c. de suppl. ; ch. de 2 fr. 50 à 10 fr. ; pens. de 8 à 15 fr. par j. ; bains ;), quai Sadi-Carnot ; — *de France* (dep. 7 fr. 50 par j.), quai Sadi-Carnot ; — *de la Loge* (pet. déj. 1 fr. ; déj. à pet. tables 3 fr. ; dîn. 3 fr. 50 ; ch. de 2 à 5 fr.), pl. de la Loge ; — *du Nord et du Petit-Paris*, pl. d'Armes (pet. déj. 75 c. ; déj. 2 fr. 50 ; dîn. 3 fr. ; pens. 7 fr. par j.) ; — *Central-Hôtel* (rest. de 1er ordre ; 3 fr. le repas et serv. à la carte ; ch. dep. 2 fr. ; pens. pour 15 j., 7 fr. 50 par j. ; bains), pl. Arago ; — *de la Poste et de la Perdrix* (pet. déj. 75 c. ; déj. 2 fr. 50 ; dîn. 3 fr., serv. à part 50 c. de suppl. ; ch. de 2 à 5 fr.), r. Fabriques-Nabot, 6.

Syndicat d'initiative : — maison Fourcade-Abblard, quai Vauban.

Concerts : — *Eldorado*, pl. Bardou-Job (entrée, 1 fr.) ; — *Alcazar Roussillonnais* (entrée, 1 fr.).

Poste et télégraphe : — r. de la Préfecture.

Voitures de place : — 2 fr. 50 l'h.

Trams électriques : — *de la gare à la Loge*, 10 c. ; — *Saint-Martin au Carrefour du Vernet*, 15 c. ; — *Perpignan à Canet-Plage* (t. les h. en sem. et t. les 1/2 h. le dim.), 70 c., all. et ret. 1 fr. 05.

POITIERS, 78.

Omnibus : — 50 c. le j., 60 c. la nuit sans bagages, 60 c. et 70 c. avec 30 kilogr.

Hôtels : — *de France* (pet. déj. 1 fr., 1 fr. 25 dans la ch.; déj. 2 fr. 50, à part 3 fr.; dîn. 3 fr. et 3 fr. 50; ch. de 2 fr. 50 à 15 fr.; au mois, 100 fr. sans le petit déj.; bains; électr.; téléph.; ch. hyg.), r. Carnot, 28; — *du Palais* (petit déj. 1 fr. 25; déj. 2 fr. 50, à part 3 fr. 50; dîn. 3 fr. et 4 fr.; ch. de 2 fr. 50 à 10 fr.; 40 ch. hyg.; bains et fosse; mécanicien), r. Boucenne, 2, en face du Palais de Justice; — *de l'Europe* (petit déj. 1 fr.; déj. 2 fr. 50, à part 3 fr.; dîn. 3 fr. et 3 fr. 50; ch. de 2 fr. 50 à 5 fr.; jardin électr.; téléph.), r. Carnot, 39; — *des Trois-Piliers* (petit déj. 50 à 75 c.; déj. 2 fr. 50; dîn. 3 fr.; ch. de 2 fr. 50 à 5 fr. et fosses; téléph.), r. Carnot, 37.

Poste, télégraphe et téléphone : — r. du Chaudron-d'Or, 4 (de 7 h. mat. à 9 h. s. l'été, de 8 h. mat. à 9 h. s. l'hiver).

Bains : — *Gallois*, r. des Grandes-Ecoles.

Voitures de place : — le j. 75 c. la course, 1 fr. 50 l'h.; la nuit, 1 fr. 25 et 2 fr.

Tramways électriques : — *Gare Place d'Armes*, 10 c.; — *Place d'Armes-Trois-Bourdons*, 15 c.; — *Place d'Armes-Cimetière de la Pierre-Levée*, 15 c.

Guide archéologique : — *Jules Robuchon*, 3, r. du Moulin-à-Vent (exposition artistique des Paysages et Monuments du Poitou).

Q

ATRE-CHEMINS-L'OIE, 43.
ÉROY-PRANZAC [Le], 98.
ESTEMBERT, 37.
EUREILH [Cascade de], 189.
EYRAC, 71.
ÉZAC, 207.
IBERON, 38.
ILLACQ [Chêne phénoménal de], 142.
ILLAN, 214. — Hôt. : *Verdier; des Pyrénées.*
ILLANE [Col de la], 214.
IMPER, 38. — Hôt. : *de l'Épée; du Parc; de France.*
IMPERLÉ, 38. — Hôt. : *du Lion-d'Or et des Voyageurs; de Bretagne; de la Gare.*
UINCÉ-BRISSAC, 73.

R

ABASTENS (Hautes-Pyrénées), 173.
ABASTENS (Tarn), 135. — Hôt. *Pongis.*
ABIEUX, 222.
ANCOGNE, 98.
AZ [Pointe du], 38.
AZAC-SUR-L'ISLE, 117.
É [Ile de], 59.
ÉALMONT, 219.
ÉALS, 223.
ÉALVILLE, 131.
ECOULES, 205.
EDON, 37. — Hôt. : *du Lion-d'Or; de France* (bains chauds).
ENNES-LES-BAINS, 214. — Hôt. : *Grand-Hôtel; de la Reine.*
ÉOLE [La], 118. — Omn. 30 c. — Hôt. : *Grand-Hôtel; Buzet.*
REQUISTA, 201.
REUILLY, 101.
RÉVEILLON [Gouffre du], 133.
REVEL, 219. — Hôt. : *de la Lune; Notre-Dame; du Midi.*
RHUNE [La], 145.
RIBÉRAC, 84. — Hôt. : *de France; du Périgord.*
RICHELIEU, 22.
RIEUMES, 139.
RIEUX, 153.
RIEUX-MINERVOIS, 215.
RIGOLET-BAS, 189.
RIMONT, 178.
RIOU [Col de], 164.
RIOULET [Ravin du], 166.
RIPAUD, 215.
RIPAULT [Poudrerie du], 78.
RISCLE, 167. — Hôt. *de France.*
RIVESALTES, 224. — Hôt. : *du Parc; Marty.*
RIVIÈRE [Plaine de], 152.
ROBINSON, 228.
ROCAMADOUR, 132. — Hôt. : *du Lion-d'Or; Notre-Dame; du Grand-Soleil; des Templiers.*
ROCHEBEAUCOURT [La], 84.
ROCHEBLAVE [Château de], 207.
ROCHE-CHALAIS [La], 85. — Hôt. *du Coq-Hardi.*
ROCHECHEVREUX [La], 81.
ROCHECHOUART, 90. — Hôt. : *Vaissade; Rougier.*
ROCHECORBON [Lanterne de], 21.
ROCHECOTTE [Château de], 22.

ROCHEFORT, 64.

Omnibus : — 40 c.

Hôtels : — *du Grand-Bacha* (petit déj. 1 fr.; déj. 2 fr. 50, à part 3 fr.; dîn. 3 fr. et 3 fr. 50; ch. de 2 fr. 50 à 5 fr.; pens. de 7 fr. 50 à 15 fr. par j.; bains; électr.; téléph.), r. de l'Arsenal, 53; — *de la Rochelle* (petit déj. 50 c. à 1 fr.; déj. 2 fr. 50, à part 3 fr.; dîn. 3 fr. et 3 fr. 50; ch. de 2 fr. 50 à 5 fr.; pens. 6 fr. par j. électr.; téléph.), r. Chanzy, 110; — *de France* (petit déj. 1 fr.; déj. 2 fr. 50, à part 3 fr.; dîn. 3 fr. et 3 fr. 50; ch. de 2 à 5 fr.; pens. 6 fr. 50 par j.; électr. téléph.), r. Emile-Zola, 55.

Restaurants : — *Parisien, Lafayette*, r. Lafayette; — *Bar du Théâ-*

Nantes et des Vivres; — hôtel et
Français (petit déj. 60 c.; déj. et
2 fr. 50, à part 3 fr.; ch. de 2 à
; pens. 6 fr. 50), av. Gambetta, 19.
Poste, télégraphe et téléphone :
r. Paul-Baudry.

ROYAN, 72.

Kiosque-buffet : — à la gare.

Omnibus à la gare : — des hôt.; du ch. de fer (40 c., 60 c. avec 30 kilogr. d'excédent), à t. l. trains; — ***omnibus de famille*** pour Royan, y compris Pontaillac (à 4 pl. avec 120 kilogr. de bagages, 4 fr. 50; à 6 pl., avec 120 kilogr., 5 fr. 50; excédents de bagages, 10 c. par 120 kilogr.).

Bureau de renseignements, succursale de la gare, 9, r. Gambetta : — délivrance et prolongations de billets, enregistrement des bagages, livraison et enlèvement à domicile, expéditions; voit. d'excursions; excursions organisées en car alpin et en bat. à vapeur, etc.

Hôtels : — 1° PARC ET GRANDE-CONCHE : — *du Parc** (t. l'année; petit déj. 1 fr. 25; déj. à table d'hôte 3 fr. 50 vin compris, dîn. 4 fr. 50; ch. à 1 lit 6 à 8 fr., à 2 lits 7 à 10 fr.; pens. 12 à 17 fr. par j.), bd de St-Georges, Grande-Conche et sur le Parc; *Grand-Hôtel** (du 1er mars au 1er oct.; pens. 10 à 18 fr.; bains); — *Family-Hôtel* (t. l'année; petit déj. 1 fr.; déj. 3 fr., dîn. 3 fr. 50, vin compris, à table d'hôte; ch. de 2 fr. 50 à 8 fr.), bd de St-Georges, à l'entrée du Parc et en face de la Grande-Conche.

2° VILLE ET FONCILLON : — *de Bordeaux*, de Paris, d'Orléans,* en façade sur le port; — *Royal-Hôtel* (ouv. de Pâques au 15 oct.; petit déj. 1 fr. 50; déj. 3 fr., à part 4 fr.; dîn. 4 et 5 fr.; ch. de 4 à 20 fr.; pens. dep. 11 fr. par j. confort moderne; bains téléph.), bd Thiers, 36; — *Richelieu* (du 1er juill. au 30 sept.; omn. 50 c.; pet. déj. 1 fr.; déj. 3 fr. 50, dîn. 4 fr., vin compris; au rest. 4 fr. et 5 fr.; ch. à 1 lit de 2 à 9 fr., à 2 lits de 5 à 15 fr.), bd Botton, 28; — *Nouvel-Hôtel Charreyre* (petit déj. 75 c.; déj. 3 fr.; dîn. 3 fr. 50 serv. par petites tables; ch. dep. 3 fr.; pens. 9 fr. par j., sans le petit déj.), bd Lessore et r. Gambetta; — *du Centre* (du 1er avril au 1er nov.; omn. 40 c., 60 c. avec bagages; petit déj. 50 c. à 1 fr.; déj. 2 fr. 50; dîn. 3 fr.; ch. de 2 fr. 50 à 5 fr.; pens. dep. 8 fr. par j.), r. Gambetta, 13, et bd Lessore, 33; — *du Commerce* (pens. dep. 8 fr. par j.); — *de la Croix-Blanche* (petit déj. 75 c.; déj. 2 fr. 50, à part 3 fr. 50, dîn. 3 fr.; ch. de 2 à 3 fr.) bd Botton, etc.

3° PONTAILLAC : — V. ce nom.

Restaurants : — *Café des Bains et Excelsior-Restaurant,* pl. Thiers et

S

Hôtels : — *de la Plage** (ouv. de juin à oct.; omn. 60 c. sans bagages; petit déj. 1 fr.; déj. 3 fr. 50, à part 4 fr. 50; dîn. 4 fr. et 5 fr.; ch. de 2 fr. 50 à 7 fr.; pens. dep. 9 fr. par j.), sur le Remblai; — *de l'Océan et du Remblai**; *Splendide-Hôtel**, *du Casino** (bains), sur le Remblai; — *du Casino des Pins*, à la Rudelière; — *du Cheval-Blanc*; — *de France et des Etrangers* (pet. déj. 50 c. et 75 c.; déj. 2 fr. 50, dîn. 3 fr.; ch. de 2 à 3 fr.; pens. dep. 7 fr. par j.).

Agences de locations : — *E. Mayeux*, r. Bisson, 6; — *Chaigneau*, r. du Palais; — *Noyère-Pontlevoy*, r. Mazagran et Nationale.

Poste, télégraphe et téléphone : — quai du Port, ouvert de 7 h. mat. à 9 h. s.

Casino : — entrée 50 c.; — *Casino des Pins* dans le bois de la Rudelière.

Bains de mer : — bain avec costume, 60 c.

Bains chauds et hydrothérapie : — *Raimbert*.

Tram électrique pour : — le bois et le casino-théâtre de la *Rudelière* de 8 h. mat. jusqu'à 1 h. après le spectacle, 20 c. le jour, 30 c. après 10 h. du s.

Excursions en mer : — à l'*île de Ré*, à l'*île d'Yeu*, à la *Pallice*, dans la saison. — Excursion à la *forêt d'Olonne* par le vapeur *Mireille* (1 fr. all. et ret.).

SAINT-JEAN-DE-LUZ, 145.

Hôtels : — *d'Angleterre et de la Plage**, sur la plage et r. Garat (ouv. t. l'année; 9 à 14 fr. par pers. du 15 oct. au 15 juill.; saison balnéaire, 12 à 20 fr. par j. [bains] électr.; asc.; téléph.); — *Terminus-Plage**, sur la plage; — *Golf-Hôtel Beaurivage** (ouv. t. l'année; pet. déj. 1 fr. 25; déj. 4 fr., din. 5 fr., serv. à part, vin compris; ch. de 3 fr. 50 à 8 fr.; pens. 9 à 12 fr. par j.; bains [douches] [bains] asc.; électr.), bd Thiers; — *de la Poste* (pet. déj., 60 c.; déj. 3 fr., din. 3 fr. 50, vin compris; ch. à 1 lit 2 à 4 fr., à 2 lits 3 à 5 fr.; pens. dep. 8 fr. par j. l'été, dep. 7 fr. l'hiver), r. Gambetta, 85; — *Gélos* ou *de France*, près de la gare; — *de Paris* (pet. déj. 60 c.; déj. 2 fr. 50; din. 3 fr., v. c.; serv. à part, 50 c. de suppl.; ch. de 2 à 5 fr.; pens. dep. 7 fr. par j.; bains [douches] [bains]); — *du Commerce*, en face la gare.

Cafés : — *Suisse*, pl. Louis-XIV; — *du Sport*, pl. Pluviose.

Casino : — Entrée 1 fr.

SAINT-SAUVEUR, 165.

Omnibus des hôt. à la gare de Luz. *Hôtels* : — *des Bains et des Princes réunis** (ouv. toute l'année; pet. déj. 1 fr., déj. 3 fr. 50, dîn. 4 fr.; serv. à part, déj. 4 fr.; dîn. 5 fr.; ch. de 3 à 10 fr.; pens. de 8 à 15 fr. par j. ch. hygiéniques); — *de France et Villa Beau-Site* (avril à oct.; pet. déj. 1 fr.; déj. 3 fr.; dîn. 4 fr.; serv. à part, 50 c. de suppl.; ch. de 2 à 8 fr.; pens. dep. 5 fr. par j.; bains); — *de Paris et villa Eugénie;* — *Villa Marie.*

SAINT-TROJAN, 66. — Hôt. : *de la Forêt et des Deux-Plages* (petit déj. 50 c.; déj. 2 fr. 50; dîn. 3 fr.; ch. de 1 fr. 50 à 3 fr.; pens. 7 fr. par j. téléph.); *des Bains et hôtel Moderne réunis* (petit déj. 50 c.; déj. et dîn. 2 fr. 50, à part 3 fr. avec vin; ch. de 1 fr. à 2 fr. 50; pens. 5 fr. 50 et 6 fr. par j.); — *du Soleil-Levant* (pens. 7 fr. par j.). — Locations : s'adr. au Syndicat d'intérêt local de Saint-Trojan. — Casino : à l'hôt. du Casino. — Établissement de bains de mer : à la Petite-Plage : *Martin* (bains chauds); *Delanoue-Portou* (bains chauds); à la Grande-Plage : *Botineau* (lait). — Poste, télégraphe et téléphone.

SAINTES, 67.

Omnibus : — de la gare à la ville, 30 c. par pers., 20 c. par colis.

Hôtels : — *du Palais*, square du Palais de Justice; — *des Messageries* (petit déj. 1 fr.; déj. 2 fr. 50, à part 3 fr.; dîn. 3 fr. et 4 fr.; ch. de 2 fr. 50 à 6 fr.; pens. 8 fr. 50 par j.; téléph.), r. Victor-Hugo; — *de France* (petit déj. 60 c. et 75 c.; déj. 2 fr. 50, à part 3 fr.; dîn. 3 fr. et 3 fr. 50; ch. de 2 à 3 fr.; pens. 7 fr. 50 par j. téléph.; spécialité de pâtés de foie gras), cours National et cours Reverseaux).

Poste, télégraphe et téléphone : — cours National.

Voitures de place : — dans le rayon de l'octroi : la course, 1 à 4 pers., 1 fr.; l'h., 1 à 4 pers., 2 fr.

LÉCHAN, 174.
LERS, 196. — Hôt. : *Faurre-Serre*; *des Bons-Enfants*.
LIES, 150. — Etablissement thermal. — Hôt. : *du Parc et de l'Etablissement thermal** (1er mars à fin nov.; pet. déj. 1 fr. 50; déj. 4 fr.; dîn. 5 fr. vin compris; ch. de 3 à 8 fr.; pens. de 8 à 15 fr. par j.; téléph.; parc; ascens. électr.); *de France et d'Angleterre** (ouvert t. l'année; pet. déj. 1 fr. 50; déj. 4 fr.; dîn. 5 fr. vin compris; ch. de 3 à 8 fr., pens. 8 à 15 fr. par j.; téléph.; parc; ascens. électr. avec fosse; dans le parc de cet hôtel, *Villa Rosita*, meublée); *Hameau de Bellevue**, comprenant dans un parc le *pavillon Henri IV*, le *pavillon de Bellevue* et les *villas Gabrielle, Fleurette* et *Corisandre*; *du Château* (pet. déj. 1 fr.; déj. 3 fr. 50; dîn. 4 fr.; ch. de 3 à 6 fr.; pens. 8 fr. par j.; ; téléph.; lum. électr.); *de Paris*; *de la Paix et des Thermes Salins*. — Maisons de famille: *Larrouy, Loustau, Coustère*.
ALIES-DU-SALAT, 152. — Hôt. : *Feuillerat*; *Raufast*.
ALIGNAC, 115.
ALINS, 196.
SALINS DU MIDI, 218.
SALLÈLES-D'AUDE, 217.
SALLES, 140.
SALLES-D'AUDE, 217.
SALLES-LA-SOURCE, 204.
SALLES-SUR-L'HERS, 212.
SALON DE MIRABEAU, 189.
SALON DU CAPUCIN, 187. — Café-restaurant.
SALSES, 224. — Hôt. *de la Dorade*.
SAMATAN, 139.
SANCERGUES, 186.
SANCERRE, 184. — Omn. 90 c. — Hôt. : *du Point-du-Jour et de l'Ecu*; *de France*.
SANCOINS, 185.
SANDILLON, 8.
SANXAY, 56.
SAQUET [Pic], 180.
SARGÉ, 40.
SARLAT, 113. — Omn. à la gare. — Hôt. : *de la Madeleine*; *du Lion-d'Or*.
SARRANCE, 157.
SARRANCOLIN, 151. — Hôt. *des Pyrénées*.
SARZAY-FOUGEROLLES, 105.
SAUBUSSE, 143.
SAUJON, 69. — Omnibus : 30 c.; 20 c. par colis. — Hôt. : *du Cheval-Marin* (omn.; petit déj. 30 à 75 c.; déj. 2 fr. 50, à part 3 fr.; dîn. 3 fr. et 3 fr. 50; ch. de 1 fr. 50 à 5 fr.; pens. de 4 à 6 fr. par j.), r. Carnot, 12; *du Commerce* (omn.; petit déj. 50 c.; déj. 2 fr. 50, à part 3 fr.; dîn. 3 fr.; ch. de 2 à 3 fr.; pens. 7 fr. par j.), r. de Saintonge; *des Voyageurs*. — Etablissement d'hydrothérapie et d'électrothérapie du Dr *Dubois*.
SAULDRE [Canal de la], 100.
SAUMUR, 22. — Omnibus : des gares en ville, 30 c.; de la gare d'Orléans à celle de l'Etat, 50 c. — Hôt. : *Budan*; *de la Paix*; *de Londres*. — Cafés : *de la Paix*; *du Commerce*; *de la Bourse*. — Voit. de place : la course, 1 fr.; l'h. en ville, 1 fr. 50; hors la ville, prix à débattre.
SAUT [Moulin du], 133.
SAUT DE SABO, 221.
SAUT DE LA SAULE, 196.
SAUT DE LA VIROLE, 125.
SAUT-DU-LOUP [Cascade du], 189.
SAUTERNES, 117.
SAUVE [La], 92.
SAUVETERRE [Causse de], 206.
SAUVETERRE-DE-BÉARN, 150. — Hôt. : *Rospide*; *Thyonville*.
SAUVETERRE-DE-GUYENNE, 92.
SAUVETERRE-LA-LÉMANCE [Château de], 113.
SAUZELLE, 66.
SAUZAY-VAUSSAIS, 60.
SAVENAY, 36. — Hôt. : *de Bretagne*; *du Chêne-Vert*.
SAVENNES-SAINT-ÉTIENNE-AUX-CLOS, 195.
SAVERDUN, 177.
SAVIGNAC-LES-EGLISES, 125.
SAVIGNÉ, 83.
SAVIGNY-SUR-BRAYE, 40.
SAVIGNY-SUR-ORGE, 2.
SAVONNIÈRES, 22.
SCARPUT [Pic], 160.
SCEAUX, 228. — Restaurants : *du Parc*, *Pichet* (pâtisserie), tous deux en face du parc.
SCEAUX-CEINTURE, 227.
SCEAUX-ROBINSON, 228.
SCORBÉ-CLAIRVAUX, 46.
SECONDIGNY, 53.

T

TARBES, 168.

Omnibus : — de la gare aux hôt. 30 c. par pl. — Voit. de famille à 6 pl., avec 150 kilog. de bagages : 3 fr.

Hôtels : — *de la Paix*, pl. Maubourguet et cours Gambetta; — *des Ambassadeurs et de Londres* (pet. déj. 1 fr. ; déj. 3 fr. ; dîn. 3 fr. 50), pl. Maubourguet et r. Massey; — *de Paris* (pet. déj. 60 c. ; déj. 2 fr. 50; dîn. 3 fr.; ch. 3 à 5 fr.), r. Thiers, 21 ; — *du Commerce* (pet. déj. 1 fr. ; déj. 2 fr. 75, servi à part, 3 fr. 25; dîn. 3 fr. et 3 fr. 50; ch. de 2 fr 50 à 4 fr. par lit; pens. 7 fr. 50 par j. bains et douches), r. Massey, 8 ; — *de France* (dep. 8 fr. par j.), pl. Marcadieu, 11 ; — *de Strasbourg et du Chapon-Fin* (pet. déj. 60 c.; déj. 2 fr. 50; dîn. 3 fr.; ch. dep. 1 fr. 50; pens. 6 fr. 50 par j.), en face de la gare.

Syndicat d'initiative : — pl. Mau- ourguet, 16.

Voitures de place : — à 2 pl. 75 c. a course, 1 fr. 50 l'h.; — à 4 pl. 1 et fr.; — nuit, voit. à 2 pl., 1 et 2 fr.; — à 4 pl. 1 fr. 25 et 2 fr. 50; — hors les limites de l'octroi, jusqu'à 12 k., aller et ret. : voit. à 2 pl. 2 fr. l'h., à pl. 2 fr. 50.

TARBES [Plaine de], 151.
TARBÉZOU [Pic de], 180.
TARDES [Pont de la], 187.
TARDETS, 157. — Hôt. : *des Voyageurs*; *Uhart*.
TARDOIRE [Vallée de la], 98.
TARTARET [Le], 190.
TARTAS, 141. — Hôt. *Français*.
TAUSSAT, 71.
TAUVES, 189.
TAVERS [Viaduc de], 9.
TAYAC, 112.
TEICH [Le], 145.
TERCIS, 142.
TERRASSON, 112.
TERSSAC, 135.
TERTRE DE FRONSAC, 86.
TESSONNIÈRES, 135.
TESTE [La], 147. — Hôt. : *du Nord*; *du Théâtre*.
THAU [Etang de], 218.
THAUMIERS, 184.
THEILLAY, 101.
THENEUILLE, 185.
THENON, 112.
THÉSÉE, 94.
THÉZAN, 217.
THIAT-ORADOUR, 82.
THIÉZAC, 198.
THIRON, 39.
THIVIERS, 109. — Hôt. *de France*.
THORÉ, 14.
THOUARCÉ, 73.
THOUARS, 41. — Hôt. : *du Cheval-Blanc et de la Boule-d'Or*; *Grasset*.
THOURON, 108.
THUÈS [Bains de], 225.
THYNIÈRES [Château de], 195.
TIFFAUGES, 75. — Hôt. *des Etrangers et du Vieux-Château*.
TIGY, 7.
TINDOUL DE LA VAYSSIÈRE, 204.
TOCANE-SAINT-ASPRE, 84.
TONNAY-CHARENTE, 66. — Hôt. : *du Commerce*; *du Point-du-Jour*.
TONNEINS, 119. — Hôt. *de l'Europe*.
TORTERON, 186.
TOSSE, 143.
TORFOU, 75.
TOUCHAY, 185.
TOULON [Source du], 111.

TOULOUSE, 135.

Omnibus du chemin de fer : — *de la gare Matabiau* au bureau central (rue Saint-Antoine-du-T, 24) ou aux hôt., 40 c. par voyageur, 25 c. par colis; à domicile, 50 c. et 25 c.; — *de la gare Saint-Cyprien* et *de la gare Roguet* au bureau spécial (rue de Metz, 14) ou aux hôt., 30 c. par voyageur, 25 c. par colis; à domicile, 50 c. et 25 c. — *Voit. de famille* (6 pl.) : de ou pour la gare Matabiau, 1 fr. 75; de ou pour la gare Saint-Cyprien et la *gare Roguet*, 2 fr.; franchise pour 100 kilogr. de bagages; bureau, rue Saint-Antoine-du-T, 24.

Hôtels : — *Grand-Hôtel et Hôtel Tivollier réunis** (petit déj. 1 fr. 50; déj. 4 fr.; dîn. 5 fr.; ch. de 3 fr. à 20 fr. ascens.; téléph.; calorifère; bains), r. de Metz, 31, 33. Dans l'hôtel, restaurant *Riche*; pâtés de foies gras truffés; — *de l'Europe et du Midi**, pl. Lafayette, 6 (confort moderne; jardin d'été); — *Capoul**, pl. Lafayette, 13 (eau chaude et froide dans toutes les ch.; petit déj. 1 fr.; déj. 3 fr.; dîn. 3 fr. 50, serv. à petites tables; ch. de 2 fr. 50 à 6 fr.; pens. dep. 8 fr. 50 par j. téléph.; ascens.; bains); — *Baichère* (petit déj. 1 fr.; déj. 3 fr.; dîn. 3 fr. 50, serv. à petites tables; ch. de 2 à 5 fr.; pens. de 8 à 10 fr. par j.), r. des Arts, 7; — *Terminus* (dep. 8 fr. par j.; bains), en face la gare; — *Bayard* (petit déj. 75 c.; déj. dep. 2 fr. 50; dîn. dep. 3 fr.; restaur.; ch. de 2 à 6 fr.; pens. dep. 7 fr. 50 par j.; lum. électr.). en face la gare; — *de Paris* (petit déj. 75 c.; déj. 2 fr. 50, à part 3 fr.; dîn. 3 fr.; ch. de 2 fr. 50 à 5 fr.; pens. 8 fr. par j.), r. Gambetta, 66; —

Central (déj., 2 fr. 50; dîn. 3 fr.; ch. dep. 2 fr.), pl. Saint-Pantaléon, 1; — *Chaumond* (petit déj. 60 c.; déj. et dîn., 2 fr.; ch. 2 fr. à 4 fr.; pens. 6 fr. 50 par j.), r. Lafayette, 19, en face le square du Capitole; — *du Grand-Balcon*, r. Romiguières et r. des Lois; — *du Capitole*, r. Rémusat, 3; — *du Bon-Pasteur* (petit déj. 60 c. à 1 fr.; déj. et dîn. à petites tables 2 fr. 50 à 3 fr.; pens. dep. 6 fr. par j.; lum. élect.), r. Pargaminières, 85, etc..

Restaurants : — dans les hôt. et aux cafés Albrighi, de la Comédie, Sion, Bibent, de la Paix, Riche; — *Alart*, r. du Poids-de-l'Huile, 9; — *Tarrêne*, au rez-de-chaussée de l'hôtel du Donjon, r. du Poids-de-l'Huile, 12; — *Doré*, pl. Lafayette, 16 (genre Duval); — *des Gourmets*, r. Bayard, 11; — *au Rosbif*, r. Lafayette, 15.

Cafés : — *de la Paix, de l'Hôtel-de-Ville, Bibent, Richelieu*, pl. du Capitole; — *de la Comédie, Lafayette*, pl. Lafayette; — *Albrighi*, av. Lafayette, 13, et bd de Strasbourg; — *Sion*, bd de Strasbourg; — *des Américains*, av. Lafayette et bd Carnot, etc.

Pâtés truffés : — aux hôt. Grand-Hôtel, *Tivollier*, Capoul, de l'Europe et du Midi, aux rest. Albrighi et Riche; — *Beschon*, r. Lafayette, 3; — *Haglon*, r. Lafayette, 31; — *Michon*, r. Saint-Rome, 51.

Théâtres et salles de spectacles : — *Grand-Théâtre*, à l'aile dr. du Capitole; — *Variétés*, av. Lafayette, 9; — *Nouveautés*, bd Carnot, 56; — *Salle du Jardin-Royal*, porte Montgaillard, 6; — *Pré Catelan*, allée Lafayette, 60; — *Casino Music-Hall*, r. Dutemps, 3, et pl. Lafayette.

Bains et hydrothérapie : — *Dutemps*, pl. Lafayette, 1, et r. du Conservatoire, 21. — *Néothermes*, quai de Tounis, 34; — *Gaylou*, quai de Tounis, 12; — *Laporte*, en bateaux, quai de la Daurade; — *du Grand-Rond*, allée Saint-Étienne, 2; — *Arjo*, r. des Récollets, 35, etc.

Poste, télégraphe et téléphone : — r. de la Poste, 6 (ouvert de 7 h. mat. à 9 h. s., du 1er mars au 31 oct., et de 8 h. mat. à 9 h. soir, du 1er nov. au 28 fév.); — bureaux supplémentaires, pl. de la Bourse, 4, et r. Cujas; pl. Dupuy; allée Saint-Michel, 11; r. Bayard, 63; r. du Faubourg-des-Minimes (Arnaud-Bernard), et r. de la République, 57 (Saint-Cyprien).

Omnibus et tramways : — de la *place du Capitole* aux points suivants : *gare Matabiau*, par l'allée Lafayette; — *place Saint-Michel*, par la pl. des Carmes; *cimetière de Terre-Cabade*, par le bd Saint-Aubin; *Saint-Cyprien* (pl. Roguet), par la r. d'Alsace et le Pont-Neuf; *barrière de Muret*, par le Pont-Neuf; les *Minimes*, par le bd de Strasbourg; *faubourg Bonnefoy*, par la r. de Rémusat; *Négreneys* (fg Bonnefoy), par la pl. Saint-Sernin; fg *Guilleméry*, la *Côte-Pavée*, par la pl. Dupuy; le *Busca* (derrière le jardin des plantes), le *Pont-des-Demoiselles*, par le Grand-Rond; les *Amidonniers*, par la r. Pargaminières et le canal de Brienne; — de la *gare Matabiau* à la *place Saint-Michel*, par les r. de Bayard, d'Alsace-Lorraine et de Languedoc; — du *boulevard de Strasbourg* à *Croix-Daurade* et au *pont de l'Hers*, par le fg Bonnefoy; — de la *place Lafayette* à *Saint-Michel*, par le Grand-Rond; — aux *Amidonniers* et au *pont de l'Embouchure*, par le bd de Strasbourg; — de la *place Saint-Michel* à *Saint-Cyprien*, par le pont Saint-Michel; — de la *place Saint-Michel* à la gare *Saint-Agne*; — de la *place Roguet* à la *gare Saint-Cyprien*; — du *pont des Minimes* à la *barrière de Paris*. — Le prix des places en omnibus est de 10 c. dans l'int. de la ville, et de 15 c. pour certaines lignes, au delà du mur d'octroi; moyennant 5 c. de supplément, toutes les lignes partant du Capitole donnent un ticket de corresp.

Voitures de place : — *à 1 cheval* : la course, dans les limites de l'octroi, 90 c. le j., 1 fr. 75 la nuit (de minuit 1/2 à 6 h.); hors barrière, 1 fr. 75 et 3 fr.; hors barrière au delà de 6 k., 25 et 45 c. par k. en plus; l'h. de j. 1 fr. 50, de nuit 2 fr. 50; hors barrière, 2 fr. et 3 fr. 15; — *à 2 chevaux* : la course, 1 fr. 10 et 2 fr.; hors barrière, 2 fr. et 3 fr. 50; hors barrière, au delà de 6 k., 40 c. et 75 c. par k. en plus; l'h. 1 fr. 80 et 3 fr.; l'h. hors barrière, 2 fr. 25 et 3 fr 50.

TOUR [La], 202.
TOUR-D'AUVERGNE [La], 188.
TOURMALET [Col du], 170.
TOURNEMIRE, 201.
TOURNON-SAINT-MARTIN, 77.

TOURS, 18.

Omnibus : — de la gare aux hôtels et à domicile, 60 c. avec bagages.
Hôtels : — *de l'Univers* * (ch. dep. 3 fr.; déj. à la carte; dîn. à table d'hôte, vin compris, 5 fr.; bains; ascens.), bd Heurteloup, 3; — *de Bordeaux* (ch. dep. 2 fr. 50; serv., 50 c.; déj. 3 fr.; dîn. 4 fr., avec vin; téléph.), pl. de la Gare, 1; — *de la Boule-d'Or* (petit déj., 1 fr. 25; déj., 3 fr.; dîn., 3 fr. 50; ch. de 3 à 5 fr.; pens. dep. 9 fr. par j. téléph.), r. Nationale, 29: — *du Faisan* (petit déj., 1 fr. 50; déj., 3 fr. 50; dîn., 4 fr.; servis à part, déj. 5 fr., dîn. 6 fr.; ch. de 3 à 12 fr.), r. Nationale, 17; — *des Négociants* (8 fr. par j.), r. Nationale, 19; — *du Commerce* (petit déj., 1 fr. 50; déj., 3 fr.; dîn., 3 fr. 50; ch. dep. 3 fr. pour 1 pers., et 6 à 8 fr. pour 2 pers.; électr.; téléph.), r. du Palais, 14; — *des Colonies*, r. de Bordeaux, 36; — *du Croissant* (petit déj., 1 fr.; déj., 3 fr.; dîn., 3 fr. 50; ch. à 1 lit, 3 à 4 fr.; à 2 lits, 6 à 8 fr.; téléph.), r. Gambetta, 7; etc.
Restaurants : — *Curassier* (spécialité d'escargots), r. Nationale, 71; — *Lamy*, r. de la Préfecture, 26; — *Peuplier*, r. Colbert, 14.
Cafés : — *de la Ville, du Commerce, de l'Hôtel-de-Ville, Grand-Café* (cabine téléphonique), r. Nationale; — *de Bordeaux*, bd Heurteloup, 27, et pl. de la Gare; — *de l'Univers*, pl. du Palais, 8.
Poste, télégraphe et téléphone : — r. de Clocheville, 14 *bis*.
Bains : — *de la Touraine*, bd Béranger, 18; — *Richelieu*, r. Richelieu, 7.
Voitures de place : — à 2 pl. la course, 1 fr.; l'h. 1 fr. 50; à 4 pl. et à 1 chev., 1 fr. 20 et 1 fr. 80.
Trams électriques : — *de la gare à la place Choiseul*; *de la gare à la place Victoire; de Saint-Symphorien à la barrière de Grammont*; dép. t. l. 7 min. 1/2 dans chaque sens, 15 c. et 10 c.; — *de la place de la Gare à Saint-Avertin* (30 c. et 15 c.); toutes les h., t. l. 1/2 h. en été.

TOURY, 3.
TOUVENT, 67.
TOUVRE [Sources de la], 97.
TRANCHE [La], 63.
TRAPPE [Tunnel de la], 113.
TRÈBES, 215.
TREIGNAC, 125. — Hôt. *de la Bagatelle*.
TREIGNAT, 191.
TRÉLAZÉ, 24.
TRÉLISSAC [Château de], 125.
TREMBLADE [La], 70. — Hôt. *de France*.
TRENTEMOULT [Ile de], 36.
TRÈVES, 24.
TRIGONANT [Château de], 125.
TRIMOUILLE [La], 81.
TRIOULON (Château de), 199.
TROIS-MOUTIERS [Les], 74.
TROMPELOUP, 71.
TRÔO, 14. — Hôt. *de la Boule-d'Or*.
TROUMOUSE [Cirque de], 165.
TROUS DE MESCHERS, 73.
TROUY-PLAIMPIED, 184.
TRUC DE LA TRUQUE, 147.
TUC DE L'ABÉCÈDE, 177.
TUCHAN, 215.
TULLE, 194. — Omn. de la gare à la ville, 10 c. — Hôt. : *Notre-Dame*; *Grand-Hôtel*. — Cafés : *de la Comédie*; *Notre-Dame*.
TUQUEROUYE [Echelle de], 166.
TURENNE, 131.
TURQUANT, 23.

U

UHART-CIZE, 154.
URDOS, 157. — Aub. *Vidailhet*.
URDOS [Fort d'], 157.
URSOUIA [L'], 154.
URT, 150.

V

X, Y

ABRÉVIATIONS

alt., altit.	altitude.
arr., arrond.	arrondissement.
asc.	ascenseur.
aub	auberge.
auj.	aujourd'hui.
av.	avenue.
b.	bourg.
bd.	boulevard.
c., cent.	centimes, centimètres.
ch.	chambre.
ch. hyg.	chambres hygiéniques.
chev.	cheval.
ch.-l. de c.	chef-lieu de canton.
com., comm.	commune.
corr., corresp.	correspondance.
déj	déjeuner.
dép., départ.	département.
dîn	dîner.
dr.	droite.
E.	est.
écl. électr.	éclairage électrique.
env	environ.
fr.	franc.
g.	gauche.
h.	heure.
hab.	habitants.
ham.	hameau.
haut.	hauteur.
hect.	hectares.
hectol.	hectolitres.
hôt.	hôtel.
j.	jour.
k.	kilomètres.
kilog.	kilogrammes.
larg.	largeur.
long.	longueur.
mat.	matin.
m.	mètre.
millim.	millimètres.
min.	minutes.
N.	nord.
O.	ouest.
part.	particulière
pens.	pension.
pl.	places.
quint. mét.	quintaux métriques.
r.	rue.
R.	route.
rest.	restaurant.
S.	sud.
s.	siècle.
St.	Saint.
serv.	service.
t. l. j.	tous les jours.
t. ou tonn.	tonneaux.
traj.	trajet.
tram.	tramway.
V.	ville.
v.	village.
V.	voir.
V. et Enf. J.	Vierge et Enfant Jésus.
voit.	voitures.
vol.	volumes.
	chemin de fer.
	route de voitures.
	garage.
	chambre noire.
(B)	buffet.
(BH)	buffet-hôtel.
	bifurcation.
	bateaux.

N. B. — A défaut d'indication contraire, les hauteurs sont évaluées au-dessus du niveau de la mer.

INTRODUCTION

L'immense région desservie par les chemins de fer des Réseaux d'Orléans, de l'État et du Midi est comprise entre les plaines de la Beauce et la vallée de la Loire au N., l'Océan à l'O., la chaîne franco-espagnole des Pyrénées au S., la Méditerranée au S.-E., les Cévennes et la Limagne ou plaine de l'Allier à l'E. Sol, climat, altitude, ethnographie, annales, styles d'architecture, tout diffère du littoral tempéré du golfe de Gascogne, des grèves ensoleillées du golfe du Lion, du doux pays de Touraine aux montagnes neigeuses du Plateau Central et aux cimes glacées du Mont-Perdu.

Nul, du reste, en une saison, ne projetterait un voyage de cette envergure. L'archéologue, le naturaliste, l'artiste, le baigneur ou le simple touriste s'assignent généralement un cadre d'excursions. Malgré le nivellement officiel qui a essayé de supprimer l'ancienne France, les dénominations de provinces d'avant 1789 et celles de régions naturelles subsistent et subsisteront toujours : on dit je vais en Bretagne, en Normandie, en Auvergne, dans les Pyrénées, etc. » ; jamais, dans le Finistère, dans la Seine-Inférieure, dans le Puy-de-Dôme, dans l'Ariège.

Entre Paris et l'embouchure de la Loire s'étendent l'ORLÉANAIS, la TOURAINE et l'ANJOU, ou « région de la Loire », offrant aux archéologues et aux artistes des monuments de toute sorte parmi lesquels ses châteaux jouissent d'une renommée particulière. A l'E., *Sully* ouvre la série de ces derniers; mais ce sont encore à moitié des forteresses féodales : les vrais *châteaux de la Loire* ne commencent qu'à Blois. Au-dessous de Sully, *Saint-Benoît-sur-Loire* renferme une des églises romanes les plus importantes que nous possédions. *Orléans* est célèbre par les souvenirs de Jeanne d'Arc, l'une des gloires les plus pures de la France, dont les fêtes annuelles attirent une affluence considérable, par sa cathédrale, ses deux cryptes antérieures aux Capétiens, ses musées, ses ravissantes maisons de

Renaissance et la *source du Loiret* qui l'avoisine; *Blois* et *Chambord*, par des châteaux grandioses rappelant l'époque la plus fastueuse de la royauté. *Chaumont* et Amboise, et, au-dessous de Tours, *Langeais*, sont encore des forteresses à moitié féodales; à *Amboise* seulement apparaissent des fragments de Renaissance dont la grâce étudiée ne saurait faire oublier les scènes effroyables dont cette demeure a été le témoin. *Tours* s'impose au voyageur par sa charmante situation, par sa cathédrale, ses vieilles maisons et les restes de deux des plus anciens monastères de la Gaule : Saint-Martin et, en amont de la ville, *Marmoutier*.

Trois des grands tributaires de la Loire possèdent chacun leurs beautés particulières, qui tantôt les rapprochent et tantôt les différencient de la vallée principale. Le Cher a aussi ses châteaux de la Renaissance : *Saint-Aignan* et *Chenonceaux*, rendu à l'état primitif par de consciencieuses restaurations; il a ses ruines romaines de *Chabris*, de *Thézée* et de *Larçay*, ses églises romanes de *Selles* et de *Saint-Aignan*, sa délicieuse chapelle de *Bléré* et son donjon de *Montrichard*. Dans la partie la plus riante de son cours, vers son embouchure, l'Indre offre le château d'*Azay-le-Rideau*; mais, en amont, des paysages plus sévères encadrent les sombres forteresses de *Montbazon* et de *Loches*, cette dernière véritable geôle royale digne de la Bastille. A défaut de châteaux de la Renaissance, la vallée de la Vienne a sa forteresse de *Chinon*, où commença la mission providentielle de la Pucelle d'Orléans.

Sur la rive dr., le premier grand affluent de la Loire est, en aval de *Saumur*, point de départ ordinaire d'une excursion à l'ancienne abbaye de *Fontevrault*, la Maine, l'ample rivière d'*Angers*, l'ancienne cité des Plantagenets, l'une des villes les plus belles et les plus curieuses de la France, qu'avoisinent les ardoisières considérables de *Trélazé*. La Maine est formée par la réunion de la Mayenne, de la Sarthe et *du Loir*, dont la *vallée* pittoresque et lumineuse est curieuse par ses habitations creusées dans le calcaire tendre, ses grandioses ruines féodales, ses manoirs de la Renaissance ou de la fin du moyen âge, ses sites remarquables et parfois étranges, le magnifique château de *Châteaudun* et la basilique de *Vendôme*.

Si, à partir de *Nantes*, la grande métropole commerciale du bassin de la Loire, d'où l'on va visiter le site classique de *Clisson*, le fleuve s'élargit au détriment des paysages, il garde encore en maint endroit un certain charme de coteaux boisés qui le dominent, comme aux abords des célèbres usines métalrgiques d'*Indret*. Deux villes, l'une morte, Paimbœuf, sur la ve g., l'autre en plein épanouissement, *Saint-Nazaire*, sur la ve dr. de l'estuaire, forment les deux bornes terminales du and fleuve.

Au S. de la Loire, le littoral du Poitou court jusqu'à l'embou- ure de la Sèvre Niortaise. C'est sur cette côte que se trouvent s *Sables-d'Olonne*, station balnéaire célèbre par la beauté de plage et l'originalité de sa population héroïque de pêcheurs. est en vue de cette côte qu'émergent l'île de *Noirmoutier*, reliée ir un bateau à *Pornic*, le bain préféré de la population nan- ise, et l'*île d'Yeu*, roc étrange tailladé par l'Océan. La irtie O. du Poitou offre une grande variété de paysages par contraste de plusieurs contrées naturelles appelées Marais, àtine, Plaine, Bocage : c'est dans la Plaine que se trouve igréable petite ville de *Fontenay-le-Comte*, restée depuis le ve s. un centre artistique et littéraire. L'ancienne capitale du oitou, *Poitiers*, cité paisible, bourgeoise, l'une des villes les lus intéressantes de France par le nombre et l'importance des ionuments, les souvenirs historiques, la beauté du site, se rouve, plus à l'E., au-dessus du Clain, à la jolie vallée. D'autres allées poitevines sont agréables à parcourir : telles celle de la 'ienne, où l'on visite l'*Isle-Jourdain*, *Lussac* et *Chauvigny*; celle e la Gartempe, avec *Montmorillon* et *Saint-Savin*; celle du 'houet, où *Parthenay* reporte en plein moyen âge.

Dans le petit pays d'Aunis, la ville de *la Rochelle*, illustrée au ours des guerres religieuses, a gardé la physionomie austère le l'époque où l'héroïque maire Guiton tenait en échec les roupes assiégeantes du cardinal de Richelieu. C'est de là que artent les bateaux desservant l'*île de Ré*, tandis que, un peu lus au S., le port militaire de *Rochefort*, envahi par les vases le la Charente maritime, mais qu'avoisine la jolie station bal- iéaire de *Fouras*, sert de point de départ aux rares visiteurs se endant à la petite *île d'Aix*, où commença l'exil de Napoléon. Plus bas c'est *Brouage*, « l'Aigues-Mortes » minuscule et fié- vreuse de l'Aunis, puis *Marennes*, aux « huîtres vertes » fameuses dans le monde des gourmets, qu'un étroit chenal sépare de l'attrayante île d'Oleron, en été très fréquentée des baigneurs.

La partie S. de l'Aunis est à l'entrée grandiose de l'estuaire de la Gironde, dont la rive dr., où les bains de *Royan* ont atteint un haut degré de prospérité, appartient, en partie, à la contrée appelée Saintonge et Angoumois : cette contrée correspond à peu près au bassin de la Charente, belle rivière aux eaux limpides, au régime régulier, fameuse par ses *sources de la Touvre*, que l'on va généralement visiter depuis *Angoulême*, cité avantageusement assise sur un promontoire et que les touristes choisissent aussi volontiers pour séjour en vue d'excursionner aux belles ruines de *la Couronne* et au site curieux d'*Aubeterre*. Toutefois, si Angoulême a l'importance que lui donnent son titre de chef-lieu et ses papeteries, *Saintes*, l'ancienne capitale de la Saintonge, a gardé avec ses monuments antiques le témoignage de sa prééminence passée, tandis qu'une petite cité, bien moins populeuse, *Cognac*, berceau du roi François Ier, a aujourd'hui détrôné toutes les localités charentaises par la renommée universelle d'eaux-de-vie justement appréciées.

A l'E. de la région charentaise s'en étendent deux autres, bien différentes par l'aspect et l'ethnographie : la MARCHE ou la CREUSE et le LIMOUSIN, noms popularisés par l'émigration des hommes résistants et laborieux qui alimentent dans les villes principalement l'industrie du bâtiment. Si le département *de la Creuse* n'a qu'une ville peu importante, *Guéret*, pour capitale, la rivière à laquelle il doit son nom parcourt une *vallée* dont certains sites, *Gargilesse*, *Crozant*, *Fresselines*, sont devenus classiques dans le monde des arts et des lettres. Entre Bourganeuf et *Aubusson*, la ville des tapisseries, s'étendent de beaux plateaux granitiques, aux cours d'eau limpides, aux bouquets de chênes séculaires, se reliant au plateau de Millevaches, « foyer hydrographique » dont le nom éveille à tort l'idée de région désolée alors que de gracieuses oasis, comme *Peyrelevade*, en forment les abords.

Si la principale ville du Limousin, *Limoges*, célèbre par ses porcelaines, son ancienne industrie de l'émaillerie qu'une pléiade d'artistes s'efforce de ressusciter de nos jours, est une ville considérable par son industrie et son commerce, intéressante par sa cathédrale, ses vieilles demeures du moyen âge, les mœurs traditionnelles de certaines corporations, bien d'autres sites ou localités y sollicitent la curiosité du touriste : la vallée de la Vienne, où sont *Aixe* et *Saint-Junien*; la vallée de la Briance, avec *Solignac*, les tours de *Chalusset* et *Pierrebuffière*; *Rochechouart* et *Châlus*; *Tulle*, connue par sa manufacture d'armes, et d'où l'on va voir les *cascades de Gimel*; *Treignac*, aussi bizarre qu'intéressante par la rareté du site que par la variété de ses vieilles demeures et d'où l'on ne manque pas de visiter le *Saut de la Virole*; *Uzerche*, petit sanctuaire du moyen âge, et les gorges de la Vézère; *Brive*, la ville gastronomique, où le pèlerinage moderne de Saint-Antoine de Padoue attire une grande affluence; *Turenne*, dont le nom est mêlé à de grands faits de nos annales.

Plus importantes comme étendue, comme souvenirs historiques, par l'ampleur de leur principal centre, *Bordeaux*, sont la GUYENNE et la GASCOGNE, qui, de l'Océan aux Cévennes, occupent presque toute la largeur de la France. Leur littoral maritime court en ligne droite de l'estuaire de la Gironde à l'embouchure d'un petit fleuve franco-espagnol, la Bidassoa, illustré par le mariage de Louis XIV, et sur une rive duquel tous les clients des stations balnéaires pyrénéennes vont d'*Hendaye* visiter *Fontarabie* pour avoir vu une ville d'Espagne, s'ils ne vont pas jusqu'à Saint-Sébastien. Malgré sa disposition naturellement plate et basse, ce littoral résiste avec succès aux assauts incessants de l'Océan. Si les vagues y ont ouvert des brèches, — le Bassin d'*Arcachon*, la ville d'hiver, les étangs d'Hourtin, de Lacanau, de Cazaux, de Biscarrosse, etc., — la nature a aidé aussi à guérir ces blessures, en entassant tout le long de la côte un bourrelet de dunes, solidifié par les futaies, qui ont créé ainsi un rempart indestructible derrière lequel des lacs dorment dans des encadrements de grands arbres au sein d'un paysage d'un charme mélancolique. En arrière de ce bourrelet, depuis les vignobles fameux du *Médoc* jusqu'à la vallée de l'Adour, s'étendent *les Landes*, l'une des régions naturelles les plus vastes, les plus célèbres de la France, et aussi la plus méconnue. Et cependant ces bois immenses aux mâts rigides dans leurs tapis gazonnés, violacés par la fleur des bruyères, ces arbres innombrables entre lesquels filtre un demi-jour mystique brumé ou rougi par l'aurore ou par le crépuscule, ces immenses nappes lacustres portant le nom modeste d' « étang », ces futaies vénérables de chênes, les plus beaux de la France, ces bourgs, qui ont marqué en pleine forêt, avec une ampleur digne de la nature, leurs rues semblables aux allées de parcs grandioses, ces dunes montagneuses aux revêtements sylvestres, cette mer déchaînée, cette population landaise hospitalière et presque vierge de civilisation, produisent sur le voyageur une impression indéfinissable. Tout le long de la côte s'égrènent des petites stations balnéaires, séjours modestes où l'on jouit du charme de la mer dans toute son intimité; tandis qu'à l'intérieur divers établissements thermaux, en vue de la grande chaîne pyrénéenne, utilisent un certain nombre de sources minérales dont les eaux sont très bienfaisantes sinon très fréquentées. La plus fameuse est la Fontaine Chaude de *Dax*, célèbre dès la plus haute antiquité et l'une des principales curiosités naturelles de la France ; Dax, aujourd'hui ville d'hiver, dont les boues sont bien connues des rhumatisants.

Guyenne et Gascogne sont partagées du N.-O. au S.-E. par la grande vallée de la Garonne, où se pressent nombre d'importantes localités parmi lesquelles *Agen* et *Moissac*, dont l'église et le cloître sont classiques dans le monde des archéologues. Elles sont subdivisées en plusieurs pays appelés, au N. du fleuve : *Périgord*, dont la capitale, *Périgueux*, doit une grande notoriété à ses truffes, à ses ruines antiques et surtout à sa basilique de Saint-Front, et qui est sillonné au N.-O. par la vallée de la Dronne au site unique de *Brantôme*, tandis que le coupent au S. les gorges de la Vézère, au site célèbre des *Eyzies*, et l'admirable vallée de la Dordogne, où *Libourne*, en amont des célèbres *ponts de Cubzac*, est avoisinée par l'étrange cité en partie monolithe de *Saint-Émilion* ; le *Rouergue*, parcouru par l'Aveyron, que domine le plateau servant de piédestal à la cathédrale de *Rodez*, au N.-O. de laquelle on visite le trésor de *Conques*, et par le *Tarn*, dont les *gorges* forment avec la *grotte de Dargilan*, le site fantastique de *Montpellier-le-Vieux*, la source du *Bramabiau*, les plateaux des *causses*, un groupe de curiosités célèbres dans toute l'Europe. C'est non loin de Rodez que se trouve l'abîme de *Bozouls*, à g. de la route d'*Espalion*, petite ville d'où une route monte à la station estivale des monts d'*Aubrac*. Entre le Périgord et le Rouergue, le *Quercy* est arrosé par le Lot, qui parcourt une vallée de toute beauté entre *Figeac*, aux maisons anciennes, *Capdenac* et *Cahors*, l'antique capitale des Cadurques, aux intéressants édifices antiques et du moyen âge parmi lesquels le pont Valentré est unique en France, et où la statue de Gambetta est destinée à perpétuer le souvenir de désastres mais aussi d'héroïsme. Le Quercy, où subsiste *Castelnau de Bretenoux*, une des plus belles constructions féodales de la France, est connu surtout des géographes par ses causses ou plaines de rocs trouées d'avens, évidées en souterrains immenses, dont le célèbre spéléologue Martel a révélé l'existence par son exploration du gouffre de *Padirac*, où les visiteurs descendent aujourd'hui en toute sécurité comme dans les merveilleuses grottes de *Lacave* réeemment révélées par A. Viré, en partant de la gare de *Rocamadour*, lieu de pèlerinage fameux depuis le moyen âge, dont les légendes pieuses se mêlent aux souvenirs du paladin Roland et dont l'amoncellement de chapelles, de sanctuaires, se combine avec la nature pour constituer l'un des sites les plus curieux que l'on puisse contempler.

Au S. de la Garonne, l'*Armagnac* produit des eaux-de-vie réputées, et sa principale ville, *Auch*, possède dans sa cathédrale des merveilles artistiques de premier ordre. Dans le *Bigorre*, la ville de *Tarbes* doit surtout son importance à ses beaux établissements militaires. Le *Comminges* a conservé, sinon son évêché, du moins son intéressante cathédrale de *Saint-Bertrand*, tandis que, dans la *Chalosse*, *Aire-sur-l'Adour* possède toujours son siège épiscopal. Plus au N., Labrit est l'ancien chef-lieu du duché d'*Albret*, érigé par Henri II en faveur d'Antoine de Bourbon, père de Henri IV. Au S.-E., le *Labourd*, où sont *Bayonne* et « la Barre » de l'Adour, la gracieuse *Biarritz*, *Saint-Jean-de-Luz*, gaie et lumineuse, et la vallée idyllique de la Nive avec ses bains ombreux de *Cambo* en aval du bassin captivant de *Saint-Jean-Pied-de-Port*, route de Roncevaux, illustrée par Charlemagne, touche à la *Navarre* et au *Béarn*, l'ancien royaume patrimonial du roi le plus populaire de la France. Les bords de la Nive sont au cœur du *Pays Basque*, aux paysages arcadiens, aux prairies humides et exubérantes, à la population belle de formes, de carnation et de souplesse. La principale ville du Béarn, *Pau*, dont le château est tout imprégné des souvenirs de Henri IV et de Jeanne d'Albret, est aujourd'hui une cité cosmopolite, célèbre par son beau panorama des Pyrénées, et cependant moins fréquentée que les sanctuaires de *Lourdes*, où les visions de Bernadette attirent les pèlerins du monde entier.

Du reste le Béarn, à l'O., comme le comté de *Foix*, à l'E., font partie de la région pyrénéenne, célèbre par ses stations thermales : *Salies*; *Saint-Christau*, voisine de la gracieuse ville d'*Oloron*, à l'entrée de la *vallée d'Aspe*; *Eaux-Bonnes* et *Eaux-Chaudes*, où l'on accède par la *vallée d'Ossau* et que domine, au S., la masse du *Pic du Midi d'Ossau*; *Argelès*; *Cauterets*; *Barèges*, d'où l'on monte au *Pic du Midi de Bigorre*; *Saint-Sauveur*, route du *Cirque* grandiose *de Gavarnie*; *Bagnères-de-Bigorre*; la *vallée d'Aure*; *Luchon*, le bain mondain; *Aulus*, *Ax*, etc.

Géographiquement le LANGUEDOC offre un grand intérêt en ce que ses montagnes font partie de la grande chaîne européenne de séparation des eaux. En effet, de l'étonnant plateau du *Sidobre*, de la *Montagne-Noire*, à la belle parure sylvestre, aux réservoirs de Saint-Ferréol et du Lampy, créés par le grand Riquet pour le canal du Midi, les eaux descendent d'un côté vers *Toulouse*, la grande pépinière des artistes, où le souvenir gracieux de Clémence Isaure se perpétue avec l'Académie des Jeux Floraux; vers *Montauban*, grave cité protestante, riche de l'œuvre d'Ingres, l'un de ses plus illustres enfants; vers *Albi*, à la cathédrale merveilleuse. A l'E., les eaux courent vers une mer azurée, dont le littoral est frangé de découpures lacustres et dont les îlots, au beau panorama, sont rattachés au continent par des alluvions. Sur ce versant sont disséminées les belles cités de *Carcassonne*, une des grandes curiosités archéologiques de la France, de *Narbonne*, de *Béziers* et le beau port de *Cette*. Outre la grande variété des curiosités monumentales ou artistiques, le Languedoc a des vignobles considérables, ses céréales du Lauragais, une des régions les plus fertiles de la France, la houille de *Carmaux*, les marbres de *Caunes*, les eaux minérales de *Lamalou* et de *Balaruc*, les villes manufacturières de *Castres*, *Mazamet*, *Saint-Pons*, *Bédarieux*.

A l'extrémité S. de la France, entre le Languedoc et le comté de Foix, le Roussillon, divisé en *Capsir*, *Cerdagne*, *Vallespir*, et dominé par la masse grandiose du *Canigou*, a une ville importante, *Perpignan*, des stations balnéaires réputées, comme *Amélie-les-Bains* et *le Vernet*, des sites hors de pair comme les défilés de *Pierre-Lis*.

L'Auvergne est en partie sillonnée par les voies ferrées du réseau *P.-L.-M.* Mais ses plus belles parties sont desservies par le Réseau d'Orléans, donnant accès dans la région du *Mont-Dore* et de *la Bourboule*, deux bains fameux reliés à *Saint-Nectaire* et à Issoire par une des routes les plus pittoresques de la France. Une ligne de ce réseau pénètre au cœur même de ce massif grandiose du *Cantal*, aussi beau qu'harmonieux par ses formes, où le *Lioran* est devenu un lieu de séjour, de même que, dans la belle vallée de la Cère, la petite cité de *Vic*. C'est d'une station voisine du Lioran, celle de *Murat*, qu'il faut partir si l'on désire effectuer une des plus belles courses et des plus faciles que l'on puisse rêver : celle du *puy Mary* et de *Salers*, petite ville originale qui, située à l'écart de toute voie ferrée, semble avoir voulu « garer » ses petits manoirs et ses souvenirs du moyen âge. Murat est séparé par le plateau fécond de la Planèze de la ville originalement située de *Saint-Flour*, près de laquelle le viaduc hardi de *Garabit* franchit la vallée de la Truyère.

Dans la portion du Bourbonnais qui nous occupe, *Montluçon*, *Commentry* sont des centres industriels considérables, qu'avoisinent les bains de *Néris*. Dans le Berry, la grande ville de *Bourges*, à la basilique grandiose, est à la fois une métropole religieuse et l'un des grands arsenaux de la France, tandis que les ombrages de *La Châtre* et de *Nohant* enveloppent l'image du grand écrivain appelé George Sand.

RENSEIGNEMENTS GÉNÉRAUX

1° Réseau d'Orléans.

Gares à Paris, quai d'Orsay, Pont Saint-Michel, Austerlitz.

Billets d'aller et retour. — Des billets d'aller et retour de toutes classes, réduits de 25 0/0, sont délivrés tous les jours : 1° de toutes les gares du réseau d'Orléans pour Paris et réciproquement; 2° de toute autre gare du réseau à toute autre gare située dans un rayon de 100 kil. En outre, la délivrance de ces billets est autorisée entre un grand nombre de points pour des distances supérieures à 100 kil., pour les parcours indiqués au tarif spécial A, n° 9.

Durée de validité. — De ou pour Paris, la durée de validité des billets d'aller et retour est la suivante :

Jusqu'à une distance de 100 kil.	inclus...	1 j.	Aller et retour compris.
— — 101 à 200 kil.	— ...	2	
— — 201 à 300 —	— ...	3	
— — 301 à 400 —	— ...	4	
— — 401 à 500 —	— ...	5	
— — au delà de 500 —	— ...	6	

De toute autre gare à toute autre gare du réseau située dans un rayon de 100 kil. ou plus la durée de validité est d'un jour.

Exceptionnellement cette durée est étendue comme suit pour les billets délivrés de Paris aux gares ci-après et *vice versa*, savoir :

Des stations ci-dessous à Paris et *vice versa*.
Aller et retour, non compris les jours de départ et d'arrivée.

Bordeaux.........	7 j.	Poitiers..........	5 j.	Angers..........	4 j.
Libourne.........	7	Châtellerault.....	5	Nantes..........	5
Coutras..........	7	Port-Boulet......	3	Voves...........	2
Angoulême.......	6	Saumur..........	3	Châteaudun......	2
Ruffec...........	6				

Ces délais sont comptés de minuit à minuit. Toutefois, le coupon de retour est valable même pour un train arrivant à destination le lendemain de l'expiration du délai ci-dessus fixé, pourvu que le départ du voyageur par ce train ait lieu dans ce délai. — Le coupon de retour des billets délivrés soit la veille d'un dimanche ou d'un jour férié, soit un dimanche ou un jour férié, est toujours valable pendant toute la journée du lendemain du dimanche ou jour férié. — Lorsqu'un dimanche et un jour férié se suivent, la validité d'un coupon de retour pris pendant un de ces deux jours ou la veille s'étend jusqu'à la journée qui suit les deux jours fériés.

Les billets de Laqueuille à Royat et à Clermont-Ferrand et *vice versa* sont valables pendant 3 j.

Voyages circulaires ou d'excursions. — La Cie délivre toute l'année, à la gare de Paris et aux bureaux succursales à Paris, des billets d'excursions valables 15 j. à 45 j. suivant les itinéraires, indiqués en détail dans l'*Indicateur* hebdomadaire *des Chemins de fer* (prix, 75 c.) : — 1° *Centre de la France et Pyrénées*; prix : 1re cl. 163 fr. 50, 2e cl. 122 fr. 50; — 2° *Touraine, châteaux des bords de la Loire et stations balnéaires de la ligne de Saint-Nazaire au Croisic et à Guérande*; prix, 1er itinéraire : 1re cl. 86 fr., 2e cl. 63 fr.; 2e itinéraire, 54 fr. et 41 fr.

EXCURSIONS AUX STATIONS HIVERNALES ET BALNÉAIRES DES PYRÉNÉES. — Des billets d'aller et retour, valables 33 j. avec réduction de 25 0/0 en 1re cl. et de 20 0/0 en 2e et 3e cl., sont délivrés toute l'année à toutes les stations du réseau d'Orléans pour : Alet, Arcachon, Argelès-Gazost, Arles-sur-Tech (la Preste), Ax-les-Thermes, Bagnères-de-Bigorre, Bagnères-de-Luchon, Banyuls-sur-Mer, Biarritz, Cambo-Ville, Capvern, Amélie-les-Bains, Couiza-Montazels, Dax, Guethary (halte), Hendaye, Lamalou-les-Bains, Laruns (Eaux-Bonnes), Le Boulou-Perthus, Oloron-Sainte-Marie, Pau, Pierrefitte-Nestalas, Prades (Molitg), Saint-Girons, Saint-Jean-de-Luz, Saint-Flour (Chaudesaigues), Salies-de-Béarn, Salies-du-Salat, Ussat-les-Bains et Villefranche-de-Conflent (le Vernet).

Des billets d'aller et retour de famille de 1re et de 2e cl., valables 33 j. sont délivrés pour les mêmes localités, avec faculté d'arrêt à tous les points du parcours désignés par le voyageur, avec réduction de 20 à 40 0/0 suivant le nombre de personnes.

BILLETS D'ALLER ET RETOUR POUR LOURDES valables pendant 4 à 7 j., e avec une réduction de 20 à 40 0/0 suivant l'éloignement du point de départ.

CARTES DE CIRCULATION A DEMI-PLACE sur tout le réseau : 6 mois 1re cl. 400 fr., 2e cl. 300 fr., 3e cl. 220 fr.; un an 600 fr., 450 fr. et 330 fr.

BAINS DE MER DE L'OCÉAN : — Billets d'aller et retour réduits de 30 à 40 0/0 valables 33 j., de Paris à Saint-André-des-Eaux, Pornichet, Escoublac-la-Bôle, le Pouliguen, Bourg-de-Batz, le Croisic, Guérande.

LA BOURBOULE ET LE MONT-DORE. — Billets directs de Londres au Mont-Dore et à la Bourbole, par Montluçon et Laqueuille : 1re cl. 133 fr. 95 2e cl. 100 fr. 90; aller et retour, 1re cl. 210 fr. 10.

PÈLERINAGE DE ROCAMADOUR (Lot). — Du 1er mai au 31 octobre, billet d'aller et retour réduits de 30 à 40 0/0 suivant la classe.

Trains de luxe, organisés par la Cie DES WAGONS-LITS. — Le train *Sud-Express* établit des relations rapides entre l'Angleterre, la Belgique, la Hollande, le nord de la France, Paris, l'Espagne et le Portugal. Ce train prend des voyageurs, tant à l'aller qu'au retour et dans tout le trajet, pour toutes les gares où il a des arrêts. A l'aller, ce train part de Paris (gare du Nord) les lundi, mercredi et samedi de chaque semaine et est dirig par la Petite Ceinture *via* Ivry sur la ligne de Bordeaux sans entrer à Paris-Orléans. Il est perçu pour ce supplément de parcours la somme de 1 fr. 05, en sus des prix inscrits dans le tableau ci-dessous. Au retour, il arrive à Paris (gare d'Orléans) et à Paris (gare du Nord) les mercredi, vendredi et dimanche.

Ce train de luxe est composé exclusivement de wagons-lits, salon et restaurant. Chaque voyageur doit être muni d'un billet ordinaire de 1re cl. et doit en outre payer un supplément perçu par la Compagnie des Wagons-lits fixé à 50 0/0 du prix de la place. Le nombre des places étant limité, les voyageurs doivent s'adresser à la Compagnie des Wagons-lits pour être certains d'obtenir des billets. — Pour tous renseignements concernant ce train, s'adresser également à cette Compagnie, 3, place de l'Opéra, à Paris.

Le train *Pyrénées-Express* dessert les stations thermales et balnéaires des Pyrénées. Ce train comprend des voitures directes pour Pierrefitte, Luchon et Biarritz.

Places de luxe. — Coupés, Lits-toilette. — Les places de *Coupés* sont taxées un dixième en sus du prix des places de 1re cl. — Les places de *Lits-toilette* sont taxées moitié en sus du prix de la place de 1re cl. Toutefois une même famille qui occupera les trois places d'un compartiment de Lits-toilette n'aura à payer que 4 places de 1re cl.

Wagons-lits (*Sleeping-cars*). — Un wagon-lit est ordinairement attelé aux trains express 31 et 22 circulant entre *Paris* et *Bordeaux*. Le supplément à payer par lit en sus du prix de la 1re cl. est de 24 fr. pour tout ou partie du trajet entre Paris et Bordeaux.

Wagons-salons appartenant à la Compagnie. — Les places de wagon-salon sont taxées, comme les places de coupé, un dixième en sus du prix des places de 1re cl. Il n'est pas délivré moins de dix places à la fois pour un wagon-salon, et les parcours pour lesquels ces places sont prises doivent être de 200 kil. au minimum, à moins de payer pour 10 places et 200 kil.

Water-closets. — Des wagons contenant des water-closets sont attelés dans les trains rapides et express circulant entre Paris et Bordeaux et entre Paris et Toulouse.

Buffets. — Agen, Angers, Angoulême, Argenton, Arvant, Aubigné, les Aubrais, Aurillac, le Blanc, Blois, Bourges, Brive, le Buisson, Busseau-d'Ahun, Cahors, Capdenac, Châteaudun, Châteauroux, Coutras, Etampes, Eygurande, Guéret, Laqueuille, Largnac, Lexos, Libourne, Limoges, Monsempron-Libos, Montauban, Montluçon, Montmorillon, Moulins, Nantes, Orléans, Paris, Périgueux, Poitiers, Port-de-Piles, la Possonnière, Rodez, Ruffec, Saincaize, Saint-Denis, Saint-Nazaire, Saint-Pierre-des-Corps, Saint-Sulpice (Tarn), Saint-Sulpice-Laurière, Saumur, la Sauve, Savenay, Tessonnières, Toulouse, Tours, Ussel, Vierzon.

2° Réseau du Midi.

Gares : à Paris, quai d'Austerlitz, 51-57, et boulevard Diderot, 20 ; à Bordeaux, cours Saint-Jean. — *Administration centrale* à Paris, boulevard Hausmann, 54.

Buffets. — Agen, Bédarieux, Béziers, Bordeaux, Carcassonne, Cerbère, Cette, Hendaye, Montauban, Montrejeau, Morcenx, Narbonne, Pau, Paulhan, Rodez, Saint-Sulpice, Sévérac-le-Château, Tarbes, Toulouse.

Trains de luxe. — Pour les trains de luxe : *Sud-Express*, desservant Bordeaux, Bayonne, Biarritz et l'Espagne; *Pyrénées-Express*, desservant Bordeaux, Bagnères-de-Bigorre et Pierrefitte, *V.* ci-dessus : Réseau d'Orléans. Le prix du supplément de Paris à Pau par le Sud-Express est de 50 fr. 40.

Places de luxe. — Les places de *coupé* sont tarifées comme suit, en sus du prix de 1re cl.; 5 fr. pour 150 k. et au-dessous, 7 fr. 50 de 151 à 225, 10 fr. au-dessus de 225 k. — *Coupé-lit* : la place est tarifée au prix de 4 places de coupé ordinaire. — *Fauteuil-lit* : un tiers en plus du prix des places de 1re cl., avec un minimum de 10 fr. par place. — *Lit-toilette* moitié en sus du prix des places de 1re cl., avec un minimum de 15 fr. par place. — *Voiture-salon* : places taxées comme celles de coupé.

Cabinets de toilette aux gares de Bordeaux, Morcenx, Tarbes, Toulouse et Narbonne. Cabinets communs, 25 c.; cabinets particuliers, pour une personne 50 c., pour 2 pers. ensemble 75 c., pour 3 pers. et au-dessus 1 fr.

Billets d'aller et retour : — De ou pour un grand nombre de gares du réseau avec réduction de 25 0/0.

Voyages circulaires. — La Compagnie du Midi organise chaque année des voyages circulaires. Les billets sont valables pendant 20 j. Prix 1re cl., de 75 à 126 fr.; 2e cl., de 56 fr. à 94 fr. 50, suivant l'itinéraire choisi (*V.* l'*Indicateur des Chemins de fer*).

3° Réseau de l'État.

Gares à Paris : gare Montparnasse et gare d'Austerlitz (gare d'Orléans). — *Administration centrale*, à Paris, rue de Châteaudun, 42. — *Services de l'exploitation*, boulevard Raspail, 136.

Billets d'aller et retour à prix réduits. — Il est délivré par toutes les gares, stations et haltes du réseau de l'État et pour tous les parcours sur ce réseau, des billets d'aller et retour à prix réduits. La réduction est de 25 0/0 sur le double des prix des billets simples pour les relations entre toutes les gares du réseau de l'État et de Paris, et de 40 0/0 pour toutes les autres relations entre gares du réseau de l'État. Ces billets d'aller et retour ne sont valables, à l'aller, qu'au départ des trains pour lesquels ils ont été délivrés. Ils sont valables au retour : 1° pour les trajets jusqu'à 100 kil., pendant la journée de l'émission, celle du lendemain et celle du surlendemain jusqu'à minuit; 2° pour les trajets de 101 à 200 k. pendant la journée d'émission, celle du lendemain, celle du surlendemain et le jour suivant jusqu'à minuit; 3° pour les trajets au-dessus de 200 k. les délais sont augmentés de 24 h. par 100 k. ou fraction de 100 k. Si le délai de validité d'un billet d'aller et retour expire un dimanche ou un jour de fête ce délai est augmenté de 24 h. Si le jour où expire le délai de validité d'un billet d'aller et retour est un dimanche suivi d'un jour de fête, ou un jour de fête suivi d'un dimanche, le délai est augmenté de 48 h.

Livrets kilométriques, valables pour 2 mois, permettant d'effectuer rix réduits des voyages d'excursion sans itinéraires fixés d'avance. Ces ivrets sont *individuels* ou *collectifs*; ils donnent droit à une remise, calculée 'après un taux progressif, sur le prix des billets simples ayant servi à ffectuer des parcours supérieurs à 1,200 kil., pendant la période de mois pour laquelle ils sont valables. Cette réduction, qui commence à ,200 kil., atteint 15 0/0 à 1,500 kil., et 35 0/0 à 6,000 kil., et au delà. Les ivrets *collectifs* donnent droit, *en sus* de la remise précédente, à une emise supplémentaire de 5 0/0 pour chaque personne à partir de la re pers., sans que cette remise puisse être supérieure à 25 0/0

Carnets kilométriques, pour 1,500 kil. au minimum, valables 2 mois. Les arnets individuels comportent, pour un parcours de 1,500 kil., une réduction de 25 0/0 sur les prix ordinaires; cette réduction augmente suivant 'importance du parcours, et atteint 50 0/0 à 6,000 k. Les billets collectifs comportent, *en sus*, une réduction graduée suivant le nombre des personnes. Cette réduction de 5 0/0 pour la 2e personne atteint 25 0/0 pour la 6e ou toute personne au delà de la 6e. La durée de validité d'un carnet de chèques peut être prolongée de 10, 20 ou 30 j. moyennant le payement d'un supplément de 10, 20 ou 30 0/0 du prix primitif, quelle que soit la portion des chèques déjà utilisés.

Places de luxe, Coupés-lavabos, Lits-toilette. — Les places de *Coupés-lavabos* sont taxées un 10e en sus du prix des places de 1re cl. Les places de *Lits-toilette* sont taxées moitié en sus du prix des places de 1re cl. Toutefois une même famille qui occupera les 3 places d'un compartiment de lits-toilette n'aura à payer que 4 places de 1re cl.

Wagons-salons. — Les places de wagon-salon sont taxées un dixième en sus du prix des places de 1re cl. Il n'est pas délivré moins de 10 places à la fois pour un wagon-salon, et les parcours pour lesquels ces places sont prises doivent être de 200 kil. au minimum, à moins de payer pour 10 places et pour 200 kil.

Buffets. — Angers, Angoulême, Beillant, Blois, Bordeaux, Bressuire, Chartres, Châteaudun, Chinon, Courtalain, Coutras, Libourne, Loudun, Montreuil-Bellay, Nantes, Niort, Orléans, Paris, Parthenay, Poitiers, Pons, la Possonnière, Rochefort, la Roche-sur-Yon, la Rochelle, Ruffec, Saint-Mariens, Saintes, Saumur, Thouars.

Voyages d'excursions

avec itinéraires tracés d'avance au gré des voyageurs.

Il est délivré toute l'année des billets à prix réduits de 1re, 2e ou 3e cl. pour les voyages d'excursions sur les réseaux de l'Est, de l'État, du Midi, du Nord, d'Orléans, de l'Ouest et de P.-L.-M. avec itinéraires tracés d'avance au gré des voyageurs. Ces itinéraires peuvent comprendre non seulement des circuits entièrement fermés dont chaque portion ne doit être parcourue qu'une fois, mais encore des lignes ou portions de lignes à parcourir successivement dans les deux sens, sans qu'une même ligne ou portion de ligne puisse y figurer plus de deux fois (une fois dans chaque sens ou deux fois dans le même sens). Le minimum de parcours d'un voyage d'excursion est de 300 kil. Pour les conditions dans lesquelles sont délivrés les billets, *V. les Indicateurs des Chemins de fer.*

AVIS AUX TOURISTES

Les renseignements pratiques, relatifs aux hôtels, guides, voitures, tarifs de bains, se trouvent réunis en tête de chaque volume. Ces renseignements, qui varient quelquefois pendant une saison, seront réimprimés dès que la correction en sera devenue nécessaire. MM. les touristes devront donc les chercher, quand ils en auront besoin, non dans le texte même du Guide, mais dans l'*Index alphabétique*, en tête du volume.

Les mots imprimés en **grasses** dans la description des villes indiquent les principales curiosités.

Ce signe ★, placé à la suite du nom d'une localité quelconque dans le corps du volume, indique qu'il se trouve à l'Index alphabétique des renseignements pratiques à consulter.

Guides Joanne. DE PARIS À NANTES 6

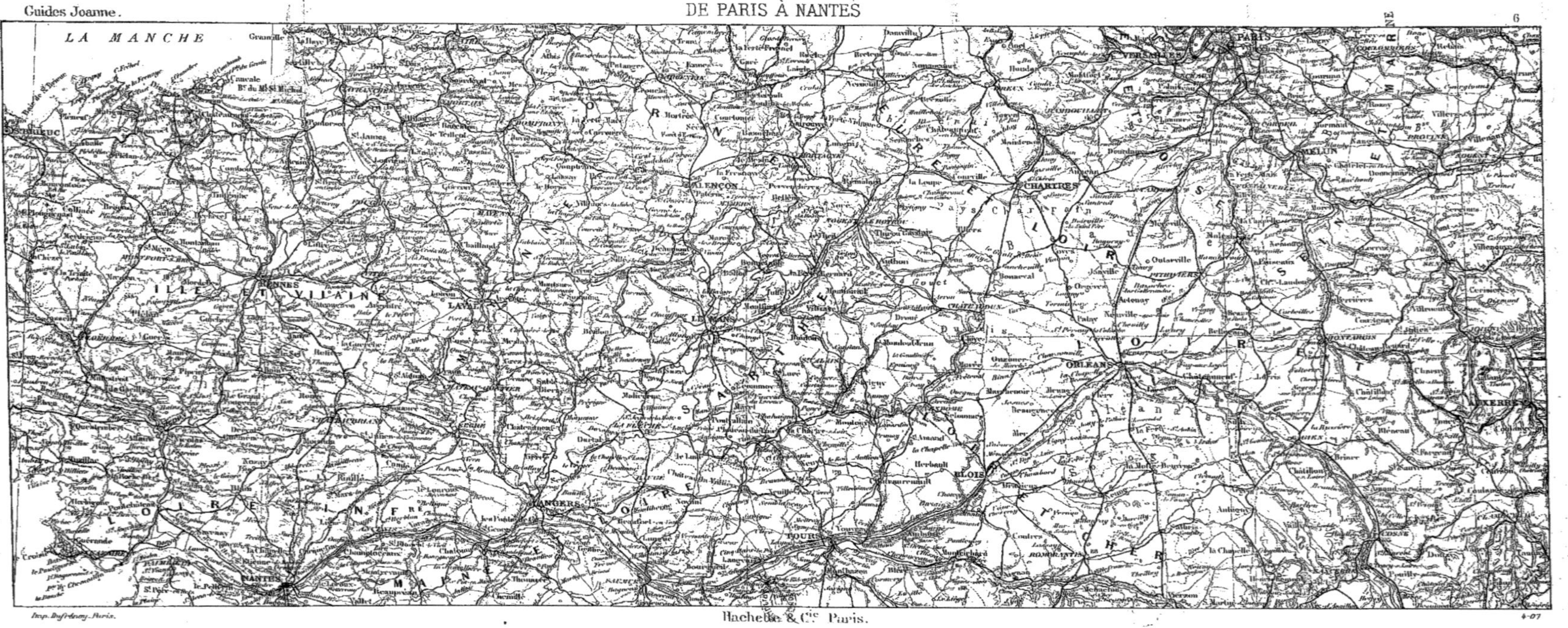

Imp. Dufrénoy, Paris. Hachette & Cie Paris. 4-07

RÉSEAUX D'ORLÉANS
DE L'ÉTAT ET DU MIDI

GARES D'ORLÉANS ET DU MIDI : A PARIS.
QUAI D'ORSAY, PONT SAINT-MICHEL ET QUAI D'AUSTERLITZ, 51-57;
GARE DE L'ÉTAT, A LA GARE MONTPARNASSE

ROUTE 1

DE PARIS A NANTES ET A SAINT-NAZAIRE

DE PARIS A NANTES

431 k. — 5 h. 40 à 13 h. — 44 fr. 35; 29 fr. 05; 19 fr. 50.

DE PARIS A TOURS

A. Par Orléans.

238 k. — d'Orléans (gare d'Orléans, quai d'Orsay), en 3 h. 20 à 9 h. 20. — 26 fr.; 17 fr. 70; 11 fr. 55. — Sur cette route se trouvent la plupart des châteaux et des sites remarquables de la Loire. Principaux points à visiter : Meung et Cléry; Beaugency, Blois et ses environs, Chaumont, Amboise; pour les archéologues, Suèvres.

1 k. 6. *Pont-Saint-Michel.* — 4 k. *Austerlitz* Ⓑ. — 6 k. 5. *Orléans-Ceinture.* — Au delà des fortifications la voie ferrée remonte la rive g. de la Seine.

8 k. *Le Chevaleret*, gare desservant *Ivry*, 28,685 hab. (*hospice des Incurables*, 2,000 lits).

10 k. *Vitry-sur-Seine* (*église* des XIIIe et XIVe s.; château du XVIIIe s.).

14 k. **Choisy-le-Roi**, 11,607 hab., V. industrielle (restes d'un château de Louis XV servant d'*hôtel de ville*; *statue de Rouget de l'Isle*). — La voie passe sous la ligne stratégique de Sucy-Bonneuil à Massy-Palaiseau.

18 k. *Ablon.* — 20 k. *Athis-Mons* (*clocher* du XIIe s.; château). — On franchit l'Orge à son embouchure dans la Seine.

23 k. **Juvisy** Ⓑ, gare commune aux réseaux d'Orléans, P.-L.-M.

et à la Grande-Ceinture. — *Hôtel de ville* dans un ancien château. — *Pont* monumental *des Belles-Fontaines* (XVIIIe s.), sur l'Orge. — Terrasse et parc d'un château projeté par Louis XIV. — *Observatoire Flammarion*.

A Corbeil, V. le Réseau *P.-L.-M.*

On remonte l'Orge.

26 k. *Savigny-sur-Orge* (*château* des XVe et XVIIIe s.). — A dr., ligne de Grande-Ceinture. Viaduc sur l'Yvette.

28 k. *Epinay-sur-Orge*. — Pont sur l'Orge.

30 k. *Perray-Vaucluse*, station desservant, à dr., l'asile d'aliénés de *Vaucluse*.

32 k. *Saint-Michel-sur-Orge* (à l'église, verrières de la Renaissance).

[Corresp. pour (6 k. O.) *Marcoussis* (église des XVe et XVIe s.; *tour* du XIIIe s. dans le parc du château), par (3 k.) *Montlhéry*, sur la pente d'une colline surmontée par la *tour* (XIIIe et XVe s.) d'un ancien château fort. Marcoussis et Montlhéry sont desservis par le tram à vapeur de Paris à Arpajon (*V.* p. 15).]

36 k. **Brétigny**; à dr., ligne de Tours par Vendôme.

A Tours, par Vendôme, *V.* ci-dessous, *B*.

40 k. *Marolles*. — 44 k. *Bouray*. — On descend dans la pittoresque vallée de la Juine.

47 k. *Lardy*. — A g., sur la hauteur, *tour* moderne *de Janville*.

50 k. *Chamarande* (*château* bâti par Mansart, avec parc de 80 hect. dessiné par Le Nôtre). — 53 k. *Etrechy*.

60 k. **Etampes** * Ⓑ, 9,001 hab., sur la Juine et ses affluents la Louette, la Chalouette et le Juineteau, est un centre agricole et une cité commerçante dont les marchés sont fort animés. De la gare on tourne à dr. pour gagner le *boulevard Henri IV*, on franchit la voie sur la passerelle et l'on monte à la **tour Guinette**, donjon royal du XIIe s., de forme quadrilobée, entourée d'une jolie promenade. — On revient à la gare pour prendre en face la *rue Elias-Robert*, qui va joindre la *rue Saint-Jacques*, la principale artère d'Etampes. A g., **église Saint-Basile**, des XVe et XVIe s., avec portail roman (au tympan, bas-relief du Jugement dernier) et clocher des XIe et XIIe s. (à l'int., clefs de voûte sculptées et bas-reliefs).

En face de la porte latérale dr. de l'église, dans la *rue Sainte-Croix*, *maison de Diane de Poitiers* (1654), renfermant la caisse d'épargne et le *musée Elias-Robert*. On traverse derrière l'église la *place Romanet* et l'on descend à dr. la *rue de la Cordonnerie* conduisant à l'**église Notre-Dame du Fort**, fondée au XIe s. par le roi Robert (vitraux du XVIe s.; crypte) et dont le gracieux *clocher* est haut de 62 m. En face du porche latéral dr. on gagne la *place Notre-Dame*, d'où la petite *rue P.-Hugo*, à g., conduit à la *place de l'Ancienne-Comédie* (*hôtel Saint-Yon*, XVe et XVIe s.). Remontant la *rue Sainte-Croix* à dr., on repasse à l'extrémité de la place Notre-Dame et l'on continue tout droit jusqu'à l'angle de la petite *rue du Pain* (*hôtel d'Anne de Pisseleu*, Renaissance), qui mène à g. à l'*hôtel de ville* (pavillon de 1514). Suivant la *rue de l'Hôtel-de-Ville*, on voit s'ouvrir à g. la *rue Magne*, qui, passant la

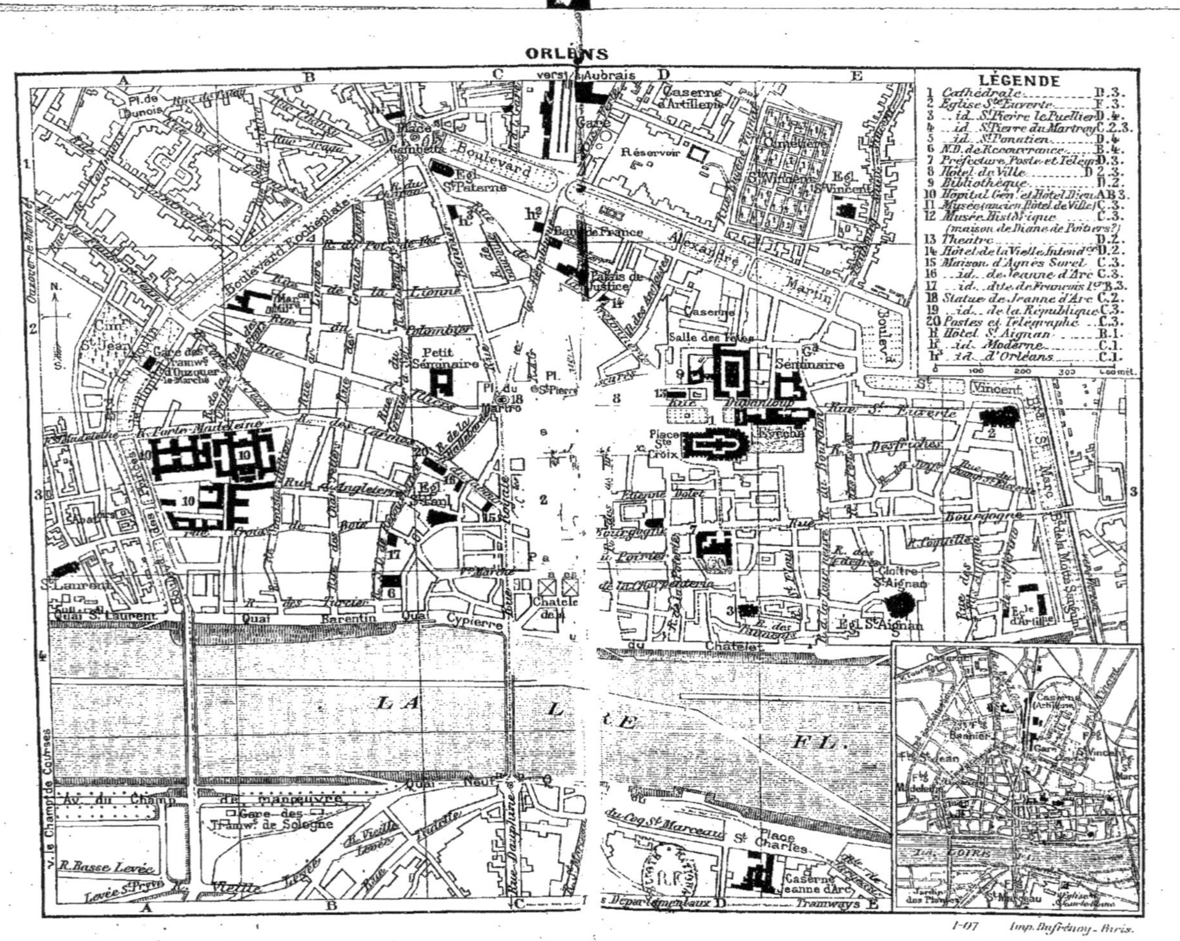
ORLÉANS
LÉGENDE
1 Cathédrale D.3.
2 Eglise Ste Euverte E.3.
3 id. St Pierre le Puellier D.4.
4 id. St Pierre du Martroy C.2.3.
5 id. St Donatien D.4
6 N.D. de Recouvrance B.4.
7 Préfecture, Poste et Télégr. D.3.
8 Hôtel de Ville D.2.3.
9 Bibliothèque D.2.
10 Hôpital Gén.l et Hôtel Dieu AB.3.
11 Musée (ancien Hôtel de Ville) C.3.
12 Musée Historique C.3.
(maison de Diane de Poitiers?)
13 Théâtre D.2.
14 Hôtel de la Vieille Intendce D.2.
15 Maison d'Agnès Sorel C.3.
16 id. de Jeanne d'Arc C.3.
17 id. dite de François Ier B.3.
18 Statue de Jeanne d'Arc C.2.
19 id. de la République C.3.
20 Postes et Télégraphe C.3.
h Hôtel St Aignan B.1.
h2 id. Moderne C.1.
h3 id. d'Orléans C.1.
0 100 200 300 400 mèt.
vers les Aubrais
Gare
Caserne d'Artillerie
Réservoir
Cimetière
Boulevard
Place Gambetta
Boulevard Rocheplate
Pl. de Dunois
Eglise St Paterne
Alexandre
Martin
Banque de France
Palais de Justice
Petit Séminaire
Pl. du Martroi
Place Ste Croix
Salle des Fêtes
Gd Séminaire
Evêché
Caserne
Cloître St Aignan
Egl. St Aignan
Quai St Laurent
Quai Barentin
Quai Cypierre
Quai du Châtelet
LA LOIRE
Quai Neuf
Av. du Champ de manœuvre
Gare des Tramwys de Sologne
Place St Charles
Caserne Jeanne d'Arc
Tramways
Rue Dauphine
1-07
Imp. Dufrénoy - Paris.

Chalouette, aboutit au *boulevard Berchère* et à la *promenade des Prés* (*jardin* botanique *Guettard*). On revient sur ses pas par la rue Magne vers la place où s'élève la *statue* du naturaliste *Geoffroy-Saint-Hilaire*, œuvre d'Elias Robert, et vers l'*église Saint-Gilles* (XVIe s.; porte romane; clocher central des XIIe et XIIIe s.). **L'église Saint-Martin** (XIIe et XIIIe s.), dans un faubourg, est connue surtout par sa *tour penchée* (XVIe s.).

[**D'Etampes à Chartres par Auneau** (62 k. 🚂 d'Etampes à Auneau : 33 k., 1 h. env.; 3 fr. 70, 2 fr. 50, 1 fr. 65; d'Auneau à Chartres : 29 k., en 50 min. env.; 2 fr. 95, 2 fr. 20, 1 fr. 45). — Vallée de la Louette. — 33 k. Auneau (*V.* p. 16). — 35 k. *Auneau-Ville*; à dr., ligne de Maintenon. — Pont sur la Voise. — 41 k. *Béville-le-Comte*. — 46 k. *Houville*. — 56 k. *Beaulieu*; à g., ligne de Voves. — 62 k. Chartres (*V.* le réseau *Ouest*).

D'Etampes à Beaune-la-Rolande par Pithiviers (59 k. 🚂 en 1 h. 12 à 2 h. 10). — On remonte la vallée de la Juine. — 8 k. *Boissy-la-Rivière* (église romane). — 10 k. *Saclas-Saint-Cyr*. A Saclas, église du XVIe s.; à *Saint-Cyr-en-Rivière*, château ruiné des XIIe et XVe s. — 75 k. *Méréville*. Château du XVIIe s., avec parc magnifique où se voit, dans une île, une colonne rostrale élevée en souvenir des deux frères Delaborde, compagnons du navigateur La Pérouse. — 24 k. *Sermaises* (église du XIIe s.). — 38 k. Pithiviers (*V.* p. 7). — 50 k. *Courcelles-Yèvre*. A Courcelles, restes d'un château royal. — 52 k. *Boynes*. Près de l'église (XIIIe et XVe s.), restes de bâtiments du XIIe s. sur une crypte romane. — 59 k. Beaune-la-Rolande (*V.* R. 32).]

Viaducs sur la Louette et la Chalouette; on monte par une rampe de 6 k. sur le plateau de la **Beauce**, très fertile en céréales.

74 k. *Monnerville*. — 79 k. *Angerville*. — 85 k. *Boisseaux*. — 93 k. *Toury* (*église* du XIIIe s.; sucrerie).

[Tram Decauville (1 h. 50 à 2 h. 15; 3 fr. 95 et 2 fr. 35) **de Toury à Pithiviers** (32 k. E.; *V.* p. 7), par (7 k.) *Outarville*, 551 hab.

De Toury à Voves (30 k. 🚂 3 fr. 05, 2 fr. 25, 1 fr. 50). — 5 k. *Janville*, 1,248 hab. — 30 k. Voves (p. 16).]

99 k. *Château-Gaillard*. — 106 k. *Artenay*, ch.-l. de c. de 1,093 hab.

112 k. *Chevilly*. — A l'E., **forêt d'Orléans** (40,308 hect.); on en traverse une partie. — 116 k. *Cercottes* (polygone et champ de tir).

123 k. **Les Aubrais** Ⓑ, gare où s'arrêtent les trains express de Paris à Tours ou à Vierzon. Les voyageurs de ces trains qui ne doivent pas dépasser Orléans y sont conduits des Aubrais par train spécial. Les trains omnibus venant de Paris ne s'arrêtent pas aux Aubrais et vont directement jusqu'à la gare d'Orléans.

125 k. **Orléans** * Ⓑ, ch.-l. du départ. du Loiret, V. de 67,311 hab., sur la rive dr. de la Loire, réunie par un **pont** de 9 arches (1751-1761) au *faubourg Saint-Marceau*.

De la gare, par le *boulevard Alexandre-Martin* (relié à la place du Martroi par la *rue de la République*), à dr., on gagne la *place Gambetta*, rond-point orné d'un square. La *rue Bannier* (à l'entrée, à g., *église Saint-Paterne*, moderne, style ogival primitif), après avoir laissé à dr. la *rue du Colombier* et à g. la *rue de la Bretonnerie* (*palais de justice*; aux nos 28 et 30, *hôtel de la Vieille-Intendance*, qui servit de séjour aux rois Henri III, Henri IV et

Louis XIII), débouche au centre de la ville, sur la **place du Martroi** (*statue* équestre *de Jeanne d'Arc*, en bronze, par Foyatier, avec piédestal en granit, orné de 16 bas-reliefs par Dubray; deux pavillons, dont l'un, ancienne chancellerie du duché d'Orléans, est occupé par le cercle militaire, et l'autre sert de *Bourse*).

A l'E. de la place on voit l'*église Saint-Pierre du Martroi*, du style flamboyant (XVIe s.), avec deux toiles de Restout. Au S. de la place, dans la *rue Royale*, s'ouvre, à g., la *rue Jeanne-d'Arc*, qui conduit à la *place Sainte-Croix* et à **Sainte-Croix**, une des grandes cathédrales gothiques (cinq nefs; 147 m. de long., 63 de larg., 33 de haut. sous voûte), commencée en 1287, incendiée en 1567, rebâtie de 1601 à 1829 dans le style gothique. La *porte de l'Evêque* (collatéral g. du chœur), avec 14 statuettes d'Apôtres et d'Evangélistes, le rond-point avec ses onze chapelles rayonnantes et ses collatéraux extrêmes remontent seuls au XIIIe et au XIVe s. Les tours de l'O. ont 84 m. 50 de haut.; la flèche centrale, en plomb, construite en 1859 par E. Bœswillwald, a 100 m. de hauteur.

A l'int. : aux murs des bas-côtés, *Chemin de Croix* sculpté par M. Clovis Monceau (1873); vitraux représentant la vie de Jeanne d'Arc; dans une chapelle du transept dr., **mausolée de Mgr Dupanloup**, par Chapu et Douillard; à la sacristie, tableaux de Jouvenet et de Zurbaran.

A g. de la cathédrale s'étend un petit mail (*statue de Pothier*, par Vital Dubray; *Bibliothèque*, ouverte t. l. j. sauf le mercr. de 11 h. à 4 h. : 60,000 vol., manuscrits précieux sur vélin) qui la sépare de la *rue Dupanloup*, bordée par l'Hôtel de Ville, le *théâtre*, l'*évêché* (dans la cour, statue équestre de Jeanne d'Arc, par Le Véel; à l'int., peintures représentant les célébrités de l'Orléanais, tableaux par Natoire et Hallé, bustes de l'évêque G. de Morvilliers, par G. Pilon ?, et de Mgr Dupanloup, par Chapu) et la *salle des Fêtes*, occupant une partie de l'emplacement de l'ancien **Grand Cimetière**, dont le cloître ogival date du XVIe s.

En face de l'évêché s'étendent les bâtiments du *grand séminaire* (chapelle avec *boiseries* sculptées par Dugoullon, sur les dessins de Lebrun; *crypte de Saint-Avit*, du IXe s. sinon du VIe), d'où la *rue Saint-Euverte* conduit à l'*église* du même nom, des XIIe et XVe s.

L'Hôtel de Ville, ancien hôtel Groslot, où mourut François II en 1560, bâti en briques (1530), a été remanié depuis. Les balcons qui surmontent les deux portes du perron sont supportés par des cariatides attribuées à Jean Goujon. Dans des niches sept statuettes de Jouffroy représentent les principales célébrités orléanaises. Dans l'aile g. de l'hôtel a été placée la statue de St Aignan, et dans l'aile dr. celle de Pothier. Au-dessus du perron et entre ses deux rampes une *statue de Jeanne d'Arc en prière* est la reproduction du charmant ouvrage en marbre de la princesse Marie d'Orléans, au musée de Versailles.

A l'int. : SALLE DES MARIAGES, où mourut François II (*Jeanne d'Arc faite prisonnière*, peinture par Patrois); SALLE DU COMMERCE (plafond représentant les produits du Loiret); SALLE DU CONSEIL (écussons ou portraits d'anciens maires d'Orléans); SALLE DES FÊTES (cheminée dans le style de la Renaissance, avec sujets en pierre représentant trois épisodes de la vie de Jeanne d'Arc, par Jeoffroy et Vallette; *statue équestre* de l'héroïne, par la princesse Marie; copie du tableau d'Ingres, *Jeanne d'Arc au sacre de Charles VII*).

Derrière l'hôtel de ville un jardin *public* renferme les restes de la *chapelle Saint-Jacques* (XVe s.).

Reprenant la rue Jeanne-d'Arc, on voit à dr. la façade du *lycée*; à g., sur la *place de la République*, s'élève l'*ancien hôtel de ville*, du XVe s.; la façade sur la *rue Sainte-Catherine* (au bas, *maison de la Coquille*, XVIe s.) offre un mélange du style de la Renaissance et du style ogival. C'est là qu'est installé le **Musée** (ouvert t. l. j. aux étrangers, de midi à 3 h.). — Principaux tableaux :

On commence la visite par 2 PETITES SALLES, à dr. de la cour : — *Hillemacher*. Œdipe et Antigone quittant Thèbes envahie par la peste. — *Harpignies*. Le Saut du Loup.

Un couloir conduit à deux escaliers montant l'un à dr. aux salles d'HISTOIRE NATURELLE, l'autre à la GRANDE SALLE. — *Antigna*. Incendie. — *Fréminet*. St Grégoire. St Ambroise. — *Aman Jean*. Vision de Jeanne d'Arc. — *Harpignies*. Chênes de Châteaurenard. — *Rosa Bonheur*. Paysage. — *Huet*. Paysage. — *Scherrer*. Entrée de Jeanne d'Arc à Orléans. — Sculpture : *Chatrousse*, Jeanne d'Arc; *Pradier*, Vénus à la Tortue.

PETITE SALLE, à dr. — *Corot*. 2 paysages. — *Henner*. Le Tambour Barra.

A g. de la grande salle s'ouvre une enfilade de petites salles.

SALLE A. — *Antigna*. 2 portraits. — *Van der Meulen*. Siège de Maëstricht. — *Ch. Natoire*. Entrée d'un évêque à Orléans. — *Corot*. 2 paysages. — *Lerolle*. Dans la campagne.

SALLE B. — *Santerre*. La Curiosité. — *Dernet*. La Terre. L'Eau. — *Drolling père*. Intérieur de cuisine. La Femme et la Souris. Portrait d'homme. Jeune fille. — *Patel père*. 2 paysages. — *Prud'hon*. Portrait. — *Pottier*. Marie-Louise-Henriette de Bourbon-Conti. — *Van Goyen*. Patineurs. — *Lancret*. Déjeuner au jambon. — *Drouais*. Mme de Pompadour. — *Moucheron*. Entrée d'une forêt. — *Van Loo*. Portrait. — *D. Teniers*. Ste-Famille. — *Guérin*. Phèdre et Hippolyte, Clytemnestre, esquisse du tableau du Louvre. — *Tournières*. Portrait. — *Fragonard*. Les Peines d'amour. — *Brueghel de Velours*. Paysage avec figures.

SALLE C. — *Blin*. Souvenir du cap Fréhel.

De cette salle on monte au 1er étage, où une salle est consacrée aux ŒUVRES DE LÉON COGNIET. De là, par un petit escalier, on parvient au 2e étage, où se trouvent 3 petites salles de peinture ainsi que la collection des DESSINS et des ESTAMPES (10,000 pièces).

Traversant la rue Sainte-Catherine, on gagne, par la *rue des Albanais*, la *rue Charles-Sanglier*, à l'angle de laquelle (no 22) est l'*hôtel Cabu* (1540) ou *maison de Diane de Poitiers*, qui renferme les collections du **Musée historique**.

Ce musée se compose surtout de fragments d'architecture du moyen âge provenant des églises et des maisons détruites, de meubles du moyen âge et de la Renaissance, de tapisseries, étoffes, bannières, etc. On y remarque des inscriptions romaines, de précieux objets en bronze gallo-romains trouvés à Neuvy-en-Sullias (1861).

La rue des Albanais conduit à la rue Royale, que l'on descend vers la Loire. A dr. s'ouvre la *rue du Tabour* (postes et télégraphes) : au no 37, *maison de l'Annonciade*, où logea Jeanne d'Arc pendant le siège de 1429; aux nos 13 et 15, *maison* dite *d'Agnès Sorel*, renfermant le **Musée Jeanne-d'Arc.**

Le musée Jeanne-d'Arc est consacré aux œuvres d'art exécutées en l'honneur de la Pucelle (la plus ancienne est une tapisserie flamande du XVe s.) et aux objets qui se rapportent à son histoire. Une peinture sur toile, de l'année 1581, dite *portrait de l'Hôtel-de-Ville*, a fourni le type unique des images de l'héroïne publiées pendant les XVIIe et XVIIIe s.

La *rue du Cheval-Rouge* conduit à l'*église Saint-Paul*, des XVe-XVIe s. (*clocher* isolé de 1629; chapelle *N.-D. des Miracles*, célèbre pèlerinage orléanais). — Du *cloître Saint-Paul* on pourrait, en traversant la *rue de Recouvrance*, se diriger par la *rue d'Angleterre* vers l'*Hôtel-Dieu* et l'*hôpital général* (au fronton de la chapelle, statues colossales de la Religion et de la Charité, par Dubray). — Dans la rue de Recouvrance se trouvent la *maison de François Ier* (1536-1550) et l'*église Notre-Dame*, de 1515-1519 (verrière du XVIe s.; peintures de Lazerges). On suit à g. le *quai Cypierre* et l'on atteint le pont à l'extrémité duquel, sur la rive g. de la Loire, est placée la *statue de Jeanne d'Arc guerrière*, en bronze, par Gois. Au faub. Saint-Marceau : sur la petite *place de la Bascule*, *monument*, par Desvergnes, commémoratif *du combat des Aydes* (11 oct. 1870); *croix des Tourelles*, sur l'emplacement de l'assaut des Tourelles et où, le 8 mai de chaque année, on vient en procession réciter une prière d'action de grâces; *église* romane moderne, avec clocher surmonté d'une statue en bronze de Jeanne d'Arc et flanqué de statues en pierre, par Bénet, de St Michel, Ste Catherine, Ste Marguerite et Dunois; et *jardin botanique*.

En suivant le *quai du Châtelet*, on laisse à g. la *place du Châtelet* (marché; no 6, *maison* de la Renaissance), qu'avoisine l'*église Saint-Donatien*. Plus loin, dans la *rue de la Tour*, est l'*église Saint-Pierre-le-Puellier*, intéressante par ses restes d'architecture du IXe et du XIIe s. (dans le banc d'œuvre, sculpture du XIIIe s. figurant des scènes de la Passion). A l'O. la *tour Blanche* est un reste des anciennes fortifications. A l'E. la *rue Saint-Aignan* conduit au *cloître* et à **l'église Saint-Aignan**, dont il ne reste que le transept et le chœur, rebâtie à la fin du XVe s., sur une crypte à 5 chapelles rayonnantes remontant à l'an 1000.

A l'int., clefs de voûte. Il faut s'adresser au sacristain, no 1, cloître Saint-Aignan, en face de l'église, pour voir la châsse renfermant la dépouille mortelle de St Aignan, et un *reliquaire* en cristal de roche contenant un fragment de la vraie croix.

La *rue de l'Oriflamme* conduit à la *rue Bourgogne* (no 211, *maison des Chanoines*, de la Renaissance), que l'on suit vers l'O. A g. est la *Préfecture*, ancien couvent de bénédictins, agrandie en 1864. A dr., dans la *rue Pothier*, se trouve la **salle des Thèses** de l'ancienne Université, du XVe s. (s'adresser au concierge de la préfecture). La rue Bourgogne débouche dans la rue Royale, d'où l'on rejoint la gare.

[A 7 k. env. S.-S.-E., **source du Loiret** (louer une voit. à Orléans, 6 fr., ou prendre le tram qui conduit au pont d'Olivet, 20 c.). — Le Loiret (12 k. de cours) sort de terre par deux sources, dans le parc du *château de la Source*. A *Olivet*, 3,668 hab., nombreux restaurants.

D'Orléans à Montargis (76 k. [train] en 1 h. 58 à 2 h. 11 ; 8 fr. 50, 5 fr. 75, 3 fr. 75). — On descend la vallée du Cens, qu'emprunte le canal d'Orléans. — 23 k. *Fay-aux-Loges* (église des XIIe et XIIIe s.; carrières). — A g., étang de la Vallée; à dr., château de *Combreux*. — On traverse une partie de la forêt d'Orléans. — 51 k. *Bellegarde-Quiers*, où l'on croise la ligne de Beaune-la-Rolande à Bourges (R. 32). A *Bellegarde*, 1,180 hab., restes d'un *château* du commenc. du XVIIe s. (donjon des XIIe et XIIIe s.) et église, à *façade* romane, renfermant des tableaux de Lebrun, P. de Cortone, Maratta et Mignard. — On traverse la Bezonde, devenue canal d'Orléans, puis le canal de Briare et le Loing. — 76 k. Montargis (*V.* le Réseau *P.-L.-M.*).

D'Orléans à Gien (63 k. [train] 2 h.; 7 fr. 05, 4 fr. 75, 3 fr. 10). — Remontant la rive dr. de la Loire, on franchit le Cens et le canal d'Orléans. — 17 k. *Saint-Denis-Jargeau*. *Saint-Denis-de-l'Hôtel* est relié par un pont suspendu à Jargeau (*V.* ci-dessous). — 25 k. *Châteauneuf-sur-Loire*, 3,338 hab. (restes d'un château de Louis Phélypeaux de la Vrillière, secrétaire d'Etat sous Louis XIV, dont l'église renferme le tombeau), est relié par un [train] de 8 k. (60 c. et 40 c.) à *Tigy*, 1,558 hab. — 33 k. *Saint-Benoît-Saint-Aignan*. A 4 k., *Saint-Benoît-sur-Loire* (**église** romane très remarquable, reste d'une célèbre abbaye, renfermant le tombeau du roi Philippe Ier et des stalles de 1413; dans la crypte, *reliquaire* moderne contenant le corps de St Benoît). — 40 k. *Les Bordes*, stat. où l'on croise la ligne de Beaune-la-Rolande à Bourges (R. 32). — On passe au-dessus de la ligne de Bourges pour longer la lisière S. de la forêt d'Orléans. — 49 k. *Ouzouer-Dampierre*. — A dr., étang du Bourg. — 63 k. Gien (*V.* le Réseau *P.-L.-M.*).

D'Orléans à Malesherbes (64 k. [train] en 1 h. 53 à 2 h. 23; 7 fr. 15, 4 fr. 85, 3 fr. 15). — Forêt d'Orléans. — 27 k. *Neuville-aux-Bois*, 2,532 hab. — 46 k. **Pithiviers***, ch.-l. d'arr., 6,225 hab., sur une colline de la rive g. de l'Œuf (*église* en grande partie de la Renaissance; bibliothèque et *musée* à l'*hôtel de ville*, surmonté de la *tour*, XIIe s., de l'anc. église *Saint-Georges*, dont il reste aussi une crypte; *statues*, par Blanchard, du savant agronome *Duhamel du Monceau*, 1700-1782, et du mathématicien *Denis Poisson*, par Deligand; *pâtés d'alouettes* et de gibier renommés, ainsi que les pastilles et pains d'épices au miel du Gâtinais). A 7 k. E., *Yèvre-le-Châtel*, sur la Rimarde : église des XIe et XIIe s.; château bâti au commenc. du XIIIe s. par Amaury de Montfort, connétable de France; au cimetière, *chapelle Saint-Lubin*, du style ogival le plus pur. De Pithiviers à Toury, à Etampes et Beaune-la-Rolande, *V.* p. 3. — 64 k. Malesherbes (*V.* le Réseau *P.-L.-M.*).

D'Orléans à Chartres (76 k. [train] 2 h. 30 env.; 7 fr. 75, 5 fr. 75, 3 fr. 75). — 24 k. d'Orléans à Patay (R. 4). — A dr., château de *Villepion*, qui a donné son nom au combat victorieux du 1er déc. 1870. — 35 k. *Orgères*, 701 hab. — On traverse la Conie. — 50 k. Voves (*V.* p. 16), où l'on croise le ch. de fer de Paris à Tours par Vendôme (*V.* ci-dessous, *B*). — 64 k. *Berchères-les-Pierres* (église du XIIe s.; carrières de beau calcaire qui fut employé à la construction de la cathédrale de Chartres). — 76 k. Chartres (*V.* le Réseau *Ouest*).

D'Orléans à Vendôme (74 k.; tram à vapeur, en 4 h. 20; 5 fr. 55 et 3 fr. 70). — 20 k. *Coulmiers*, v. célèbre par la victoire remportée sur les Allemands le 9 nov. 1870, que rappelle un monument s'élevant à l'extrémité d'un parc près de l'entrée duquel est l'église, en partie du XIe s.). — 23 k. *Epieds* (*dolmen*). — 32 k. *Ouzouer-le-Marché*, 1,510 hab. — On traverse la *forêt de Marchenoir*. — 47 k. *Mar-*

chenoir, 611 hab. — 54 k. *Oucques*, 1,578 hab. (embranch. pour Blois, *V.* p. 13). — On franchit le vallon marécageux de la Cisse naissante. — 74 k. Vendôme (p. 17).]

D'Orléans à Neung-sur-Beuvron (51 k. 🚌 en 2 h. 20 et 2 h. 50; 3 fr. 70 et 2 fr. 65). — 8 k. *Saint-Nicolas*. — On traverse le Loiret. — 9 k. *Saint-Hilaire-Saint-Mesmin*, 1,039 hab. (sur un coteau dominant le Loiret, belle maison des *Châtelliers*, de 1703, qui a remplacé une léproserie; jolis châteaux modernes de *Bonchâteau* et de *la Medonnière*). — 17 k. **Cléry**, 2,503 hab., célèbre par la basilique et le pèlerinage de N.-D. de Cléry et par la sépulture de Louis XI. Dans la *basilique*, bel édifice du style gothique flamboyant, construit après un vœu de ce prince, on remarque notamment, outre le *tombeau de Louis XI* (statue exécutée en 1622 par Michel Bourdin), d'où un petit escalier descend au caveau royal dans lequel subsiste l'auge monolithe que le roi s'était fait préparer de son vivant : la *chapelle des Dunois-Longueville*, où repose le célèbre compagnon de Jeanne d'Arc; au-dessus du maître-autel, la *statue miraculeuse* de N.-D. de Cléry (XIIIe s.), etc. — 22 k. *Villefallier* (château). — 51 k. Neung-sur-Beuvron (*V.* p. 13).

D'Orléans à Isdes (50 k. 🚌 en 2 h. 40; 3 fr. 60 et 2 fr. 60). — 8 k. *Saint-Denis-en-Val*, 1,090 hab. (ruines du château de *l'Ile*). — 15 k. *Sandillon*, 1,646 hab. — 22 k. *Jargeau*, 2,321 hab., célèbre par la victoire que Jeanne d'Arc y remporta sur les Anglais en 1429 (3 portes des anc. remparts; statue de Jeanne d'Arc blessée, œuvre d'A. Lanson). — 35 k. Tigy (✕ pour Châteauneuf : *V.* ci-dessus). — 50 k. *Isdes*, 1,006 hab.]

D'Orléans aux Sables-d'Olonne, R. 3; — à Châteaudun et au Mans, R. 4; — à la Rochelle et à Rochefort, R. 6; — à Agen, par Limoges et Périgueux, R. 16; — à Toulouse, R. 19; — à Bourges, R. 32; — au Mont-Dore et à la Bourboule, R. 34; — à Aurillac, R. 37.

Au delà des Aubrais, laissant à dr. la ligne de Chartres, on suit jusqu'à Tours et sur la rive dr. la belle vallée de la Loire.

131 k. *La Chapelle-Saint-Mesmin* (*petit séminaire* dans le parc duquel est un *château* bâti par Charles IX; *église* en partie du XIe s., bâtie sur une *crypte* mérovingienne). — 133 k. *Saint-Ay* (prononcez *Saint-Y*); bons vins. — Viaduc de 25 arches sur les Trois-Mauves.

143 k. **Meung-sur-Loire** *, 3,087 hab., au débouché du ruisseau des Trois-Mauves. — **Eglise** du XIIe s. (clocher du XIe s.; tour fortifiée du XIIIe, qui faisait partie d'un *château* rebâti au XVIIe s.). — *Porte d'Amont* surmontée d'une tour. — Sur la Loire, *pont suspendu* auprès duquel subsistent les *écuries de Louis XI*, bâtiments qui furent habités par ce prince.

[A 5 k. E., Cléry (*V.* ci-dessus).]

150 k. **Beaugency** *, 3,761 hab., sur la rive dr. de la Loire. — **Eglise Notre-Dame**, des XIe et XVIe s., autrefois dépendance d'une abbaye dont il reste de beaux bâtiments des XVIe et XVIIe s. — Anc. *église Saint-Etienne* (XIe s.). — *Tours Saint-Firmin* (1530), ancien clocher, et *de l'Horloge*; *porte Tavers* (XIIe s.). — **Tour de César** (XIe s.), anc. donjon d'un *château* qui fut reconstruit au XVe s. par Dunois (jolie chapelle) et qui sert auj. de dépôt de mendicité. — **Hôtel de Ville** remarquable de la Renaissance (belles broderies). — *Statue de Jeanne d'Arc libératrice*, par Fournier. — Sur la Loire, **pont** de 26 arches dont plusieurs remontent au XVe s. — Curieuses *maisons* de l'épo-

que romane (rue du Puits-de-l'Ange, nº 2), des XVe et XVIe s. — Vins estimés.

Viaduc de *Tavers* (12 arches),

163 k. **Mer***, 3,585 hab. (à l'église, belle *tour* du XVe s.). — Viaduc sur le vallon de la Tronne. — A g., *château de Diziers* (XVe s.).

167 k. *Suèvres* (deux *églises* en partie carlovingiennes; restes de thermes romains).

173 k. *Menars* (*château* de 1764). — On passe sur la ligne de Romorantin, pour la joindre à dr.

182 k. **Blois** * Ⓑ, ch.-l. du départ. de Loir-et-Cher, siège d'un évêché, V. de 23,789 hab., en amphithéâtre sur des coteaux de la rive dr. de la Loire. — *L'avenue Victor-Hugo* (à l'extrémité à g., *Pavillon* ou *Bains d'Anne de Bretagne*, de la Renaissance, restauré) aboutit à la *place Victor-Hugo* (square; *buste d'Augustin Thierry*). A g., *église Saint-Vincent de Paul*, du XVIIe s. (monument élevé par Mlle de Montpensier à Gaston d'Orléans, son père).

A dr. s'élève le **Château** (pour visiter, sonner, place du Château, à la petite porte à dr. de l'entrée principale), bâti par Louis XII, François Ier et Gaston d'Orléans. Une rampe monte à dr. à la *place du Château*, dont le côté O. est bordé par la belle *galerie de Louis XII*. Ce corps de bâtiment, restauré de 1855 à nos jours, présente dans sa façade extérieure, terminée en 1501, un agréable mélange de briques et de pierres; la porte est surmontée d'une belle statue équestre de Louis XII en pierre dorée. Un passage voûté donne accès sur une longue *galerie* aboutissant à deux *escaliers* dont le plus grand attire surtout l'attention des connaisseurs. Sur cette galerie s'ouvre la *salle des gardes* de Louis XII, qui contient, ainsi qu'une salle voisine, le *musée Daniel-Dupuis* (œuvre du célèbre médailleur, né à Blois). A dr., dans la cour, entre le bâtiment de Louis XII et le palais de François Ier, est la salle des Etats. En face s'élève l'aile construite par Gaston, et à g. la *chapelle de Saint-Calais*, qui appartient aux constructions de Louis XII. — *L'aile de François Ier*, terminée vers 1525, a été admirablement restaurée par Duban. L'escalier est un des plus merveilleux spécimens de la Renaissance.

L'intérieur est orné de peintures, de dorures et de tentures. On remarque au 1er étage, où l'on parcourt les *appartements de Henri II* : la première salle des Gardes (belles cheminées en pierre sculptées et dorées); la seconde salle des Gardes, qu'un escalier fait communiquer avec la salle des Etats; la galerie de la Reine; le cabinet de toilette de Catherine de Médicis, la chambre à coucher où elle est morte en 1589 (charmant plafond), son oratoire (vitraux de Lavergne, 1860) et son cabinet de travail (boiseries sculptées dans lesquelles on compte 237 panneaux d'ornementation différente; fenêtre par laquelle Marie de Médicis s'évada); dans la *tour du Moulin* ou *des Oubliettes* (XIIIe s.), une prison où fut assassiné le cardinal de Guise; au 2e étage (on y monte par l'escalier des Quarante-Cinq, où passèrent les assassins du duc de Guise) : dans les *appartements de Henri III*, la salle des Gardes, qui servait de salle de conseil lors des seconds Etats de Blois (1588); une seconde salle des Gardes (escalier secret); la galerie du Roi; le cabinet neuf ou cabinet de travail du roi; un escalier par lequel Henri III descendit chez sa mère après le meurtre du duc de Guise; la chambre à cou-

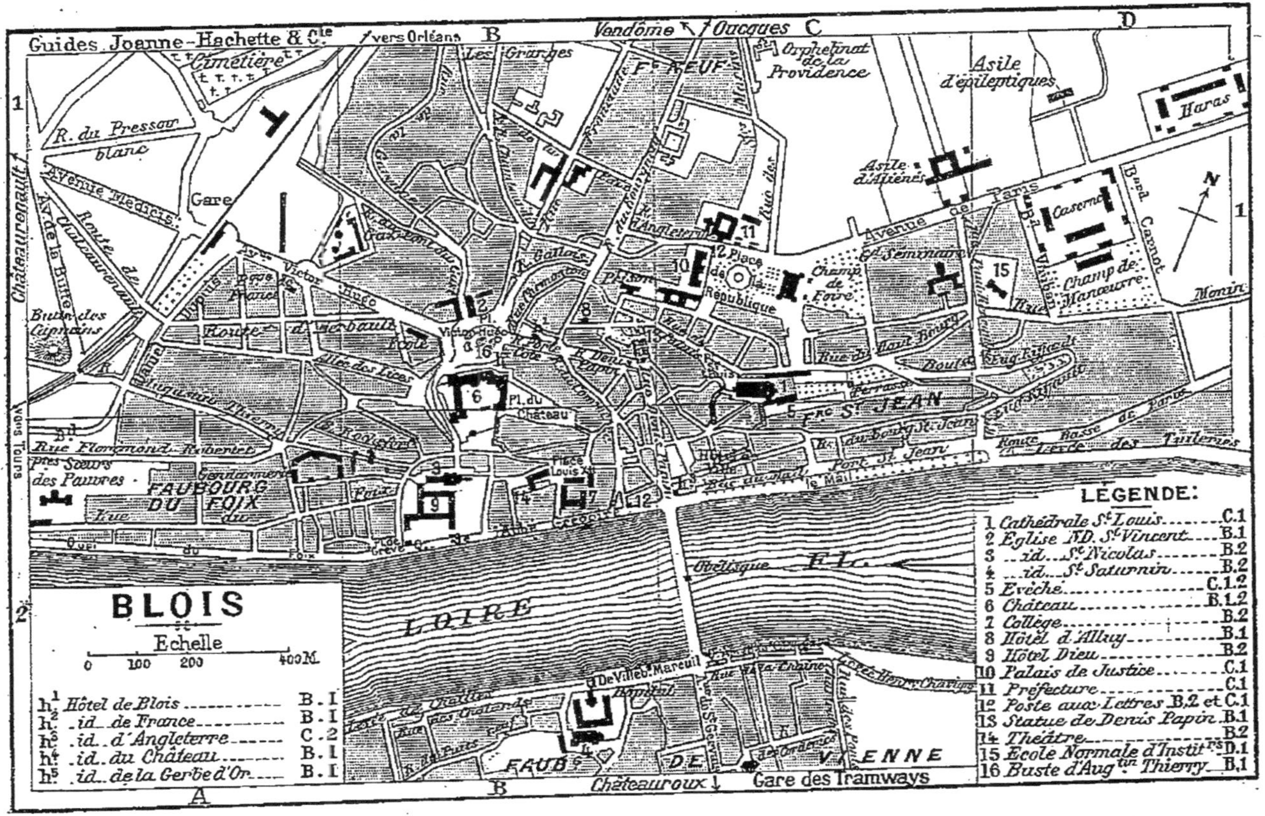

Guides Joanne-Hachette & Cie
BLOIS
Echelle
0 100 200 400M.
h1 Hôtel de Blois B.1
h2 id. de France B.1
h3 id. d'Angleterre C.2
h4 id. du Château B.1
h5 id. de la Gerbe d'Or B.1
LÉGENDE:
1 Cathédrale St Louis C.1
2 Eglise N.D. St Vincent B.1
3 id. St Nicolas B.2
4 id. St Saturnin B.2
5 Evêché C.1.2
6 Château B.1.2
7 Collège B.2
8 Hôtel d'Alluy B.1
9 Hôtel Dieu B.2
10 Palais de Justice C.1
11 Préfecture C.1
12 Poste aux Lettres B.2 et C.1
13 Statue de Denis Papin B.1
14 Théâtre B.2
15 École Normale d'Institrs D.1
16 Buste d'Augtin Thierry B.1
vers Orléans
Vendôme
Oucques
Châteauroux
Gare des Tramways
Châteaurenault
vers Tours
LOIRE
FAUBOURG DU FOIX
FAUBG DE VIENNE
Fg ST JEAN
Fg NEUF
Cimetière
Gare
Haras
Caserne
Champ de Manœuvre
Champ de Foire
Place de la République
Asile d'épileptiques
Asile d'Aliénés
Orphelinat de la Providence
Avenue de Paris
Bd Carnot
Avenue Médicis
R. du Pressoir blanc
Route de Châteaurenault
Av. de la Butte
Butte des Capucins
Av. Victor Hugo
Route d'Herbault
Allée des Lices
Rue Flammond Robertet
Sœurs des Pauvres
Gendarmerie
Les Granges
Pl. du Château
Place Louis XII
Pont St Jean
Le Mail
Obélisque
Route Basse de Paris
Levée des Tuileries
Rue du Haut Bourg
Hospice
A B C D
1 2

cher du roi, dans laquelle Guise vint mourir; l'arrière-cabinet et le cabinet de toilette du roi, où deux moines demandaient à Dieu le succès d'une « expédition entreprise pour le repos du royaume », et la chambre de la Tour dans laquelle s'ouvrait la porte biaise près de laquelle Guise reçut les premiers coups. La visite se termine par la *salle des Etats* (30 m. de long. sur 22 de long. et 18 de haut.), du XIIIe s.

L'*aile de Gaston* (bel escalier), ajoutée par le frère de Louis XIII (Fr. Mansart, architecte), renferme la *bibliothèque publique* (40,000 vol.) et la *Salle des Fêtes* de la ville.

L'aile de Louis XII renferme le **Musée** (ouvert au public le dimanche, de midi à 4 h.; t. l. j. aux étrangers; deuxième rétribution, le gardien du château n'y conduisant pas).

1er *étage*. — SALLE I. — De dr. à g. 265. *Fragonard*. Serment d'amour. — 449. Procession de fous sous Henri III, curieuse gravure sur bois. — 33. *Diaz*. Sous bois. — 68. *Ingres*. La Madone aux Candélabres, esquisse d'après Raphaël. — 106. *Ary Scheffer*. Mort d'Eurydice. — 29. *Daubigny*. Ferme Saint-Siméon à Honfleur.

SALLE II. — Portraits d'illustrations locales. — Buste du prestidigitateur Robert Houdin, né à Blois, par *Dantan le Jeune*.

SALLE III dite DES PORTRAITS HISTORIQUES. — 94. *N. Mignard*. Louis XIV enfant. — 211. Denis Papin, copie du portrait original qui est à l'Université de Marbourg. — 223-225. Portraits de Stanislas Leczinski, du maréchal de Saxe et de Washington.

SALLE IV. — 50. *Luca Giordano*. Hercule et Omphale. — 86. *Luminais*. La Famille du pêcheur naufragé.

SALLE V, dite DES PRIMITIFS. — Tapisseries flamandes du XVIe s.

SALLE VI. — 11. *Fr. Boucher*. Psyché recevant les honneurs divins.

SALLE VII. — 102. *Reynolds*. Femme endormie. — 113. *G. Terburg*. Le Message. — 10. *Rosa Bonheur*. Enfant gardant des moutons. — 92. *Meel*. Bohémiens jouant aux cartes. — 87. *Carlo Maratta*. L'Enf. J. adoré par des anges. — 26. *A. Coypel*. La Toilette de Vénus. — 56. *Le Guerchin*. St Guillaume, duc d'Aquitaine, recevant l'habit religieux (esquisse). — 14, 15 (sur cuivre). *Brueghel de Velours*. Halte de cavaliers. Un village flamand. — 22. *Fr. Clouet*. Marguerite de Bourbon (sur ivoire). — 72. *Jeaurat*. Le Contrat interrompu. — 101. *Le Guide*. Nymphe et amour (sur cuivre).

SALLE VIII. — Table sculptée (XVIe s.). — *Jadin*. — Têtes de chiens. — Pastels et aquarelles.

SALLE IX. Portraits historiques.

2e *étage*. — Poteries et verreries gallo-romaines trouvées à Meung, Soings, Gien, Thézée, etc. (collection La Saussaye); collections de numismatique, d'ethnographie et d'histoire naturelle.

A l'E. du château s'étend la *place du Château* (*hôtels d'Amboise*, construit sous Louis XII, et *d'Epernon*, du XVe s.), d'où un escalier descend dans la *rue Saint-Martin* (au no 18, hôtel du *Petit-Louvre*, des XVe et XVIe s.), aboutissant à la *place Louis XII* (**fontaine Louis XII**, œuvre charmante du XVe s.). A l'angle O. de cette place s'ouvre la *rue Saint-Lubin* (maisons anciennes), d'où un escalier à g. descend à l'**église Saint-Nicolas** ou *Saint-Laumer*, de 1138 à 1210 (deux tours et belle façade mutilée du XIIIe s.; coupole centrale très curieuse; retable du XVe s., dont les sculptures développent l'histoire de sainte Marie Egyptienne; fragments de vitraux du XIIe s.; tombeau du préfet Lezay-Marnezia, † 1857). — L'église est séparée du quai par l'*Hôtel-Dieu*, qui occupe les bâtiments de l'ancienne abbaye de Saint-Laumer.

On descend sur le *quai du Département* (à g., *collège* dans les bâtiments, XVIIIe s., de l'abbaye du Bourg-Moyen, avec chap. Renaissance), que l'on suit à g. jusqu'au *pont* (1717-1724) de 11 arches, surmonté d'un obélisque (sculptures par Nicolas Coustou), qui relie la ville au faubourg de *Vienne*, où se trouve, à dr., l'*hôpital général* (300 lits), où l'on visite le *Campo Santo*, type très rare et très curieux d'un ancien cimetière entouré de galeries, avec piliers de la Renaissance. En face s'élève le portail de **Saint-Saturnin**, église des XVe et XVIe s. (clocher central, d'une forme singulière; dans le chœur à g., tableau de 1638, par Jean Mosnier, représentant le Vœu de Louis XIII; Martyre de St André, par Omer Charlet; statue de N.-D. des Aides, pèlerinage).

Du pont, laissant à dr. la *promenade du Mail*, on remonte la *rue Denis-Papin*, vers le haut de laquelle, sur un palier de l'escalier dit Monumental, s'élève la *statue de Papin*, en bronze, par Millet. La 2e rue à dr. conduit à la **cathédrale Saint-Louis**, bâtie de 1678 à 1730, dans le style ogival flamboyant; le portail et la tour sont de la Renaissance (à l'int., deux bas-reliefs en marbre blanc, restes du tombeau de la mère de Stanislas Leczinski; dans la chapelle de Sainte-Anne, *bâton de confrérie*, sculpté). — L'*évêché*, bâti par Colbert, a une belle *terrasse* (promenade ouverte au public) où l'on jouit d'une vue magnifique.

De la *place St-Louis* on peut gagner, par la *rue du Palais* et une rue à dr., la *place de la République* où s'élèvent le *palais de justice* et la *préfecture*. — A l'E. de la place Denis-Papin l'*avenue de Paris* conduirait au *haras*, un des plus beaux de France. Dans la *rue Saint-Honoré*, 8 (en haut de l'escalier Monumental, à g. en montant), est situé l'**hôtel d'Alluye** (pour le visiter, s'adresser au concierge de la Cie d'assurances mutuelles), de la Renaissance, construit par Florimont Robertet, dit le grand baron d'Alluye, ministre et secrétaire des finances sous Louis XII et François Ier (dans la cour, bien mutilée, galerie que décorent les médaillons des douze Césars, en terre cuite; dans une belle salle restaurée par Duban, cheminée aux armoiries de France). — A l'angle des rues Saint-Honoré et Porte-Chartraine est l'*hôtel Denis-Dupont*, du XVIe s., construit pour le célèbre jurisconsulte de ce nom (sculptures, médaillons, curieuse tour d'escalier).

La ville de Blois est environnée par 3 magnifiques forêts où l'on trouve des sites charmants et les plus beaux chênes de la France : la *forêt de Blois* (2,715 hect.) à l'O., la *forêt de Boulogne* (3,968 hect.) à l'E., et la *forêt de Russy* (3,207 hect.) au S.

[**Châteaux de Chambord, de Cheverny et de Beauregard.** — 18 k. de Blois à Chambord (une voit., 12 fr.) par la voie de la Loire, 16 k. par Vineuil, Huisseau et la Chaussée. A l'aller on prend généralement la première, qui offre une belle vue sur le fleuve; on suit la seconde au retour si l'on ne veut pas visiter Cheverny et Beauregard. Si l'on a le temps on fera bien de louer une voiture à la journée (18 fr. à un chev., 25 fr. à 2 chev.; on en trouve à la gare) et de voir aussi ces deux derniers châteaux : c'est ce qu'on appelle, à Blois, la *grande tournée*. En partant à 8 h. du matin et en déjeunant à Chambord on est facilement de retour à Blois pour l'heure du dîner.

Chambord *, petit v. et domaine de 5,500 hect., dont 4,500 hect. de bois, 5 fermes et 14 étangs, enclos par un mur de 35 k. de tour ; 6 portes avec pavillons de gardes. — Le **château de Chambord**, la merveille de la Renaissance française, bâti pour François Ier, par Pierre Nepveu, dit Trinqueau, architecte d'Amboise, propriété des rois de France, donné au maréchal de Saxe, puis au maréchal Berthier, acheté, en 1821, pour le duc de Bordeaux, forme un carré long de 156 m. sur 117, dont les angles sont flanqués de quatre grosses tours. Il est remarquable par le nombre et la variété de ses ornements, principalement dans la partie supérieure : cheminées, lucarnes, tourelles, flèches, clochetons, que décorent d'innombrables sculptures. — A l'int. (pourboire au gardien), qui comprend 13 grands escaliers et 365 chambres à feu : **escalier** central en spirale, à doubles rampes superposées, dont la disposition est telle que deux personnes peuvent monter ou descendre sans se rencontrer. Au-dessus des voûtes des quatre salles, divisées en trois étages, et au niveau des terrasses qui les recouvrent s'arrête la double rampe et commence la **lanterne** en forme pyramidale, ayant 32 m. de hauteur, et du plus grand effet. — Dans la tour de l'O., *chapelle* bien conservée. — Dans le bâtiment construit en hors-d'œuvre à l'angle formé par la tour du N. et par la façade, cabinet de travail de François Ier. — Dans les salles que visite actuellement le public (ancien appartement de Louis XIV), portraits de Louis XIV au passage du Rhin, par *Largillière*, et de Mme de Maintenon, par *Rigaud* ; d'Anne d'Autriche, par *Mignard* ; de Marie Leczinska, par *Van Loo* ; de Mme de La Fayette ; Louis XIV et son état-major, par *Van der Meulen* ; Bataille de Fontenoy, par *Bertrand* ; balustrade du lit de Louis XIV ; statuette en bronze du comte de Chambord, etc.

En revenant à Blois par la *forêt de Boulogne* on peut visiter : — le **château de Cheverny**, construit en 1634, restauré et entouré d'un beau parc (au rez-de-chaussée, galerie ornée de peintures, salle à manger avec cheminée et dressoir du temps de Henri IV ; au 1er étage, appartement du roi, salle des Gardes ; chambre du roi avec peintures du peintre blésois Jean Mosnier ; tapisseries et vieux meubles), — et le **château de Beauregard**, des XVIe-XVIIe s. (*galerie des portraits*, avec 360 figures historiques ; *plafond* remarquable et *carrelage* en faïence émaillée bleue).

A 10 k. S.-O. de Blois, imposantes ruines du *château de Bury* (1515).

Trams à vapeur de Blois à : — Oucques (*V.* p. 8) ; — (62 k., en 3 h. 20 ; 4 fr. 65 et 3 fr. 10) Lamotte-Beuvron (R. 16), par la forêt de Boulogne, la vallée du Beuvron et (40 k.) *Neung-sur-Beuvron*, 1,342 hab. De Neung à Orléans, *V.* p. 8 ; — Saint-Aignan et Villefranche-sur-Cher (R. 13, p. 94). Neung est relié à (28 k.) Romorantin (*V.* p. 94) par un tram (en 1 h. 15 ; 2 fr. 10 et 1 fr. 40) qui dessert *Millançay* et *Lanthenay* (ancien château de *Mousseaux*, où François Ier fut élevé jusqu'à l'âge de 7 ans). Millançay est construit sur l'entassement de terres provenant d'un fossé profond qui l'entoure, et sur le bord intérieur duquel on voit les débris d'une épaisse muraille présumée romaine.

De Blois à Montrichard (40 k. ; tram partant du faub. de Vienne ; traj. en 2 h. env. ; 3 fr. et 2 fr.). — Après avoir traversé le val de la Loire et franchi le Cosson on gravit le coteau de Saint-Gervais. Au delà du *Point-du-Jour* on parcourt la forêt de Russy, d'où l'on sort près du château de Beauregard (*V.* ci-dessus). — 8 k. *Cellettes* (église avec vitraux anciens et reliquaire carolingien), au bord du Beuvron, que l'on franchit. — 18 k. *Les Montils*. — Le Beuvron franchi, le tram monte sur le plateau boisé de la Sologne. — 30 k. *Pontlevoy* *,

2,253 hab., est connu par son *collège*, fondé en 1644 par les Bénédictins, dont l'ancien monastère offre des proportions monumentales (chœur de l'église du temps de Charles VI; *musée préhistorique* très remarquable). — On traverse une partie de la forêt de Montrichard, et l'on descend vers le Cher. — 40 k. Montrichard (p. 93).

De Blois à Château-du-Loir par Vendôme (92 k.; ch. de fer, en 3 à 4 h.; 9 fr. 40, 6 fr. 95, 4 fr. 55). — Plateau monotone appelé *Queue de la Beauce*. — 6 k. *Fossé-Marolles* (château de Fossé, style Louis XIII). — Pont sur la Cisse. — 12 k. *La Chapelle-Vendômoise* (beau *dolmen*). — 16 k. *Villefrancœur* (châteaux de *Fréchines*, XVIe et XVIIIe s.). — 22 k. *Selommes*, 846 hab. (restes d'un prieuré). — 34 k. Vendôme (*V.* p. 16), et 5 k. de Vendôme à (39 k.) Mondétour, où on laisse à dr. la ligne de Tours (*V.* ci-dessous, *B*). — On descend dans le vallon de la Brisse.

45 k. *Thoré* (*clocher* du XVe s.; *château de Rochambeau*). — Tunnel de 500 m. — 49 k. *Saint-Rimay*; à 2 k. O.-N.-O., curieux v. des *Roches* (grottes habitées). — Pont sur le Loir.

52 k. **Montoire***, 3,115 hab. (à l'église, châsse de St Outrille; *chapelle Saint-Gilles*, reste d'un prieuré, avec *peintures* du Xe au XIIe s.; ruines d'un *château* fort; *maisons* de la Renaissance dont l'une sert de mairie), d'où l'on peut faire, en 3 h. aller et ret., l'excurs. recommandée de (2 k. E.-S.-E.) *Lavardin* (*église* du XIe s.; grottes habitées), v. dominé par les ruines considérables d'un **château** féodal (demander les clefs et un guide à l'aub. Jacquet).

58 k. **Trôo***, dans un des plus beaux sites de la vallée du Loir (mur roman, reste de la maladrerie de Sainte-Catherine; *grottes* habitées; *église Saint-Martin*, beau spécimen du style angevin de la fin du XIIe s.; à côté, **tombelle** convertie en promenade, belle vue).

64 k. *Sougé*. — Pont sur la Braye. — 66 k. Pont-de-Braye, et 26 k. de Pont-de-Braye à (92 k.) Château-du-Loir (R. 3).]

191 k. *Chouzy*, sur la Cisse.
197 k. *Onzain*.

[A 25 min. de la station (tourner à dr. au delà du pont, sur la rive g. de la Loire), **château de Chaumont** (on ne le visite que le jeudi, quand les châtelains s'y trouvent; t. l. j., quand ils sont absents; pourboire), des Xe-XVIe s., restauré (au 1er étage, meublé dans le style de l'époque, salle des Gardes, salle du Conseil, chambre de Catherine de Médicis, chapelle, chambre de Ruggieri, chambre de Diane de Poitiers); beau parc et belles écuries; manège aménagé dans l'ancien four du potier Nini.]

202 k. *Veuves-Monteaux*. — 205 k. *Limeray*.

214 k. **Amboise***, V. de 4,538 hab., sur la rive g. de la Loire, au débouché de la vallée de l'Amasse. — Pour se rendre au château il faut, après avoir traversé les deux bras de la Loire, suivre un instant le quai (*obélisque* érigé en 1835 à *Chaptal*, à l'extrémité du *Mail*) en aval (à dr.) du pont et prendre la première rue à g. (à l'angle, *hôtel de ville*, de 1500-1505, derrière lequel est le *buste de Ch. Guinot*, homme politique). Un peu au delà, sur le quai, se voit l'*église Saint-Florentin*, bâtie par ordre de Louis XI. Suivant la rue qui longe l'hôtel de ville, on atteint une petite place à laquelle fait suite la *rue Victor-Hugo*, et d'où l'on monte par une rampe à une porte que l'on ouvre soi-même et qui donne accès à un long couloir voûté. Là se trouve le gardien, par lequel il faut être accompagné pour visiter le château (pourboire). Une seconde rampe aboutit à l'ancienne cour, convertie en jardin public.

On visite d'abord la **chapelle**

Saint-Hubert, vrai bijou d'architecture gothique dû à Charles VIII (au tympan de la porte, triple bas-relief représentant la *Conversion de St Hubert*, *St Christophe* et *St Antoine*; sous le dallage de la chapelle, restes présumés de Léonard de Vinci).

Du **Château** proprement dit il reste seulement, du côté S., les sous-sols du logis de la reine, auj. transformés en écuries; du côté N., un long corps de bâtiment, datant de Charles VIII, anciennement connu sous le nom de logis du roi. Un second corps de bâtiment, en équerre sur le premier vers la cour, n'a été commencé que sous Louis XII et terminé sous François Ier. Le *logis du roi* est occupé, à l'étage principal, par l'ancienne *salle des Gardes* (*balcon* du XVe s.), d'où l'on peut monter à la *tour des Minimes*, dont la rampe est disposée en pente si adoucie que les voitures légères, les litières et les chevaux pouvaient les gravir. Une autre *tour*, d'un même genre, dite *Heurtaut* ou *de César*, est située du côté opposé, près de l'anc. logis de la reine. Traversant l'ancien jardin royal, transformé en quinconce, on gagne une porte surmontée d'un porc-épic contre laquelle Charles VIII se serait, dit-on, heurté le front, ce qui fut cause de sa mort.

[A 1 k. O., *église de Saint-Denis-Hors*, des XIIe et XVe s. (beau saint-sépulcre du XVIe s.); dans le cimetière, tombeau de Choiseul. — A 3 k. S.-O., *Pagode de Chanteloup*, pyramide composée de plusieurs colonnades superposées, haute de 39 m., élevée de 1775 à 1778 par le duc de Choiseul.]

221 k. *Noizay*. — 224 k. *Vernou* est desservi de plus près par la ligne de Tours à Sargé (*V.* p. 21).

227 k. *Vouvray*, 2,285 hab. (vins blancs renommés), à 2 k. 5 N.-O. de la station, à l'embouch. de la Cisse, est relié à Tours par un tram à vapeur. — On franchit la Loire sur 12 arches.

228 k. *Montlouis* (habitations creusées dans le roc).

235 k. **Saint-Pierre-des-Corps** Ⓑ, gare où descendent les voyageurs des trains express qui doivent s'arrêter à Tours, où les conduit un train spécial; les trains omnibus arrivent seuls directement dans cette ville. — On franchit le bras du canal du Berri qui réunit la Loire au Cher.

234 k. Tours (*V.* ci-dessous, *B*).

B. Par Vendôme.

248 k. — [train], en 6 h. à 7 h. — Mêmes prix que par Orléans.

On peut se rendre de Paris à (35 k.) Arpajon par le ch. de fer sur route partant de la rue Médicis (traj. en 2 h. à 2 h. 15; 2 fr. 25 et 1 fr. 40) et qui passe à (6 k.) *Bagneux* (*église* du XIIIe s.; mon. commémoratif de la guerre de 1870); (8 k.) *Bourg-la-Reine* (*V.* R. 48); (20 k. 5) *Longjumeau*, 2,343 hab., sur l'Yvette (*église*, XIIIe-XIVe s.; *mon.* du compositeur *Adolphe Adam*, l'auteur du « Chalet » et du « Postillon de Longjumeau »); (27 k. 3) *Longpont* (*église* du XIe s., reste d'une abbaye, but de pèlerinage, à la Pentecôte, à la statue de N.-D. de Bonne-Garde); (28 k. 6) Montlhéry (*V.* p. 2) et (29 k. 8) *Linas* (belle *forêt*).

36 k. de Paris à Brétigny (*V.* ci-dessus, *A*), où on laisse à g. la ligne d'Etampes et d'Orléans pour remonter l'Orge (jolie vallée) jusqu'à Sainte-Mesme.

39 k. *La Bretonnière.*

41 k. *Arpajon*, 2,904 hab., au confluent de la Remarde. — 43 k. *Egly*. — 45 k. *Breuillet*. — 47 k. *Breuillet-Village*. — A dr., *Buttes de Bâville* et *château*, bâti sous Louis XIII.

51 k. *Saint-Chéron* (carrières).

55 k. *Sermaise*.

60 k. **Dourdan** *, V. de 3,184 hab. — Ruines d'un *château* bâti par Philippe Auguste. — *Eglise* du XIIe au XVIIe s. — Belle promenade dite *Parterre* ou *Jardin du Roi*.

On passe entre la *forêt de Dourdan*, au N., et celle *de l'Ouye*, au S., et l'on franchit 2 fois l'Orge.

65 k. *Sainte-Mesme*. — On franchit l'Orge naissante pour monter sur le plateau de la Beauce.

74 k. *Ablis-Paray*. — Viaduc sur l'Aunay. A dr., ligne de Chartres et de Maintenon.

81 k. **Auneau**, 1,946 hab (église romane; ruines d'un château du XIIIe s.; *fontaine de Saint-Maur*, pèlerinage).

A Étampes, *V.* p. 3; — à Chartres, à Maintenon, *V.* le Réseau *Ouest*.

88 k. *Santeuil*. — 99 k. *Allonnes-Boisville*. — 100 k. *Beauvilliers*.

103 k. *Voves*, 2,021 hab. (église des XIIe et XVe s.), où l'on croise la ligne d'Orléans à Chartres et d'où part l'embranch. de Toury.

A Orléans et à Chartres, *V.* p. 7; — à Toury, p. 3.

114 k. *Le Gault-Saint-Denis*.

125 k. **Bonneval** *, 3,954 hab., au confluent du Loir et de l'Ozanne. — *Eglise* du XIIe s. avec flèche du XVIe. — Porte ogivale du XIIe s., flanquée de deux grosses tours (XVIe s.), et autres restes d'une *abbaye* (auj. asile d'aliénés). — 2 portes et autres restes des anc. remparts.

Deux viaducs sur la vallée du Loir. — 133 k. *Marboué*. — A dr., *château des Coudreaux* (XVe et XVIIIe s.). — On franchit le Loir.

137 k. **Châteaudun** Ⓑ *, 7,146 hab., sur un coteau de la rive g. du Loir, ville reconstruite après sa destruction par les Allemands le 18 octobre 1870. — Magnifique **château** (s'adresser au concierge) du XVe s., restauré par le feu duc de Luynes, avec une belle *tour* cylindrique (XIIe s.). A l'int. : escalier de la Renaissance et escalier gothique, salles avec belles cheminées, cuisine, prison, cachots; *sainte-chapelle* (statues; fresque du XVe s.). — *Eglise de la Madeleine*, des XIIe et XVe s. — *Saint-Valérien*, du XIIe s. — *Notre-Dame du Champdé*, jolie chapelle de la Renaissance. — *Maisons* anciennes. — *Hôtel de ville*, avec quelques tableaux. — *Musée* (dans la cour, statue de Jeanne d'Arc, par J. Clère). — Sur la *place du XVIII-Octobre*, *fontaine* moderne, style Renaissance. — Sur la *place du Hazard*, « le Gaulois vaincu », groupe en marbre par E. Chrétien. — Sur la *promenade du Mail*, *monument* commémoratif (par Mercié) de la Défense de la ville en 1870.

De Châteaudun au Mans, à Patay et à Orléans, R. 4.

150 k. *Cloyes*, 2,183 hab., au confluent du Loir et de l'Yron. — On franchit le Loir (à dr., château de *Beauvoir*), qu'on suit jusqu'à Vendôme. — 155 k. *Saint-Jean-Froidmentel*. — A dr., *château de Rougemont*. — 159 k. *Morée-Saint-Hilaire*.

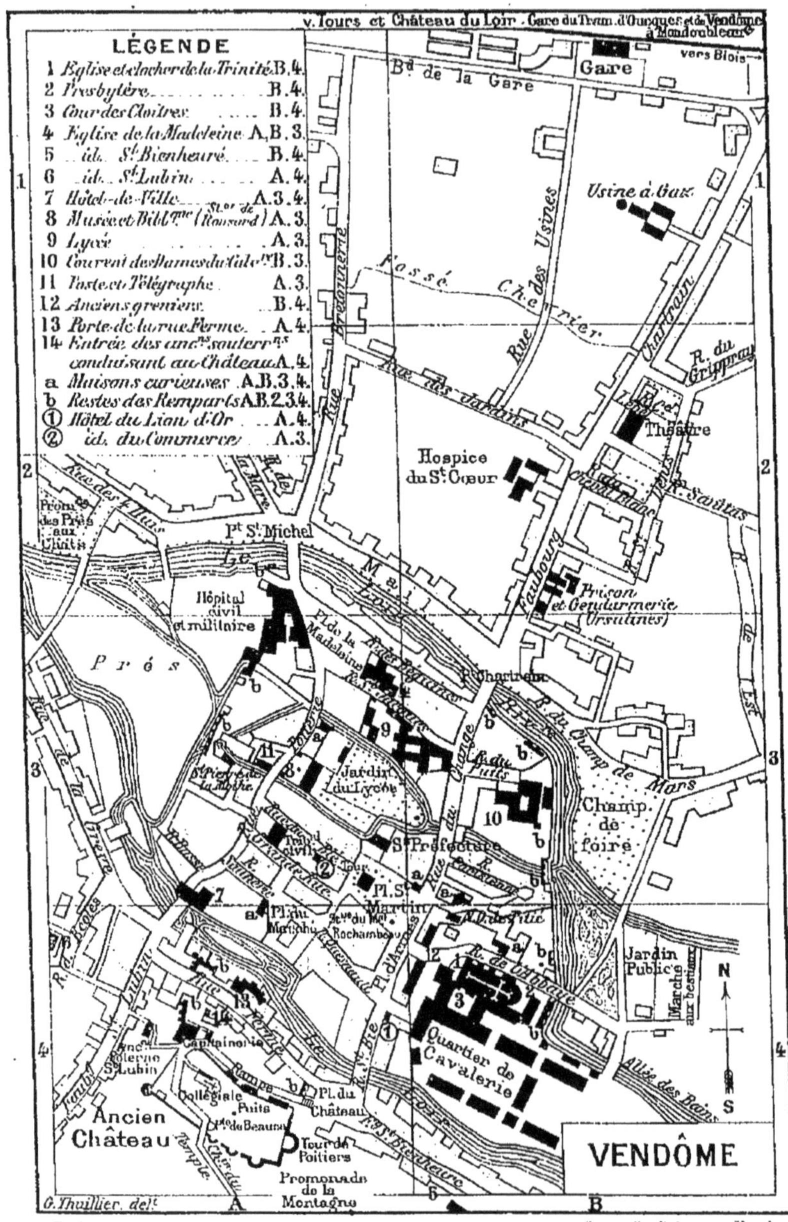

7-06

Imp. Dufrénoy _ Paris.

163 k. *Fréteval* (*donjon* et château ruinés du XIe s.; restes des *remparts*). — 170 k. *Pezou*.

180 **Vendôme** *, 9,459 hab., sur la rive dr. du Loir. En sortant de la gare il faut tourner à g., puis prendre à dr. le *faubourg Chartrain* (*théâtre*), aboutissant au *pont Chartrain* que l'on passe pour suivre la *rue du Change*, et parvenir à la *place Saint-Martin* (*tour* d'une anc. église de la Renaissance; *statue du maréchal de Rochambeau*, 1725-1807). De la *place d'Armes*, contiguë à la précédente, une rue (à g.), qui a coupé en deux les greniers romans de l'abbaye, mène devant l'église de **la Trinité**, splendide monument gothique, bâti du XIIe au XVe s., avec une riche façade du XVe.

A l'int. : clôture du chœur, de la Renaissance; stalles (1422-1539); vitraux du XIIIe au XIVe s.; fonts baptismaux modernes, style Renaissance, sur piédouche du XVIe s.; dans la 2e chapelle à dr. du chœur, tableau en 28 compartiments (*Vie du Christ*), provenant de Sébastopol.

Cette église dépendait d'une abbaye dont il subsiste des restes importants: **clocher** du XIIe s. (cloche du XVIe s.) avec flèche en pierre, haut de 80 m.; deux galeries de cloître des XIVe et XVe s.; *chapelle* des XIe-XIIIe s.; *salle capitulaire* du XVe s.; logis abbatial servant de presbytère; bâtiments du XVIIe s., convertis en caserne, etc. Derrière la Trinité un pont sur le Loir conduit à un joli *jardin public*.

Au delà de la place d'Armes on suit la *rue Saint-Bié* et, franchissant le Loir, on arrive à la *place du Château*, d'où un escalier puis une rampe conduisent aux ruines du **château** (pour le visiter, s'adresser à l'hôtel de ville), des XIe, XIVe et XVIIe s. (*tour de Poitiers*, remarquable par ses cachots du XVIe s.), dont l'enceinte est occupée en partie par une promenade publique (belle vue).

Revenu à la place du Château, on gagne, par la *rue Ferme*, le *faubourg Saint-Lubin*, qui descend à dr. vers le *pont Saint-Georges* et la *porte Saint-Georges*, servant d'*hôtel de ville*. Au delà on suit la *rue Potterie* (devant le *musée*, *statue de Ronsard*, par Irvoy), que la *rue Saulnerie* (maisons anciennes, nos 7, 9 et 23) relie, à dr., avec la *place du Marché* (*hôtel du Gouverneur*, Renaissance). La rue Potterie aboutit à la *place de la Madeleine* (église de 1474, avec flèche en pierre et vitrail de 1529). A dr. de l'église la *rue Saint-Jacques* mène au *Lycée* (1623-1639), sur l'emplacement d'un hôpital dont il reste la *chapelle* (1452; vitraux du XVIe s.). Un pont sur un bras du Loir relie le lycée à un jardin (beau platane; *hôtel du Saillant*, XVIe s.). A l'extrémité de la rue Saint-Jacques on retrouve la rue du Change.

[**De Vendôme à Mondoubleau** (36 k. 🚂 en 1 h. 50; 2 fr. 70 et 1 fr. 80). — Vallée du Loir. — 9 k. *Villiers* (à l'église, beaux ornements sacerdotaux; grottes habitées). — 12 k. *Gué-du-Loir* (bonne auberge; grottes du *Breuil* la plupart habitées). Au débouché du gracieux vallon du Boulon (bonnes truites), *château de la Bonnaventure*, illustré par un refrain populaire dont l'origine remonte à l'époque où le roi de Navarre Antoine de Bourbon, père de Henri IV, s'y rendait en compagnie de joyeux courtisans (à l'E., *rochers de Saint-André* percés d'excavations habitées dont l'une est appelée *caverne du*

Dragon). Du Gué-du-Loir part un ⛌ (47 k., en 50 min.; 1 fr. 30 et 85 c.) pour (6 k.) *Azé* (12 k.), *Danzé* (gouffre où se perd le Boulon) et *la Ville-aux-Clercs*, 1,033 hab. (château moderne de *la Gaudinière*, dans la forêt de Fréteval). — 14 k. *Mazangé*, 1,056 hab. — 24 k. *Epuisay*. — 34. *Cormenon* (*église* Renaissance avec vitrail du XVIe et fonts baptismaux du XIIIe; tour du XIe s., reste d'un pricuré; ancien manoir des *Rouhaudières*). — 36 k. Mondoubleau (p. 40).]

De Vendôme à Blois, à Pont-de-Braye et à Château-du-Loir, *V*. p. 14; — à Orléans, par Oucques, p. 7.

Pont sur le Loir; viaduc entre deux coteaux dont l'un porte un château ruiné. — A dr., *château de Prépatour* et plus loin *château* délabré *du Plessis-Fortias* (1590).

193 k. *Saint-Amand-de-Vendôme*, 772 hab. (belle *église* moderne). — La voie ferrée franchit puis longe la Brenne.

201 k. *Villechauve.*

210 k. *Châteaurenault*, 4,261 h. (*château* ruiné du XIe et XVIe s.; *tanneries* considérables), à la jonction des ch. de fer de Tours à Sargé et de Port-Boulet (p. 21).

Viaduc, long de 224 m. et haut de 27 m., sur le vallon du Madelon. On parcourt un plateau parsemé de bouquets de bois, la *Gâtine tourangelle*.

218 k. *Villedomer*. — 224 k. *Monnaie*. — 232 k. *Notre-Dame-d'Oé*. — 238 k. *La Membrolle*. — Après avoir joint la ligne du Mans à Tours on franchit puis on longe la Choisille.

242 k. *Fondettes-Saint-Cyr*. — On franchit la Choisille près de son embouchure, puis la Loire sur un **pont** de 15 arches, long de 300 m.

248 k. **TOURS*** Ⓑ, ch.-l. du départ. d'Indre-et-Loire, siège d'un archevêché, V. de 64,695 h., est bâti à plat sur la langue de terre alluviale qui s'allonge entre la rive g. de la Loire et le Cher avant leur confluent. La Loire y est traversée par deux ponts suspendus et un beau **pont** de pierre de 15 arches, long de 434 m., construit de 1765 à 1777.

La *gare* (statues de Bordeaux et de Toulouse, par Injalbert, de Nantes et de Limoges, par Hugues) est précédée d'une place s'ouvrant sur le *boulevard Heurteloup* (musique militaire le jeudi et le dim.) qui aboutit, à g., à la *place du Palais-de-Justice* (*statue d'Honoré de Balzac*, par Fournier), dans l'axe d'une grande voie rectiligne, formée au S. par l'*avenue de Grammont* (à dr., *jardin des Prébendes d'Oé*, avec le *buste* du général Meunier) et au N. par la **rue Nationale**, la plus belle de la ville qu'elle partage en deux moitiés presque égales. A l'entrée de cette rue on trouve à g. le *Palais de justice*, à dr. le **nouvel hôtel de ville**, construit sur les plans de Laloux, et décoré à l'extérieur de sculptures par Injalbert, Cordonnier, Hugues, Carlier et Sicard; à l'intérieur, de peintures par Cormon, J.-P. Laurens, etc. — Plus loin, à dr., la *rue de la Préfecture*, dans laquelle se trouve à dr. le *lycée* (chapelle de 1627, belles boiseries), conduit à la *Préfecture* (belle grille du XVIIIe s.) et au *square Emile-Zola* (*monument* en l'honneur des docteurs Bretonneau, Velpeau et Trousseau, par Sicard et Laloux), devant l'*Archevêché*, des XIVe, XVIIe et XVIIIe s. (chapelle des XIIe et XVIe s., avec

TOURS

Echelle: 0 — 300 Mèt.

LEGENDE:

1 Cathédrale (St Gatien) (et Place de la) ..... E.2.
2 Eglise St Julien ..... D.2.
3 id. N.D. la Riche (et Place) ..... B.3.
4 id. St Saturnin ..... C.2.
5 id. St Pierre des Corps ..... F.2.
6 id. St Etienne ..... D.4.
7 id. des Minimes (Chapelle du Lycée) ..... D.3.
8 Chapelle St Libert ..... E.2.
9 Anc^ne Eglise des Jacobins (Magasins Militaires) ..... D.2.
10 Anc^ne Eglise St François de Paule ..... D.2.
11 Ch^lle et Tombeau de St Martin ..... C.3.
12 Tour de l'Horloge ..... C.3.
13 Petit ...itre .....
14 Tour Charlemagne ..... C.3.
15 Grand Séminaire ..... E.2.
16 Temple protestant ..... D.3.
17 Hôtel de Ville ..... D.3.4.
18 Palais de Justice ..... D.3.4.
19 Trib.^l de Commerce ..... D.2.
20 Préfecture ..... D.E.3.
21 Musée ..... D.2.
22 Hôtel du Gal Command^t ..... D.3.
23 Caisse d'épargne ..... C.4.
24 Théâtre municipal ..... D.2.3.
25 Théâtre Français (Anc^n Théâtre de la Renaissance) ..... D.4.
26 Hôtel Gouin ..... C.2.
27 Maison dite de Tristan l'Hermite ..... C.2.
28 Maison où est né Balzac ..... D.3.
29 Fontaine de Beaune et Place du G^d Marché ..... C.3.
30 Tour de Guise ..... E.2.
31 Tour Foubert ou de la Tabagie ..... C.3.
32 Enceinte Gallo-Romaine ..... E.2.
33 Marché couvert ..... C.3.
34 Imprimerie Mame ..... D.3.
35 Poste et Télégraphe ..... D.3.
36 Statue de Descartes ..... D.2.
37 id. de Rabelais ..... C.2.
3 id. de Balzac ..... D.4.
Tramways

Principaux hôtels

h.1 Hôtel de l'Univers ..... D.
h.2 id. Mét^le et du Comm^ce ..... D.4.
h.3 id. de la Boule d'Or ..... D.3.
h.4 id. du Faisan ..... D.2.
h.5 id. de Londres ..... D.3.
h.6 id. de Bordeaux ..... D.4.
h.7 id. du Croissant ..... D.3.
h.8 id. du Palais ..... D.4.

Loire — Ile St Simon — Ile Aucard — Pont suspendu de St Symphorien — Quai d'Orléans — Caserne Meusnier — Quartier Lasselle — Champ de Mars — Abattoir — Hôpital Général — Avenue de Grammont — Jardin public des — Rue Colombier — Rue Victor — Vouvray Blois — Amboise — Poitiers — Loches — Abbaye de Beaumont — la Riche

3-07 Imp. Dufrénoy-Paris.

tribune du XVIe à l'extér.). Dans l'archevêché est englobée une tour du IVe s. ayant fait partie d'une série de tours qui défendaient l'enceinte gallo-romaine.

Au N. s'élève la **cathédrale Saint-Gatien**, somptueux édifice commencé en 1175, continué pendant plus de trois siècles et demi, jusqu'en 1547. La façade, percée de trois immenses portes flamboyantes, que surmonte une large fenêtre centrale avec rose, est flanquée de deux tours hautes de 70 et 69 m., terminées chacune par un étage octogonal à double dôme de la Renaissance (on monte à la tour N., qui renferme un escalier à jour, dit escalier royal, d'une hardiesse extraordinaire, élevé sur une clef de voûte). Le chœur, terminé en 1267, est la partie la plus ancienne.

A l'int. on remarque une des plus belles collections de **vitraux** qui subsistent; quinze d'entre les principaux remontent au XIIIe s., et offrent des scènes historiques ou légendaires. Dans une chapelle du transept dr. se voient les restes d'un tombeau de la même époque, et le **mausolée**, en marbre blanc, **des enfants de Charles VIII**, exécuté en 1506, dans le style de la Renaissance, sous la direction de Michel Colomb. — A g. de la cathédrale, charmant *cloître* du XVIe s., de style ogival, avec un élégant escalier de la Renaissance.

Au N. de la cathédrale, dans la caserne Meunier, s'élève la *tour de Guise* (XIIe-XVe s.), reste du château de Henri II d'Angleterre.

Laissant à dr. la *rue de la Caserne*, on revient à g., par la *rue Colbert*, à la rue Nationale, que l'on suit vers la Loire, et l'on se trouve sur la *place du Musée*, devant le pont de pierre. A dr. s'élève la *statue de Descartes*, par Nieuwerkerke; à g., la *statue de Rabelais*, par Dumaige. Aux angles de la rue Nationale sont l'*ancien hôtel de ville*, qui doit être affecté à la Bibliothèque, et le Musée.

Le **Musée** (ouvert au public les dim. et jeudi, de midi à 4 h.; et t. l. j. aux étrangers), près duquel est l'*école des Beaux-Arts*, fait pendant à l'ancien hôtel de ville.

Rez-de-chaussée (sculpture et antiquités). — VESTIBULE. — Eléphant du cirque Barnum et Bailey, mort à Tours en 1901 et offert au musée. — *Elias Robert*. Buste de Rabelais. — *Vasselot*. Buste de Balzac. — *Sicard*. Agar. Le Bon Samaritain. — *Dumaige*. Rabelais.

Escalier. — *Cuve baptismale* du VIe s. — Bustes de Bretonneau et de Trousseau, par *P. Gayrard*. — *Gaudez*. Louise la bouquetière à la tête des femmes de la Halle (1789).

1er étage. — SALLE I. — De dr. à g.: 174. **Vestier. Portrait du grenadier Theurel**, mort à Tours en 1808, à l'âge de 108 ans. — *Monginot*. Braconnier — *Français*. Le Soir. — *Feyen-Perrin*. Tricoteuse de Cancale. — *Damoye*. Etang en Sologne. — Œuvres d'*Emile Signol*. — *Schræder*. La Chute des feuilles (marbre).

SALLE II (à dr.). — 46. *Le Corrège français*. Le Père Eternel adoré par les Anges. — 104. *Lesueur*. Messe de St Martin. — 112. *J.-B. Martin*. Prise de la ville d'Orsoy. — 315. *J. Parrocel*. Conseil de guerriers. — 162. *Valentin*. Soldats jouant aux dés. — 271. *Ch. Le Brun*. Le Serpent d'airain. — 110. *Van der Meulen*. Siège de Dôle. — 351. *Dietrich*. Scène de la Comédie italienne. — 39. *Baugin*. St Zozime communiant Ste Marie Egyptienne. — 133. *Oudry*. Ours attaqué par des chiens. — 2. *Bachelier*. Oiseaux à côté d'un panier de gibier. — 72. *Houel*. Vue de Saint-Ouen, près de Chanteloup.

SALLE III. — 371. *Rubens*. Le Moulin (paysage). — 71. *Houel*. Vue de Paradis. — 103. *Lesueur*. St Louis pansant des malades. — *Van Goyen*. Marine. — *Ad. Brauwer*. Buveur ivre. — 181-182. Tapisseries des Gobelins. — 170. *Van der Meulen*. Louis XIV au bois de Vincennes. — 236. **Gérard Terburg. Portrait d'homme.** — 221. *Neefs le Vieux*. Intérieur d'église. — 70. *Houel*. Vue de l'entrée du petit bois. — 102. **Lesueur. St Sébastien.** — 184. **Louis Carrache. St François en méditation devant la croix.** — 193 et 194. **Mantegna. La Résurrection. Jésus au Jardin des Oliviers.** — 13. *Boucher*. Amintas expirant ranimé par Sylvia. — 222. *Rubens*. Mars couronné par la Victoire. — 12. *Boucher*. Sylvia fuyant un loup qu'elle vient de blesser. — 89. *Largillière*. Portrait. — 223. *Rubens*. Portrait d'Alexandre Goubau et d'Anne Antoni, sa femme, en prière devant la V. — 11. **Boucher. Apollon visitant Latone.** — 143. *Raoux*. Mlle Provost, en bacchante. — *Houdon*. Diane chasseresse (bronze). — Au milieu de la salle : 231. **Rembrandt. Sa jeune femme Saskia.**

SALLE IV OU SALLE SCHMIDT. — 16. *Bon Boullongne l'aîné*. Io changée en vache. — 147. *J. Restout*. Mort de Ste Scholastique. — 38. *Ph. de Champaigne*. Le Bon Pasteur. — 146. *J. Restout*. St Benoît en extase. — 179. *Vignon* (*Claude*), né à Tours. Un sacrifice. — Emaux (485, *Jean Raymond*, Crucifixion ; 486, *Jean Laudin*, la Femme mal dressée).

SALLE V (à g. de la salle I). — *Feyen-Perrin*. Velpeau à la Charité. — *Brascassat*. Mouton. — 4. *Berchère*. Bords du Nil. — *Osterlind*. Fin de Journée. — 78. *Jouvenel*. Le Centenier aux pieds de Jésus. — 99. *Lépicié*. Zèle de Matathias tuant un Juif qui sacrifiait aux idoles. — 43. *M. Corneille fils*. Massacre des Innocents.

SALLE VI. — 52. *Eugène Delacroix*. Bateleurs arabes. — *G. Moreau de Tours*. Un Egyptologue. — *Souillet*. Tireurs de sable sur la Loire. — *Lazerges*. Kabyles en voyage. — 127. *Muraton*. Moine. — *Isenbart*. Les Roches de Plougastel. — Sculpture : *Laouste*. Amphion ; — *Sauvage*. L'Innocence ; — *Oliva*. Buste du cardinal Guibert (marbre).

SALLE VII. — *Louis Boulanger*. Portrait de H. de Balzac. — *Verboeckhoven*. Bœufs au pâturage. — 65. *Giraud*. Femmes d'Alger. — *Delaunay*. Serment de Brutus. — *Court*. Balzac jeune. — 126. *Muraton*. Jeune homme repentant. — 87. *Lanoue*. Vue de Capri. — *Bin*. Persée délivrant Andromède. — Dans une vitrine, panier plat à anses, dernier ouvrage du céramiste *Avisseau père*, et pièce remarquable (lutte d'un serpent et d'un oiseau qui tient sous sa patte une grenouille) exécutée pour la ville de Tours par *Avisseau fils*.

2e **étage**. — *Musée d'histoire naturelle* et **musée d'antiquités** (cachet d'oculiste romain; précieux fragments de poterie samienne représentant une scène de martyre; belle collection d'hipposandales; cuve baptismale du VIe s.; armes gauloises; inscriptions romaines et du moyen âge, tissus des anciennes fabriques tourangelles, etc.; collection unique d'objets de l'âge de pierre).

A l'O. de l'hôtel de ville on trouve, rue P.-L.-Courier, l'*église Saint-Saturnin*, du XVe s., et rue Briçonnet, 18 (l'entrée est au n° 16), la **maison dite à tort de Tristan l'Hermite**, qui date de Charles VIII (la concierge fait visiter; ascension recommandée de la tour d'où l'on a la meilleure vue d'ensemble de la vieille ville).

Remontant la rue Nationale vers le S., on trouve à g. (presque en face, *rue du Commerce*, où est, au n° 35, l'*hôtel Gouin*, de 1440) **Saint-Julien**, du XIIIe s. (tour du XIe s.; deux absides jumelles du XVIe s., faisant saillie sur le chevet; peintures par M. Douillard et vitraux par Lobin; au N. du chœur, belle *salle capitulaire* du XIIe s., convertie en écurie).

Plus loin, à dr., la *rue des Halles* conduit aux restes de **l'abbaye de Saint-Martin**, dont il subsiste deux belles tours du XIIe s., la *tour de l'Horloge* et la *tour de Charlemagne*, et une galerie d'un charmant petit *cloître* du XVIe s. (s'adresser, rue Descartes, 3, au couvent du Petit-Saint-Martin). De nos jours, on a retrouvé le lieu où avait reposé St Martin : le tombeau du thaumaturge a été remis en honneur et une église réédifiée. La *nouvelle basilique Saint-Martin* est une œuvre remarquable de l'architecte tourangeau Laloux, qui s'est inspiré des basiliques primitives du IVe s. (à l'int., peintures murales par Fritel). Le dôme (style du XIe s.) est surmonté d'une statue colossale du saint patron. Dans la crypte, tombeaux de St Martin et du cardinal Meignan. — De la rue des Halles, en remontant au N.-O., on voit, sur la *place du Grand-Marché*, la belle **fontaine de Beaune,** exécutée en 1510 par Bastien François, sur les dessins de Michel Colomb, et, près de là, à l'O. de la *place Victoire*, *Notre-Dame la Riche*, du XVIe s., restaurée somptueusement de nos jours (dans le chœur, deux verrières attribuées à Robert Pinaigrier). Les **maisons** du XIIe au XVIe s. sont nombreuses dans cette partie O. de la ville.

Par la *rue du Gazomètre* on gagne la *rue Rouget-de-l'Isle*. Là on peut se diriger, à dr., par la *rue de l'Hospitalité*, vers le **Jardin botanique,** l'*hôpital général* et l'*école préparatoire de médecine*. Près du jardin botanique, en dehors de la ville, la ferme de *la Rabatterie* (XVe s.) passe pour avoir été le manoir d'Olivier le Dain, barbier de Louis XI. Plus au S., à 1 k. de la ville, sont les restes du *château de Plessis-lès-Tours*, que bâtit et où mourut Louis XI.

De la rue Rouget-de-l'Isle, en prenant à g., par la *place Saint-Clément* et la *rue Néricault-Destouches*, où se trouve la célèbre **imprimerie Mame,** on regagne la rue Nationale et la gare.

[A 2 k. 5 au N.-O. du pont de pierre (tram pendant 1 k. 5), restes de la célèbre **abbaye de Marmoutier** (clocher, tours, *portail de la Crosse*, du XIIIe s.; grotte ou *chapelle des Sept-Dormants*, disciples de St Martin, morts le même jour). Au S., tourelle d'observation (XIVe s.) appelée *lanterne de Rochecorbon*.

A 4 k. S.-E. de Tours (tram, 30 c. et 15 c.), *Saint-Avertin*, 1,739 hab., sur la rive g. du Cher, au pied de coteaux couverts de vignobles (église des XIe et XVe s., bâtie sur le tombeau de St Avertin).

A 11 k. (tram 60 c.), *Luynes*, 1,846 hab., est dominé par un imposant *château* féodal; à 1,500 m. N. du b., restes d'un *aqueduc* gallo-romain.

De Tours à Sargé (81 k. [chemin de fer] 2 h. 30; 7 fr. 80, 5 fr. 80, 3 fr. 90). — La ligne de Sargé, se détachant de la ligne de Paris au delà du pont sur la Loire à Vouvray, remonte la vallée de la Brenne. — 14 k. *Vernou* (église des XIIe et XVe s.; restes d'un mon. gallo-romain ou mérovingien, appelé *palais de Pépin le Bref*). — 22 k. *Reugny*. — 36 k. Châteaurenault (V. p. 18). — 43 k. *Authon* (ruines de l'*abbaye de l'Étoile*, XIIe s.). — On traverse le plateau d'Authon, pour gagner le vallon du Langeron, qui débouche dans la vallée du Loir, rivière que l'on franchit. — 58 k. Montoire (p. 14). — On descend dans la vallée de la Braye. — 81 k. Sargé (R. 3).]

De Tours à Loudun, Thouars, Bressuire, la Roche-sur-Yon et aux Sables-d'Olonne, R. 3; — au Mans et à la Flèche, R. 5; — à Poitiers, Angoulême et Bordeaux, R. 12; — à Vierzon, R. 13; — à Châteauroux, R. 14.

DE TOURS A NANTES

La ligne de Nantes passe sous la ligne des Sables (R. 3) et laisse à g. celle de Bordeaux (R. 12), puis à dr. celle du Mans. On suit la Loire à dr. et le Cher à g. — 245 k. (de Paris). *Saint-Genouph.*

249 k. (de Paris). *Savonnières*, sur la rive g. du Cher, à env. 1 k. S. (*église* romane; grottes à stalactites, dites *caves goutlières*, que l'on visite aux flambeaux, prix 2 fr. jusqu'à 4 pers.; café-restaurant à l'entrée).

A g., sur l'autre rive du Cher, *Villandry* (*château* de la fin du XVIe s.). — *Pont* de 19 arches sur la Loire à l'embouch. du Cher.

256 k. *Cinq-Mars-la-Pile*, 2,010 hab. (2 tours d'un ancien *château*; *Pile de Cinq-Mars*, sorte de tour romaine, de destination inconnue).

261 k. **Langeais** *, 3,371 hab. (melons renommés). — **Château** (pour le visiter, s'adresser au concierge) construit par Jean Bourré, ministre sous Louis XI, et légué en 1903 par M. Jacques Siegfried à l'Institut de France; dans le parc, ruines du *donjon*, le plus ancien connu, bâti en 990 par le comte d'Anjou Foulques Nerra. — Pont suspendu.

[A 13 k. 5, *château d'Ussé*, du XVIe s. (donjon du XVe), avec parc de 225 hect. clos de murs.]

270 k. *Saint-Patrice*. — A 1 k. O., *château de Rochecotte* (collection de tableaux surtout de l'école hollandaise).

277 k. *La Chapelle-sur-Loire*.

282 k. *Port-Boulet*.

[**De Port-Boulet à Port-de-Piles** (53 k. 2 h. 10 à 4 h. 26; 5 fr. 40, 4 fr., 2 fr. 60). — 15 k. Chinon (R. 3, *B*). — 20 k. *Ligré-Rivière*, station d'où part un embranch. pour Richelieu (*V.* ci-dessous). — 32 k. *L'Ile-Bouchard*, 1,437 hab. (*églises* du XIe au XVIe s.; grand *dolmen*). — 53 k. Port-de-Piles (R. 6).

De Ligré-Rivière a Richelieu (16 k. 1 h. env.; 1 fr. 65, 1 fr. 25, 90 c.). — 16 k. *Richelieu*, 2,305 hab., fut bâti, sur un plan régulier, par le cardinal de Richelieu.

De Port-Boulet à Châteaurenault (103 k. 7 h. 20; 10 fr. 70, 8 fr. 05, 5 fr. 90). — 4 k. *Bourgueuil*, 3,063 hab. (bons vins). — 42 k. Château-la-Vallière (R. 7) est desservi aussi par le chemin de fer (de l'Etat) de Paris à Bordeaux. — 61 k. Neuillé-Pont-Pierre, au croisement de la ligne de Tours au Mans (R. 5). — 70 k. *Neuvy-le-Roi*, 1,459 hab. — 103 k. Châteaurenault (p. 18).]

A g., confluent de la Loire et de la Vienne, que dominent les bourgs de *Candes* et de *Montsoreau*. — 290 k. *Varennes-sur-Loire*. — On passe sous la ligne de Bordeaux-Etat avant de la joindre à dr.

300 k. **Saumur** * (B), 16,233 hab., entre le Thouet et la rive g. de la Loire que divise une île occupée par un faubourg. La gare du ch. de fer de l'État ou de Saumur-Ville est sur la rive g. du fleuve. Les deux gares sont reliées par un grand pont tubulaire suivi d'un long tunnel.

Au sortir de la gare on franchit le 1er bras de la Loire sur le *pont Napoléon* pour traverser l'île dite *faubourg des Ponts* (*maison de la reine Cécile* ou de Sicile) par la *rue Nationale* qui aboutit au *pont Cessart* (XVIIIe s.), sur le principal bras du fleuve. On se trouve alors sur la *place de la Bilange*, où s'élève le *théâtre*, derrière lequel est le *square* (auprès, *église Saint-*

Jean, du style ogival angevin) de l'*Hôtel-de-Ville* (XVIe s.; *musée* d'hist. naturelle et d'antiquités, avec des sculptures de Suc; *bibliothèque* de 20,000 vol.). La *rue de la Petite-Bilange* conduit à l'*église Saint-Nicolas du Chardonnet* (fin du XIIe s.; chœur et beau clocher modernes), près de laquelle s'élève, enveloppée par des maisons, une belle pyramide du XIIe s., que couronnait jadis un fanal mortuaire. A l'O. de *Saint-Nicolas* l'**Ecole de cavalerie** (s'adresser à l'adjudant de service) borde la *place du Chardonnet*, vaste esplanade servant de champ de manœuvre. Les carrousels et les courses de l'école attirent une affluence considérable de curieux.

De l'école, par la *rue d'Alsace* (magnifique *institution Saint-Louis*) et la *rue Docteur-Bouchard*, on gagne le *Champ de foire*, puis la *rue Saint-Lazare*, menant, à g., à l'**église Notre-Dame de Nantilly** (XIe, XIIe et XVe s.; ancien oratoire de Louis XI, auj. chap. des fonts baptismaux; crypte appelée chapelle des Morts; bas-relief en marbre de la Renaissance, épitaphe de Thiephaine, nourrice du roi René d'Anjou; crosse de Gilles de Tyr, garde des sceaux sous St Louis; *tapisseries* des XIVe, XVe et XVIe s.). Derrière l'église, *jardin des Plantes* (école de viticulture). De N.-D. part la *rue du Collège*, dans laquelle s'ouvre à dr. la montée du **château** (XIe, XIIe, XIIIe et XVIe s.).

On redescend à la rue du Collège pour suivre celle qui la continue, la *Grande-Rue*, parallèle à la *rue du Temple* (n° 13, maison du XVIe s.) et à la *rue des Païens* (*tour Grenetière*, XVIe s.), communiquant par la rue du Prêche (*tour* des anc. fortifications à l'école laïque de jeunes filles). Parvenu *rue Dacier* (n° 3, maison des XVe et XVIe s.), on tourne à dr. vers l'*église Saint-Pierre* (XIIe, XVIe et XVIIe s.; stalles du XVe s.; dans la sacristie, tapisseries du XVIe s.). Une courte rue fait communiquer l'église avec le *quai de Limoges* (restes de l'enceinte fortifiée), qui mène à l'*église Notre-Dame des Ardilliers* (XVIe et XVIIe s.; pèlerinage), avec dôme.

Saumur produit des vins mousseux renommés.

[A 2 k. S., *dolmen de Bagneux*, dit le **Grand Dolmen** (2 k. S.).

De Saumur à Saint-Hilaire-Saint-Florent (4 k. 24 min.; 50 c. et 40 c.). — 2 k. *Pont-Fouchard*. — 4 k. *Saint-Hilaire-Saint-Florent*, 2,203 hab. (anc. *abbaye*, avec église du XIIe au XIIIe s.; immenses caves pour les vins champanisés de Saumur).

De Saumur à Fontevrault (16 k. 1 h. 15; 1 fr. 45 et 1 fr. 10). — 6 k. *Dampierre* (église du XVe s.). — 6 k. *Souzay*. — 8 k. *Parnay* (église du XIe s.). — 10 k. *Turquant* (bons vins blancs). — 12 k. *Montsoreau* (*églises*, XIIe s.; *château* de la Renaissance). — 16 k. *Fontevrault* *, dans la forêt du même nom; célèbre *abbaye*, auj. maison centrale de détention (on visite la partie historique); *église* du XIIe s.; *statues tombales* (XIIe s.) de Henri II d'Angleterre, d'Eléonore d'Aquitaine, de Richard Cœur-de-Lion et d'Isabelle d'Angoulême; *cloître* et *salle capitulaire* (XVIe s.); *tour d'Evrault* (XIIe s.), ancienne cuisine.

De Saumur à la Flèche (53 k. 1 h. 26 à 2 h. 10; 5 fr. 95, 4 fr., 2 fr. 60). — 15 k. *Longué*, 4,196 hab., près du Lathan (*église* moderne, style du XIIIe s., avec *verrières* par Lobin). — 28 k. *Chartrené*. A dr., *château de*

Landifer, Renaissance. — Vallée du Couesnon; à g., *le Vieil-Baugé* (*église* des XIe, XIIIe et XVIe s.).

33 k. *Baugé* *, 3,325 hab., sur des coteaux de la rive dr. du Couesnon (*château* du XVe s., avec escalier remarquable; *église* du XVIe s.; jolie *fontaine* de la place du Roi-René). — Pont sur le Couesnon. — 44 k. *Clefs* (église en partie du XIIIe s.; sucrerie). — On débouche dans la vallée du Loir. — 53 k. La Flèche (R. 5).

De Saumur à Cholet (81 k. 🚂 4 h. et 4 h. 27; 6 fr. 25 et 4 fr. 15). — 8 k. *Le Coudray-Macouard* (église du XIe s. avec crypte et tapisseries curieuses). — 16 k. *Montfort-Cizay* (à 2 k. S. de Cizay, ruines de l'*abbaye d'Asnières*).—21 k. Doué-la-Fontaine, où l'on croise le ch. de fer d'Angers à Poitiers (R. 10). — 27 k. *Les Verchers*, 1,214 hab. — 37 k. *Passavant* (château ruiné). — 49 k. *Vihiers*, 1,599 hab. — 52 k. *Saint-Hilaire-du-Bois* (château du *Coudray-Montbault*, XIIIe, XVe et XVIe s.: ruines d'une *église* prieurale de 1146, et *saint-sépulcre* du XVIe s.). — 61 k. *Coron*, 1,544 hab. (ruines du château de *la Roche-des-Aubiers*; peulven du château des Hommes). — 81 k. Cholet (R. 11).]

De Saumur aux Sables-d'Olonne, R. 3; — à la Rochelle et à Rochefort, R. 6; — à Paris et à Bordeaux, par la ligne de l'Etat, R. 7.

A dr., *château de Boumois* (XVe et XVIe s.), où naquit Du Petit-Thouars, le héros d'Aboukir. — 308 k. *Saint-Martin-de-la-Place*.

311 k. *Saint-Clément-des-Levées*, en face de *Trèves* (*église* romane, avec *tombeau* et *statue* de Pierre le Maçon, † 1442; magnifique *donjon*).

315 k. *Les Rosiers* (église du XIIIe s. avec *clocher* Renaissance; fontaine avec statue de Jeanne de Laval) sont reliés par un pont suspendu à (2 k. 5) *Gennes*, 1,516 hab. (aux environs, *dolmen de la Madeleine* et ruines d'un théâtre antique), b. à 3 k. E.-S.-E. duquel on peut visiter l'*église* romane de *Cunault*.

321 k. *La Ménitré* (près de la station, ancien *manoir* du roi René), en face de *Saint-Maur* (restes, XIIe et XVIIe s., d'une célèbre *abbaye* bénédictine).

324 k. *Saint-Mathurin* (pont suspendu). — On s'éloigne de la Loire. — 331 k. *La Bohalle*. — On franchit l'Authion.

337 k. *Trélazé*, b. célèbre pour ses **ardoisières**. — On croise la ligne d'Angers à Poitiers, puis on joint celle du Mans.

344 k. **Angers** * Ⓑ, 82,398 hab., ch.-l. du départ. de Maine-et-Loire, évêché, sur les deux rives de la Maine, particulièrement sur la rive g. Le centre de la ville est la place du Ralliement, à laquelle on parvient depuis la gare par la *rue de la Gare*, la *place de la Visitation* (**statue de Marguerite d'Anjou**, par Taluet), les *rues Talot*, *des Lices* et *Voltaire*. La rue des Lices, où l'on pénètre après avoir croisé le *boulevard du Roi-René*, est dominée à son extrémité g. par la **tour Saint-Aubin**, du XIIe s., reste de l'*abbaye de Saint-Aubin*, dont les bâtiments (XVIIe s.) sont occupés par la **Préfecture** (dans la cour, magnifique série d'arcades romanes; belles boiseries des *Archives*).

Quand on a quitté la rue des Lices on croise la *rue Saint-Aubin*, dans laquelle, à g., s'ouvre la rue du Musée.

Le **Musée** (ouvert t. l. j. aux étrangers, au public le dim. et le jeudi de midi à 4 h.), occupant, avec la *Bibliothèque* (58,000 vol.), le *Logis Barrault*,

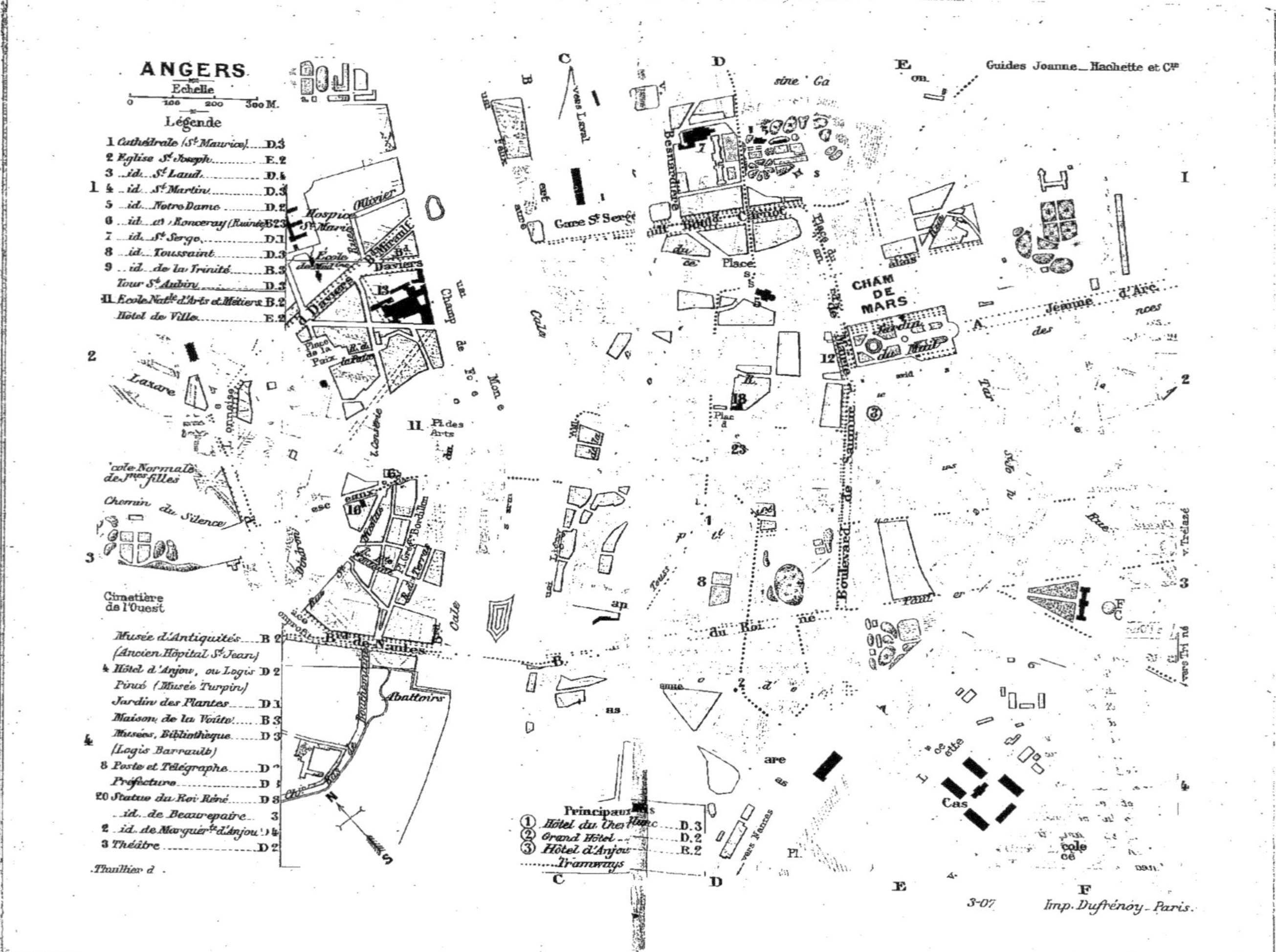

ANGERS
Echelle
0 100 200 300 M.
Légende
1 Cathédrale (St Maurice) D.3
2 Eglise St Joseph E.2
3 id. St Laud D.4
4 id. St Martin D.3
5 id. Notre Dame D.2
6 id. et Ronceray (Ruines) B.3
7 id. St Serge D.1
8 id. Toussaint D.3
9 id. de la Trinité B.3
Tour St Aubin D.3
11 Ecole Natle d'Arts et Métiers B.2
Hôtel de Ville E.2
Musée d'Antiquités B.2
(Ancien Hôpital St Jean)
4 Hôtel d'Anjou, ou Logis D.2
Pincé (Musée Turpin)
Jardin des Plantes D.1
Maison de la Voûte B.3
Musées, Bibliothèque D.3
(Logis Barrault)
8 Poste et Télégraphe
Préfecture
20 Statue du Roi René D.3
id. de Beaurepaire 3
2 id. de Marguerite d'Anjou
3 Théâtre
Principaux
1 Hôtel du Cheval Blanc D.3
2 Grand Hôtel D.2
3 Hôtel d'Anjou B.2
Tramways
Guides Joanne _ Hachette et Cie
CHAM DE MARS
Jardin du Mail
Boulevard de Saumur
Gare St Serge
vers Laval
Besnardière
Place
Champ de Foire
Pl. des Arts
Lazare
Chemin du Silence
Cimetière de l'Ouest
Abattoirs
Hospice St Marie
Olivier
Daviers
Place de la Paix
du Roi René
Jeanne d'Arc
vers Nantes
v. Trélazé
Bd de Nantes
Pl. Grégoire Bordillon
Thuilier d.
3-07
Imp. Dufrénoy _ Paris.

bâti vers 1500 par Olivier Barrault, maire d'Angers, comprend : 1° le musée David, au rez-de-chaussée; 2° le *musée d'histoire naturelle*, au 1er étage; 3e les galeries de peinture, au 2e étage.

Le **musée David**, consacré à l'œuvre du grand sculpteur David d'Angers, comprend 6 ouvrages couronnés ou envoyés de Rome de 1811 à 1815, 50 à 60 statues, 70 bas-reliefs, 150 bustes, 16 statuettes, 500 médaillons et de nombreux dessins, auxquels sont joints divers ouvrages de Pajou, Chaudet, Delaistre, Houdon, David père, du peintre Louis David, de Roland, Delusse, etc., et quelques peintures.

La grande galerie du musée David s'ouvre sur un jardin d'où l'on aperçoit les ruines de l'**église de Toussaint** (pour les voir à l'int., s'adresser au concierge du musée), construite au XIIIe s. et rebâtie en partie au XVIIIe dans le style primitif.

Galeries de peinture. — ESCALIER : cartons de peintures exécutées par *Lenepveu*.

1re SALLE. — De dr. à g. : — 73. *Girodet-Trioson*. Mort de Tatius. — 65. *François Gérard*. Joseph reconnu par ses frères. — 332. *Solimena*. Annonciation.

2e SALLE (à dr.). — 132. *Ménageot*. Astyanax arraché des bras d'Andromaque par l'ordre d'Ulysse. — 71. **Gide. Sully quittant la cour de Louis XIII.** — 88. **Jacque. Bœufs à l'abreuvoir.** — 175. *Vien*. Retour de Priam avec le corps d'Hector. — 252. *Lenepveu*. Maladie d'Alexandre. — 411. **Van Rey** (?). **Paysage.** — 50. **Eugène Devéria. Mort de Jeanne d'Arc.** — **C. Boulanger. Cybèle.** — 251 bis. *Lenepveu*. Jésus dans le prétoire. — *Français*. Sentier de bord de mer. — 56. *Hip. Flandrin*. St Clair guérissant des malades. — *P. Baudry*. Portrait de Boulé. — **Paul Flandrin. Une Nymphée.**

3e SALLE, presque entièrement occupée par des œuvres ou des études du peintre *Bodinier*; beau tableau de *Montessuy* (Devineresse prédisant la papauté).

4e SALLE. — 351. **Murillo. Jeune homme.** — 37. *Michel Corneille*. La V., l'Enf. J. et St Jean. — 153. *Jean Restout*. Le Bon Samaritain. — 312. *Le Guerchin*. Le Temps amenant la Vérité. — 400. *Ch. de Moor*. Jardinière. — 154. *Hubert Robert*. La Fontaine de Minerve à Rome. — 380. *Van Thulden*. Assomption. — 137. **P. Mignard. La V., l'Enf. J. et St Jean.** — 118. *Carle Van Loo*. Ste Clotilde au tombeau de St Martin. — 824. **Ribera. Portrait d'homme.** — 363. *Ph. de Champaigne*. Jésus parmi les Docteurs. — 367. **Jordaens. Le sculpteur François Flamand.** — 120. *Carle Van Loo*. St André qui embrasse sa croix. — 353. **Ribera. Vieillard.** — 91. *Lagrenée*. Mort de la femme de Darius. — **Raphaël. Ste Famille.** — 278. *Van der Weyden le Jeune*. Calvaire. — 402. *Poelenburg*. Baigneuses. — 374. **Sneyders. Chien écrasé.** — 28. *Casanova*. Convoi harcelé par des hussards. — 324. *Maratta*. La V. adorant l'Enf. J. — 791. *Fr. Boucher*. Allégorie de l'amour. — 376. *David Teniers le Jeune*. Le Tête-à-tête. — 182. *A. Watteau*. Fête de campagne. — 377. *David Teniers le Jeune*. La Mère difficile à persuader. — 17. **Fr. Boucher. La Réunion des arts.** — 96-99. *Lancret*. Les Saisons. — 143-144. **J.-B. Pater. Baigneuses.** Bal champêtre. — 27. *Casanova*. Attaque d'un fort. — 74. **Greuze. Mlle de Porcin.** — 47. *Fr. Desportes*. Chasse au renard.

On revient dans la salle d'entrée pour visiter les salles de g.

5e SALLE. — *Maignan*. Louis IX console un lépreux. — **Français. Dans les prés après la fenaison.** — *Lansyer*. Vue de Clisson. — 253. 255. *Lenepveu*. Martyre de St Saturnin à Toulouse. Le peintre Mercier. — 805. *Ary Scheffer*. Emmanuel de Las Cazes. — 10. **Bernier. Paysage breton.** — 251. *Lenepveu*. Cincinnatus recevant les députés du Sénat. — 112. **Leprieur. Portrait d'un ecclésiastique.** — 145. **Patrois. Jeanne d'Arc insultée dans sa prison.**

6e SALLE. — Esquisses originales de statuettes par *Schœnewerk*. —

Etudes par *Lecomte du Nouy*. — *Giacomotti*. Effet de lumière. — *Ingres*. Têtes d'étude. — Bouclier de Minerve, d'après *Simart*. — *Tancrède Abraham*. Plage de Noirmoutier. — *Puvis de Chavannes*. Etude de femme. — *Rude*. Esquisse originale du Baptême de J.-C. — Au milieu de la salle, la Muse d'André Chénier, statue en marbre par *Noël*.

A l'extrémité de la rue Saint-Aubin la *place Sainte-Croix* est bordée par la cathédrale, l'évêché et par la *maison Adam* (xve s.), souvent restaurée.

Cathédrale Saint-Maurice, curieux édifice des xiie et xiiie s., long intérieurement de 91 m., large de 56 (au transept). A la porte principale, 8 grandes statues de personnages bibliques, statuettes d'anges et de vieillards couronnés; au tympan, le Christ entouré des symboles des Evangélistes. 3 tours surmontent la façade; celle du S. (69 m.) et celle du N. (65 m.) ont pour couronnements des flèches en pierre, refaites en 1831. A la base de la tour centrale, ajoutée en 1540 (style de la Renaissance), rangée imposante de huit guerriers armés. La nef, haute de 26 m., est dépourvue de bas-côtés et couverte, comme le chœur et le transept, de voûtes en ogive, bombées comme des coupoles. Deux vastes chapelles ont été ajoutées à la nef, à la première travée; celle de g. (xve s.) renferme un *Calvaire*, par David; celle de dr. date en partie du xiiie s. A l'extrémité du croisillon S., large rose.

A l'int. : **vitraux** précieux (quelques-uns, dans la nef, remontent à l'année 1170); cuve de vert antique offerte par le roi René; maître-autel (1699); orgue du xviiie s., reconstruit en 1870-1873; *Sainte Cécile* (dans le chœur), par David; dans des caveaux, tombes du roi René et de sa femme Jeanne de Laval; *tapisseries* du xive au xviiie s.: tombeaux de l'évêque Claude de Rueil (xviie s.), de Mgr Angebault (statue par Bouriché) et de Mgr Freppel, par Falguière.

Au **Palais épiscopal** : belle galerie romane convertie en chapelle; salle synodale de la fin du xiie s.; *escalier* de la Renaissance; *musée diocésain*.

La place du Ralliement (hôtel des Postes; Grand-Hôtel; cafés, station de fiacres) est bordée par le *théâtre*, décoré à l'int. de peintures par Lenepveu et Dauban. Tout près de la place, à l'entrée de la rue Lenepveu, l'*hôtel d'Anjou* ou *Pincé*, construction de la Renaissance, reconstruite, renferme le *cabinet Turpin de Crissé*.

Antiquités égyptiennes, grecques et romaines, bronzes antiques, vases grecs, verreries, émaux, faïences, pierres gravées, bijoux, médailles, sculptures du moyen âge, de la Renaissance, des temps modernes, gravures anciennes, dessins, peintures (*Françoise de Rimini*, d'Ingres). Toute une paroi de la principale salle a été couverte par Lenepveu d'une brillante composition représentant l'*Entrée de François Ier à Angers en 1510*.

De la place du Ralliement, par la jolie *rue d'Alsace*, on gagne le *boulevard de Saumur*, promenade favorite des Angevins, sur lequel est le principal *cercle* d'Angers, occupé en partie par le cercle militaire (au fronton, groupe de Maindron : *les Arts, le Commerce et l'Agriculture*).

En suivant à g. le boulevard de Saumur on parvient à la *place de Lorraine* (hôtel d'Anjou; *statue* en bronze *de David d'Angers*, par Louis Noël; à l'angle de la *rue David*, *hôtel Lantivy*, construit au XVIIIe s. sur les dessins de Bardoul) et à la promenade du **Mail**, en face de laquelle on aperçoit l'*hôtel de ville*, ancien collège d'Anjou, élevé en 1691 par les prêtres de l'Oratoire. A côté du jardin s'étend le *Champ-de-Mars* (*palais de justice*), que l'on traverse obliquement pour gagner la *place du Pélican* (nouvelle *église* ogivale *Notre-Dame*), au fond de laquelle s'ouvre l'entrée principale du **Jardin des Plantes** (*statue de Chevreul*, par Guillaume; belles serres), où se voient l'*église de Saint-Samson*, transformée partiellement en serre, et le *buste* du savant *Boreau*.

Du côté de la *rue Boreau*, sur laquelle s'ouvre une entrée du jardin, on aperçoit le *grand séminaire*, ancien monastère de Bénédictins fondé au VIIe s., reconstruit à la fin du XVIIe s., agrandi au XIXe et dont dépendait l'église Saint-Serge, près de laquelle se voit un bel *hôtel*, élevé en 1782 sur les dessins de Bardoul.

Saint-Serge date de la fin du XIIe s. ou du commencement du XIIIe (transept et chœur du style Plantagenet) et du XVe s. (triple nef).

A l'int. : colonnes d'une légèreté admirable; *pierre tombale* (dans le mur de la chapelle du second collatéral S.) d'un des anciens abbés, Jean Tillon (XVe s.); *sacrarium* du XVIe s. (dans le chœur).

Après avoir quitté l'église Saint-Serge on contourne la *gare Saint-Serge* pour aller franchir la Maine sur le *pont de la Haute-Chaîne*, presque en face duquel se montre l'*ancien Hôtel-Dieu* ou **hôpital Saint-Jean**, avec un square (bains romains et divers débris d'architecture). Cet hôpital fut fondé par Henri II d'Angleterre, vers 1170. Sur trois galeries du *cloître* qui subsistent deux remontent au XIIe s.; la troisième est de la Renaissance. Une belle porte en plein cintre conduit du cloître à la **chapelle**, consacrée en 1184. Le tout, grande salle, cloître et chapelle, est occupé par les collections du **musée d'archéologie.**

A g. de l'hôpital la *rue Gay-Lussac* conduit aux anciens *greniers* de l'hôpital, sous lesquels de curieuses *caves* sont taillées dans le schiste ardoisier.

L'hôpital Saint-Jean borde, du côté de la Maine, le *champ de foire*, sur lequel donne également l'**Ecole nationale d'Arts et Métiers**, installée dans les bâtiments de l'abbaye de religieuses bénédictines (fondée vers 940) du Ronceray, reconstruits sous Louis XIV, et agrandis depuis.

L'école a pour chapelle l'ancienne église abbatiale du **Ronceray** (s'adresser au concierge), consacrée en 1028 et remaniée au commenc. du XIIe s. Le transept seul en subsiste et a été utilisé. Le Ronceray doit son nom à une Vierge de bronze doré trouvée en 1527 dans la crypte au milieu des ronces, crypte qui date de Foulques Nerra (s'adresser au sacristain ou à tout autre employé de l'église de la Trinité). On y pénètre par l'église de la Trinité, située à g. de l'école.

La Trinité est un édifice du XIIe s. qu'une restauration radicale a fait presque entièrement neuf (deux portes romanes; *clocher* roman, du XVIe s. et moderne).

A l'int. : curieuses voûtes de la nef; *escalier tournant*, en bois, de la Renaissance (au fond de la nef); *autel* principal orné de bas-reliefs en bois doré du XVIe s.; *Christ* du sculpteur angevin Maindron; petite crypte à 3 nefs renfermant une statuette de la Vierge en bronze du XIe s.

Près de la Trinité s'étend la *place de la Laiterie* (*fontaine* avec *buste du D*^{r} *Garnier*), sur laquelle débouche la *rue Saint-Nicolas*, où la *maison de la Voûte* est un joli spécimen du XVe s. et de la première Renaissance.

De la Trinité la *rue Beaurepaire* (au n° 19, ancienne *pharmacie de Simon Poisson*, de 1582) mène au *pont du Centre* ou *Grand Pont* (*statue du commandant Beaurepaire*, œuvre de Max Bourgeois), sur lequel on franchit la Maine. Ce pont sépare le quai de Ligny du *quai National* : sur celui-ci, à g., on aperçoit, près de la *rue Plantagenet*, le *cirque-théâtre* (concerts le dimanche en hiver). En suivant (à dr.) le *quai de Ligny* on parvient au *pont* en pierre *de la Basse-Chaîne* et au **Château**, construit par St Louis et dans lequel on peut entrer après avoir passé par la *place Marguerite-d'Anjou* ou *du Château*, près de laquelle s'élève la **statue du roi René**, par David d'Angers.

Du château le *boulevard du Roi-René*, continué par la *rue Paul-Bert*, conduit aux magnifiques bâtiments de l'*Université catholique*.

En face de la place du Château s'étend la *place de l'Académie*, sur laquelle s'élève l'*église Saint-Laud*, édifice moderne, du style roman, avec crypte, d'où la *rue Marceau* ramène à la gare.

Angers, la ville des fleurs, est connue par ses pépinières.

[**D'Angers à la Flèche** (49 k. [train] 1 h. 45 à 2 h. 23; 5 fr. 50, 3 fr. 70, 2 fr. 40). — 21 k. *Seiches*, 1,332 hab. — 34 k. *Durtal*, 3,155 hab., sur le Loir (*château* du XVIe s. servant d'hospice, 2 belles tours; *porte Véron* et autres restes des remparts). — 49 k. La Flèche (R. 5).

D'Angers à Noyant-Méon (65 k. [train] en 3 h.; 5 fr., 3 fr. 35). — 9 k. Trélazé (p. 24). — On suit la vallée de l'Authion. — 11 k. *Brain*. — 13 k. *Andard*. — 26 k. *Mazé* (château de *Montgeoffroy*, bâti en 1775 par le maréchal de Contades, avec chapelle du XVIe s.). — 32 k. *Beaufort-en-Vallée*, 4,222 hab. (ruines d'un château; *maison* de Jean Chardavoine, poète et musicien du XVIe s.; *statue de Jeanne de Laval*, femme du roi René). — 37 k. *Fontaine-Guérin* (devant l'église, *statue* en bronze du sire Guérin des Fontaines). — 47 k. Baugé (p. 24). — 65 k. Noyant-Méon (p. 41).]

D'Angers aux Ponts-de-Cé et à Poitiers, R. 10; — à Segré, au Mans et à Chartres, *V.* le Réseau *Ouest*.

Pont sur la Maine près de son embouchure dans la Loire.

351 k. *La Pointe*, à l'embouchure de la Maine.

355 k. *Les Forges*. En face, *île Béhuard*, dont l'*église* (XVe et XVIe s.) renferme de curieux objets d'art.

359 k. **La Possonnière.**

[**De la Possonnière au Perray-Jouannet** (33 k. [train] 1 h. ou 1 h. 25; 3 fr. 35, 2 fr. 50, 1 fr. 65). — Viaduc de 19 arches sur la Loire; pont sur le Louet. — 5 k. *Chalonnes-sur-Loire* *,

Reliure serrée

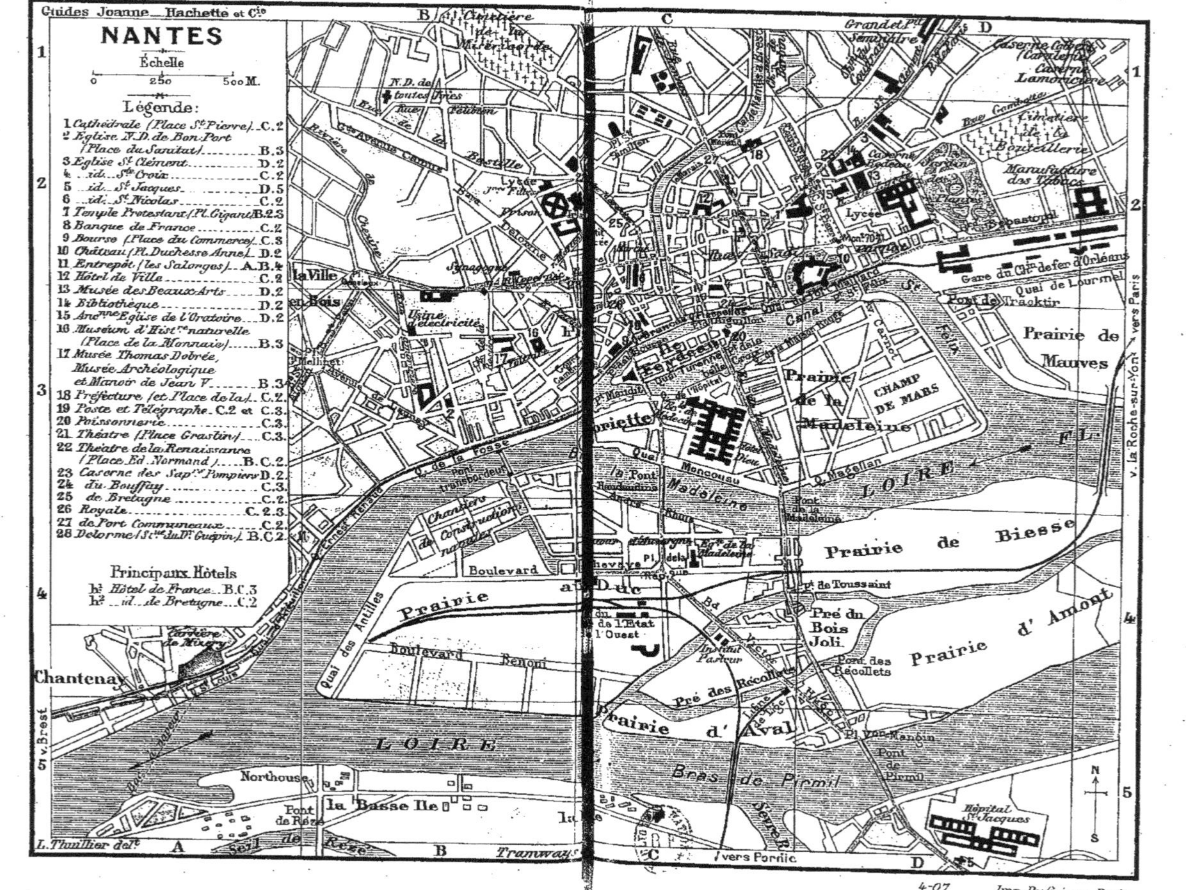
Guides Joanne _ Hachette et Cie
NANTES
Échelle
0 250 500 M.
Légende:
1 Cathédrale (Place St Pierre) . C.2
2 Église N.D. de Bon-Port (Place du Sanitat) . B.3
3 Église St Clément . D.2
4 id. Ste Croix . C.2
5 id. St Jacques . D.5
6 id. St Nicolas . C.2
7 Temple Protestant (Pl. Gigant) B.2.3
8 Banque de France . C.2
9 Bourse (Place du Commerce) . C.3
10 Château (Pl. Duchesse Anne) . D.2
11 Entrepôt (les Salorges) . A.B.4
12 Hôtel de Ville . C.2
13 Musée des Beaux Arts . D.2
14 Bibliothèque . D.2
15 Anne Église de l'Oratoire . D.2
16 Muséum d'Histre naturelle (Place de la Monnaie) . B.3
17 Musée Thomas Dobrée, Musée Archéologique et Manoir de Jean V . B.3
18 Préfecture (et Place de la) . C.2
19 Poste et Télégraphe . C.2 et C.3
20 Poissonnerie . C.3
21 Théâtre (Place Graslin) . C.3
22 Théâtre de la Renaissance (Place Ed. Normand) . B.C.2
23 Caserne des Saprs Pompiers . D.2
24 du Bouffay . C.3
25 de Bretagne . C.2
26 Royale . C.2.3
27 de Port Communeaux . C.2
28 Delorme (Stue du Dr Guépin) . B.C.2
Principaux Hôtels
h1 Hôtel de France . B.C.3
h2 id. de Bretagne . C.2
LOIRE
Prairie de Mauves
Prairie de la Madeleine
CHAMP DE MARS
Prairie de Biesse
Prairie au Duc
Prairie d'Amont
Prairie d'Aval
Pré du Bois Joli
Pré des Récollets
Bras de Pirmil
la Basse Ile
Northouse
Chantenay
Pont de Pirmil
Hôpital St Jacques
Gare du Chin de fer d'Orléans
Quai de Tourmel
Quai des Antilles
Boulevard
Lycée
Manufacture des Tabacs
Jardin des Plantes
Usine d'électricité
Synagogue
v. Brest
v. la Roche-sur-Yon
vers Paris
vers Pornic
Tramways
L. Thuillier delt
4-07
Imp. Dufrénoy - Paris.

4,465 hab., dans un bassin houiller au confluent du Louet et du Layon avec un bras de la Loire, à 2 k. de la gare (omnibus). 2 églises du XIIe s. De Chalonnes à Cholet et à Beaupréau, *V.* ci-dessous. — Vallée du Layon. — 10 k. *Chaudefonds* (presbytère, XVIe s.; pont du XIIIe s. sur le Layon). — 14 k. *Saint-Aubin-de-Luigné* (maisons de la Renaissance; ruines du *château de la Guerche*). — 19 k. *Beaulieu-Saint-Lambert.* A *Beaulieu*, *hôtel Desmazières*, XVIIIe s. — 33 k. Le Perray-Jouannet (R. 10).

De la Possonnière à Cholet (43 k. 1 h. à 1 h. 30; 4 fr. 40, 3 fr. 25, 2 fr. 10). — 5 k. Chalonnes (*V.* ci-dessus). — Pont sur le Louet. — 8 k. *Les Fourneaux.* — On remonte la rive g. du Jeu. — 21 k. *Chemillé*, 4,257 hab., V. manufacturière, près du ruisseau d'Hyrôme (beau *clocher* roman de l'église Notre-Dame, avec flèche du XVIe s.; ruines d'un château; importants marchés aux bestiaux). — Pont sur l'Hyrôme. — 32 k. *Trémentines.* — 43 k. Cholet (R. 11).

De la Possonnière à Beaupréau (35 k. 1 h. 30; 2 fr. 70, 1 fr. 80). — 5 k. Chalonnes (*V.* ci-dessus). — 13 k. *Saint-Laurent-de-la-Plaine.* — 24 k. *Le Pin-en-Mauges*, patrie du célèbre chef vendéen *Cathelineau*, dont l'église renferme le *tombeau* avec des vitraux remarquables retraçant divers faits de l'épopée vendéenne. — 35 k. Beaupréau (*V.* p. 35).]

364 k. *Saint-Georges-sur-Loire*, 2,233 hab. (3 k. N.), d'où l'on pourrait aller visiter (1,200 m. N.-E.) le *château de Serrant* (s'adresser au concierge), de la Renaissance (dans la chapelle, bâtie par Hardouin Mansart, *tombeau* du marquis de Vaubrun, par Coysevox).

372 k. *Champtocé* (ruines d'un *château* de Gilles de Retz, célèbre sous le nom de « Barbe-Bleue »). — A g., vaste nappe d'eau appelée *boire de Champtocé.*

377 k. *Ingrandes*, à la limite entre l'Anjou et la Bretagne.

381 k. *Montrelais* (mines de houille). — Franchissant un bras de la Loire, on entre dans l'*île de la Meilleraie.*

386 k. *Varades*, 3,086 hab., à 2 k. N.; la station est au v. de *la Meilleraie* (port).

[En face de la station, à 1 k. (omnibus, 10 c.), *Saint-Florent-le-Vieil*, 2,032 hab. (*église*, des XIIIe et XVIIIe s., renfermant le *tombeau* du chef vendéen *Bonchamps*, avec statue et bas-reliefs par David d'Angers; à la chapelle de l'école des sœurs, *tombeau de Cathelineau*).]

392 k. *Anetz.*

398 k. **Ancenis** *, 5,499 hab. (*pont suspendu*, long de 500 m., sur la Loire; restes d'un *château* des XVe, XVIe et XVIIe s.; à l'*Hôtel-Dieu*, chapelle du XVe s.; *statue* du poète *Joachim du Bellay*, par Leofanti).

407 k. *Oudon* (*donjon* du XVe s., restauré). — 2 tunnels.

411 k. *Clermont-sur-Loire.* — Tunnel. — 413 k. *Le Cellier.*

416 k. *Mauves* (curieux *rochers*). — 421 k. *Thouaré.* — 424 k. *Sainte-Luce.* — On joint à dr. la ligne de Châteaubriant, à g. celle de Clisson.

431 k. **Nantes** * Ⓑ, ch.-l. du dép. de la Loire-Inférieure, V. de 132,990 hab., est bâtie au confluent des rivières de la Loire, de la Sèvre, de l'Erdre, de la Chézine et du Sail. Son périmètre est de 20 k.; quelques-unes de ses plus belles rues, celles du quartier Graslin, ont été ouvertes au siècle dernier. Elle a de beaux quais bordés de maisons du XVIIIe s., plusieurs places remarquables et 18 ponts sur son fleuve et ses rivières; le plus récent est le *pont à transbordeur*. Le ch. de fer de Brest et une ligne de

tramways suivent les quais de la rive dr.

Au sortir de la gare, située au bord du *canal Saint-Félix*, on laisse à dr. le **Jardin des plantes** (musique militaire le dim.), pour suivre le quai jusqu'à la *place de la Duchesse-Anne*. A g. est le **château** des ducs de Bretagne, fondé au IXe ou au Xe s., reconstruit dès 1466 par le duc François II, et ayant servi après le XVIe s. de prison d'Etat. On pénètre librement dans la cour où l'on remarque le somptueux édifice appelé *le grand logis*, dû à la duchesse Anne, la *salle des Gardes* et un puits avec une superbe armature en fer forgé. — Au N. de la place, à l'entrée du *cours Saint-Pierre* (anc. *église de l'Oratoire*, du XVIIe s., très ornementée de belles sculptures), on voit les statues d'*Anne de Bretagne* et d'*Arthur III*, par Molchnecht; à l'extrémité du cours, beau *monument*, œuvre de G. Bareau, Allouard, Borialis et Le Bourg, érigé *aux Enfants de la Loire-Inférieure morts pour la patrie*. Sur le cours, à g., une rue contourne l'*évêché* et aboutit à la *place Saint-Pierre*.

Avant de visiter la cathédrale on peut se rendre, par la *rue du Lycée*, au nouveau **Musée** ouvert t. l. j. de midi à 4 h.), construit sur les plans de M. Josso, dans le style Louis XIV. Au fond de la cour un perron précède un vestibule et un palier d'où partent à dr. et à g. des escaliers montant à l'étage. Après avoir visité le grand hall de la sculpture on prend l'escalier à dr. pour gagner la 1re salle de peinture, réservée aux peintres bretons; 2e salle, école française; 3e et 4e, éc. italiennes; 5e, tribune où sont réunies les plus belles œuvres de la collection choisies dans toutes les écoles; 6e, éc. italienne; 7e, éc. espagnole et allemande; 8e, éc. flamande et hollandaise; 9e, COLLECTION DE FELTRE; 10e, COLLECTION URVOY DE SAINT-BEDAN; 11e, éc. diverses; 12e, éc. française moderne. Les dessins sont exposés dans des galeries donnant sur le hall de la sculpture.

Sculpture. — Modèles en plâtre du St Michel de *Duret*, de Ney, par M. *Jacquemart*, de Baudry, de Gérôme, d'un Bacchant, de *Caillé*. — Bustes en marbre des généraux Gérard et de Bréa, par *Grootaers*, du général Dumoustier, par *Suc*, du sculpteur Lemoine, par *Pajou* (plâtre). — Statues en marbre : *Mme Bertcaux*. Jeune Gaulois; *Albert Lefeuvre*. La Muse des bois ; *Aizelin*. L'Enfant au sablier; *Lebourg*. L'Enfant et la sauterelle; *Ducommun du Locle*. Cléopâtre; *Caillé*. Aristée; *Fagel*. Le Greffeur; *Laboureur*. Hyacinthe blessé; *Thomas*. Tête d'enfant; *Suc*. Tête de Vierge (haut relief); *Dieudonné*. Jésus au Jardin des Oliviers. — Plâtres originaux ou moulages : *Falguière*. Diane; *Caravaniez*. Brizeux; *Caillé*. Mirabeau; *Delaplanche*. Danseuse; *Peyrol*. Pêcheur à l'épervier; *Debay* (le père). Argus, Mercure; *Ménard*. Le Forban; *Malknecht*. Vénus; *Raffegeaud*. La Charmeuse. — Bronzes : *Jacquemart*. Le Chamelier; *Etex*. Héro. — Copies en marbre de statues antiques, par *Debay* (le fils), *Giraud*, *Jaley*, *Seurre*. — *Laboureur*. Buste colossal et héroïque de Napoléon Ier.

On monte au 1er étage, où 12 salles sont affectées à la **peinture**.

1re SALLE (peintres bretons; à l'entrée, bustes en marbre de Crucy, par *Debay* le fils, et de Guépin, par *Suc*). — De dr. à g. : 849, 848. *Delaunay*. Mort du centaure Nessus. David vainqueur. — 907. *Hamon*. Escamoteur. — 846. *Delaunay*. Leçon de flûte.

2e SALLE (école française). — 7. *J. Blanchard*. La V., l'Enf. J. et

St Jean. — 8. *Blanchet*. Les Rév. Leseur et Jacquier. — 129. *J. de la Tour*. Vieillard endormi. — 67. *Le Sueur*. Lever de l'Aurore. — 131. 133. *Tournières*. Portraits de famille. — 1017. *Sigalon*. Athalie faisant massacrer les princes de la famille de David. — 52, 53. *Lancret*. Bal costumé. Arrivée d'une dame. — 87. *Oudry*. Chasse au loup.

3e SALLE (écoles d'Italie). — 347. *Sacchi*. Convoi d'un évêque. — 283, 284. *Guardi*. Assemblée de nobles Vénitiens. Grand repas présidé par le Doge.

4e SALLE (écoles d'Italie). — 222. *Berritini*. Josué arrête le soleil. — 322. *Preti*. Jésus guérissant l'aveugle de Jéricho.

5e SALLE (chefs-d'œuvre d'écoles diverses). — 891. *Gérôme*. Pifferari. — 241. *Canaletti*. Place Navone. — 292. *Sebastiano del Piombo*. Le Christ portant sa croix. — 230. *P. Véronèse*. Portrait de femme. — 290. *Lotto*. La Femme adultère. — 227. *Bronzino*. Portrait d'homme. — 526. *Coques*. Portraits de famille. — 739. *Velasquez*. Jeune prince. — 529. *Cuyp*. Jeune enfant. — 890. *Gérôme*. Le Prisonnier. — 1003. *T. Rousseau*. Prairies traversées par une rivière. — 814. *Corot*. Soleil couchant après la pluie. — 769. *Baudry*. La Madeleine. — *Van der Meulen*. Investissement de Luxembourg. — 851. *Delaunay*. L'acteur Régnier. — 54. *Lancret*. La Camargo. — 855. *Delaunay*. Sa mère. — 816. *Courbet*. Les Cribleuses. — 961. *Luc-Olivier Merson*. St François prêche aux poissons. — 917. *Ingres*. Mme de Sénones. — 35. *Fauchier*. Portrait d'homme. — 151. *Watteau*. Arlequin, dans une carriole, rencontre Pantalon, Pierrot et Colombine. — 240. *Canaletti*. La Piazzetta.

6e SALLE (écoles d'Italie). — 199. *Albani*. Baptême de J.-C. — 327. *Le Guide*. St Jean-Baptiste. — 384. *Le Pérugin*. Le Prophète Jérémie. — 313. *Il Pesellino*. Sujets de la vie de St Benoît. — 275. *Ghirlandajo*. La V., l'Enf. J. et St Jean. — 380. *Andrea del Sarto*. La Charité. — 22. *Pinturicchio*. La Nativité. — 392. *L. de Vinci*. La V. aux Rochers.

7e SALLE (éc. espagnole et allemande). — 724. 725. *Murillo*. La V. Vieillard aveugle. — 733. *Ribera*. J. et les Docteurs.

8e SALLE (éc. flamande et hollandaise). — 539. *Van Dyck*. Ste Famille aux anges. — 94. *Berghem*. Six têtes de chèvres. — 662, 663. *S. de Vos*. Portraits de la famille Van der Aa. — 620. *Rubens*. Triomphe d'un guerrier. — 527. *Crayer*. Éducation de la V. — 580. *Maryn*. Un Banquier et sa femme. — 501. *Boeyermans*. Les Vœux de St Louis de Gonzague. — 648. *D. Téniers*. Jeune homme écrivant. — 515. *Breughel* dit *de Velours*. Vue d'un canal, paysage.

9e SALLE (collection de Feltre). — 41, 40. *Greuze*. Le comte de St-Morys et son fils. — 995. *Léopold Robert*. Baigneuses de l'Isola di Sora. — 875. *Hippolyte Flandrin*. Rêverie. — 996, 994. *L. Robert*. Petits pêcheurs de grenouilles. L'Ermite du mont Epomeo. — 839, 840. *Paul Delaroche*. Têtes de Camaldules. — 874. *Fabre*. Le duc de Feltre. — 835, 834, 831, 842. *P. Delaroche*. L'Hémicycle de l'école des Beaux-Arts (esquisse). La Balanceuse. Têtes de Camaldules. — Bustes en marbre d'Elfride, d'Edgar et d'Alphonse Clarke de Feltre, par *Rusthiel* et *Jalley*.

10e SALLE (collection Urvoy de St-Bedan). — 790. *Brascassat*. Taureau noir taché de blanc se frottant à un arbre. — 850. *Delaunay*. Le général Mellinet. — 1012. *Ary Scheffer*. L'Enfant charitable. — 612. *Rembrandt*. Portrait de femme. — 792, 785, 786. *Brascassat*. Renards dans leur tanière. Combat de taureaux. Repos d'animaux autour d'un grand chêne. — 669. *Wouwermans*. Départ des cavaliers. — 1000. *E. Roger*. Le Corps de Charles le Téméraire reconnu. — 791. *Brascassat*. Taureau et vache à l'abreuvoir. — 899. *Gros*. Bataille de Nazareth.

11e SALLE (éc. française moderne). — 884. *Français*. Au bord de l'eau. — 1008. *Salmson*. La Petite glaneuse. — 931. *J.-P. Laurens*. Le Pape Formose. — 822. *Daubigny*. Sur les bords de la Seine. — 799. *Brion*. Récolte des pommes de terre pendant une inondation. — 826. *Dawant*. Fin de messe. — 1001. *Roll*. Après le bal. — 1049.

Vollon. Intérieur de cuisine. — 1011. *Sautai.* St Bonaventure. — 827. *Debat-Ponsan.* Coin de vigne. — 1044. *Vayson.* Le Berger et la mer. — 828. *Debay.* Episode de la Terreur à Nantes. — *Le Blant.* Mort du général d'Elbée. — 770. *Baudry.* Charlotte Corday. — 897. *Raffaëlli.* Chiffonnier. — 921. *Jan Monchablon.* Les Avoines. — 1023. *Stevens.* Marine. — 922. *Joyant.* Santa Maria della Salute. — 830. *E. Delacroix.* Chef arabe chez des pasteurs. — 853, 877. *Delaunay.* La Justice poursuivant le crime. Ixion aux enfers.

12e salle (éc. française moderne). — 821. *Dantan.* Moine sculptant un Christ en bois. — 952. *E. Lévy.* Scène des champs. — 814. *Corot.* Les Abdéritains. — 858. *Detaille.* Fragment du Panorama de Champigny. — 871. *Durand-Brager.* Vue d'Eupatoria. — 883. *Fortin.* Intérieur breton.

Dans les galeries bordant les salles et répétant à l'étage celles du rez-de-chaussée, aquarelles de *Bourgerel*, nombreux dessins de *Delaunay*, à qui a été élevé un monument (M. Montfort architecte; médaillon en marbre par Chaplain).

La *Bibliothèque publique* (130,000 vol. imprimés dont 300 incunables, 56,000 pièces, 2,000 manuscrits et 10,000 estampes; *Cité de Dieu*, de St Augustin, admirable manuscrit sur vélin) occupe une partie du rez-de-chaussée du Musée (entrée rue Gambetta).

La **cathédrale Saint-Pierre** a été rebâtie à partir de 1434, et achevée seulement de nos jours. La partie la plus ancienne est la crypte romane (XIIe s.) qui subsiste sous le chœur. La façade, flanquée de 2 tours hautes de 63 m., est percée de 3 portails où l'on voit une statue de St Pierre par Grootaers, et diverses sculptures figurant notamment les légendes des Sts Pierre et Paul.

A l'int., long de 102 m.: 4 statues du XVe s. restaurées par Thomas Louis, artiste nantais, décorant les côtés de l'orgue, dont le buffet est de Cliquot; *bas-reliefs* des piliers destinés à soutenir les tours d'orgues, du XVe s. (scènes de la vie des Patriarches); dernière chapelle de dr., *tableau* d'Hippolyte Flandrin (*St Clair guérissant les aveugles*) et vitrail (même sujet); dans la chapelle du Saint-Sacrement, *verrière*, tableau de Delaunay (la *Communion des Apôtres*) et peintures murales, par Coutan. Dans le transept dr., **tombeau de François II**, duc de Bretagne, et de Marguerite de Foix, sa seconde femme, chef-d'œuvre de la Renaissance (1507), dû à Michel Colombe. Aux angles, quatre statues représentent *la Justice*, *la Force*, *la Prudence* et *la Tempérance*. Sur les côtés, 16 niches en marbre rouge, séparées par des pilastres, contiennent autant de statuettes (60 cent.): les *Apôtres*, *St François d'Assise* et *Ste Marguerite*, *Charlemagne* et *St Louis*; au-dessous, 16 autres niches sont occupées par des *pleureuses* (en partie mutilées) en marbre vert, dont les mains et les têtes sont en marbre blanc. — Dans le transept g., **tombeau de Lamoricière**, exécuté sur les dessins de Boitte, architecte; il est orné de 4 statues en bronze par Paul Dubois (le *Courage militaire*, la *Charité*, l'*Histoire* et la *Foi*) et de la *statue couchée* du général, en marbre.

A dr. de la cathédrale, impasse Saint-Laurent, où l'on peut voir *la Psallette* (XVe s.), ancienne demeure des duchesses de Bretagne.

Sur la place Saint-Pierre s'ouvre la *rue Haute-du-Château*, où se trouve la *maison du Guiny*, où la duchesse de Berry fut arrêtée en 1832.

On traverse la *place Louis XVI*: à g., deux beaux hôtels; au milieu, *colonne* portant la *statue de Louis XVI*, par Molchnecht. A dr., *rue Saint-Clément*, dans laquelle est *l'église Saint-Clément* (style du XIIIe s.). — Le *cours Saint-André*, dans l'axe du cours Saint-Pierre, est orné, à son extrémité, des statues de *Du Guesclin* et d'*Olivier de Clisson*, par Molchnecht. Plus loin passe l'Erdre.

La dernière rue à g., sur le cours, conduit à la **Préfecture**, ancien palais de la Cour des comptes, bâti en 1763 par Ceineray (à l'int., bel escalier avec statue d'Alain Barbe-Torte, par Ménard). On gagne à l'O. la *place de Port-Communaux* et, laissant à dr. le *pont Morand*, on suit à g. la *rue de Strasbourg*.

La 2e rue à dr. mène à l'**Hôtel de Ville** (portique avec statues de la *Loire* et de la *Sèvre*, par Debay père). — Descendant à g. la *rue Saint-Léonard* et la *rue des Carmes*, on traverse la *Grande-Rue*. A g., *église Sainte-Croix*, de 1685 et 1840 (sur le clocher, beffroi en plomb), qu'avoisinent plusieurs rues curieuses par leurs habitations anciennes, notamment les *rues de la Baclerie*, *de Briord*, *des Carmes*, etc. On descend vers la Loire, à la *place du Bouffay*, et l'on suit à dr. le *quai Flesselles*.

On pourrait, par le *pont d'Aiguillon*, passer dans l'*île Feydeau*; à g., la *Poissonnerie* (statues de la *Loire*, de l'*Erdre* et de la *Sèvre*); *rue Kervégan*, 30, et sur les quais, *maisons curieuses*. Cinq ponts traversent les bras de la Loire; le plus remarquable est le *pont Pirmil* (253 m. de long., 16 arches), par lequel on se rendrait à l'*église Saint-Jacques*, charmant spécimen du style Plantagenet (XIIe s.), près du vaste *hôpital Saint-Jacques*. La grande *île Gloriette* renferme le bel *hôtel Deurbroucq* (auj. fabrique de briquettes) et l'*Hôtel-Dieu* (au fronton, groupe d'A. Ménard), dont une aile est occupée par l'*école de médecine*.

Du quai Flesselles, franchissant l'Erdre à son embouchure, on gagne le *quai Brancas* (*hôtel des postes et télégraphes*, la *place du Commerce* (point de départ des tramways) et la **Bourse**, terminée en 1809 (à la façade de l'E., statues de Jean Bart, Duguay-Trouin, Duquesne et Cassart; à la façade de l'O., 10 colonnes ioniques surmontées de 10 statues emblématiques : *les Quatre Parties du Monde, la Ville de Nantes, la Loire*). La façade O. donne sur une petite promenade où a été érigée la *statue* (par Raoul Verlet) du colonel *de Villebois-Mareuil*, mort héroïquement pour la cause du Transvaal. Au ponton de la Bourse est l'embarcadère des bateaux qui font le service omnibus de Trentemoult : une promenade sur ces bateaux est le meilleur moyen de bien voir le port de Nantes. — A l'entrée du *quai de la Fosse* (maisons curieuses aux n°s 5, 10, 17, 42 et 86) on laisse à dr. la *rue de la Fosse*, que relie à la *rue Santeuil* le *passage Pommeraye* (*statues* par Debay et médaillons par Grootaers; bel escalier), bordé de beaux magasins.

La *rue J.-J.-Rousseau* monte à la **place Graslin**, située au cœur des nouveaux quartiers et dans le voisinage des principaux hôtels, cafés, etc., et sur laquelle est le **Grand-Théâtre**. En face, entrée du **cours Cambronne** (*statue* en bronze du général, par Debay), belle promenade encadrée entre deux lignes de maisons monumentales (musique militaire le jeudi). Dans la *rue Voltaire*, qui part de la place Graslin, sont l'*École des sciences* (façade de 1873), le *Muséum d'histoire naturelle* (ouvert t. l. j. aux étrangers de midi à 4 h.) et la **construction Dobrée** (entrée publique le dim. de midi à 4 h., t. l. j. pour les étrangers), imitation du XIIe s., en face de laquelle se voit le *manoir* (restauré), du XVe s., où est mort le duc Jean V de Bretagne. La construction Dobrée, vaste édifice construit par un riche amateur de ce nom et légué par lui à la ville de Nantes avec les collections qu'il y avait rassemblées (gravures, manuscrits, tableaux, meubles, *reliquaire* du XIIe s., etc.), renferme aussi le *musée archéologique*. — Par la rue Voltaire et la *rue Dobrée* on se rend à *Notre-Dame de Bon-Port*, construite sur les dessins de Chenantais (au fronton, fresque par Gouézou; coupole hardie; vitraux, peintures de Le Hénaff).

Si l'on n'est pas pressé par le temps on peut de là, en traversant l'*avenue de Launay* et suivant les *rues Lavoisier, de la Brasserie, Babouneau*, puis le *boulevard Saint-Aignan*, gagner l'*église Sainte-Anne*, moderne, style du XVe s. (beaux vitraux; tombeau de M. Le Huédé, fondateur de la paroisse), but de pèlerinage, et la *statue* colossale *de Ste Anne*, en fonte (belle vue); un escalier monumental descend au *quai d'Aiguillon*, auquel fait suite le quai de la Fosse (*maisons* du XVe s.). La rue de Launay va à la *place Lamoricière*, d'où l'*avenue du Général-Mellinet* conduirait à la *place* du même nom (*statue du général Mellinet*, par Marqueste). De Notre-Dame on revient prendre, à l'angle N. de la rue Voltaire, la *rue de la Rosière*, qui aboutit à la *place Gigant*. A g. est le *temple protestant*. Par la *rue Copernic*, où est la *Synagogue*, la *rue Cassini*, le *boulevard Delorme* (sur la place Delorme, *statue du docteur Guépin*, par M. Le Bourg), qu'on traverse, et la *rue Marceau*, on atteint la *place La Fayette*.

Le **Palais de Justice** a été construit sur les dessins de Scheult et de Chenantais (large portique, avec groupe par Suc représentant la Justice punissant le Crime et protégeant l'Innocence; les statues de la Force et de la Loi, par Ménard, occupent les niches des pieds-droits de l'arcade). Derrière le palais s'étend la *place Bruncas* (*théâtre de la Renaissance*).

La *rue La Fayette*, puis, à g., la *rue du Calvaire* conduisent à la *rue de Feltre*, que borde **L'église Saint-Nicolas**, bâtie, sur les dessins de Lassus, dans le style du XIIIe s. (*flèche* haute de 85 m.; à l'int., statues par Barré; *mausolée* de Mgr Fournier, par Bayard de la Vingtrie; *peintures* de Delaunay). Près de là se trouve la **place Royale**, ornée d'une *fontaine* monumentale, en granit (dessin de Driollet; *statues* allégoriques en bronze, par Ducommun et Grootaers). — On descend à la place du Bouffay, d'où, par les quais, on rejoint la gare.

L'église Saint-Similien, dans le N. de la ville, est un magnilique édifice moderne à cinq nefs, inachevé (autels et Vierge en marbre).

Pour faciliter l'accès du port maritime de Nantes aux navires de grand tonnage on a construit un canal latéral à la Loire (tirant 6 m.) sur une long. de 15 k., de la Martinière (en aval du Pellerin) à l'origine du bras de Carnet (en amont de Paimbœuf). Ces travaux ont eu en effet pour résultat d'augmenter le mouvement du port de cette ville, qui est le grand entrepôt de denrées coloniales pour tout le bassin de la Loire. Nantes possède aussi, soit dans la ville même, soit à Chantenay, qui se trouve compris dans les limites de son port, de grandes usines métallurgiques, des chantiers de constructions navales, des huileries et des savonneries, des raffineries de sucre, spécialement de sucres candis très recherchés pour la composition des grands vins mousseux; des fabr. de biscuits, de conserves de viandes et de poissons, des fabr. d'engrais chimiques, des manuf. de meubles, de vitraux peints, etc. Nantes est un centre d'importations de charbons anglais; ce commerce est représenté par plusieurs établissements considérables qui se livrent à la fabrication de briquettes de charbon minéral. Une fabrique d'extraits liquides de bois français et exotiques a pris de très grands développements. D'une manière générale on peut dire que toutes les branches d'industrie comptent à Nantes des établissements de réelle importance. Il s'y fait un grand commerce de bois du Nord.

[**De Nantes à Cholet par Beaupréau** (60 k. 🚌 en 3 h. 20 à 3 h. 40; 6 fr. 20 et 4 fr. 10). — 9 k. *Haute-Goulaine* (*château* des XVe et XVIIIe s.). —21 k. *Le Loroux-Bottereau*, 3,572 hab. (belle *église* gothique moderne; ruines d'un château). — Vallée de la Divatte. — Pont sur l'Evre. — 47 k. *Montrevault*, 719 hab., sur un promontoire escarpé dominant l'Evre (près d'un château ruiné, motte féodale haute de 20 m.). — A g., *château* moderne *de la Bellière*, style Renaissance.

56 k. *Beaupréau* *, 3,746 hab. (belles *églises* modernes; *château* du duc de Blacas, avec beau parc où passe l'Evre). A Chalonnes, à Angers et au Perray-Jouannet, *V.* ci-dessus. — Pont sur l'Evre. — 69 k. *Begrolles* (à 3 k. N., *abbaye de Belle-Fontaine*, fondée au XIe s. et occupée auj. par des Trappistes). — 80 k. Cholet (R. 11).

De Nantes à Legé (40 k. 🚌 en 2 h. env.; 3 fr. 40 et 2 fr. 25). — Pont sur l'Ognon. — 24 k. *Saint-Philbert-de-Grand-Lieu* *, 4,014 hab., sur la Boulogne et à 3 k. du *lac de Grand-Lieu* (7,000 hect.). Ancienne église, remaniée aux XVIe et XVIIe s., mais conservant dans sa nef et son transept des restes précieux d'une église carolingienne ou tout au moins du commenc. du XIe s.; la crypte, non moins précieuse avec ses colonnes de type archaïque, renferme le cercueil en pierre de saint Philbert, auj. vide. Église paroissiale moderne, en style du XIIIe s. — 40 k. *Legé*, 4,431 hab., sur la Logne (à l'église, 4 statues par Molchnecht).

De Nantes à Vieillevigne (40 k. 🚌 en 2 h.; 3 fr. et 2 fr.). — 19 k. *Montbert*, 2,557 hab., dans la vallée du Lognon (restes de l'abbaye de *Geneston*, fondée en 1163). — 26 k. *Aigrefeuille*, 1,310 hab., sur une colline dominant la Maine (chapelle de Saint-Sauveur, de 1714, but de pèlerinage). — 40 k. *Vieillevigne*, 3,201 hab.]

De Nantes à Saint-Nazaire, *V.* ci-dessous; — à Brest, par Redon, Vannes, Auray, Lorient, Quimper et Landerneau, R. 2; — à Paimbœuf, Pornic, aux îles de Noirmoutier et d'Yeu, à la Roche-sur-Yon, la Rochelle, Rochefort, Nantes et Bordeaux, R. 8; — à Cholet par Clisson, à Bressuire, à Parthenay et Poitiers, R. 11; — à Segré et Châteaubriant, *V.* le Réseau *Ouest*.

DE NANTES A SAINT-NAZAIRE [1]

1° PAR LE CHEMIN DE FER

64 k. — Traj. en 1 h. 30 à 2 h. 13. — 5 fr. 40; 3 fr. 60; 2 fr. 40.

4 k. *Chantenay*, sur une chaîne de coteaux appelée *Sillon de Bretagne*. — 10 k. *Basse-Indre* (*forge* considérable). — 15 k. *Couëron* (usine à plomb argentifère). — 23 k. *Saint-Etienne-de-Montluc*. — 28 k. *Cordemais*.

39 k. **Savenay** * (Ⓑ; ⨯ pour Vannes, Quimper et Brest), 3,115 hab., bâtie en amphithéâtre, est célèbre par la défaite qu'y essuya l'armée vendéenne en 1793.

De Savenay à Redon, Vannes, Auray, Carnac, Quiberon, Belle-Ile, Lorient, Quimperlé, Concarneau, Quimper, Pont-l'Abbé, Douarnenez, Châteaulin, Landerneau et Brest, R. 2.

50 k. *Donges*, au S. des *marais de Donges*. — 58 k. *Montoir*, sur un monticule entouré de prairies tourbeuses ou « brières » : la *Grande-Brière* (6,600 hect.) est une tourbière sillonnée de canaux.

De Montoir à Châteaubriant, *V.* le Réseau *Ouest*.

64 k. Saint-Nazaire (*V.* ci-dessous).

2° PAR LA LOIRE

47 k. — ⛴ pour Saint-Nazaire, avec escales à Chantenay, Basse-Indre, Couëron, le Pellerin, Migron et Paimbœuf. Départ du quai de la Fosse, à 8 h. matin. Traj. en 3 h. à 3 h. 25. Prix 2 fr. 50 et 1 fr. 50; aller et ret., 4 fr. et 2 fr. 50. Café-restaurant à bord. — En outre, des « Rapides » vont de Nantes à Saint-Nazaire sans escales.

En face de Chantenay on passe (à g.) près de l'*île de Trentemoult*, où commencent les digues submersibles. — 5 k. *La Roche-Maurice*, rive dr. — 10 k. Basse-Indre (*V.* ci-dessus, 1°).

10 k. 5. *Indret*, dans une île, est célèbre par son usine métallurgique affectée à la construction des machines à vapeur et chaudières pour la marine. L'administration occupe un château du XIe s., reconstruit en partie par le duc de Mercœur.

15 k. Couëron (*V.* ci-dessus, 1°). — 16 k. *Le Port-Launay*. — Près de *Buzay* (rive g.), dont on voit de loin la haute tour carrée, reste d'une abbaye, les eaux du lac de Grand-Lieu se déversent dans la Loire par le canal de l'Acheneau ou étier de Buzay. On passe devant *le Migron* (rive g.). — 35 k. *La Ville-Rohars*. — 38 k. 5. *Lavau*, port de Savenay.

43 k. Paimbœuf (*V.* p. 62).

47 k. **Saint-Nazaire** * Ⓑ, 35,813 hab., important port de commerce, est une V. toute moderne. De la gare, qu'avoisine un *dolmen*, l'*avenue de la Gare*, continuée par la *rue Thiers*, conduit à la *rue Ville-ès-Martin*, qui traverse Saint-Nazaire dans sa plus grande longueur. Cette rue est partagée en 2 parties inégales par la *place Carnot*, communiquant, à g., par la *rue de l'Océan* avec le *boulevard de l'Océan* (*casino*), qui conduit (omnibus) à (3 k. S.-O.) la plage de *Ville-ès-Martin*.

1. Pour la description détaillée de cette route. *V.* le Réseau *Ouest*.

[Le ch. de fer de **Saint-Nazaire au Croisic** (25 k., en 50 min. à 1 h.; 2 fr. 90, 2 fr., 1 fr. 25) dessert les stations balnéaires de *Pornichet*, d'*Escoublac-la-Baule* (*institut Verneuil*, pour le traitement et l'éducation des enfants délicats), du *Pouliguen* et du *Bourg-de-Batz* (clocher de 1677, haut de 60 m.). *Le Croisic* *, 2,427 hab., dans une presqu'île bordée de roches crevassées, beau port (pêche de la sardine), reçoit en été de nombreux baigneurs qui fréquentent principalement la plage Valentin. — A Escoublac se détache du ch. de fer du Croisic un embranch. qui dessert (6 k.) la petite V. de *Guérande*, qui, avec ses murailles du XVe s., a conservé en grande partie sa physionomie du moyen âge.]

ROUTE 2

DE NANTES A BREST[1]

PAR REDON, VANNES, AURAY, LORIENT, QUIMPERLÉ, QUIMPER ET CHATEAULIN

356 k. — 🚂 en 10 h. 20 et 12 h. 10. — 32 fr. 90; 22 fr. 20; 14 fr. 50.

39 k. de Nantes à Savenay (R. 1, p. 36). — A g., ligne de Saint-Nazaire. On passe sous la ligne de Saint-Nazaire à Châteaubriant. A g., embranch. de Besné-Pontchâteau.

53 k. *Pontchâteau*, 4,892 hab., sur le Brivet. — Tunnel entre 2 ponts sur le Brivet.

59 k. *Drefféac*.

63 k. *Saint-Gildas-des-Bois*, 2,731 hab. (*église*, du XIIIe s., et bâtiments d'une anc. abbaye, XVIIIe s., auj. maison mère des Sœurs de l'Instruction chrétienne). — 68 k. *Sévérac*. — On traverse l'Isac ou canal de Nantes à Brest. A dr., *Saint-Nicolas-de-Redon*, 2,486 hab., et ligne de Rennes et de Châteaubriant. — Pont sur la Vilaine.

84 k. **Redon** * (Ⓑ jonction des lignes de Nantes à Brest, de Rennes et de Châteaubriant), 6,935 hab., sur la Vilaine, près du confluent de l'Oust et sur le canal de Nantes à Brest, au pied de la montagne de *Beaumont*; port avec bassin à flot. — *Saint-Sauveur* (XIe-XVe s.; clocher isolé du XIVe s.; tour centrale et flèche en pierre haute de 67 m.) est l'église d'une anc. abbaye dont les bâtiments (XVIIe s.) sont occupés par une institution.

Ponts sur le canal de Nantes à Brest, l'Oust et l'Arz. — 91 k. *Saint-Jacut*. — 97 k. *Malansac*.

110 k. *Questembert*, d'où part l'embranch. de *Ploërmel*. — 118 k. *La Vraie-Croix*. — 124 k. *Elven* (*tours d'Elven*, reste d'un château fort).

135 k. **Vannes** *, 23,375 hab., ch.-l. du départ. du Morbihan, siège d'un évêché, port maritime, près du *golfe du Morbihan* et à 16 k. de l'Océan. On y remarque la *cathédrale* (XIIIe-XVIIIe s.; tombeau de St Vincent-Ferrier), les anciens *remparts* (*tour du Connétable* où fut enfermé en 1387 Olivier de Clisson) et un intéressant *musée archéologique*.

151 k. *Sainte-Anne d'Auray*, stat. desservant un sanctuaire

---

1. Cette ligne appartenant à la Cie d'Orléans, nous en donnons ici un aperçu succinct; mais, comme par sa topographie elle est plutôt comprise parmi les ch. de fer de l'Ouest, c'est au Guide de ce Réseau qu'il faut se reporter pour une description détaillée.

célèbre par son pèlerinage (monument du comte de Chambord). — Viaduc de 10 arches sur le Loc.

154 k. *Auray* Ⓑ, à la jonction des lignes de Brest, Nantes, Quiberon, Saint-Brieuc et Pontivy, 6,485 hab. (belle vue de la promenade; maisons anciennes). C'est de là que l'on part quand on veut visiter les célèbres monuments mégalithiques de *Carnac* et de *Locmariaquer*, ainsi que la presqu'île de *Quiberon*, port qu'un service de bateau relie à *Belle-Ile*.

167 k. *Landévant*. — Viaduc haut de 25 m. sur le Blavet.

180 k. *Hennebont*, 8,702 hab., V. fort curieuse ayant conservé sa physionomie du moyen âge. — Pont sur le Scorff.

188 k. **Lorient*** Ⓑ, V. fortifiée, 44,640 hab., ch.-l. d'une préfecture maritime, port militaire affecté principalement aux constructions navales, autour d'une *rade* formée par la baie qui reçoit les eaux du Blavet et du Scorff. On peut y visiter l'arsenal. Des statues y ont été érigées à l'enseigne de vaisseau Bisson, au poète Brizeux, au compositeur Victor Massé et au célèbre ingénieur maritime Dupuy de Lôme.

197 k. *Gestel*. — Viaduc haut de 33 m. sur la Laïta.

208 k. **Quimperlé***, 9,036 hab., V. gracieuse, aux jolies maisons entourées de vergers, au confl. de l'Ellé et de l'Isole. — 214 k. *Mellac-le-Trévoux*. — 223 k. *Bannalec*. — 229 k. *Kerrest*.

233 k. *Rosporden*, près d'un vaste étang, est relié par un ⚔ à *Concarneau*, station balnéaire où subsistent d'anciens remparts et où l'on visite un intéressant aquarium. Une autre ligne se dirige sur Carhaix.

241 k. *Saint-Yvi*.

253 k. **Quimper*** Ⓑ, 19,441 hab., ch.-l. du dép. du Finistère, siège d'un évêché, au confl. du Steir et de l'Odet. La *cathédrale*, précédée d'une statue du médecin Laennec, est un bel édifice des XIIIe-XVIe s. (flèches modernes) dont l'int. renferme de nombreuses œuvres d'art (tombeaux; peintures par Yan Dargent). Le *musée* d'art comprend aussi une partie ethnographique.

[Deux embranch. partent de Quimper : l'un pour *Pont-l'Abbé*, d'où l'on va visiter le b. et la pointe de *Penmarc'h* (phare d'Eckmühl); l'autre pour *Douarnenez*, célèbre par la beauté de sa baie et point de départ de l'excurs. (tram à vapeur jusqu'à *Audierne*) à la *Pointe du Raz*, l'un des parages les plus dangereux du littoral breton (*Enfer de Plogoff*, *baie des Trépassés*).]

Pont sur l'Odet; tunnel. Vallée du Steir; tunnel. — 272 k. *Quéménéven*. — A dr., étang au Duc. Viaduc de Châteaulin, haut de 24 m.

284 k. *Châteaulin*, 3,874 hab., dans la vallée de l'Aulne (ardoisières). — *Viaduc* long de 357 m., haut de 49 m. 50, sur l'Aulne.

294 k. *Pont-de-Buis* (poudrerie). — A *Meir-ar-Guidy*, viaduc sur la Doufine, long de 222 m. et haut de 40.

297 k. *Quimerch*. — Tunnel de 430 m. — Forêt du *Cranou*. — 309 k. *Hanvec*. — 319 k. *Daoulas* (ruines d'une abbaye : beau *cloître* roman). — Viaduc haut de 37 m. sur la rivière de Daoulas.

326 k. *Dirinon* (pèlerinage à Ste

Nonne : fontaine miraculeuse). — On longe l'étang de *Rouazle*, puis, l'Elorn franchi, on joint la ligne de Rennes.

338 k. Landerneau Ⓑ. — 356 k. Brest.

ROUTE 3

DE PARIS AUX SABLES-D'OLONNE[1]

A. Par Chartres et Saumur.

478 k. — 🚂 de l'État (gare Montparnasse), en 8 à 9 h. par l'express (W.-R. à celui du matin), 7 h. par le rapide hebdomadaire d'été. — 48 fr. 15; 35 fr. 60; 23 fr. 25.

Le trajet est très varié dans la banlieue aux coteaux boisés semés de villas, aux gracieux plissements de terrain, aux châteaux avec parcs magnifiques, qui s'étend entre Paris et *Versailles* (*gare des Chantiers*). — Au delà de *Saint-Cyr* on s'élève sur un plateau de bois et de cultures; après *Rambouillet* on descend dans les vallons de la Guéville et de la Drouette (à dr., jolie vue d'*Epernon*), puis dans la **vallée de l'Eure** qu'on atteint à *Maintenon*, situé au confluent de l'Eure et de la Voise. La Voise franchie sur un **viaduc** de 32 arches, on remonte la rive dr. de l'Eure (à dr., charmantes vues sur la vallée), que l'on franchit (*pont* suivi d'un *viaduc* de 18 arches), avant d'entrer en gare de Chartres (en entrant en gare on aperçoit à g. la cathédrale).

Chartres Ⓑ.

A Voves, Patay et Orléans, R. 1, p. 7; — à Auneau et à Dreux, *V.* le Réseau *Ouest*.

A g., ligne du Mans. On parcourt l'immense plaine de la Beauce. — Pont sur l'Eure.

97 k. *La Taye*. — 103 k. *Bailleau-le-Pin*. — 108 k. *Magny-Blandainville*.

113 k. *Illiers*, 2,812 hab., dans la vallée du Loir. — Ponts sur le Loir et la Thironne, pour aborder les confins du *Perche-Gouet* (grandes haies d'arbres). — 118 k. *Vieuvicq*.

125 k. *Brou**, 2,923 hab., sur l'Ozanne. — *Eglise* des XIIIe et XVe s. (poutres sculptées). — Près de la halle, *maison* du XVIe s.

[**De Brou à la Loupe** (44 k. 🚂 en 1 h. 30 à 2 h. 25; 4 fr. 50, 3 fr. 35, 2 fr. 15). — Pont sur le Foussard. — 11 k. *Frazé-Montigny* (ruines du château de *Montigny-le-Chartif*). — On côtoie la Thironne. — 21 k. *Thiron*, 582 hab. — 32 k. *Frétigny-Montlandon*. — 36 k. *Saint-Victor-Montireau* (églises du XVIe s. avec de beaux vitraux). — 44 k. La Loupe (*V.* le Réseau *Ouest*).]

On franchit l'Ozanne. — 132 k. *Le Bois-Mouchet*.

138 k. *Arrou*, près de l'Yerre (*église* du XIIIe s.).

[**D'Arrou à Nogent-le-Rotrou** (42 k. 🚂 1 h. 10 à 1 h. 30; 4 fr. 30, 3 fr. 20, 2 fr. 05). — 14 k. *La Bazoche-Gouet* (église du XIIe s. avec de beaux vitraux; chapelle des Bois, XIIIe s.). — Vallée de l'Yerre. — 24 k. *Authon-du-Perche*, 1,430 hab. — Vallée de la Rhône. — 30 k. *Coudray-au-Perche* (*église* du XVIIe s.). — Pont sur l'Huine. — 42 k. Nogent-le-Rotrou (*V.* le Réseau *Ouest*).]

Viaduc sur la vallée de l'Yerre (à g., belle vue sur Courtalain).

1. Pour la description détaillée de la partie de la route comprise entre Paris et Chartres, *V.* le Réseau *Ouest*.

144 k. **Courtalain-Saint-Pellerin** Ⓑ, à la jonction des lignes de Connerré et de Châteaudun (*château* de 1542, restauré; *halles* du XVIIe s.).

A Connerré, au Mans, à Châteaudun et Orléans, R. 4.

148 k. *Droué*, 1,164 hab., sur l'Egrenne (château du temps de Henri IV; *Pierre Cochée*, remarquable polissoir, parmi de nombreux mégalithes avoisinant une fontaine ombragée de beaux chênes).

157 k. *Boursay-Saint-Agil* (à 2 k. 5 S.-S.-E., ruines féodales du *Grand-Bouchet*; à 3 k. O.-N.-O., *château*, XVe et XVIe s., *de Saint-Agil*, restauré). — On gagne la vallée de la Grenne.

164 k. *Mondoubleau**, 1,813 hab., sur un coteau dominant la Grenne (tanneries), rive g. — Restes d'un *château* féodal et de remparts. — *Porte de Vendôme* (XIVe s.).

[A 7 k. N., *Souday*; *église* reconstruite au XVIe s. sur une crypte du XIe, reste d'un prieuré (*vitraux*; tombe de 1612).]

De Mondoubleau à Vendôme, V. p. 17.

Vallée de la Braye.

173 k. *Sargé*, au confluent de la Braye et de la Grenne.

A Châteaurenault et à Tours, V. p. 21.

A dr., château de *Montmarin* (XVIIe s.).

178 k. *Savigny-sur-Braye*, 2,997 hab., est desservi également par la ligne de Tours (restes d'un château et de remparts).

185 k. *Bessé-sur-Braye*, b. industriel, près du confluent de l'Anille avec la Braye (à 1,500 m. N.-O., château de *Courtanvaux*, de diverses époques).

[De Bessé à Saint-Calais (12 k. 25 min.). — On remonte la gracieuse vallée de l'Anille. — 7 k. *Saint-Gervais-de-Vic* (2 châteaux, XVe et XVIe s.). — 12 k. Saint-Calais (*V.* le Réseau *Ouest*).]

On suit la vallée de la Braye jusqu'à son débouché dans celle du Loir à

191 k. *Lavenay*.

193 k. *Pont-de-Braye*, d'où part la ligne de Montoire, Vendôme et Blois (*V.* p. 14). — La voie descend la rive dr. du Loir (gracieux paysages). A dr., *château de la Flotte*, restauré de nos jours dans le style du XVe s., puis château moderne de *Poncé*, style Renaissance.

197 k. *Ruillé-Poncé*.

202 k. *La Chartre-sur-le-Loir**, 1,654 hab., sur trois bras du Loir, au pied d'un coteau surmonté de deux mottes ou buttes.

Au Mans, *V.* le Réseau *Ouest*.

A dr., *l'Homme* (beau *dolmen*). — Ponts sur la Veuve. — 207 k. *Chahaignes*. — Pont sur le Dinan. — 212 k. *Marçon-Vouvray*.

218 k. **Château-du-Loir*** Ⓑ, 4,243 hab., à 1,200 m. N., dans le vallon de l'Ire (église, en partie du XIIIe ou du XIVe s., avec crypte romane, jadis prieuré que posséda Ronsard).

Au Mans et à Tours, *V.* R. 5.

Pont sur le Loir. — 222 k. *Saint-Aubin-la-Bruère* (belles *verrières* de l'église de la Bruère). — 230 k. *Chenu*. — Viaduc sur le vallon de Chenu.

237 k. *Château-la-Vallière*, 1,266 hab., au penchant d'une colline dominant le vallon de la Fare où s'étend, sur une long.

de 4 kil., l'étang de Château-la-Vallière ou *lac de Valjoyeux*, est entouré par une forêt de 3,000 hect. (à l'église, portail du XIe s.; château de *la Roussière*, XVIIe s., ancienne résidence ducale, avec beau parc; à l'*hospice*, portrait de Mlle de La Vallière, sa fondatrice).

A Châteaurenault et à Port-Boulet, *V.* p. 22.

On franchit la vallée de la Fare, puis, au sortir de la forêt de Château-la-Vallière, la Maulne. — 244 k. *Le Tanchet-Lublé*. — 248 k. *Meigné*.

254 k. *Noyant-Méon*, d'où part un ch. de fer pour Baugé et Angers (*V.* p. 28). — Pont sur le Lathan. — 259 k. *Linières-Bouton*.

267 k. *Vernantes* (anc. église dont le clocher, du XIIe s., avec flèche du XVe s., sert de beffroi, et renfermant le *cénotaphe*, XVIIe s., des seigneurs de Jalesnes ainsi que des vitraux du XVe s.). — 274 k. *Blou* (*église* des XIe-XIIIe s.). — 279 k. *Vivy* (chapelle de 1512). — On franchit l'Authion (à dr., manoir de *la Prézaye*, XVe et XVIIe s.), puis un petit bras de la Loire.

286 k. Saumur, gare d'Orléans Ⓑ (R. 1, p. 22). — La ligne de l'État laisse à dr. celle d'Orléans, pour venir repasser au-dessus; puis elle franchit la Loire sur un *pont tubulaire* long de 1,300 m. (belle vue sur Saumur). En touchant la rive g. on s'enfonce dans un tunnel (1 k.) à la sortie duquel on débouche dans la vallée du Thouet, où l'on rejoint, à la station de *Nantilly*, le raccordement de la gare des ch. de fer de l'État.

294 k. *Chacé-Varrains*. — 298 k. *Brézé-Saint-Cyr-en-Bourg* (*château* de Brézé, XVIe s.).

308 k. **Montreuil-Bellay** Ⓑ, 2,082 hab., au point de croisement du chemin de fer d'Angers à Poitiers et du tram de Bressuire par Argenton, sur une colline (beau site) dominant le Thouet (**château**, imposante demeure féodale des XIVe et XVe s., où l'on remarque principalement l'escalier, une curieuse cuisine et les jardins, d'où l'on jouit d'une vue charmante; 3 *portes* des anciens remparts, XIIIe et XVe s.; rue des Forges, *maison Bedon*, où Louis XIII descendit en 1622; *monument* en l'honneur des hommes célèbres nés à Montreuil).

[**De Montreuil à Bressuire par Argenton** (62 k. 🚋 3 h. 25 et 3 h. 40; 4 fr. 80 et 3 fr. 20). — 10 k. *Le Puy-Notre-Dame* est célèbre par son **église** (XIIe s.; stalles du XVIe s.; l'Assomption, peinture de Jean Boucher, de Bourges, 1644), possédant la *Ceinture de la Vierge*, rapportée de Constantinople par Charles le Chauve et qui passe pour posséder le privilège d'alléger les douleurs de l'enfantement. — 37 k. *Argenton-Château*, 1,169 hab., dans une vallée riante. — 62 k. Bressuire (*V.* ci-dessous).]

314 k. *Lernay*. — 318 k. *Brion-sur-Thouet*.

326 k. **Thouars*** Ⓑ, 5,669 hab., sur un plateau dominant le Thouet (3 ponts dont l'un du XIIIe s.). — **Eglise Saint-Laon** (XIIe s.), remaniée au XVe s. (*tour*, avec deux étages de fenêtres romanes; la Chananéenne, peinture de F. Mancini ou du Guerchin; cuve baptismale du XIe s. tombeau d'un abbé, XVe s.). — **Saint-Médard**, du XVe s. (portail O., du XIIe s., remarquable par ses archivoltes couvertes de scul-

ptures). — *Tour du Prince-de-Galles* ou *Grenetière* (XIIe et XIIIe s.). — *Porte du Prévôt* (XIIIe et XIVe s.), fortifiée. — Sur les rochers dominant le Thouet, **château** (auj. maison de détention; une permission spéciale du préfet ou du ministre de l'Intérieur est nécessaire), bâti sous Louis XIII; escaliers gigantesques faisant communiquer entre elles des terrasses superposées; **Sainte-Chapelle** (attenante au château), charmant édifice ogival, élevé par Gabrielle de Bourbon (XVIe s.), femme de Louis II de la Trémouille (caveau sépulcral au-dessous d'une chap. souterraine). — *Hôtel de ville* (XVIIe s.; *musée*) dans les restes de l'abbaye de Saint-Laon. — *Hôtel du Président Tyndo*, XVe s.

A Loudun, Chinon et Tours, *V.* ci-dessous, *B*; — à Parthenay, Niort et la Rochelle, R. 6, *B*; — à Saint-Jean-d'Angély, Saintes et Bordeaux, R. 7.

Viaduc, long de 262 m., haut de 39, sur le Thouet. — 332 k. *Rigné.* — 336 k. *Coulonges-Thouarsais.* — A dr., *château de Brosse-Guilgault* (XVe s.).

340 k. *Luché-Thouarsais* (colonie agricole).

346 k. *Noirterre.*

356 k. **Bressuire** * Ⓑ, 5,120 hab., sur une colline dominant la vallée du Dolo ou Ire, affluent de l'Argenton. — **Eglise Notre-Dame**, des XIIe et XVIe s., avec une *tour* de la Renaissance (1538), couronnée par un dôme refait en 1728, et haute de 56 m. — Ruines d'un **château**, composé de deux enceintes, avec tours dont la 1re date de la fin du XIe s.; la seconde et les bâtiments d'habitation furent bâtis aux XIIe et XIIIe s.

A Cholet, Nantes, Parthenay et Poitiers, R. 11.

361 k. *Clazay.* — On descend vers la Sèvre-Nantaise.

370 k. *Cerizay*, 1,949 hab. (ruines d'un château). — On franchit la Sèvre-Nantaise pour entrer dans le *Bocage Vendéen*, pays riant dont les nombreuses haies de grands arbres donnent à l'ensemble du pays l'aspect d'une vaste forêt. — 376 k. *Saint-Mesmin-le-Vieux.* — A dr., vue magnifique sur Pouzauges et les hautes collines boisées appelées *Alpes Vendéennes.*

385 k. **Pouzauges**, 3,314 hab., en amphithéâtre, à 4 k. N. de sa station (omnibus, 40 c.), sur le penchant d'une colline de 278 m. — Ruines, tapissées de lierre, d'un immense **donjon** (XIIIe s.), qui appartint à Gilles de Laval, baron de Retz, surnommé Barbe-Bleue. — Eglise du XVIe s. (crypte).

[Nous ne saurions trop recommander aux touristes la course en voit. de Pouzauges à Mortagne-sur-Sèvre (d'où l'on peut aller retrouver le ch. de fer à la gare d'Evrunes-Mortagne et se diriger sur Clisson Nantes ou bien sur Cholet et Bressuire), par Saint-Michel-Mont-Mercure, les Herbiers et le Mont des Alouettes.]

On franchit le Grand-Lay. — 394 k. *Chavagnes-lès-Redoux.* — Pont sur le Lay. — 400 k. *Sigournais* (château du XVe s.).

408 k. *Chantonnay*, 4,093 hab. (bassin houiller).

[**De Chantonnay à Vouvant-Cezais** (25 k. 🚂 40 min. et 1 h. 5; 2 fr. 55, 1 fr. 90, 1 fr. 25). — 10 k. *La Jaudonnière-Pareds.* — 15 k. *Thouarsais-la-Caillère.* — 22 k. *Saint-Sulpice-en-Pareds* (ancien château de *la Mothe* restauré). — 25 k. Vouvant-Cezais (R. 6).

De Chantonnay à Luçon (32 k. ⛟, 1 h. 50 à 2 h.; 2 fr. 40 et 1 fr. 60). — 18 k. *Sainte-Hermine*. — 22 k. *Saint-Jean-de-Beugné*. — 27 k. *Sainte-Gemme-la-Plaine* (*église* du XIIIe s., avec *crédence* du XVe s.; château de *la Popelinière*, XVIe s.). — 32 k. Luçon (R. 8).]

Viaduc de 7 arches sur le Petit-Lay. — 420 k. *Bournezeau*. — Forêt de la Chaize (1,200 hect.). — 424 k. *Fougeré*. — 429 k. *La Chaize-le-Vicomte*.

442 k. **La Roche-sur-Yon** * Ⓑ, 13,629 hab., ch.-l. du départ. de la Vendée, ville moderne aux rues larges et droites, créée tout d'une pièce en 1805 par la volonté de Napoléon, est bâtie sur un plateau (50 m. d'altit.) dont l'Yon baigne le pied. — *Statue* équestre en bronze *de Napoléon Ier*, sur la *place d'Armes*. — *Statue* en bronze *du général Travot*, pacificateur de la Vendée, par Maindron. — *Musée* où l'on voit plusieurs toiles remarquables :

16. *Harpignies*. Rivière dans le Morvan. — 1. 9. *P. Baudry*. Lutte de Jacob avec l'ange. Mort de Vitellius. — 7. *Louis de Boullongne*. Etude de moine. — 10. *A. Brauwer*. Buveur hollandais. — 19. *Lansyer*. Source en Bretagne. — Ecran à feuilleter renfermant l'*œuvre de Baudry* reproduit en photographie.

Place de la Préfecture avec un jardin où se voit la *statue* du peintre *Paul Baudry* (né à la Roche), par Gérôme. — *Jardin public* derrière l'hôtel de ville. — Beau *haras*.

[Trams : — en 2 h. à 2 h. 15 (3 fr. 15 et 2 fr. 10) de la Roche aux (42 k.) *Herbiers*, 3,718 hab. (église du XVe s., avec tour romane), par *les Quatre-Chemins-l'Oie*, d'où un embranch. (26 k., en 1 h. 20; 1 fr. 95 et 1 fr. 30) conduit à Montaigu, station du ch. de fer de Clisson à la Roche-sur-Yon (*V.* p. 61); — en 1 h. 50 (2 fr. 50 et 1 fr. 65) à (33 k.) *la Noue-Legé* (pour Legé, *V.* p. 35), par *le Poiré-sur-Vie*, 4,271 hab., et *Palluau*, 626 hab. (ruines d'un château).]

A Clisson, Nantes, Saint-Gilles, Challans, Fromentine, îles d'Yeu et de Noirmoutier, Pornic. Paimbœuf, la Rochelle, Rochefort, Saintes et Bordeaux, R. 8.

451 k. *Les Clouzeaux*. — 456 k. *Sainte-Flaive*. — 461 k. *La Mothe-Achard*, 961 hab.

472 k. *Olonne*, 2,929 hab., à 1,500 m. à g.

478 k. Les Sables-d'Olonne (*V.* ci-dessous, *B*).

B. Par Tours.

485 k. — ⛟ en 10 h. 22 à 13 h. 29. — 48 fr. 25; 35 fr. 70; 23 fr. 35.

234 k. de Paris à Tours (R. 1). — La ligne des Sables passe au-dessus de celle de Nantes, franchit le Cher, puis s'élève sur les hauteurs qui séparent la vallée de la Loire de celle de l'Indre. — 239 k. *Joué-lès-Tours*. — A g., ligne de Châteauroux.

244 k. *Ballan* (*vitraux* du XVIe s., dans l'église ainsi que dans la chapelle du *château de la Carte*).

251 k. *Druye*. — Forêt de *Villandry*. — 256 k. *Vallères*. — On descend vers la vallée de l'Indre par le vallon de l'Autière.

260 k. **Azay-le-Rideau** *, 2,348 hab., sur l'Indre. Magnifique **château** (propriété de l'Etat; visible t. l. j.; s'adresser au concierge) du temps de François Ier, qui doit être aménagé en musée de la Renaissance. *Eglise* avec façade du XIe s. — A dr., château de *l'Islette* (XVIe s.). Pont sur l'Indre. — 264 k.

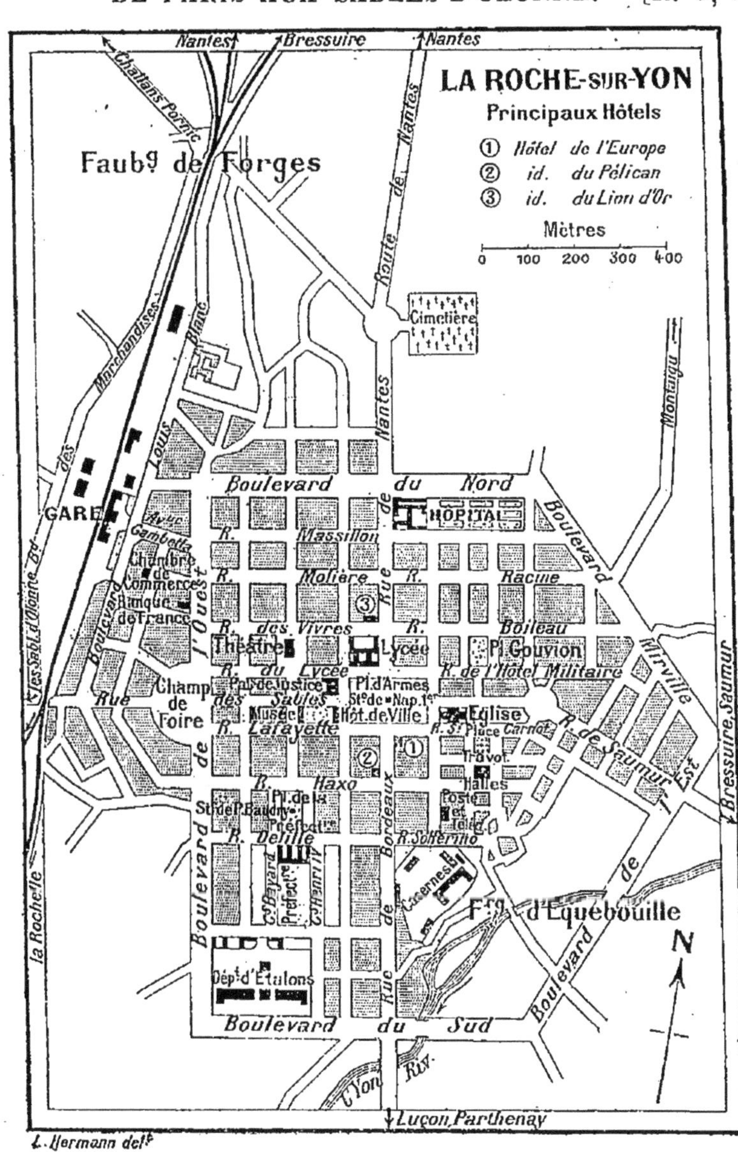

Cheillé. — On débouche dans le val de la Loire. — 267 k. *Rivarennes.* — On monte par le vallon de Turpenay sur le plateau portant la *forêt de Chinon* (5,235 hect.), que l'on traverse sur 8 k.

273 k. *Saint-Benoist.* — 278 k.

Huismes. — Tunnel de 920 m.

284 k. **Chinon** * Ⓑ, 6,033 hab. (*maisons* du XVe et du XVIe s.), sur la pente et au pied de collines de la rive dr. de la Vienne couronnées par les ruines d'un immense château.

Du chemin de fer on gagne, par les *avenues d'Alsace-Lorraine* et *Solférino*, la *place* (*statue de Jeanne d'Arc*, par Roulleau) et le *quai Jeanne-d'Arc*, une place en face de laquelle est la *statue de Rabelais* (né dans une maison, reconstruite, de la rue de la Lamproie, n° 15), en bronze, par E. Hébert. De cette place une rue à dr. conduit à celle de l'*Hôtel-de-Ville*, d'où l'on monte aux ruines du château (sonner au pavillon de l'Horloge).

L'ancien **château** royal se composait de trois châteaux distincts; il ne reste de celui de *Saint-Georges* (XIIe s.) que le mur d'enceinte. Celui du *Milieu*, bâti sur les ruines d'un *castrum* romain, présente des parties des XIe, XIIe et XIIIe s. On y remarque le pavillon de l'Horloge, le Grand-Logis (XIIe et XVe s.), où mourut Henri II d'Angleterre (1189) et où Jeanne d'Arc fut présentée à Charles VII. La magnifique *tour de Boissy* sépare le château du Milieu du troisième, dit *château du Coudray*, qui comprend la tour du Moulin (XIIIe s.).

Redescendu à la place de l'Hôtel-de-Ville, on trouve : — à dr., la *rue Voltaire*, conduisant à l'*église Saint-Maurice*, restaurée (XIIe et XVIe s.; clocher roman, à flèche en pierre du XVe s.; belles clefs de voûte; Descente de croix attribuée à Rubens); — à g., la *rue J.-J.-Rousseau*, qui se continue jusqu'au delà de Saint-Mexme, et dans laquelle descend à g. la *rue Ph.-de-Comines*, où s'élève l'*église Saint-Etienne*, bâtie par Charles VII et par Ph. de Comines (**chape de Saint-Mexme**, d'origine arabe, du Xe ou du XIe s. : pour la voir s'adresser au sacristain; *autel* à retable du temps de Henri IV; tombe du XIVe s.; verrières par Lobin, de Tours).

L'**église Saint-Mexme** ne sert plus au culte (à la façade, restes de sculptures du Xe s. et de la 1re moitié du XIe; fresques du XIe et du XVe s.). — Derrière la ville, carrières des *Valains* (stalactites), où il ne faut pas s'aventurer sans guide.

A Port-Boulet, l'Ile-Bouchard, Richelieu et Port-de-Piles, *V.* p. 22.

Pont de 207 m. sur la Vienne. On remonte le Négron.

289 k. *La Roche-Clermault*. — 295 k. *Beuxes*. — 303 k. *Basses-Sammarçoles*.

307 k. **Loudun** * Ⓑ, 4,615 hab. — Deux *dolmens*. — Débris de l'ancienne *enceinte; porte du Martray*. — **Donjon** carré du XIIe s., haut de 27 m.; vue magnifique de la promenade du Château. — *Saint-Hilaire du Martray*, église de la dernière période gothique. — *Sainte-Croix*, église romane du XIe s., convertie en halle. — *Saint-Pierre du Marché*, du commenc. du XIIIe s., remaniée (*portail* de la Renaissance; flèche du XVe s.). — *Couvent des Carmes* (salle capitulaire du XVe s.), où fut jugé Urbain Grandier. — *Statue de Théophraste Renaudot* (par Charron), fondateur de « la Gazette de France » (1631). — *Maisons* anciennes ou curieuses.

[A 3 k. S.-O., *château de la Bâtie* (cuisine avec cheminée monumentale; salle des Gardes).

De Loudun à Châtellerault (51 k. 🚂 1 h. 33 à 1 h. 50; 5 fr. 20, 3 fr. 85, 2 fr. 50). — 10 k. *Le Bouchet.* — 17 k. *Monts-sur-Guesnes*, 846 hab. (*tour* d'un ancien château, XVe s.). — 22 k. *Berthegon.* — 33 k. *Lencloître*, 1,990 hab., sur l'Anvigne (*église* romane). — On traverse la forêt de Lencloître. — 36 k. *Saint-Genest* (ruines du château du *Puygarreau*, avec un parc de 141 hect.). — 39 k. *Scorbé-Clairvaux* (*château* des XVe et XVIe s.). — 48 k. *Châtellerault-Châteauneuf.* — On franchit la Vienne. — 51 k. Châtellerault (R. 12).]

De Loudun à Poitiers et Angers, R. 10.

315 k. *Arçay.*

A Poitiers, R. 10.

On franchit la Dives à

320 k. *Pas-de-Jeu*, point de départ du *canal* navigable *de la Dive* (40 k. de long.).

[A 4 k. S.-O., *Oiron*; **église** de la Renaissance (*tombeaux* de la famille Gouffier), dépendant autrefois du **château** (sculptures remarquables).]

327 k. *Orbé.* — 333 k. Thouars, et 152 k. de Thouars aux Sables-d'Olonne (*V.* ci-dessus, *A*).

485 k. **Les Sables-d'Olonne** *, 12,244 hab., port de pêche important, station de bains de mer, sur une belle *plage* longue de 1,500 m., bordée d'une terrasse avec cafés, hôtels et villas appelée *le Remblai* (tram électrique). A l'O. un chenal dominé par un phare de 3e ordre donne aux vaisseaux accès dans le *port* (bateaux pour la pêche de la sardine) et sépare les Sables du faubourg de *la Chaume*, bâti dans la presqu'île appelée la *pointe de l'Aiguille*, où s'élève le *fort Saint-Nicolas*, et d'où part vers le N. une longue ligne de *dunes* dites *d'Olonne*. Ce faubourg est très caractérisé par les costumes pittoresques de ses habitants et la forme de ses maisons.

Eglise Notre-Dame de Bon-Port (1647), des styles gothique et classique (portes de la Renaissance). — *Chapelle Notre-Dame de Bonne-Espérance* (Vierge en bois, but de pèlerinage). — *Etablissement de bains* et *Casino.* — *Aquarium* (entrée 50 c.). — A l'O., sur un rocher isolé dans l'Océan, *phare des Barges.*

[Excurs. : — (1 h. aller et ret.; tram électrique) bois de pins de *la Rudelière* (casino et hôtel); — (traj. en 20 à 30 min. par la chaloupe à vap. « Mireille ») *forêt d'Olonne* (chalet-restaurant); — (5 k.) château de *Pierre-Levée* (vue très étendue); — (4 k.) *Château-d'Olonne* et *parc* du château *du Fénestreau*; — (5 k.) ruines de l'abbaye de *Saint-Jean-d'Orbestiers* (fondée en 1007), au delà desquelles commence le *bois Saint-Jean* (chênes verts).

Tram (39 k., en 2 h. 10 à 2 h. 25; 2 fr. 95 et 1 fr. 95) des Sables à Champ-Saint-Père (station du ch. de fer de la Roche-sur-Yon à Bordeaux : *V.* p. 63), par *Talmont* (ruines d'un château fondé au XIe s.) et *les Moutiers-les-Mauxfaits*, 964 hab. (château de *la Cantaudière*, Renaissance; à 6 ou 7 k. S.-O., beau *dolmen de la Frébouchère*).]

ROUTE 4

D'ORLÉANS AU MANS

152 k. — 🚂 en 4 à 5 h.

7 k. *Villeneuve-d'Ingré.* — 15 k. *Bricy-Boulay.* — 19 k. *Coinces.*

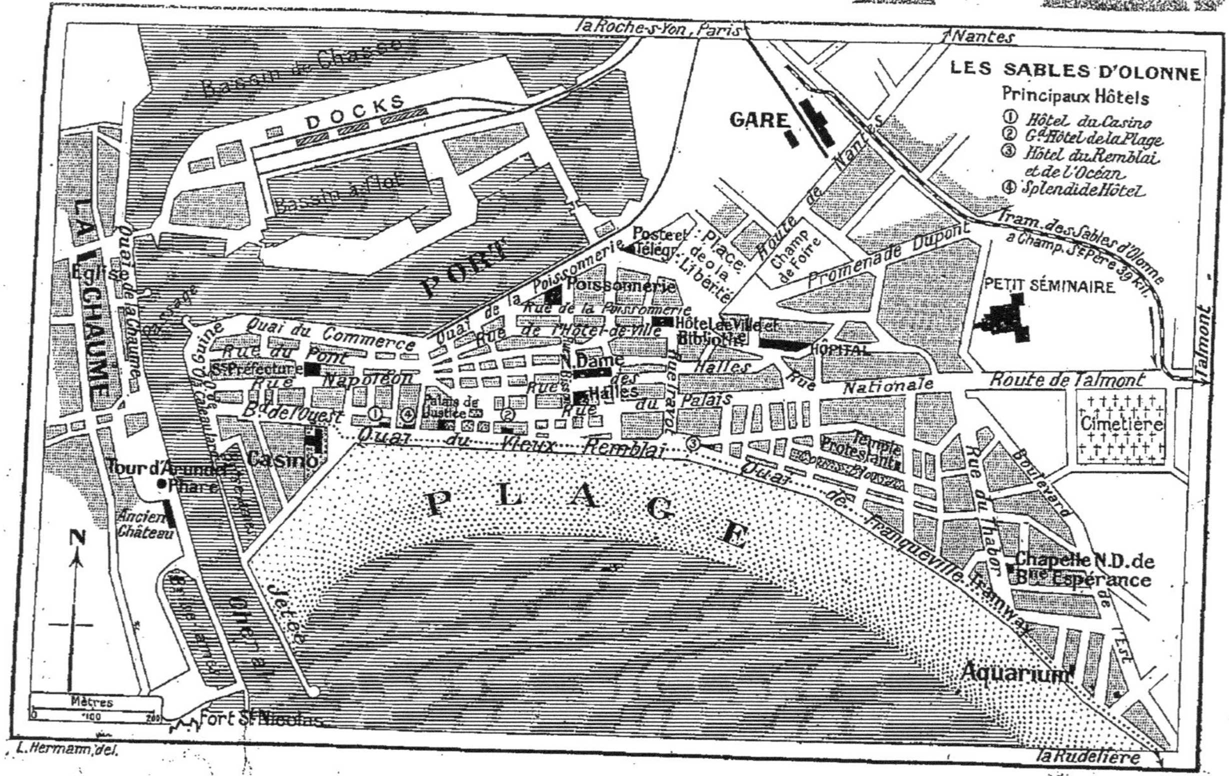

LES SABLES D'OLONNE

Principaux Hôtels

① Hôtel du Casino
② Gd Hôtel de la Plage
③ Hôtel du Remblai et de l'Océan
④ Splendide Hôtel

la Roche-s-Yon, Paris
Nantes
Talmont
la Rudelière
GARE
Route de Nantes
Tram. des Sables d'Olonne à Champ. St Père 39 kil.
PETIT SÉMINAIRE
Promenade Dupont
Champ de Foire
Place de la Liberté
Postes et Télégr.
Bassin de Chasse
DOCKS
Bassin à flot
PORT
LA CHAUME
Église
Quai de la Chaume
Quai de la Poissonnerie
Poissonnerie
Rue de la Poissonnerie
Rue de l'Hôtel-de-ville
Hôtel de Ville et Bibliothèque
HÔPITAL
Halles
Rue Nationale
Route de Talmont
Cimetière
Quai du Commerce
Rue du Pont
Ss Préfecture
Rue Napoléon
Bd de l'Ouest
N. Dame
Rue des Halles
Rue du Palais
Rue Travot
Palais de Justice
Quai du Vieux Remblai
Casino
Tour d'Arundel
Phare
Ancien Château
PLAGE
Quai de Franqueville
Tramway
Temple Protestant
Rue du Thabor
Boulevard de l'Est
Chapelle N.D. de Bne Espérance
Aquarium
Jetée
Chenal
Fort St Nicolas
N
Mètres 100 200
L. Hermann, del.

24 k. *Patay* *, 1,448 hab., a été le théâtre d'une victoire de Jeanne d'Arc sur les Anglais (18 juin 1429) et de luttes acharnées pendant la campagne de 1870 (monument commémoratif au cimetière).

A Voves et à Chartres, *V.* p. 7.

33 k. *Péronville*, dans la vallée marécageuse de la Conie. — 40 k. *Civry-Saint-Cloud.* — 45 k. *Lutz-en-Dunois* (église romane).

53 k. Châteaudun (Ⓑ R. 1, *B*). — On franchit le Loir. — 58 k. *Saint-Denis-les-Ponts.* — Pont sur l'Yerre. — 66 k. *Langey* (ruines d'un château; maison ruinée de Rabelais).

71 k. Courtalain-Saint-Pellerin Ⓑ, sur la ligne de Chartres à Saumur (R. 3). — 76 k. *Le Poislay.* — On parcourt la gracieuse contrée appelée le *Perche Vendômois.* — 79 k. *La Fontenelle.* — 85 k. *Arville-le-Gault* (église romane du Gault, avec retable Louis XIII). — 88 k. *Saint-Avit-Oigny.* — A g., étang de *Boisvinet* (70 hect.). — 92 k. *Le Plessis-Dorin* (verrerie).

99 k. *Montmirail*, 675 hab., sur une colline de 185 m. d'alt., près de la source de la Braye, à l'O. d'une vaste forêt (*château* du xve s., avec de beaux jardins, de vastes souterrains et une précieuse collection de portraits; à l'église, du xiie s., vitraux du xvie et monument funéraire de 1761; vieux remparts; verrerie). — On traverse la Braye.

104 k. *Vibraye*, 2,967 hab. (belle *église* moderne; curieuse industrie de manches de parapluies en bois ouvragé), près d'une forêt de 3,000 hect.

111 k. *Bouer-Saint-Maixent.* — 114 k. *Lavaré* (église du xiie s.). — 117 k. *Dollon-le-Luart.*

121 k. Thorigné, stat. du ch. de fer de Saint-Calais; — 128 k. Connerré-Beillé, où l'on joint la ligne de Paris au Mans, et 24 k. de Connerré au (152 k.) Mans (*V.* le Réseau *Ouest*).

ROUTE 5

DE TOURS AU MANS

99 k. — 🚂 en 2 h. 50 et 3 h. — 9 fr. 75; 6 fr. 60; 4 fr. 30.

A 4 k. de la station de Fondettes (R. 1, *B*, p. 16), la ligne du Mans laisse à dr. celle de Vendôme, puis elle continue de remonter la Choisille.

12 k. *La Membrolle.*

13 k. *Mettray* (*colonie pénitentiaire et agricole* de jeunes détenus; à 1,500 m. N., près du moulin de *Rechaussé*, *dolmen* long de 11 m.). — 21 k. *Saint-Antoine-du-Rocher.*

28 k. *Neuillé-Pont-Pierre*, 1,617 hab., au croisement du ch. de fer de Port-Boulet à Châteaurenault (*V.* p. 22). — A dr., dans la vallée de l'Escotay, *château de la Roche-Racan*, où naquit le poète Racan.

37 k. *Saint-Paterne* (à l'église, groupe en terre cuite du xvie s., représentant l'*Adoration des Mages*). — 44 k. *Dissay-sous-Courcillon* (ruines du *château de Courcillon*, où naquit Dangeau). — On franchit le Loir pour joindre la ligne de Pont-de-Braye.

49 k. Château-du-Loir (Ⓑ R. 3).

— 57 k. *Vaas* (restes d'une *abbaye* de Prémontrés).

61 k. *Aubigné*, à l'embranch. de la ligne de la Flèche.

[**D'Aubigné à la Flèche** (35 k. 🚂 1 h. 6 à 1 h. 28; 3 fr. 90, 2 fr. 65, 1 fr. 70). — On franchit le Loir. — 9 k. *La Chapelle-aux-Choux*.

15 k. **Le Lude** *, 3,644 hab., sur la rive g. du Loir. — **Château** (on visite) des xve, xvie et xviiie s. (magnifique *façade François Ier*) avec grand parc bordant le Loir. — *Maison* de la Renaissance, en face du château. — Bel *hôpital*, style Renaissance.

24 k. *Luché-Pringé*. — 26 k. *Thorée*. — Sur la rive dr., *château de Gallerande* (xvie s.).

35 k. **La Flèche** *, V. de 10,519 hab., sur le Loir. — **Prytanée** (on peut le visiter avec la permission du commandant), ancien collège fondé par Henri IV; 518 élèves, de 10 à 16 ans, fils d'officiers, admis au concours, boursiers ou entretenus aux frais des familles. On remarque : le grand portail (buste de Henri IV), la salle des Visites, la galerie à arcades du vestibule au-dessous de la salle de la Bibliothèque, la façade dans la cour d'honneur, la *chapelle*, de 1607 à 1622 (toujours ouverte), du xviie s. (beau retable peint par Bertout, belle chaire, maître autel à colonnes de marbre rouge), et la statue de Henri IV (1817). Beau *parc*. — Sur la *place Henri IV*, *statue* en bronze de ce roi, par Bonnassieux. — Sur la promenade du *Pré*, *monument du compositeur Léo Delibes* (œuvre de Marqueste et Blavette), né à *Saint-Germain-du-Val* (1836-1891), v. situé à 1 k. 5 de la Flèche et où un autre monument (buste, par Charier-Beulaz) consacre le souvenir de l'auteur de « Lakmé ». — Beau *pont des Carmes*.]

De la Flèche à Angers, p. 28; — à Saumur, p. 23; — à la Suze et à Sablé, *V.* le Réseau *Ouest*.

70 k. *Mayet*, 3,427 hab.

De Mayet au Mans par le tram, *V.* le Réseau *Ouest*.

77 k. *Ecommoy*, 3,674 hab. — 84 k. *Laigné-Saint-Gervais*. — 91 k. *Arnage*. — Pont sur l'Huîne.

99 k. Le Mans (*V.* le Réseau *Ouest*).

ROUTE 6

DE PARIS A LA ROCHELLE

A. Par Chartres, Saumur et Fontenay-le-Comte.

467 k. — 🚂 de l'Etat (gare Montparnasse), en 9 h. 47 min. par l'unique train (express; 1re, 2e et 3e cl.) quotidien, sans changement de voit., qui, partant de Paris et au ret. de la Rochelle le soir, emprunte cette voie, arrivant à la Rochelle et à Paris le matin. — 47 fr.; 34 fr. 70; 22 fr. 70.

355 k. de Paris à Bressuire (R. 3, *A*). — 359 k. *Terves*. — 365 k. *Courlay* (à *la Plênelière*, curieux musée fondé par M. Aubin). — 374 k. *Moncoutant*, 2,915 hab. — La voie franchit la Sèvre-Nantaise et passe dans la forêt de *Chantemerle*.

384 k. *Breuil-Barret*.

[**De Breuil-Barret à Niort** (48 k. 🚂 1 h. 30 env.; 4 fr. 90, 3 fr. 60, 2 fr. 35). — 10 k. *Faymoreau-Puy-de-Serre* (mines de houille, de fer et de schiste bitumineux). — Pont sur la Vendée. — 15 k. *Saint-Laurs* (mines de houille). A Parthenay, *V.* p. 53. — 22 k. *Coulonges-sur-l'Autize*, 2,344 hab., dans le Bocage Vendéen, sur un plateau à 4 k. N. de l'Autize. — 28 k. *Saint-Pompain* (château du xvie s.). — 34 k. *Benet* (*église* du xve s., avec façade romane); embranch. pour Fontenay (*V.* ci-dessous). — Pont sur la Sèvre-Niortaise. — 48 k. Niort (*V.* ci-dessous, *B*).]

Viaduc sur un joli vallon.

390 k. *La Châtaigneraie*, 1,902 hab., sur une colline de 182 m. (vue immense sur le Bocage). — A g., vallée de la Mère.

394 k. *Antigny-Saint-Maurice*. — 400 k. *Vouvant-Cezais*. — A 3 k. à g., *Vouvant* (mines de houille), près d'une magnifique *forêt* domaniale de 2,315 hect. (**église** du XIe s., avec un beau *portail* du XIIe s., 3 absides et une crypte; *tour de Mélusine*, XIIIe s.).

A Chantonnay, R. 3, p. 42.

Viaduc (très belle vue) sur le Touvron. — 405 k. *Bourneau-Mervent*: à 3 k. à dr., *Bourneau* (dans la chapelle de *la Vaudieu*, tombeau du XIVe s.); à 4 k. 5 à g., *Mervent*, sur le promontoire des Deux-Eaux (confl. de la Vendée et de la Mère), au milieu de la belle forêt de Vouvant (ruines informes des XIIe et XIIIe s.; château de la Citardière, XVIIe s.; vieux *pont des Ouillères*, à 5 arches ogivales; dans un site sauvage de la forêt, *grotte du Père Montfort*, pèlerinage, où résida le B. Grignon de Montfort au commenc. du XVIIIe s.). — Tunnel. Pont sur la Vendée.

413 k. **Fontenay-le-Comte**Ⓑ*, 10,512 hab., sur la Vendée, qui y devient navigable. L'*avenue de la Gare* qui, avec sa continuation, forme, sous les noms de *rues de la République* et *Turgot*, l'artère principale de la ville, laisse à g. dans un square le mon. des combattants de 1870-1871, puis l'*hôtel de ville* (derrière, *jardin public*), pour aboutir à la *place Viète*, d'où la Grande-Rue (à g., justice de paix, contenant un *musée* rudimentaire) conduit à l'*église Notre-Dame*, reconstruite du XVe au XVIIIe s. sur une crypte romane (*flèche* gothique haute de 79 m.; magnifique *portail; chapelle des Brissons*, Renaissance; *chaire* du temps de Louis XVI).

Sur la Grande-Rue s'ouvre à g. la *rue de la Fontaine* (*fontaine des Quatre-Tias*, de 1542, non loin de la *maison du Gouverneur*). Toujours sur la Grande-Rue, mais à dr., s'ouvre la *rue du Pont-aux-Chèvres*, sur laquelle on remarque la *maison Rousse*, de style Louis XII (en face, portail Louis XIII, avec un groupe de Laocoon), (n° 14) la *maison de Robert Thibaudeau*, de 1548, avec puits de la Renaissance dans la cour, et la *maison Lacombe*, avec escalier à jour. — Sur cette rue du Pont-aux-Chèvres s'ouvre à g. la *place Belliard*, où une *inscription* signale la maison natale *du général comte Belliard*, et où l'on remarque 5 *maisons* à porches, du temps de Henri III et de Henri IV. La Grande-Rue (*maisons Billaud et de Tiraqueau*, de l'époque Henri II) se continue par la *rue des Orfèvres* jusqu'au *pont des Sardines* (maisons pittoresques), puis, au delà, par la *rue des Loges* (maison du XVIe s., dite *Millepertuis*) et la *rue Saint-Jean* (*église* gothique des XVIe et XVIIe s., avec flèche de 60 m.).

Le **château de Terre-Neuve**, au S.-O. de la ville (on le visite), a été bâti de 1595 à 1600 pour le littérateur Nicolas Rapin et restauré au XIXe s. par l'archéologue O. de Rochebrune.

[A 12 k. S.-S.-E. (voit. publique, 1 fr. 25), restes de l'abbaye de *Maillezais*, fondée à la fin du Xe s. (*église* paroissiale romane; au cimetière neuf, *croix hosannière* du XIIe s.).

FONTENAY-LE-COMTE

Principaux Hôtels

① *Hôtel de Fontarabie*
② *id. de France*
③ *id. des Trois Pigeons*

Luçon
HOSPICE
COLLÈGE
Rue Rabelais
R. Benjamin Fillon
Palais de Justice
Théâtre
R. Barnde Brisson
Institution St Joseph
Rue Rapin
R. Beleshat
PLACE VIÈTE
Rue Tiraqueau
Forêt de Vouvant
Grande Rue
Notre Dame
Musée (Just. de Paix)
Château de Terre-Neuve
Entrée du Château
R. du Puits St Martin
R. Pl. aux Chev.
R. Turgot
Fontaine des Quatre Tias
R. du Château
Hôtel de Ville
Jardin Public
Pont Neuf
Rue Collardeau
Pont des Sardines
Sous-Préfecture
Quai Victor Hugo
Vendée
Poste Télégr.
R. de Blossac
Rue des Loges
Rue du Port
R. de
Rue de la République
CHAMP DE FOIRE
R. St Nicolas
Égl. St Jean
R. Kleber
Caserne de Remonte
Jardin Public
R. des Jacobins
R. St Jean
R. Carnot
Marans
Av. Marceau
Avenue de la Gare
Monumt 1870-71
Cimetière St Jean
Bressuire
Boulᵈ Hoche
Boulᵈ Duguesclin
Caserne d'Infanterie
GARE
Mètres
0 100 200
Maillezais 12 kil.
Niort, Marans

[**De Fontenay-le-Comte à Niort** (32 k. 🚂 52 min. à 1 h. 50). — Pont sur l'Autize. — 8 k. *Nieul-Oulmes* (restes de l'*abbaye de Nieul-sur-l'Autize* *, fondée en 1068 et dont l'*église* romane est devenue paroissiale; *cloître*, salle capitulaire). — 17 k. Benet, et 15 k. de Benet à (32 k.) Niort (*V.* ci-dessus, p. 49).]

419 k. *Fontaines.* — 425 k. *Velluire* Ⓑ, à la jonction de la ligne de la Roche-sur-Yon et Nantes (R. 8). — On pénètre dans le *Marais*, région de prairies mouillées, sillonné de canaux, de digues et d'où émergent des monticules portant des villages. — 429 k. *Vix.* — 437 k. *L'Ile-d'Elle.* — Pont sur la Sèvre-Niortaise, un peu en amont de son confluent avec la Vendée.

443 k. *Marans*, 4,387 hab., port sur la Sèvre-Niortaise (rive g.).

[**De Marans à Surgères et à Saint-Jean-d'Angély** (67 k. 🚂 3 h. 20 à 3 h. 35; 7 fr. 50, 5 fr. 60, 4 fr. 15). — 15 k. *Ferrières-d'Aunis*, d'où part un embranch. (25 k., en 1 h. 15 env.; 2 fr. 80, 2 fr. 10, 1 fr. 55) pour Epannes (*V.* ci-dessous, *B*), par (3 k.) *Courçon*, 1,096 hab. — 19 k. *Saint-Sauveur-de-Nuaillé.* — 34 k. Surgères, où l'on croise le ch. de fer de Niort à la Rochelle (*V.* ci-dessous, *B*). — 47 k. *Bernay-Parançay.* — 58 k. *Landes-Torxé* (beau point de vue du *mont des Groies*). — 67 k. Saint-Jean-d'Angély (R. 8).]

On longe le canal de Marans à la Rochelle. — 451 k. *Andilly-Saint-Ouen*, station desservant (6 k. 5) *Esnandes* (*église* fortifiée des XIIe, XIIIe et XVe s.), où l'on peut étudier l'industrie de la « culture des moules ». — Arrêt de *Mouillepied*. — 460 k. *Dompierre.* — 464 k. *Rompsay.*

467 k. La Rochelle Ⓑ (*V.* ci-dessous).

B. Par Chartres, Saumur et Niort.

482 k. — 🚂 de l'Etat (gare Montparnasse), en 7 h. 13 à 9 h. 41 par les trains rapides et express. — 47 fr.; 31 fr. 70; 22 fr. 70.

326 k. de Paris à Thouars (R. 3, *A*). — *Viaduc*, haut de 39 m., sur le Thouet. — 334 k. *Saint-Jean-de-Thouars.* — On franchit le Thouaret.

338 k. *Saint-Varent.* A 7 k. E., *Saint-Généroux* possède une des plus anciennes églises de France bâtie sur le tombeau du saint dont elle porte le nom. — Au delà de l'arrêt du *Grand-Moiré*, pont sur le Thouet.

348 k. *Airvault-Ville.*

350 k. *Airvault-Gare*, stat. desservant (2 k. 5 N.) **Airvault** *, 1,680 hab., sur le Thouet. — **Eglise**, autrefois abbatiale, un des plus beaux spécimens du style roman dans le Poitou (vestibule intérieur ou narthex en partie de 971; clocher du XIIIe s.; tombeau d'un abbé du XIIe s.). — Restes de l'abbaye occupés par la *gendarmerie.* — Sur le champ de foire, *chapelle des Trois-Maries* (XVe s.). — Sur la colline N., débris du *château* (belle vue). — A 1 k. S.-O., *pont de Vernay*, bâti par les moines d'Airvault (XIIe s.).

[**D'Airvault à Moncontour** (15 k. 🚂 22 min.): — 8 k. *Saint-Jouin-de-Marnes*, dont l'**église** (1095-1130), reste d'une abbaye puissante, offre, à la façade, une des plus belles pages de la sculpture poitevine du XIIe s. — Pont sur la Dives. — 15 k. Moncontour (R. 10).]

354 k. *Saint-Loup-sur-Thouet*, 1,306 hab. (*château* bâti sous Louis XIII, avec donjon d'un

château plus ancien, xve s.; maisons curieuses).

360 k. *Gourgé*. — Beau **viaduc** sur le Thouet.

371 k. **Parthenay** * Ⓑ, 7,509 hab., dans une position pittoresque, sur un promontoire qui domine la rive dr. du Thouet. — *Eglise Saint-Laurent*, avec 2 tours romanes, en partie refaite de nos jours. — *Eglise Sainte-Croix*, du XIIe s. (clocher et tombeau du XVe s.). — *Portail* remarquable et 2 chapiteaux romans, seuls restes de l'ancienne chapelle castrale. — *N.-D. de la Couldre*, auj. attenant à un établissement d'instruction. — *Eglise des Cordeliers* (XIIIe et XVe s.; retable en pierre de la Renaissance). — *Saint-Jacques* (XVe s.), près du Pont-Neuf, convertie en habitation. — *La Maison-Dieu* (1174), romane, servant d'écurie. — Sur le cap dominant le Thouet, restes (2 tours) de l'*ancien château*; belle **porte St-Jacques** (XIIIe s.), à la tête d'un *vieux pont* sur le Thouet; **porte de l'Horloge** et autres restes des **remparts**, du XIIIe s. — *Maisons* du XVe s., surtout rue Delavault-Saint-Jacques. — Fabr. de faïences artistiques.

[A 2 k. S.-O., *église de Parthenay-le-Vieux* (XIIe s.).

De Parthenay à Saint-Maixent (43 k. 🚌 en 2 h. 40; 3 fr. 40 et 2 fr. 25). — 8 k. *La Meilleraye-Beaulieu* (ruines d'un *château* de 1620; *église* de Beaulieu, XIIe s.). — 25 k. *Ménigoute*, 1,030 hab. (*église* des XIVe et XVe s.; *croix* gothique du cimetière, de 1529; chapelle de *l'Aumônerie*, de 1530). — 31 k. *Fomperron* (restes de l'abbaye des *Châtelliers*, fondée vers 1110). — 43 k. Saint-Maixent (*V.* ci-dessous, p. 56).

De Parthenay à Saint-Laurs (43 k.: tram, en 2 h. 35; 3 fr. 30 et 2 fr. 20) — 11 k. *Azay-sur-Thouet*, 1,451 hab. — 17 k. *Secondigny*, 2,415 hab., sur la rive g. du Thouet (église du XIIe s.) — 25 k. *Vernoux-en-Gâtine*, 1,674 hab — 30 k. *L'Absie*, 1,652 hab. (anc. abbaye bénédictine, fondée en 1120). — 43 k. Saint-Laurs, station du ch. de fer de Breuil-Barret à Niort (*V.* p. 49).]

De Parthenay à Poitiers, Bressuire, Cholet et Nantes, R. 11.

On parcourt la *Gâtine*, région caractéristique formant la continuation du Bocage vendéen.

381 k. *Saint-Pardoux-en-Gâtine*, 2,127 hab. — 386 k. *Mazières-en-Gâtine*, 1,146 hab. (*église* romane). — 396 k. *Champdeniers*, 1,406 hab. (*église* romane). — 400 k. *Cherveux* (château du XVe s.). — Pont sur la Sèvre Niortaise.

406 k. *Echiré-Saint-Gelais* (ruines du *château de Coudray-Salbart*, du XIIIe s.; à 4 k. E., *château de Mursay*, où fut élevée Mme de Maintenon). — On franchit le Lambon.

415 k. **Niort** * Ⓑ, ch.-l. du départ. des Deux-Sèvres, V. de 23,897 hab., sur la Sèvre-Niortaise. Dans la *rue de la Gare* s'ouvre, à dr., la *rue du 14 Juillet* (*église* moderne *de Saint-Hilaire*, de style roman, avec 2 fresques par Louis Germain). On atteint la *place de la Brèche*; à l'angle N.-E. la *rue Fontanes* et le *lycée*; à l'angle S.-O. une rue conduit au *temple protestant*, ancienne église des Cordeliers, et à la *place du Temple*, communiquant par le *passage du Commerce* avec la *rue Victor-Hugo*, la plus importante de la ville. A dr. la courte *rue du Pilori* mène à l'*ancien hôtel de ville* (1530-1535), appelé à tort *pa-*

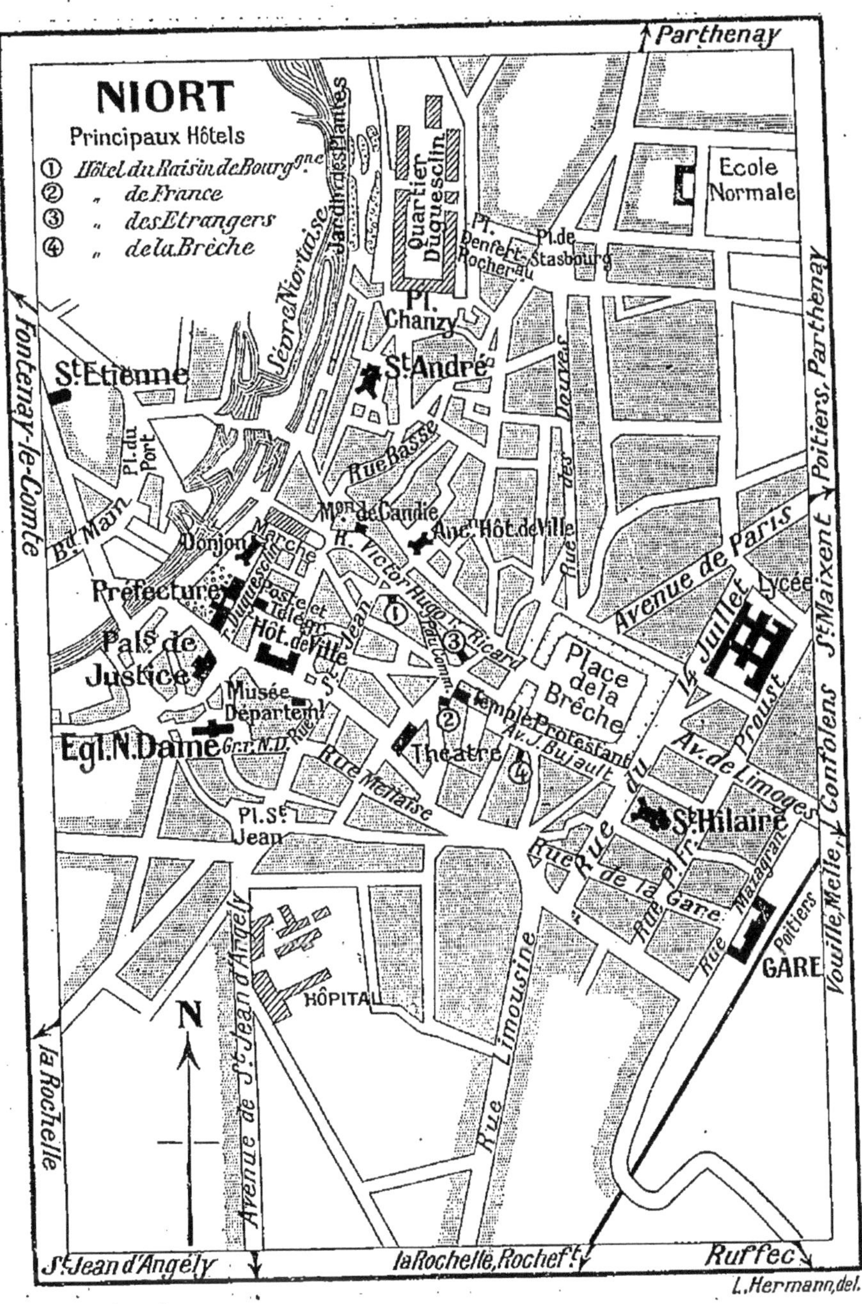
NIORT
Principaux Hôtels
① Hôtel du Raisin de Bourgne
② „ de France
③ „ des Etrangers
④ „ de la Brêche
Parthenay
Ecole Normale
Quartier Duguesclin
Jardin des Plantes
Sèvre Niortaise
Pl. Denfert Rocherau
Pl. de Stasbourg
Pl. Chanzy
St. André
St. Etienne
Fontenay-le-Comte
Pl. du Port
Rue Basse
Mon de Candie
Anc. Hôt. de Ville
Rue des Douves
Poitiers, Parthenay
Bd. Main
Donjon
Marché
R. Victor Hugo
Préfecture
Poste et Télégr.
Avenue de Paris
Lycée
Pals. de Justice
Hôt. de Ville
Ricard
Place de la Brêche
14 Juillet
St. Maixent
Musée Départem.
Temple Protestant
Egl. N. Dame
Theatre
Av. J. Bujault
Rue Proust
Av. de Limoges
Rue Mellaise
Pl. St. Jean
St. Hilaire
Rue du Pl. Fr.
Rue de la Gare
Rue Mazagran
Confolens
Vouillé, Melle, Poitiers
GARE
HÔPITAL
Avenue de St. Jean d'Angély
Rue Limousine
N
la Rochelle
St. Jean d'Angély
la Rochelle, Rochefort
Ruffec
L. Hermann, del.

lais d'Aliénor (*Eléonore d'Aquitaine*) et renfermant un riche *musée d'antiquités*.

La rue Victor-Hugo, tracée entre les deux collines sur lesquelles s'étage Niort, aboutit au *marché couvert*, à g. duquel est le donjon (*V.* ci-dessous). A dr., au fond de la *cour de Candie, maison* (xve-xvie s.) où une tradition erronée fait naître (1635) Mme de Maintenon. — On suit à dr. la *rue du Port*, puis la *rue Saint-André*.

L'église Saint-André a une abside du xve s.; le reste est moderne, dans le style du xive s. (deux tours avec flèches hautes de 70 m.).

Plus loin, au N., on arrive à la *place Chanzy*; près de là se trouve la *place de Strasbourg* (*monument* à la mémoire des gardes mobiles des Deux-Sèvres morts pendant la guerre de 1870-1871, reproduction du *Gloria Victis* de Mercié).

Sur la place Chanzy s'ouvre, à g. de la caserne, la porte du *Jardin des Plantes* (belle *source du Vivier*). Des allées en zigzags descendent au bord de la Sèvre; on suit le quai à g. et, laissant à dr. deux ponts de pierre qui conduisent au *port* sur la Sèvre, on rencontre à g. la terrasse du Marché, puis le **Donjon** (xiie et xiiie s.), reste d'un château des comtes de Poitiers (un gardien fait visiter), et plus loin les jardins en terrasse de la *Préfecture*. En face du Donjon, dans un îlot de la Sèvre, l'ancien petit *fort Foucauld* renferme un *musée d'archéologie musicale* (collection particulière). — Sur la *place du Donjon*, *buste*, en bronze, du ministre *Ricard* (1880), avec deux Renommées en marbre blanc. — Revenu devant le Marché, on prend à g. la *rue Thiers*, aboutissant au nouvel *hôtel de ville*, monumental édifice moderne, derrière lequel le **Musée départemental** (visible t. l. j. pour les étrangers) occupe les bâtiments de l'ancien Oratoire. De là, la *rue St-Jean* et la *Grande Rue Notre-Dame* conduisent à

L'église Notre-Dame (1491-1535), restaurée de nos jours. Au-dessus de l'ancien portail N., auj. condamné, balustrade à jour dont les meneaux forment cette inscription : *O mater Dei, memento mei*; *clocher* de 1520, avec flèche en pierre, haut de 75 m. — A l'int. : 1re chap. de g., tombeaux des Beaudéan-Parabère (fin du xviie s.); derrière les orgues, *verrière* du xvie s.; contre le mur de la tour, *tribune* de la Renaissance.

Confiseries dont le principal produit est l'*angélique*.

[**De Niort à Ruffec** (83 k. 🚂 en 2 h. 35 à 2 h. 45; 8 fr. 45, 6 fr. 25, 4 fr. 10). — 6 k. *Aiffres*; à dr., ligne de Bordeaux (R. 7). — 13 k. *Prahecq*, 1,021 hab. — 23 k. *Celles-sur-Belle*, 1,575 hab. (*église* du xve s., avec portail roman; restes d'une abbaye). — 33 k. **Melle** *, 2,614 hab., étagée au-dessus de la Béronne (*églises Saint-Pierre* et *Saint-Hilaire*, du xiie s.; belle porte, xviie s., de l'*hospice*; clocher roman de l'anc. *église Saint-Savinien*, servant de prison; au palais de justice, *tours de l'Evêché*, xve s.; *buste* de l'agronome *Bujault* dans le square de l'hôtel de ville; au champ de foire, monument des victimes de la guerre de 1870-1871). — La voie franchit la Berlande. — 44 k. *Brioux-sur-Boutonne*, 1,161 hab. — On franchit la Boutonne. — 56 k. *Chef-Boutonne*, 2,102 hab., près de la source de la Boutonne, au croisement du ch. de fer de Saint-Jean-d'Angély à Saint-

Saviol (R. 8, p. 60). — 73 k. *Villefagnan*, 1,404 hab. (bon vin blanc). — 83 k. Ruffec (R. 12).]

De Niort à Saint-Maixent et à Poitiers, *V.* ci-dessous, *C*; — à Breuil-Barret et à Fontenay-le-Comte, *V.* ci-dessus, p. 49 et 52; — à Saint-Jean-d'Angély, Saintes et Bordeaux, R. 7.

425 k. *Frontenay-Rohan-Rohan*, 1,818 hab. (église en partie du XIIe s.). — 429 k. *Epannes*, d'où part le ch. de fer de Marans (*V.* ci-dessus, *A*, p. 52). — 434 k. *Prin-Deyrançon*.

437 k. *Mauzé-sur-Mignon*, 1,539 hab., où l'on franchit le Mignon (château Renaissance; *buste* de l'explorateur *René Caillé*).

445 k. *Saint-Georges-du-Bois*.

449 k. **Surgères** *, 3,235 hab., près de la Gère. — **Eglise** des XIIe et XVIe s. (magnifique **façade** romane) dans l'*enceinte* encore entière *de l'ancien château*, XIVe et XVIe s., tranformée en promenade publique (hôtel de ville).

A Saint-Jean-d'Angély et à Marans, *V.* ci-dessus, *A*, p. 52.

455 k. *Chambon*. — 459 k. *Forges*.

464 k. **Aigrefeuille-le-Thou**, ✕ sur Rochefort.

[**D'Aigrefeuille à Rochefort** (15 k. 🚂 en 30 min.). — 3 k. *Ciré* (château de 1549). — Franchissant le canal de Charras, on pénètre dans une plaine marécageuse sillonnée de canaux. — 15 k. Rochefort (R. 8).,

471 k. *La Jarrie*, 796 hab. — 475 k. *La Jarne* (*église* romane avec beau portail). — 478 k. *Aytré* (*église* fortifiée).

482 k. La Rochelle (Ⓑ; *V.* ci-dessous).

C. Par Poitiers.

477 k. — 🚂 2 trains rapides (on change à Poitiers) partant à 9 h. 35 matin et 8 h. 30 soir, arrivant à 6 h. 11 soir et 6 h. 45 matin. — 47 fr. 10; 31 fr. 80; 22 fr. 80.

332 k. de Paris à Poitiers (R. 12). — On suit la ligne de Bordeaux jusqu'à Saint-Benoît (*V.* R. 12, p. 82). — Pont sur le Clain. — 342 k. *Virolet*. — 351 k. *Coulombiers*. — *Viaduc de la Vonne* (22 arches), haut de 31 m.; belle vue sur

359 k. *Lusignan* *, 2,063 hab., sur un promontoire dominant la Vonne (*église* des XIe et XVe s.), d'où l'on peut aller visiter (15 k. N.-O.; voit. publique 45 c.) les ruines romaines de *Sanxay*, mises au jour en 1881-1882 par le P. de la Croix, mais auj. bien endommagées. — 365 k. *Rouillé*.

372 k. *Pamproux*.

377 k. *Salles*.

379 k. *La Mothe-Sainte-Héraye* *, à 3 k. 5 à g. (omn. 30 c.), 2,268 h., sur la Sèvre-Niortaise (*orangerie*, seul reste de l'anc. château; *église* du XVe s.; en septembre, curieuse *fête des Rosières*, avec représentations en plein air du *Théâtre Poitevin*).

387 k. **Saint-Maixent** *, 4,870 hab., sur la Sèvre, doit sa notoriété moderne à son *école d'infanterie*, fondée en 1880. — *Ancienne abbaye*, reconstruite au XVIIe s. (auj. caserne), avec une remarquable **église**, des XIIe-XVIIe s. (somptueux *clocher* du XVe s. et crypte renfermant les *sarcophages* de St Maixent et de St Léger). — Belle esplanade des *Allées Vertes*, avec la *statue du colonel Denfert-Rochereau*,

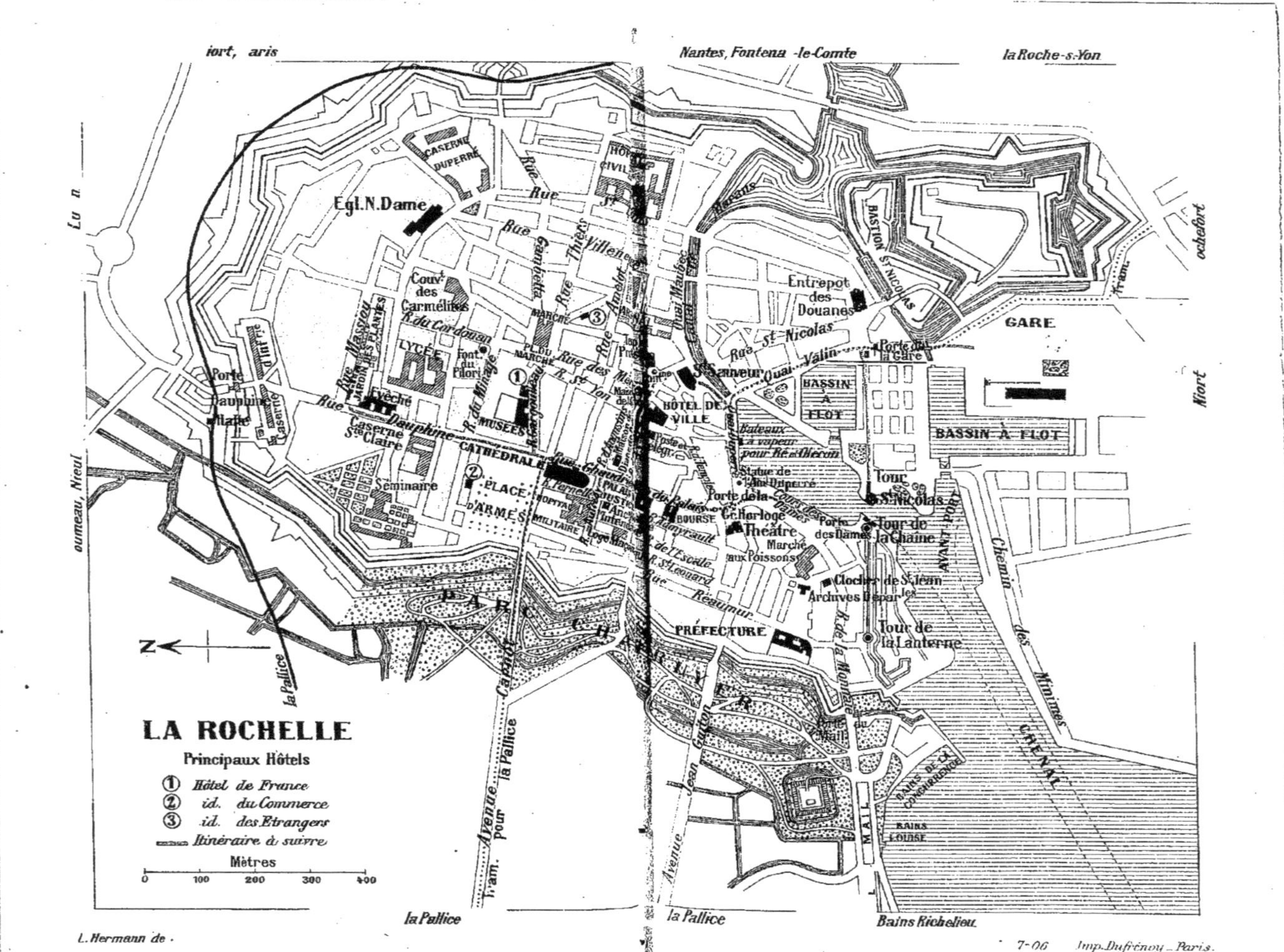

LA ROCHELLE
Principaux Hôtels
① Hôtel de France
② id. du Commerce
③ id. des Etrangers
Itinéraire à suivre
Mètres
0 100 200 300 400
Nantes, Fontena -le-Comte
la Roche-s-Yon
Egl. N. Dame
Caserne Duperré
Cour^t des Carmélites
Lycée
Evêché
Caserne Ste Claire
Séminaire
Cathédrale
Place d'Armes
Musées
Hôtel de Ville
Entrepot des Douanes
Bastion St Nicolas
Gare
Bassin à Flot
Tour St Nicolas
Tour de la Chaine
Tour de la Lanterne
Théatre
Bourse
Préfecture
Avant Port
Chemin des Minimes
Chenal
Mail
Bains Louise
Bains Richelieu
la Pallice
L. Hermann de.
7-06
Imp. Dufrénoy_Paris.

l'héroïque défenseur de Belfort. — *Monument de la Défense Nationale* (1902). — *Buste du Dr Amussat.*

[Tram (49 k., en 2 h. 30; 3 fr. 85 et 2 fr. 60) pour Mello (*V.* p. 55), par la Mothe-Sainte-Héraye (p. 56), *Exoudun*, 1,312 hab. (*Fontaine Bouillonnante*, origine principale de la Sèvre-Niortaise), et *Lezay*, 2,665 hab.]

A Parthenay, *V.* ci-dessus, *B*, p. 53.

393 k. *Sainte-Néomaye.* — 396 k. *La Crèche* (belle *église* moderne). — Viaduc haut de 20 m. sur la vallée des Cletz. — 403 k. *Arthenay.* — 440 k. Niort, et 67 k. de Niort à (477 k.) la Rochelle (*V.* ci-dessus, *B*).

D. Par Tours.

473 k. par Loudun, Airvault et Niort, 488 k. par Thouars et Niort. — 🚂 d'Orléans de Paris à Tours, où il faut se transporter de la gare de l'Orléans à celle de l'Etat; ch. de fer de l'Etat de Tours à la Rochelle, soit par Thouars et Niort, soit par Loudun, Airvault et Niort. — Trajet en 10 h. 15 (express de 8 h. 30 s., 1re cl., *viâ* Thouars), en 11 h. 19 (express de 11 h. 18 mat.; 1re, 2e et 3e cl., *viâ* Loudun, Airvault et Niort). — Prix: 47 fr. 10; 34 fr. 80; 22 fr. 80.

Pour la description du traj. jusqu'à Tours, *V.* R. 1, *A*; de Tours à Thouars, R. 3, *B*; de Thouars à Airvault, Parthenay, Niort et la Rochelle, *V.* ci-dessus, *B.*

La Rochelle ' (Ⓑ), ch.-l. du départ. de la Charente-Inférieure et siège d'un évêché, place forte et port de commerce, V. de 31,559 hab., est située au fond d'une anse où débouche le canal de Marans.

La Rochelle a conservé en partie sa physionomie du passé, de nombreuses *maisons anciennes* et plusieurs rues bordées de *porches* sous lesquels circulent les piétons. Les *fortifications*, œuvre de Vauban (1689), sont percées de sept portes.

La gare est située à côté du bassin à flot extérieur, en dehors de la ville.

On entre dans la ville par la *porte de la Gare.* Suivant le *quai Valin*, bordé à g. par le bassin à flot intérieur et par le *square Valin*, on franchit le *canal Maubec*, et l'on voit à dr., au fond de la *place du Pont-Neuf*, *l'église Saint-Sauveur* (clocher du XVe s.). Tournant à g., on se trouve sur le *quai Duperré* (d'où partent les bateaux pour Ré et Oléron), à l'extrémité duquel la *statue*, par P. Herbert, *de l'amiral Duperré* s'élève au commencement du *cours des Dames*, à l'autre extrémité duquel le *marché aux poissons* est très curieux à parcourir au moment des ventes à la criée. Du quai Duperré la 2e rue à dr. conduit à l'**Hôtel de Ville**, de 1587-1606, précédé d'un mur d'enceinte du XVe s. et restauré de nos jours. En s'adressant au concierge on peut visiter l'intérieur, où sont conservés divers souvenirs de l'héroïque maire Guiton qui, pendant huit mois, résista au cardinal de Richelieu et à l'armée de Louis XIII. En face de l'hôtel de ville s'élève le nouvel *hôtel des Postes.*

A l'extrémité du quai Duperré la **porte de la Grosse-Horloge**, du XIVe ou du XVe s., la seule entièrement conservée des anc. portes de la Rochelle, donne accès à la *rue du Palais*, la principale de la ville. Laissant à g. le *théâtre*, on suit cette rue, où se trouvent, à g. et se faisant suite, la *Bourse*, du XVIIIe s., ainsi que le *Palais de justice*, de 1783-1789. Après avoir laissé à dr. la *rue des Augustins* (*maison de Diane de Poitiers*, XVIe s.), on atteint bientôt la *place d'Armes*, où s'élève la *cathédrale Saint-Louis*, du XVIIIe s., avec clocher du XVe (à l'intérieur, peintures d'Abel de Pujol, Omer Charlet, Debat-Ponsan, Bouguereau; vitraux par Lusson). A côté de l'église est l'*hôpital Aufredy*, fondé en 1203.

Rue Gargoulleau, à l'E. de la place, dans l'ancien palais épiscopal (XVIIIe s.), se trouvent : la **Bibliothèque** (40,000 vol.) et le **Musée** (archéologie, peinture, sculpture), ouvert les jeudi et dim., de midi à 4 h., t. l. j. aux étrangers.

La rue Gargoulleau aboutit à la *place du Marché*, d'où, par la *rue des Merciers* et la *rue Amelot*, on pourrait gagner l'*Arsenal* (belles salles d'armes) et l'*hôpital Saint-Louis*.

De la place d'Armes la *rue Dauphine* conduit au *lycée*, à l'*évêché* et au *Jardin des Plantes* (*buste* de M. Fleuriau de Bellevue; dolmen de la Jarne), à l'entrée duquel se trouvent les *muséums Fleuriau* et *Lafaille*. Plus loin au N. est la *porte Dauphine*.

Revenant vers le port par la place d'Armes et la *rue Saint-Côme*, continuée par la *rue Réaumur*, on passe devant la *préfecture*, ancien hôtel Poupet, que précède un square sur lequel se dresse le *clocher* de l'ancienne église *Saint-Jean*. Sur la place, à dr., *église Saint-Jean* (XVIIe s.).

Par la *rue Saint-Jean* on gagne à l'O. la **tour de la Lanterne**, de 1445-1476, ancienne prison d'Etat (belle flèche; un gardien fait visiter les cachots, notamment celui des Quatre-Sergents de la Rochelle). De là par la *porte de Mer* on se rend à la *promenade du Mail* et aux divers *établissements de bains* qui bordent la côte. La promenade du *Mail* (ormes magnifiques; *casino* avec *parc* superbe), longue de 1 k., commence sur le *parc Charruyer*, qui contourne la ville sur une étendue de 10 hect. La tour de la Lanterne est reliée par une courtine à la *tour de la Chaine*, de 1476, qui s'élève à l'entrée du port d'échouage, en face de la **tour Saint-Nicolas**, de 1384, très curieuse à visiter (demander le gardien à l'agence des travaux, en face).

Le **port**, un des plus sûrs de l'Océan, mais dont l'accès est gêné par la vieille *digue* (visible seulement à marée basse) construite par Richelieu lors du siège de la Rochelle (1627-1628), est divisé en 4 parties : l'*avant-port*, protégé par une *jetée* longue de 655 m., un *havre d'échouage* et 2 *bassins à flot*.

[A l'O. (8 k.), port en eau profonde de *la Pallice*, où l'on se rend soit en voit. (voit. de place, 5 fr. aller et ret.), soit par le tram électrique (dép. de la place d'Armes), soit par le ch. de fer (80 c., 60 c., 40 c.).

Intéressante excurs. (13 k. N.-N.-E.; voit. partic., 15 fr. aller et ret.) aux bouchots à moules d'*Esnandes* et aux huîtrières de *Nieul-sur-Mer* (*église* du XIIe ou du XIIIe s.; à côté des restes d'un château, maison avec *fontaine* de la Renaissance).

Ile de Ré. — *A, du port de la Rochelle.* — quai Duperré (où conduisent des omnibus, 50 c., 20 c. par colis), pour la Flotte et Saint-Martin; 3 dép. chaque j., à heures variables, selon la marée; 2 de la Cie Delmas *pour Saint-Martin, avec escale à la Flotte* à l'all. et au ret., quand le vent et l'état de la mer le permettent (l'un de ces dép., indiqué en rouge sur les horaires, est un service spécial de voyageurs, généralement effectué l'été par le vap. *Jean-Guiton*, très bien installé, avec buffet-bar à bord; traj. en 1 h. 15 par le *Jean-Guiton*, en 1 h. 30 par les autres bateaux; 2 fr. 50 en 1re cl., 2 fr. en 2e cl., 30 kilogr. de bagages compris; all. et ret., val. 2 j., 3 fr. 75 et 3 fr.; chien, 50 c.; vélocipède, 50 c.): 1 de la Cie Rhétaise *pour la Flotte seulement* (*V.* ci-dessous, *B*, la Flotte).

1 h. 15 à 1 h. 30. *Saint-Martin* *, 2,571 hab., place forte, port, est le ch.-l. de l'**île de Ré** (85 k. carrés; 35 k. de long. sur 5 à 7 de larg.), divisée en 2 parties distinctes reliées par l'isthme du *Martray*. La partie E., la plus riche, est plantée en vignes; la partie O. est occupée par des marais salants. La population de l'île est fort dense (172 hab. par k. carré) et la propriété divisée à l'infini. Plus de 2,000 parcs fournissent des huîtres fort appréciées. — *L'église* de Saint-Martin date en partie des XIIe et XVe s. (à l'int., sépultures de plusieurs gouverneurs, du baron de Chantal, père de Mme de Sévigné, etc.). — Au *presbytère*, collection d'art et d'archéologie. — *Place Louis XIV*, plantée d'ormes superbes. — Vaste *citadelle*.

De Saint-Martin, on fait ordinairement l'excurs. du phare des Baleines (18 k., ch. de fer; traj. en 50 min. à 1 h.; 1 fr. 45 et 1 fr.), par (3 k.) *le Bois* (musée de la *tour Malakoff*; belles plages), (5 k.) *la Couarde**, stat. de bains de mer, (9 k.) *Feneau-Loix*, (14 k.) *Ars* *, 1,560 hab. (*église Saint-Étienne*, des XIIe, XIIIe et XVe s., avec flèche inclinée) et (17 k.) *Saint-Clément-des-Baleines*. Le *phare des Baleines* (on visite; escalier de 276 marches) est une tour octogonale haute de 50 m., dont le foyer lumineux, scintillant et alimenté par l'électricité, est un groupe de 4 éclats de 15 en 15 secondes. — Au delà du phare le ch. de fer dessert *la Conche* (belle plage) et a son terminus (22 k. de Saint-Martin; 36 k. de Sablanceaux) au v. des *Portes*.

B, de la Pallice. — Bateau à vapeur 3 fois par j. (en corresp. avec les trains) de la Pallice à la pointe de Sablanceaux (île de Ré); traj. en 20 min.; 65 c. — Ch. de fer de la pointe de Sablanceaux à Saint-Martin et aux Portes, traversant toute l'île, et en corresp. avec le bateau; traj. pour Saint-Martin (14 k.) en 44 à 56 min.; 1 fr. et 65 c.; pas de 3e cl.

15 à 20 min. Débarcadère de *Sablanceaux*, à l'extrémité duquel est la gare. — 300 m. *Rivedoux*. — 4 k. *Sainte-Marie-de-Ré*, 2,574 hab. — 10 k. *La Flotte* *, port assez actif. — 14 k. Saint-Martin (*V.* ci-dessus, *A*).]

De la Rochelle à la Roche-sur-Yon, Clisson, Nantes, Pornic, Paimbœuf, Rochefort, Saintes et Bordeaux, R. 8.

ROUTE 7

DE PARIS A BORDEAUX

PAR LA LIGNE DE L'ÉTAT

613 k. pour Bordeaux-État (stat. située dans le quartier de la Bastide, 618 k. pour Bordeaux-Saint-Jean, gare commune avec le Midi et l'Orléans, et point d'arrivée et de départ de tous les trains express). — Traj. en 10 h. 50 à 11 h. 45 par les express, un de jour, un de nuit, qui ont des voit. de 3e cl.; prix jusqu'à Bordeaux-Saint-Jean : 68 fr. en 1re cl., 46 fr. 25 en 2e cl., 30 fr. 35 en 3e cl. — Le traj., pris dans sa totalité, est varié et intéressant; les « clous » du parcours sont la *traversée de*

la Loire devant Saumur, les *viaducs du Thouet* devant Thouars et devant Parthenay, et la *traversée de la Dordogne* à Cubzac-les-Ponts; la *traversée de la Garonne*, à Bordeaux, est commune à la ligne de l'Etat et à la ligne d'Orléans.

326 k. de Paris à Thouars (R. 3, *A*). — 89 k. de Thouars à (415 k.) Niort (R. 6, *B*). — Pont sur la Guirande.

421 k. *Aiffres*; à g., ligne de Melle et Ruffec (*V.* p. 55). — 426 k. *Fors*. — 431 k. *Marigny*. — 435 k. *Beauvoir-sur-Niort*, 500 hab. — 438 k. *Prissé-la-Charrière*. — 445 k. *Villeneuve-la-Comtesse*. — 447 k. *Vergne*. — 451 k. *Loulay*, 604 hab. — 457 k. *Saint-Denis-du-Pin* (abbaye de *la Fayole*).

464 k. **Saint-Jean-d'Angély***, 7,041 hab., sur la rive dr. de la Boutonne (port). — *Eglise* bâtie au commenc. du XIXe s. parmi les débris d'une église abbatiale des XIIIe et XIVe s., ruinée au XVIe et dont la construction aux XVIIe et XVIIIe s. s'est bornée à 2 tours à dômes, une partie de la nef et de la façade, le tout encore existant ainsi que les bâtiments monastiques (collège). — *Tour de l'Horloge* (XVe s.). — *Fontaine du Pilori*, Renaissance. — Sur la *place de l'Hôtel-de-Ville* (bel édifice moderne), *statue*, par Bogino, *de Regnault de Saint-Jean-d'Angély*, député de l'Aunis aux Etats généraux de 1789.

[**De Saint-Jean-d'Angély à Saint-Saviol** (72 k. 🚂 en 3 h.; 7 fr. 30, 6 fr. 20, 4 fr. 55). — 18 k. *Aulnay**, 1,675 hab., sur la Brédoire, au S.-O. d'une vaste forêt (remarquable **église** romane; donjon du XIIIe s.). — 48 k. Chef-Boutonne, où l'on croise le ch. de fer de Niort à Ruffec (*V.* p. 55). — 63 k. *Sauzé-Vaussais*, 1,714 hab. — 72 k. Saint-Saviol (R. 12).

De Saint-Jean-d'Angély à Angoulême (80 k. 🚂 de Saint-Jean-d'Angély à Matha : en 50 min. env.; 2 fr., 1 fr. 50, 1 fr. 10; de Matha à Angoulême : en 2 h. 50 env.; 5 fr. 55, 4 fr. 15, 3 fr. 05). — 18 k. *Matha**, 2,034 hab., sur l'Antenne (*église* romane; restes d'un château), est relié à Cognac par un embranch. (*V.* R. 15). — 23 k. *Sonnac-Haimps*. — 33 k. *Neuvicq*. — 44 k. *Rouillac*, 1,994 hab., sur une colline au pied de laquelle la Nouère prend sa source (église et château du XIIe s.). — 48 k. *Saint-Cybardeaux* (*église* en partie des Xe et XIe s.; ruines antiques des *Bouchauds*). — 51 k. *Saint-Amant-Saint-Genis*. — 62 k. *Hiersac*, 596 hab. — 65 k. *Saint-Saturnin* (maison de Calvin). — 71 k. *Fléac* (*église* du XIIe s., à coupoles octogonales). — 80 k. Angoulême (R. 12).]

De Saint-Jean-d'Angély à Surgères et Marans, *V.* p. 52.

Pont sur la Boutonne. — 471 k. *Mazeray*. — 476 k. *Grand-Jean* (église romane; grottes). — On descend dans la vallée de la Charente.

482 k. Taillebourg, et 130 ou 136 k. de Taillebourg à (612 ou 618 k.) Bordeaux (*V.* R. 8).

ROUTE 8

DE NANTES A BORDEAUX

373 k. pour Bordeaux-État (trains omnibus), 379 k. pour Bordeaux-Saint-Jean (trains express). — Gare de Nantes-Etat (on peut partir de Nantes-Orléans et joindre le train de l'Etat à Vertou). — Traj. en 7 h. 37 (express de jour; 1re, 2e et 3e cl.; voit. à couloir), en

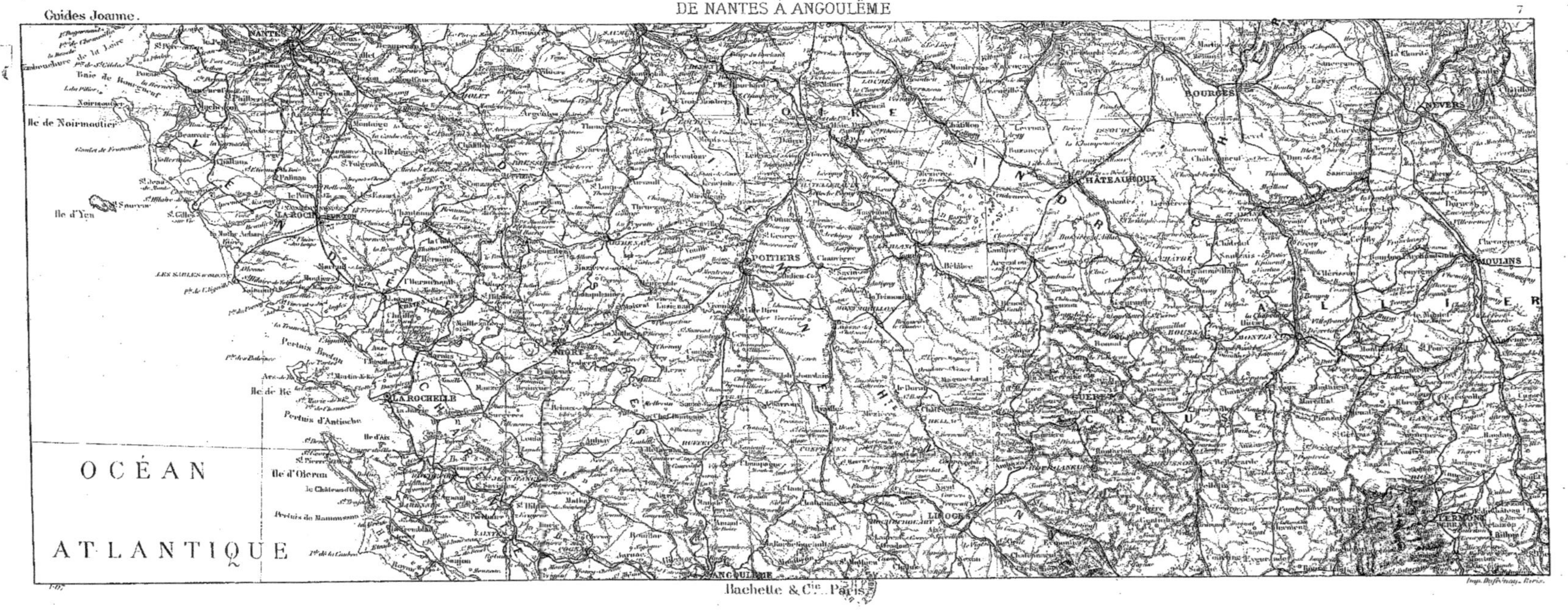
NANTES
Ile de Noirmoutier
Ile d'Yeu
LA ROCHELLE
Ile de Ré
Pertuis d'Antioche
Ile d'Oleron
OCÉAN
ATLANTIQUE
POITIERS
CHATEAUROUX
BOURGES
NEVERS
MOULINS
LIMOGES
ANGOULÊME
CLERMONT
GUERET
Hachette & Cie Paris

9 h. 18 (express de nuit; 1re, 2e et 3e cl.). — Prix (de Nantes-Orléans ou de Nantes-État) : 37 fr. 80; 27 fr. 95; 18 fr. 25.

DE NANTES A LA ROCHE-SUR-YON

A. Par Clisson.

7 k. — en 1 h. 30 à 2 h. 23. — 7 fr. 85; 5 fr. 80; 3 fr. 80.

On franchit la Loire sur deux ponts de 9 et de 7 arches et sur un viaduc de 11 arches. — A ., château de *la Jaunais*, où fut signé, en 1795, un armistice entre les Vendéens et le général Canclaux.

7 k. *Vertou*, 5,388 hab., à 2 k. . de la station, sur la Sèvre. — 15 k. *La Haye-Fouassière.* — 19 k. *Le Pallet*, où naquit Abélard et où Héloïse mit au monde son fils Astrolabe, baptisé dans une chapelle romane qui se voit encore près d'un calvaire au .-E. de l'emplacement de l'anc. château. A dr., ruines du château de *la Galissonnière.* — On franchit la Sèvre.

24 k. *Gorges.*

27 k. **Clisson** *, 2,820 hab., dans une situation pittoresque, au confluent de la Sèvre-Nantaise et de la Moine (beau *viaduc*, de 15 arches, haut de 5 m. 50). — **Château** (XIVe et XVe s.), berceau des Clisson, détruit en 1793, auj. ruine imposante avec laquelle la végétation se combine de la façon la plus harmonieuse. — Sur la rive dr. de la Sèvre, parc ou *Garenne Lemot* (temples, colonnes, statues, grottes, rochers). — Dans la *Garenne Valentin*, traversée par la Moine, beaux arbres, grands blocs de granit et jolis points de vue. — *Eglise Notre-Dame* moderne, de style roman.

A Cholet, Bressuire, Parthenay et Poitiers, R. 11.

A dr., château ruiné du *Grand-Pin*. On pénètre dans le Bocage.

39 k. *Montaigu*, 1,822 hab. (*église* gothique moderne; restes d'un château servant de mairie; *statue*, par Quéniot, du colonel *de Villebois-Mareuil*, mort héroïquement pour la cause du Transvaal; *buste* du conventionnel *Laréveillère-Lépeaux*), où l'on franchit la Petite-Maine.

De Montaigu à la Roche-sur-Yon, par les Quatre-Chemins-l'Oie, et aux Herbiers, V. p. 43.

49 k. *L'Herbergement-les-Brouzils.*

58 k. *Saint-Denis-les-Lucs.* — 64 k. *Belleville-sur-Vie.*

77 k. La Roche-sur-Yon (Ⓑ R. 3).

B. Par Challans.

111 k. — en 2 h. 49 à 4 h. 7 fr. 85; 5 fr. 80; 3 fr. 80.

On franchit plusieurs bras de la Loire, puis le Seil de Rezé.

3 k. *Pont-Rousseau.* — 6 k. *Les Landes.* — 9 k. *Bouguenais.* — 12 k. *Le Bois-Cholet.* — 15 k. *Bouaye*, 1,400 hab., port sur le lac de Grand-Lieu (*V.* R. 1, p. 35); à *l'Etier*, ham. de pêcheurs, on trouve aisément un guide et une barque pour une promenade sur le lac.

On franchit l'Acheneau. — 21 k. *Port-Saint-Père.*

27 k. *Sainte-Pazanne* (vaste *église* moderne), d'où part le chemin de fer de Paimbœuf et de Pornic.

[**De Sainte-Pazanne à Paimbœuf** (32 k. 🚂 1 h. à 1 h. 36; 3 fr. 25, 2 fr. 40, 1 fr. 60). — 31 k. (de Nantes). *Saint-Hilaire-de-Chaléons*, où s'embranche à g. le chemin de fer de Pornic (*V.* ci-dessous). — 50 k. *Saint-Père-en-Retz*, 2,963 hab. (belle *église* moderne). — 59 k. (32 k. de Sainte-Pazanne). *Paimbœuf*, 2,196 hab., V. déchue depuis la création du port de Saint-Nazaire, longue de 3 k., sur la rive g. de la Loire (à l'*église*, maître autel en marbre provenant de l'abbaye de Buzay et peintures par Douillard; à l'extrémité du quai, *calvaire* haut de 14 m. 50), est desservie par les bateaux de Nantes à Saint-Nazaire (*V.* R. 1, p. 36). De Paimbœuf à Pornic, *V.* ci-dessous.

De Sainte-Pazanne à Pornic (30 k. 🚂 52 min. à 1 h. 11; 3 fr. 05, 2 fr. 25, 1 fr. 50). — A dr., ligne de Paimbœuf (*V.* ci-dessus). — 42 k. (de Nantes). *Bourgneuf-en-Retz* *, 3,042 hab., à 2 k. de la *baie de Bourgneuf* (marais salants, pêche). — 46 k. *Les Moutiers* (à l'église, *retable* du XVIIe s.; au cimetière, *lanterne des morts*). — 49 k. *La Bernerie* *, joli v., entouré de vignobles, avec une belle plage (bains de mer).

57 k. **Pornic** *, 2,034 hab., en amphithéâtre sur le versant N. d'une petite crique où est un port d'échouage (*château* pittoresque, XIIIe ou XIVe s., restauré; *statue* du contre-amiral *Leray*; bains de mer très fréquentés; plage commode de *la Noveillard*, dominée à l'E. par le jardin des plantes). — Bateaux à vap. en 1 h. pour l'île de Noirmoutier (plage du Bois de la Chaise) : *V.* ci-dessous.

De Pornic a Paimbœuf (40 k. 🚂 en 2 h. 30; 4 fr. 10 et 3 fr. 10). — 2 k. 5. *Sainte-Marie* (dans l'église, moderne, style du XIIIe s., tombe d'un chevalier du XIVe s. et Vierge en pierre dorée du XVe). — 10 k. *La Plaine*, qu'un embranch. relie à *Préfailles* *, petite station balnéaire fréquentée par des familles d'habitudes simples. — 17 k. *Saint-Michel-Chef-Chef*, station balnéaire. — 23 k. *Saint-Brévin-l'Océan*, station de bains de mer (sur la plage, grand hôtel-restaurant du Casino et joli bois de pins, très giboyeux, bien percé, jolis chalets; *chapelle*). — 25 k. *Saint-Brévin-Bourg*. — 28. *Mindin*. — 40 k. Paimbœuf (*V.* ci-dessus).]

33 k. *La Monétrie*.

44 k. *Machecoul* *, 4,026 hab. (restes d'un *château* des barons de Retz). — 48 k. *Bois-de-Céné*.

54 k. *La Garnache*.

60 k. **Challans** *, 5,508 hab.

[A 16 k. S S.-O. (voit. publique, 1 fr. 50), *Saint-Jean-de-Monts* *, charmante station de bains de mer, avec une belle plage de sable adossée à des dunes boisées de pins.

De Challans à Fromentine (25 k. 🚂 1 h. 10 à 1 h. 20; 2 fr. 60 et 1 fr. 95). — 16 k. *Beauvoir* *, 2,589 hab. (église avec clocher du XIIe s.). — 25 k. *Fromentine*, ham. d'où partent les bateaux de Noirmoutier et de l'île d'Yeu; *église*, XIIe s.; *halles* très anciennes).

De Fromentine a Noirmoutier. — Un bateau (20 c.) qui passe en 5 à 10 min. le goulet de Fromentine, long d'un k. à peine, relie la côte à la *pointe de la Fosse*, extrémité S.-E. de l'île de Noirmoutier et d'où partent des voit. publiques. L'**île de Noirmoutier**, longue de 19 k., large de 7 k., est vaste de 5,678 hect. (1,800 en champs de blé et 1,200 en marais salants dont le niveau est inférieur à celui de la haute mer; importants parcs aux huîtres). La route conduisant à la V. de Noirmoutier passe à *Barbâtre* et à *la Guérinière*. — 17 k. *Noirmoutier* *, V. de 6,255 hab., port. *Château* du XIVe s., reste d'une célèbre abbaye fondée vers 680 par St Philbert; église en partie des XIIe et XIVe s., avec *crypte* romane renfermant le tombeau, vide auj., de St Philbert; à l'*hôtel de ville*, petit musée et bibliothèque; à 15 ou 20 min., joli *bois de la Chaize* (60 hect.; chalets, hôtel et cafés; phare), station de bains de mer. Excurs. de Noirmoutier : (4 k. 5 N.-N.-O.) *abbaye de la Blanche*; (4 k. 5 N.-O.) port de *l'Herbaudière*, à 3 k. 5 duquel *l'île du Pilier* porte un phare haut de 32 m.

DE FROMENTINE A L'ILE D'YEU. — Bateau (1 h. 50; 3 fr. et 2 fr. 25) pour **l'île d'Yeu**, 3,809 hab.; 2,247 hect.; côte S. ou *côte Sauvage*, rocheuse et déchiquetée; côte N. sablonneuse; on débarque à *Port-Joinville**; *château* ruiné dominant de curieux rochers; belle *pierre branlante*; *grand Phare* haut de 54 m. au-dessus de la mer.]

66 k. *Soullans*. — 71 k. *Commequiers* (ruines d'un *château*).

[**De Commequiers à Saint-Gilles-Croix-de-Vie** (12 k. 27 à 41 min.; 1 fr. 30, 1 fr., 65 c.). — 12 k. *Saint-Gilles-Croix-de-Vie** : les deux b. de *St-Gilles-sur-Vie* et de *Croix-de-Vie* se font vis-à-vis sur l'estuaire commun de la Jaunay et de la Vie (port; bains de mer); à 3 k. N., *plage* et curieux *rochers de Sion*.]

75 k. *Saint-Maixent-sur-Vie*, stat. desservant (5 k. E.) *Apremont* (restes d'un *château* de la Renaissance). — 82 k. *Coex*.

94 k. *Aizenay*. — 102 k. *La Genétouze*.

111 k. La Roche-sur-Yon (Ⓑ R. 3).

DE LA ROCHE-SUR-YON A BORDEAUX

303 k. — en 8 h. 15 à 10 h. — 29 fr. 95; 22 fr. 15; 14 fr. 45.

On se rapproche de l'Yon, à g., puis on franchit l'Ornay.

86 k. (de Nantes). *Nesmy*. — 92 k. *Courtesolles*.

98 k. *Champ-Saint-Père*.

Aux Sables-d'Olonne, par Talmont, V. p. 46.

On franchit le Lay. — 107 k. *La Bretonnière*. — 111 k. *Magnils-Reignier*.

114 k. **Luçon***, 6,757 hab., siège d'un évêché, au bord du Marais et à la naissance du canal de Luçon, qui met la ville en communication avec la mer. — **Cathédrale** des XIIe, XIIIe, XIVe, XVe et XVIIe s., restaurée en 1853 (*flèche* gothique haute de 85 m.; ancienne *chaire* ornée de peintures; *cloître* des XVe et XVIe s. dépendant du *Palais épiscopal*). — *Collège Richelieu*, avec un musée. — A l'*hôpital*, portrait de Richelieu. — *Jardin Dumaine*, à côté de l'hôtel de ville.

[Voit. publiques pour (32 k.; 2 fr. 25) *la Tranche*, petite station balnéaire, par (26 k.) *Angles*, patrie du cardinal La Balue, conseiller de Louis XI (*église* des XIIe-XVe s., avec crypte romane).

De Luçon à l'Aiguillon (23 k.; tram, en 1 h. 15 à 1 h. 20; 1 fr. 75 et 1 fr. 15). — 6 k. *Saint-Michel-en-l'Herm* (restes d'une abbaye), célèbre par ses *buttes de coquillages*. — 23 k. *L'Aiguillon-sur-Mer* *, port sur l'estuaire du Lay, séparé par (10 k. S.-E.) la *pointe de l'Aiguillon* de l'anse du même nom, baie vaseuse, reste de l'ancien *golfe du Poitou*, en partie occupé auj. par 50,000 hect. de marais.]

De Luçon à Chantonnay, R. 3, *A*, p. 43.

119 k. *Sainte-Gemme* (église du XIIIe s., avec *crédence* du XVe).

124 k. *Nalliers* (à côté de l'église, manoir de *Montreuil*, ayant appartenu à Brantôme; banc d'huîtres fossiles; vastes dépôts de cendres).

130 k. *Le Langon-Mouzeuil*.

138 k. Velluire Ⓑ, et 42 k. de Velluire à (180 k.) la Rochelle (R. 6, *A*, p. 52). — On longe la côte, entre la Rochelle et Rochefort, en vue du *Pertuis d'Antioche*, qui sépare les îles de Ré, au N., et d'Oléron, au S.

186 k. *Angoulins** (église du

XIe s.), station de bains de mer (parc public).

189 k. *Châtelaillon* *, petite station de bains de mer avec une *digue-promenade* surplombée par la terrasse du *grand Casino du Parc* et un monument élevé à la mémoire des soldats morts pour la patrie. — 195 k. *Le Marouillet*.

201 k. *St-Laurent-de-la-Prée*.

[**De Saint-Laurent à Fouras** (6 k. 10 min.; 60 c., 45 c., 30 c.). — 6 k. *Fouras* (château, XIVe s., remanié), station balnéaire et villégiature fréquentée; *casino* avec belle futaie de chênes verts; sanatorium pour les enfants d'ouvriers nécessiteux de Rochefort et des environs. — Bateau (en 1 h.; 1 fr.) pour l'**île d'Aix** *, vaste de 129 hect., occupée en grande partie par des constructions militaires. Elle est célèbre par le départ de Napoléon, qui s'y embarqua en 1815 sur le « Bellérophon » pour l'île de Sainte-Hélène. On visite la *maison de l'Empereur*, où séjourna le souverain déchu avant de prendre la route de l'exil.]

203 k. *Charras*, où l'on franchit le canal de ce nom.

209 k. **Rochefort** * Ⓑ, préfecture maritime, port militaire, V. de 36,458 hab., sur la rive dr. de la Charente, à 15 k. de la mer, fondée par Colbert en 1665. Les rues, larges et alignées, se coupent à angle droit. — De la gare l'*avenue du Chemin-de-fer-de-l'Etat* conduit à la *porte Bégon* d'où la *rue Bégon*, continuée à dr. par la *rue Chanzy*, mène à la *place Colbert* (*fontaine* avec groupe de l'Océan et de la Charente), en longeant à dr. l'*église Saint-Louis* (jolies verrières). Continuant à suivre la rue Chanzy au delà de la place, on arrive à la *rue de l'Arsenal*, où est le *Musée-Bibliothèque*, ouvert t. l. j. aux étrangers.

La rue de l'Arsenal, suivie à g., aboutit à la *porte du Soleil*, par laquelle on pénètre dans l'**arsenal** (pour visiter, s'adr. à dr., au fond de la *place de la Galissonnière*, à la Gendarmerie maritime, de 8 h. 30 à 9 h. 30 mat. et de 1 h. 30 à 2 h. 30 s.; papiers d'identité et justification de la nationalité française nécessaires; pourboire discret au marin qui accompagne), où l'on voit surtout avec intérêt le *musée des modèles* (pourboire au gardien qui explique) et la *salle d'armes*. A côté de l'arsenal et contigu à la *préfecture maritime* (la *rue Touffaire* et la *rue des Grandes-Allées* y conduisent) s'étend un beau *jardin public* (musique militaire 2 fois par semaine; défense de fumer dans l'allée bornée par le mur qui domine les constructions de l'arsenal), séparé par une grille du *Jardin botanique* (fermé; énorme *pinus pinea* et *mûrier multicaule*, le premier qui ait été importé en France). — En dehors de la ville, à l'extrémité du cours d'Ablois, on peut visiter (s'adr. au commissariat, à dr. de l'entrée) l'**Hôpital maritime** (*chapelle* avec coupole octogonale; *puits artésien* profond de 856 m., dont l'eau (42°) est à la fois sulfureuse et ferrugineuse). A l'hôpital est annexée l'*école de médecine navale* (*musée d'anatomie*).

[**De Rochefort à Brouage** (13 k.). — 8 k. *Moëze* (beau *clocher* des XVe et XVIe s.; au cimetière, **croix hosannière** de la Renaissance). — 13 k. **Brouage**, dans un « marais » mouillé,

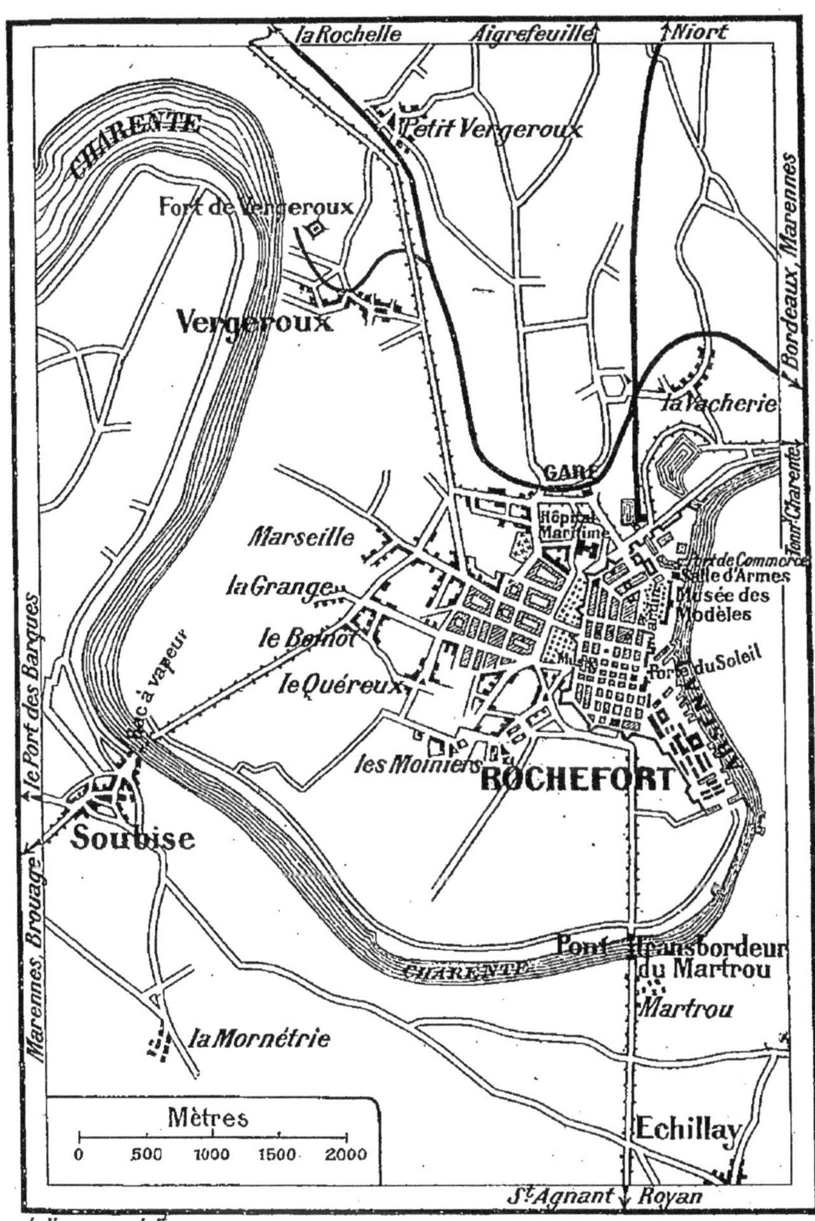

L. Hermann delt

ancienne place de guerre, abandonnée, « l'Aigues-Mortes de la Saintonge ».]

De Rochefort à Aigrefeuille, Niort et Paris, R. 6, p. 56.

215 k. **Tonnay-Charente** *, 4,696 hab., port sur la Charente. — Magnifique pont suspendu (18 m. de haut.), formé de trois travées longues de 204 m., et de deux viaducs ayant ensemble 48 arches en ogive.

219 k. *Cabariot.*

[**De Cabariot à la pointe Chapus** (30 k.; 🚂, en 1 h. 14 à 1 h. 37). — Ponts sur la Charente et le canal de Pont-l'Abbé; à dr., canal de la Seudre à la Charente. — 15 k. *Saint-Agnant*, 1,221 hab.

La voie court à travers d'immenses marécages. — 25 k. *Saint-Just-Luzac* (église du XVe s., clocher du XVIe; maison Renaissance).

27 k. **Marennes** *, 6,459 hab., à 4 k. de la mer, dans une contrée sillonnée de bras de mer et de canaux, est reliée par un chenal à l'embouch. de la Seudre. Elle est surtout célèbre par ses **huîtres vertes**, les meilleures de l'Europe. — *Clocher* gothique haut de 78 m. — *Statue* du marquis *de Chasseloup-Laubat*, par Lequesne. De Marennes à Saujon, V. p. 70). — Un 🚂 (5 k.; 40 c. et 25 c.) relie Marennes à (5 k.) *la Cayenne*, embarcadère d'où un bac à vap. (gratuit) sur la Seudre conduit à la gare de la Grève, tête du ch. de fer de Saujon, Royan et Pons (V. R. 9).

30 k. *Le Chapus*, stat. à la *pointe du Chapus* (le *fort du Chapus* émerge à 400 m. au large), d'où partent des ⛴ pour (20 min.; 70 c. et 50 c.) le Château et (du 15 juillet au 20 sept.; 15 min., 75 c. et 60 c.) Saint-Trojan, ports de l'**île d'Oleron** (17,178 hect.; 17,033 hab.), longue de 30 k. sur 5 à 6 de larg., séparée de la côte d'Arvert par le terrible *Pertuis de Maumusson*. Ses principaux produits sont le vin, le sel et les huîtres. Un 🚂 (37 k., en 2 h. 30; 2 fr. 85 et 1 fr. 90) traverse toute l'île du S.-E. au N.-O., en desservant les stations suivantes : *Saint-Trojan* *, charmante station de bains de mer, près d'une magnifique *forêt* de 1,000 hect. (*amers-belvédère*, 40 m. d'altit.) et qui avoisine un *Sanatorium* pour le traitement des enfants débiles; — 4 k. *Le Grand-Village*; — 6 k. *La Chevalerie*; — 7 k. *Ors*; — 9 k. *Le Château* *, 3,803 hab., V. forte, la principale localité de l'île (*citadelle* de 1630; à l'*église*, peintures d'Omer Charlet; *fontaine* Renaissance; joli *square Lacarre*). Il est relié par une route de 5 k. (omnibus 25 c.) à la belle *plage du Vert-Bois*; — 16 k. *Dolus*; — 22 k. *Saint-Pierre* *, 4,350 hab. (*lanterne des morts*, du XIIIe s., haute de 20 m.); — 25 k. *Sauzelle*, qu'un ✕ de 5 k. relie à *Boyardville*, petit port et belle plage, avec une vaste forêt de pins; — 28 k. *Saint-Georges*; — 31 k. *Chaucre*; — 34 k. *La Brée* et, — 37 k. *Saint-Denis* (phare de *Chassiron*, haut de 43 m.).]

On franchit la Boutonne. — 226 k. *Bords* (*église* romane). — 229 k. *L'Hopiteau-sur-Charente.*

236 k. *Saint-Savinien* *, 2,733 hab., port (vieux château). — On joint à g. la ligne de Niort-Paris.

243 k. **Taillebourg.** — Ruines d'un *château* des XIIIe et XVIIIe s. — *Monument* commémoratif de la victoire remportée par St Louis sur les Anglais, en 1242. — Ancienne *chaussée Saint-James*, percée de 50 arches, sur laquelle se tenait l'armée anglaise.

[**De Taillebourg à Saint-Porchaire** (17 k. 🚂 en 50 min. env.; 1 fr. 30 et 90 c.). — 4 k. *Port-d'Envaux*, sur la rive g. de la Charente (château de *Pauloy*, XVIIIe s.). — 17 k. Saint-Porchaire (V. p. 67).]

A Saint-Jean-d'Angély, Niort, Parthenay, Saumur et Paris, R. 7.

247 k. *Le Pontreau.* — A g., château de *Bussac* (XVIe s.).

253 k. **Saintes** * Ⓑ, 18,219 hab., sur la rive g. de la Charente. La gare est sur la rive dr., dans le *faubourg des Dames*, où l'on remarque les *églises* **Notre-Dame** ou *Sainte-Marie*, des XIe et XIIe s., dépendance d'une caserne (façade et clocher admirables), et *Saint-Palais* (XIIe et XIIIe s.).

On entre dans la ville par un pont de pierre près duquel (à g.) on voit, sur la *place Bassompierre*, la *statue de Bernard Palissy*, par Talhuet, et la porte antique appelée **Arc de Germanicus**. A l'extrémité du pont commence le *cours National*, qui traverse la ville de l'E. à l'O., et duquel se détache, au delà du *théâtre* et du *palais de justice* (*jardin public*), à g., le *cours Reverseaux*, qui franchit sur un remblai un vallon rempli de jardins.

Entre le cours Reverseaux et la Charente sont l'hôpital Saint-Louis, où ont été trouvés fréquemment de beaux débris antiques, **Saint-Pierre**, ancienne cathédrale (XIIe, XIVe et XVe s.), dont la tour est haute de 72 m., l'*ancien hôtel de ville* (Renaissance; beffroi), avec une *bibliothèque* de 30,000 vol. (lettres autographes des Valois), et l'hôtel de ville actuel (*médaillier*, 7,000 pièces; *musées* de peinture et d'archéologie).

A l'O. (à dr.) du cours Reverseaux, sur le sommet du coteau, se trouve **l'église Saint-Eutrope**, avec une façade moderne, un clocher à flèche du XVe s., haut de 58 m., une nef (ancien chœur) du XIe s., précédée des restes du transept, roman de transition, et une vaste **crypte** du XIe s., renfermant le *tombeau* (IVe ou Ve s.) de St Eutrope, premier évêque de Saintes.

Suivant la *rue des Arènes*, qui s'ouvre à dr. de l'église; on prend à g. un chemin qui conduit aux ruines des arênes ou de **l'Amphithéâtre**, dont le grand axe a 127 m. hors œuvre.

[**De Saintes à Mortagne** (41 k. 🚌 en 2 h. 20 à 2 h. 45; 3 fr. 10 et 2 fr. 05). — 24 k. Gémozac, où l'on croise le ch. de fer de Pons à la Grève (R. 9). — 34 k. *Touvent*, d'où part un embranch. pour Saint-Fort-sur-Gironde, Port-Maubert, la Bergerie et Jonzac (*V.* ci-dessous). — 41 k. *Mortagne-sur-Gironde*, port (ruines d'un château sur un rocher; source de *Fondevine*; ermitage de Saint-Martial dont la chapelle est creusée dans le roc).

De Saintes à Marennes (49 k. 🚌 en 2 h. 25 à 3 h. 10; 3 fr. 80 et 2 fr. 50). — 11 k. *Nieul-Saint-Georges* (à Nieul, *église* du XIIe s. avec beau portail et cloître roman). — 21 k. *Saint-Porchaire*, 1,170 hab. (*église* des XIIe et XIIIe s.). A Taillebourg, *V.* p. 66). — 29 k. *Pont-l'Abbé*, sur l'Arnoult, avec une remarquable *église* des XIVe et XVe s., anc. dépendance d'une abbaye, dont il reste en outre une tour; au cimetière, tombeau du célèbre voyageur René Caillé. — 45 k. Saint-Just-Luzac; 49 k. Marennes (*V.* p. 66).]

De Saintes à Cognac, Barbezieux, Angoulême et Limoges, R. 15.

259 k. *Chaniers*. — Pont sur la Charente.

262 k. *Beillant* Ⓑ, d'où part à g. la ligne d'Angoulême (R. 15). — On remonte la rive dr. de la Seugne.

269 k. *Montils-Colombiers*. — 272 k. *Sains-Seurin-Lijardières*.

277 k. **Pons** * Ⓑ, 4,772 hab., pittoresquement situé sur le versant de la rive g. de la Seugne, qui s'y divise en plusieurs bras. — Dans un beau *jardin*

public en terrasse (belle vue), *château* converti en hôtel de ville (*tourelle* du XVe ou du XVIe s.); portail roman de la chapelle; donjon du XIIe s.; le jardin est soutenu par des *remparts* du XIIe s. (pour bien les voir il faut descendre un grand escalier de pierre).

[**De Pons à la Bergerie** (19 k. 🚂 en 1 h. 5 à 1 h. 15; 1 fr. 45 et 95 c.). — 12 k. *Saint-Genis-de-Saintonge*, 1,047 hab. (tour ruinée d'un château). — 14 k. *Plassac* (magnifique *château* du XVIIIe s.). — 19 k. La Bergerie (*V.* ci-dessous).

De Pons à Barbezieux (36 k. 🚂 en 1 h. 40 à 2 h.; 2 fr. 70 et 1 fr. 80). — 11 k. *Lonzac* (à 3 k. E.-N.-E.; *église* de la Renaissance). — 18 k. *Sainte-l'Heurine* (à 6 ou 7 k. N.-N.-E., **dolmen** de *Saint-Fort* : 10 m. 45 de long. sur 6 de larg.). — 21 k. *Archiac*, 855 hab. (ruines d'un *château*; 2 dolmens). — 31 k. *Barret* (*église* du XIIe s., avec portail roman). — 36 k. Barbezieux (R. 15).]

De Pons à Saujon, Royan et la Grève, R. 9.

A dr., ligne de Royan. — 282 k. *Fléac*. — On franchit la Seugne. — 286 k. *Mosnac-sur-Seugne*. — 290 k. *Clion-sur-Seugne*.

296 k. **Jonzac** *, 3,366 hab., sur le versant dr. de la Seugne. — Eglise moderne, avec *façade* du XIe s. — Ancien **château** remarquable (XIVe et XVIe s.; restauré) converti en hôtel de ville et en sous-préfecture. — *Porte féodale* du XVe s.

[**De Jonzac à Mortagne** (41 k. 🚂 en 2 h. 40 à 4 h.). — 13 k. *La Bergerie*; à g., embranch. pour (5 k.) *Mirambeau*, 1,951 hab., sur une colline (panorama étendu), avec un *château* ancien converti en asile de vieillards (de Mirambeau à Montendre, *V.* ci-dessous), et (13 k.) *le Pas-d'Ozelle* (ruines d'une villa romaine appelée *Ville de Pampelune*). — 20 k. *Saint-Ciers-du-Taillon*. — 25 k. *Lorignac-Saint-Dizant-du-Gua*. — 27 k. *Saint-Fort-sur-Gironde* (*église* des XIIe et XVe s.; du tertre de *Ciorac*, vue magnifique), d'où part l'embranch. de (5 k.) *Port-Maubert*, sur la Gironde. — 34 k. Touvent, et 7 k. de Touvent à (41 k.) Mortagne (*V.* ci-dessus).]

On s'éloigne de la Seugne. — 304 k. *Fontaines-d'Ozillac*. — 309 k. *Tugéras-Chartuzac*. — 313 k. *Coux*.

317 k. *Montendre*, 1,488 hab., dans une position pittoresque (restes d'un *château*, XIIe s.).

[**De Montendre à Mirambeau** (23 k. 🚂 en 1 h. 20 à 1 h. 30; 1 fr. 80 et 1 fr. 20). — 7 k. *Chamouillac* (château de *la Hoquette*). — 9 k. *Courpignac-Rouffignac*. — 23 k. Mirambeau (*V.* ci-dessus).

De Montendre à Saint-Aigulin (36 k. 🚂 en 1 h. 50). — 8 k. *Chepniers* (église du XIIe s., qui appartint aux chevaliers de Malte ainsi que le presbytère). — 12 k. *La Garde-Montlieu*. *Montlieu*, 947 hab., sur une colline de 142 m. (ruines d'un château). — 15 k. *Orignolles*. — 19 k. *Montguyon*, 1,650 hab., sur le Mouzon. Sur une colline escarpée, ruines d'un *château* des XIIe, XIIIe et XVe s. (beau donjon). Allée couverte de *Pierre-Follé*, longue de 8 m. — On croise le Palais. — 36 k. Saint-Aigulin (*V.* p. 85).]

On traverse des landes en partie plantées de pins. — 325 k. *Bussac* (église à portail roman; château gothique).

334 k. *Saint-Mariens* (Ⓑ).

[**De Saint-Mariens à Blaye** (25 k. 🚂 45 min. env.; 2 fr. 55, 1 fr. 90, 1 fr. 25). — 20 k. *Cars-Saint-Paul*. — 25 k. **Blaye** *, 4,775 hab., port sur la rive dr. de la Gironde. *Citadelle* renfermant des ruines du *château de Caribert* (VIIe s.) et où fut détenue la duchesse de Berry en 1832; *port*;

fort Pâté, sur un îlot. A Saint-André-de-Cubzac et à Saint-Ciers-Lalande, *V.* ci-dessous.

De Saint-Mariens à Coutras (30 k. 🚂 en 55 min. à 1 h. 11; 3 fr. 05, 2 fr. 25, 1 fr. 50). — La voie emprunte jusqu'à (4 k.) Cavignac (*V.* ci-dessous) la ligne de Bordeaux, puis s'en détache à g. pour suivre la vallée de la Saye. — 10 k. *Marcenais*, d'où part l'embranch. (20 k., en 35 à 52 min.; 2 fr. 05, 1 fr. 50, 1 fr.) de (20 k.) Libourne (R. 12). — On descend le Galastre. — 23 k. *Guîtres*, 1,481 hab., sur une colline dominant le confluent de l'Isle et du Lary (*église* romane). — Pont sur l'Isle. — 30 k. Coutras (R. 12).]

338 k. *Cavignac*. — 344 k. *Gauriaguet*.— 349 k. *Aubie-Saint-Antoine*. — Descente sur la vallée de la Dordogne.

352 k. *Saint-André-de-Cubzac*, 4,094 hab. (*église* romane; *château* moderne).

[**De Saint-André à Saint-Ciers-Lalande, par Blaye** (53 k. 🚂 en 2 h. 5 à 2 h. 32; 5 fr. 25, 3 fr. 95, 2 fr. 90). — 5 k. *Saint-Gervais* (église fortifiée). — 13 k. **Bourg-sur-Gironde**, 2,832 hab., sur une falaise rocheuse (belle vue) dominant la Dordogne;près du confluent de la Garonne (**porte**, tour et reste des anciens *remparts*; *église* moderne; *collection anthropologique et préhistorique* de M. Daleau, enrichie par les découvertes faites dans la *grotte de Pair-non-Pair*). — 17 k. *Comps* (à *Bayon*, *église* romane). — 30 k. Blaye (*V.* ci-dessus). — 35 k. *Saint-Seurin-de-Cursac*. — 44 k. *Etauliers* (fontaine minérale). — 53 k. *Saint-Ciers-Lalande*, 2,724 hab. (*église* ogivale).]

355 k. *Cubzac-les Ponts* (à 2 k. S.-E., **pont de la route de terre**, 1,545 m. de long. avec les 2 viaducs). — *Viaduc* métallique long de 300 m.; magnifique **pont** sur la Dordogne, formé par une poutre en treillis de fer de 8 m. de haut et de 562 m. de long., portée par 7 piles en fer; sur la rive g., **viaduc** métallique de 600 m. en courbe, aboutissant à un **viaduc** en maçonnerie de 40 arches et de plus de 500 m. de long. L'ensemble de ce beau travail, dû à l'ingénieur Gérard, a plus de 2 k. de développement. — On joint la ligne de Paris Bordeaux.

360 k. La Grave-d'Ambarès (R. 12). — 364 k. *Sainte-Eulalie-Carbon-Blanc*. — 372 k. *Bordeaux-Benauge*.

380 k. (303 k. de la Roche-sur-Yon). Bordeaux (Ⓑ R. 12).

ROUTE 9

ROYAN

DE PARIS A ROYAN

A. Par Chartres et Saumur.

563 k. — 🚂 de l'État (gare Montparnasse). — Traj. (service d'été) en 10 h. 44 par l'express de nuit, en 10 h. 50 par l'express de jour et en 8 h. 18 par le rapide qui est mis en marche t. l. j. sauf le dim. pendant la saison des bains de mer. — 54 fr. 85; 40 fr. 30; 27 fr. 20.

516 k. de Paris à Pons (R. 7). — Pont sur la Seugne. — 523 k. *Jazennes-Tauzac*.

528 k. *Gémozac*, 2,625 hab., au croisement de la ligne de Saintes à Mortagne (*V.* p. 67). — Pont sur la Seudre. — 535 k. *Saint-André-de-Lidon*. — 542 k. *Cozes*. — 547 k. *La Traverserie*.

554 k. **Saujon** *, 3,355 hab., sur la Seudre (important *établissement hydrothérapique*, entouré d'hôt., pensions de famille, villas

et chalets). — A 6 k. 5 E., construction romaine appelée *Pile* ou *tour de Pire-Longe*. — A 6 k. N.-N.-E., restes de l'abbaye de *Sablonceau* (*église* offrant plusieurs coupoles du XIIe s. et un beau clocher du XIVe).

[**De Saujon à la Tremblade et à la Grève** (24 k. 🚂 en 1 h. à 1 h. 25). — La voie court à travers la *péninsule d'Arvert*, dont les dunes ont été fixées par des plantations de pins. — 16 k. *Etaules*. — 17 k. *Arvert-Avallon*. — 22 k. *La Tremblade**, 3,601 hab., sur le chenal de l'Atelier qui s'ouvre (1 k. N.) sur l'estuaire de la Seudre, centre principal de l'industrie ostréicole dite de Marennes (nombreux *parcs aux huîtres*); un omnibus (25 c.) conduit en été à (4 k. N.-O.) la plage de *Ronce-les-Bains**. — 24 k. *La Grève*, stat. terminus, au bord de la Seudre. De là un bac à vap. (gratuit) transporte les voyag. sur la rive dr., à *la Cayenne*, d'où part un omnibus (50 c.) pour (5 k.) Marennes (*V.* p. 66).

De Saujon à Marennes (26 k. 🚂 en 1 h. 15; 2 fr. et 1 fr. 35). — 9 k. *Le Gua*, sur le Gua, affl. de la Seudre. — 14 k. *Nieulle-Saint-Sornin*, près du canal de Broue (à 2 k. 5 N., *donjon de Broue*, XIe ou XIIe s.). — 21 k. Saint-Just-Luzac; — 26 k. Marennes (p. 66).]

558 k. *Médis* (église du XIIe s.). 563 k. Royan (*V.* ci-dessous).

B. Par Tours.

554 k. — 🚂 (on change de train et de gare à Tours, où la gare de l'Etat est près de celle de l'Orléans), en 12 h. 14 à 16 h. 46. — 54 fr. 95; 40 fr. 40; 27 fr. 30.

234 k. de Paris à Tours (R. 4). — 81 k. de Tours à (315 k.) Arçay (R. 3, *B*). — 11 k. d'Arçay à (326 k.) Moncontour (R. 10). — 15 k. de Moncontour à (341 k.) Airvault, et 166 k. d'Airvault à (507 k.) Pons (R. 7 et 8). — 47 k. de Pons à (554 k.) Royan (*V.* ci-dessus, *A*).

DE BORDEAUX A ROYAN

A. Par l'Etat.

150 k. — La plupart des trains partent de la gare de Bordeaux-Saint-Jean; quelques-uns, notamment les rapides directs du service d'été, de Bordeaux-Etat; on change de train à Pons, sauf par les rapides directs. — Traj. en 2 h. 3 à 4 h. 16. — 13 fr. 65; 10 fr. 20; 6 fr. 85.

103 k. de Bordeaux à Pons (R. 8, en sens inverse). — 47 k. de Pons à (150 k.) Royan (*V.* ci-dessus).

B. Par le Médoc.

103 k. par le 🚂 (Cie du Médoc; gare, cours Saint-Louis) de Bordeaux à la Pointe-de-Grave, d'où part un bateau à vap. pour Royan en corresp. avec les trains; traj. total 3 h. à 4 h. 25; prix, comprenant le ch. de fer et le bateau à vapeur: 11 fr. 30, 8 fr. 50, 6 fr. 20 (30 c. à payer en plus à bord du vapeur, pour droit perçu au profit de la ville de Royan): all. et ret., val. 8 j.; 1° ret. par la même voie: 13 fr. 55, 10 fr. 20, 7 fr. 45; 2° ret. par le ch. de fer de l'Etat, *vià* Pons: 15 fr. 05, 11 fr. 30, 8 fr. 20.

La voie ferrée de Bordeaux à la Pointe-de-Grave traverse la célèbre région vinicole du **Médoc**, grande plaine de vignes étendue entre les prairies des bords de la Gironde, ou *Palus*, et les pineraies des Landes. Ses 4 premiers grands crus sont le Château-Lafite, le Château-Margaux, le Château-Latour et le Château-Haut-Brion.

4 k. *Bruges*, 2,319 hab.

[**De Bruges à Lacanau** (55 k. 🚂 en 2 h. à 2 h. 15; 5 fr. 70, 4 fr. 30,

3 fr. 15). — 43 k. *Lacanau* est relié par une route à (1,700 m. O.) l'*étang de Lacanau* (1,920 hect.), séparé du rivage de l'Atlantique par des dunes boisées. A Facture et à Lesparre, *V.* ci-dessous. — 49 k. *Tàlaris.* — 50 k. *Moutchic.* — 53 k. *Huga.* — 55 k. *Lacanau-Océan* *.]

8 k. *Blanquefort*, 2,957 hab. — 11 k. *Parempuyre* (*château* moderne). — 15 k. *Ludon* (vieux château d'*Agassac*). — 18 k. *Macau.* — 21 k. *Labarde.*

25 k. *Margaux* (visiter le vignoble fameux de **Château-Margaux**).

[**De Margaux à Castelnau** (10 k. 🚌 en 20 à 30 min.; 1 fr. 05, 75 c., 55 c.). — *Castelnau*, 1,679 hab. (à l'église, verrière du XVIe s.).]

28 k. *Soussans.* — 32 k. *Moulis* (*église* romane), à 4 k. S.-O.

41 k. *Saint-Laurent-Saint-Julien*, stat. qui dessert (4 k. O.) *Saint-Julien* (vins renommés parmi lesquels le *Léoville*, le *Gruaud-Larose*, le *Château-Beaucaillou*, le *Château-Lagrange*, etc.) et (3 k. E.) *Saint-Laurent-de-Médoc* *, 3,028 hab.

47 k. **Pauillac** *, 6,125 hab., sur la Gironde divisée en 2 bras par l'*île de Patiras*; port; en aval de la ville, grands *appontements* de la Cie Générale Transatlantique, où s'arrêtent les grands navires que leur tirant d'eau empêche de remonter jusqu'à Bordeaux le cours du fleuve. — Vignobles de **Château-Lafite, Château-Latour**, *Mouton-Rothschild*, *Château de Pichon-Longueville* et *Pichon-Longueville-Lalande.*

49 k. *Trompeloup*, gare desservant les hauts fourneaux, le lazaret et les appontements de Pauillac. — 52 k. *Saint-Estèphe.* — 56 k. *Vertheuil* (*église* romane; donjon d'un château du XIIe s.; ruines d'une abbaye). — 62 k. *Saint-Germain-d'Esteuil* (sources de *Fontenades*).

67 k. **Lesparre** *, 3,959 hab. — *Tour* carrée (XIVe s.) d'un ancien château. — *Eglise* moderne, style du XIIe s.

[**De Lesparre à Facture** (91 k. 🚌 en 5 h.; 9 fr. 40, 7 fr. 05, 5 fr. 15). — 22 k. *Hourtin*, à 2 k. E. de l'*étang de Hourtin-et-Carcans*, nappe grandiose et sauvage (15 k. de long. sur 3 à 4 de larg.; 6,150 hect.) séparée de l'Atlantique par un bourrelet considérable de dunes, boisées de pins, ayant jusqu'à 80 m. de haut. — 34 k. *Carcans.* — 46 k. Lacanau (*V.* ci-dessus). — 70 k. *Arès* *, station balnéaire, à l'extrémité N. du Bassin d'Arcachon (château de Mme Javal; huîtrières et réservoirs à poisson; pêche de la sardine). — 74 k. *Andernos* *, bain de mer (parcs aux huîtres). — 78 k. *Taussat* *, agréable station balnéaire adossée à une forêt de chênes et pins. — 84 k. *Audenge*, 1,366 hab. (huîtrières; réservoirs à poisson). — 91 k. Facture (R. 20).]

72 k. *Gaillan* (*clocher* octogonal roman).

75 k. *Queyrac*, stat. desservant (14 k. O.-N.-O.) le modeste « bain de mer » de *Montalivet.* — 80 k. *Vensac.* — 83 k. *Saint-Vivien*, 1,484 hab. — 87 k. *Talais.*

93 k. **Soulac-sur-Mer** * ou *Soulac-les-Bains*, 1,388 hab., jolie station de bains de mer, avec une belle plage, fut jadis une cité importante, engloutie par les sables mouvants et dont la vieille basilique, *N.-D. de la Fin des Terres* (XIIe et XIVe s.), a été exhumée de nos jours. — Dans la cour de l'école, curiosités archéologiques et ossements d'une baleine. — *Ancien couvent des Bénédictins Olivétains*, dissous en 1902. — *Monument* du sauveteur Laporte.

[A 4 k. S., station de bains de *l'Amélie-sur-Mer*.]

On pénètre dans une forêt.

101 k. *Le Verdon*, port sur l'estuaire de la Gironde. — 103 k. *Pointe de Grave* stat. terminus (restaurants, fort et phare), où l'on trouve (traj. en 30 min.) le bateau de Royan.

C. Par le bateau à vapeur.

103 k. env. — Embarcadère, ponton des Quinconces; escales à Blaye, Pauillac, la Maréchale, Maubert et Mortagne. — Trajet en 4 à 5 h. — Prix : 6 fr. et 4 fr.; all. et ret., val. 8 j., 9 fr. et 6 fr. — Café-restaurant à bord (serv. à la carte et à prix fixe; grands vins de la Gironde).

La traversée est agréable par temps beau et clair; l'aspect du port de Bordeaux, celui des collines de Lormont, le *Bec d'Ambès*, langue de terre qui se profile entre la Garonne aux eaux jaunâtres et la Dordogne aux eaux limpides, à leur confluent, les appontements de Pauillac, la « barre », quand on rencontre le flot de marée montant en crête blanche à l'assaut de l'onde tranquille du fleuve, le phare de Cordouan et le groupement charmant des villas de la côte de Royan se détachant en clair sur le fond vert sombre des pins et des chênes verts, sont les points saillants de cette navigation.

4 h. à 5 h. (selon les escales). Royan.

Royan *, 8,374 hab., port sur la Gironde (rive dr.), est la station de bains de mer la plus fréquentée du littoral de l'Océan entre la Loire et la Gironde. Un tram Decauville, qui traverse toute la ville, la relie à toutes les plages disséminées entre Saint-Georges-de-Didonne et la Grande-Côte. L'*avenue de la Gare* amène à une sorte de fourche d'où partent à dr. la rue de Rochefort, à g. l'avenue du *Parc de Royan*, aux allées bordées de villas, tracées dans une forêt (jardin public), aboutissant à la *Grande-Conche*, que borde sur plus de 2 k. de long., depuis le Casino municipal jusqu'au quartier de Vallières (*arènes de taureaux*) et aux *rochers de Vallières*, le *boulevard Saint-Georges* (belle vue).

La *rue de Rochefort*, d'une part, se prolonge par la *rue Gambetta*, l'artère vivante et animée de Royan (*mairie* avec petit musée; *église Notre-Dame*) et, d'autre part, aboutit au *Casino municipal*. Laissant la Grande-Conche à g., on suit à dr. le *boulevard Botton*, séparé de la plage par des allées ombragées très fréquentées (café-rest. et boutiques) à l'extrémité desquelles se dresse la *statue* (par Aubé) *d'Eugène Pelletan* (1813-1884), écrivain et homme politique, né à Saint-Palais-sur-Mer.

Gagnant la *façade du Port*, on tourne à dr. par la *façade de Foncillon* (à dr., *établissement d'hydrothérapie* et *casino de Foncillon*, avec parc), qui domine la *conche de Foncillon*. Ici on a le choix entre deux itinéraires pour se rendre à Pontaillac : l'un emprunte la bordure des falaises, laissant à g. le *fort du Chay*, la *conche du Chay*, le *feu du Chay*, le *tir aux pigeons* et la *conche du Pigeonnier*; l'autre consiste à suivre, en prolongement de la façade le Foncillon, l'*avenue de Pontaillac*, qui croise le *boulevard de Cordouan* et se termine au-dessus de la **conche de Pontaillac** (*casino-restauration* sur la plage), en arrière de laquelle est l'agglomération balnéaire de Pontaillac (chalets et villas dont les jardins et les parcs ont été taillés dans un bois de chênes verts).

En arrière de la ville de Royan au N., quartier de *Saint-Pierre*, avec une église romane et un phare; belle vue.

[Excurs. (trams) : — à (52 min.) la plage de *Nauzan*, aux (1 h. 2) bains de mer du *Bureau*, dépendant de *Saint-Palais-sur-Mer*(*église* romane), et (à g., phare de *Terre-Nègre*) à la *Grande-Côte* (1 h. 20; 18 k.; cafés-rest.); — au (23 k.) *phare de la Coubre* (53 m. de haut.), en passant par une forêt de 3,986 hect., et (16 k.) la *plage des Mathes* (chalet-restaurant). Au delà de la halte de *la Coubre* le tram longe à g. le *canal du Barrachois*, dessert (24 k.) *la Bouverie*, maison forestière où l'on peut déjeuner, et se termine au (32 k. 6) *Galon-d'Or* (débit-restaurant), magnifique plage de sable doré (vue admirable); — à (4 k. S.-E.) *Saint-Georges-de-Didonne* (église du XIIe s.), petit port sur la Gironde, station d'été et bain de mer (plage très abritée) célébrée par Michelet et Eugène Pelletan et voisine de la jolie *forêt de Suzac*; — à (11 k.; voit. 1 fr.) *Meschers* (port de pêche), sur une falaise dominant la charmante *conche des Nonnes* (bains de mer) et dans laquelle s'ouvrent les grottes artificielles ou *Trous de Meschers*, — et à (16 k.) *Talmont*, sur une roche calcaire dominant la Gironde (gracieuse église romane), desservi par la gare de Cozes (*V.* p. 69).]

ROUTE 10

D'ANGERS A POITIERS

157 k. — [train] en 4 à 5 h. — 15 fr. 85; 11 fr. 50; 7 fr. 65.

En sortant de la gare de la Maître-Ecole on laisse à g. la ligne du Mans, puis celle de la Flèche, et l'on croise la ligne de Paris. — A g., château du *Rosseau* (XVIIe-XVIIIe s.).

4 k. 5. *La Pyramide*. — On franchit l'Authion, puis les deux principaux bras de la Loire.

5 k. **Les Ponts-de-Cé** * (tram électrique pour Angers, 25 c.), 3,586 hab., curieuse V. formée d'une rue de plus de 3 k., traversant sur une série de 7 ponts (*statue de Dumnacus*, d'après David d'Angers) le canal de l'Authion, trois bras de la Loire et le Louet. — *Eglises : Saint-Aubin* (XIIe et XVIe s.), au N. de la ville, rive dr. de la Loire (restes de peintures murales et vitraux des XVe et XVIe s.); *Saint-Maurille* (*stalles* du XVIe s.). — Restes d'un *château* (auj. gendarmerie) bâti par le roi René.

On croise le Louet.

13 k. *Juigné-Sainte-Meluine*. — 15 k. *Saint-Jean-des-Mauvrets*.

20 k. *Quincé-Brissac*.

[A 1 k. N.-E., **Brissac**, ancien duché (**château** des XIVe, XVIe et XVIIe s., renfermant des *appartements*, une galerie des aïeux avec de précieux tableaux, et un oratoire orné de statues par David d'Angers; dans le parc, sur un coteau, *mausolée* des Cossé; *église* du XVIe s.).]

26 k. *Notre-Dame-d'Allençon*.

30 k. *Thouarcé*, 1,545 hab.

(sources ferrugineuses, *établissement thermal*). — A dr., vallée du Thouet).

33 k. *Le Perray-Jouannet.*

A Chalonnes et à la Possonnière, R. 1, p. 28-29.

34 k. *Jouannet - Chavagnes* (établiss. d'eaux minérales ferrugineuses et sulfureuses).

37 k. *Martigné-Briand* (restes d'un *château* de la Renaissance). — Ponts sur le Layon.

43 k. *Saint-Georges-Châtelaison* (bassin houiller).

51 k. *Doué-la-Fontaine**, 3,334 hab., est construit sur d'anc. carrières dont l'une (maison Lyonnet) mérite d'être visitée. — Magnifiques *fontaines* (XVIIIe s.). — *Eglise Saint-Pierre* (XVe s.). — Ruines de l'*église Saint-Denis* (XIIe s.).

A Cholet et à Saumur, R. 1, p. 24.

54 k. *Les Verchers-Baugé.*

58 k. *Le Vaudelenay-Puy-Notre-Dame.* A 3 k. S.-O., *le Puy-Notre-Dame*, avec une belle *église* des XIIe et XIVe s. (stalles du XVIe s.) possédant la ceinture de la Vierge, pèlerinage, et à laquelle sont attenantes 2 salles du XVe s., reste, avec l'église, d'un ancien prieuré. — Pont sur le Thouet. — 60 k. *L'Abbaye-Mâre.* — Pont sur le Thouet.

64 k. Montreuil-Bellay (Ⓑ R. 3). — On franchit la Dive canalisée.

70 k. *La Motte-Bourbon.* — 74 k. *St-Léger-de-Montbrillais.*

79 k. *Les Trois-Moutiers*, 1,238 hab. — A g., château ruiné de *Bois-Gourmont.*

87 k. Loudun (Ⓑ R. 3, *B*). — A g., ligne de Chinon. — On suit la ligne de Bressuire.

94 k. Arçay (R. 3, *B*). — A dr., ligne de Bressuire. On descend dans la vallée de la Briande.

100 k. *Martaizé.*

106 k. *Moncontour*, 765 hab., sur la Dive (église romane; *donjon* des XIIe et XVe s., près des ruines d'une grande chapelle romane qui offre des restes de peintures).

A Airvault, R. 6, *B*, p. 52.

Pont sur la Sauves canalisée. — 113 k. *Frontenay.* — 116 k. *Saint-Jean-de-Sauves.*

125 k. *Mirebeau*, 2,535 hab. (débris de fortifications; *église Notre-Dame*, des XIIe, XVe et XVIe s., avec flèche à jour du XIIIe et stalles du XVIe s.; *église Saint-André*, des XIIe et XVe s., avec stalles du XVIe).

131 k. *Noiron.* — La voie ferrée franchit le Pallu.

135 k. *Ville-Mal-Nommée.* — A dr., ch. de fer de Parthenay.

140 k. *Neuville*, 3,142 hab. (*dolmens* de *Malvault* et de *Bellefaye*; manoir de *Furigny*; *église* moderne, style du XIIe s.).

A Parthenay, R. 11.

144 k. *Avanton - Paché.* — 147 k. *Migné-les-Lourdines*, à 2 k. S., sur l'Auxance, à 1 k. en aval du *donjon d'Auxance* (1474). — La voie débouche dans la belle vallée de l'Auxance et franchit, puis longe cette rivière.

151 k. *Le Grand-Pont.* — On joint la ligne de Paris à Bordeaux (R. 12).

157 k. Poitiers (R. 12).

ROUTE 11

E NANTES A POITIERS

3 k. — en 4 h. 40 par l'express du soir. — 20 fr. 70; 15 fr. 35; 10 fr.

27 k. de Nantes à Clisson R. 8). — 31 k. *Cugand-la-Berardière*. — Pont sur la Sèvre.

37 k. *Boussay-la-Bruffière*.

44 k. *Torfou-Tiffauges*. A 1 k. ., *Torfou* (maison-mère des œurs de Sainte-Marie; mon. négalithique, dit *Pierre Tour-isse*). A 2 k. 5 N.-E., *Tiffauges**, ,156 hab., sur un promontoire escarpé dominant la vallée de a Sèvre et le confluent de la Crume (ruines d'un **château**, les XIe, XIVe et XVe s., ayant appartenu à Gilles de Retz, le grand seigneur magicien qui a fourni à nos contes populaires le type de « Barbe-Bleue »).

54 k. *Evrunes-Mortagne*. A 3 k. S.-E., *Mortagne-sur-Sèvre*, 2,235 hab., dans un site fort pittoresque (restes d'un couvent et d'un château; église romane).

58 k. *Saint-Christophe-du-Bois*.

66 k. **Cholet***, 19,352 hab., sur le versant d'une colline dominant le vallon de la Moine (pont du XVe s.), importante V. industrielle (fabr. de mouchoirs, toiles, linge de table, etc.), fait aussi un commerce considérable de bestiaux pour l'approvisionnement de Paris. Son nom est associé aux drames de l'épopée vendéenne. — 2 *églises* modernes. — *Monument* en bronze élevé « aux enfants de Cholet morts pour la patrie ». — *Musée*. — Jardin du *Mail* (menhir).

A Chalonnes et à la Possonnière, R. 1, p. 29; — à Nantes, R. 1, p. 35; — à Saumur, R. 1, p. 24.

On franchit le Trézon.

77 k. *Maulévrier* (*château* reconstruit après avoir été incendié pendant la guerre de Vendée; dans la cour, pyramide élevée à Stofflet, qui était garde-chasse du château lorsqu'il se fit chef des premiers insurgés), où l'on franchit la Moine.

87 k. *Châtillon-Saint-Aubin*. *Châtillon-sur-Sèvre*, 1,342 hab., est 2 k. à dr., sur l'Ouin (bâtiment, servant en partie de mairie, et église du XVIIIe s., restes d'une abbaye; restes d'un *château* du XIIIe s. dont l'enceinte renferme l'anc. palais de la maréchaussée, du XVIIIe s., transformé en gendarmerie). — A *Saint-Aubin-de-Beaubigné* (2 k. à g.), dans l'église, tombeaux des Larochejaquelein.

97 k. *Nueil-les-Aubiers*. — On franchit l'Argenton. — 103 k. *Voultegon*. — On croise le Ton, puis on joint la ligne de Tours. — Viaduc de 11 arches.

113 k. Bressuire (Ⓑ R. 3, *A*). — 124 k. *La Chapelle-Saint-Laurent* (curieux rocher dit le *Chiron de la Vierge*). — 129 k. *Clessé*. — 135 k. *Fénery*. — Arrêt de *la Berthelière*.

147 k. Parthenay (Ⓑ R. 6). — 154 k. *La Peyratte*. — 160 k. *La Ferrière-Thénezay*. — 166 k. *Chalandray*. — 172 k. *Ayron-Latillé* (à l'église d'Ayron, *retable* du XVIIe s.; château du XVIe s.). — 180 k. *Villiers-Vouillé*. A 4 k. S., dans la vallée de l'Auxance, *Vouillé*, 1,570 hab.

(ruines féodales), où Clovis vainquit Alaric en 507.

186 k. Neuville-de-Poitou, où l'on joint à g. la ligne d'Angers, et 17 k. de Neuville à (203 k.) Poitiers (R. 10).

ROUTE 12

DE PARIS A BORDEAUX

PAR L'ORLÉANS

582 k. jusqu'à Bordeaux-Bastide (gare particulière de la Cie d'Orléans), 588 k. jusqu'à Bordeaux-Saint-Jean (gare d'échange des réseaux d'Orléans, Midi et Etat). — Traj. en 7 h. env. par le rapide de j. (1re cl. seulement), 8 h. 30 env. par le rapide de nuit (1re cl.), qui vont à Bordeaux-Saint-Jean sans desservir Bordeaux-Bastide; en 10 h. à 10 h. 45 par les express (1re, 2e et 3e cl.). — Prix : pour Bordeaux-Bastide, 64 fr. 85, 43 fr. 80, 28 fr. 60; pour Bordeaux-Saint-Jean, 65 fr. 60, 44 fr. 35, 28 fr. 95. — On peut prendre, entre Paris et Bordeaux-Saint-Jean, le *Sud-Express*, train de luxe de la Cie des Wagons-Lits, partant des gares du Nord et d'Orléans les lundi, mercredi, vendredi et samedi soir. Prix du billet de Paris (gare d'Orléans) à Bordeaux-Saint-Jean, suppl. de 50 p. 100 perçu par la Cie des Wagons-Lits compris : 98 fr. 25 (retenir les places d'avance, 3, place de l'Opéra); 90 c. en plus si l'on part de la gare du Nord. — Wagons-restaurants aux rapides de jour; wagons-lits aux rapides de nuit.

238 k. de Paris à Tours (R. 1). — L'embranch. de Saint-Pierre-des-Corps joint la ligne de Bordeaux au *pont* de 6 arches sur le Cher. — Viaduc de *Grandmont* (belle vue). — A dr., ligne des Sables, puis Joué. — On passe sous la ligne de Châteauroux et, après avoir laissé à g. le château de *Candé* (1508), on traverse la vallée de l'Indre sur un **viaduc** de 59 arches, long de 751 m. et haut de 21.

249 k. (de Paris). *Monts.* A 2 k. N.-E., *poudrerie du Ripault.* — A g., château de *Longue-Plaine*, et, plus loin de la voie, château de *Thais* (XVIe s.).

258 k. *Villeperdue.*

[A 6 k. S., *Sainte-Catherine-de-Fierbois*, avec une **église**, reconstruite par Charles VII et Charles VIII, où Jeanne d'Arc, en 1429, envoya chercher l'épée qu'elle porta en combattant les Anglais. A l'int. : autel en bois du style gothique flamboyant; reliques de Ste Catherine dans un reliquaire ancien en or. A côté de l'église, *presbytère* dans l'anc. aumônerie, et jolie *maison du Dauphin* (1515). En face, sur la place, *statue de Jeanne d'Arc. Château* moderne *de Comacre*, style du XVe s.]

Viaduc de 15 arches, haut de 31 m., sur la Manse.

269 k. *Sainte-Maure*, 2,612 hab., à 3 k. E. de la station, sur la Manse (*église* de style gothique Plantagenet, XIIe s., bien restaurée, avec cryptes; *hôtel de ville* de style corinthien; rue du Carrefour, *maison* Renaissance). Le *plateau de Sainte-Maure*, entre l'Indre et la Vienne, renferme de curieuses *falunières*, prodigieux amas de polypiers et de mollusques, jadis amoncelés par la mer quand ses flots couvraient les fonds qui sont devenus la Touraine. — A g., *château d'Argenson*, XVIIIe s. (*colombier* Renaissance).

281 k. *Port-de-Piles* Ⓑ.

[**De Port-de-Piles au Blanc** (67 k. 🚃 2 h. 10; 7 fr. 50, 5 fr. 05, fr. 30). — Ponts sur la Creuse. - 10 k. *La Haye-Descartes*, 1,622 hab. (*maison* et *statue de Descartes*; *église*, XIIe s.). — Pont sur la Claise. — 21 k. *Le Grand-Pressigny*, 1,648 hab., près du confl. de la Claise et de l'Egronne (donjon et restes d'un **château** du XIIe s.; charmant *château neuf*, du XVIIe s., occupé par la gendarmerie; à l'église, peintures murales du XVe s.; **ateliers préhistoriques de silex ouvré**, découverts en 1863). Du Grand-Pressigny à Esvres, *V.* R. 14. — 35 k. *Preuilly-sur-Claise*, 1,978 hab., au bord de la Claise (**église** romane avec salle capitulaire du XVe s.; ruines d'un château des XIIe et XVe s.; *hospice* dans l'anc. château de la Rallière, XVIIe au XVIIIe s.; *maisons* du XVIe s., notamment l'ancien hôtel de ville). — 41 k. *Tournon-Saint-Martin*, 1,572 hab. (Indre), rive dr. de la Creuse, au débouché du Suin qui le sépare de *Tournon-Saint-Pierre* (Indre-et-Loire). A Châtellerault, *V.* ci-dessous. — 58 k. *Fontgombault*, dans la vallée pittoresque de la Creuse (**église** romane d'une anc. abbaye fondée au XIe s. et occupée auj. par des trappistes). — 67 k. Le Blanc (*V.* p. 81).]

De Port-de-Piles à Richelieu, Chinon et Port-Boulet, R. 1, p. 22.

Pont sur la Creuse; on remonte la rive dr. de la Vienne. — 285 k. *Les Ormes* (château de la famille Voyer d'Argenson). — 289 k. *Dangé*, 806 hab. — 297 k. *Ingrande*.

303 k. **Châtellerault** * Ⓑ, 20,801 hab., rive dr. de la Vienne. — *Eglise Saint-Jacques*, XIIe-XIIIe s. (jolie façade romane moderne). — *Saint-Jean-Baptiste* (1469), restaurée de nos jours. — *Square Gambetta*, dominé par le *château d'eau* (monument « à la gloire de la Révolution française »). — *Hôtel Sully* (XVIe s.). — *Pont* de 7 arches (1565-1609), long de 144 m., large de 21, et que terminent sur la rive g. 2 grosses tours; autre pont, en ciment armé. — Au confl. de la Vienne et de l'Envigne, importante *manufacture d'armes*, dans le faub. de *Châteauneuf* (rive g.), dont l'*église* est moderne (style du XIIIe s.). — Fabr. renommées de *coutellerie*.

[De Châtellerault à Tournon-Saint-Martin (46 k. 🚌 en 1 h. 15 à 1 h. 30; 5 fr. 55, 3 fr. 50, 2 fr. 25). — 23 k. *Pleumartin*, 1,300 hab. — 32 k. *La Roche-Posay*, petite V. pittoresque sur un escarpement rocheux dominant la rive g. de la Creuse (pont suspendu; restes de *remparts* des XIIe et XIVe s. et *porte* de ville; *donjon* du XIIe s.; à 1 k. S., sources minérales et établissement hydrothérapique). — 46 k. Tournon-Saint-Martin (*V.* ci-dessus).]

De Châtellerault à Loudun, *V.* R. 3, p. 46.

La Vienne franchie, on remonte la rive dr. du Clain. — A dr., *forêt de Châtellerault* (1,500 hect.).

311 k. *Les Barres*. — Sur la rive dr. du Clain, ruines romaines du *Vieux-Poitiers* et **menhir** haut de 2 m. 66 avec inscription gauloise; en amont, *Moussais-la-Bataille*, emplacement présumé de la bataille où Charles-Martel vainquit les Sarrasins, en 732. A dr., *château de Baudiment* (XVe s.). — 317 k. *La Tricherie*.

321 k. *Dissais* (beau *château* des XVe, XVIe et XVIIIe s.).

325 k. *Clan*.

328 k. *Chasseneuil*, regardé comme l'anc. villa de *Cassinogilum*, où Charlemagne et son petit-fils Pépin d'Aquitaine vinrent souvent résider et où naquit en 778 Louis le Débonnaire. — On franchit l'Auxance, au *Grand-Pont*, puis le Clain.

336 k. **Poitiers** * Ⓑ, antique cité gauloise des Pictons ou Pictaves, le *Limonum* des Romains, ancienne capitale du Poitou, auj. ch.-l. du départ. de la Vienne, siège d'un évêché, V. de 39,886 hab., une des plus curieuses de la France au point de vue monumental, située au confl. du Clain et de la Boivre, qui l'entourent de trois côtés, sur une colline élevée de 40 m. (145 m. d'alt.).

De la gare le *boulevard Solferino* continué par la *rue Boncenne* conduit au **Palais de Justice**, l'anc. palais ducal dont il reste la *salle des Pas-Perdus* (XIIe et XVe s.; pour visiter, s'adresser au concierge) et la *tour Maubergeon* (XVe s.). De la place du Palais partent à dr. la *rue Gambetta* (à l'extrémité, *église Saint-Porchaire*, du XVIe s., avec *tour* et porte romanes, tombeau de St Hilaire et cloche) et la *rue des Grandes-Ecoles*, conduisant toutes deux à la place d'Armes.

Dans cette dernière rue s'ouvre à dr. un passage où l'on visite (s'adresser au concierge) le **musée de la Société des antiquaires de l'Ouest**, installé dans une salle de la vieille Université, appelée les *Grandes-Ecoles*, et dans une anc. chapelle attenante à l'*ancien hôtel de ville* (XVe-XVIIIe s.).

Sur la **place d'Armes** (point de départ des trois lignes de trams électriques), qui est, avec la rue Carnot, la rue Gambetta et la rue des Cordeliers, le centre de l'animation de Poitiers, s'élève l'**Hôtel de Ville**, moderne, décoré de peintures par Léon Perrault, Bin, De Curzon, Puvis de Chavannes, et renfermant le *Musée municipal* ainsi que le *musée d'histoire naturelle*.

A dr. de l'hôtel de ville la *rue de Magenta* longe le *square de la République* (*monument des Enfants de la Vienne* morts pour la patrie en 1870-1871, par J. Coutant), derrière lequel le *lycée* occupe l'ancien collège des Jésuites, de 1608 (pavillon du temps de Henri IV; dans la chapelle, retable en marbres du XVIIe s., *Présentation au Temple*, peinture de Finsonius, et boiseries de la sacristie).

Sur la place d'Armes, dans la *rue Victor-Hugo*, qui conduit à la *préfecture*, se trouve (s'adr. au concierge) le *musée de Chièvres* ou *des Augustins*, collection artistique installée dans l'hôtel (XVe-XVIe s.) légué par M. Rupert de Chièvres à la Société des Antiquaires.

La rue Victor-Hugo croise la *rue Théophraste-Renaudot*, qui à g. conduit à la *rue Saint-Hilaire* (à dr.), sur laquelle se trouve, à g., l'**église Saint-Hilaire-le-Grand**, jadis collégiale célèbre, construite aux Xe et XIe s. sur l'emplacement d'un édifice mérovingien. La nef (grande voûte formée d'une suite de coupoles sur plan octogonal; triples collatéraux) a été refaite de nos jours. Le chœur, sur une sorte de crypte (reliques de St Hilaire et tombeau du XIe s.), est très élevé au-dessus de la nef.

Au delà de l'église Saint-Hilaire la 1re rue à g. longe l'Ecole normale d'instituteurs, ancien *Doyenné*. Cette rue tombe dans la *rue de la Tranchée*, continuation de la *rue Carnot*. Croisant la rue de la Tranchée,

Reliure serrée

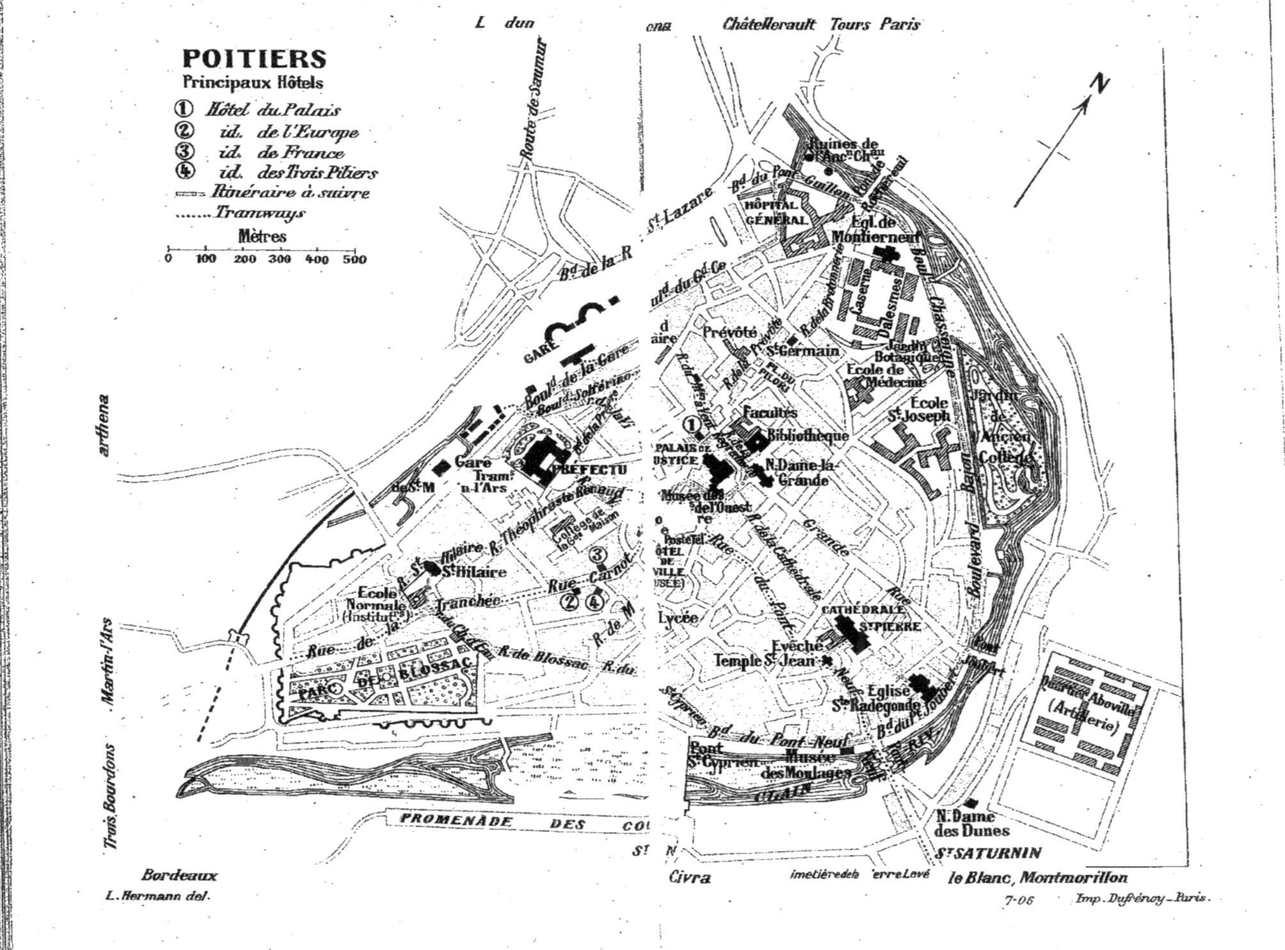
POITIERS
Principaux Hôtels
① Hôtel du Palais
② id. de l'Europe
③ id. de France
④ id. des Trois Piliers
Itinéraire à suivre
Tramways
Mètres
0 100 200 300 400 500
Châtellerault Tours Paris
Route de Saumur
Ruines de l'Anc. Chau
Bd du Pont Guillon
HÔPITAL GÉNÉRAL
Egl. de Montierneuf
Caserne
Dalesmes
Boul. Chasseigne
Jardin Botanique
Ecole de Médecine
Ecole St Joseph
Jardin de l'Ancien Collège
Boulevard Bajon
Prévôté
St Germain
Pl. du Pilori
Facultés
Bibliothèque
N. Dame-la-Grande
PALAIS DE JUSTICE
Musée des Stés de l'Ouest
R. de la Cathédrale
Grande Rue
Rue du Pont
CATHÉDRALE St PIERRE
Evêché
Temple St Jean
Eglise Ste Radegonde
Bd du Pont Neuf
Pont St Cyprien
Musée des Moulages
CLAIN
Quartier Aboville (Artillerie)
N. Dame des Dunes
St SATURNIN
GARE
Boul. de la Gare
Boul. Solférino
PRÉFECTURE
Gare Tram. St Martin-l'Ars
R. Théophraste Renaud
St Hilaire
Rue Carnot
Tranchée
Ecole Normale (Institutrs)
R. de Blossac
PARC DE BLOSSAC
Lycée
PROMENADE DES COURS
Bordeaux
Civra
le Blanc, Montmorillon
Trois Bourdons
Martin-l'Ars
L. Hermann del.
7-06
Imp. Dufrénoy – Paris.

n prend la *rue du Château-d'Eau*, ainsi nommée du *château d'eau* qui reçoit l'eau de la source de Fleury (20 k. O. de Poitiers), qui avait déjà été captée par les Romains au Ier ou au IIe s. Le château d'eau occupe l'extrémité N.-E. du **parc de Blossac** (9 hect.), créé par le comte de Blossac, intendant du Poitou de 1751 à 1784. Des terrasses, soutenues par les anciennes murailles de la ville, belle vue. Autour du parc subsistent des restes des *remparts* de la ville (XIIe et XVe s.).

Du parc, par les *rues du Calvaire* et *Saint-Cyprien*, on gagne la rive g. du Clain, qu'on longe avec le *boulevard du Pont-Neuf*, sur lequel, immédiatement avant le pont Neuf (n° 7), se trouve l'*atelier archéologique Saint-Jean-Baptiste* ou *Musée des moulages du baptistère Saint-Jean* (visible t. l. j.), fondé par le P. Camille de la Croix (c'est là que l'on trouve le gardien du baptistère Saint-Jean).

Sans franchir le *pont Neuf*, au delà duquel, à dr., se voient la *chapelle* et la *statue* en bronze doré *de N.-D. des Dunes* (1875; de la galerie qui borde le socle, vue magnifique), on prend, en face du pont, à g., la *rue du Pont-Neuf*, qui conduit au **baptistère ou temple Saint-Jean** (s'adr. chez le gardien, à l'atelier Saint-Jean-Baptiste, boulevard du Pont-Neuf, 7), autre Musée de la Société des Antiquaires de l'Ouest (sarcophages mérovingiens et inscriptions chrétiennes des premiers siècles). Le baptistère Saint-Jean (IVe s.; transformé en église paroissiale et en baptistère par immersion au VIIe s.) est peut-être l'édifice chrétien le plut ancien qui existe actuellemen en France.

A dr. du baptistère se trouvent l'*évêché* et, sur la *place Saint-Pierre*, la **Cathédrale**, édifice des XIIe-XIIIe s., élevé en majeure partie aux frais du roi d'Angleterre Henri II et de la reine Eléonore de Guyenne. Les tours sont restées incomplètes, sauf un étage ajouté au XVe s. à la tour du N. A l'int. les nefs se rétrécissent et s'abaissent légèrement vers le chœur; ce qui donne une perspective plus fuyante et augmente en apparence la longueur de l'édifice. La porte principale offre des vantaux sculptés du XVe s. A la façade N., contre le croisillon g., charmante composition du XIIIe s.

A l'int. : **verrières**, principalement des XIIe et XIIIe s.; **stalles** du XIIIe s.; *maître autel* moderne; **orgue** de Cliquot; tombeaux d'évêques, par Bonnassieux; dans la sacristie du Chapitre, portraits d'évêques depuis la fin du XIVe s.

En arrière de la cathédrale une petite rue conduit à l'**église Sainte-Radegonde**, jadis collégiale, consacrée en 1099, refaite en partie ou modifiée aux XIIe-XVe s.

A l'int. : vitraux du XIIIe s.; *chapelle du Pas-de-Dieu*, avec l'empreinte du pied du Christ; dans la *crypte*, tombeaux de Ste Radegonde, pèlerinage, de Ste Agnès et de Ste Disciole; statue de Ste Radegonde, par Nicolas Le Gendre (XVIIe s.); jolie sacristie de la 1re moitié du XIIIe s.

De Sainte-Radegonde, revenant à la place Saint-Pierre, on prend, en face de la cathédrale, la *rue de la Cathédrale* (n° 53, maison construite sur l'emplacement de l'*hôtel de la Rose*, où logea Jeanne d'Arc en 1429), qui conduit, en tournant à dr. dans la *rue du Marché-Notre-Dame*, à **Notre-Dame-la-Grande,** célèbre par sa façade romane où une profusion de sculptures représentent le Christ triomphant entouré des figures apocalyptiques des Evangélistes, la Vie de la Vierge, etc. La nef et le chœur datent du XII° s., les chapelles de la nef latérale N. du XV° ou du XVI° s.

A l'int. : 2 lutrins Louis XV en cuivre; saint-sépulcre du XVI° s.; derrière le grand autel, statue vénérée (XVI° s.) de la *Vierge* portant un trousseau de clefs, pour rappeler qu'en 1202 (tradition erronée puisqu'alors Poitiers appartenait aux Anglais) les clefs de la ville auraient été miraculeusement soustraites aux recherches d'un traître qui devait les livrer aux Anglais. L'anniversaire du « miracle des clefs » est célébré, le lundi de Pâques, par une procession solennelle.

Près de Notre-Dame-la-Grande le *Palais des Facultés*, ancien Hôtel-Dieu (dans la cour, arcades romanes d'un cloître), renferme la *Bibliothèque* : 60,000 vol. imprimés dont 215 incunables, et 580 vol. manuscrits, non compris 89 vol. in-folio de dom Fonteneau.

Prenant la *rue de la Prévôté*, on remarquera à g. l'*hôtel Fumée*, du XV° s. Par la *rue de la Chaîne*, continuation de la précédente, puis, à dr., la *rue Saint-Germain* (ancienne église du même nom, XI° s.), et, à g., la *rue de la Bretonnerie*, on arrive à l'**église de Montierneuf,** offrant quelques parties remarquables du XI° s. (chœur altéré au XIII° s. par l'addition sur l'abside centrale d'un étage dit « la Lanterne »). A l'intérieur, tombeau (moderne) du fondateur, Guillaume VI, duc d'Aquitaine († 1087).

En sortant de Montierneuf on descendra au Clain et là, laissant à dr. le *pont de Rochereuil*, on suivra sur la g. le *boulevard du Pont-Guillon*, qui franchit la Boivre un peu en amont de son confl. avec le Clain; c'est là, à la jonction des deux rivières, que s'élevait le *château*, dont on peut voir, ainsi que des *remparts*, des restes de la fin du XII° s. et du commenc. du XV°. Immédiatement après le pont Guillon, à g., le *boulevard du Grand-Cerf* et le *boulevard de la Gare* ramènent à la gare.

On peut voir aussi à Poitiers : — au *grand séminaire*, une chapelle de 1660, avec retable décoré de bronze doré et une bibliothèque où sont conservés des manuscrits du XV° s.; — Grande-Rue, 157, l'*hôtel d'Aquitaine* (XVI°-XVIII° s.), anc. résidence des prieurs de Saint-Jean de Jérusalem; — rue Saint-Paul, 1, l'*hôtel d'Elbène* ou de Diane de Poitiers, Renaissance; — le *jardin botanique*, etc.

Au faub. Saint-Saturnin, à l'E.-S.-E., à 1 k. de la rive dr. du Clain (franchir le pont Neuf et prendre la seconde rue à g., marquée par une croix), dolmen de la *Pierre-Levée*. — A 2 k. S.-O., *arcs de Parigny* ou *Parigné*, restes d'un aqueduc romain.

[**De Poitiers à Argenton par le Blanc** (100 k. 🚂 en 3 h. 40 par les trains directs). — On suit jusqu'à Saint-Benoît la ligne de Bordeaux.

— Tunnel de 205 m. et pont sur le Miosson.

12 k. *Mignaloux-Nouaillé*, où se détache à dr. la ligne de Montmorillon et Saint-Sulpice-Laurière (*V* ci-dessous). A 2 k. S., dans la vallée du Miosson, restes de l'*abbaye* bénédictine de *Nouaillé*, fondée au IXe s. : *église* (XIIe et XVIe s.) dominée par un donjon et entourée d'une enceinte fortifiée (sarcophage de St Junien; stalles et jubé de 1599); *pavillon de l'Abbé* (XVe s.); crypte romane de *N.-D.-sous-Terre*. — 9 k. *Saint-Julien-Lars*, 1,223 hab. (château, avec *christ* en ivoire du XVIe s.).

20 k. **Chauvigny** *, 2,346 hab., une des petites villes les plus pittoresques du Poitou, sur la rive dr. de la Vienne, en partie sur un promontoire escarpé qui porte les superbes **ruines féodales** de cinq châteaux contigus. *Eglises Notre-Dame* (XIe s.; fresque du XVe s.) et *Saint-Pierre* (XIe et XIIe s.) restaurées (2 tombeaux du XIVe s.). — Viaduc sur la Vienne. — On domine le pittoresque *ravin du Pontreau* (carrières). — 32 k. *Paizay-le-Sec* (*église* romane, retable du XVIIe s.).

39 k. *Saint-Savin*, 1,605 hab., au bord de la Gartempe, est célèbre par son abbaye, fondée en 811 par Charlemagne, et sa magnifique **église**, l'édifice le plus complet du XIe s. qui existe en France (*clocher* avec flèche du XIVe ou du XVe s. haute de 94 m.; **peintures murales** du XIe s., collection unique en France; cryptes).

49 k. *Ingrandes-Mérigny*. La *vallée de l'Anglin*, en amont et surtout en aval d'Ingrandes, jusqu'à son embouch. dans la Gartempe, offre des sites charmants, des falaises et des rochers très pittoresques et de curieux débris du moyen âge. On pourrait la suivre jusqu'à (16 k.) *Angles-sur-l'Anglin*, vieux b. séparé par un ravin des ruines d'un *château* des XIe, XIIIe et XVIe s. — *Viaduc* de 21 arches sur la vallée de la Creuse.

61 k. **Le Blanc** * Ⓑ, 6,663 hab., dans une jolie situation, sur la Creuse (*église Saint-Génitour*, XIIe, XIIIe et XVe s.; *église* romane *de Saint-Cyran*, revêtue de lierre), est relié à (39 k.) Montmorillon (*V.* ci-dessous) par un ch. de fer (4 fr. 35, 2 fr. 95, 1 fr. 90) qui dessert (21 k.) *la Trimouille*, 1,766 hab., sur la rive g. de la Benaize, berceau (XIe s.) d'une illustre famille (à 5 k. N.-N.-O., *église* romane *de Villesalem*, servant de grange).

Du Blanc à Tournon-Saint-Martin, au Grand-Pressigny et à Port-de-Piles, *V.* ci-dessus, p. 76-77; à Valençay, Romorantin et Argent, p. 184.

76 k. *Ciron* (*lanterne des morts*, XIIe s.; dolmen de *Sennevault*; *château de Romefort*, XIVe s.). — La voie franchit la Creuse.

91 k. *Saint-Gaultier*, 2,430 hab., au bord de la Creuse (*église* du XIe s.; petit séminaire avec *chapelle sépulcrale* de style byzantin). — 100 k. Argenton (R. 16).

Du Blanc à Saint-Benoît-du-Sault (41 k. ⛟ en 2 h. 22; 3 fr. 60 et 2 fr. 75). — On remonte la vallée de l'Anglin. — 10 k. *Mauvières*. — 15 k. *Bélâbre*, 1,918 hab. (beau *château* moderne). — On franchit la vallée de la Sonne. — 25 k. *La Rochechevreux* (*château* des XVe-XVIe s., sur un promontoire entre l'Anglin et l'Abloux). — 30 k. *Prissac* (à l'église, peintures murales du XVe s.). — 41 k. Saint-Benoît-du-Sault (*V.* p. 105).

De Poitiers à Saint-Sulpice-Laurière par Montmorillon (126 k. ⛟ en 3 h. 30 à 4 h. 25; 14 fr. 10, 9 fr. 55, 6 fr. 20). — 12 k. Mignaloux-Nouaillé (*V.* ci-dessus). — 30 k. *Lhommaizé*, où l'on franchit la Dive. — 35 k. *Civaux*, sur la rive g. de la Vienne (église des XIIe-XIIIe s., avec clocher du XVe; chapelle et cimetière du XIIIe s. entourés d'un cercle de tombes mérovingiennes; *tour aux Cognons*, XIIe et XIIIe s.). — Viaduc sur la Vienne.

41 k. *Lussac-les-Châteaux*, 1,952 hab. (église romane; grotte préhistorique au-dessous d'une chapelle; sur la rive g. de la Vienne, *tombeau* du célèbre capitaine anglais *Chandos*, blessé mortellement en cet endroit en 1369). A Saint-Saviol, *V.* ci-dessous, p. 82.

54 k. **Montmorillon** * Ⓑ, 5,176 h., sur la Gartempe. — *Eglises : Saint-Martial*, moderne (style ogival primitif), avec clocher des XIIe et XVe s.,

et *Notre-Dame* (XIIe-XIIIe s.; crypte du XIe s.). — Au *petit séminaire* (visible t. l. j.), *église* romane, avec *peintures* de M. de Galembert, belle *frise* de la façade et *monument* commémoratif *de La Hire*, compagnon de Jeanne d'Arc, jadis enterré en ce lieu; chapelle sépulcrale, de 1180 env., de forme octogonale, célèbre parmi les archéologues sous le nom d'*Octogone de Montmorillon*. — *Statue* du général *de Ladmirault*, par Octobre (1901). — Au Blanc, V. ci-dessus : le Blanc.

Pont sur la Gartempe. — 65 k. *Lathus* (*église* romane à coupole; pont d'*Ouzilly*, près du *Rocher de l'Enfer*). — 73 k. *Thiat-Oradour*, dominant la vallée de la Brame, aux sites sauvages et pittoresques.

83 k. **Le Dorat** *, 2,761 hab., sur une colline au-dessus du vallon de la Seure. — **Eglise**, de 1088-1130, un des plus beaux types du style roman limousin, avec *crypte* et les reliques de deux saints locaux très vénérés, St Israël et St Théobald. — *Remparts* du XVe s. (*porte Bergère*).

103 k. *Châteauponsac* *, 3,936 hab., au-dessus de la rive dr. de la Gartempe. — A l'*église Sainte-Thyrse* (XIIe et XVe s.; crypte), moule à hosties du XIIIe s. et nombreux *reliquaires* parmi lesquels celui de Tous-les-Saints, donné en 1226 par l'abbaye Saint-Sernin de Toulouse à celle de Grandmont. — *Porte* des anciens remparts.

111 k. *Bessines*, 2,690 hab. (château de *Monisme*, XVe s.). — On joint la ligne de Paris à Toulouse. — Viaduc sur la Gartempe. — 126 k. Saint-Sulpice-Laurière (Ⓑ R. 16).

De Poitiers à Saint-Martin-Lars (48 k. 🚆 en 3 h. 20; 3 fr. 70 et 2 fr. 45). — 15 k. *Les Roches-Prémarie* (donjon du XIVe s.). — 17 k. *La Villedieu*, 543 hab. (*église* romane). — 27 k. *Gençay*, 1,157 hab., au confl. de la Clouère et de la Belle (ruines d'un **château** des XIIIe et XIVe s.; *château de la Roche*, des XVIe et XVIIe s., avec collection de peintures; sur la rive dr. de la Clouère, *église* romane de *Saint-Maurice*). — 42 k. *Usson* (*église* romane). — A g., château d'*Artron* (XVe s.). — 48 k. Saint-Martin-Lars (V. ci-dessous).]

De Poitiers à Saint-Maixent et Niort, R. 6, *C*; — à Loudun et Angers, R. 10; — à Parthenay, Bressuire, Cholet et Nantes, R. 11.

Tunnel de 300 m.

340 k. *Saint-Benoît*, d'où se détachent à dr. la ligne de Niort, à g. celle de Saint-Sulpice-Laurière et Limoges.

343 k. *Ligugé* fut fondé en 361 par St Martin, qui y établit le premier monastère de l'Occident; *l'abbaye* a été restaurée de nos jours par les Bénédictins, puis abandonnée par eux lors de la dissolution des Congrégations (1902) : *église* du XVe s.; tour où logea Rabelais; *Oratoire* ou *chapelle miraculeuse* sur l'emplacement où St Martin ressuscita un catéchumène.

349 k. *Iteuil*. — Tunnel.

356 k. *Vivonne*, 2,432 hab. (*église* et *château* ruiné des XIIe et XIVe s.). — Ponts sur le Clain et sur la Dive du Sud.

365 k. *Anché-Voulon* (*camp de Sichard* : buttes sépulcrales et tombes en maçonnerie).

370 k. *Couhé-Vérac*. — On monte sur un plateau, pour descendre ensuite, au delà de (379 k.) *Epanvilliers*, dans la vallée de la Charente.

388 k. *Saint-Saviol*. Près de la station, *dolmen de la Pierre-Pèse*, long de 7 m. 30.

[**De Saint-Saviol à Lussac-les-Châteaux** (64 k. 🚆 en 2 h. et 3 h.; 7 fr. 15, 4 fr. 85, 3 fr. 15). — 7 k. **Civray** *, 2,492 hab., sur la rive dr. de la Charente (**église Saint-Nicolas**, du XIIe s., avec magnifique façade romane, ornée de sculptures et bas-reliefs, fortifiée au XVe s.; à l'int., peintures murales du XVe s.; *hôtel de la Prévôté* ou *maison de*

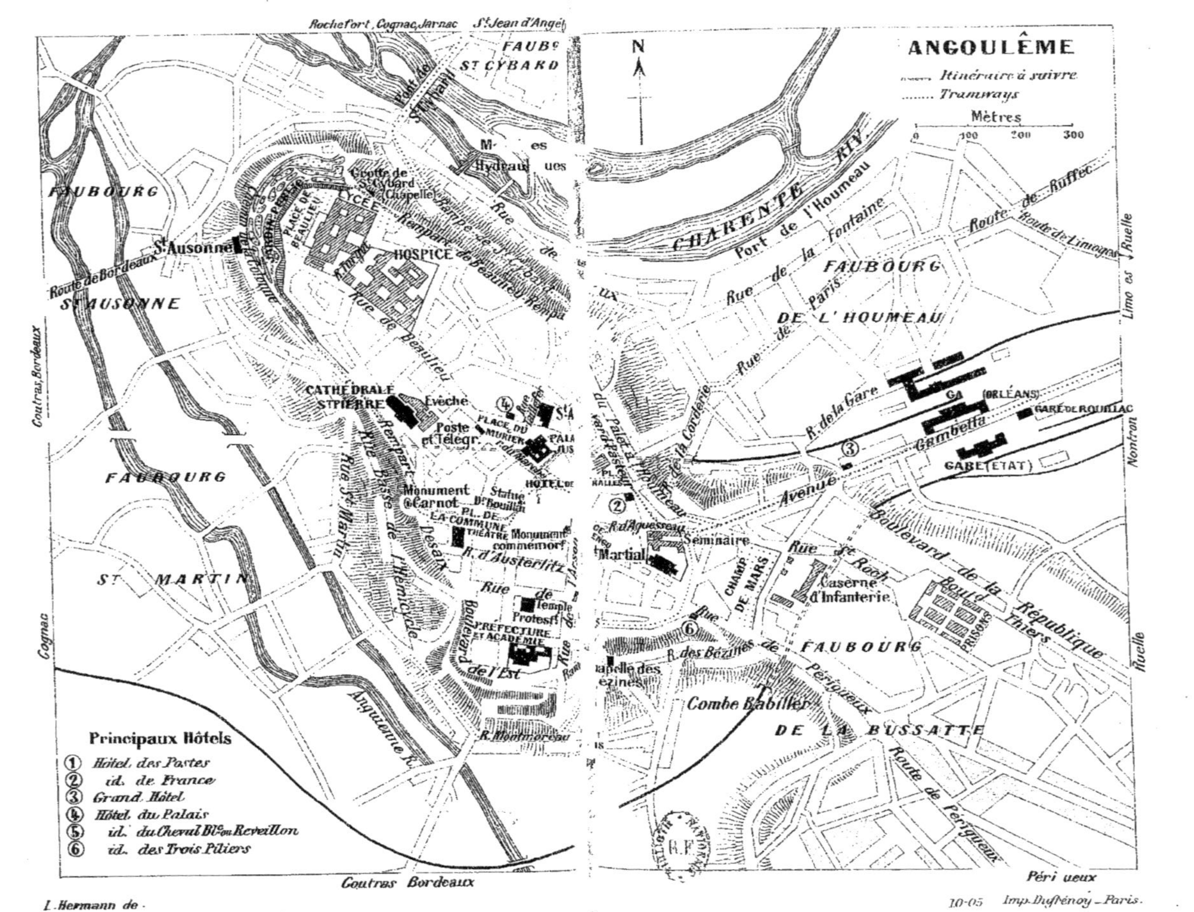
ANGOULÊME
Itinéraire à suivre
Tramways
Mètres
0 100 200 300
N
Rochefort, Cognac, Jarnac
St Jean d'Angely
FAUBG ST CYBARD
Pont de St Cybard
CHARENTE
Port de l'Houmeau
Rue de la Fontaine
Route de Ruffec
Route de Limoges
Ruelle
Limoges
FAUBOURG DE L'HOUMEAU
Rue de Paris
Rue de la Corderie
R. de la Gare
Gambetta
(ORLÉANS)
GARE DE ROUILLAC
GARE (ÉTAT)
Nontron
Avenue
Boulevard de la République
Boud Thiers
PRISONS
Rue St Roch
Caserne d'Infanterie
CHAMP DE MARS
Séminaire
St Martial
R. d'Aguesseau
FAUBOURG DE LA BUSSATTE
R. des Bézines
Rue de Périgueux
Combe Babiller
Route de Périgueux
Péri ueux
FAUBOURG ST AUSONNE
St Ausonne
Route de Bordeaux
Chemin de la Colonne
PLACE DE BEAULIEU
LYCÉE
Grotte de St Cybard (Chapelle)
Rempart de Beaulieu
Rampe de St Cybard
HOSPICE
Rue de Beaulieu
CATHÉDRALE ST PIERRE
Evêché
Poste et Télégr.
PLACE DU MURIER
Rempart
Rue Basse de l'Hémicycle
Rue St Martin
Desaix
Monument Carnot
Statue Dr Bouillaud
PL. DE LA COMMUNE
THÉATRE
Monument commémorf
R. d'Austerlitz
Rue du Temple
Temple Protestt
PRÉFECTURE ET ACADÉMIE
Boulevard de l'Est
R. Montmorençy
Anguienne R.
FAUBOURG ST MARTIN
Coutras, Bordeaux
Cognac
Coutras Bordeaux
Principaux Hôtels
① Hôtel des Postes
② id. de France
③ Grand Hôtel
④ Hôtel du Palais
⑤ id. du Cheval Blc ou Reveillon
⑥ id. des Trois Piliers
L. Hermann de.
10-05 Imp. Dufrénoy _ Paris.

Louis XIII, du xve s.). — 11 k. *Savigné*. A dr., *grottes du Chaffaud*, antique atelier d'armes en silex. — 17 k. *Charroux*, 1,964 hab. (*clocher* octogonal du XIIe s. et bâtiments d'une abbaye fondée par Charlemagne). — 30 k. *Saint-Martin-Lars*, relié directement à Poitiers par une voie ferrée (*V.* ci-dessus). — Pont sur la Clouère. — 39 k. *Le Vigean*, où l'on joint la ligne de Confolens (*V.* p. 99). — Magnifique *viaduc* sur la Vienne. — 44 k. *L'Isle-Jourdain*, 1,142 hab., sur la Vienne (anc. donjon servant de clocher). — A Confolens et à Roumazières, *V.* p. 99. — 64 k. Lussac-les-Châteaux, station de la ligne de Poitiers à Saint-Sulpice-Laurière (*V.* ci-dessus, p. 81).]

De Saint-Saviol à Chef-Boutonne et à Saint-Jean-d'Angely, R. 7, p. 60.

Forêt de Ruffec.

402 k. **Ruffec***, 3,474 hab. — *Eglise* des xve et xvie s. (façade romane). — Pâtés de perdreaux truffés.

A Chef-Boutonne et à Niort, p. 55.

Tunnel. — 412 k. *Salles-Moussac*. — 420 k. *Luxé*, où l'on franchit la Charente. — A g., forêt de Saint-Amant-de-Boixe.

430 k. *Saint-Amant-de-Boixe*, 1,039 hab. — **Eglise** romane (1170), jadis abbatiale, avec crypte décorée de peintures murales du XIVe s.; restes de cloître.

436 k. *Vars*. — Vue sur Angoulême; pont sur la Touvre.

449 k. **Angoulême*** Ⓑ, anc. capitale de l'Angoumois, ch.-l. du départ. et du diocèse de la Charente, V. de 37,650 hab., sur un promontoire élevé de 60 m. (96 m. d'alt.), dominant le confl. de la Charente et de l'Anguienne, est entourée de **boulevards** d'où l'on jouit d'une vue magnifique.

Les deux gares d'Orléans et de l'Etat sont séparées par l'*avenue Gambetta*. On montera à dr. par cette avenue (tram électrique pour la ville, 10 c.), puis la *rampe d'Aguesseau* (au-dessus, à g., *église Saint-Martial*, œuvre d'Abadie, construite dans le style roman), la *rue d'Aguesseau* (au n° 36, maison où est mort Guez de Balzac, en 1654) et la *rue de Marengo* à la place de l'Hôtel-de-Ville.

L'Hôtel de Ville (*musées* de peinture et d'archéologie) et son beffroi (escalier monumental), bâtis de 1858 à 1866, dans les styles ogival et de la Renaissance, par Abadie, occupent l'emplacement de l'ancien château des comtes d'Angoulême, dont la *tour du Polygone* (XIIIe s.) et la *tour de Valois* (XVe s.) ont été conservées. — Dans le jardin attenant, *statue* en marbre *de Marguerite d'Angoulême* et *monument* élevé à la mémoire des Charentais morts pour la patrie. — Non loin de l'hôtel de ville, sur la *place du Mûrier* (*fontaine*), se trouvent le *palais de justice* (*bibliothèque*, 20,000 vol.) et l'*hôtel des Postes* (1903); dans le voisinage, rue de la Cloche-Verte, une habitation de la Renaissance est appelée l'*hôtel Saint-Simon*.

En sortant du musée on suit à dr. la *rue de Plaisance* et l'on aperçoit du même côté la *statue du Dr Bouillaud*, par Verlet, au moment où l'on débouche sur la *place de la Commune* (*théâtre*; *monument* du président *Carnot*, par Verlet et Deglane), qui se termine au *boulevard Desaix*. On prend à dr. (vue sur la vallée de l'Anguienne) pour arriver à la

Cathédrale Saint-Pierre, commencée au XIe s., en majeure partie reconstruite de 1110 à 1130 et restaurée au XVIIe s., puis de nos jours par Paul Abadie. La façade est une immense page de sculpture dont les statues et les bas-reliefs, distribués dans les arcades et les frises, figurent dans leur ensemble la scène du *Jugement dernier*. — Au N.-E., *évêché*, bâti au XIIe s., restauré à diverses époques (dans le jardin, statue colossale en pierre du comte Jean, grand-père de François Ier). — Dans le square, près du mur de la cathédrale, une *colonne* de marbre noir ouvragé (1622), placée jusqu'en 1793 dans une chapelle latérale de cette église, supportait une urne d'argent où était déposé le cœur de Marguerite de Foix, femme du duc d'Épernon.

Continuant à suivre le boulevard Desaix, on laisse à g. le *chemin de la Colonne*, qui conduirait à *Saint-Ausone*, église moderne (style ogival du XIIe s.) bâtie par Abadie. On arrive sur la *place de Beaulieu*, au-dessus des allées du **Jardin public** ou *Jardin-Vert*. A dr. le fond de la place est occupé par le *lycée* que la *rue Turgot* sépare de l'*hospice* (chapelle, anc. église des Cordeliers, XIIe et XIVe s., où l'on peut voir le tombeau de l'écrivain Guez de Balzac).

Contournant le promontoire, on prend à dr. (au-dessous du rempart, *grotte de Saint-Cybard*, convertie en chapelle) le *rempart de Beaulieu*, puis le *rempart du Nord*, qui dominent la belle vallée de la Charente. A l'extrémité du boulev. du Nord le *boulevard Pasteur*, qui passe devant les *halles*, ramène à la rue d'Aguesseau, d'où l'on descendra à la gare.

Au cimetière un *monument* exécuté par Raoul Verlet, sculpteur, Barbaud et Bauhain, architectes, a été érigé à la mémoire des soldats morts pour la patrie.

Les produits des papeteries d'Angoulême sont renommés, ainsi que la pierre de taille des carrières voisines. — *Courses de chevaux*, le 1er dimanche et le 1er lundi de mai.

[**D'Angoulême à Périgueux par Ribérac** (105 k. 🚂 en 3 h. 25; 11 fr. 75, 7 fr. 95, 5 fr.15). — 10 k. d'Angoulême à Magnac-Touvre (R. 15). — 34 k. *La Rochebeaucourt*, au confl. de la Nizonne et de la Manoure (grottes dans les rochers d'*Argentine; château* moderne, style Renaissance). — 41 k. *Mareuil-Gouts*. A 3 k. N.-E., *Mareuil*, 1,392 hab. (*château* des XIVe et XVe s., en partie ruiné; à l'église, coupole du XIIe s.; bon vin de Rossignol). — 54 k. *Verteillac*, 941 hab. — Pont sur la Dronne.

68 k. *Ribérac* *, 3,622 hab., dans un vallon latéral ouvert sur la rive g. de la Dronne. A Parcoul-Médillac, V. p. 85; à Mussidan, R. 17. — A dr., donjons de *Vernode* (XIIe s.). — 82 k. *Tocane-Saint-Aspre* (à 2 k., *château de Fayolle*, bâti au XVIIIe s. par l'architecte Louis). — On quitte la Dronne pour parcourir un plateau boisé. — Pont sur l'Isle. — 105 k. Périgueux (Ⓑ R. 16).]

D'Angoulême à Matha et St-Jean-d'Angély, p. 60; — à Barbezieux, Cognac, Saintes, source de la Touvre, à Confolens et Limoges, R. 15.

Tunnel de 740 m. sous la ville d'Angoulême; pont sur l'Anguienne; on passe sous la ligne de Saintes.

457 k. *La Couronne*. — Ruines d'une *abbaye* : restes de l'église

(XIIe et XVe s.); bâtiments des XVe et XVIIIe s. — *Eglise* du XIIe s. — Belle *papeterie*.

On remonte la vallée de la Boëme.

463 k. *Mouthiers-sur-Boëme* (*château de la Rochechandry*, XVIe et XIXe s.; papeterie). — Viaduc courbe des *Couteaubières* (12 arches), long de 303 m.

470 k. *Charmant*. — Tunnel de *Livernant* (1,471 m.); viaduc sur le Chavanat; on descend dans la vallée de la Tude.

483 k. *Montmoreau*, 780 hab. (*château* du XVIe s., dont la chapelle, des XIe et XIIe s., renferme de belles sculptures et des peintures murales du XIIIe s.).

494 k. *Montboyer*.

500 k. *Chalais* *, 895 hab., au confluent de la Tude et de la Veyronne. — *Château* en partie occupé par l'hospice (tour du XIVe s.). — *Eglise*, portail roman.

On suit la vallée de la Tude.

506 k. *Parcoul-Médillac* (à *Médillac*, *église* du XIIe s.).

[**De Parcoul à Ribérac** (30 k. 🚌 en 50 min. à 1 h. 30), par la vallée de la Dronne. — 9 k. *Sainte-Aulaye*, 1,525 hab., bastide rebâtie en 1288. — 14 k. *Bonnes-Saint-Privat*. A Bonnes, église du XIIIe s. et château du XVIe. A *Saint-Privat*, *église* des XIIe, XIVe et XVe s.; château *de la Meynardie* (XIIIe et XIVe s.).

17 k. **Aubeterre**, 714 hab., une des localités les plus pittoresques du Sud-Ouest, en amphithéâtre sur une colline escarpée dominant la Dronne. — *Saint-Jacques*, église ruinée; magnifique façade avec statue équestre (XIe s.). — **Saint-Jean**, creusée dans le roc (XIIe s.), avec tombeau monolithe (colonnes romanes, *statues* en marbre de Carrare) de François d'Esparbez de Lussan, vicomte d'Aubeterre, maréchal de France (1620). — Ruines d'un *château*, XIVe et XVe s.

30 k, Ribérac (*V.* p. 84).]

3 ponts sur la Tude. — On longe un instant la Dronne.

514 k. *Saint-Aigulin*. A 5 k. S.-E., sur une colline (vue magnifique), *La Roche-Chalais* *, 1,564 hab.

De Saint-Aigulin à Montguyon et Montendre, *V.* p. 68.

Ponts sur la Dronne et la Chalaure.

521 k. *Les Eglisottes*.

531 k. **Coutras** * Ⓑ, 4,062 hab., sur la Dronne, près de son confluent avec l'Isle. — Bel *hôtel de ville* moderne. — *Eglise* à coupole, partie du XVe s., partie moderne; haute flèche en pierre. — *Puits*, seul reste de l'ancien château. — Moulins et château de *Laubardemont*.

A Saint-Mariens, R. 8, p. 69; — à Périgueux, R. 17.

Pont sur l'Isle, dont on descend la vallée. — 539 k. *Saint-Denis-de-Pile* (*église* romane).

547 k. **Libourne** * Ⓑ, 19,175 hab., au confl. de la Dordogne et de l'Isle (pont suspendu). Dé la gare la *rue Chanzy* conduit à la *place Decazes* (*statue du duc Decazes*, par Jaley), d'où la *rue Gambetta* mène à la *Grande-Place*, bordée d'arcades et dominée par l'*hôtel de ville* (XVIe s.), qui renferme la *bibliothèque* et un petit *musée*. Au delà, dans la *rue du Pont*, se trouve l'*église* (XVe s.), en partie rebâtie de nos jours (flèche en pierre haute de 71 m.); cette rue aboutit aux *quais* (*tour de l'Horloge*, XIVe s.) et au *pont* (9 arches), long de 220 m., qui franchit la Dordogne et à dr. duquel s'étend le *port*, d'où part un petit vapeur pour (3 k. O.; 10 c.) *Fronsac*, 1,444 hab. (église romane), dominé par l'

Tertre de Fronsac (72 m. d'altit.; belle vue).

[De Libourne au Buisson (98 k. 3 h. 6 à 4 h.; 12 fr. 55, 8 fr. 45, 5 fr. 45). — 8 k. **Saint-Emilion** * (*église monolithe* creusée dans le roc, au VIIIe s., comme l'*ermitage* et l'*oratoire de St Emilion*; ruines du *couvent des Cordeliers; église des Jacobins*, XIVe s.; *église collégiale*, XIIe-XVe s., avec stalles du XVe s. et *cloître* du XIIIe s. abritant des tombeaux; *clocher* isolé, XIIe-XVe s.; *palais Cardinal*, XIIIe s.; *château du Roi*, XIIIe s.; anc. *remparts* et *carrières* ou grottes artificielles habitées par des familles pauvres; vins renommés). — 18 k. *Castillon*, 3,272 hab., sur la rive dr. de la Dordogne (obélisque commémoratif de la défaite des Anglais et de la mort de Talbot en 1453). — 30 k. *Vélines*, 885 hab. — Pont sur la Dordogne. — 39 k. *Sainte-Foy-la-Grande* *, 3,446 hab., sur la rive g. de la Dordogne (*église* ogivale, belle flèche; *statue* du chirurgien *Broca*, né à Sainte-Foy, 1824-1880; *maisons* anciennes).

61 k. **Bergerac** *, 15,936 hab., sur la Dordogne (pont de 5 arches; *églises* modernes; maison monumentale dite *château de Henri IV*, XVIe-XVIIe s.; *monument* commémoratif de la guerre de 1870-71, par Roubaud; à 2 k., *barrage* de la Dordogne, dans un beau site). De Bergerac à Mussidan, R. 17; à Marmande, R. 18. — 82 k. *Lalinde*, 2,096 hab., V. ou bastide bâtie sur un plan régulier au XIIIe s., entre la rive dr. de la Dordogne et le *canal de Lalinde* (*sauts* de la Dordogne; belles sources). — Ponts sur la Dordogne; 2 tunnels. — 98 k. Le Buisson (R. 16).]

Pont de 9 arches, long de 148 m., sur la Dordogne. — Viaduc de 100 arches, long de 1,180 m., sur les prairies d'Arveyres.

552 k. *Arveyres*. — On ne quitte plus la vallée de la Dordogne, en suivant la lisière de l'*Entre-Deux-Mers*, région couverte de vignobles, de vergers, de châteaux et de villas et qui s'étend entre la Dordogne et la Garonne.

556 k. *Vayres* (*château* des XIIIe-XVIe s.). — 561 k. *Saint-Sulpice-d'Izon*. — 565 k. *Saint-Loubès*.

569 k. *La Grave-d'Ambarès*, à la jonction du ch. de fer de Blaye, Jonzac, Royan, Saintes, Rochefort, la Rochelle, la Roche-sur-Yon et Nantes. — On quitte la vallée de la Dordogne pour celle de la Garonne. — 3 tunnels. — 573 k. *La Gorp*. — 577 k. *Bassens*.

580 k. *Lormont* (ateliers de construction de yachts de plaisance). — Tunnels de 400 et 280 m.; belle vue à dr. sur la Garonne. Viaduc de 21 arches sur la plaine des Queyries; à g., embranch. de la gare St-Jean.

582 k. **Bordeaux-la-Bastide**. — L'embranch. de la gare Saint-Jean franchit le fleuve sur un *pont* tubulaire de 7 travées, long de 500 m., que longe une passerelle pour les piétons.

588 k. **Gare Saint-Jean** (Ⓑ; hôtel Terminus; cabinets de toilette; salons de coiffure), superbe gare d'échange avec le Midi et l'Etat.

Bordeaux *, ch.-l. du départ. de la Gironde, siège d'un archevêché, V. de 256,638 hab., la métropole commerciale et maritime du Sud-Ouest, le 3e port de France (après Marseille et le Havre) pour le mouvement des marchandises, le centre du commerce et de l'exportation des vins dits « de Bordeaux », se développe en plaine, par 44°50′18″ de latit. N. et 2°54′40″ de longit. O., en demi-cercle sur la rive g. de la Garonne,

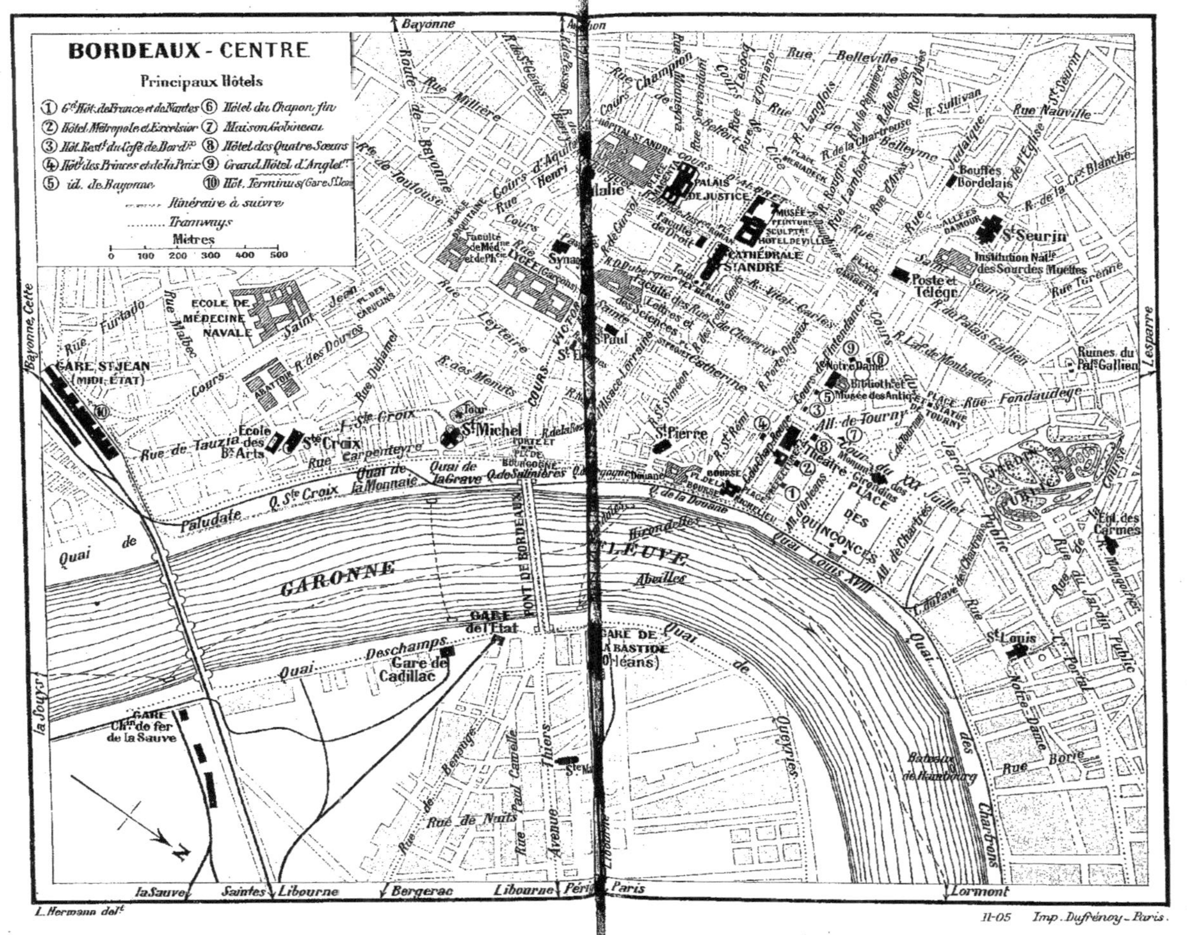
BORDEAUX - CENTRE
Principaux Hôtels
① Gd Hôt. de France et de Nantes
② Hôtel Métropole et Excelsior
③ Hôt. Restt du Café de Bordx
④ Hôtel des Princes et de la Paix
⑤ id. de Bayonne
⑥ Hôtel du Chapon fin
⑦ Maison Gobineau
⑧ Hôtel des Quatre Sœurs
⑨ Grand Hôtel d'Anglet.
⑩ Hôt. Terminus (Gare St Jean)
Itinéraire à suivre
Tramways
Mètres
0 100 200 300 400 500
GARONNE
PONT DE BORDEAUX
GARE ST JEAN (MIDI ÉTAT)
ECOLE DE MÉDECINE NAVALE
PLACE DES QUINCONCES
CATHÉDRALE ST ANDRÉ
PALAIS DE JUSTICE
St Seurin
St Michel
St Pierre
Bayonne
Lesparre
Bergerac
Libourne
Paris
Lormont
L. Hermann delt
11-05 Imp. Dufrénoy - Paris.

en face du faubourg de *la Bastide*, qui occupe la rive dr., à 100 k. de l'océan Atlantique et à 25 k. du confl. de la Garonne et de la Dordogne, sur une long. de 7 k. env. et une profondeur maximum de 2,500 m. Ses maisons peu élevées et dont le plus grand nombre, en dehors de la vieille cité, possèdent un jardin, expliquent la superficie considérable qu'elle occupe eu égard à sa population.

En venant de la gare de la Bastide (les voyag. descendus à la gare Saint-Jean rejoindront cet itinéraire par les quais) on franchit la Garonne (belle vue) sur le **pont de Bordeaux** ou *pont de pierre* (17 arches), long de 486 m. 68, large de 14 m. 86, à l'extrémité duquel, à l'entrée du cours Victor-Hugo, s'élève la *porte de Bourgogne*, du XVIIIe s.

Longeant à dr. le *quai de Bourgogne* on voit s'ouvrir à g. le *cours d'Alsace-Lorraine*, puis on passe devant l'ancienne *Porte du Palais* ou *du Cailhau* (1495). Plus loin, sur le *quai de la Douane*, s'ouvre la *place de la Bourse* (*fontaine des Trois-Grâces*, par Visconti et Gumery). La **Bourse**, bâtie en 1749 par Gabriel, renferme la *Chambre de commerce* (bibliothèque de 25,000 vol. et 7,000 cartes). La *Douane*, ancien hôtel des Fermes, lui fait pendant de l'autre côté de la place.

La Bourse sépare la place du même nom de la *place Richelieu* (*monument du Président Carnot*, par Barrias) où s'ouvre la grande artère qui traverse Bordeaux dans toute sa longueur sous les noms successifs de cours du Chapeau-Rouge, cours de l'Intendance et rue Judaïque, pour aboutir au boulevard de Caudéran. La partie initiale de cette belle voie, bordée d'édifices, de cafés, de magasins somptueux, jusqu'à la place Gambetta, est le cœur et l'artère vitale de Bordeaux, le rendez-vous mondain et cosmopolite, la grande attraction pour les étrangers.

A dr., sur le **cours du Chapeau-Rouge**, au delà de la *préfecture*, s'élève le **Grand-Théâtre**, construit au XVIIIe s. par l'architecte Louis, dont on voit dans le vestibule la statue, par Jouandot. Devant le Grand-Théâtre s'étend la *place de la Comédie*, que continue à dr. le *cours du 30-Juillet*, circonscrivant à l'O. l'immense **place des Quinconces**, qui s'avance à l'E. jusqu'au-dessus du *quai Louis XVIII* (ponton des bateaux à vap. pour Pauillac et Royan), et que décorent deux colonnes rostrales hautes de 20 m., les *statues* colossales *de Montaigne* et *de Montesquieu*, par Maggesi (1858), et le **monument des Girondins**, édifié en 1895 sur les plan et dessin de M. Dumilâtre.

En face de la place de la Comédie s'ouvre à g. la *rue Sainte-Catherine*, étroite mais bordée de belles boutiques et très animée entre 6 h. et 7 h. du soir jusqu'à la *place Saint-Projet* (dans un square, *croix* en pierre sculptée du XVe s.). Au N.-O. de la place de la Comédie s'ouvrent les **Allées de Tourny**, où se voient le *monument de Gambetta*, tout en marbre blanc, par Dalou et Formigé, et la *statue de l'intendant Aubert de Tourny*, auquel Bordeaux doit sa transformation au XVIIIe s.

Le **cours de l'Intendance** fait suite au cours du Chapeau-Rouge et aboutit à la *place Gambetta* (square), sur laquelle la *rue Porte-Dijeaux* débouche par l'ancienne *porte Dijeaux* (1748). Le cours de l'Intendance laisse sur la dr. l'*église Notre-Dame* (1684-1707; peintures de frère André), près de laquelle sont le **Musée des Antiques**, ouvert dim. et jeudi de 11 h. à 4 h., et la **Bibliothèque** (170,000 vol. et 1,500 manuscrits).

Ensuite par la *rue Vital-Carles* on gagne la place (square avec *buste* de l'érudit *Leo Drouyn*) où s'élève la *tour Pey-Berland* (XVe s.), surmontée d'une statue en métal de N.-D. d'Aquitaine (on y monte; rétribution) et renfermant le bourdon de la cathédrale.

La **cathédrale Saint-André** se compose d'une vaste nef unique des XIIe-XIIIe s. (18 m. de larg. sur 25 m. de haut.), en partie romane, et à deux étages de fenêtres, à l'E. de laquelle s'épanouit un immense chœur du XIVe s., avec croisillons, doubles bas-côtés et chapelles rayonnantes. Les façades principales, aux extrémités du transept, sont ornées de statues, de bas-reliefs, de galeries, et flanquées chacune de deux tours; les tours du N., seules terminées, sont couronnées de flèches en pierre, hautes de 81 m.

A l'int., sous la tribune de l'orgue, deux *bas-reliefs* de la Renaissance (la *Résurrection du Christ* et sa *Descente aux limbes*); à g., en avant du transept, *tombeau du cardinal de Cheverus* († 1836), par Maggesi (1850); en face, *tombeau du cardinal Donnet*, par Delaplanche; dans le transept, deux *vitraux*, les seuls qui ne soient pas modernes; à g., *tombeau du cardinal Guilbert*. — Chœur : statue de Ste Anne (XIVe s.); 1re chap. à g. : *tombeau de Mgr de la Bouillerie*, par Bonnassieux; 2e chap. à dr. : *monument de Mgr d'Aviau*; 5e chap. à dr. : *tombeau d'Antoine de Noailles*, amiral et diplomate, mort gouverneur de Bordeaux en 1562. — Parmi les tableaux, *Portement de croix*, signé Annibal Carrache; *Résurrection*, par Alex. Véronèse; *le Christ devant Pilate*, par Gérard Honthorst; la *Crucifixion*, par Jordaëns; *Résurrection de Lazare*, par E. Jadin.

La cathédrale est séparée par la *place Rohan* de l'**Hôtel de Ville**, anc. archevêché (XVIIIe s.; escalier remarquable). Dans le jardin, qui donne sur le *cours d'Albret*, 2 galeries renferment le musée de peinture et de sculpture.

Le **Musée de peinture et de sculpture**, ouvert t. l. j. aux étrangers, comprend env. 1,000 œuvres d'art, dont nous citons, salle par salle et de dr. à g., les plus remarquables.

Rez-de-chaussée. — **Galerie N.** (à g. en entrant par la grille du cours d'Albret). — VESTIBULE. — Sculpture : 941. *Longepied*. Harponneur napolitain. — 912. *Carnielo*. Mozart mourant.

1re SALLE. — Peinture : 778. *Serres*. Jugement de Jeanne d'Arc. — 556. *Fould*. Rosa Bonheur dans son atelier. — 142. *Dantan*. Phrosine et Mélidor. — 387. *Bellangé*. Cuirassiers de Waterloo. — 418. *Bouguereau*. Bacchante. — 438. *J.-L. Brown*. Bataille du 17 juin 1815. — 370. *Antigna*. Marchand d'images. — 317. *Schenk*. Le Réveil. — 417. *Bouguereau*. Jour des morts. — 616. *J.-N. Jouy*. Supplice d'Urbain Grandier. — *J. Calvé*. Lande en Médoc. — 772. *P. Salzedo*. Procès en cour d'appel. — 371. *Antigna*. Miroir des bois. — 819. *Weerts*. Exorcisme.

2e SALLE. — *Eug. Carrière.* Tête de femme. — 496. *E. Delacroix.* Guerrier arabe. — *L.-O. Merson.* Salutation angélique. — 429. *Brascassat.* Son portrait. — 411-410. *Rosa Bonheur.* Renard. Tête de bouc. — 609. *Harpignies.* Bords de la Seine à Suresnes. — 413. *Bonnat.* Portrait du Vte de Tauzia. — 599. *Baron Gros.* Embarquement de la duchesse d'Angoulême à Pauillac. — 495. *E. Delacroix.* Lion. — *Chardin.* Nature morte. — 578. *Jérôme.* Bacchus et l'Amour. — *Feyen-Perrin.* Vanneuse. — *Ed. Yon.* Paysage. — *Harpignies.* Clisson. Antibes. Les Dindons. — *J.-P. Laurens.* Le Pape et l'Inquisiteur. — 771. *C. Roqueplan.* Valentine et Raoul.

Sculpture : *Barye.* Tigre et Antilope. Cerf et Panthère. Charles VII. — *Chapu.* Buste de J. de Carayon-Latour. — *Meissonier.* Cuirassier. Voyageur. — *J. Bonheur.* Renard.

3e SALLE. — 607. *Guillemet.* Landemer. — 472. *Benjamin Constant.* Prisonniers marocains. — *E. Yon.* Barque abandonnée. — 416. *E. Boudin.* Marée basse à Etaples. — 768. *Roll.* Vieux carrier. — 781. *A. Smith.* Quais de Bordeaux. — 445. *E. Buland.* Héritiers. — 608. *Harpignies.* Le Vésuve. — 769. *Roll.* Son portrait. — 760. *A. Rapin.* Soir dans la Hague. — *Carolus Duran.* Danaé. — *Roll.* La Malade. — 490. *A. Dauzats.* Intérieur d'un palais à Bagdad. — 788. *Tabar.* Episode de la campagne d'Egypte. — *Brascassat.* Vaches. — 513. *D. de la Peña.* Forêt de Fontainebleau. — 733. *Pils.* Tranchée devant Sébastopol. — 668. *Luminais.* Eclaireurs gaulois. — 488. *Daubigny.* Bords de l'Oise. — 499. *E. Delacroix.* Boissy-d'Anglas à la Convention le 1er prairial an III. — 474. *Corot.* Bain de Diane. — 559. *Français.* Paysage. — *Pelouse.* Vaux de Cernay. — 467. *L. Cogniet.* Le Tintoret peignant sa fille morte. — 487. *De Curzon.* Le Vésuve. — 823. *Ziem.* Bords de l'Amstel (Hollande). — 803. *C. Troyon.* Labourage. — 790. *Tassaert.* Communion des premiers chrétiens. — 448. *L. Cabat.* Paysage. — 497. *E. Delacroix.* La Grèce expirante sur les ruines de Missolonghi.

PETITE SALLE. — 426, 430, 427. *Brascassat.* Sorrente. Chèvre. En Lozère. — *Desgoffe.* Reliquaire du XVIe s. — Sculpture : *Allouard.* Lutinerie.

1er étage. — PETITE SALLE : dessins, fusains et eaux-fortes de *Maxime Lalanne.* — GRANDE SALLE : dessins de *Brascassat, Raffaëlli, J. Breton, Rosa Bonheur, Elie Delaunay,* etc.

Galerie S. — VESTIBULE. Sculpture : *Dalou.* Triomphe de Silène. — 921. *Dumilâtre.* Vendangeur.

1re SALLE. — *Sassoferrato.* — Vierge. — 42. *Lorenzo di Credi.* Annonciation. — 152. *Titien.* Triomphe de Galatée. — 12. *P. de Cortone.* La V. et l'Enf.-J. — 79. *Murillo.* St Antoine de Padoue en extase. — 116. 117. *Salv. Rosa.* Groupe de soldats. Ajax. — 22. 21. *P. Véronèse.* La Femme adultère. Adoration des Mages. — 81. *Murillo.* Don Luis de Haro. — 23. *P. Véronèse.* Ste Famille. — 108. 110. *Ribera.* Conciliabule. Moine. — 149. *G. Vasari.* Ste Famille. — 763. *J. Restout.* Présentation de J. — 8. *Fra Bartolommeo.* Ste Famille. — 145. *Le Pérugin.* La V., l'Enf. J., St Jérôme et St Augustin. — 102. *Guido Reni.* Madeleine. — 137. *Tiepolo.* Eliézer et Rébecca. — 57. *Goya.* Une Parque. — 3. *Corrège.* Vénus endormie. — 584. *Gigoux.* Cléopâtre après la bataille d'Actium.

2e SALLE. — 485. *N. Coypel.* Triomphe d'Apollon. — *N. Lancret.* Famille dans un parc. — 709. *Nattier.* Portrait. — 661. *Lethière.* Louis IX visitant les pestiférés de Carthage. — 765. 766. *Hubert Robert.* Ruines avec figures.

Sculpture : *Soulès.* Bacchante et chèvre. — *J. Bonheur.* Vache défendant son veau. — *Lemoyne.* Louis XV. Buste de Michel Duplessis. — *Meissonier.* Cheval au trot.

3e SALLE. — 184. *Breughel le Vieux.* Fête flamande. — 310. *Rubens.* Adoration des Mages. — *P. Wouwerman.* Bataille. — 231. *Van Goyen.* Marine. — 307. *Rubens.* Bacchus et Ariane. — 263-264. *Maes.* 2 portraits. — 306. *Rubens.* Martyre de St Just. — 223. *F. Franck.* Christ au calvaire.

— 323. *J. Van Steen*. Intérieur. — — 336. *Tilborgh*. Intérieur. — 194. 196. *A. Cuyp*. Intérieurs. — 322-321. *F. Snyders*. Chasse au renard. Le Lion devenu vieux. — *Ph. de Champaigne*. Songe de St Joseph. — 305. *Rubens*. Martyre de St Georges. — *Hans Holbein*. Portrait. — *Franz Hals*. Portrait d'un peintre. — 210. *Van Dyck*. Madeleine. — 308. 309. *Rubens*. Villageois dansant. Christ en croix. — 230. 232. *Van Goyen*. Paysages.

PETITE SALLE. — Statue colossale de Louis XVI, par *Raggi*, fondue par Crozatier.

La *rue Rohan* communique par la *rue Dufau* avec la *rue d'Albret*, où l'on visitera l'intéressant **Musée Bonie**, collection d'objets anciens (entrée, 1 fr.) réunie dans ses voyages et léguée à la ville par M. Ed. Bonie.

La *Faculté de Droit* (escalier monumental avec les *statues de Cujas* et *de Montesquieu*) donne en face du flanc S. de la cathédrale, près de la place de Rohan, où s'ouvre au S. la *rue du Palais-de-Justice* (à dr., sur la *place Magenta*, *Palais de justice*, avec statues de Malesherbes, D'Aguesseau, Montesquieu et Lhospital) prolongée par la *rue Jean-Burguet* où l'*hôpital Saint-André* fait vis-à-vis à l'*église Sainte-Eulalie* (XIIe-XVe s.; flèche moderne).

Par la *rue Sainte-Eulalie* on gagne le cours Victor-Hugo en face de la *Faculté des Lettres et des Sciences* (dans la salle des Pas-Perdus, *tombeau de Michel Montaigne*). On descend le *cours Victor-Hugo*, à g., dans la direction de la Garonne, en laissant à g. l'*église Saint-Paul*, de 1676 (*Apothéose de St François-Xavier* par G. Coustou). Après avoir dépassé à dr. le lycée de garçons on prendra à g. la *rue Saint-James* puis la *rue Saint-Eloi*, pour aller jeter un coup d'œil, à côté de l'*église Saint-Eloi*, des XVe et XIXe s., sur la **Grosse-Cloche** (XVe s.), ou *porte Saint-Eloi*, abritant la cloche municipale (1775) et qui servait d'entrée à l'ancienne « Maison de Ville ».

Revenant au cours Victor-Hugo, on gagnera à dr., par la *rue de la Fusterie* et la *place du Marché-Neuf*, l'**église Saint-Michel**, des XVe-XVIe s., à trois nefs de largeur égale, offrant 3 portails à voussures et tympans sculptés.

A l'int. : *Ste Ursule et les onze mille Vierges*, sculpture du XVe s.; — tableau de l'*Annonciation* (XVe-XVIe s.); — *Mise au Tombeau*, sculpture du XVIe s.; — autel orné d'un *retable* Renaissance à colonnes torses décoré de bas-reliefs et des statues de la V., de Ste Catherine et de Ste Barbe; en face, *Pietà* du XVe s.; — beaux *vitraux*; — *orgue* dont le buffet date de 1760; — *chaire* en marbre et en bois sculpté.

En avant de l'église s'élève la **tour Saint-Michel** (entrée, 25 c.; belle vue), clocher isolé hexagonal, bâti de 1472 à 1492, et dont la flèche, la plus élevée des monuments du Midi, a été rétablie en 1865 (elle avait été détruite en 1768 par un ouragan), dans sa hauteur primitive de 108 m., par l'architecte Abadie. Les contreforts portent 6 statues de prélats aquitains : *St Paulin* et *St Delphin*, par A. Fromanger; le pape *Clément V* et l'archevêque *Pey Berland*, par Michel Pascal; le pape *Paul II*, par De Coëffard, et le cardinal

Arnaud de Canteloup, par J. Mora. Sous le clocher (gardien; 50 c. par pers.) est le *caveau des momies*, autour duquel ont été rangés des cadavres retirés d'un cimetière voisin, dont le terrain avait la propriété de conserver les corps.

La *place Canteloup* et la *rue Sainte-Croix* conduisent à l'**église Sainte-Croix**, des XIIe et XIIIe s., dont la magnifique façade romane a été complétée de nos jours.

A l'int. : *sculptures* des chapiteaux romans, des arcades et du sanctuaire (*fresques* par Anoni père); — dans le bras g. du transept, *tombeau* (XIVe s.) d'un abbé; — chap. de la V., *fresques* par Jean Vasetti; — *fonts baptismaux* du XVIe s., ornés de bas-reliefs (la Cène).

En face de l'église une partie de l'anc. abbaye (XVIIIe s.) a été transformée en *Ecole des beaux-arts*, entourée d'un jardin dans lequel est la *fontaine Sainte-Croix* (XVIIe s.). De la place du même nom la *rue du Port* va aboutir aux quais, que l'on suivra à g.: sur les quais des Chartrons et de Bacalan (tram électrique) sont les principaux chais ou caves des grands négociants et exportateurs de vins de Bordeaux (on peut les visiter en demandant l'autorisation aux bureaux). C'est au quai de Bacalan qu'accostent les navires des Messageries Maritimes (demander aux bureaux la permission de visiter un des paquebots).

A l'extrémité du quai de Bacalan on pourra longer le bassin à flot, puis le *bassin d'alimentation*, pour prendre ensuite à g. les *cours Saint-Louis*, *Portal* et *du Jardin-public*, et pénétrer dans le **Jardin public**, ou *Jardin des Plantes* (derrière les serres, jardin botanique; *monuments* du romancier *Fernand Lafargue*, par M. Rispal, et du fusiniste *Maxime Lalanne*; musique le dim. et le jeudi après-midi l'hiver, le soir en été). Au pied de la terrasse S. (orangers séculaires) l'hôtel de Lisleferme contient le **Muséum d'histoire naturelle**, le **Musée préhistorique** (dim. et jeudi de 11 h. à 5 h.), ainsi que le *musée colonial* (mardi, jeudi et dim. de 1 h. 1/2 à 5 h.).

Derrière le Jardin Public, sur la *rue Fondaudège*, s'ouvre au S. la *rue du Palais-Gallien*, où l'on peut voir les ruines d'un amphithéâtre antique appelé **palais Gallien**, en partie entouré d'un square s'ouvrant sur la *rue de la Trésorerie*. Au delà du bureau central des *postes et télégraphes* la rue du Palais-Gallien débouche sur la place Gambetta (*V.* ci-dessus).

En suivant la **rue Judaïque**, après avoir vu se détacher à dr. la *rue Saint-Sernin* (à l'entrée, *Ecole supérieure du commerce et de l'industrie*, avec un *musée* ouvert le dim. de 1 h. à 5 h.), on prendra à dr. les *allées Damour* (*statue de Vercingétorix*, par Mouly), bordées d'un côté par l'**église Saint-Seurin**, bâtie du XIe au XVe s. sur une crypte plus ancienne (*tombeau de St Fort*, XVIIe s.).

A l'int. : vitraux modernes; — orgue du bénédictin Bedos (1756); — à côté de la sacristie, cénotaphe de Mgr Dusault, évêque de Dax (1623); — tableau par Drolling; — stalles du XVIe s., siège pontifical dans lequel sont encastrés 14 médaillons du

XIVe s. représentant les origines légendaires de St Seurin.

Revenant à la rue Judaïque, on peut encore, par la *rue du Manège* et la *rue d'Arès*, aller visiter *l'église Saint-Bruno*, de 1620.

A l'int. : — peintures de Beringazo et Gonzalès (1771); — dans la nef, St Bruno, toile attribuée au Dominiquin; — chap. à g. du chœur : mausolée du marquis de Sourdis; — chœur, décoré de marbres précieux : statues attribuées au Bernin; sur le maître-autel, *Assomption* de Ph. de Champaigne.

La rue Judaïque est parcourue par un tram que l'on peut prendre pour revenir à la gare.

[Comme buts de promenade aux environs immédiats de Bordeaux, nous pouvons recommander : — *A* (tramway) le *Parc Bordelais* (28 hect.), au N.-O. de la ville (restaurants champêtres); — *B* (tramway) par le pont de Bordeaux et la Bastide (avenue Thiers ou route de Paris), la *hauteur de Cenon* (très belle vue); — *C* (tramway électrique) *Pessac* (nombreux restaurants très fréquentés le dimanche), où l'on peut visiter le vignoble du **Haut-Brion** (1er grand cru; le tram le laisse à dr. avant d'arriver à Pessac); — *D* (par les bateaux « Hirondelles »; 30 c.) *Lormont* (importante construction de yachts de plaisance), sur la rive dr. de la Garonne.

Trams pour (33 k.; 2 fr. et 1 fr. 20) Cadillac (*V.* p. 117) et (16 k.; 1 fr. 65 et 90 c.) *Camarsac*.

De Bordeaux à Eymet (104 k. 🚂 3 h. 15 à 3 h. 45; 11 fr. 65, 7 fr. 85, 5 fr. 15). — On traverse la région de l'Entre-Deux-Mers (*V.* p. 86), et l'on remonte la rive dr. de la Garonne. — 4 k. *La Souys*. A 1 k. à g., *Floirac* (observatoire; bains ferrugineux de *Monrepos*). — 8 k. *Bouliac* (*église* romane). — 11 k. *Latresne*, v. aussi desservi par le tram à vapeur de Cadillac. — Vallon de la Pimpine. — 25 k. *Créon*, 1,116 hab., anc. bastide de la fin du XIIIe s. — 29 k. *La Sauve*. Dans l'enclos de l'*école normale* d'instituteurs, restes d'une *abbaye* fondée en 1095, rebâtie en partie au XIIIe s., avec les ruines d'une *église* des XIe et XIIIe s.; *église paroissiale* du XIIe s. — 37 k. *Daignac*, sur l'Estey (*moulin* du XIIe s.; ruines du château de *Curton*, XIVe et XVe s.). — 56 k. *Sauveterre-de-Guyenne*, 744 hab., bastide régulière bâtie en 1281 (4 portes des anc. remparts). — On descend dans la vallée du Drot. — 75 k. *Monségur*, 1,522 hab., bastide fondée en 1265. — 84 k. *Duras*, 1,562 hab. (anc. fortifications; *château* du XVe s.; *église* du XIIe s.; maisons anciennes). — On joint à la Sauvetat-du-Drot la ligne de Bergerac à Marmande. — 104 k. Eymet (R. 18, p. 118).]

De Bordeaux à Paris par la ligne de l'Etat, R. 7; — à Saintes, Rochefort, la Rochelle, la Roche-sur-Yon, Clisson et Nantes, R. 8; — à Lacanau, Castelnau, Lesparre, le Verdon et Royan, R. 9; — à Périgueux, R. 17; — à Marmande, Agen, Montauban et Toulouse, R. 18; — à Bayonne, Irun et Mont-de-Marsan, R. 20; — à Arcachon, R. 21; — à Biarritz, R. 22; — à Pau, Oloron, aux Eaux-Bonnes et aux Eaux-Chaudes, R. 25; — à Lourdes et Cauterets, R. 26; — à Luz-Saint-Sauveur et Barèges, R. 27; — à Tarbes et à Bagnères-de-Bigorre, R. 28; — à Bagnères-de-Luchon, R. 30.

ROUTE 13

DE TOURS A VIERZON

113 k. — 🚂 en 2 h. 41 à 3 h. 29. — 12 fr. 65; 8 fr. 55; 5 fr. 55.

6 k. Saint-Pierre-des-Corps (R. 1). — 8 k. La *Ville-aux-Dames*. — On remonte la rive dr. du Cher.

12 k. *Véretz* (*église* de la Renaissance; *château* moderne).

à 1,500 m. S. (rive g.). Le littérateur et pamphlétaire Paul-Louis Courier, surnommé le *Vigneron de Véretz*, habitait, à 2 ou 3 k. S.-E. du v., le domaine de *la Chavonnière*; il fut assassiné, le 10 avril 1825, dans la forêt voisine de Larçay. Un *monument* avec inscription s'élève à l'endroit où le crime fut commis (5 k. S.-O.); un autre monument avec *médaillon* a été érigé, en 1878, à Véretz même. — A 2 k., restes du *castellum* gallo-romain *de Larçay*.

A g., *la Bourdaisière*, où naquit Gabrielle d'Estrées. — 15 k. *Azay-sur-Cher*. — 18 k. *Saint-Martin-le-Beau*. — 21 k. *Dierre*.

25 k. **Bléré** *, 3,288 hab., à 1 k. S., rive g. du Cher. — *Eglise* des XIe, XIIe, XIVe et XVe s. — *Eglise* romane *de la Croix*. — *Chapelle* funéraire (Renaissance) *du Marché*. — *Hôtel du Gouverneur* (XVIe s.).

32 k. **Chenonceaux** (omnibus : 25 c.; 40 c. aller et retour), v. situé à 1 k. O. — Célèbre château de la Renaissance (l'entrée de l'avenue se trouve à g. à la sortie du v.; le château n'est visible que le jeudi et le dim., de 2 h. à 4 h.; le *parc* est ouvert t. l. j.), élevé en 1515 (le donjon remonte au XVe s.), sur un pont au milieu du lit du Cher, par Thomas Bohier, receveur général des finances en Normandie. Ce château, non terminé à la mort de son fondateur, passa à Diane de Poitiers, qui le continua et l'embellit, sous la direction de son architecte, Philibert Delorme. Catherine de Médicis l'agrandit et le légua à Louise de Vaudemont, femme de Henri III, qui y passa les dernières années de sa vie. Il appartient auj. à un riche Américain, M. Terry, qui en a confié la restauration à l'architecte Roguet.

A l'int., au rez-de-chaussée : *grande galerie*, longue de 60 m., bâtie sur les 5 arches du pont; ancienne *salle des Gardes; chapelle* (verrières, dont 6 anciennes; tribune de 1521); *chambres de Louis XIII, de François I*^{er} (belle cheminée) et *de Diane de Poitiers*; *oratoire de Louise de Vaudemont; cabinet Vert*, ancien boudoir de Catherine de Médicis (plafond sculpté); dans 2 piles du pont, cuisines voûtées; — *escalier* (voûte curieuse); — 1er étage : vestibule avec médaillons d'empereurs romains; *chambres de Gabrielle d'Estrées* et *de Catherine de Médicis* (plafond peint de 1560 à 1574); *galerie Louis XIV*, avec peintures par Toché et portrait de Mme Pelouze par Carolus Duran.

On visite aussi à Chenonceaux l'*église*, petit édifice de la Renaissance qu'avoisine une importante construction du XVIe s. appelée *maison des Pages de François I*^{er}, et l'*établissement horticole Méchin* (raisins de treille et collection de pivoines).

35 k. *Chissay* (*château* de la Renaissance).

39 k. **Montrichard** *, 2,903 hab., près du Cher. — *Pont* de 9 arches (XVIe ou XVIIe s.). — Sur un monticule, parmi les restes d'un château des XIIe et XVe s., **donjon** (s'adresser pour visiter à M. Schwartz, à l'extrémité E. de la ville, en face d'une *maison* romane) attribué au célèbre Foulques Nerra (XIe s.). — *Maisons* du XVe s. — **Eglise de Nanteuil**, des XIIe et XIIIe s. (porte O. du XVe s., richement ornée; la *chapelle de la Vierge*, bâtie en partie aux frais de Louis XI et but de pèlerinage,

est accessible par trois escaliers, dont un extérieur).

De Montrichard à Blois, p. 13.

Deux tunnels. — 44 k. *Bourré*. On aperçoit les larges entrées des importantes *carrières de Bourré* dont les galeries forment un vaste labyrinthe. La plupart des habitations voisines sont creusées dans le roc.

50 k. *Thésée*, l'antique *Tasciaca* (ruines d'un **monument gallo-romain**, de destination inconnue).

57 k. **Saint-Aignan** *, 3,208 hab., sur la rive g. du Cher, à 2 k. S. de la station. — **Eglise**, admirable spécimen du style roman fleuri (crypte du XIe s.; chapelle du XVe s., avec *peintures* de cette époque; crypte), d'où un escalier de 144 marches donne accès au **Château** (on ne visite que le parc) de M. le comte de la Roche-Aymon, charmante construction de la Renaissance et du XVIIe s. (il est précédé des ruines de l'ancien château fort), embellie et complétée de nos jours, notamment par la construction d'un escalier d'honneur et de la *tour d'Agar*, style du XVe s.; à l'intér. : galerie de portraits, nombreux objets d'art; *sarcophage* antique en marbre de Paros, avec bas-reliefs mythologiques et inscription grecque, chapelle avec vitraux de la Renaissance. — *Commanderie Saint-Lazare*, ancienne léproserie (XIe ou XIIe s.). — *Maison* du XIVe s., près de l'église; *maisons* du XVe et du XVIe s. — C'est à 2 k. en amont que le canal du Berri débouche dans le Cher.

[**De Saint-Aignan à Blois** (38 k. 🚂 1 h. 30 env.; 2 fr. 85 et 1 fr. 85). — 4 k. *Saint-Romain* (dans l'église, peintures du XVIe s.). — On parcourt la Sologne. — 16 k. *Contres*, 2,649 hab., sur la rive dr. de la Bièvre. — 30 k. *Cellettes* (église des XIIe et XIVe s.), v. dont dépend le château de Beauregard (*V.* p. 13). — On traverse la belle forêt de Russy, puis le Cosson et le val de Loire. — 38 k. Blois (R. 1, p. 9).]

66 k. *Châtillon-sur-Cher*. — On franchit la Sauldre.

71 k. **Selles-sur-Cher** *, 4,164 hab. (rive g.). — Vieux *pont* de 10 arches. — **Eglise** des XIe, XIIIe et XVe s., restaurée (curieuse frise extérieure à bas-reliefs, du XIe s.), et bâtiments du XVIIe s., restes d'une *abbaye*. — *Château* bâti sous Henri IV par Philippe de Béthune, frère puîné du grand Sully. — *Hôtel-Dieu* du XVIIe s. — *Maisons* anciennes.

Pour Valençay, *V.* p. 184.

80 k. *Gièvres*, au croisement de la ligne d'Argent au Blanc (p. 184).

88 k. *Villefranche-sur-Cher* (église romane).

[**De Villefranche à Blois** (57 k. 🚂 1 h. 44 à 2 h. 20; 6 fr. 40. 4 fr. 30, 2 fr. 80). — 8 k. **Romorantin** *, 8,130 hab., sur la Sauldre (*église* du style Plantagenet avec quelques détails de la Renaissance; restes d'un *château* de la Renaissance servant de sous-préfecture, de théâtre, etc.; *chapelle Saint-Roch*, XVIIe s.; *maisons*, XVe-XVIe s.; manuf. de draps, asperges renommées). A Neung-sur-Beuvron, p. 13; à Argent, Valençay et au Blanc, p. 184. — 36 k. *Cour-Cheverny*. Château de Cheverny (p. 13). — Petits viaducs et 9 travées métalliques sur la Loire. — 57 k. Blois (R. 1).]

97 k. *Mennetou-sur Cher*, 1,057 hab. (*église* des XIIe et XVe s.;

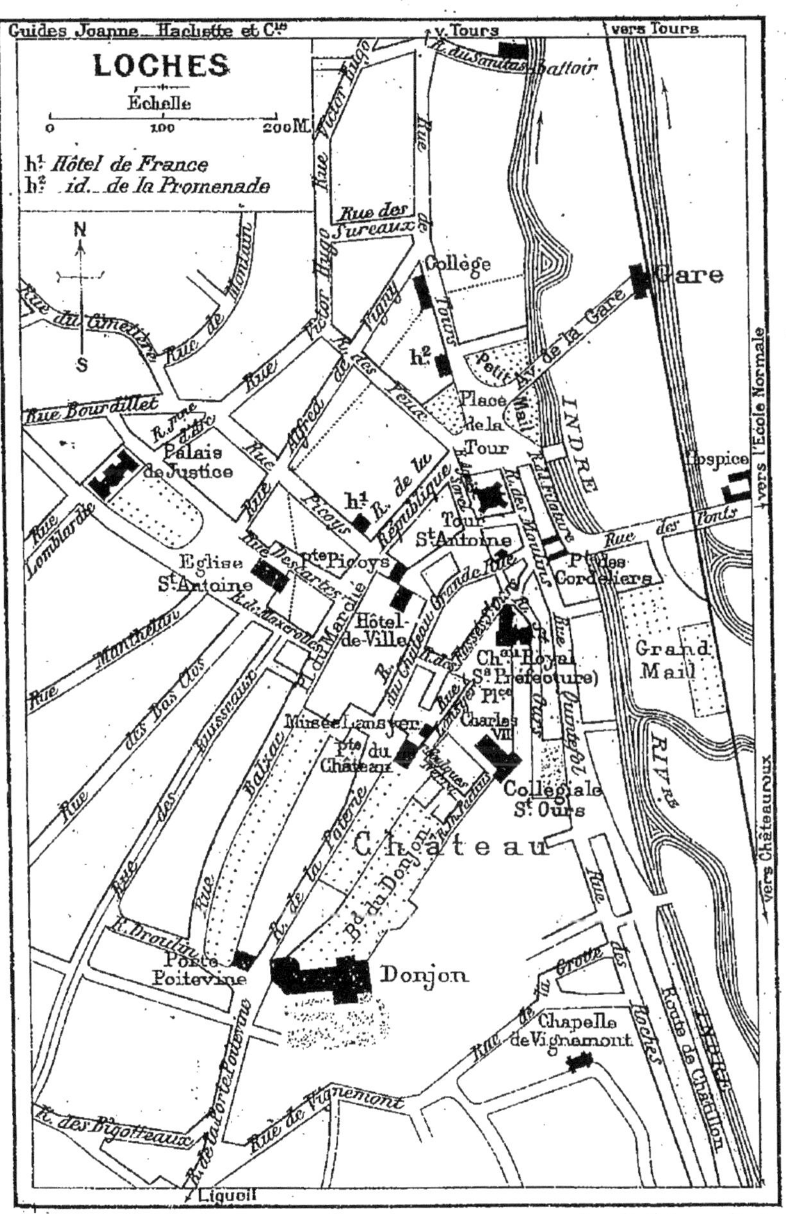

Imp. Dufrénoy . Paris .

restes de *remparts* du XIIIe s. et d'un vaste *château*). — 102 k. *Chénioux*.

113 k. Vierzon Ⓑ (R. 16).

ROUTE 14

DE TOURS A CHATEAUROUX

118 k. — [chemin de fer] en 2 h. 45 à 3 h. — 13 fr. 20; 8 fr. 90; 5 fr. 80.

5 k. Joué (p. 43), où on laisse à dr. la ligne des Sables pour croiser celle de Bordeaux. — 10 k. *La Rabaterie*.

17 k. *Montbazon*, 1,227 hab., sur l'Indre (**donjon** du XIIe s., surmonté d'une statue en bronze de la Vierge, et autres restes d'un château). — On remonte l'Indre. — 18 k. *Veigné*.

22 k. *Esvres*.

[**D'Esvres au Grand-Pressigny** (53 k. [chemin de fer] 5 fr. 45, 4 fr. 10, 3 fr.). — 13 k. *Louans* (*église* romane). — Plateau de Sainte-Maure. — 17 k. *Le Louroux*, près d'un vaste étang. — 20 k. *Manthelan*, au milieu de vastes falunières. — 33 k. *Ligueil*, 2,083 hab., dans la vallée de l'Esvre, est relié à Loches par un embranch. (*V.* ci-dessous). — 44 k. *Paulmy* (ruines du château du *Châtellier*). — 53 k. Le Grand-Pressigny (*V.* p. 77).]

On franchit l'Indre pour monter sur le plateau de Sainte-Maure.

27 k. *Cormery* (*réfectoire* du XIIIe s. et partie d'un *cloître*, restes d'une abbaye; *église* paroissiale des XIe et XIIe s.).

31 k. *Rouvres*. — 34 k. *Reignac*. — 40 k. *Chambourg*.

47 k. **Loches***, V. de 5,161 hab., l'une des plus curieuses de France, située sur la rive g. de l'Indre. — On traverse un bras de l'Indre, et, tournant à g., on suit la *rue de la Filature*, qui aboutit à la *porte des Cordeliers* (XVe s.). On passe sous la porte pour suivre à dr. la *rue des Moulins*, puis à g. la *rue Saint-Antoine*, où se trouvent la **tour Saint-Antoine** (1530), reste d'une église, aujourd'hui beffroi de la ville, et l'*hôtel Nau*, du temps de Henri II (belle cheminée; tapisseries du XVIe s.).

Revenant à la porte des Cordeliers, on prend en face de celle-ci la *Grande-Rue* (maisons de la Renaissance), conduisant à l'*hôtel de ville* (1535-1543), qui s'appuie à la *porte Picoys*, du XVe s. La Grande-Rue se prolonge, de l'autre côté de la place de l'Hôtel-de-Ville, par la *rue du Château* (belles *maisons* de la Renaissance, entre autres la *Chancellerie*, de 1551, ornée d'un groupe mythologique), qui monte au **Château**, formant une ellipse de près de 2 k. de tour. Après avoir passé la porte du château on voit à g. la *rue Lansyer* (*musée* légué par le peintre de ce nom), conduisant au château Royal et à la collégiale Saint-Ours. Le **Château Royal**, habité par les rois, de Charles VII à Louis XII, est auj. la *sous-préfecture*. On y remarque la *porte de l'oratoire d'Anne de Bretagne* et, dans le soubassement de la plus haute tour, le **tombeau d'Agnès Sorel** (*statue* du XVe s.). Dans les fossés du donjon s'ouvrent de vastes galeries souterraines. — L'ancienne **collégiale Saint-Ours** est un monument « d'une sauvage et étrange beauté » (porche du XIIe s.; clocher avec une flèche du XIIe s.; nef couverte de deux pyramides en pierre, obscures à leur sommet et formant toiture à l'extérieur, construites en 1168; au-dessus de la tour centrale, pyramide avec 4 clochetons; autel antique servant de bénitier).

De la collégiale la *rue Thomas-Pactius* conduit au **donjon** (sonner à une porte à l'extrémité du Mail), du XIIe s., à contreforts arrondis et flanqué d'une autre tour, qui renfermait une petite chapelle où l'on voit encore quelques fresques. Louis XI fit construire un second donjon, appelé la *Tour Neuve*. Il renferme de vastes salles et, dans les fondations, une salle circulaire, mal aérée, où se trouvaient les fameuses cages du cardinal La Balue, qui lui-même en fit le premier l'essai. Mais les vrais cachots de Loches occupent le soubassement d'un troisième donjon bâti également par Louis XI, et dont il ne reste rien au-dessus du sol. — En faisant le tour du château extérieurement on trouve, sur la colline de Vignemont, une *chapelle* (fin du XIIe s.; traces de fresques du XIIIe s.).

[A 1 k. E., *Beaulieu* (*église abbatiale*, bâtie par Foulques Nerra, de 1008 à 1012; à l'int., stalles de la Renaissance et magnifique *siège abbatial; clocher* roman; *logis de l'abbé*, XVIe et XVIIe s., avec chaire extérieure; ancienne *église Saint-Laurent*, XIIe s.).

De Loches à Montrésor (22 k. 🚂 en 1 h. env.; 2 fr. 25, 1 fr. 70, 1 fr. 25). — La voie ferrée parcourt a *forêt de Loches* (3,622 hect.), dans aquelle subsistent la *chartreuse du Liget* et la *chapelle du Liget*, rotonde du XIIe s., avec fresques du XIIIe. — 12 k. *Genillé* (à l'église, *bénitier* en albâtre de 1490 et beau groupe du XVIIIe s.). — 22 k. *Montrésor*, 600 hab., dans la vallée de l'Indrois (*château* du XVIe s., avec collection d'objets précieux provenant des rois de Pologne, que le propriétaire, M. le comte Branicki, permet de visiter; *église*, du XVIe s., avec *tombeau des Bastarnay*).

DE LOCHES A LIGUEIL (18 k.; ch. de fer, en 53 min.). — 10 k. *Varennes*. — 14 k. *Ciran*. — 18 k. Ligueil (V. p. 95).]

A dr., donjon de *Mauvière* (XIVe s.).

51 k. *Perrusson* (*église* du Xe s.). — 55 k. *Verneuil-Saint-Germain*. — 58 k. *Saint-Martin*.

63 k. *Fléré-la-Rivière*.

68 k. *Châtillon-sur-Indre* *, 3,662 hab. — *Eglise* du XIe s. (stalles du XVIe s.). — *Donjon* du XIIIe s. et autres ruines d'un château.

76 k. *Clion* (*château de l'Isle-Savary*, XVe s., transformé en école d'agriculture).

84 k. *Palluau-Saint-Genou*. A 2 k. N., *Palluau*, dont l'imposant *château* du moyen âge a été restauré de nos jours (on le visite). A g., *Saint-Genou* (*église* du XIe s., reste d'une abbaye).

92 k. *Buzançais* *, 4,871 hab., rive dr. de l'Indre, où l'on croise la ligne d'Argent au Blanc.

104 k. *Villedieu* (église du XIIe s.). — 106 k. *Niherne*. — 112 k. *Saint-Maur-sur-Indre*. — A dr., ligne de Toulouse.

118 k. Châteauroux (Ⓑ; R. 16).

ROUTE 15

DE SAINTES A LIMOGES

PAR ANGOULÊME

DE SAINTES A ANGOULÊME

78 k. — 🚂 en 2 h. 7 à 3 h. 9. — 5 fr. 90; 4 fr.; 2 fr. 60.

9 k. Beillant (Ⓑ; R. 8). — A dr., ligne de Bordeaux. — 12 k. *Rouffiac*. — 16 k. *Brives-Chérac*. — 20 k. *Le Pérat*. — Pont sur le Né. — 24 k. *Merpins*.

27 k. **Cognac** Ⓑ *, 19,483 hab., sur la rive g. de la Charente. — Fabr. et commerce d'eaux-de-vie célèbres (visiter le chai Martell ou le chai Hennessy). — Sur le quai, restes du *château* (xve s.) où naquit François Ier et ancienne **porte** fortifiée. — **Eglise Saint-Léger** (xiie, xive et xve s.), avec façade romane. — Bel *hôtel de ville*, au milieu d'un superbe parc. — *Musée*, au tribunal de commerce. — *Statue* équestre *de François Ier*, par Etex. — *Maisons* du xvie s. — Vaste *parc François Ier*, planté de chênes verts.

[De Cognac à Matha (28 k. 🚂 en 1 h. 5 à 1 h. 25; 3 fr. 15, 2 fr. 35, 1 fr. 75). — 9 k. *Cherves* (*église* romane à 3 coupoles; château de *Chesnel*, de 1610). — 12 k. *Saint-Sulpice-Mesnac*. — 15 k. *Burie*, 1,623 hab. (tumulus dit la *Motte à Corsin*). — 28 k. Matha (*V.* R. 7, p. 60).]

34 k. *Gensac-la-Pallue*. A *Gensac*, église des xiie et xiiie s.; *source de la Pallue*, qui s'écoule à la Charente par une gorge bordée de rochers tapissés de chênes verts.

39 k. *Bourg-Charente* (*église* du xiie s.; *château* ruiné).

41 k. *Jarnac* *, 4,911 hab., célèbre par la bataille dite de Jarnac, 1569 (église avec *crypte* du xiie s.; joli *jardin public* dans une île de la Charente; grand commerce d'eaux-de-vie et de vins).

45 k. *Saint-Même* (grandes carrières de pierre de taille). — A g., au delà du fleuve, *Bassac* (*église* du xie au xviie s., avec *boiseries* du xviie s. et *cloître* ogival; pyramide commémorative de la bataille de Jarnac). — Sur la rive g., *château de Bois-Charente* (xvie s.).

48 k. *Saint-Amand-de-Graves*.

54 k. **Châteauneuf-sur-Charente**, 2,870 hab. (carrières importantes). — *Eglise* des xiie et xve s., avec façade romane.

[De Châteauneuf à Barbezieux (19 k. 🚂 45 min.; 1 fr. 95, 1 fr. 55, 1 fr. 15). — 19 k. **Barbezieux** *, 4,080 hab., sur une hauteur dominant le Trèfle et le Condéon. Esplanade et restes de l'*ancien château* servant d'hôpital (belle **porte** fortifiée). A l'*église Saint-Mathias*, portail sculpté du xiiie s. De Barbezieux à Pons, *V.* p. 68.]

A dr., embranch. de Barbezieux. — 58 k. *Mosnac-Charente*. — 63 k. *Sireuil*.

66 k. *Nersac* (*église* du xie s.; *château de Fleurac*, du xvie s.).

72 k. *Saint-Michel-sur-Charente* (*église* de 1137). — 77 k. *Saint-Martin*. — Le ch. de fer passe sur la ligne de Paris à Bordeaux et contourne au S. la colline d'Angoulême (belle vue), puis passe sous cette ville dans un tunnel de 492 m.

78 k. Angoulême (Ⓑ; R. 12).

D'ANGOULÊME A LIMOGES

123 k. — 🚂 en 3 h. 15. — 13 fr. 80; 9 fr. 30; 6 fr. 05.

On remonte la rive g. de la Touvre; belle vue sur cette rivière.

7 k. *Ruelle*, célèbre pour sa **fonderie de canons** (on la visite avec l'autorisation du directeur), établie en 1750. — Près de la station, joli manoir *Maine-Gagnaud* (Renaissance).

A g., *Magnac-sur-Touvre* (*pont* remarquable; papeteries de *Veuze* et de *Maumont*).

10 k. *Magnac-Touvre*, station (à dr., ligne de Ribérac et Périgueux : R. 12, p. 84) établie non loin des **sources de la Touvre**, dont les deux principales, le *Dormant* et le *Bouillant*, jaillissent dans un beau bassin encadré dans une anfractuosité de la colline. A la sortie du bassin tombe une seconde rivière, la *Lèche*, née à quelques centaines de m., dans un bassin où se jette le ruisseau de l'*Echelle*.

On franchit la Lèche pour traverser la forêt de *Bois-Blanc*.

16 k. *Le Quéroy-Pranzac*, où se détache la ligne de Nontron et Thiviers. A (3 k. E.) *Pranzac*, sur la rive dr. du Bandiat : *église* avec grands pendentifs; *lanterne funéraire* du XIIe s.; ruines d'un château du XIIIe s. Au N. du Quéroy, belle *forêt de la Braconne* (3,967 hect.), dans laquelle est établi le camp du même nom; on y visite de curieuses excavations appelées des « fosses ».

[**Du Quéroy à Thiviers par Nontron** (63 k. 🚂 en 2 h. 35 env.; 7 fr. 05, 4 fr. 75, 3 fr. 05). — On remonte la vallée du Bandiat.

14 k. *Marthon* (ruines d'un *château*, avec donjon du XIIe s. haut de 30 m.). — 28 k. *Saint-Martin-le-Pin*. — Viaduc courbe, de 3 arches, sur le Bandiat. — 35 k. **Nontron** *, 3,686 hab., dans un site très pittoresque sur un promontoire élevé entre le Bandiat et un ravin (beaux **viaducs** du ch. de fer et de la route accédant à la ville; *promenade* à l'extrémité du promontoire où s'élevait le château; arcades romanes, restes du prieuré dit *le Moûtier*; *château* du XVIIIe s.).

Viaduc de 7 arches sur le Bandiat. — 43 k. *Saint-Pardoux-la-Rivière*, 1,769 hab. (d'où un tramway conduit à Périgueux par Brantôme : *V*. R. 16, p. 111), sur la Dronne, que l'on franchit. — 56 k. *Saint-Jean-de-Côle*, sur la Côle, que l'on y franchit (*église* romane, autrefois priourale, avec *stalles* et bénitier en cuivre du XVIIIe s., tombeau d'un évêque, cloître de la Renaissance; *château de la Marthonie*, XVe et XVIIIe s.). — 63 k. Thiviers (p. 109).]

On traverse une partie de la forêt de la Braconne, puis on franchit le Bandiat, tout près du *gouffre de Chez-Roby*. — 21 k. *Montgoumard*. — On croise la Tardoire.

29 k. **La Rochefoucauld** *, 2,782 hab., sur la Tardoire. — **Château** fondé au IXe ou au Xe s. par Foucauld, qui donna son nom à la ville, reconstruit du XIIe au XVIe s., augmenté au XVIIIe, auj. délabré, appartenant encore aux descendants du célèbre auteur des « Maximes »; bel *escalier* de la Renaissance; *galerie* remarquable sur la cour intérieure; abside romane de la chapelle primitive. — *Eglise* paroissiale des XIIIe et XVe s., avec *flèche* en pierre du XIIIe s. — Au *collège*, restes d'un cloître et d'une chapelle du XVe s.

[A 5 k. en amont, dans la curieuse et pittoresque *vallée de la Tardoire*, *Rancogne* (*église* romane) est célèbre par ses *grottes* au-dessus desquelles est un joli *château* du XVIe s.]

33 k. *Taponnat.* — On remonte la Bonnieure. — 40 k. *Chasseneuil*, sur la Bonnieure (*château* du XVIIe s.). — On franchit la Bonnieure. — 49 k. *Fontafie.*

53 k. *Roumazières-Loubert* Ⓑ.

[**De Roumazières à l'Isle-Jourdain** (47 k. 🚂 en 1 h. 30; 5 fr. 25, 3 fr. 55, 2 fr. 30). — On franchit la Charente sur le *viaduc de Vilhonneur* pour suivre la rive g. de la Vienne.

17 k. **Confolens** *, 3,053 hab., au confl. de la Vienne et de la Goire (pont du XVe s.). — Donjon et autres restes d'un *château* du XIIe s.; près de là, porte et bâtiment roman, restes des *fortifications*. — *Eglises Saint-Maxime* (XIVe-XVe s.) et *Saint-Barthélemy* (XIe s.; façade sculptée). — *Grille* du XVIIIe s. devant l'hôtel de ville. — *Maisons* du XVe s. — *Dolmen* dans le cimetière.

22 k. *Saint-Germain-Lessac*; à 1,500 m. S.-E., *Saint-Germain-de-Confolens*, au confl. de la Vienne et de l'Issoire, est dominé par des rochers élevés portant une *église* romane avec crypte et les ruines imposantes d'un *château* du XVe s.; dans une île de la Vienne, **dolmen**, dit *Pierre de Sainte-Marguerite*, curieusement aménagé en monument chrétien. — 30 k. *Availles-Limouzine*, 2,246 hab. — 43 k. Le Vigeau, où l'on joint la ligne de Saint-Saviol à Lussac-les-Châteaux. — 47 k. L'Isle-Jourdain (p. 83).]

La Charente franchie, on passe dans la vallée de la Vienne.

61 k. *Excideuil* (château de *la Chétardie*, où séjourna Mme de Sévigné). — On franchit la Graine.

65 k. *Chabanais*, 1,988 hab. (*pont* du XVe s.; *église Saint-Sébastien*, moderne; *statue du Président Carnot*, dont la famille maternelle est de Chabanais). — A 1 k. à dr., *Chassenon* (ruines de la ville de *Cassiomagus*, du temple de *Montélu* et d'autres édifices).

74 k. *Saillat-Chassenon*, au confluent de la Vienne et de la Gorre.

[**De Saillat à Saint-Yrieix** (68 k. 🚂 en 2 h. 45; 7 fr. 60, 5 fr. 15, 3 fr. 35).

7 k. **Rochechouart** *, 4,202 hab., sur une colline au confl. de la Graine et de la Vayres (*château* presque complètement reconstruit sous Louis XII, sur un promontoire que termine un rocher gigantesque : il renferme la sous-préfecture, le tribunal, le télégraphe et un petit musée; curieuses *peintures* murales du XVe ou du XVIe s.; belle *promenade* près du château; fontaine de 1530).

25 k. *Oradour-sur-Vayres*, 3,256 hab. — 38 k. *Châlus*, 2,641 hab., au-dessus de la Tardoire naissante (restes du *château* devant lequel fut tué Richard Cœur-de-Lion en 1199). — 45 k. Bussière-Galant (p. 109). — 51 k. *Saint-Nicolas*. A 1 k. N.-O., *Mont de Courbefy* (554 m.), sur lequel sont le ham. de ce nom et les ruines d'un château du XIIIe s., bâti sur les substructions et les retranchements d'un oppidum gallo-romain appelé *Curvi Fines*. — 58 k. *Le Chalard*. *Eglise* romane du XIIe s. et bâtiments de la même époque, restes d'un prieuré; tombeaux du bienheureux Geoffroi, fondateur du monastère, et de Gouffier de Lastours, un des héros de la 1re croisade; boiseries sculptées du XVe s. — 68 k. Saint-Yrieix (*V.* p. 125).]

On franchit la Vienne.

82 k. **Saint-Junien** *, V. industrielle (mégisseries et ganteries, papeteries, etc.) de 11,432 hab., à 600 m. N. de la station, près de laquelle se trouvent la *chapelle Notre-Dame* (XVe s.) et un pont du XIIIe s. — **Eglise** des XIIe et XIVe s. (deux énormes *bénitiers* côtelés du XIIe s.; dalle funéraire en cuivre du XVIe s.; beau *chemin de croix* moderne; derrière le *maître autel*, orné d'un bas-relief en marbre figurant les *Disciples d'Emmaüs*,

tombeau roman de St Junien, orné de statuettes et de bas-reliefs). — *Maisons* du XIVe s.

On remonte la rive dr. de la Vienne jusqu'à Aixe. — 86 k. *Saint-Brice-sur-Vienne.*

94 k. *Saint-Victurnien*(à l'église, tombeau de St Victurnien, autel avec *peintures* du XVe s.; *lanterne des morts*, XIIe s.).

101 k. *Verneuil-sur-Vienne.*

108 k. *Aixe* *, b. industriel (beaux moulins) de 3,615 hab., au confl. de la Vienne et de l'Aixette, au centre d'une région charmante appelée « la Petite Suisse ». — *Église* romane, fortifiée au XVe s.; châsse remarquable. — *Pont* du XIVe s. — Aixe est relié à (12 k.) Limoges par un tram électrique qui longe la grande route de la rive dr. de la Vienne (charmants paysages).

On franchit, puis on remonte l'Aurance. — Tunnel de 400 m.

118 k. Limoges, *gare de Montjovis*, au N.-O. de la ville, à l'extrémité du faub. Montmailler. — Contournant la ville (belles vues), on joint la ligne du Dorat, puis celle de Paris.

123 k. Limoges-Bénédictins Ⓑ (R. 16).

ROUTE 16

DE PARIS A AGEN

PAR LIMOGES ET PÉRIGUEUX

655 k. — 🚂 en 12 h. 30 à 14 h. 30 par express. — 73 fr. 35; 49 fr. 50; 32 fr. 30.

125 k. de Paris aux Aubrais Ⓑ, gare de bifurcation où s'arrêtent les trains express (*V.* R. 1). — 125 k. Orléans, où arrivent les trains omnibus (R. 1).

Quand on a quitté la ligne de Bordeaux et ses voies de raccordement, on franchit la Loire, à l'extrémité E. d'Orléans (belle vue sur la ville), sur un **pont** de 15 arches, long de 433 m. On aperçoit un instant à dr. le château de la Source, dont le parc renferme la source du Loiret (*V.* R. 1, p. 7), et l'on croise le Dhuy.

136 k. *Saint-Cyr-en-Val.*

On entre dans la **Sologne**, plateau de 500,000 hect. (compris entre la Loire et le cours moyen et inférieur du Cher), argileux, humide, jadis insalubre et peu fertile, transformé de nos jours par de nombreuses plantations de pins, la construction de nombreuses routes et la création du *canal de la Sauldre* (43 k.), qui va de Lamotte-Beuvron (*V.* ci-dessous) à Blancafort (R. 32). Les bourgs que l'on aperçoit du ch. de fer offrent un aspect riant et prospère avec leurs maisons neuves bien bâties, couvertes en tuiles rouges et entremêlées avec les grands arbres et les jardins. — A dr., château de *Cormes* (XVIe s.). — Pont sur le Cosson.

147 k. *La Ferté-Saint-Aubin*, 3,437 hab. (*château* bâti par Mansart et occupé par un orphelinat). — Le ch. de fer traverse un étang, puis franchit la Canne.

156 k. *Vouzon*, à 4 k. E. (à 4 k. N.-E. du v., colonie agricole de *la Grillière*, dans un château du XVIe s.). — On franchit le Beuvron à

163 k. *Lamotte-Beuvron* *, 2,285 hab. (ancien *château* impérial, auj. *colonie agricole*), à l'extrémité E. du canal de la

Sauldre qui y forme une gare d'eau, est un grand rendez-vous de chasseurs; il est relié à Blois par un tram à vapeur (V. p. 13). — On franchit le Méan.

169 k. *Nouan-le-Fuzelier.* — On franchit la Sauldre à

181 k. *Salbris*, 2,813 hab. (*église* avec beaux vitraux et retable du XVIIe s.).

A Argent, Valençay et au Blanc, p. 184.

Ponts sur le Coussin, le Naon et la Rère.

194 k. *Theillay* (à l'église, verrière de 1482). — Tunnel de *l'Alouette* (1,234 m.), débouchant au milieu de la *forêt de Vierzon* (5,000 hect.). A g., ancien château du *Fay*; à dr., ligne de Tours.

204 k. **Vierzon** * Ⓑ, 11,796 hab., V. industrielle, sur le penchant des coteaux de la rive dr. du Cher (pont de 8 arches), en face de son confl. avec l'Yèvre. Le canal du Berry passe au bas de la ville, où il forme un port animé. — A *l'église* (XVe s.), bénitier en bronze du XIIIe s. et tableau de J. Boucher. *Porte* féodale surmontée d'un beffroi. — *Maisons* des XVe et XVIe s. — Le **canal du Berry** (322 k. 5 avec les embranch.) relie la haute et la basse Loire, entre Montluçon et Saint-Agnan.

De Vierzon à Tours, R. 13; — à Issoudun, p. 102; — à Brive, Cahors, Montauban et Toulouse, R. 19; — à Bourges, R. 32; — à Montluçon, au Mont-Dore et à la Bourboule, R. 31; — à Aurillac, R. 37.

Tunnel de 222 m.; ponts sur l'Yèvre et le canal du Berry; à g., ligne de Bourges (R. 32); viaduc sur le Cher; à dr., vieux château de *Chaillot*. — On franchit l'Arnon.

219 k. *Chéry-Lury*. A (1 k. E.) *Lury*, porte fortifiée et donjon du XIIe s. — On longe l'Arnon. — 223 k. *Reuilly* (à 2 k. S., *château de la Ferté-Reuilly*, construit par Mansart en 1659). — On quitte l'Arnon pour la Théols, qu'on franchit plusieurs fois.

233 k. *Sainte-Lizaigne*.

240 k. **Issoudun** *, 14,222 hab. (« vins gris » renommés), au-dessus de prairies arrosées par les bras de la Théols et plusieurs ruisseaux. En quittant la gare on tourne à g., puis à dr., pour monter à la *place du Palais-de-Justice* (fontaine avec statue de la République). On passe sous une *porte* de ville, du XVIe s. (prison), puis, par la *place Voltaire* (poste et télégraphe), on arrive à la *mairie*, renfermant la *bibliothèque* et le *musée*. En face de l'hôtel de ville se dresse la **tour Blanche**, donjon bâti par Philippe Auguste en 1202 (rez-de-chaussée; le reste est du XIVe s.).

Revenu à la Grande-Place, on prend, en face de la prison, la *rue de la République*, qui longe *l'église Saint-Cyr* (XVe s.; verrière du XVIe s.). Derrière Saint-Cyr, rue Berthier, manoir du XVe s., servant de *presbytère*.

On peut visiter aussi *l'église* moderne *de Notre-Dame du Sacré-Cœur*, de style gothique, richement décorée, but de pèlerinage, et la chapelle (1502) de l'ancien *Hôtel-Dieu* (1869), renfermant de curieuses sculptures en bois du XVe s. (*Arbre de Jessé*).

[**D'Issoudun à Saint-Florent** (24 k.

en 37 et 53 min.; 2 fr. 70, 1 fr. 80, 1 fr. 20). — 12 k. *Chârost*, 1,530 hab., sur l'Arnon (château ruiné). — 24 k. Saint-Florent (R. 34).

D'Issoudun à Vierzon (57 k. en 3 h. 30 env.; 5 fr. et 3 fr. 80). — 13 k. *Paudy*. Ruines d'un château du XIVe s. dans une tour duquel le prince Zizim, frère du sultan Bajazet II, aurait été quelque temps renfermé avant d'être mené à Bourganeuf. — 26 k. *Vatan*, 2,427 hab. *Eglise*, chœur du XVe ou du XVIe s. avec vitraux de l'époque. Bel *hôtel de ville* moderne. *La Chantrerie*, maison du XVIIe s. — 34 k. *Graçay*, 2,727 hab., au confl. du Fouzon et du Pot. A l'église, vitraux de Lobin. Motte féodale haute de 16 m. Chevet et transept romans, restes de l'église *Saint-Martin*. — Demi-dolmen de la *Pierre-Levée* ou de la *Grosse-Pierre*. — 46 k. *Massay*. *Eglise* des XIVe et XVe s. — 57 k. Vierzon (V. p. 101).]

Franchissant, puis remontant le ruisseau de Jean-Varenne, on parcourt le plateau monotone de la *Champagne*.

252 k. *Neuvy-Pailloux*. — 285 k. *Montierchaume*. — On franchit l'Indre.

267 k. **Châteauroux** * Ⓑ, ch.-l. du départ. de l'Indre, V. de 24,957 hab., sur le versant de la rive g. de l'Indre.

Près de la gare l'**église Saint-André** est un somptueux édifice moderne du style gothique, dont les deux flèches en pierre sont hautes de 56 m. Au delà du ch. de fer est la *manufacture des tabacs*. De Saint-André la *rue Saint-Luc* conduit à la *place Lafayette* (fontaine monumentale), que continue au N. l'*avenue de Déols* (20 à 25 min. de la gare à Déols).

A g. s'ouvre la *place Gambetta* (*monument* à la mémoire des soldats de l'Indre morts en 1870-1871, par Verlet, 1897; *postes et télégraphes*), au fond de laquelle est le *théâtre*. A côté, la *rue Victor-Hugo* conduit à la *place du Marché*, où est l'*hôtel de ville*, renfermant la *bibliothèque* (25,000 vol.; bréviaire du commenc. du XVe s.; manuscrit, le plus ancien connu, de la Chanson de Roland) et le *Musée des beaux-arts*.

De la place du Marché la *rue Ribourt* conduit à l'*église Notre-Dame*, bonne imitation des styles roman, auvergnat et bourguignon (avec une crypte). Par la *rue Descente-de-Ville* et la *rue de la Fontaine* on arrive au bord de l'Indre dominée par les jardins où s'élèvent la *Préfecture* (1823) et l'ancien **château Raoul**, qui, fondé au Xe s. par Raoul, seigneur de Déols, et rebâti aux XIVe et XVe s., a donné son nom à la ville. Au-dessus du pont de pierre qui franchit l'Indre on aperçoit sur la rive g. les arbres séculaires du parc créé dès le XVe s. par les sires de Chauvigny, seigneurs de Châteauroux, près de leur forteresse. Le *château* actuel *du Parc* conserve de cette époque une belle *tour*, dite *de la Princesse de Condé* en souvenir de Clémence de Maillé-Brézé († 1694), femme du Grand Condé, qui y vécut 23 ans, séquestrée, dit-on, par son mari (son *tombeau* se voit dans la *chapelle des Sœurs de l'Espérance*, formée du chœur de l'anc. église Saint-Martin). Le Parc renferme auj. une *Manufacture de draps* considérable.

De l'hôtel de ville la *rue Grande* mène à l'ancienne *église* (XIIe et XVe s.) *Saint-Martial* (près de laquelle est un bâtiment mutilé du XIIe s., reste de l'*hospice*

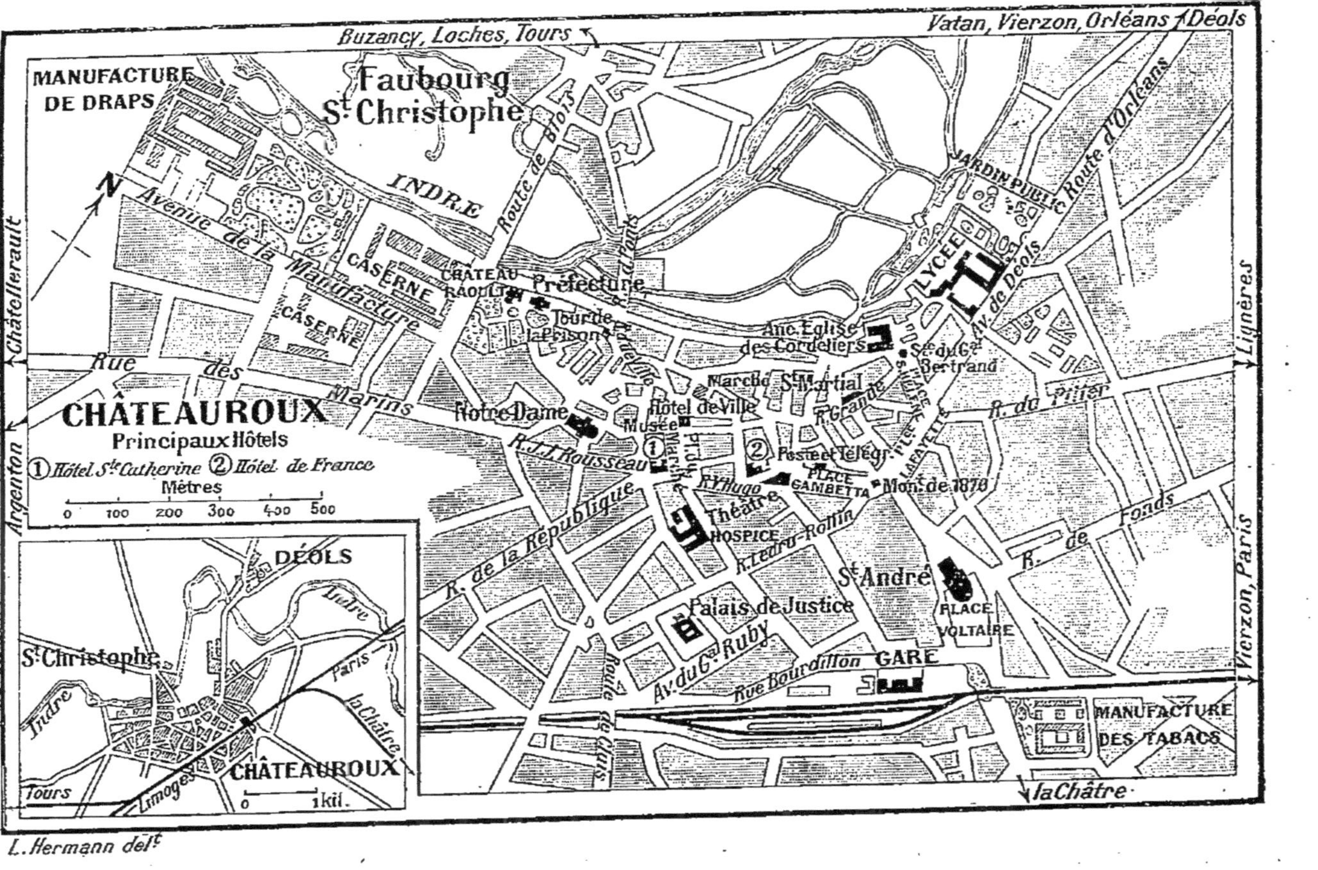

L. Hermann delt

Saint-Jacques) et à la *place Sainte-Hélène*, où s'élève la *statue* (par Rude) *du général Bertrand*, dont on montre la *maison*. Au fond de la place, ancienne *église des Cordeliers* (XIIIe s.), occupée par les écoles communales.

[Au N. (1 k. 5), sur la rive dr. de l'Indre, **Déols**, jadis la capitale d'une principauté, forme comme un faubourg de Châteauroux. Il est desservi par une station du ch. de fer de Valençay (*V.* ci-dessous). — Magnifique *clocher* roman et ruines d'une *église* abbatiale. — *Porte* féodale (XIVe s.). — *Eglise Saint-Etienne*, en partie romane (curieux tableaux du XVIe s., Vierge vénérée; dans la crypte, *tombeau de St Ludre*, du IVe ou du Ve s., avec bas-reliefs).

De Châteauroux à Valençay (50 k. en 3 h.; 4 fr. 40 et 3 fr. 35). — 3 k. Déols (*V.* ci-dessus). — 14 k. *Vineuil.* — 23 k. *Levroux*, 4,093 hab. *Eglise* fort belle et fort originale du XIIIe s. flanquée de 4 tours. *Porte* d'un ancien château. — 29 k. *Moulins.* Dolmen et cromlech. Restes de fortifications. Eglise à 2 nefs des XIIe et XIVe s. Anc. église priourale (XIIe s.) de *Jarsay*. — On suit la vallée du Nahon. — 38 k. *Langé* (château). — 42 k. *Vicq-sur-Nahon.* Château de *la Moussetière* (XVIe s.). — 50 k. Valençay (*V.* p. 184).

De Châteauroux à Montluçon (105 k. en 2 h. 40 à 3 h. 15; 11 fr. 75, 7 fr. 95, 5 fr. 15). — On remonte la vallée de l'Indre. — 5 k. *Forge-de-l'Isle.* — On passe devant *Etrechet* et près du château et des forges de *Clavières.*

14 k. *Ardentes*, 2,655 hab. (curieuse *église* romane). — A g., *château du Magnet* (XVIe s.).

21 k. *Fourche-Jeu-le-Bois.*

24 k. *Mers.* — 27 k. 5. *Filaines.* — On franchit l'Igneraye.

32 k. *Nohant-Vicq* (*église* des XIIe et XIIIe s., avec fresques du XIIIe s.; *château*, ancienne propriété de George Sand, dont le *tombeau* est dans le cimetière).

37 k. **La Châtre** *, 4,737 hab., sur l'Indre. — *Eglise Saint-Germain*, reconstruite récemment dans le style gothique; boiseries du XVe s. dans une chap., à dr. — *Hôtel de ville*, jadis couvent (jolie chapelle de la Renaissance, avec anciennes peintures; bibliothèque, collection ornithologique, médaillier). — Prison dans une tour d'un anc. château. — Deux *maisons* en bois du XVe s. — Dans un square, *statue de George Sand* (1884), œuvre d'Aimé Millet. — De la Châtre à Neuvy-Saint-Sépulchre et Argenton, *V.* ci-dessous; à Guéret, p. 191.

44 k. *Briantes* (*château* du XVe s.), puis *château de la Motte-Feuilly* (XIVe-XVe s.) et v. du même nom (dans l'*église*, du XVe s., débris du tombeau de Charlotte d'Albret, épouse délaissée de César Borgia).

50 k. *Champillet-Urciers.* A Lavaufranche, R. 35.

57 k. *Châteaumeillant*, 3,974 hab. (*église* romane; *mairie* dans l'anc. *église du Chapitre*, XIe et XVIe s.; *château* du XVe s.). De Châteaumeillant à la Guerche, *V.* p. 185.

68 k. *Culan* (*château* féodal de la fin du XVe s.). — 2 viaducs dont l'un de 11 arches et l'autre sur l'Arnon.

73 k. *Cour-Vesdun.*

78 k. *Saint-Désiré* (église romane). — 83 k. *Courçais.* — On franchit la Queugne. — 93 k. *La Chapelaude.* — Ponts sur la Meuzelle et la Magière.

103 k. *La Ville-Gozet* (nombreuses usines). — On franchit le Cher.

105 k. Montluçon (Ⓑ; R. 34).]

De Châteauroux à Loches et à Tours, R. 14.

279 k. *Luant.* — 284 k. *Lothiers.* — Tunnel des *Petites-Roches* (1,040 m.); beau viaduc de 12 arches sur la Bouzanne (vue magnifique).

293 k. *Chabenet* (**château** du XVe s.).

298 k. **Argenton** * Ⓑ, 6,281 hab., sur les deux rives de la Creuse que bordent de vieilles *maisons* pittoresques. — *Eglise* reconstruite dans le style du

XVe s. — *Chapelle de Saint-Benoît* (XVe et XVIe s.), d'où l'on peut monter par un petit chemin raide et caillouteux continué par un escalier (belle vue) à la *chapelle Notre-Dame*, dont la façade, refaite de nos jours dans le style romano-byzantin, est surmontée d'un édicule portant une statue de la Vierge, en cuivre repoussé, haute de 7 m. Cette chapelle est située sur l'emplacement d'un ancien château dont il subsiste un gros massif de maçonnerie. — *Ancienne prison* (XVe s.).

[**Vallée de la Bouzanne et Saint-Marcel** (excurs. de 3 h.; voit. 8 fr.). — On suit généralement cet itinéraire : *château de la Rocherolle* (2 belles tours à mâchicoulis); donjon de *Prunget* (XIVe ou XVe s.); tour de *Mazières*; château de Chabenet (*V.* ci-dessus); *Saint-Marcel* (*église* en partie romane, avec **clocher** fortifié du XIVe s., crypte, stalles de la Renaissance; nombreuses maisons anciennes).

Vallée de la Creuse. — En remontant au S.-E. la belle vallée de la Creuse on arrive à (14 k.) *Gargilesse*, v. pittoresque décrit par George Sand (nombreuses sources; à côté d'un *donjon* du XIIIe s. et d'une porte fortifiée, restes d'un château, *église* du XIIe s., avec crypte, peintures murales du XVe s., Vierge du XIIe s. et statue tombale du XIIIe). A 3 k. O. de Gargilesse, ruines du *château de la Prune-au-Pot*. — La route de Gargilesse à (11 k.) Eguzon (*V.* ci-dessous) contourne la colline de *Châteaubrun*, château féodal des XIIIe, XVe et XVIe s.

D'Argenton à Chaillac (35 k. en 2 h. 15 env.; 3 fr. 05 et 2 fr. 35). — 15 k. *Abloux*, sur la rivière du même nom. — 23 k. *Saint-Benoît-du-Sault*, 1,008 hab., vieux bourg pittoresque, sur une colline granitique dominant le Portefeuille. Église en partie romane et bâtiments des XVe et XVIIe s., restes d'un *prieuré*. *Porte* fortifiée du XIVe s. *Maisons* anciennes (*Logis du gouverneur*, XVe s.). — 2 *dolmens*. De Saint-Benoît au Blanc, *V.* p. 81. — 35 k. *Chaillac* (ruines du château de *Brosses*).

D'Argenton à la Châtre (47 k. en 1 h. 15 à 1 h. 55). — La voie s'élève sur les versants dr. de la Creuse (belle vue). — Viaduc de 22 arches sur la vallée d'Auzon. — 23 k. *Cluis* : *église* ogivale; *hôtel de ville* dans un ancien château (XIIIe s.; tapisseries des Gobelins); ruines du *château de Mlle de Montpensier* dans la vallée de la Bouzanne; *château du Puy d'Auzon*, dans la vallée de l'Auzon. — 31 k. **Neuvy-St-Sépulchre** *, 2,776 hab., sur la Bouzanne, qu'on y franchit (très curieuse **église** circulaire des XIe et XIIe s., sur le modèle de celle du Saint-Sépulcre à Jérusalem). — 38 k. *Sarzay-Fougerolles* (à *Sarzay*, *château* féodal du XVe s.). — Vallée de l'Indre. — 47 k. La Châtre (*V.* ci-dessus).]

D'Argenton au Blanc et à Poitiers, R. 12, p. 80-81.

On franchit la Creuse. — 308 k. *Célon*. — 319 k. *Eguzon*, 1,796 hab.

326 k. *Saint-Sébastien* Ⓑ.

[A 10 k. E. (7 k. par les sentiers), sur un promontoire très allongé formé par le confluent de la Creuse et de la Sédelle, restes du **château de Crozant**, dans un site d'une désolation grandiose. A 7 k. de Crozant est le v. de *Fresselines*, où a vécu le poète Maurice Rollinat († 1903), comme le rappelle un bas-relief (par Rodin) sur le mur de l'église.

De Saint-Sébastien à Guéret (46 k. 1 h. 40 à 2 h. 50; 3 fr. 35, 2 fr. 50, 1 fr. 85). — 6 k. *La Chapelle-Baloue*. — 11 k. *Lafat*. — 18 k. *Dun-le-Palleteau*, 1,669 hab. — 23 k. *Saint-Sulpice-le-Dunois*. — 30 k. *Bussière-Dunoise*. — 37 k. *Saint-Sulpice-Anzême*. — 40 k. *La Clavière*. — 46 k. Guéret (R. 35).]

333 k. *Forgevieille*.

345 k. *La Souterraine* *, sur la

Sédelle. — **Eglise** des XIIe et XIIIe s. — Deux *portes* féodales. — Vieilles *maisons*. — Au cimetière, *lanterne des morts*.

Tunnel de 1,000 m.

354 k. *Fromental*. — Quand on a joint à dr. la ligne de Poitiers on franchit la profonde vallée de la Gartempe sur le *viaduc de Rocherolle* (deux étages d'arcades).

365 k. *Bersac*. — A dr., *montagne des Echelles* (645-685 m.), revêtue de châtaigniers. — Tunnel de *Combeau*.

371 k. **Saint-Sulpice-Laurière** Ⓑ.

Au Dorat, à Montmorillon et Poitiers, R. 12, p. 81; — à Bourganeuf, Guéret, Aubusson, Montluçon et Gannat, R. 35.

Tunnel de 800 m.

378 k. *La Jonchère*.

386 k. **Ambazac***, 3,593 hab. — *Eglise* des XIIe et XVe s. (**châsse** contenant les reliques de St Etienne de Muret, chef-d'œuvre de l'émaillerie limousine du XIIe s.; dalmatique de St Etienne, présent de Mathilde, femme de l'empereur d'Allemagne Henri V).

Deux petits tunnels séparés par une tranchée.

392 k. *Les Bardys*. — A g., ligne de Clermont. Viaduc haut de 34 m. sur le ruisseau du Palais; à g., la Vienne.

404 k. **Limoges*** Ⓑ, ch.-l. du départ. de la Haute-Vienne, V. de 84,121 hab., siège d'un évêché, quartier général du 12e corps d'armée, bâtie en amphithéâtre sur la rive dr. de la Vienne, et où se distinguent encore les deux parties qui la composaient au moyen âge : la *Cité*, autour de la cathédrale et au bord de la Vienne; le *Bourg*, au sommet de la colline, transformé par de nombreux embellissements modernes.

De la gare des Bénédictins, laissant en face la belle promenade du *Champ de Juillet*, qui la domine, on prend à g. l'*avenue de la Gare-d'Orléans* (*monument des Enfants de la Haute-Vienne* morts en 1870-1871, œuvre de Thabart), qui aboutit à la *place Jourdan*; au milieu, *statue* en bronze *du maréchal Jourdan*, par Elias Robert. Au S.-E. la *rue du Maupas* et la *rue Neuve-Saint-Etienne* conduisent à la *place Saint-Etienne* et à la cathédrale.

La **cathédrale Saint-Etienne** comprend : un chœur magnifique, commencé en 1273 dans le style des églises du Nord et terminé en 1327; un transept des XIVe et XVe s.; une nef du XVIe s., complétée de nos jours et précédée d'un élégant clocher octogonal du XIIIe s., haut de 62 m. Le portail principal, au croisillon N., est surmonté d'une grande rose (vantaux du XVIe s.; à g. du croisillon, sur un contrefort du chœur, statues du XIVe s. figurant le martyre de St Etienne).

A l'int. : splendides **vitraux** des XIVe, XVIe et XIXe s.; restes précieux d'un *jubé* de la Renaissance à dr. duquel est une belle Mise au tombeau; mausolées des évêques Raynaud de la Porte († 1325), Bernard Brun († 1349) et J. de Langeac († 1541); peintures murales du XVIe s.; dans la *crypte*, du XIe s., précieuses fresques de la même époque; dans la sacristie, *canon d'autel* avec miniatures sur émail, chef-d'œuvre de Noël Laudin II (XVIIe s.)

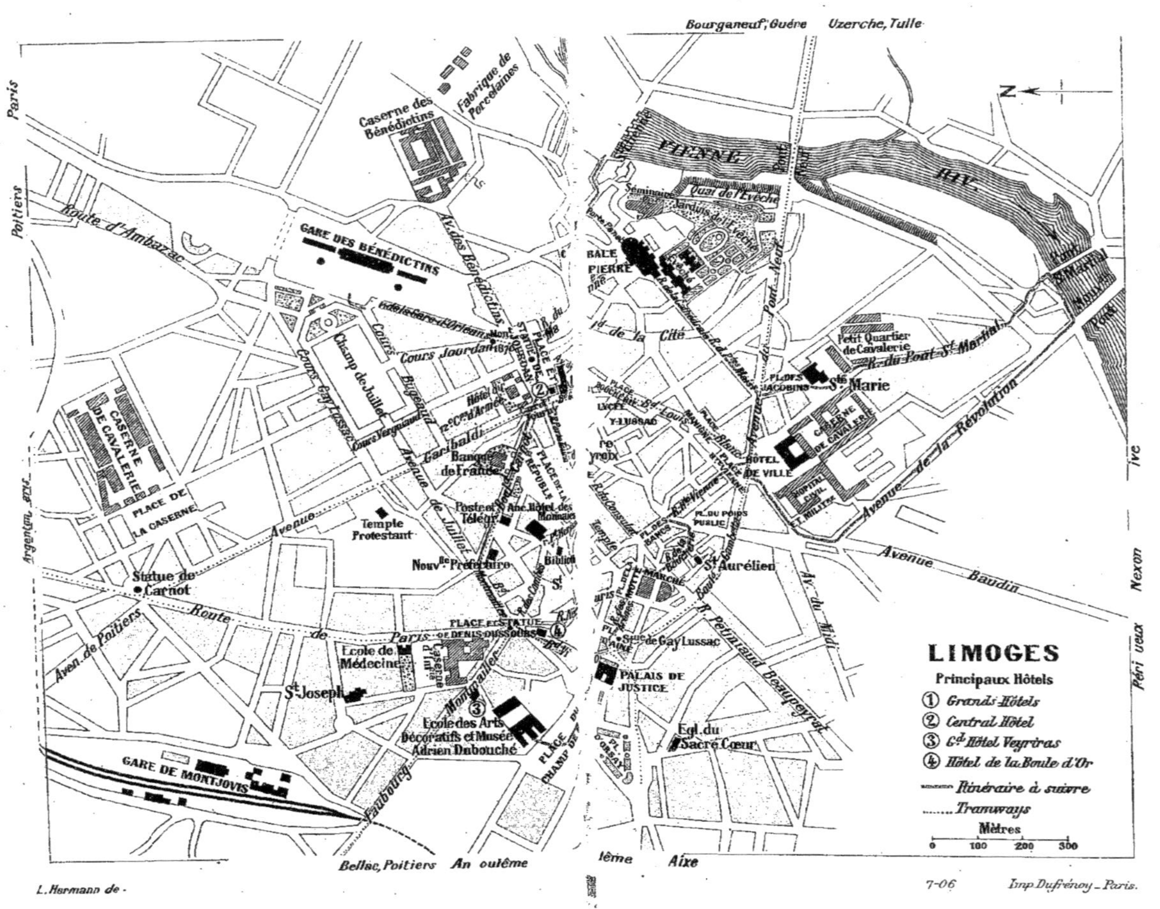
LIMOGES
Principaux Hôtels
① Grands-Hôtels
② Central Hôtel
③ Gd Hôtel Veyriras
④ Hôtel de la Boule d'Or
Itinéraire à suivre
Tramways
Mètres
0 100 200 300
Bourganeuf, Guéret
Uzerche, Tulle
Paris
Poitiers
Argenton
Bellac, Poitiers
Angoulême
Aixe
Périgueux
Nexon
N
Vienne
Riv.
Pont Neuf
Pont St Martial
Quai de l'Evêché
Jardins de l'Evêché
Séminaire
Caserne des Bénédictins
Fabrique de Porcelaines
Gare des Bénédictins
Route d'Ambazac
Av. des Bénédictins
Champ de Juillet
Cours Jourdan
Cours Gay Lussac
Cours Bugeaud
Caserne de Cavalerie
Place de la Caserne
Temple Protestant
Avenue de Juillet
Garibaldi
Banque de France
Postes et Télégr.
Nouvre Préfecture
Statue de Carnot
Route de Paris
Aven. de Poitiers
Place et Statue de Denis Dussoubs
Ecole de Médecine
St Joseph
Ecole des Arts Décoratifs et Musée Adrien Dubouché
Gare de Montjovis
Faubourg
Palais de Justice
Egl. du Sacré Cœur
R. Pétiniaud Beaupeyrat
St Aurélien
Av. du Midi
Avenue Baudin
Avenue de la Révolution
Hôtel de Ville
Ste Marie
Petit Quartier de Cavalerie
R. du Pont St Martial
Avenue du Pont Neuf
R. de la Cité
L. Hermann del.
7-06
Imp. Dufrénoy - Paris.

Derrière le chevet de l'église la *rue Porte-Panet*, puis, à dr., la *rue des Petits-Carmes* (*maison*, n° 13, où est né le maréchal Jourdan; inscription) et la *rue du Pont-Saint-Etienne* descendent au *pont* de ce nom (8 arches ogivales du XIIIe s.). On revient longer au N. la cathédrale, puis, laissant à g. sur la *place de l'Evêché* le *palais épiscopal*, du XVIIIe s., dont les *jardins* en terrasse dominent la Vienne, on suit la *rue de la Cathédrale*, la *rue des Petites-Maisons*, on croise en inclinant à dr. l'*avenue du Pont-Neuf* et en laissant à g. la *place des Jacobins* (*église Sainte-Marie*, avec portail du XIIIe s., beau retable et tableau de J. Restout), puis on atteint la *place de l'Hôtel-de-Ville* (square et *fontaine* monumentale en bronze et porcelaine dure rehaussée d'émaux). De l'église Sainte-Marie on pourrait descendre par la *rue du Pont-Saint-Martial* au *pont Saint-Martial*, reconstruit au XIIIe s. sur des bases romaines et d'où l'on aperçoit en aval le *pont National* ainsi que le beau viaduc du ch. de fer de Brive par Uzerche (*V.* p. 124).

L'**Hôtel de Ville**, bâti de 1879 à 1883 par A. Leclerc, a une façade monumentale avec campanile (à la frise, médaillons en grisaille de Léonard Limosin, D'Aguesseau, Vergniaud et Jourdan, nés à Limoges). A l'int., salles décorées de peintures par Bourgeois, Lucas et Weerts.

Sur la place l'*hôpital général* possède un *retable* du XVIIIe s. et trois *reliquaires* des XIIIe et XVIe s.

Le *boulevard Gambetta* conduit à la *place d'Aine*; mais il vaut mieux, pour la gagner, s'engager dans les vieilles rues, où l'on rencontre beaucoup de maisons curieuses. On monte à la *place Haute-Vienne*, en terrasse au-dessus de la place de l'Hôtel-de-Ville, puis, par la *rue Haute-Vienne*, à la *place des Bancs* (maisons anciennes). On traverse, à g., la *place du Poids-Public* et l'on suit, à dr., la curieuse *rue de la Boucherie*, en laissant à g. *Saint-Aurélien* (antique baptistère servant de tronc; devant la porte, *croix* à personnages du XVe s.).

On atteint la *place de la Motte*, où sont les halles centrales. — La *rue des Arènes* aboutit à la *place d'Aine*, point le plus élevé de la ville et sur laquelle se trouve le *palais de justice*, précédé de la *statue de Gay-Lussac*, œuvre d'Aimé Millet. A l'O. la *place d'Orsay* (*statue de la Céramique*, par Guillaume) occupe l'emplacement de l'ancien amphithéâtre.

Au N., sur la *place du Champ-de-Foire*, se trouve le **Musée Adrien-Dubouché**, près duquel s'élève l'*école nationale des arts décoratifs*.

Ce musée comprend : une **collection de céramique** unique en France, des émaux, médailles, des sculptures (*Cartelier*, Vergniaud; *A. Thabart*, Le Charmeur; Jeune homme à l'émerillon; l'Enfant au cygne; buste du général Pietri) et des peintures dont les plus remarquables sont les suivantes: *Troyon*, les Vendanges de Suresnes; *A. Dürer*, Ste Catherine; *Léonard Limosin*, l'Incrédulité de St Thomas; *Nattier*, Mme de Pompadour.

On revient à la place d'Aine,

d'où, par le *boulevard Victor-Hugo*, la *place Denis-Dussoubs* (*statue de Denis Dussoubs*, tué sur une barricade de Paris le 2 décembre 1851, œuvre de Rousselle-Bardelle) et la *route de Paris* (à g., *Ecole de médecine*), on pourrait gagner à g. l'*avenue des Charentes* et la *gare de Montjovis*.

A l'angle N.-E. de la place d'Aine la *rue Darnet* (anc. Cercle des officiers, avec 3 cariatides) descend à l'**église Saint-Michel des Lions**, des XIVe et XVe s. (haut clocher octogonal avec flèche de 1383; sur l'escalier de la porte S., trois lions du XIIe s.; 2 vitraux de la fin du XVe s.; châsse renfermant le chef de St Martial).

En sortant par la porte N. de l'église on se trouve sur la *place de la Préfecture*. La *préfecture*, des XVIIIe-XIXe s., renferme la *bibliothèque publique*. — Si l'on sort de Saint-Michel par la porte S., pratiquée sous le clocher, on descend par l'escalier des Lions à la *place Saint-Michel*, d'où, à g., la *rue du Clocher*, la *place Saint-Martial* (théâtre) et, à dr., la *rue Porte-Tourny* conduisent au côté N. de l'**église Saint-Pierre du Queyroix**, en grande partie des XVe et XVIe s. (tour du XIIIe s.; belles verrières; Vierges en albâtre du XIVe s.). — Près de la *place Saint-Pierre* est le *lycée Gay-Lussac*, ancien collège des Jésuites, dont la chapelle renferme une *Assomption* attribuée à Rubens. — La rue Porte-Tourny mène par le *carrefour Tourny*, où aboutit l'*avenue Garibaldi* (à l'extrémité, *monument du président Carnot*, né à Limoges en 1837), à la place Jourdan (à g., *quartier général* du 12e corps d'armée), d'où l'on revient à la gare.

La principale industrie de Limoges est la fabrication de la porcelaine. Ses manufactures célèbres occupent 5,000 ouv. et produisent annuellement une valeur de 15 millions. L'art de l'*émaillerie*, florissant au moyen âge, mais tombé en décadence depuis le XVIe s., a été relevé de nos jours par plusieurs artistes qui s'inspirent de la bonne tradition limousine.

[**De Limoges au Dorat** (57 k.; 🚃, 2 h.; 6 fr. 40, 4 fr. 80, 2 fr. 80). — Au delà du tunnel de la Bastide (680 m.) on franchit l'Aurance. — 17 k. *Nieul*, 1,021 hab. — 23 k. *Thouron*, stat. au bord d'un vaste étang. — 27 k. *Nantiat*, 1,836 hab. — On traverse le massif granitique des *montagnes de Blond* (515 m. d'altit. maxima). — Vallons agrestes de la Glayeule et du Vincou. — 44 k. **Bellac** *, 4,791 hab., sur une colline dominant la vallée du Vincou qui reçoit la Bazine (*église*, XIIe-XVe s.). — Viaduc sur la Gartempe. — 57 k. Le Dorat (R. 12, p. 82).]

De Limoges à Confolens, Angoulême, Cognac et Saintes, R. 15; — à Uzerche, Saint-Yrieix, Brive, Figeac, Cahors, Montauban et Toulouse, R. 19; — à Ussel, Eygurande et Clermont-Ferrand, R. 36.

Tunnel de 1,022 m. sous Limoges; à g., ligne d'Uzerche; pont sur la Vienne; viaduc de 8 arches, haut de 29 m., sur la Briance. — 412 k. *L'Aiguille*. — 415 k. *Beynac*.

424 k. **Nexon** (✕ des lignes de Périgueux et de Saint-Yrieix), 3,228 hab., à 2 k. S.-E. (dans l'*église*, des XIIe et XVe s., coffret émaillé et buste-reliquaire du XIVe s.; *château* restauré dans le goût du XVIe s.).

A Saint-Yrieix, Brive et Toulouse, R. 19.

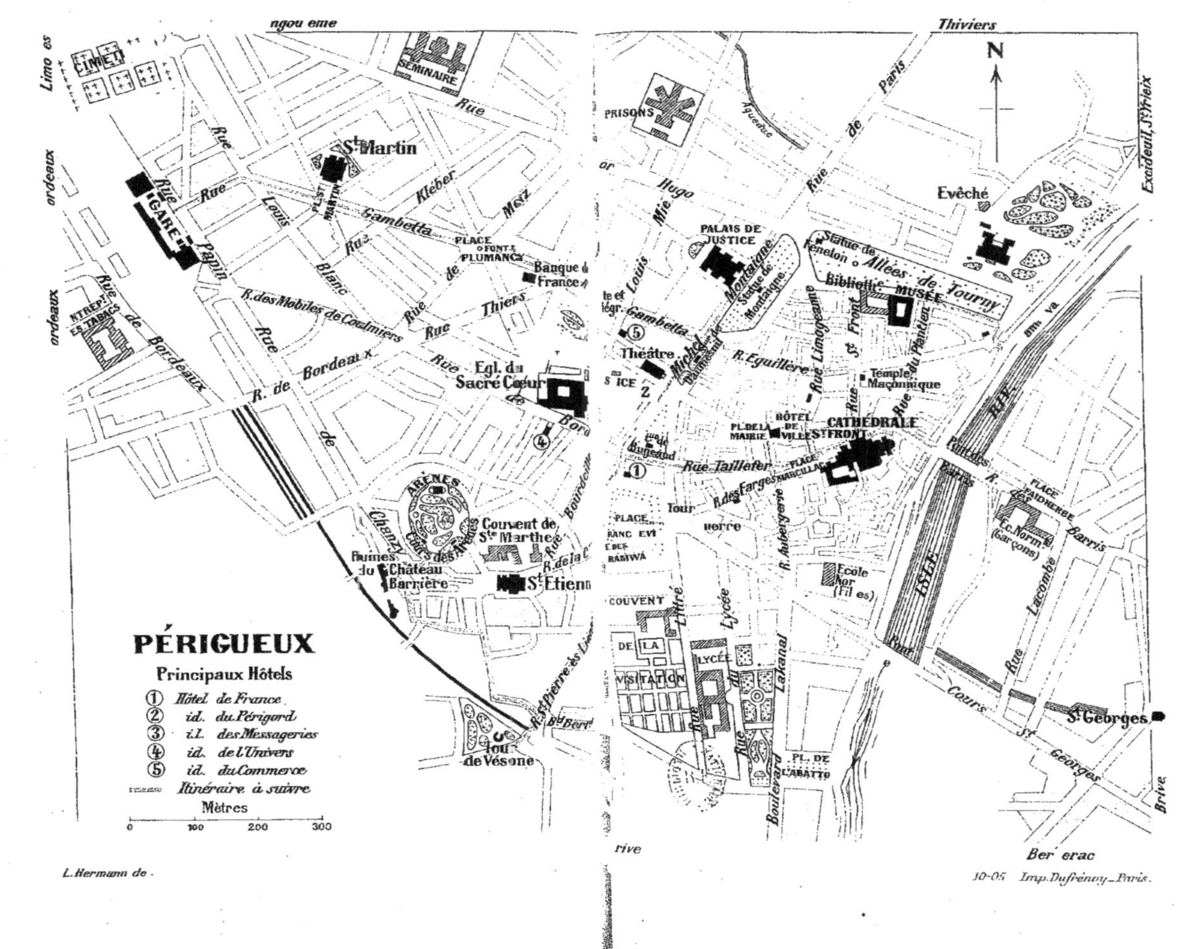
PÉRIGUEUX
Principaux Hôtels
① Hôtel de France
② id. du Périgord
③ i.l. des Messageries
④ id. de l'Univers
⑤ id. du Commerce
Itinéraire à suivre
Mètres
0 100 200 300
N
Thiviers
Excideuil, St Yrieix
Brive
Ber erac
Limo es
ordeaux
CIMETI
SÉMINAIRE
St Martin
PL. ST MARTIN
GARE
Rue Papin
Rue Louis Blanc
Rue Kleber
Rue Gambetta
PLACE FONTE PLUMANCY
Rue de Metz
Banque de France
Rue Thiers
R. des Mobiles de Coulmiers
Rue de Bordeaux
R. de Bordeaux
Rue de Bordeaux
ENTREPT DES TABACS
Egl. du Sacré Cœur
ARÈNES
Cours des Arènes
Chanzy
Ruines du Château Barrière
Couvent de Ste Marthe
St Étienne
Tour de Vésone
PRISONS
Aqueduc
Rue de Paris
Rue Victor Hugo
PALAIS DE JUSTICE
Montaigne
Statue de Montaigne
Gambetta
Théâtre
R. Eguillère
Rue Limogeanne
Rue St Front
Rue du Plantier
Temple Maçonnique
Statue de Fénelon
Allées de Tourny
Bibliothque
MUSÉE
Evêché
PL. DE LA MAIRIE
HÔTEL DE VILLE
CATHÉDRALE St FRONT
Rue Taillefer
PLACE MARCILLAC
R. des Farges
R. Aubergerie
Tour
PLACE
Ecole Nor (Filles)
COUVENT DE LA VISITATION
Rue Littré
LYCÉE
Rue du Lycée
Lakanal
Boulevard
PL. DE L'ABATTO
ISLE
Pont des Barris
PLACE FAIDHERBE
R. des Barris
Ec. Norm (Garçons)
Rue Lacombe
Cours St Georges
St Georges
L. Hermann de
10-05 Imp. Dufrénoy_Paris.

432 k. *Lafarge* (ruines du *château de Lastours*, xve s.; tombelles). — A dr. et à g., étangs, dont l'un est la source de la Dronne.

442 k. *Bussière-Galant* (église des xiie et xve s.).

A Saillat, par Rochechouart, et à Saint-Yrieix, *V.* p. 99.

452 k. *La Coquille* (château de *la Maynardie*, xviie s.). — On parcourt les *landes de Coly*. Tunnel de 328 m. A dr., *manoir de Filolie*, reconstruit dans le style du xive s.

466 k. **Thiviers** *, 3,284 hab. — *Eglise* romane, agrandie ou remaniée aux xiiie et xve s. — *Presbytère* dans une ancienne maison forte. — *Château de Vaucocour* (xve-xviiie s.). — Beau parc de M. Theulier. — Près de l'*hôtel de ville*, jardin public.

[**De Thiviers à Brive** (72 k. 🚂 en 2 h. 30 env.; 8 fr. 05, 5 fr. 45, 3 fr. 55). — A dr., château de *Laxion* (xve s.). — 8 k. *Corgnac* (église romane), sur l'Isle. — 19 k. *Excideuil*, 1,757 hab., sur une colline dominant la Loue (restes d'un important *château* des Talleyrand-Périgord). A Saint-Yrieix et à Périgueux, R. 19, p. 125. — Ponts sur la Loue et l'Auvezère. — Vallée de la Lourde. — 32 k. *Hautefort*, 1,652 hab., sur une colline abrupte (**château** du xie s., reconstruit aux xvie et xviie s.). A Terrasson, *V.* ci-dessous, p. 112. — 37 k. *Boisseuilh* (château du xve s.). — 49 k. *Ayen-Juillac*. — Vallon du Louzeix. — On joint dans la vallée de la Loyre la ligne de Limoges à Brive par Saint-Yrieix. — 59 k. Le Burg, et 13 k. du Burg à (72 k.) Brive (R. 19).]

De Thiviers au Quéroy-Pranzac, par Nontron, R. 15.

Tunnel courbe de 390 m.

476 k. *Négrondes*. — A dr., *château* ruiné *de la Roche-Morin* (xve s.) et vallée de la Beauronne, qu'on suit jusque près de Périgueux. — 478 k. *Ligueux*.

487 k. *Agonac* (donjon du xiie s.; *église* à 2 coupoles de la fin du xve s.). — 494 k. *Château-l'Evêque* (*château* du xve s.), où l'on croise le ch. de fer de Périgueux à Saint-Pardoux par Brantôme (*V.* ci-dessous, p. 111). — On franchit 4 fois la Beauronne, en deçà et au delà de Chancelade (*V.* p. 111). — Au delà de la magnifique *source du Toulon*, que l'on franchit, on joint la ligne de Coutras (R. 17).

503 k. **Périgueux** * Ⓑ, l'antique *Vesuna* des *Petrocorii*, auj. ch.-l. du départ. de la Dordogne et siège d'un évêché, V. de 31,976 hab., sur une colline de la rive dr. de l'Isle, comprend la *Cité*, emplacement de la ville romaine, le *Puy-Saint-Front*, la ville féodale, bâtie en partie sur une colline, en partie sur le bord de la rivière, que franchissent deux ponts de pierre, et la ville moderne.

De la gare on prend à dr. la *rue Chanzy*, puis à g. les *rues des Mobiles-de-Coulmiers* et *de Bordeaux*, qui mènent à la place Bugeaud. Laissant à g. le cours Michel-Montaigne, on suit, en face, la *rue Taillefer* pour gagner la *place de la Clautre*.

A g. est la **cathédrale Saint-Front**, dépendant primitivement d'un monastère fondé au vi^e s.; cette église est un jalon de premier ordre dans l'histoire de l'architecture. Construite de 984 à 1047, peut-être rebâtie au xiie s., et complètement restaurée de nos jours, cette basilique est voûtée de cinq grandes coupoles à pendentifs reposant sur d'énormes piliers carrés appuyés aux murailles et eux-mêmes évidés au moyen de passages formant également croix grecques. L'abside romane est moderne. Sur 6 piliers s'élève un **clocher**, haut de 60 m., composé de 2 massifs cubiques en retraite l'un sur l'autre et d'une colonnade circulaire que couvre un dôme oblong taillé en imbrications.

A l'int. : *chaire* en bois du XVIIe s. ; *orgue* (25 jeux), construit en 1871 par MM. Mercklin-Schütze. — Deux salles, dites **confessions** (X^{e} ou XIe s.), existent sous la grande coupole de l'O. en dehors du plan de la nef, à dr. et à g. ; des piliers les divisent chacune en deux allées voûtées en berceau : celle de dr. a conservé des traces de peintures du XIe s. Une troisième « confession » existe, à l'état de caveau, à g. du chœur.

Au S. de la cathédrale les bureaux de l'*évêché* sont installés dans un bâtiment de l'ancien monastère, bordant un curieux *cloître* des XIIe-XIVe s.

La cathédrale donne au N. sur la *place Daumesnil*, d'où partent : la *rue Saint-Front* (*temple maçonnique*) allant aux allées de Tourny ; les *rues d'Enfer* et *de la Clarté* allant à la *place Marcillac* (*maison Duverd*, XVIe s.) et à la *place du Coderc* (hôtel de la Renaissance). Cette place est séparée par un marché de la *place de la Mairie*, reliée au cours Fénelon par la *rue de la Mairie* (à dr., dans la *rue des Farges*, **maison** sculptée du XIIe s., où serait descendu Du Guesclin) et la *rue Aubergerie*, où l'on voit une *maison* des XVe et XVIe s. Revenant à la place Daumesnil, on descend par la *rue du Pont-Vieux* aux quais de l'Isle et au *pont des Barris*, d'où l'on embrasse la meilleure vue d'ensemble de la vieille ville et de Saint-Front.

Sur le quai se voit une *maison* du XVe s. Suivant en amont le quai de la rive dr., on monte sur la terrasse (vue charmante) qui forme l'extrémité des **Allées de Tourny**.

Sur le côté g. des Allées se présente le **Musée du Périgord**, possédant une riche galerie de tableaux, des collections d'un haut intérêt au point de vue archéologique, épigraphique et préhistorique, ainsi que des spécimens précieux de l'art du moyen âge et de la Renaissance ; une aile renferme la *bibliothèque* (25,000 vol.).

A l'extrémité des Allées de Tourny opposée à la rivière se dresse la **statue** en bronze **de Fénelon**, par Lanno. Là, les promenades qui entourent la vieille ville se coudent à angle droit et prennent le nom de **cours Michel-Montaigne**. Au centre la *statue de Montaigne*, par Lanno (1838), fait face au *palais de justice*, qu'avoisine le bureau des *postes et télégraphes*. Plus loin on rencontre la *statue* en bronze *du général Daumesnil* et le *théâtre*. Le cours Michel-Montaigne, avec la *place Bugeaud* qui lui fait suite et où a été érigée la *statue du maréchal Bugeaud*, par Dumont, est le centre élégant de la ville, et le rendez-vous des promeneurs.

L'hôtel de France sépare la place Bugeaud de la **place Francheville**, où se trouve la *gare des tramways* de Brantôme et d'Excideuil et d'où part le *cours Fénelon*, qui descend au *Pont-Neuf* (1767), sur l'Isle. A l'entrée de ce cours on aperçoit la *tour Malaguerre*, du XIVe s., reste des remparts du Puy-Saint-Front. A dr. sur le cours s'ouvre le *boulevard Lakanal*, bordant le *jardin public* qui s'étend devant le *lycée*. Enfin, au delà du Pont-Neuf, sur la rive g. de l'Isle, s'étend le *faubourg Saint-Georges*, avec l'*église Saint-Georges*, bâtie de nos jours dans le style du XIIe s.

De la place Francheville il faut suivre au S. le *boulevard de Vésone*, puis à dr. la *rue Saint-Pierre-ès-Liens* et passer au-dessus du ch. de fer pour aller visiter la **tour de Vésone**, *cella* d'un temple dédié à Vésuna, déesse tutélaire de la ville. Du pont sur le ch. de fer on aperçoit les ruines pittoresques du **château Barrière**, remontant à une époque très reculée et datant dans son état actuel des Xe, XIIe, XVIe s. Au sortir du château on a devant soi la *porte Normande*, arc romain d'où la rue Sainte-Marie donne accès aux restes des **Arènes** (IIIe s.), dont l'enceinte a été transformée en square.

Tout près des Arènes, sur la *place de la Cité*, se trouve l'**église Saint-Etienne**, ancienne cathédrale, surmontée de 2 coupoles dont la moins ancienne (XIIe s.) a été restaurée au XVIIe s.

A l'int. : baptistère de 1160; 3 retables en chêne sculpté (XVIIe s.); tombeau d'un évêque († 1169); fresques de Brucker.

L'enceinte de la Cité (Ve s.) subsiste en partie, masquée sous des restaurations et des replâtrages.

Périgueux est très renommé pour ses truffes et ses pâtés truffés.

[**De Périgueux à Brantôme et Saint-Pardoux** (53 k. 🚌 en 3 h. env.; 5 fr. 30 et 2 fr. 65; jusqu'à Brantôme, 3 fr. 30 et 1 fr. 65). — A dr., magnifique *source du Toulon*. Après avoir passé sous le ch. de fer de Paris on longe l'Isle à g., puis la Beauronne. — 7 k. *Chancelade* (*église* des XIIe, XIVe, XVIe et surtout du XVIIe s., avec *stalles* du XVIIIe s. et précédée d'une *chapelle* du XIIe s.). — 11 k. Château-l'Évêque (*V.* p. 109). — 26 k. *Valeuil-Bourdeilles*. A 1,500 m. à g., *Bourdeilles*, sur la rive g. de la Dronne (pont du XIVe s.), possède un **château** du XIVe s. (donjon polygonal haut de 40 m.), bâti sur un promontoire escarpé et à dr. duquel Jacquette de Montbron, belle-sœur du célèbre chroniqueur Brantôme, fit élever, au XVIe s., un château du plus beau style de la Renaissance (« chambre Dorée », avec 2 vastes cheminées en menuiserie et des peintures décoratives). Près du château, *logis* des sénéchaux de la baronnie (XVe s.) et *église* du XIIe s. à coupoles, derrière laquelle sont des promenades en terrasse.

On remonte la charmante vallée de la Dronne. — A g., château de *Ramefort*. — 30 k. *Moulin-de-Grebier* (grottes fortifiées de *Rocherune*).

33 k. **Brantôme** *, 2,369 hab., dans un site charmant, sur une île formée par 2 bras de la Dronne (pont du XVIe s.), dominée par des falaises creusées de grottes où vécurent les premiers religieux de Brantôme et au pied desquelles est bâtie la célèbre **abbaye** fondée par Charlemagne (bâtiments du XVIIIe s., occupés par la mairie et les écoles et derrière lesquels est une grotte où ont été sculptés en fort relief, au XVIe s., le Jugement dernier et le Crucifiement; *église abbatiale*, XIIe-XIIIe s.; *clocher* isolé, de la fin du XIe s., sur un rocher à pic; restes d'un *cloître* du XVe s.). Joli petit *jardin public*, avec le buste de Brantôme. — **A 2 k. E.**

on peut aller visiter le beau dolmen de la *Pierre-Levée*.

40 k. *Champagnac-de-Bélair*, 904 hab. (église romane). — 53 k. Saint-Pardoux-la-Rivière (*V.* p. 98).

De Périgueux à Vergt (24 k. en 1 h. 30 environ ; 2 fr. 40 et 1 fr. 20). — *Vergt*, 1,607 hab., bastide de 1290 (bel *hôtel de ville* moderne; ruines du château de *Boussille*, XIIe s.).

De Périgueux à Brive (72 k. en 1 h. 50 à 3 h. 50). — 11 k. de Périgueux à Niversac (*V.* ci-dessous). — 15 k. *Saint-Pierre-de-Chignac*, 894 hab., dans le vallon du Manoir (église romane). — 34 k. *Thenon*, 1,646 hab. — La voie descend vers la Vézère. — 47 k. *Condat-Beauregard*, à l'embouch. du Corn dans la Vézère. A Sarlat, *V.* p. 113. — 53 k. *Terrasson*, 3,627 hab. (*église* du XVe s.), est relié par un embranch. de 22 k. à Hautefort (*V.* p. 109). — 63 k. *Larche*, 779 hab., au confl. de la Vézère et de la Couze. — 72 k. Brive (R. 19).]

De Périgueux à Angoulême par Ribérac, R. 12, p. 84; — à Coutras, Libourne et Bordeaux, R. 17; — à Saint-Yrieix, R. 19, p. 125.

Le ch. de fer d'Agen passe entre le château Barrière à g., la tour de Vésone à dr., et franchit l'Isle. — 504 k. *Saint-Georges*. — On croise ensuite la rivière du Manoir, pour en remonter la jolie vallée.

514 k. *Niversac*. — A g., ligne de Brive et Tulle. — 521 k. *Versannes*. — 528 k. *La Gélie*. — Tunnel de 370 m.; viaduc; 11 arches sur la Loulie.

537 k. *Mauzens-Miremont*.

[A 5 k. N.-E., **grotte de Miremont** ou *de Granville* (guide et précautions nécessaires; la visite dure au moins 2 h.), mesurant avec ses ramifications 4,229 m. (stalactites et stalagmites).]

Viaducs sur les ruisseaux de Savignac et de l'Etang; tunnel, pont sur la Vézère.

544 k. **Les Eyzies***, site célèbre de la magnifique vallée de la Vézère, aux falaises de rochers percés de grottes où ont été faites d'importantes découvertes paléontologiques. Cette station est établie entre le v. de *Tayac* (*église* romane), au N.-O., et le ham. des *Eyzies* (donjon d'un ancien château) au S.-E.

[A 130 m. seulement (S.-E.) de la station est la **caverne de Cro-Magnon**, de la 3e époque préhistorique, où furent trouvés 5 squelettes entiers. Dans les environs s'ouvrent plusieurs autres grottes; les plus remarquables, à 7 et à 11 k. des Eyzies, sur la rive dr. de la Vézère (on trouve à Laugerie des bateaux pour remonter la rivière; beaux rochers), sont : la *grotte de la Madeleine* et la *grotte du Moustier*.]

Pont sur la Vézère.

551 k. *Le Bugue*, 2,872 hab. (*église* moderne, style du XIIe s.), à 2 k. N.-O. sur la rive dr. de la Vézère. — Pont sur la Vézère. A dr., *Limeuil*, sur une colline dominant le confl. de la Vézère et de la Dordogne. Débouchant dans la vallée de la Dordogne, on joint la ligne de Libourne et l'on franchit la Dordogne sur le viaduc de *Vic*.

560 k. **Le Buisson** Ⓑ.

[A 6 k. S. (voit. publique, 1 fr.), **Cadouin**, 526 hab., est célèbre par son *cloître*, de la 1re moitié du XVIe s., décoré avec toute la magnificence du style ogival se mêlant déjà aux formes de la Renaissance: et par le *Saint-Suaire* de J.-C. rapporté d'Antioche par Adhémar de Monteil, évêque du Puy, lors de la 1re Croisade, et objet d'un célèbre pèlerinage. Cette relique insigne est conservée dans l'*église* (XIIe s.: belle façade ; dans l'une des absides *peinture* du XVe s.).]

Du Buisson à Bergerac et Libourne, R. 12, p. 86.

Vallée de la Dordogne.

567 k. *Siorac.*

[**De Siorac à Saint-Denis-près-Martel** (76 k. 🚂 traj. en 2 h. 30). — Pont sur la Dordogne. — 8 k. *Saint-Cyprien*, 2,117 hab. (ancien prieuré d'Augustins, auj. entrepôt des tabacs). — 14 k. *Saint-Vincent-Bézenac*. — Au-dessus de la rive dr. de la Dordogne apparaît *Beynac*, adossé à une falaise portant un beau *château* des XIIe, XIVe et XVIe s. — 16 k. *Castelnaud*. — 19 k. *Vézac*. — 2 tunnels; viaduc du *Pontet* (13 arches).

26 k. **Sarlat** *, 6,535 hab., sur la Cuze (ancienne *cathédrale*, XIe, XIIe et XVe s.; *chapelle* sépulcrale ronde à 2 étages, XIIe s., dite *tour des Maures*; *hôtel de ville*, anc. évêché, XVIe s.; *maisons* anciennes, notamment celle de l'écrivain La Boétie, dont on voit aussi la *statue*, par Tony Noël; *jardin* public *du Plantier*), est relié à Condat-Beauregard, stat. de la ligne de Périgueux à Brive (p. 112), par un embranch. (36 k.; 1 h. env.) qui dessert: (12 k.) *Salignac* (château de *Salignac-Fénelon*, du XIIe s., réparé aux XVe, XVIe et XIXe s.); (20 k.) *Saint-Amand-de-Coly* (*église* et ruines d'un monastère du XIIe s.) et (27 k.) *Montignac*, 3,102 hab., dans la pittoresque vallée de la Vézère (grottes).

34 k. *Carsac*, d'où part un embranch. pour (15 k.) Gourdon (p. 126). — Vallée de la Dordogne. — 39 k. *Calviat*, relié par un bac à (rive g.) *Sainte-Mondane* (château de *Fénelon*, XVe et XVIe s., où naquit l'illustre prélat). — Tunnel. — 43 k. *Carlux*, 888 hab. — 50 k. Cazoulès, où l'on joint la ligne de Brive à Cahors, et 5 k. de Cazoulès à (55 k.) Souillac (*V.* R. 19, p. 126). — Au delà du viaduc sur la Borrèze on laisse à g. la ligne de Paris pour s'élever sur le causse de Martel. — 69 k. *Martel*, 2,165 hab. (dans l'*église*, des XIIe et XVe s., vitraux du XVIe s.; *hôtel de ville* du XIVe s.; *maison*, rebâtie au XIVe s., où est mort Henri au Court-Mantel).

La voie redescend vers la vallée de la Dordogne en traversant 2 tunnels; vue admirable sur le Cirque de Montvalent (*V.* p. 132). 2 petits tunnels suivis de 2 viaducs. — 76 k. Saint-Denis-près-Martel (R. 19).]

On quitte la Dordogne pour en remonter un affluent. Viaduc de 9 arches sur un ravin.

573 k. *Belvès* *, 1,909 hab., au sommet d'une colline (*maisons* anciennes; *château* du XVe s., converti en institution; *beffroi* du XIVe s.; *clocher* gothique d'une église ruinée). — Plusieurs viaducs de 7 à 21 arches. Tunnel de *la Trappe* (1,500 m.).

584 k. *Le Got.*

[A 12 k. O., **Monpazier**, 749 hab., sur une colline dominant le Dropt, est le type le plus parfait et le mieux conservé des bastides ou villes régulières bâties au XIIIe et au XIVe s. (maisons gothiques). — A 7 k. S. de Monpazier, **château de Biron** duché-pairie érigé, en 1598, par Henri IV, en faveur de son infidèle ami le maréchal de Biron; beaux bâtiments de la Renaissance; *chapelle* divisée en chap. basse, du XVe s., servant de paroisse, et chap. supérieure ou seigneuriale, chef-d'œuvre de la 1re moitié du XVIe s. (tombeau de Pons de Gontaut, † 1524; *Pietà* de la Renaissance).]

La voie descend vers le Lot par le vallon de la Ménaurie, puis de la Lémance, rivière que l'on croise souvent.

591 k. *Villefranche-du-Périgord*, 1,333 hab., anc. bastide, à 3 k. E. — A g., château de *Sermet*. — 597 k. *Sauveterre-la-Lémance* (*château* ruiné du XIVe s.). — A g., ancien château de *Bagel*.

600 k. *Saint-Front* (à l'*église*, abside romane fortifiée).

606 k. *Cuzorn* (usines). — Le vallon de la Lémance débouche dans la grande vallée du Lot.

612 k. **Monsempron-Libos** Ⓑ, d'où part la ligne de Cahors. A (500 m. N.) *Monsempron, église* romane, avec chœur du xve s.

[**De Monsempron-Libos à Cahors** (52 k. 🚂 en 1 h. 30 env.; 5 fr. 80, 3 fr. 95, 2 fr. 55). — On remonte la vallée pittoresque et sinueuse du Lot. — 2 k. *Fumel*, 4,145 hab. (usines). A 8 k. N.-E., *château de Bonaguil* (xve s.). — 9 k. *Soturac-Touzac*. — 13 k. *Duravel*. — 18 k. *Puy-l'Évêque*, 2,009 hab. (donjon du XIIIe s.). — 24 k. *Prayssac* (*statue du maréchal Bessières*, qui y est né). — 25 k. *Castelfranc*, bastide du XIIIe s. — Tunnel courbe. — 33 k. *Luzech*, 1,541 hab., sur l'isthme d'une presqu'île du Lot, traversé par un canal qui abrège de 5 k. env. la navigation du Lot; sur le promontoire auquel se relie la presqu'île, restes de l'*oppidum de l'Impernal*. — Tunnel. — 36 k. *Parnac*. — A g., châteaux de *l'Angle* et de *Grézelle* (Renaissance). — 42 k. *Mercuès* (*château*, XIIIe s., des évêques de Cahors).

52 k. Cahors (R. 19).]

618 k. *Trentels-Ladignac*. — Pont sur le Lot, qu'on suit jusqu'à Penne. A dr., *Port-de-Penne* (pont suspendu). Deux tunnels.

628 k. *Penne*, à 2 k. à g., sur une colline, 2,532 hab. (ruines féodales; *N.-D. de Peyragude*, pèlerinage).

[**De Penne à Tonneins** (43 k. 🚂 1 h. 10 à 1 h. 25). — 9 k. **Villeneuve-sur-Lot** *, V. de 13,594 hab., bastide ou ville neuve du XIIIe s. (*église* de la dernière période du style ogival; deux *portes* des anciens remparts; **pont**, XIIIe et XVIIe s.; *statue de Bernard Palissy*, par Barrias; *Pour le Drapeau*, groupe du sculpteur G. Bareau; grand commerce de prunes; minoteries). — 18 k. *Sainte-Livrade*, 3,612 hab., bastide du XIIIe s. — 26 k. *Clairac*, 2,880 hab., un des principaux centres du Calvinisme dans la région (vins blancs liquoreux dits « vins pourris »). — 43 k. Tonneins (R. 18).]

633 k. *Hautefage-Auradou*. A *Hautefage*, belle *tour* hexagonale de la Renaissance, reste d'un château des évêques d'Agen et servant auj. de clocher. — A g., *Bourdiels* (*église* du xve s.). *Tunnel de la Roque* (1,263 m.).

640 k. *Laroque-Timbaut*, 1,150 hab. (ruines féodales; *chapelle* du xve s.). — Tunnel. Viaduc de 12 arches.

649 k. *Pont-du-Casse*. — On franchit la Masse et le canal latéral à la Garonne, et l'on joint la ligne de Bordeaux à Toulouse.

655 k. **Agen** * Ⓑ, (V. de 22,482 hab., l'antique *Aginnum* des Nitiobroges, auj. ch.-l. du départ. et du diocèse de Lot-et-Garonne, est situé sur la rive dr. de la Garonne, au pied de coteaux couverts de villas et d'arbres fruitiers.

En face de la gare, à l'entrée du *boulevard Président-Carnot*, se trouve la *chapelle Sainte-Foy*. La première rue à dr. conduit à la *cathédrale Saint-Caprais* (XIIe-XVIe s.), où l'on remarque des chapiteaux romans et des peintures murales modernes par Bézard. A côté de la cathédrale la *chapelle des Innocents*, anc. salle capitulaire de Saint-Caprais, sert de chap. au collège (façade romane sculptée; curieux chapiteaux; tombeaux chrétiens des premiers âges).

Le *boulevard de la République* traverse la ville dans presque toute sa longueur. En le suivant à g. on atteindrait la *place du 14 Juillet* (*statue de la République*), le *cours du 14 Juillet* et la *promenade du*

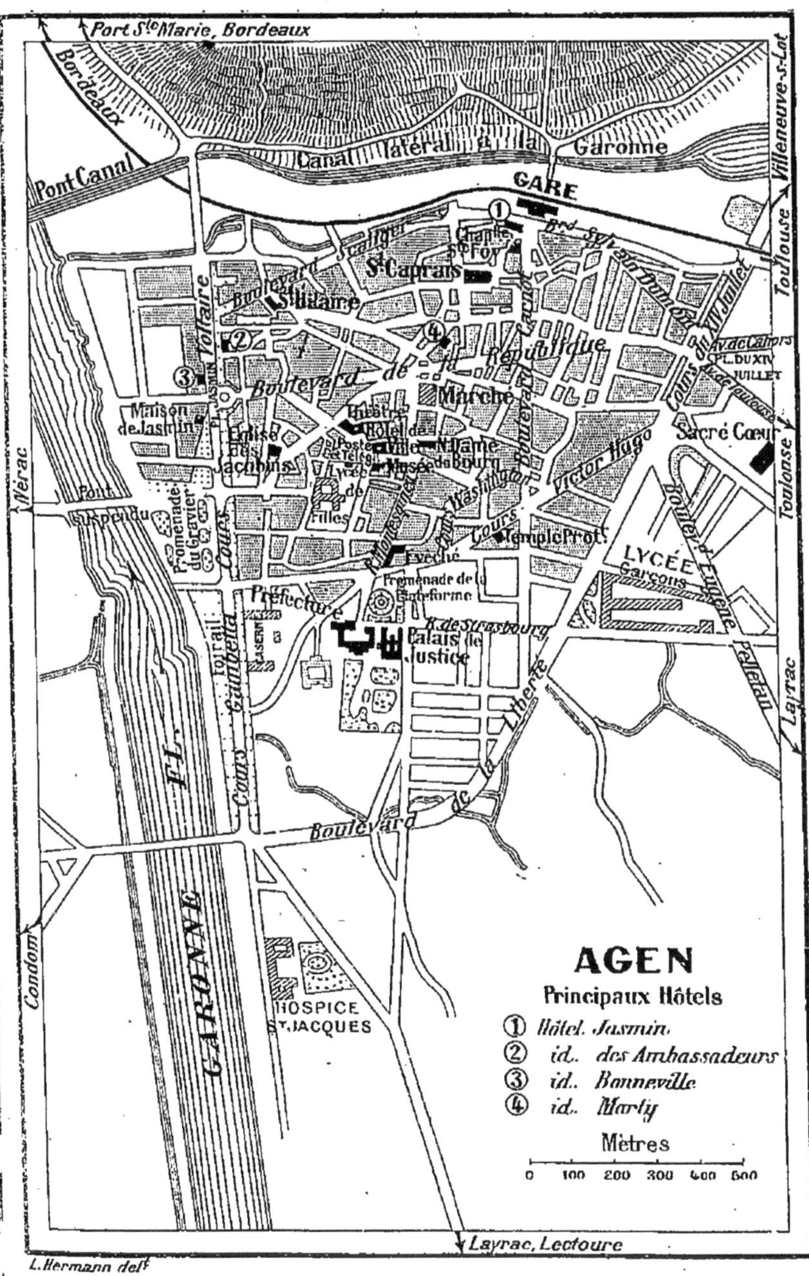

L. Hermann delt

Pin, qu'avoisine l'*église du Sacré-Cœur* (style du XIIIe s.).

En suivant le boulevard à dr. on dépasse à g. le *marché couvert* (statues du Commerce et de l'Agriculture), la *place du Commerce* (*buste* du poète *Cortète de Prades*), puis la *rue Saint-Antoine* (au n° 19, grille du XIIIe s., provenant du prieuré de Moirax), conduisant à l'hôtel de ville et au musée (*V.* ci-dessous), et la *rue Londrade*, conduisant à l'*église des Jacobins* ou N.-D. *d'Agen*, du XIIIe s., restaurée (*peintures* du XIIIe s.).

Le boulevard de la République aboutit à la *place Jasmin* (*statue de Jasmin*, par Vital-Dubray), en avant de laquelle s'étend le *cours Voltaire* (*maison de Jasmin*), auquel fait suite le *cours Gambetta*. Entre les deux cours, *promenade du Gravier* (en juin, foire célèbre), plantée d'ormes comme les boulevards et bordant la Garonne (*pont* suspendu d'une travée de 170 m.). De la promenade on aperçoit en amont un pont de 11 arches en pierre, et en aval le **pont-canal** (23 arches), qui conduit le canal Latéral d'une rive à l'autre du fleuve.

Du cours Voltaire part à dr. le *boulevard Scaliger*, sur lequel donne *Saint-Hilaire*, du XVe s. (façade moderne; tour, peintures, vitraux et charpente remarquables).

Revenant sur ses pas, on gagne par le boulev. de la République l'*hôtel de ville* (XVIIe s.), qu'avoisine le **Musée** (belle galerie de tableaux; riche collection de tableaux et d'objets d'art espagnols légués par M. de Chaudordy; intéressante collection lapidaire), anc. hôtel du maréchal d'Estrades (bel escalier de la Renaissance).

A g. de la mairie la *rue de la Loi* conduit à l'église *N.-D. du Bourg*, des XIIe et XIVe s. (chevet moderne), reliée par la *rue Porte-Neuve* à la promenade de la *Plateforme* (*monument* des Enfants de Lot-et-Garonne morts en 1870-1871), que bordent le *Palais de Justice* (belle salle des Pas-Perdus) et la *Préfecture*, ancien évêché (XVIIIe s.; portraits par Boucher et Le Nain).

On peut aussi visiter, au S. d'Agen, la chapelle (peintures par Bézard; tombe de Mascaron, évêque d'Agen) de l'*hospice Saint-Jacques*.

[Du (15 min.) *coteau de l'Ermitage* (2 chap. creusées dans le roc), belle vue. — A 3 k. N., *vallon de Vérone* (*maison* et *fontaine de Scaliger*, philologue et poète latin du XVIe s., dans la propriété du séminaire).]

D'Agen à Tonneins, Marmande, Bordeaux, Montauban et Toulouse, R. 18; — à Auch et à Tarbes, R. 28.

ROUTE 17

DE BORDEAUX A PÉRIGUEUX

127 k. — [chemin de fer] en 3 h. 20 à 5 h. 45 — 14 fr. 20; 9 fr. 60; 6 fr. 25.

52 k. de Bordeaux à Coutras (R. 12, en sens inverse). — On franchit l'Isle pour en remonter la vallée. — 59 k. *Saint-Médard de-Guizières*. — 63 k. *Saint-Seurin-sur-l'Isle*. — 68 k. *Soubie*.

76 k. *Monpont*, 2,486 hab. A 4 k. N., dans un site gracieux *chartreuse de Vauclaire*, fondée au XIVe s. (*église* avec voût

remarquable, belles stalles et boiseries du XVIIIe s.), à la limite de la région naturelle appelée la *Double*.

85 k. *Beaupouyet*. — A g., château de *Fournil*.

92 k. **Mussidan** * Ⓑ, 2,284 hab., V. industrielle au confluent de l'Isle et de la Crempse (*statue du général Beaupuy*, par Rivet), est relié par ch. de fer à (31 k., en 1 h.; 3 fr. 45, 2 fr. 35, 1 fr. 55) Ribérac (R. 12, p. 84) et à (31 k., en 1 h.; 3 fr. 45, 2 fr. 35, 1 fr. 55) Bergerac (R. 12, p. 86).

On franchit l'Isle. — 102 k. *Neuvic*, 2,304 hab., à 2 k. E. (château de *Mellet*, Renaissance). — A dr., château de *Beauséjour*.

110 k. *Saint-Astier*, 2,942 hab., a pris le nom d'un ermite sur le tombeau duquel fut élevée, au XIe et au XIIe s., une *église* à coupoles, défigurée au XVIe s. — Pont sur l'Isle. — 117 k. *Razac-sur-l'Isle* (fontaine de l'*Abîme*). — 120 k. *La Cave*.

127 k. Périgueux Ⓑ (R. 16).

ROUTE 18

DE BORDEAUX A TOULOUSE

PAR MARMANDE, AGEN ET MONTAUBAN

257 k. — 🚂 en 4 h. 15 à 8 h. suivant les trains. — 28 fr. 80; 19 fr. 45; 12 fr. 65. — Il existe, les mercredi, vendredi et dim., un serv. de bateaux à vapeur sur la Garonne entre Bordeaux et Agen : 4 fr. 50 et 3 fr. 50; café-restaurant à bord.

A dr., ligne de Bayonne; on remonte la rive g. de la Garonne.

6 k. *Bègles*. — 7 k. *Villenave-d'Ornon*. — 9 k. *Cadaujac*. — 14 k. *Saint-Médard-d'Eyrans*.

19 k. *Beautiran*, sur le Gua-Mort.

[**De Beautiran à Hostens** (33 k. 🚂 1 h. 15; 3 fr. 40, 2 fr. 55, 1 fr. 85). — 7 k. *Labrède* *, 1,671 hab. **Château de Montesquieu**, des XIIIe et XVe s. (chambre de Montesquieu; bibliothèque de 6 à 7,000 vol. en partie annotés par Montesquieu; manuscrit raturé des *Lettres persanes*; portraits, meubles anciens, etc.). A l'*église*, portail du XIIe s. — 16 k. *Cabanac*. — 33 k. Hostens (R. 20, p. 141).]

21 k. *Portets* (*clocher* moderne style Renaissance). — Sur la rive dr., *Langoiran* (ruines d'un *château* des XIVe et XVIe s.).

24 k. *Arbanats* (ruines féodales de *Castelmoron*).

28 k. *Podensac*, 1,679 hab. (ruines d'un château, XIVe s.).

30 k. *Cérons* (beau portail d'église romane).

[A 2 k. N.-E. (omnibus, 25 c.) *Cadillac* * (tram à vapeur pour Bordeaux : V. p. 92), 2,783 hab., sur la rive dr. de la Garonne, à l'embouch. de l'Euille, est une « bastide » régulièrement bâtie, au XIVe s., par Pierre de Grailly, captal de Buch, pour être la capitale du comté de Benauge. — *Enceinte* fortifiée; 2 portes surmontées de tours carrées. — *Château d'Epernon*, commencé en 1598 (cheminées attribuées à Girardon). — *Église* du XVe s., ancienne chapelle des ducs d'Epernon.]

34 k. *Barsac*. — On franchit le Ciron.

37 k. *Preignac* (ruines du château de *Lauvignac*). A 7 k. S. *Sauternes* est célèbre par ses vins blancs, surtout celui du *Château-Yquem*.

42 k. **Langon** *, 4,816 hab., rive g. de la Garonne (*pont sus-*

pendu). — Vins blancs renommés. — Manufacture de tabacs. — A l'*église* (belle tour moderne), retables peints et sculptés du xve ou du xvie s.

[**De Langon à Bourriot-Bergonce** (55 k. en 1 h. 45 et 2 h. 25; 6 fr. 15, 4 fr. 15, 2 fr. 70). — 12 k. *Le Nizan* (à 2 k. N., *château de Roquetaillade*, du xive s., restauré par Viollet-le-Duc). — A dr., ligne de Sore (*V.* ci-dessous). — 20 k. **Bazas** *, 4,695 hab., au-dessus de la Beuve. *Cathédrale*, xiiie-xvie s.; *Grande-Place*, maisons à arcades; anciens *remparts* et *porte* fortifiée du moyen âge. — La voie parcourant la région des Grandes-Landes, franchit le Ciron. — 36 k. *Captieux*, 1,583 hab., sur la Gouaneyre. — 55 k. Bourriot-Bergonce, station du ch. de fer de Marmande à Mont-de-Marsan (*V.* p. 119.)

Du Nizan a Saint-Symphorien (18 k. 1 fr. 85, 1 fr. 40, 1 fr.). — 4 k. *Uzeste* (*église* collégiale, bâtie sur les ruines d'une église romane par le *pape Clément V*, né à Uzeste, et renfermant son *tombeau*). — 8 k. *Villandraut*, 1,122 hab. (*château* bâti par Clément V). — 18 k. Saint-Symphorien (R. 20, p. 141).]

On franchit la Garonne sur un *pont* métallique suivi d'un *viaduc* courbe de 32 arches.

45 k. **Saint-Macaire**, 2,199 hab., rive dr. de la Garonne. — *Remparts* des xiiie-xve s. (portes et tours). — *Eglise Saint-Sauveur* (xie et xiiie s.), intéressante par la disposition de ses 3 absides à 11 pans; clocher hexagonal du xiiie s.; peintures anciennes. — *Maisons* du moyen âge.

[Corresp. pour (4 k. N.-O.; 50 c.) *Verdelais*, célèbre par son pèlerinage de Notre-Dame.]

48 k. *Saint-Pierre-d'Aurillac.*

52 k. *Caudrot* (à 1,500 m. O., *église* romane de *Saint-Martin-de-Sescas*). — On franchit le Drot. — 56 k. *Gironde.*

61 k. **La Réole** *, 4,407 hab., sur une colline baignée par la Garonne (pont suspendu). — *Eglise Saint-Pierre*, des xiiie-xve s.; à côté, bâtiments (xviie s.) de l'ancienne abbaye. — *Château* en ruine (xiie s.). — *Maison* romane dite *la Synagogue.* — *Ancien hôtel de ville* (xiie et xive s.).

67 k. *La Mothe-Landeron.*

72 k. *Sainte-Bazeille.*

79 k. **Marmande** *, 9,873 hab., port très commerçant sur la Garonne (pont suspendu). — *Eglise* du xiiie au xve s.; retable sculpté du xviiie s.; vitraux. A côté, restes d'un cloître du xvie s.

[**De Marmande à Bergerac** (75 k. en 2 h. à 2 h. 30; 8 fr. 40, 5 fr. 65, 3 fr. 70). — On remonte le vallon du Trec. — 15 k. *Seyches* 1,100 hab. — 24 k. *Miramont*, 2,026 hab. bastide régulière du xiiie s., au-dessus de la rive g. de la Dourdèn (*statue de M. de Martignac*, pa Foyatier). — Vallée du Drot. — 34 k. *Eymet*, 1,641 hab., bastid régulière fondée en 1271, où l Drot devient navigable. Un ch. d fer le relie directement à la Sauv et à Bordeaux (*V.* R. 12, p. 92). — Pont sur le Drot. — 40 k. *Saint Aubin-Lauzun.* A 5 k. S., *Lauzun* 1,062 hab., berceau d'une famill célèbre (château et église du xvie s clocher du xie). — Vallon de Banège. — 55 k. *Issigeac*, 780 ha (*église* Renaissance; château de 1663 — Vallon du Conne. — Pont sur Dordogne. — 75 k. Bergerac (p. 80

De Marmande à Mont-de-Mars (98 k. en 3 h. à 3 h. 45; 11 f 7 fr. 40, 4 fr. 85). — Ponts s la Garonne et le canal latéral. l voie remonte la vallée de l'Avanc — 17 k. *Bouglon*, 584 hab. — 26 *Casteljaloux* *, 3,622 hab. (anc. *m son des Xaintrailles*, Renaissanc à 3 k. S., papeterie et forge *Neuffonds*, près des belles *sour de l'Avance*). — 32 k. *Pompogne*, milieu de magnifiques forêts. — 39

Houeillès, 1,123 hab. (église du XIIIe s.). — On franchit le Ciron. — 61 k. *Bourriot-Bergonce*, stat. d'où part l'embranch. de Bazas (*V.* p. 118). — 74 k. *Roquefort*, 1,614 hab., au confl. de la Douze et de l'Estampon (église du XIIIe s.). — On croise le Midou. — 98 k. Mont-de-Marsan (R. 28).]

89 k. *Gontaud-Fauguerolles*.

96 k. *Tonneins* *, 6,802 hab., sur une terrasse de la rive dr. de la Garonne (pont suspendu). — *Manufacture de tabacs.*

A Penne, par Villeneuve-sur-Lot, R. 16, p. 114.

104 k. *Nicole* (grand commerce d'abricots). — On franchit le Lot (pont tubulaire) au-dessus de son confl. avec la Garonne.

108 k. *Aiguillon* *, sur la rive g. du Lot. — Au pied de l'église, *mur romain*, haut de 10 m., avec 4 arcatures cachant deux souterrains voûtés.

116 k. *Port-Sainte-Marie* *, 2,100 hab., sur la rive dr. de la Garonne (pont suspendu). — Eglises du XIVe s. — Vieilles *maisons*.

[**De Port-Sainte-Marie à Nérac et à Mont-de-Marsan** (113 k. 🚃 12 fr. 65, 8 fr. 55, 5 fr. 55). — Ponts sur la Garonne, le canal latéral et la Baïse, dont on remonte la vallée. — 10 k. *Vianne*, anc. bastide de 1284. A 6 k., *château de Xaintrailles* (XIIIe s.), où naquit vers 1390 le fameux capitaine Xaintrailles. — 13 k. *Lavardac*, 2,545 hab. (à 1,500 m. S., *moulin* fortifié de *Barbaste*, XIVe s.: Henri IV aimait à se qualifier de « meunier de Barbaste »).

19 k. **Nérac** *, 6,435 hab., sur la Baïse, illustré au XVIe s. par le séjour des princes de Béarn, notamment *de Henri IV*, dont on y voit la *statue*, par Raggi. — Restes d'un *château*. — *Eglise Saint-Nicolas*, construite en 1780 par le célèbre architecte Louis. — *Musée* dans l'ancien hôtel de la Chambre des Comptes. — Belle promenade de *la Garenne*. — A Condom et à Riscle, *V.* ci-dessous.

Tunnel de Lamothe-Douazan, long de 1,237 m. — Vallée de l'Osse; à dr., château de *Hordosse*. — Vallée de la Gélise, riv. que l'on croise plusieurs fois. — 34 k. *Mézin*, 2,737 h., sur une colline dominant le confl. de la Gélise et de l'Auzoue (*église*, XIIe-XIVe s.), a vu naître en 1841 M. Fallières, Président de la République. — 43 k. *Sos*. — 2 tunnels. — On monte par le vallon du Tillet sur le plateau de Gabarret. — 61 k. *Gabarret*, 1,293 hab., anc. capitale du petit pays de *Gabardan* (restes d'un château de Jeanne d'Albret; *église* dans un réfectoire monastique du XIIe s.).

68 k. *Barbotan*, petite station thermale (eaux sulfurées sodiques ferrugineuses, boues végéto-minérales), est entouré de vignes donnant des eaux-de-vie renommées. On entre dans l'établissement balnéaire par une porte fortifiée reliant l'*église* (XIe s.; porte sculptée du XVIe) à un bâtiment d'un anc. couvent de Templiers. — 72 k. *Cazaubon*, 2,520 hab., près de la Douze. — 82 k. *Labastide-d'Armagnac*, 1,445 hab., anc. bastide du XIIIe s., rive g. de la Douze. — 97 k. *Villeneuve-de-Marsan*, 1,841 hab., rive g. du Midou (à l'église, fresques de 1529). — 113 k. Mont-de-Marsan (R. 28).

De Port-Sainte-Marie à Nérac, Condom et Riscle (116 k. 🚃 10 fr. 75, 7 fr. 25, 4 fr. 75). — 19 k. de Port-Sainte-Marie à Nérac (*V.* ci-dessus). — Vallée de la Baïse. — 27 k. *Lasserre*, stat. de (3 k. E.) *Francescas*, 871 hab., bastide du XIIIe s. (à l'église, mosaïque romaine). — 31 k. *Moncrabeau*, 1,740 hab.

40 k. **Condom** *, 6,578 hab., entre la Baïse et la Gèle, jadis évêché, est le grand entrepôt des eaux-de-vie d'Armagnac. — *Cathédrale* de 1506-1521; clôture du chœur en terre cuite; belle sacristie. — *Palais de justice* dans l'ancien évêché, dont la charmante chapelle sert de vestibule. — *Hôtel de ville* dans un cloître gothique du XVIe s.

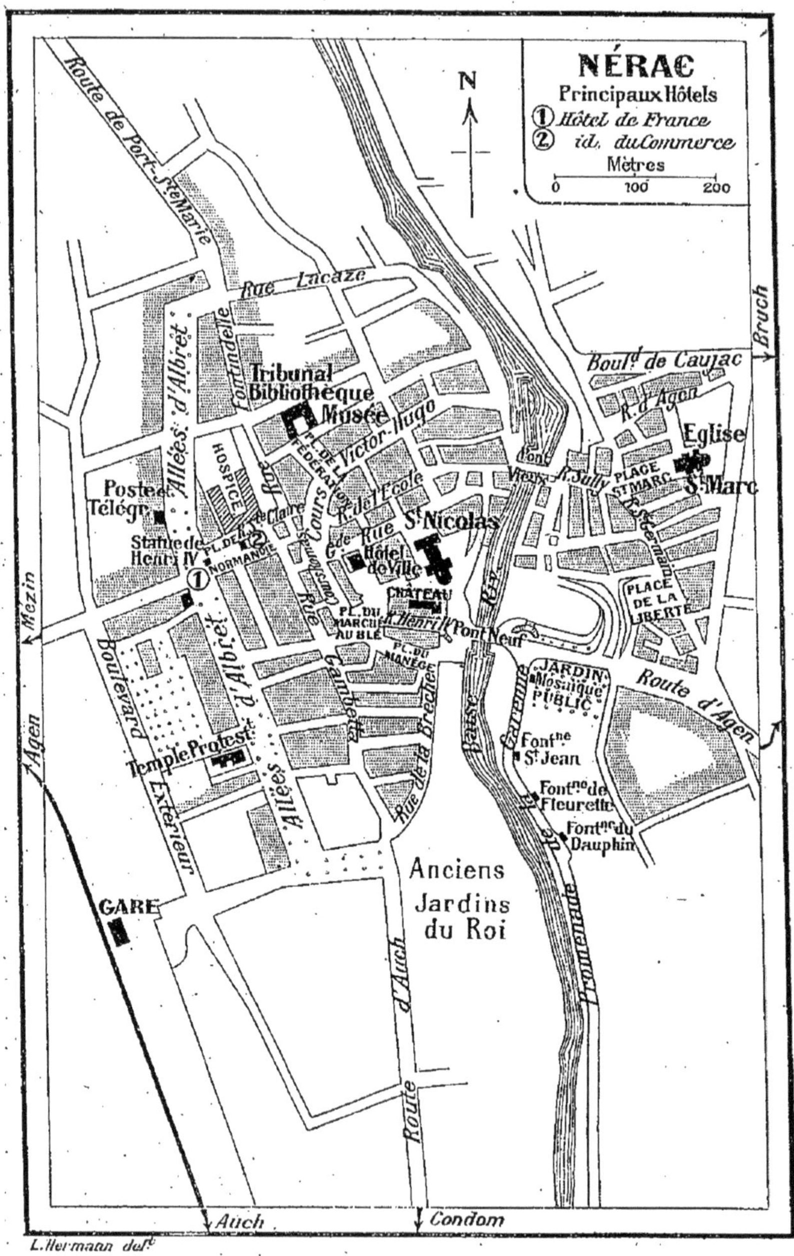
NÉRAC
Principaux Hôtels
① Hôtel de France
② id. du Commerce
Mètres
0 100 200
N
Route de Port-Ste Marie
Rue Lacaze
Allées d'Albret
Fontindelle
Tribunal
Bibliothèque
Musée
Cours Victor-Hugo
R. de l'Ecole
Gde Rue St Nicolas
Hôtel de Ville
Château
Pl. du Marché au Blé
R. Henri IV
Pont Neuf
Pl. du Manège
Rue de la Brèche
Gambetta
Poste et Télégr.
Statue de Henri IV
Pl. de Normandie
Hospice
Temple Protest.
Boulevard Extérieur
Mezin
Agen
GARE
Anciens Jardins du Roi
Route d'Auch
Auch
Condom
Baïse
Pont Vieux
R. Sully
Place St Marc
Eglise St Marc
R. d'Agen
Boulᵈ de Caujac
Bruch
Place de la Liberté
Route d'Agen
Jardin Mosaïque Public
Garenne
Fontne St Jean
Fontne de Fleurette
Fontne du Dauphin
Promenade de la
L. Hermann delᵗ

48 k. *Mouchan* (*église* du XIe s.). — Ponts sur l'Osse et l'Auzoue. — 62 k. *Montréal*, 2,223 hab., bastide du XIIIe s., à 3 k. N., sur une colline. — Tunnel. On croise l'Izaute près des ruines du *château de la Motte-Gondrin*. — 68 k. *Bretagne*, anc. bastide. — Pont sur la Gélise. — 74 k. *Eauze* *, 4,012 hab., est l'antique *Elusa*, capit. des Elusates, puis métropole de la Novempopulanie (*église* reconstruite vers 1500; à 3 k. N., double *oppidum d'Esbérous*, emplacement présumé de l'Eauze celtibère). — 86 k. *Manciet*, 1,503 hab., sur une colline rive dr. de la Douze (*clocher* octogonal en briques, XIVe s.). — Ponts sur la Douze, le Midouzon et le Midou. — 94 k. *Nogaro*, 2,115 hab. (*église* de la fin du XIe s., jadis collégiale). — On passe par le vallon du Falot dans la riche plaine de l'Adour. — 116 k. Riscle (R. 28).]

Pont sur la Masse. — 122 k. *Fourtic*. — 127 k. *Saint-Hilaire*. — 130 k. *Colayrac*. — On franchit le canal latéral.

136 k. Agen (Ⓑ; R. 16).

141 k. *Bon-Encontre* (pèlerinage; église romane de *Sainte-Radegonde*, XIIe s., bâtie sur des débris romains). — A dr., ligne d'Auch et Tarbes. La voie longe le canal latéral. 145 k. *Lafox* (*château* du XVe s., avec donjon plus ancien, tombeaux des ducs de Durfort, XIVe s.).

150 k. *Saint-Nicolas-de-la-Balerme*. — 156 k. *Lamagistère*. — On franchit le canal Latéral.

162 k. *Valence*, 3,430 hab., bastide du XIIIe s.

169 k. *Malause*. — La voie, côtoyant le canal et la rive dr. de la Garonne, passe sous le *pont suspendu de Saint-Nicolas*; en amont de ce pont a lieu le confluent de la Garonne avec le Tarn, dont la voie et le canal remontent la rive dr.

178 k. **Moissac** *, 8,407 hab., sur le canal Latéral à la Garonne et sur la rive dr. du Tarn. — *Eglise Saint-Pierre*, du XVe s., anc. abbatiale, avec **portail**, vrai musée de sculpture romane, sous un vaste porche du XIIe s. surmonté d'un étage fortifié et d'un clocher du XVIIe s.

A l'int. : *Mater dolorosa* en bois du XVe s.; *saint-sépulcre* du XVIe s.; *clôture* en pierre de la Renaissance; orgue donné par Mazarin; *inscription dédicatoire* de l'église consacrée en 1063 par Durand, évêque de Toulouse; sarcophage mérovingien, qui servit de cercueil à St Raymond (XIIIe s.).

A g. de l'église, magnifique **cloître** roman, orné de sculptures. A dr. de l'église, ancien *logis abbatial*. — *Saint-Martin* (IXe ou Xe s.). — Le long du Tarn, *promenade du Moulin*.

On passe par 2 tunnels, puis on franchit le Tarn près d'un *pont-aqueduc* portant le canal Latéral.

187 k. **Castelsarrasin** *, 7,858 hab., entre la Garonne et le canal Latéral. — *Eglise Saint-Sauveur*, du XIIIe s. (clocher octogonal; *stalles* du XVIIe s., *autels* en marbre du XVIIIe s.; buffet d'orgue sculpté). — *Saint-Jean* (XVe s.). — Ruines de l'*église des Carmes* (clocher du XIIIe s.). — *Maison* du XIVe s.

[**De Castelsarrasin à Beaumont-de-Lomagne** (26 k. 🚌 en 1 h. env.; 2 fr. 90, 1 fr. 95, 1 fr. 30). — 8 k. *Belleperche* (restes d'une abbaye). — La voie remonte la vallée de la Gimone. — 17 k. *Larrazet* (château de 1500, avec superbe escalier). — 26 k. *Beaumont-de-Lomagne*, 3,732 hab., en amphithéâtre au-dessus de la Gimone, bastide régulière avec vaste place centrale. *Eglise* du XIVe s., avec clocher octogonal et cuve baptismale en plomb de 1583.]

195 k. *Lavilledieu*. — A g.,

lignes de Lexos, puis de Cahors-Paris.

206 k. **Montauban**' Ⓑ, 30,506 hab., ch.-l. du dép. de Tarn-et-Garonne, évêché, est situé sur une terrasse nettement découpée entre la rive dr. du Tarn et ses deux affl., le Tescou et le ruisseau de Lagarrige. Deux gares, situées dans les faubourgs, desservent la ville : celle de la gare principale (réseaux Midi et Orléans) au *faubourg de Villebourbon* et celle de la ligne de Lexos au *faubourg de Ville-Nouvelle.*

En face de la gare de Villebourbon l'*avenue Mayenne* conduit à la *place de la Laque*, plantée d'acacias, au fond de laquelle on tourne à dr. pour gagner le pont du Tarn. En amont du pont la grande rue de Villebourbon, bordée sur la rivière par d'anc. hôtels du XVIIe s., conduit à l'*église* moderne *Saint-Orens*, style du XIIIe s.

Le **pont**, en briques, très remarquable, de 7 arches ogivales, long de 205 m., élevé de 18 m. au-dessus du Tarn, fut construit de 1303 à 1316 par les architectes du pays Estèves de Ferrières et Mathieu de Verdun.

Le pont franchi, on se trouve sur une place au fond de laquelle se dresse l'église Saint-Jacques et que bordent à dr. l'hôtel de ville, à g. la *Bourse* (au 2e étage, *musée d'histoire naturelle*, ouvert le dim. de 1 h. à 4 h.), devant laquelle est le *monument* des soldats de Tarn-et-Garonne morts en 1870-1871 (*la Défense du Drapeau*, groupe en bronze, par Bourdelle).

L'*Hôtel de Ville*, anc. palais épiscopal, construit en 1662 sur l'emplacement d'un château des comtes de Toulouse, dont on voit des restes aux soubassements, contient le **Musée de peinture** (ouvert t. l. j. aux étrangers), intéressant parce qu'il possède de nombreux tableaux et la plus grande partie des dessins et ébauches d'Ingres, légués, avec toute sa collection d'objets d'art, par le maître à sa ville natale.

On peut visiter d'abord, au rez-de-chaussée, la **salle des Illustres**.

1re SALLE (**salle Mortarieu**). — De dr. à g. : 34. *Ingres*. Le Songe d'Ossian (inachevé). — 259. *J. Jouvenet*. Descente de croix. — 206, 207. *Verdussen*. Marche d'une armée. Siège de Valenciennes. — 361. *J. Romain*. Le dieu Pan terrassé par l'Amour. — 224. *Fr. Boucher*. Paysage. — 368. *Fr. Guardi*. Paysage.

2e SALLE. — 248, 249. *Glaize*. L'Egide. Faune et Bacchante. — 205. *Rubens*. Le Penseur. — 291. *Rigaud*. Portrait. — 199. *Jordaens*. Silène et les quatre Saisons. — 197. *Van Dyck*. Un moine. — 192. *Coello*. Couronnement de Charles-Quint. — 232. *Couder*. Le Lévite d'Ephraïm. — 202. *Porbus le père*. Portrait d'une jeune femme. — 341. *L'Albane*. Allégorie. — 226. *Bon Boullongne*. St Nicolas. — 223. *Balze*. Funérailles de Lope de Vega. — 17. *A. Desgoffes*. Paysage. — 137. *Le Guaspre Poussin*. Paysage. — 200. *Jordaens*. Tête de faune. — 363. *Le Bassan*. Scène rustique. — 298. *Valentin*. Chanteuses. — 263. *Ch. Landelle*. Femmes juives captives à Babylone. — 296. *Subleyras*. La Flagellation. — 267. *Les Frères Lenain*. Des Gueux. — Au milieu de la salle : *Caravage*. Portrait ; — *Véronèse*. Doge et dogaresse — *Vasari*. Judith ; — *Boucher*. La Voluptueuse.

Au fond de la grande salle, **Musée Ingres** (4 salles), dont l'entrée est formée par un chef-d'œuvre du maître : **Jésus parmi les Docteurs** isolé des autres toiles par un cadre architectural dans lequel sont enchassés le dessin d'une statue d

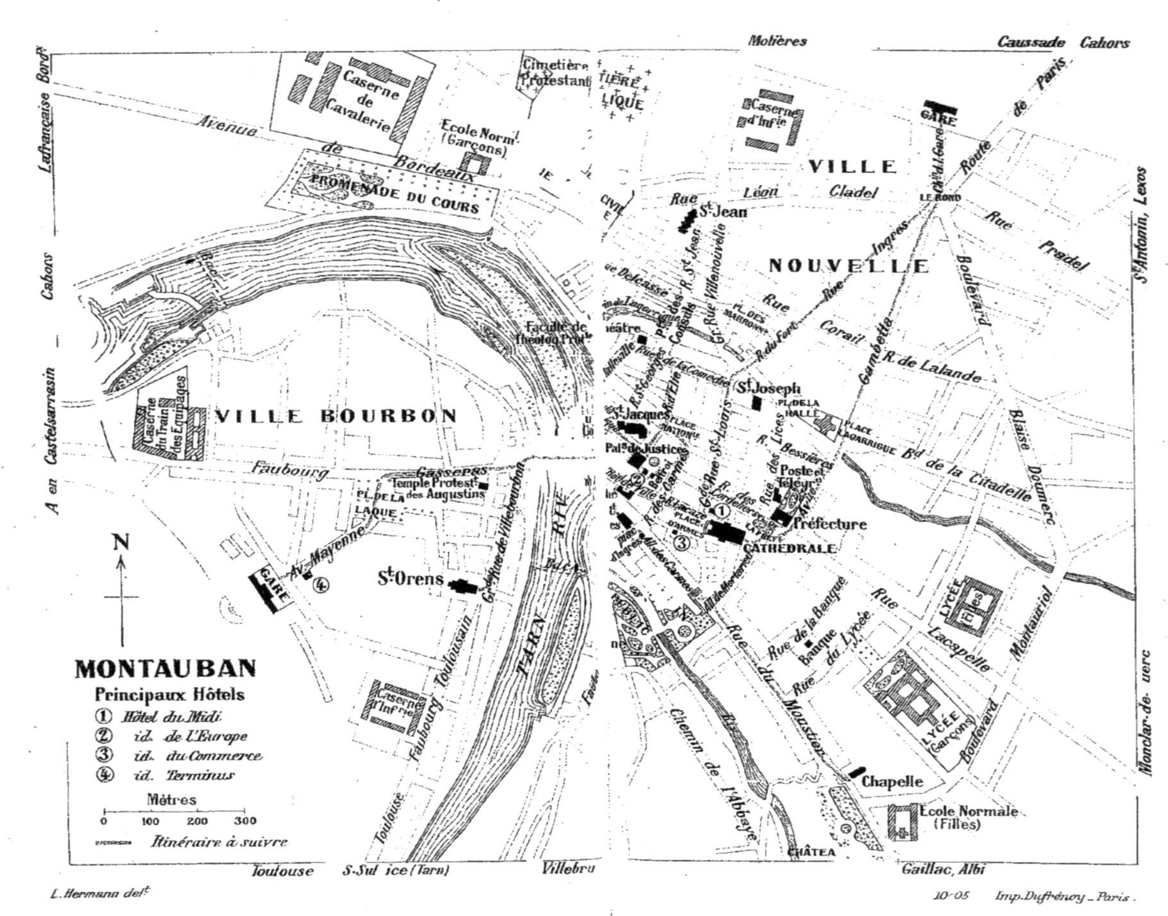
MONTAUBAN
Principaux Hôtels
① Hôtel du Midi
② id. de l'Europe
③ id. du Commerce
④ id. Terminus
Mètres
0 100 200 300
Itinéraire à suivre
N
VILLE BOURBON
VILLE NOUVELLE
Molières
Caussade Cahors
Lafrançaise Bordx
Cahors
A en Castelsarrasin
St Antonin, Lexos
Monclar-de-uerc
Toulouse
S.Sul ice (Tarn)
Villebru
Gaillac, Albi
Caserne de Cavalerie
Avenue de Bordeaux
PROMENADE DU COURS
Ecole Norml (Garçons)
Cimetière Protestant
Caserne d'Infie
GARE
Route de Paris
Rue Léon Cladel
Rue St Jean
Rue Pradel
Rue Ingres
Rue Corail
Gambetta
R. de Lalande
Boulevard Blaise Doumerc
Bd de la Citadelle
Faculté de Théolog Protte
Caserne du Train des Equipages
Faubourg Gasseras
Temple Protestt des Augustins
PL. DE LA LAQUE
Av. Mayenne
St Orens
Gde Rue de Villebourbon
Faubourg Toulousain
Caserne d'Infie
TARN
St Joseph
PL. DE LA HALLE
PLACE LAGARRIGUE
St Jacques
Palais de Justice
Gde Rue St Louis
R. des Lices
R. Bessières
Poste et Télégr
Préfecture
CATHEDRALE
PLACE D'ARMES
Rue de la Banque
Banque
Rue du Lycée
Rue Lacapelle
Montauriol
LYCÉE (Filles)
LYCÉE (Garçons)
Boulevard
Rue du Moustier
Chemin de l'Abbaye
Chapelle
Ecole Normale (Filles)
CHÂTEA
L. Hermann delt
10-05 Imp. Dufrénoy - Paris.

Phidias, une peinture d'après Raphaël et la reproduction d'une fresque d'Herculanum.

1re SALLE ou *salon de Colbert*, décorée de motifs sculptés par Ingres père. Cette salle, reproduisant dans son arrangement le salon du peintre à Paris, renferme des tableaux, dessins, moulages de médailles et camées, antiquités; au milieu de la chambre, chevalet du peintre, portant un de ses ouvrages, inachevé; petit cabinet vitré contenant sa main moulée, son bureau, son fauteuil, son violon, sa boîte à couleurs, portraits de famille, etc., et couronne d'or que lui offrit sa ville natale en 1863. — 182. *P. Véronèse*. Tête de femme. — 36. *Ingres*. La V. et l'Enf. J. — 4. *Velasquez*. Portrait d'une jeune femme. — 41. 42. 29. *Ingres*. Roger délivrant Angélique. La Chapelle Sixtine. Portrait de F. Belvèze. — 1. *Hans Holbein*. Portrait d'un moine. — 138. *Guaspre Poussin*. Paysage. — 9. *Ph. de Champaigne*. Portrait d'un religieux. — 21. *H. Flandrin*. Portrait d'Ingres. — 16. *Chardin*. Une brioche, des cerises et un verre de vin. — 10. *P. Porbus le jeune*. Portrait d'homme,

CABINETS contenant, ainsi que les 3 salles suivantes, env. 1,500 dessins du maître, des moulages de médailles, antiquités, etc.

2e SALLE. — Dessins et études d'Ingres. — 15. *Séb. Bourdon*. Portrait de Molière. — 32. *Ingres* (d'après Raphaël). Eve. — Antiquités.

3e SALLE. — Dessins d'Ingres. — 142. *Le Josépin*. Léda. — Copies de tableaux de maîtres anciens, dont deux par *H. Flandrin* (portrait du maître d'armes de Raphaël) et *Fr. Montessuy* (le Ch. descendu de la croix). — Vitrines de poteries, statuettes, lampes en terre cuite.

4e SALLE. — Dessins d'Ingres. — L'Amour bandant son arc, statue grecque, reproduction supposée d'un ouvrage de Praxitèle.

Au rez-de-chaussée, *musée des arts décoratifs*, communiquant par un escalier à vis avec la *salle* souterraine *du Prince-Noir* (XIVe s.), où est installé le *musée archéologique*.

L'*église Saint-Jacques*, des XIVe et XVe s. (belle chaire), offre, au-dessus du mur fortifié de la façade, une tour octogonale en briques. Non loin de l'église, dans la *rue de la République*, est le *palais de justice*, bordant la place (square) sur laquelle s'élève le beffroi de la *Grande-Horloge* ou *tour de Lautié*.

Derrière l'église Saint-Jacques la **place Nationale**, bâtie en 1627, complétée en 1702, et bordée de portiques, arceaux ou « couverts », offre un aspect très original. La *rue des Carmes*, puis la *rue Lacaze*, à g., conduisent à la *place d'Armes*, qui précède la cathédrale (dans la sacristie, **le Vœu de Louis XIII**, tableau célèbre d'Ingres).

Derrière la cathédrale s'étendent la *place de la Préfecture* (*monument* du littérateur *Léon Cladel*, par Bourdelle) et la promenade des *Allées Mortarieu*, à l'extrémité de laquelle les *allées des Carmes* dominent le *jardin botanique*, traversé par le Tescou. C'est sur les Allées que s'élève le **monument d'Ingres** (œuvre d'Etex), grand bas-relief semi-circulaire en bronze reproduisant le tableau de l' « Apothéose d'Homère », tel que le peintre l'avait modifié après coup dans plusieurs dessins. — Au *faubourg de Sapiac*, *église Saint-Etienne*, avec un tableau d'Ingres (Ste Germaine).

De Montauban à Lexos, Cahors, Brive, Uzerche, Saint-Yrieix, Limoges et Paris, R. 19; — à Bédarieux, par Castres et Saint-Pons, R. 43.

On s'éloigne du Tarn, pour traverser la *forêt de Montech*. — 218 k. *Montbartier*. — On longe le canal Latéral dans la large vallée monotone de la

Garonne. — 225 k. *Dieupentale* (abside d'*église* romane). — 230 k. *Grisolles*, 2,050 hab. (à l'église, *portail* du XIIe s.). — A g., *Pompignan* (*château* où mourut le poète Lefranc de Pompignan, inhumé dans l'église).

235 k. *Castelnau-d'Estretefonts*. — Pont sur le Lhers. — 241 k. *Saint-Jory*. — 250 k. *Lacourtensourt*. — A g., ligne de Capdenac.

257 k. Toulouse (Ⓑ; R. 19).

ROUTE 19

DE PARIS A TOULOUSE

A. Par Cahors et Montauban.

717 k. — 🚂 en 12 h. par express de jour (1re, 2e et 3e cl.; wagon-restaurant jusqu'à Châteauroux), en 12 h. par rapide de nuit (1re cl.), en 13 h. 10 par express de nuit (1re, 2e et 3e cl.). — 80 fr. 30; 54 fr. 20; 35 fr. 30.

400 k. de Paris à Limoges (R. 16).

DE LIMOGES A BRIVE

1° PAR UZERCHE.

En quittant Limoges (Bénédictins) la voie passe en tunnel (1,022 m.) sous la ville, puis laisse à dr. la ligne de Nexon et franchit la Vienne sur un *viaduc* de 23 arches en granit (belle vue de Limoges). Au delà d'un autre viaduc, sur la Valoine, on traverse le tunnel de *Pouzol*, pour gagner la vallée de la Briance.

416 k. (de Paris). *Solignac-le-Vigen* (anc. *abbaye* de Solignac, auj. manuf. de porcelaine, avec église à coupoles du XIIe s. sur crypte et reliquaires du XIIIe au XVIe s.). A 6 k., ruines du **château de Chalusset** (XIIIe s.), sur un promontoire dominant le confl. de la Briance et de la Ligoure. — Vallée de la Briance. Viaduc de 10 arches sur le vallon du Vigen. Tunnel de *Gillardeix*. A dr., belle vue sur Chalusset. Viaduc de 5 arches sur la Rozelle.

424 k. *Pierre-Buffière*, 953 hab., sur une colline de la rive g. de la Briance, entre le confl. de la Blanzou et celui du Breuilh (à l'*église*, vantaux Renaissance de la porte et beau chemin de la croix; chapelle romane d'un anc. château; *statue* du chirurgien *Dupuytren; fontaine* monumentale).

Viaduc de 11 arches sur la Briance. Vallée de la Blanzou. — 430 k. *Glanges*. — 432 k. *Magnac-Vicq*. A (2 k. S.) *Magnac-Bourg*, *église* du XIVe s. avec verrières du XVIe. — *Viaduc* de 14 arches, haut de 54 m., sur la Petite-Briance. — 440 k. *Saint-Germain-les-Belles*, 2,192 h. (église fortifiée du XIIe s.). — 446 k. *La Porcherie*. — 451 k. *Masseret*. — 455 k. *Salon-la-Tour*.

462 k. **Uzerche** *, 3,126 hab., petite V. ancienne et très pittoresque, sur une colline qu'enveloppe une boucle de la Vézère (*église* des XIe et XIIe s. avec *clocher* central roman et crypte; porte fortifiée du XIVe s.; nombreuses habitations des XVe et XVIe s.).

[**D'Uzerche à Tulle** (34 k. 🚂 en 1 h. 40 env.; 2 fr. 55 et 1 fr. 70). — La voie franchit le Bradascou, perce la colline de Sainte-Eulalie par un tunnel de 100 m. et débouche dans

D'ANGOULÊME À MONTAUBAN

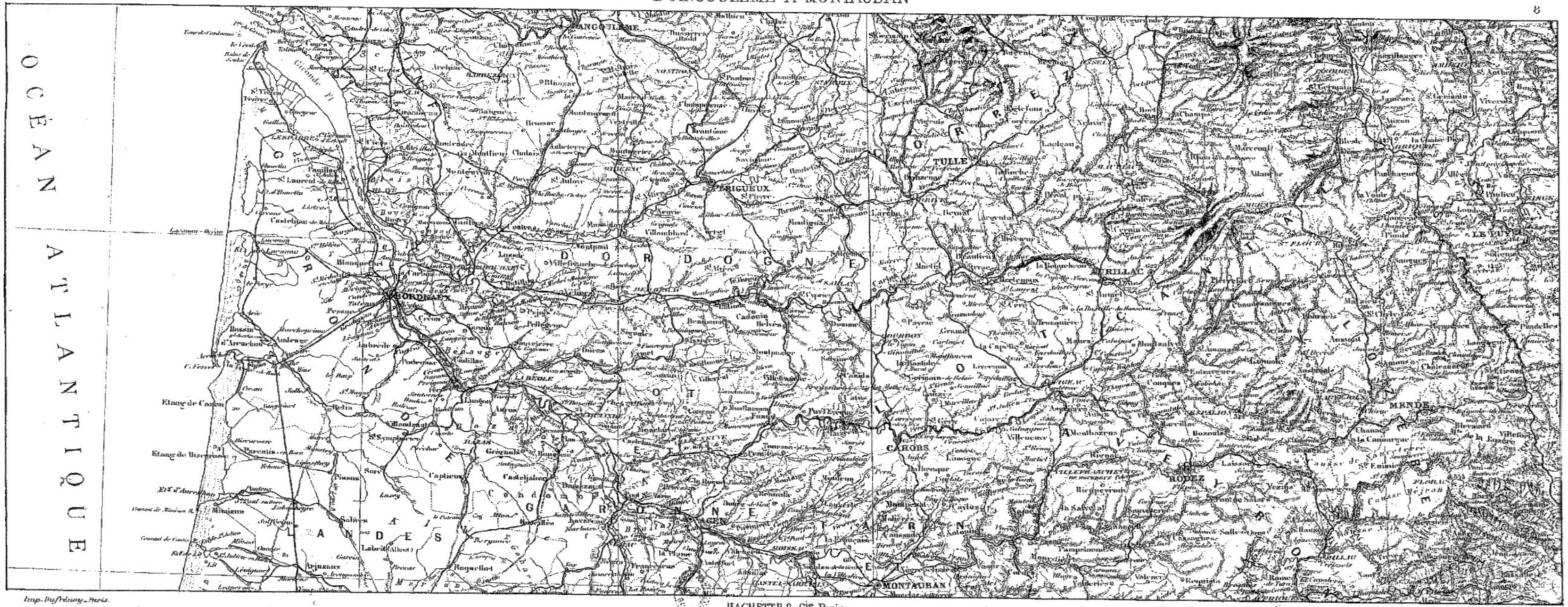

OCÉAN ATLANTIQUE

ANGOULÊME
PÉRIGUEUX
TULLE
AURILLAC
LE PUY
BORDEAUX
CAHORS
RODEZ
MENDE
AGEN
MONTAUBAN
DORDOGNE
LOT
LANDES
GIRONDE
CORRÈZE
CANTAL
AVEYRON
LOZÈRE
TARN
LOT-ET-GARONNE
TARN-ET-GARONNE

Imp. Dufrénoy, Paris.

HACHETTE & Cie Paris.

4-07

vallée de la Vézère, où elle passe r un viaduc de 12 arches. — 1 k. 8. zerche-Ville. — 15 k. Seilhac, 025 hab. : ⵝ sur Treignac (V. ci-ssous). On franchit l'*Étang-Neuf*. 26 k. *Naves* (à l'église, *retable* ı XVIIe s.; ruines des arènes maines de *Tintiniac*). — On suit Corrèze. — 34 k. Tulle (V. p. 194).

De Seilhac a Treignac (29 k. ⚡ ı 1 h. 15; 2 fr. 20 et 1 fr. 45). — k. *Chamboulive*, 2,758 hab. (clocher man). — 17 k. *Le Lonzac*, 2,737 ıb. (clocher incliné). — Belles vues ır les montagnes des Monédières. -29 k. **Treignac** *, 2,929 hab., petite . très curieuse par sa situation iginale dans la vallée de la Vézère, nsi que par son aspect moyen âge. n y voit la *statue* du célèbre avocat *achaud*, qui y est né. C'est de là ıe l'on fait ordinairement l'excur-on (une demi-journée) de la belle ıscade appelée **Saut de la Virole.**]

La voie croise deux fois le radascou et débouche dans s gorges de la Vézère, pro-ondes et sauvages.

471 k. *Vigeois*, 2,835 hab. *église*, romane, d'une anc. ab-aye de Bénédictins). A 7 k. .-S.-O., *chartreuse de Glandier*. - 6 tunnels. — 479 k. *Estivaux*. - 4 tunnels. — 486 k. *Allassac tour* féodale; église fortifiée). - Viaduc de 13 arches sur le allon du Clan.

491 k. *Donzenac*, 2,948 hab., 2 k. 5 E., près de la rive dr. u Maumont (*clocher* du XIIIe s.). - 496 k. *Ussac*. — La voie dé-ouche dans la vallée de la orrèze, qu'elle franchit.

503 k. Brive (Ⓑ; V. ci-des-ous).

2° PAR SAINT-YRIEIX.

20 k. de Limoges à Nexon, où se détache à dr. la ligne d'Agen R. 16). — On parcourt un pla-eau pour gagner la vallée de l'Isle naissante. — 433 k. (de Paris) *La Meyze*. — 438 k. *Champsiaud*. — On franchit l'Isle, puis la Loue.

446 k. *Saint-Yrieix* *, 8,363 h., au milieu d'un territoire riche en kaolin ou terre à porcelaine. — **Eglise** du XIIe s. — *Tour du Plot*, romane. — *Maisons* anciennes.

[**De Saint-Yrieix à Périgueux** (75 k. ⚡ en 4 à 5 h.; 7 fr. 50 et 3 fr. 75). — 8 k. *La Juvénie*. — 16 k. *Payzac*, dominant les gorges de l'Auvézère. — Vallée de la Ganne, que l'on croise près de la forge et de l'étang de *Miremont*. — 23 k. *Lanouaille*, 1,732 hab. — Vallée de la Loue. — 39 k. Excideuil, où l'on croise le ch. de fer de Thiviers au Burg (V. R. 16, p. 109). — 43 k. *Saint-Pantaly* (château ayant appartenu au maréchal Bugeaud). — Vallée de l'Isle. — 54 k. *Savignac-les-Eglises*, 862 hab. — A g., *château des Bories*, de 1497; puis, à dr., château de *Trigonant* (XVe s.). — 69 k. *Trélissac* (*château* de M. Magne, style Renaissance). — 75 k. Périgueux (R. 16).]

De Saint-Yrieix à Bussière-Galant, Rochechouart et Saillat-Chassenon, V. p. 99.

454 k. *Coussac-Bonneval* (lanterne des morts, XIIe s.; château de *Bonneval*, XIIe-XVe s.). — Viaduc, haut de 28 m., sur la Boucheuse. — 460 k. *Saint-Julien-le-Vendonnois*. — Pont sur l'Auvezère.

465 k. *Lubersac*, 3,719 hab. (église romane; *château* moderne, style du XVe s.; *maison* de la Renaissance). — Viaduc haut de 26 m., sur la Donne.

471 k. *Pompadour* (*château* des XVe et XVIIe s.; *haras* et *hippodrome*). — Beaux *viaducs de Pompadour* (8 arches), long de 285 m. et haut de 55, sur le

Rouchat, *des Combes*, *de la Sagne* (5 arches), haut de 37 m., *de la Croix*, *de Monteil*, *de Vignols* (10 arches), long de 252 m. et haut de 19.

482 k. *Vignols-Saint-Solve*. — Tunnel de 212 m. — 488 k. *Objat*, sur la Loyre. — 487 k. *Saint-Aulaire*. — 494 k. *Le Burg*, d'où part à dr. le ch. de fer de Thiviers par Excideuil (*V*. p. 109).

497 k. *Varetz*, à g., près du confl. de la Vézère et de la Loyre. — Ponts sur la Vézère et la Corrèze, dont on laisse à dr. le confluent.

503 k. **Brive*** Ⓑ, 19,496 hab., agréablement situé sur la rive g. de la Corrèze. — **Eglise Saint-Martin**, curieux type de l'art roman limousin, dominée par un beau clocher moderne à flèche de pierre. A l'int., à g. du portail, bénitier en pierre orné de feuillages (XIIe s.); derrière l'autel, grand flambeau de chœur en fer forgé (XIIIe s.); dans la sacristie, reliquaire en cuivre ciselé et doré (XIIIe s.). — *Séminaire*, en partie de la Renaissance. — *Maisons* anciennes. — *Statues* du maréchal *Brune* et du docteur *Majour*, bienfaiteur de la ville. — *Musée*. — Truffes; moutarde estimée.

[Excursion (2 h. en voit. : 1 fr. 90 l'heure, à 2 pl.) aux grottes-chapelles de *Saint-Antoine de Padoue* (pèlerinage; église et couvent des Franciscains) et aux *grottes de Lamouroux*.]

De Brive à Toulouse par Figeac, *V*. ci-dessous, *B*; — à Thiviers, R. 16, p. 109; — à Périgueux, R. 16, p. 112; — à Tulle et Meymac, R. 36.

DE BRIVE A TOULOUSE

Tunnel de St-Antoine (1,097 m.); viaduc de *Planche-Torte* (15 arches) suivi d'un tunnel de 266 m.; viaduc de *Lamouroux* (9 arches; belle vue des grottes à g.); tunnel de 852 m.

510 k. (de Paris). *Noailles* (*château*, berceau de la famille du même nom; à l'église, reliquaires du XIIIe s.). Près de la station la Couze disparaît dans une caverne pour couler souterrainement sous la gorge d'Entrecor et reparaître, 3 k. env. plus loin, à la *source du Blagour*. — Tunnel de *Fontille*.

516 k. *Chasteaux*. — 523 k. *Gignac-Cressensac*. — 3 tunnels; viaduc du *Boulet* (26 arches); 2 tunnels. Vallon de la Borrèze; à dr., *gouffre du Boulet*, remarquable par l'alternance de ses crues avec celles du *Grand-Blagour*, autre gouffre situé à 2 k. E., formant avec son voisin le *Gourgouillou* une petite rivière que la voie croise, au delà du viaduc du *Sorbier* (9 arches), sur le *viaduc de Lamothe* (572 m. de long.; 15 arches et 4 travées métalliques de 65 m. de portée chacune). On franchit la Borrèze (viaduc de 30 arches) pour déboucher dans la vallée de la Dordogne (vue superbe).

540 k. **Souillac*** Ⓑ, 3,154 hab. (*église* romane à 3 coupoles, jadis abbatiale, avec sculpture du *Jugement dernier* sur la porte à l'intér.; *hôtel de ville*, dans l'anc. église Saint-Martin, dont le clocher sert de beffroi, *statue*, par M. E. Boverie, de l'amiral *de Verninac-Saint-Maur*, 1794-1875).

A Saint-Denis-près-Martel, à Sarlat et au Buisson, R. 16, p. 113.

544 k. *Cazoulès*, à la ⚔ de

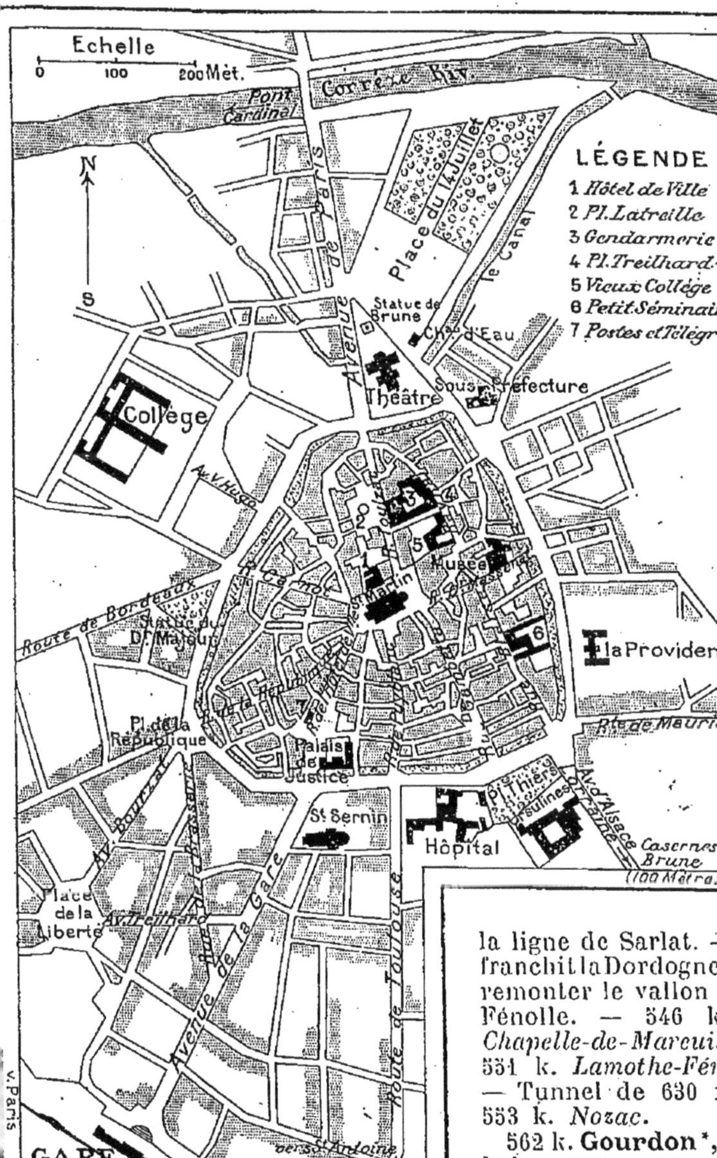

la ligne de Sarlat. — On franchit la Dordogne pour remonter le vallon de la Fénolle. — 546 k. *La Chapelle-de-Marcuil.* — 551 k. *Lamothe-Fénelon.* — Tunnel de 630 m. — 553 k. *Nozac.*

562 k. **Gourdon** *, 4,351 hab.. sur une colline dominant le vallon du

Bleu. — *Eglises Saint-Pierre* (1304-1415) et *des Cordeliers* (1287; cuve baptismale du xive s.). — Chap. *N.-D. du Majou* (pèlerinage), attenante à une ancienne *porte*. — *Maisons* anciennes. — Agréables *boulevards*; promenade de la *Butte du Château*.

Embranch. pour Carsac et Sarlat, *V.* p. 113.

569 k. *Saint-Clair*. — Pont sur le Céou; tunnel de *Marot* (990 m.). — 574 k. *Dégagnac*. — Tunnels des *Cabanes* (816 m.) et de *Vayrières* (412 m.). — 580 k. *Thédirac-Peyrilles*. *Tunnel de Roques* (1,600 m.). Viaduc sur 2 ruisseaux.

588 k. *Saint-Denis-Catus*. A 4 k. O. (omnibus), *Catus*, 1,209 hab., sur le Vert (ruines d'un prieuré, avec *salle capitulaire* du xiie s.). — Tunnel de 712 m. Viaduc de 25 arches sur le ruisseau de Reignac, près de *Calamane* (*château*). — 594 k. *Espère*. — Au delà d'un tunnel on débouche dans la vallée du Lot au-dessous des grandes falaises que couronne le château de Mercuès (*V.* p. 114). Sur la rive g., *Pradines* (château ruiné du xve s.).

603 k. **Cahors*** Ⓑ, 14,018 hab., anc. capitale du pays des Cadurques puis du Quercy, auj. ch.-l. du départ. du Lot, dans une presqu'île formée par le Lot et dont l'isthme était défendu par une ligne de remparts dont la plus grande partie subsiste.

L'*avenue de la Gare*, puis (à g.) la *rue du Lycée* (à g., *lycée* avec *tour* en briques du xviie s.; dans la cour, buste de Gambetta) conduisent **au boulevard Gambetta**, qui sépare la vieille ville de la ville moderne, et sur lequel on débouche presque en face de l'*hôtel de ville* (2 beaux sarcophages antiques ou mérovingiens; *musée*). A dr. s'ouvre la *place d'Armes* (**monument de Gambetta**, par Falguière et Pujol), au fond de laquelle s'étendent les *allées Fénelon*, puis un *square* (*statues de Joachim Murat* et *de Bessières*; aquarium).

Au delà de la place le boul. aboutit au *pont Louis-Philippe* (à l'extrémité, Vierge, par Pradier, sous un dais gothique), à côté duquel jaillit la *fontaine Saint-Georges*. — En face du monument de Gambetta la *rue Fénelon* conduit à l'*église Saint-Urcisse* (xiie-xiiie s.).

La rue du Lycée se continue, au delà du boulevard, par la *rue de l'Hôtel-de-Ville*, allant à la **cathédrale Saint-Etienne**, consacrée en 1119, mais considérablement remaniée (*portail N.* richement sculpté; coupoles; chœur refait à partir de 1285; chapelles ogivales, dont l'une, du xve s., ornée de fresques du temps de Louis XII; tombeau de l'évêque Alain de Solminiac, xviie s.; dans le chœur, *peintures* de 1315). Dans la nef à dr. une porte donne accès aux restes d'un *cloître*, bâti vers 1500.

Derrière la cathédrale la *rue de la Liberté* descend à la *place Champollion* (*monument du poète Clément Marot*, par Rodolosse; buste par Puech). La place s'ouvre sur le *quai Champollion*, bordant le Lot. On peut aller voir à dr. la *maison Roaldès* ou *Henri IV* (xve s.). A g. un pont condui

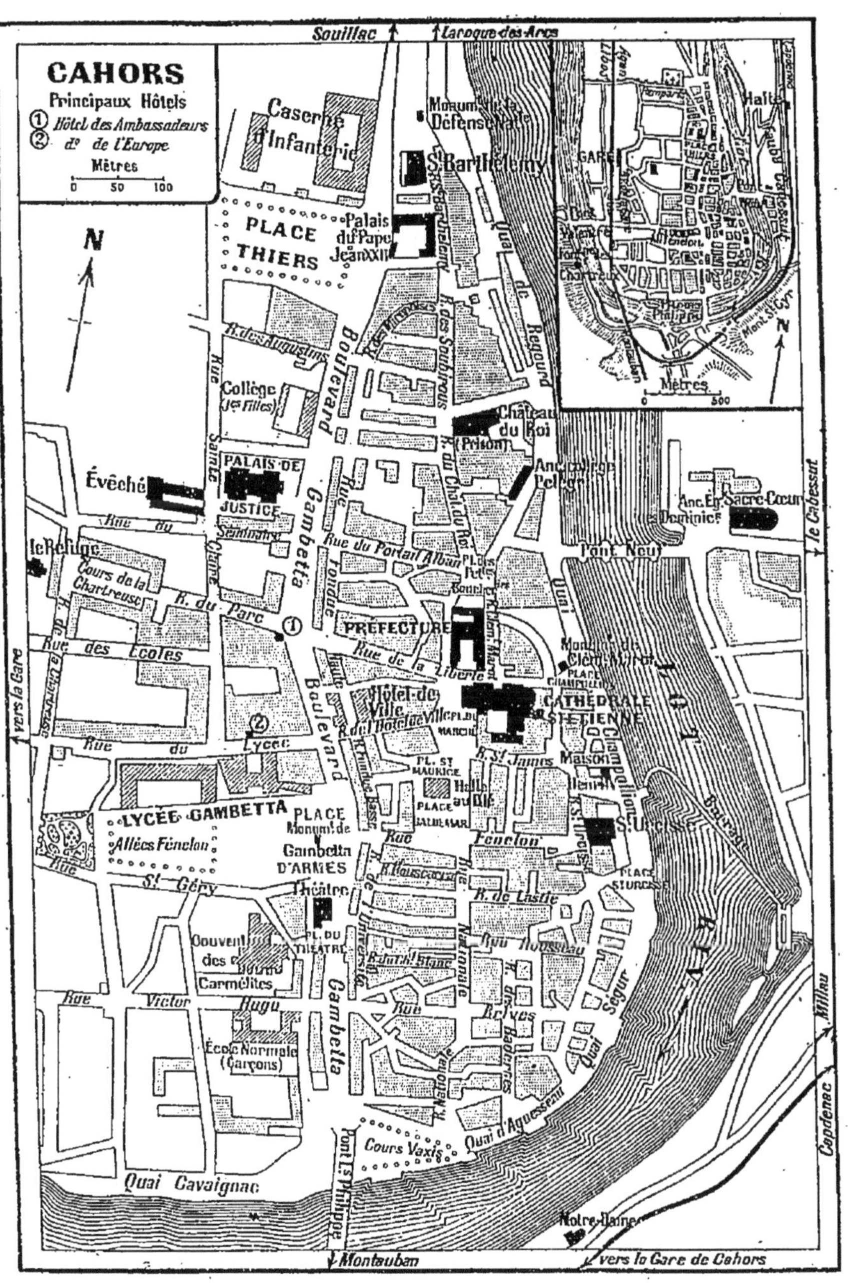
CAHORS
Principaux Hôtels
① Hôtel des Ambassadeurs
② d° de l'Europe
Mètres
0 50 100
Souillac
Laroque-des-Arcs
Caserne d'Infanterie
PLACE THIERS
Palais du Pape Jean XXII
S. Barthélemy
Boulevard Gambetta
Collège (Jes Filles)
Évêché
PALAIS DE JUSTICE
Château du Roi (Prison)
Pont Neuf
PRÉFECTURE
Rue de la Liberté
Hôtel de Ville
CATHÉDRALE ST ÉTIENNE
R. St James
Maison Henri IV
St Urcisse
LYCÉE GAMBETTA
Allées Fénelon
PLACE D'ARMES
Théâtre
Couvent des Carmélites
Rue Victor Hugo
École Normale (Garçons)
Cours Vaxis
Quai Cavaignac
Pont Ls Philippe
Quai d'Aguesseau
Notre-Dame
Montauban
vers la Gare de Cahors
vers la Gare
Capdenac
Millau
le Cabessut
Quai de Regourd
Rue du Lycée
Rue des Écoles
Rue St Géry
Rue Fénelon
R. de Lastié
Rue Rousseau
LOT
Mètres
0 500

au *faubourg Cabessut* (*église du Sacré-Cœur*, ancienne chapelle des Dominicains). Suivant le *quai de Regourd* au delà du pont, on rencontre, à l'entrée de la *rue Pelegri*, qui monte à la *place des Petites-Boucheries*, l'ancien *collège Pelegri* (cour de la Renaissance; tour hexagonale du XVe s.), fondé en 1364. De la place des Petites-Boucheries on suit la *rue du Château-du-Roi* (*château du Roi*, où résidait le sénéchal du Quercy et qui sert auj. de prison; maisons du XVe s.), par laquelle on parvient au *palais du pape Jean XXII* (né à Cahors) et à l'*église Saint-Barthélemy* (XIVe s.).

Derrière l'église on trouve la *place Lafayette* (*monument de la Défense Nationale*) et l'extrémité du boulev. Gambetta, bordé par des casernes donnant aussi sur la *place Thiers*, au fond de laquelle, dans l'anc. enclos Saint-Clair, la *porte de Diane* a appartenu sans doute à des bains romains.

Dans le prolongement du boulevard Gambetta s'ouvre la *rue de la Barre*, qu'il faut suivre si l'on désire voir les *remparts* (XIVe s.), et à l'extrémité de laquelle on aperçoit à dr. la *Barbacane*, gracieux corps de garde du XVe s., ainsi que la *tour de la Barre*.

Revenu par le boulev. Gambetta à la rue du Lycée, il faut la suivre jusqu'à son extrémité en traversant le ch. de fer, pour aller voir le **pont Valentré** (commencé en 1308), surmonté de 3 tours carrées percées de portes. — En tournant à g. à l'extrémité du pont pour remonter la rive g. du Lot on atteint en quelques min. la **fontaine des Chartreux** ou *source de Divonne*.

Le territoire de Cahors produit des truffes et d'excellents vins.

[**De Cahors à Capdenac** (71 k. en 2 h. env.; 8 fr., 5 fr. 35, 3 fr. 50). — Cette ligne parcourt une partie admirable de la vallée du Lot, dominée par des falaises et des rochers magnifiques. Pont biais sur le Lot; viaduc sur le ruisseau de Quercy et le faub. Saint-Georges; tunnel. — 3 k. *Cabessut*. — 10 k. *Arcambal* (*château* en partie du XVe s.). — Tunnel; pont de *Mondiès* sur le Lot. — 16 k. *Vers* *, stat. où doivent descendre les archéologues désireux d'aller, par la *font Polémie*, dont un aqueduc antique portait les eaux à Cahors, visiter (8 à 9 k.) l'anc. forteresse gauloise appelée *oppidum de Murcens*. — Tunnel de 645 m. — 19 k. *Saint-Géry*, 623 hab. — Pont biais de 5 arches sur le Lot; tunnel sous le v. de *Bouziès*. — 27 k. *Conduché*, au confl. du Lot et du Célé, dans un site admirable. — Pont sur le Célé; tunnel de *Coudoulous* (787 m.); à dr., vue admirable sur le site étonnant de Saint-Cirq-Lapopie; tunnel de 208 m.; viaduc sur un ruisseau.

30 k. **Saint-Cirq-Lapopie** *, b. perché au-dessus de la rive g. du Lot sur un escarpement de rochers qui forment, avec les maisons, la plupart anciennes, le château ruiné (XIIIe s.) et l'*église* (XVe s.), un des plus curieux et des plus beaux paysages de la France. — On franchit le Lot en vue de *Cénevières* (*château* des XIIIe, XVe et XVIe s., avec tapisseries anc.). — Tunnel. — 39 k. *Calvignac*. — Plusieurs tunnels et pont sur le Lot. — 46 k. *Cajarc*, 1,505 hab. (*cascade de Lacaugne*; à 3 k. 5, curieux *gouffre de l'Antouy*). — Tunnel de 540 m. — On joint la ligne de Brive à Toulouse par Figeac. — 71 k. Capdenac (*V.* ci-dessous, *B*).]

Pont sur le Lot. — On remonte le vallon du Quercy. —

aduc de 24 arches sur un vallon latéral. — 608 k. *Sept-Ponts*. · Viaduc de 13 arches sur le uercy. — Tunnel de 860 m. — 6 k. *Cieurac*. — 624 k. *Lalnque*, 1,562 hab.

628 k. *Montpezat-de-Quercy*, 897 hab. (*église* du XIVe s., enfermant de nombreux objets aciens et les tombeaux de deux rélats). — Tunnel de 595 m.; iaduc de 16 arches sur un uisseau. — 638 k. *Borredon*.

643 k. *Caussade*, 4,508 hab., ur la Lère (*clocher* octogonal u XIVe s.; maisons anciennes; ıbr. de chapeaux de paille). — 19 k. *Réalville*, bastide fondée n 1310. — Pont sur l'Aveyron. - 653 k. *Albias*. — 659 k. *Foneuve*. — Après avoir passé ous la ligne de Lexos on franhit le Tarn, pour joindre la gne de Bordeaux à Toulouse.

666 k. Montauban Ⓑ, et 1 k. de Montauban à (717 k.) 'oulouse (R. 18).

B. Par Capdenac.

52 k. — 🚂 en 14 h. et 15 h. par express de jour et de nuit (1re, 2e et 3e cl.). — Mêmes prix que par Cahors.

503 k. de Paris à Brive (*V.* cidessus, *A*). — A g., ligne de 'ulle; à dr., ligne de Cahors. 'unnels de 324 m. et de 2,200 m.)n suit la Tourmente.

518 k. **Turenne** *, à 2 k. 5 N.-O. la route laisse à g. le château le *Linoire*, XVe s.), sur une colline. — Deux *tours* et autres restes d'un *château*, berceau de a famille de Turenne. — *Maisons* des XIIIe, XIVe et XVe s.

A dr., château de *Croze*; à g., *Cavagnac* (*donjon* du XIIIe s.).

524 k. *Quatre-Routes*, ham.

530 k. **Saint-Denis-près-Martel** (Ⓑ; belle cascade), à la jonction du ch. de fer d'Aurillac et de Sarlat, est dominé par les falaises calcaires soutenant le plateau du *Puy d'Issolud* (311 m.), où s'éleva la forteresse cadurque d'*Uxellodunum*, qui fut le dernier rempart de l'indépendance gauloise.

[**De Saint-Denis à Aurillac** (76 k. 🚂 en 2 h. environ; 8 fr. 50, 5 fr. 75, 3 fr. 75). — Pont sur la Tourmente. Vallée de la Dordogne. — 3 k. 5. *Vayrac*, 1,598 hab., près de la Sourdoire, que l'on franchit. — 7 k. *Bétaille* (château ruiné). — Pont sur le Palsou. — 12 k. *Puybrun*. — La voie traverse la Dordogne sur un pont métallique à côté du *pont* suspendu *de Mol*. — 17 k. *Bretenoux*, 913 hab., V. régulière ou bastide du XIIIe s. (4 portes de l'anc. enceinte); à 3 k. S.-O., au sommet d'une croupe boisée (231 m.), **château de Castelnau**, une des plus belles ruines féodales de la France, dont l'origine remonte pour le moins à la fin du XIe s. et appartenant auj. à M. Moulièrat, qui en a restauré et meublé une partie. Le v. de Castelnau a pour *église* une ancienne collégiale du XVe s.

Des voit. publiques relient la stat. de Bretenoux à : — (6 k. N.; 50 c.) *Beaulieu* *, 2,025 hab., sur la rive dr. de la Dordogne, que traverse un *pont suspendu* (**église** romane, avec magnifique *portail* du XIIe s.; au presbytère, *Vierge* du XIIe ou du XIIIe s. en argent repoussé et *reliquaires* du XIIIe s.; salle capitulaire du XIIe s., reste du monastère dont dépendait l'église, en face de laquelle est une *maison* sculptée du XVIe s.; *statue*, par Millet de Marcilly, *du général Marbot*, né à Beaulieu en 1782); — et à (10 k. S.; 1 fr.) *Saint-Céré* *, 3,273 hab., au confl. de la Bâve et de la Négrie (*monument*, par Alfred Lenoir, *du Maréchal Canrobert*, né à Saint-Céré en 1809; *tours de Saint-Laurent*, XIIe et XIVe s.; à 1,500 m. O., *château de Montal*, chef-d'œuvre de la Renaissance, avec un *escalier* remarquable).

21 k. *Port-de-Gagnac.* — 27 k. *Laval-de-Cère.* — La voie parcourt les magnifiques **gorges de la Cère** (25 k. de long.; 22 tunnels). — 36 k. *La Mativie.* — 52 k. *Laroquebrou*, 1,634 hab. (château ruiné). — Viaduc de 7 arches sur la Cère, dont on s'éloigne ensuite pour remonter le vallon du ruisseau d'Anze, que l'on franchit sur un viaduc de 6 arches. — 57 k. *Miécaze*, où l'on joint la ligne d'Eygurande (*V.* R. 37). — Viaduc de 5 arches sur la vallée de l'Authre. — 62 k. *Viescamp-sous-Jallès* (*château*), d'où se détache la ligne de Figeac (R. 38). -- 68 k. *Ytrac* (*château* gothique *de Farges*). — 76 k. Aurillac (R. 37).]

De Saint-Denis à Siorac, par Sarlat, R. 16, p. 113.

La Tourmente, puis la Dordogne franchies, on laisse à dr. le château de *Floirac* (tour octogonale du XVIe s.), à g. *Floirac* (*église* du XVe s.; donjon du XIIIe); la voie monte rapidement le long d'un escarpement qui porte le causse de Gramat et domine le célèbre *cirque de Montvalent* (à dr., vue splendide sur la vallée de la Dordogne, Gluge et le château de Mirandol).

538 k. *Montvalent.* — La station, dominant de 80 m. la rive g. de la Dordogne, fait face au v. pittoresque de *Gluge* (*grotte* artificielle *de Taillefer*, XIVe s.), sur la rive dr., d'où l'on monte en 20 min. au *château de Mirandol*, au bord d'un escarpement (vue splendide). — On monte sur le *causse de Gramat*, plateau stérile dont la plupart des ruisseaux se perdent dans des gouffres appelés *cloups* ou *igues* (à dr., au bord de la voie, la *Roque de Corn* est un des plus remarquables).

549 k. **Rocamadour***, à 4 k. 5 sur la dr., dans une situation très pittoresque, est un des lieux de pèlerinage les plus anciens et les plus célèbres de la France, dont l'origine serait due à St Amadour (Ier s.). Quand on se rend de la station à Rocamadour (omnibus) on traverse un causse triste, uniforme; puis on arrive au ham. de *l'Hôpital* ou *l'Hospitalèt*, que signalent le clocher d'une *chapelle* ogivale et les débris (XIIIe s.) de l'ancien *hôpital Saint-Jean.* Deux voies relient l'Hôpital à Rocamadour : à dr., l'ancien chemin, caillouteux et rapide, qui passe sous une ancienne *porte* fortifiée; à g., une route de voit. qui, passant dans un tunnel, descend par une ample sinuosité vers l'Alzou, dominé par des rochers aux flancs desquels est accroché le bourg (maisons anciennes). Plus haut s'élèvent diverses églises et chapelles; enfin, au sommet, un *château*, ancienne citadelle, habité auj. par les chapelains de Rocamadour.

Après avoir passé sous deux portes fortifiées on se trouve au pied de l'escalier montant au sanctuaire, où l'on parvient par une entrée pratiquée dans le bâtiment fortifié dit le *Fort* ou *palais de l'Evêque de Tulle* (XIVe et XVe s.). L'église principale est divisée en deux étages : l'étage supérieur est *l'église Saint-Sauveur*, du style de transition (inscriptions rappelant des pèlerins illustres); l'étage inférieur est la *chapelle de Saint-Amadour* (1166). La *chapelle de la Vierge* (XVe s.; bel *autel* moderne), richement décorée de dorures, peintures et vitraux, contient une *madone* miraculeuse. La *chapelle de Saint-Michel* (peintures du XIIe s.) est séparée de celle de Notre-Dame par une terrasse où se trouve, creusé dans le roc, le *tombeau de St Amadour*; dans le mur est fiché un fac-similé de la fameuse *Durandal* que Roland, allant en Espagne, voua à Notre-Dame et qui fut portée à Rocamadour après le désastre de Roncevaux.

[Excurs. : — (3 h. env. aller et ret.) *Sources de l'Ouysse*; — (3 h.) *Saut de la Pucelle* et *moulin du Saut*; — (11 k. E.-N.-E.; voit. publique, 2 fr. 50 aller et ret.) Padirac, par (1 k.) le gouffre du *Réveillon* et (3 k.) *Alvignac* (source minérale de *Miers*). Le **Puits de Padirac** est un aven ou gouffre naturel qui a été exploré par les spéléologues Martel et Viré et aménagé ensuite par une société qui a établi un escalier permettant auj. de descendre commodément au fond du puits dont on visite en barque les galeries et salles souterraines parcourues par une rivière et éclairées à la lumière électrique (5 fr. par pers. si l'on est au moins 2; 10 fr. pour une pers. seule; restaurant); — (14 k. S.) **grottes de Lacave*** (à l'hôt. des Voyageurs de Rocamadour, serv. de voit., 3 fr. par pers. aller et ret.).]

Viaduc de 9 arches sur l'Alzou.

557 k. *Gramat* *, 3,023 hab. Aux environs, nombreux avens dont le principal est (4 k. S.) le *gouffre de Bède*. — 574 k. *Assier* (restes d'un *château* de la Renaissance, dont des débris ornent plusieurs maisons du village; ce château fut bâti par Galiot de Genouillac, grand-maître de l'artillerie sous François Ier, dont l'*église*, fondée par lui, renferme le *tombeau*).

580 k. *Le Pournel*. — On descend du causse de Gramat dans la vallée du Célé. — Tunnels de 761 m. et de 414 m.; viaduc de 20 arches sur le Drauzon; à g., château de *Saint-Dau* (XVe s.); pont sur le Célé.

593 k. **Figeac***, 5,861 hab., sur le Célé, est une ville très ancienne, la plus riche de la France en maisons des XIIIe et XIVe s. — De la gare l'*avenue Gambetta* conduit à un pont au delà duquel on voit à dr. une promenade où sont une *pyramide* élevée à la mémoire de l'égyptologue Champollion, né à Figeac (1790-1832), et l'**église Saint-Sauveur**, du XIe au XVIIe s.

Aux piliers séparant la nef du bas-côté dr., chapiteaux antérieurs à l'église actuelle; *fonts baptismaux* du XIIIe s.; bénitiers sur des chapiteaux corinthiens renversés; vaste salle à 3 nefs du XIIIe s., convertie en chapelle.

En face du pont on prend la *rue Gambetta*, dans laquelle la 1re ruelle à g. renferme l'*hôtel de Balène* (XIVe s.), transformé en *prison*, avec une salle longue de 24 m., large de 12 et haute de 10. La rue Gambetta aboutit sur la *place Carnot*, d'où la *rue Boutaric* monte à **Notre-Dame du Puy** (XIIe-XIVe s.; *retable* de 1696), près de laquelle se voient 6 arcatures (XIIIe s.) de l'ancien hôtel de ville.

A Arvant, par Aurillac, R. 38; — à Sévérac par Rodez, R. 40.

Tunnels de 1,290 m. et de 280 m.; on côtoie le Lot (belle vue, à dr.); tunnel de 554 m. sous le promontoire de Capdenac; pont sur le Lot.

598 k. **Capdenac*** Ⓑ, gare située sur la rive g. du Lot (Aveyron), à *Capdenac-Gare* (église et pèlerinage de *N.-D. des Voyageurs*). Sur la rive dr. (Lot) un promontoire abrupt porte le

vieux b. de *Capdenac*, jadis place forte (2 portes du XIVe s.; donjon; château de Sully; remparts des XIIIe et XIVe s.; *fontaine* dite *de César*, où l'on descend par 130 marches; volailles et pâtés truffés). Un canal percé dans la colline de Capdenac abrège la navigation du Lot.

A Cahors, V. p. 130; — à Sévérac par Rodez, R. 40.

On entre dans la vallée de la Diège. 3 tunnels.

607 k. *Naussac*. A 4 k. S.-E., curieux bourg féodal de *Peyrusse*. — A g., *château de la Roque* (XVe s.); plus loin de la voie, ancien château de *la Caze*.

612 k. *Salles-Courbatiers*. — A dr., vieux château de *Roussel*. Tunnel de 778 m.

618 k. *Villeneuve-d'Aveyron*, 3,036 hab., à 3 k. O. (*église* des XIIe et XIVe s.; deux *portes* fortifiées; *maisons* du XVe s.). — Ponts sur l'Algouze et sur l'Alzou, dont on suit la profonde vallée; 2 tunnels; pont sur l'Aveyron.

628 k. **Villefranche-de-Rouergue** *, 9,730 hab., V. très commerçante, au confl. de l'Aveyron (rive dr.) et de l'Alzou. — *Notre-Dame*, de 1260-1581 (boiseries du chœur, XVe s.). — Vieilles *maisons* : la plus belle, sur la place, est du XVe s. — *Fontaine* du XVIe s. décorée d'un *buste de Bories*, l'un des 4 Sergents de la Rochelle, né à Villefranche dans une maison qu'indique une plaque commémorative. — Sur la rive g. de l'Aveyron, ancienne **chartreuse** (XVe-XVIe s.), convertie en hospice; le grand cloître et ses cellules, le charmant *petit cloître* avec sa fontaine, l'église avec boiseries du XVe s., le réfectoire avec sa *chaire*, plusieurs autres salles et la chapelle extérieure datent du XVe s. Deux belles cheminées, dans la cour, proviennent des maisons de la ville.

Pont sur l'Aveyron; à g., sur un rocher percé d'une grotte, ruines de l'*église de la Madeleine* et plus loin *Morlhon* (*château* ruiné); pont sur l'Aveyron; à dr., château d'*Orlhonac* (XIIIe-XVIe s.).

638 k. *Monteils*. — On entre dans une gorge boisée qui suit les méandres de l'Aveyron : 9 ponts sur l'Aveyron et 9 tunnels.

645 k. **Najac** *, 1,660 hab., sur un promontoire dont le point culminant est occupé par les ruines d'un **château** du XIIIe s. appartenant à M. Cibiel. — *Eglise* du XIIIe s. — *Fontaine* en pierre, aux armes de Castille (1308). — *Maisons* anciennes. — Entre la ville et la station, *pont de la Frégeaire* (1288). — Jambons renommés.

Pont sur l'Aveyron; tunnel de 394 m. sous Najac; 3 autres tunnels et 3 ponts sur l'Aveyron.

655 k. *Laguépie*, au confl. de l'Aveyron et du Viaur (magnifiques gorges); en face de Laguépie, à *Saint-Martin*, ruines d'un *château* de la fin du XVIe s.

Pont sur l'Aveyron, qui coule dans un défilé rocheux; sur les coteaux de la rive dr., château de *Belpech* (XVe s.); à dr., *Varen* (église du XIe s.).

663 k. **Lexos** * Ⓑ, ham. près du confluent de l'Aveyron et du Cérou.

[**De Lexos à Montauban** (67 k.; 1 h. 45; 7 fr. 50, 5 fr. 05, 3 fr. 30). — On descend la vallée de l'Aveyron encaissée, de St-Antonin à Bruniquel, par de magnifiques

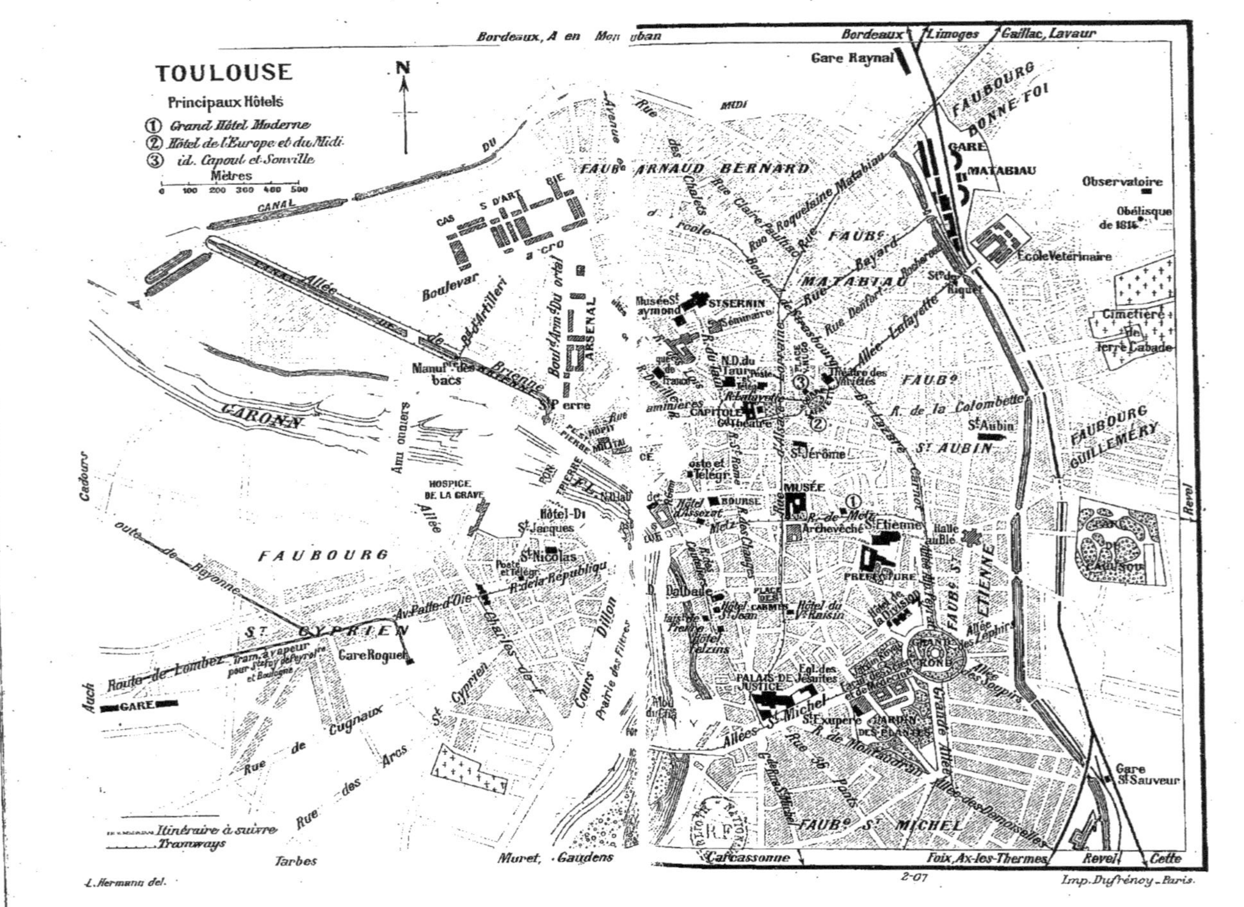
TOULOUSE
Principaux Hôtels
① Grand Hôtel Moderne
② Hôtel de l'Europe et du Midi
③ id. Capoul et Sonville
Mètres
0 100 200 300 400 500
N
Bordeaux
Limoges
Gaillac, Lavaur
Gare Raynal
FAUBOURG BONNE FOI
GARE MATABIAU
Observatoire
Obélisque de 1814
École Vétérinaire
Cimetière de Terre Cabade
FAUBG ARNAUD BERNARD
MATABIAU
Rue Bayard
Allée Lafayette
St SERNIN
Séminaire
N.D. du Taur
CAPITOLE
Théâtre des Variétés
FAUBG
R. de la Colombette
St Aubin
ST AUBIN
FAUBOURG GUILLEMERY
Revel
St Jérôme
MUSÉE
R. de Metz
St Étienne
Archevêché
Halle au Blé
PRÉFECTURE
FAUBG ST ETIENNE
Allée des Zéphirs
GRAND ROND
Allée des Soupirs
PALAIS DE JUSTICE
Égl. des Jésuites
St Exupère
JARDIN DES PLANTES
Grande Allée
R. de Montoulieu
Allées St Michel
FAUBG ST MICHEL
Allée des Demoiselles
Gare St Sauveur
Carcassonne
Foix, Ax-les-Thermes
Revel
Cette
2-07
Imp. Dufrénoy - Paris.
BOURSE
Hôtel d'Assezat
R. des Changes
Dalbade
Hôtel St Jean
Hôtel du Vieux Raisin
Hôtel Felzins
Hôtel-Dieu
St Jacques
St Nicolas
Poste et Télégr.
R. de la République
HOSPICE DE LA GRAVE
Allée
FAUBOURG
ST CYPRIEN
Av. Patte d'Oie
Cours Dillon
Prairie des Filtres
Gare Roguet
Route de Lombez
Tram à vapeur pour St Lys, Ste Foy de Peyrolières et Boulogne
GARE
Auch
Cadours
Route de Bayonne
Rue de Cugnaux
Rue des Arcs
Tarbes
Muret, St Gaudens
Itinéraire à suivre
Tramways
L. Hermann del.
CANAL
GARONNE
ARSENAL
Boulevard de Brienne
MIDI
Musée St Raymond
Bordeaux, Montauban

falaises calcaires. — 14 k. *Saint-Antonin**, 3,745 hab., sur la rive dr. de l'Aveyron (*pont*, XIIIe s.; *ancien hôtel de ville* roman, restauré; *maisons* anciennes). — 2 ponts sur l'Aveyron et 3 tunnels. — 27 k. *Penne*, sur un promontoire rocheux (ruines d'un *château* du XVe s.; site admirable). — Tunnel. — 34 k. *Bruniquel*, sur une falaise dominant le confl. de l'Aveyron et de la Vère (*château*, XIIe-XVIe s., restauré; maisons anciennes). — Pont sur la Vère. — 40 k. *Montricoux* (donjon et église du XIIIe s.). — 47 k. *Nègrepelisse*, 2,396 hab. — *Viaduc* sur le Tarn. — 67 k. Montauban (R. 18).]

Pittoresque vallée du Cérou; tunnel. — 675 k. *Vindrac.*

[Corresp. pour (6 k. E.; 50 c.) *Cordes*, 1,798 hab., bastide ou ville neuve fondée en 1222 par Raymond VII, comte de Toulouse, et très pittoresquement située au sommet d'une colline conique (anciens *remparts*; *maisons* des XIIIe et XIVe s.).]

2 viaducs; tunnel de 1,504 m. 683 k. *Donnazac.* — Pont sur la Vère. — 687 k. *Cahuzac.* — Tunnel de 776 m.; à dr., château de *Mauriac* (XVe s.); à g., vieux château de *la Bonnette.*

694 k. **Tessonnières** Ⓑ.

[**De Tessonnières à Albi** (17 k. 25 min.; 1 fr. 90, 1 fr. 30, 85 c.). — Vallée du Tarn. — 6 k. *Labastide-de-Lévis.* — Pont sur le Tarn. — 12 k. *Terssac* (à 2 k. 5 N., *Castelnau-de-Lévis*: ruines d'un *château* des XIIIe et XVe s.). — 17 k. Albi (R. 45).]

698 k. **Gaillac***, 7,672 hab., sur la rive dr. du Tarn (pont suspendu). — *Eglises Saint-Pierre* (cloche de 1499) et *Saint-Michel* (bénitier roman; autel curieux), offrant le mélange du style roman et du style ogival du XIVe s. — *Tour de Palmata*, du XIIIe s. (*peintures* murales). — *Maisons* des XVe et XVIe s. — *Fontaine du Griffon* (XVe s.). — *Statue* du général *d'Hautpoul.* — *Viaduc* en briques de 5 arches, sur un ravin, reliant la ville au faub. de Saint-Jean. — Beau *parc d'Huteau.* — Vins blancs renommés.

703 k. *Lisle-sur-Tarn**, 3,883 h., bastide du XIIIe s., sur la rive dr. du Tarn (pont suspendu; *église* du XIVe s.). — Viaduc de 8 arches sur le Tarn.

715 k. *Rabastens**, 4,593 hab., sur la berge escarpée de la rive dr. du Tarn (pont suspendu), à laquelle est accroché le vieux *château de la Castagne.* — **Eglise** des XIIIe et XIVe s. (clocher fortifié; *portail* roman; *fresques* des XIVe et XVe s., restaurées).

Pont sur l'Agout, dont on voit à dr. le confl. avec le Tarn.

721 k. *Saint-Sulpice-de-la-Pointe** Ⓑ, où la ligne de Toulouse croise celle de Montauban à Castres (R. 43). — *Château* ruiné. — A l'*église*, imposante façade du XIVe s. — Sur la rive dr. du Tarn, *château* féodal *de Mézens.*

On quitte le Tarn; tunnel de 635 m. — 727 k. *Roqueserière.* — 732 k. *Montastruc*, 998 hab. — On franchit le Girou. — 736 k. *Gragnague.* — Tunnel de 910 m. — 744 k. *Montrabé.* — On franchit la Sausse et l'Hers.

752 k. **Toulouse** Ⓑ*, l'antique *Tolosa* des Tectosages, autrefois capitale du Languedoc, auj. ch.-l. du départ. de la Haute-Garonne, siège d'un archevêché, est une V. de 149,841 hab., située entre la rive dr. de la Garonne et le canal du Midi, dans une plaine, à 134 m. d'alt. Elle est réunie à son principal

faubourg, *Saint-Cyprien*, par 3 ponts, dont le plus remarquable est le **Pont-Neuf** (7 arches), commencé sous Henri IV et terminé en 1726. Les faub. sont dominés par les hauteurs de la *Colonne* (*pyramide* commémorative de la bataille de 1814; *Observatoire*).

En face de la gare principale, située au faubourg Matabiau, on trouve deux lignes d'omnibus conduisant l'une par la *rue Bayard* et la *rue d'Alsace-Lorraine* au musée, l'autre par les *allées Lafayette* (*école vétérinaire; statue de Riquet*) et la *place Lafayette*, décorée d'un square, à la **place du Capitole**, le centre des plaisirs et des affaires. Cette place est bordée à l'E. par le **Capitole** ou palais municipal, à double façade, l'une, sur la place, bâtie de 1730 à 1753 (au pavillon de dr., le *Grand-Théâtre*, avec bustes et peintures), l'autre, au revers, sur un square, exécutée de 1882 à 1888; cette façade postérieure est en partie masquée par un *donjon* du XVIe s., restauré par Viollet-le-Duc. Au 1er étage est la *salle des Illustres*, renouvelée récemment avec le concours des grands artistes nés ou formés à Toulouse, tels que Mercié, Marqueste, J.-P. Laurens, Debat-Ponsan, etc.

Prenant, à l'angle N.-O. de la place, la *rue du Taur*, on trouve à dr. l'église *Notre-Dame du Taur*, du XIVe s. (clocher bizarre; aux côtés du portail, statues dites de Rieux : *V. Musée*; madone vénérée), le *grand séminaire* (dans la chap., *peintures* de Despax, XVIIIe s., relatives principalement aux *Vies d'Elie* et *d'Elisée*); à g., la *porte du séminaire de l'Esquile*, dessinée par Nicolas Bachelier, et l'on arrive à Saint-Sernin.

L'église **Saint-Sernin**, que précède du côté de la rue du Taur une avant-porte de la plus belle Renaissance, bâtie sur le tombeau du premier apôtre de Toulouse et restaurée de nos jours par Viollet-le-Duc, date dans son état actuel et dans son ensemble de 1080 à 1200 env. C'est la plus grande et la plus complète des églises romanes de France : quintuple nef, bas-côtés simples pourtournant le transept et le chœur, absidioles aux croisillons et au chœur, tribunes, crypte, clocher central octogonal à 5 étages (haut de 65 m.); 115 m. de long., 64 de larg. au transept, 32 m. 50 à la nef, 21 m. 11 de haut. sous voûte. La *porte Miégeville*, au S. de la nef, offre des sculptures remarquables. Les *portes* du croisillon S. sont dites *des Comtes* parce que dans un enfeu, à g., dans 4 sarcophages dont 2 gallo-romains, ont reposé des membres de la famille des comtes de Toulouse (XIIe s.). Saint-Sernin doit aux reliques nombreuses et insignes (conservées dans la crypte; rétribution, 25 c.) qu'elle possède d'être un des lieux de pèlerinage les plus célèbres du monde catholique.

A l'int. : *stalles* de la Renaissance; aux gros piliers de la croisée, *peintures* de la fin du XVIe s.; derrière le maître autel, *tombeau* (XVIIIe s.) de St Saturnin; dans le déambulatoire, *tête de Christ*, à l'une des portes des cryptes, et sculptures du XIe s. au-dessous d'un tableau (Ste-Famille) de Corrège (?); ex-voto de 1528, modèle de l'abbaye de Saint-Sernin avec le donjon du Capitole.

En sortant de Saint-Sernin par l'O. on a en face de soi le *musée Saint-Raymond*, ouvert le dimanche et le jeudi de midi à 4 ou 5 h. suivant la saison; il est installé dans un ancien collège, construit dans le style gothique vers 1510 et restauré par Viollet-le-Duc.

Revenu à la place du Capitole, on prendra la *rue Gambetta*, sur laquelle donne, à dr., le *lycée*, qui comprend dans ses dépendances l'ancien *hôtel Bernuy* (XVIe s.; pénétrer dans la première cour, qui est un chef-d'œuvre) et (s'adresser au concierge du petit lycée, rue Lakanal) les restes du **couvent des Jacobins** (*peintures* du XIVe s.), dont l'*église* (XIIIe s.), à 2 nefs égales, est le plus beau type de l'art ogival toulousain. — On continue (à g.) par la *rue Peyrolières*, où l'on trouve, n° 29, un couloir conduisant à *Notre-Dame la Daurade*, du XVIIIe s. (madone vénérée; tombeau du poète Goudelin; tableaux de Roques). En sortant de l'église par la façade principale, sur le quai, on peut voir les anciens bâtiments de l'abbaye de la Daurade (XVIIIe s.), récemment remaniés pour recevoir l'*école des beaux-arts*.

La rue Peyrolières débouche sur la rue de Metz, où l'on peut faire quelques pas à g. pour visiter l'**hôtel d'Assézat**, la merveille de la Renaissance toulousaine. — Traversant la rue de Metz, on trouve, en face de la rue Peyrolières, la *rue des Couteliers*, que continue la *rue de la Dalbade*, sur laquelle s'échelonnent l'église *N.-D. la Dalbade*, ample vaisseau en style gothique du XVIe s. (*clocher* en partie moderne avec flèche, 84 m.; peintures de Despax, Roques et Cammas), l'*hôtel Saint-Jean*, de l'époque Louis XV, la **Maison de Pierre** (n° 25), bâtie de 1538 à 1550, et (n° 22) l'*hôtel Felzins*. En face de la maison de Pierre une rue conduit à la *place des Carmes*, dont on longe le côté S. pour aller voir l'*hôtel du Vieux-Raisin*, du XVIe s. De là, par la *rue des Chapeliers*, la *place Rouaix* et la *rue d'Alsace-Lorraine*, on atteindra le musée.

Le **Musée**, ouvert au public le dimanche et le jeudi de midi à 4 ou 5 h. suivant la saison, tous les jours aux étrangers, est installé en partie dans un édifice moderne, œuvre posthume de Viollet-le-Duc, partie dans ce qui reste du *couvent des Augustins*, reconstruit, après un incendie, de 1460 à 1504 (église à nef unique, *grand cloître* du XVe s., *petit cloître* de 1626, salles voûtées).

Antiquité. — Têtes, bustes, statues d'empereurs romains, buste d'Ariane en marbres de deux couleurs, *tête de Diane* ou de Vénus, bas-reliefs figurant les *Travaux d'Hercule* et fragments divers, le tout provenant des **fouilles de Martres-Tolosanes.** — **Autels votifs.** — Epitaphe de Nymphius (IVe s.). — Sarcophages païens et chrétiens, etc.

Moyen âge et Renaissance. — **Sculptures romanes**, particulièrement chapiteaux des cloîtres de Saint-Étienne, de la Daurade et de Saint-Sernin. — **Statues de Rieux**, provenant d'une chap. bâtie par un évêque de Rieux aux Cordeliers vers 340. — Tombeaux, épitaphes, bas-reliefs, médaillons, de la Renaissance.

Sculpture moderne. — *Falguière.*

Ste Germaine. — *Fr. Lucas.* Louis XVI. Génie funèbre. — **Pradier.** **Chloris.** — *Puget.* Jeux d'enfants. — *Renoir.* Horace enfant. — *Buda.* Albert de Luynes.

Peinture. — ÉCOLES ITALIENNES. — **Le Caravage. Martyre de St André.** — *Guardi.* Cérémonie du Bucentaure (épisode du mariage du doge avec la mer). — **Le Guerchin. Martyre des Sts Jean et Paul.** Les Saints protecteurs de Modène. — **Le Guide. Apollon écorchant Marsyas.** Le Christ portant sa Croix. — **Le Pérugin. St Jean-Baptiste et St Augustin,** fragment d'un triptyque dont les autres parties sont au musée de Lyon. — *Procaccini.* Mariage mystique de Ste Catherine. — *Raphaël* (ou *Jules Romain?*). Tête de femme. — *Rosselli.* Judith. — *Solimena.* Jeune femme.

ÉCOLE ESPAGNOLE. — **Murillo. St Diego en extase.**

ÉCOLES FLAMANDE, ALLEMANDE ET HOLLANDAISE. — *Bloemen.* Un manège. Circé. Trompette à cheval. Maréchal ferrant. — *Breughel (de Velours).* Paysages. — *Crayer.* Job. — *Van Dyck.* Miracle de St Antoine de Padoue. Le Christ aux Anges. — *A. Janssens.* Couronnement d'épines. — *Jordaens.* Naïade et fleuve. — *Gérard de Lairesse.* Jésus crucifié. Conversion de St Paul. — *Van der Meulen.* Louis XIV devant Cambrai. — *Mirevelt.* Portrait d'homme. — *Poorter.* Lucrèce et ses femmes. — **Rubens. Le Christ entre les deux larrons.** — *Ph. de Champaigne.* La Vierge intercédant pour les âmes du purgatoire. Jésus descendu de la Croix. Le Crucifiement. L'Annonciation. Louis XIII donnant le collier de l'ordre du Saint-Esprit.

ÉCOLE FRANÇAISE. — *Fr. Bertrand* (peintre toulousain, fondateur du musée). L'abbé Bertrand. — *Bisson.* Gibier. — *Bon Boullongne.* Départ des Tectosages. — *Séb. Bourdon.* Martyre de St André. — *Brascassat.* La Sorcière. — *Chalette.* Les huit Capitouls ou magistrats municipaux de Toulouse. — *Coignet.* Ruines de Balbeck. — *Th. Couture.* La Soif de l'or. — *E. Delacroix.* Muley-Abder-Rahmann, sultan du Maroc. — *Despax.* Jésus chez Simon le Pharisien. Sibylle de Cumes. David jouant de la harpe. — *Diaz.* Nymphes et Amours. — *Duveau.* Abdication du doge Foscari. — *J. Garipuy.* Défaite des Ambro-Teutons. — *Gérard.* Louis XVIII. — *Gérôme.* Anacréon, Bacchus et l'Amour. — *A. Giroux.* Les Grottes de Cervara, près de Rome. — *Glaize.* La Mort du Précurseur. — *Gros.* Hercule et Diomède. L'Amour, piqué par une abeille, se plaint à Vénus. Portrait de Mme Gros. Portrait du peintre. — *Hédouin.* Femmes de la vallée d'Ossau. — *Ingres.* La Lecture de Virgile devant Auguste et Livie. — *E. Isabey.* Port de Boulogne. — *Jouvenet.* Fondation d'une ville par les Tectosages. Descente de croix. — *Lafosse.* Présentation de la Vierge au Temple. — *Lagrenée.* Coriolan. — *Largillière.* Portraits. — *Mme Lebrun.* Son portrait. — *Le Moyne.* Apothéose d'Hercule (esquisse). — *Lesueur.* Sacrifice de Manué. — *Luminais.* Chevaux à l'abreuvoir. — *P. Mignard.* Ecce homo. — *Monnoyer.* Fleurs. — *Ch. Natoire.* Henri de Montmorency décapité à Toulouse en 1632. — *Oudry.* Chasse au cerf. — *N. Poussin.* St Jean-Baptiste. — *Restout.* Diogène demande l'aumône à une statue. Philémon et Baucis. — *Rigaud.* Portraits de Philippe d'Orléans, de Racine et de Dupuy-Dugrez. — *Rivalz.* Fondation de la ville d'Ancyre par les Tectosages. Son portrait. — *Roques* (de Toulouse). Portrait de sa mère. Bergers de la vallée de Campan. — *Stella.* Mariage de la Vierge. — *Subleyras.* Sacre de Louis XV. — *Tournemine.* Paysage (Asie Mineure). — *Tournier* (de Toulouse). Le Christ descendu de la Croix. Le Christ au tombeau. — *Valentin.* Judith. — *Verlat.* Buffle surpris par un tigre. — *Cl. Vignon.* Ste Cécile. — *Vouet.* Invention de la Ste Croix. Serpent d'airain.

Tournant à g. au sortir du musée et croisant la rue de Metz, on revient à la place Rouaix, et, contournant à g. l'*archevêché*

(XVIIIe s.), on s'engage dans la *rue Croix-Baragnon* (à dr., au n° 15, *maison* du XIIIe s.), suivie de la *rue Saint-Etienne* et de la *place Saint-Etienne* (fontaine de 1720), sur laquelle se trouvent la *Préfecture*, anc. archevêché (XVIIIe s.), et la **cathédrale Saint-Etienne**, assemblage disgracieux de deux églises inachevées, qui, si elles étaient complètes, formeraient chacune un fort beau monument. La façade, composée d'un portail de la fin du XVe s., d'une rose du XIIIe s. et d'une haute tour du XVIe, précède une nef du commenc. du XIIIe s., remarquable par sa largeur (22 m.) et la hardiesse de ses voûtes; le chœur, commencé en 1272, dans le style des cathédrales du Nord, fut terminé seulement au XVIIe s.

A l'int. : tableaux de Despax, Rivals, Roques, Baulier; grand retable du chœur, avec statues par Gervais Drouet et Marc-Acis; tombeaux; *grille* du chœur (1767); verrières.

Après avoir contourné la cathédrale de l'O. à l'E. on suit un instant les boulevards à dr. si l'on veut voir les trois principales promenades de la ville, réunies au même point : le *Grand-Rond* (*Velléda*, statue en marbre par Marqueste), le *jardin Royal* et le *jardin des plantes* (*monument* du poète *Armand Sylvestre*, par Théodore Rivière; monticule avec labyrinthe; fontaine avec *Naïade* par Laporte; porte de l'ancien Capitole sculptée par Bachelier; fenêtres romanes provenant du château Narbonnais, successivement résidence des gouverneurs romains, des rois visigoths, des rois et des ducs d'Aquitaine, puis siège du parlement), auquel sont attenants le *muséum*, la *faculté des sciences* et la *faculté de médecine*.

Suivant l'*allée Saint-Michel* vers la Garonne, on laisse à g. l'*église Saint-Michel* ou *Saint-Exupère* (XVIIIe s.); à la *place Saint-Michel*, extrémité de l'allée, on contourne à dr. une partie du *palais de justice* (*boiseries* du XVIIIe s.), qui a remplacé le château Narbonnais, pour en trouver l'entrée principale en face d'une *statue* de Cujas. Du Grand-Rond ou de la place Saint-Michel des omnibus conduisent soit aux allées Lafayette, soit au Capitole.

Au cimetière on remarque le *monument* du compositeur *Louis Deffès*, par Curvale et Fabre.

Les principaux établissements industriels sont la *manufacture nationale des tabacs* (1,500 ouvriers), l'usine d'électricité, les minoteries du *Bazacle* et des ateliers de constructions mécaniques. La charcuterie, les pâtés de foie gras et la pâtisserie de Toulouse maintiennent leur vieille réputation. Cette ville fait un grand commerce de primeurs, grains, céréales, de fleurs particulièrement de violettes, de vins, de mulets; ses marchés sont très fréquentés par les Espagnols.

[**De Toulouse à Boulogne-sur-Gesse** (98 k. [diligence] 4 h. 15 à 5 h.; 7 fr. 55 et 5 fr. 55). — On remonte la vallée du Touch. — 12 k. *Plaisance*, bastide du XIIIe s. (clocher du XIVe s.). — 18 k. *Fonsorbes*, d'où un embranch. conduit à (6 k.) *Saint-Lys*, 1,283 hab., bastide du XIIIe ou du XIVe s., et à (9 k.) *Sainte-Foy-de-Peyrolières* (clocher du XVe s.). — La voie s'engage dans la vallée du Rieutort. — 35 k. *Rieumes*, 2,029 hab. — 58 k. *Samatan*, 2,252 hab., au bord de la Save. — 60 k. *Lombez* *, ch.-l. d'arr. de 1,458 hab. Anc. *cathédrale Sainte-Marie*, du XIVe s., en briques; clocher octogonal à 5 étages; vitraux du XVe s.; fonts baptismaux en plomb du XIIIe s. Anc. palais épiscopal (XVIIIe s.), auj. *sous-préfecture*. — 73 k. *L'Isle-en-Dodon*, 2,339 hab., sur la Save. *Eglise* avec chœur fortifié du XIVe s., clocher octogonal du XVe s. et 3 verrières du XVIe. — La voie gagne la vallée de la Gesse et franchit le ravin des *Coucuts* sur un beau *viaduc* de 8 arches, avant de s'élever sur le plateau de Boulogne. — 98 k. *Boulogne-sur-Gesse**, 1,898 hab., bastide du XIIIe s. *Eglise* du XVe s. avec un énorme clocher formant porche; chaire en pierre de XVe s.

De Toulouse à Cadours (48 k. 🚂 en 2 h. 35; 4 fr. 45 et 2 fr. 95). — 25 k. *Grenade-sur-Garonne*, 3,599 hab., sur la rive dr. de la Save, anc. bastide régulière fondée en 1290. *Clocher* octogonal du XVe s.; *halles* en bois du XVIIIe s. — 48 k. *Cadours*, 802 hab.]

De Toulouse à Saint-Sulpice-sur-Lèze (41 k. 🚂 2 h. 15 et 2 h. 25; 3 fr. 15 et 2 fr. 30). — 11 k. *Cugnaux*. — 16 k. *Seysses* (belle *église* de la fin du XVIIIe s.). — 20 k. Muret (V. p. 153). — On gagne la vallée de la Lèze. — 29 k. *Lagardelle* (clocher du XVe s.). — 33 k. *Beaumont-sur-Lèze* (clocher en brique du XIVe s.). — 41 k. *Saint-Sulpice-sur-Lèze*, 1,125 hab. (belle flèche dentelée du XVe s.).

De Toulouse à Revel (53 k. 🚂 50 min. à 1 h.; 4 fr. 10 et 3 fr.). — 20 k. *Lanta*, 1,326 hab. — 29 k. *Caraman*, 1,818 hab. : ⚔ sur *Loubens*. — 36 k. *Auriac*, 1,359 hab. — 53 k. Revel (V. R. 45).]

De Toulouse à Montauban, Agen, Marmande et Bordeaux, R. 18; — à Auch, R. 29; — à Bagnères-de-Luchon, R. 30; — à Pamiers, Foix et Ax, R. 31; — à Castelnaudary, Carcassonne, Narbonne, Béziers et Cette, R. 44.

ROUTE 20

DE PARIS A BAYONNE ET A IRUN

588 k. de Paris à Bordeaux (R. 12).

DE BORDEAUX A BAYONNE

198 k. — 🚂 en 3 h. 10 à 5 h. suivant les trains. — 22 fr. 20; 14 fr. 95; 9 fr. 75.

A g., ligne de Cette; à dr., vignoble (1er grand cru) du *Château Haut-Brion*. — 6 k. *Pessac* (tram électrique pour Bordeaux), 4,239 hab., où de nombreux restaurants attirent les dimanches de l'été la foule des promeneurs bordelais. — A g., vignes du pape Clément.

11 k. *Gazinet*. — On entre dans les **Landes**, plaines boisées, en partie marécageuses, immense plateau, long de 130 k., entre le Médoc et l'Adour. Le chemin de fer est bordé presque sans interruption de bois de pins à travers lesquels il court en ligne droite sur un très long trajet. — 15 k. *Toctoucau*.

18 k. *Pierroton*. — 23 k. *Croix-d'Hins*. — 27 k. *Marcheprime*. — 33 k. *Canauley*.

37 k. *Facture* (scieries et résineries), d'où partent les 🚂 de Lesparre et de Luxey.

[**De Facture à Luxey** (72 k., en 3 h. 40, avec 1 h. d'arrêt à Hostens). — 5 k. *Mios* (usines), dans la vallée de la Leyre. — 12 k. *Salles*, 3,866 hab. (château), dans une région fertile et riante. — Viaduc métallique sur une profonde vallée. — 22 k. *Belin-Béliet*. A 500 m. S., *Belin*, 1,694 hab. (motte féodale), b. commerçant, près

DE MONTAUBAN À PERPIGNAN _ LES PYRÉNÉES

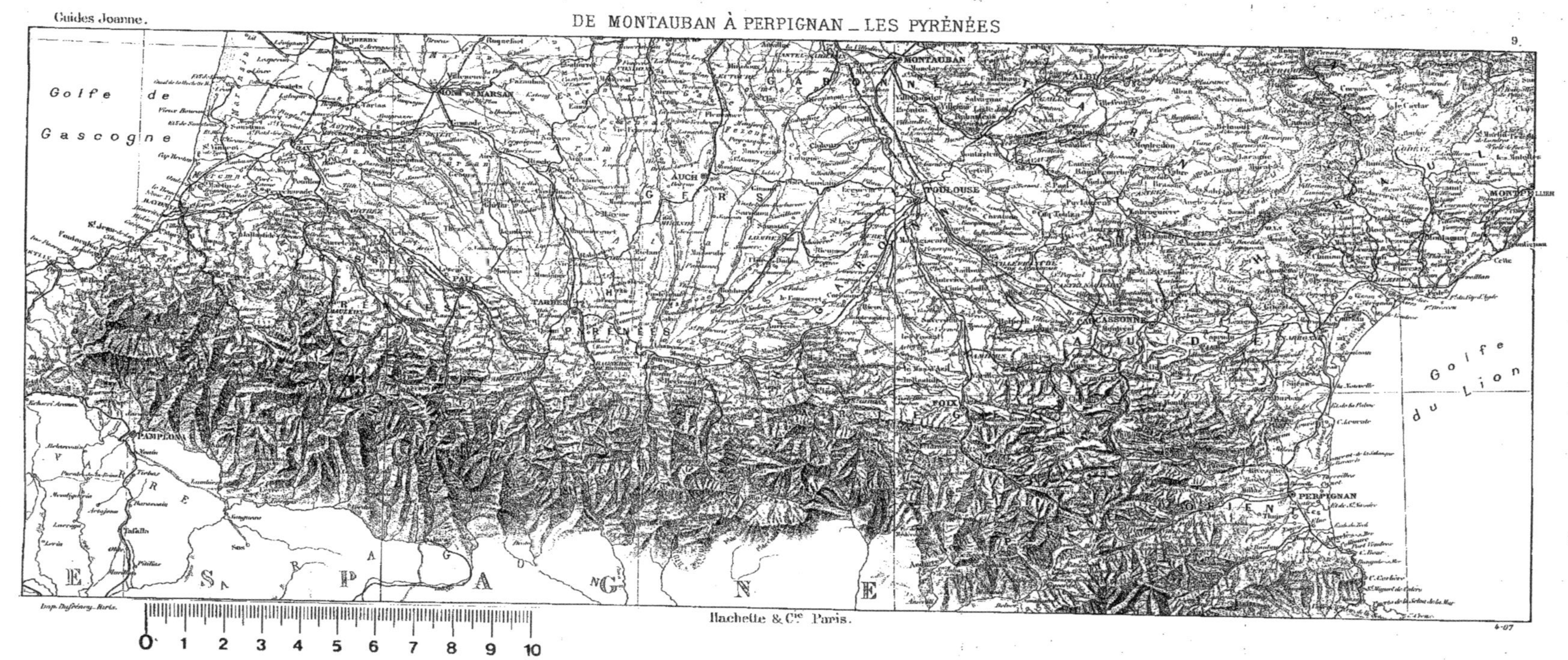

Imp. Dufrénoy, Paris.

Hachette & Cie Paris.

4-07

de la rive dr. de la Leyre, dont la descente en barque jusqu'à Lamothe est à recommander. — 34 k. *Hostens*, où se détache au N. la ligne de Beautiran (R. 18, p. 117). — 50 k. *Saint-Symphorien*, 2,125 hab., sur la Hure (à g., ch. de fer pour Langon; R. 18, p. 118). — 63 k. *Sore*, 1,927 hab., près de la Petite-Leyre (*église* du XIIe s.; porte et autres restes des remparts). — Pont sur la Petite-Leyre. — 72 k. *Luxey* *, charmant v. avec des voies amples, régulières, ouvertes en plein bois et bordées de maisons proprettes). De Luxey à Mont-de-Marsan, *V.* p. 167.]

De Facture à Lacanau et Lesparre, R. 9, p. 71.

Pont sur la Leyre.

40 k. *Lamothe*, d'où part à dr. l'embranch. d'Arcachon (R. 21).

52 k. *Caudos*. — 63 k. *Lugos*.

76 k. *Ychoux*, ⚔ : — 1° sur (22 k., en 40 min. à 1 h.; 2 fr. 25 et 1 fr. 35) *Pissos*, 1,698 hab., et *Mousley*; — 2° sur (21 k. en 40 min. et 1 h.; 2 fr. 15 et 1 fr. 30) *Parentis-en-Born*, 2,075 hab., et *Biscarrosse* (anc. *château* des seigneurs du pays de Born; *étang* de 3,500 hect.), séjour de promenade, de chasse et de pêche d'où l'on excursionne dans la forêt ou *Montagne de Biscarrosse* (900 hect.), qu'une route de 10 k. relie à *Biscarrosse-Plage*.

89 k. *Labouheyre* (église du XVe s.; usines métallurgiques).

[🚌 pour (19 k.; traj. en 48 min.; 1 fr. 95 et 1 fr. 15) *Sabres*, 2,510 hab., et pour (28 k.; traj. en 1 h. 24; 1 fr. 90 et 1 fr. 75) **Mimizan**, 2,413 hab., sur le Courant de Mimizan (belle *église* moderne; *porche*, XIIe s., reste de l'église d'une anc. abbaye de Bénédictins; pyramides du XIIIe s. qui marquaient au moyen âge les « limites de sauveté » du monastère), par (17 k.) *Pontenx-les-Forges* (fontaine de *Bourricos*, pèlerinage; à 8 k. N.-O., *plage de Sainte-Eulalie*). — A l'embouchure du Courant, à 4 k. S.-O. de Mimizan, *Mimizan-Plage* (hôtels), station de bains de mer fréquentée.]

97 k. *Solférino*.

109 k. **Morcenx** Ⓑ, qu'un ⚔ (23 k.; traj. en 1 h. 14; 2 fr. 35 et 1 fr. 40) relie, par *Sindères*, à *Mézos*, 1,561 hab., et à (30 k.; 2 fr. 35 et 1 fr. 40) *Uza* (forges), d'où une route de 14 k. mène à *Contis-les-Bains*, ham. d'été et station balnéaire (bon hôtel), dominé par un phare haut de 38 m.

A Mont-de-Marsan, Tarbes et Bagnères-de-Bigorre, R. 28.

123 k. *Rion*. — 134 k. *Laluque*, qu'un 🚌 (14 k. en 47 min.; 1 fr. 45 et 85 c.) relie à *Tartas*, 3,039 hab., antique capitale des *Tarusates*, sur la Midouze (*église* moderne, style du XIIIe s.; *musée* à l'hôtel de ville). Un autre embranch. (27 k.; traj. en 1 h. 15; 2 fr. 80 et 1 fr. 65) dessert *Linxe* et (18 k.) *Castets*, 1,721 hab. (source de Saint-Roch). La station de Linxe dessert (9 k. S.-O.) Léon (*V.* p. 143).

[A 7 k. 9 S.-E. de Laluque (omnibus, 1 fr.), établissement des bains de *Préchacq* *, entouré d'un admirable parc ou forêt de vieux chênes s'étendant jusqu'à l'Adour; eaux sulfatées calciques (58°); boues végéto-minérales.]

140 k. *Monastère de Buglose* (pèlerinage de Notre-Dame). — 141 k. Station de *Buglose*. — 144 k. *Berceau de Saint-Vincent de Paul*, halte où l'on peut descendre pour aller voir, à g., la *maison* (auj. chapelle) où St Vincent naquit en 1576, le *chêne* sous lequel, pâtre dans son enfance, il conduisait son troupeau, et une *église* (reliques du saint) richement décorée, au-

près de laquelle sont groupés divers établissements de bienfaisance ou d'enseignement. — On descend dans la vallée de l'Adour.

148 k. **Dax** *, 10,709 hab., sur la rive g. de l'Adour, à 1 k. de la gare, V. principale des Landes, station thermale et ville d'hiver, sur la rive g. de l'Adour (pont de 5 arches en pierre). La **Fontaine chaude** jaillit dans un bassin de 344 m. de surface et débite en 24 h. 2,450 m. cubes d'eau (65°) employée en bains, douches et boisson, ainsi que d'autres sources, dans plusieurs établissements dont les principaux sont : les **Thermes salins** (adossés à un **Casino** monumental avec jardin), affectés à la balnéation saline et thermale par l'association des eaux de la Fontaine chaude avec les eaux salées et les eaux mères des salines de Saint-Pandelon ; les **Grands-Thermes** et **l'établissement des Baignots.** Aux sources se rattachent des « boues », utilisées comme agent thérapeutique dès l'époque romaine. — *Cathédrale* moderne avec *portail* du XIIe s. — *Eglise Saint-Vincent-de-Xaintes*, avec tombeau du premier évêque de Dax et mosaïque antique. — Devant l'*hôtel de ville* (*musée*), ancien évêché, *statue* (par Aubé) *de J.-C. de Borda*, marin et savant. — *Promenade des* anc. *remparts*. — *Tour de Borda*, observatoire (belle vue). — A 25 ou 30 min. en aval, sur la rive dr. de l'Adour, *Chêne* phénoménal *de Quillacq*.

[A l'O., rive g. de l'Adour, promenade du *bois de Boulogne*. — A 1,500 m. N., *église de Saint-Paul-lès-Dax*, offrant une magnifique abside romane. — A 7 k. S.-O., établissement thermal de *Tercis* (source chlorurée sodique sulfureuse, 37°,5).

De Dax à Mont-de-Marsan (65 k. en 2 h.; 7 fr. 30, 4 fr. 90, 3 fr. 20; se placer à dr. pour la vue sur les Pyrénées). — 4 k. *Peyrouton*; à dr. ligne de Pau. — La voie s'élève sur les collines de la *Chalosse*. — 15 k. *Hinx-sur-Adour* (château du XIIIe s.). — 19 k. *Gamarde* (belle *église* moderne; dans la vallée du Louts, petits établiss. de bains du *Buccuron* et de *Sainte-Marie*, avec 2 sources sulfureuses froides). — 23 k. *Montfort-en-Chalosse*, 1,421 hab., bastide du XIVe s. (église avec nef fortifiée du XVe s. et chœur roman orné de sculptures; au-dessus de la maison Dupaya, qui renferme un musée, belvédère d'où l'on jouit d'une vue admirable). — Petit tunnel. — 33 k. *Mugron*, 1,918 hab. (*église* moderne; *buste de* l'économiste *Frédéric Bastiat*; à 5 k., *château* Renaissance de *Poyanne*, avec parc dans lequel est une charmille de lauriers plantée par Henri IV). — La voie atteint son point culminant (99 m.), puis descend pour croiser le Gabas.

48 k. **Saint-Sever** *, 4,769 hab., sur un promontoire de 65 m. dominant les plaines de l'Adour et du Gabas. — *Église* du XIIe s., remaniée au XVe (chœur à 7 absides; porte romane moderne), qui dépendait d'un monastère dont les bâtiments (XVIIIe s.) sont occupés par l'*hôtel de ville*. Derrière l'église, sur la *place des Platanes* (colonne à la mémoire du général Lamarque), s'ouvre la *rue Lamarque*, où l'on rencontre notamment l'ancien *couvent des Carmes* transformé en école d'agriculture (chap. du XVe s.). — *Promenade de Morlane* (117 m. d'alt.; vue magnifique; *statue* du général *Lamarque*, par Soulès).

65 k. Mont-de-Marsan (R. 28).]

De Dax à Pau, Oloron, aux Eaux-Bonnes et aux Eaux-Chaudes, R. 25; — à Lourdes et Cauterets, R. 26; — à Luz, Saint-Sauveur et Barèges, R. 28.

154 k. *Mées*. · 158 k. *Rivière*.

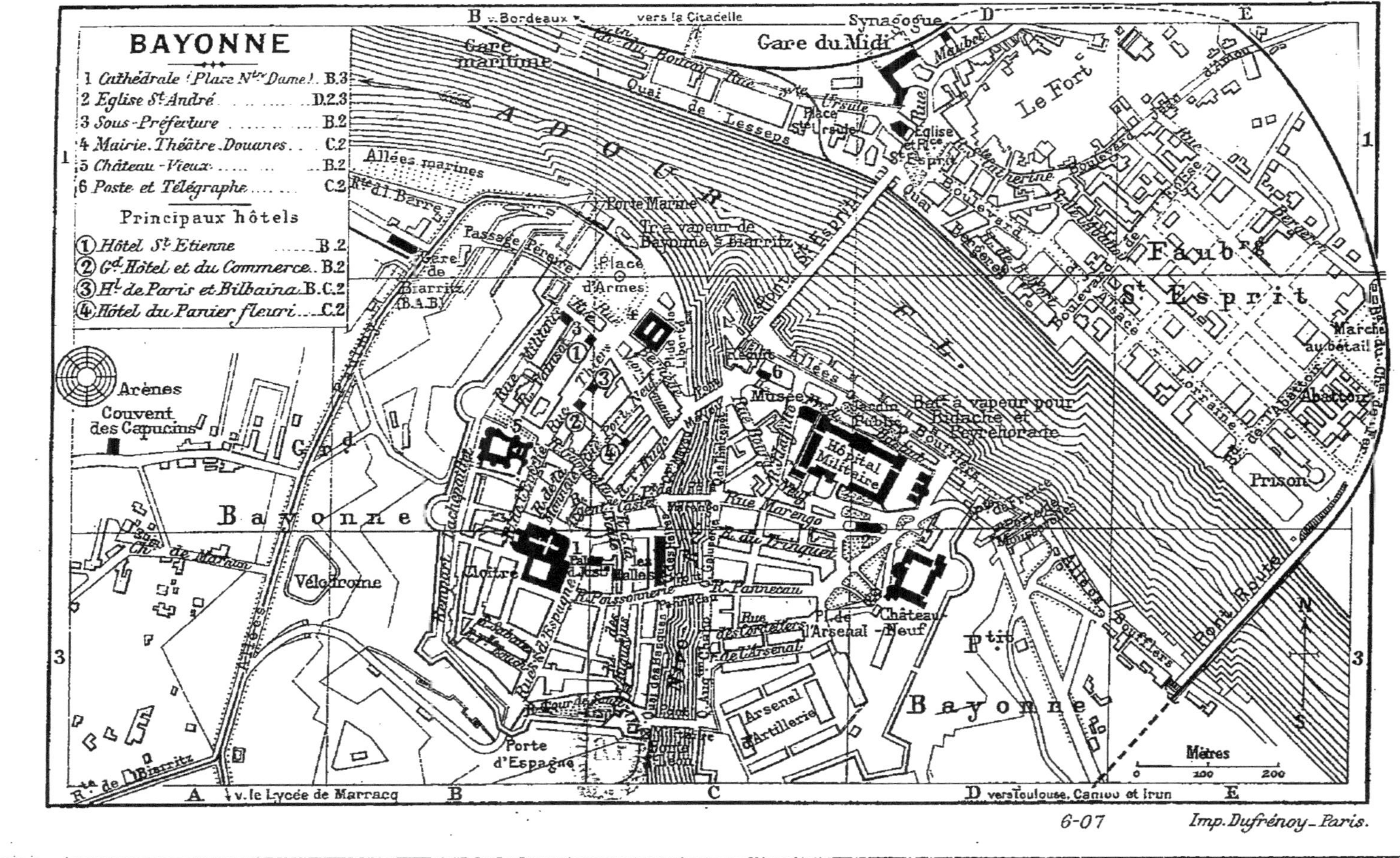

BAYONNE
1 Cathédrale (Place Nᵗʳᵉ Dame) B.3
2 Eglise Sᵗ André D.2.3
3 Sous-Préfecture B.2
4 Mairie. Théâtre. Douanes C.2
5 Château-Vieux B.2
6 Poste et Télégraphe C.2
Principaux hôtels
① Hôtel Sᵗ Etienne B.2
② Gᵈ Hôtel et du Commerce B.2
③ Hˡ de Paris et Bilbaina B.C.2
④ Hôtel du Panier fleuri C.2
v. Bordeaux
vers la Citadelle
Synagogue
Gare du Midi
Gare maritime
Quai de Lesseps
A D O U R
Le Fort
Eglise Sᵗ Esprit
Place Sᵗ Ursule
Allées marines
Porte Marine
Tr. à vapeur de Bayonne à Biarritz
Passage Pereire
Gare de Biarritz (B.A.B.)
Place d'Armes
Faubᵍ Sᵗ Esprit
Boulevard
Quai Bergeret
Marché au bétail
Abattoir
Prison
Lorraine
Alsace
Allées
Musée
Jardin Public
Batˣ à vapeur pour Urt, Pessoue, Peyrehorade
Hôpital Militaire
Rue Marengo
R. du Trinquet
R. Panneau
R. Poissonnerie
Cloître
Les Halles
Rue Militaire
Arènes
Couvent des Capucins
Gᵈ Bayonne
Vélodrome
Ch. de Marracq
Rue d'Espagne
Porte d'Espagne
Pl. de l'Arsenal
Château-Neuf
Arsenal d'Artillerie
Pᵗⁱᵗ Bayonne
Allées Boufflers
Pont Route
Mètres
0 100 200
N
S
R. de Biarritz
v. le Lycée de Marracq
vers Toulouse, Cambo et Irun
A B C D E
1 3
6-07
Imp. Dufrénoy - Paris.

- 163 k. *Saubusse*. A 2 k. 5, thermes de *Saubusse-les-Bains* (boues minérales), avec hôtel. — 167 k. *St-Géours*.

173 k. *Saint-Vincent-de-Tyrosse*, 1,570 hab.

[De Saint-Vincent à Léon (35 k. 🚌 2 h. 20 à 1 h. 45; 3 fr. 60 et 2 fr. 15). — 6 k. *Tosse* (église romane), dans la région naturelle appelée *Maremne*, sur le ruisseau de Capdeil, tributaire de l'*étang Blanc* ou étang de Tosse. — 12 k. *Soustons*, 3,946 hab., près d'un vaste étang (fabr. de bouchons). — 22 k. *Vieux-Boucau* (bains de mer), où l'Adour débouchait autrefois en mer. — 25 k. *Messanges*. — 30 k. *Moliets-et-Maâ*. — 35 k. *Léon**, 1,578 hab. (à l'église, curieux portail intérieur), au S. d'un *étang* de 300 hect., pourrait servir de point de départ pour de charmantes excursions dans les forêts du Maransin. Léon est à 9 k. de Linxe (*V.* p. 141).]

178 k. *Benesse-Maremme*. — 185 k. *Labenne*.

[A 8 k. N., *Capbreton*, port de pêche, sur la rive dr. du Boudigau, fut une cité maritime importante jusqu'à la fin du XIVe s., avant que le lit de l'Adour, qui s'y jetait dans l'Océan, ne fût déplacé. C'est auj. un « bain de mer » très prospère (*église* avec peintures par Gélibert; *asile Sainte-Eugénie*, pour les enfants scrofuleux). Au large, vallée ou fosse marine dite *Gouf de Capbreton*, qui est probablement l'ancien lit de l'Adour.]

195 k. *Le Boucau*, petit port (forges et aciéries) où l'on peut contempler (de l'extrémité des jetées) le spectacle des navires entrant et sortant luttant contre la *barre de l'Adour*.

198 k. **Bayonne***, V. de 27,601 hab., siège d'un évêché, place de guerre, port au confl. de l'Adour et de la Nive, à 6 k. de l'Océan. — De la gare, située dans le *faubourg Saint-Esprit* (église du XVe s., avec *Fuite en Egypte* en bois sculpté, du XIVe s.), on vient (à dr.) passer le *pont de l'Adour* (long. 200 m.; 7 arches; belle vue), à l'extrémité duquel, sur la rive g., une porte donne passage sous un ouvrage fortifié, appelé le réduit. Au delà d'une petite place, à g., s'étend, entre l'Adour et la Nive, le quartier du *Petit-Bayonne*, où se trouvent : l'*église Saint-André*, moderne (style du XIIe s.; dans la chapelle de la Vierge, *Assomption*, par Bonnat); le musée Bonnat; l'*hôpital militaire*; l'*arsenal*; le *Château-Neuf* (1489).

Le **Musée Bonnat** (visible les dim., jeudis et j. fériés du 1er avril au 1er oct. de 1 h. à 5 h., du 1er oct. au 1er avril de 1 h. à 4 h.; les étrangers sont admis à visiter t. l. j., excepté les lundi et sam.; le catalogue se vend 1 fr.) est formé des collections léguées par le peintre Léon Bonnat et des anciennes collections municipales.

Rez-de-chaussée. — Sculptures, tapisseries et *Bibliothèque* de 26,000 vol.

1er étage. — 1re SALLE (de chaque côté de la porte, statues de 1330). — Dessins de maîtres: très belle suite de portraits d'*Ingres*; aquarelles de *Barye*; tête antique; bustes de Bonnat, par *Dubois* et *Chapu*.

2e SALLE. — Toiles et dessins de maîtres : *Van Dyck*, *Raphaël*, *Rubens*, *Ribera* (Femme désespérée s'arrachant les cheveux), *Greco*, *Murillo*, *Poussin*, *Goya*, *Potter*, *Rembrandt* (Tête de vieillard. La Dégustation), *Tiepolo*, etc.; Idylle, par *Bonnat*. — 1re vitrine centrale : *terres cuites grecques*. — Meuble tournant : *dessins* de maîtres. — 2e vitrine : ivoires, petits marbres antiques, bronzes et verres.

3e SALLE. — Dessins et études (*Géricault*, étude de lions; *Ingres*, Mme Devauçay).

GALERIE. — Tableaux et dessins

de *Diaz*, *Bonnat* (portrait de Barye), *Ingres*, *Français*, *Goya* (portrait d'un duc d'Ossuna), *Géricault*, *Ingres*, *P. Baudry*, etc.

Escalier. — Sur un palier, entrée du *musée d'histoire naturelle*.

2e étage.— 1re SALLE. — *Mlle Feuillet*. Entrée du duc d'Orléans à Bayonne.

2e SALLE. — *Simon Vouet*. La Charité romaine. — *Giordano*. Passage de la mer Rouge.

3e SALLE. — *Delaunay*. La Moisson. *Tony Robert-Fleury*. Charlotte Corday. — *Mélida*. Messe de relevailles en Espagne. — *Bonnat*. Martyre de St André. — *Corot*. Paysage. — *Gervex*. Etude de femme. — *Karl Daubigny*. Paysage (étude). — *Bonnat*. Résurrection de Lazare. — *Armand Leleux*. Petit intérieur normand. — *Géricault*. Tête de négresse. — *Granet*. Intérieur d'église. — *Ricard*. Anatole de la Forge. — *Hédouin*. Marché aux porcs à Saint-Jean-de-Luz.

4e SALLE. — *Th. Gudin*. Marines. — *Bonnat*. Italienne. Portraits.

5e SALLE. — Dessins, aquarelles, gravures.

6e SALLE. — Faïences, meubles, consoles et tableaux donnés par M. Durand.

Les *allées de Boufflers*, où est le *Jardin public*, conduisent, par la rive g. de l'Adour, aux *chais de Mausseroles*, vaste entrepôt.

Sur la rive dr. de la Nive le quai est bordé de galeries couvertes appelées les *arceaux de la Galuperie*. Quatre ponts en pierre traversent la Nive. On prend le *pont Mayou*, et, tournant à dr., on atteint la *place de la Liberté*, sur laquelle un édifice carré, entouré d'arcades, renferme le *théâtre*, la *mairie* et la *douane*. Près de là sont la *place d'Armes* (point de départ du tram pour Biarritz), bordée d'un côté par le *port*, de l'autre par la *rue Bernède* (beaux cafés), et la *porte Marine*, qui mène aux *allées Marines* (gare maritime), belle promenade sur la rive g. de l'Adour, et aux *allées Paulmy* (gare du ch. de fer de Biarritz), conduisant aux *Arènes* (courses de taureaux t. l. dimanches de sept.).

La *rue Victor-Hugo*, la plus commerçante de la ville, va du pont Mayou dans le *Grand-Bayonne*; elle aboutit au carrefour des *Cinq-Cantons*, d'où la *rue Argenterie* conduit à la cathédrale, où l'on arrive aussi de la place d'Armes par la *rue Thiers* (principaux hôtels). On y monte également de la place de la Liberté par la *rue du Port-Neuf*, bordée par les *arceaux du Port-Neuf*.

La **Cathédrale**, commencée en 1213, terminée au XVe s. et restaurée de nos jours par Bœswillwald, a deux hautes flèches modernes, des verrières (XVe-XVIIe s.), un maître autel en marbre blanc avec panneaux en vermeil, et des *peintures* modernes; le *cloître* (XIIIe s.) a été restauré. — Près de l'église, dans la *rue de l'Evêché*, *Château-Vieux*, du XIIe s. (tours du XVe s.). — La *rue d'Espagne* conduit de la cathédrale à la *porte d'Espagne*.

Sur les hauteurs de Saint-Etienne, *monument* érigé en 1907 à la mémoire de l'héroïque défense de Bayonne par les soldats de Soult en 1813.

De Bayonne à Biarritz, R. 22; — à Pau, Lourdes, Tarbes et Toulouse, R. 23; — à Saint-Jean-Pied-de-Port et à Saint-Etienne-de-Baïgorry, R. 24.

DE BAYONNE A IRUN

38 k. — 🚂 en 1 h. 15 env. — 4 fr. 25; 2 fr. 90; 1 fr. 90.

Petit tunnel; pont de 270 m. sur l'Adour; tunnel de 218 m.; pont sur la Nive. — 10 k. *Biarritz*, station dite aussi *la Négresse*, à 3 k. E. de Biarritz (R. 22). — A dr., *villa Mouriscot*, où le roi d'Espagne Alphonse XIII fut fiancé en 1906 à la princesse Eva de Battenberg. — On entre dans le pays basque. — 15 k. *Bidart*, station de bains de mer (église du XVIe s.).

17 k. *Guéthary* *, port de pêche et station de bains de mer (intéressantes serres Tinchaut).

23 k. **Saint-Jean-de-Luz** *, 4,736 hab., station de bains de mer fréquentée (belle plage) et séjour d'hiver, à l'embouchure de la Nivelle, au S. d'une baie du golfe de Gascogne. — *Eglise Saint-Jean-Baptiste*, du XIIIe s., type parfait de l'architecture basque (tableau attribué à tort à Restout), où fut célébré le mariage de Louis XIV. — *Château de Louis XIV*, ou *maison Lohobiague*, bâti sous Louis XIII. — *Château de l'Infante* ou *maison Joanoenia*, du XVIIIe s. (tableaux de Gérôme : *Mariage de Louis XIV* et la *Paix des Pyrénées*), où descendit l'infante Marie-Thérèse lorsqu'elle vint à Saint-Jean-de-Luz pour y être mariée à Louis XIV. — *Maison Esquerenea* (XVe s.). — *Casino*. — Des hauteurs de *Sainte-Barbe*, belle vue. — A la *pointe de Socoa*, vieux *fort* pittoresque et belles falaises.

[Ascension de la **Rhune** (900 m.; admirable panorama) : 6 k. de Saint-Jean-de-Luz à *Ascain*, 🚗 d'Ascain au sommet, 2 h. 30 de marche; on pourrait aller à cheval jusqu'à la cime.]

Pont sur la Nivelle. — Halte d'*Urrugne*.

35 k. **Hendaye** * (Ⓑ douane française), dernier v. français, sur la Bidassoa. — A 1 k. 9 (tram à vapeur), station balnéaire et hivernale d'*Hendaye-Plage* (villas, hôtels, *sanatorium* de la ville de Paris pour enfants rachitiques et scrofuleux; *observatoire*). — *Château d'Arragory*, bâti par Viollet-le-Duc pour M. A. d'Abbadie, près des rochers de *Sainte-Anne*.

[Excursions : — à *Fontarabie*, pittoresque V. espagnole située sur la rive g. de la Bidassoa (bateau, 1 fr. aller et ret.); — à (2 k. 5) *Béhobie* * et à l'*île des Faisans* ou *de la Conférence*, célèbre par plusieurs faits historiques, notamment par les conférences relatives à la paix dite des Pyrénées, en 1659.]

La voie franchit la Bidassoa pour entrer en Espagne.

38 k. *Irun* (Ⓑ douane espagnole; change de monnaies).

ROUTE 21

DE BORDEAUX A ARCACHON

56 k. — 🚂 en 55 min. à 1 h. 37. — 4 fr. 25; 3 fr. 25; 2 fr. 25.

40 k. de Bordeaux à Lamothe (R. 20). — 43 k. *Le Teich* (château de *Ruat*, dernière résidence des Captaux de Buch). — A dr., Bassin d'Arcachon (*V.* ci-dessous).

47 k. *Gujan-Mestras*, 4,136 hab.,

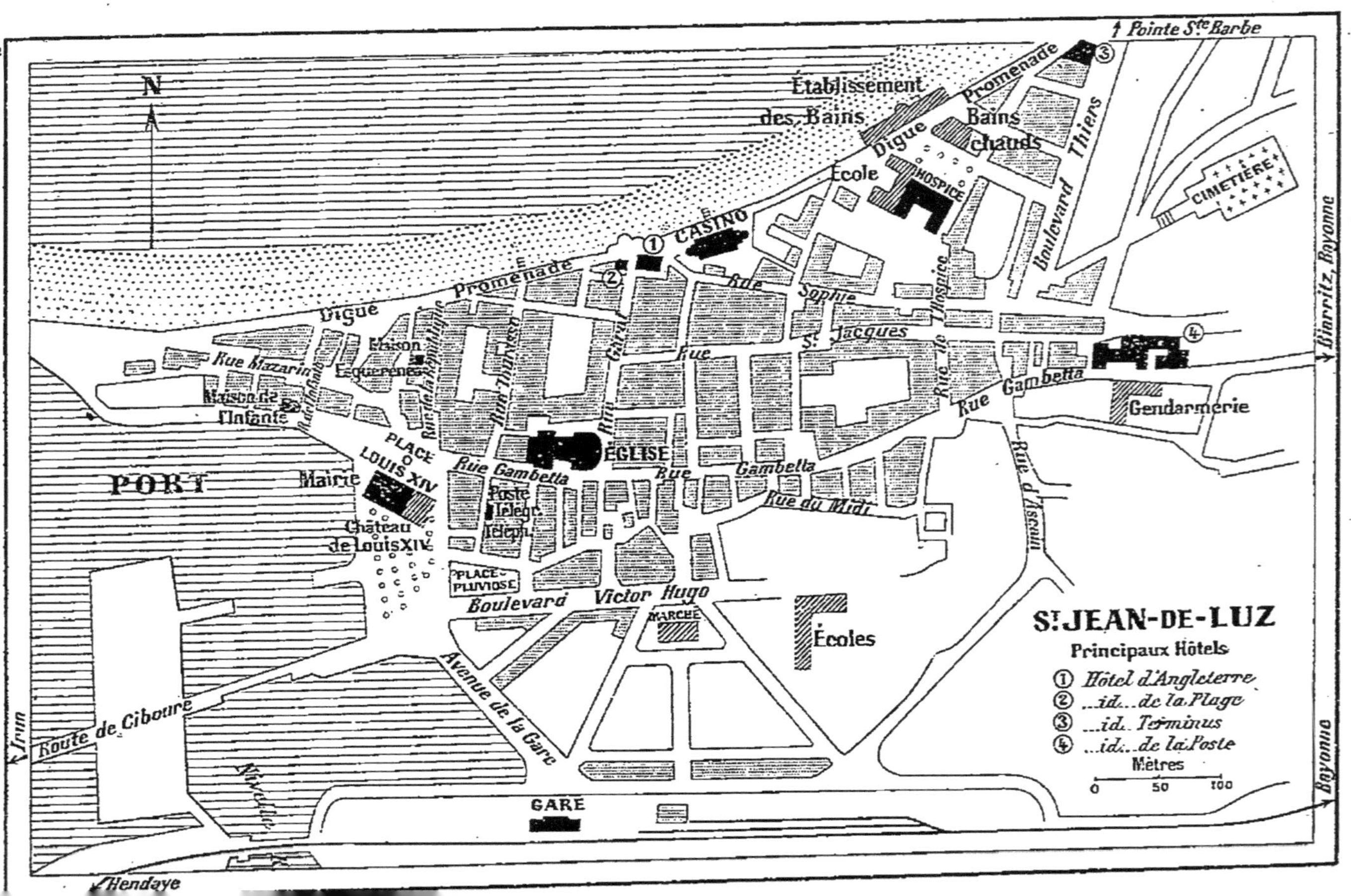

St JEAN-DE-LUZ
Principaux Hôtels
① Hôtel d'Angleterre
② ...id... de la Plage
③ ...id. Terminus
④ ...id... de la Poste
Mètres
0 50 100
N
Pointe Ste Barbe
Biarritz, Bayonne
Bayonne
Irun
Hendaye
Établissement des Bains
Promenade
Digue
Bains chauds
Boulevard Thiers
CIMETIÈRE
École
HOSPICE
CASINO
Rue Sophie
Rue de l'Hospice
St Jacques
Rue Gambetta
Gendarmerie
Rue d'Ascain
Rue du Midi
ÉGLISE
Poste Télégr. Téléph.
PLACE PLUVIOSE
Boulevard Victor Hugo
MARCHÉ
Écoles
Avenue de la Garc
GARE
Route de Ciboure
PORT
Mairie
PLACE LOUIS XIV
Château de Louis XIV
Rue Mazarin
Maison de l'Infante
Maison Esquerenea
Digue Promenade

port (pêche du royan; fabr. de conserves; parc aux huîtres) et station balnéaire. — 50 k. *La Hume.*

53 k. **La Teste** *, 6,840 hab. (*forêt* de 3,854 hect.), port d'échouage (commerce d'huîtres et de produits résineux), est l'anc. capitale du pays de Buch, dont les Seigneurs ou « Captaux » se sont rendu célèbres, particulièrement pendant la guerre de Cent Ans, comme alliés des Anglais. — *Cippe* érigé en 1818 à la mémoire de Brémontier, ingénieur, à qui l'on doit la fixation des dunes mobiles par des plantations de pins. — *Statue* en bronze (par J. Leroux, 1900) *du Dr Jean Hameau*, précurseur de Pasteur.

[**De la Teste à Cazaux-Lac** (13 k. 40 min.; 1 fr. 35, 80 c.). — 8 k. *Le Courneau*, d'où l'on peut monter au *Truc de la Truque*, dune haute de 73 m. (belle vue). — 12 k. *Cazaux-Hameau.* — 13 k. *Cazaux-Lac* (hôt.-buffet; rendez-vous des sociétés de chasse), v. près de l'**étang de Cazaux**, véritable lac de 5,750 hect., profond de 30 m. au maximum; son niveau est à 21 m. au-dessus de l'Océan, dont le sépare une chaîne boisée.]

56 k. **Arcachon** *, V. de 8,259 hab., station balnéaire et station d'hiver, centre du *yachting* ou navigation de plaisance en France, sur la rive S. d'un petit golfe appelé Bassin d'Arcachon (*V.* ci-dessous), se compose de deux parties distinctes : la *ville d'été*, bordant, entre la mer et la base des dunes, le *boulevard de la Plage*, long de plus de 4 k.; la *ville d'hiver*, ensemble de villas disséminées dans une forêt de pins et abritées des vents par des dunes hautes d'env. 50 m. Le climat, constant et uniforme, combiné avec la grande humidité de l'air, les effluves résineux des bois et avec les bains de mer, exerce sur l'organisme une action bienfaisante.

De la gare l'*avenue du Château* va aboutir au *boulevard de la Plage*, en face du **Casino de la Plage**, se terminant sur le bassin par une belle terrasse. A côté se trouvent une *estacade-embarcadère* et un très intéressant *musée-aquarium* (entrée 50 c.; bibliothèque, laboratoire d'études zoologiques et aquicoles).

Suivant à l'O. le boulevard de la Plage, on atteint le centre d'Arcachon : la *place Thiers* (concerts), bâtie en terrasse sur la plage, et qui se prolonge en mer par une belle *jetée-promenade*, en ciment armé. Le boulevard de la Plage, prolongé par le *boulevard de l'Océan* (somptueux chalets), conduit à la porte du *parc Péreire* (on ne visite qu'en l'absence des propriétaires; s'adr. au régisseur), entourant une magnifique *villa*. Revenant sur ses pas et prenant l'*avenue Sainte-Marie*, on visitera l'*église Notre-Dame* (clocher de 66 m. avec carillon; ancienne *chapelle de la Vierge*, pèlerinage de marins; bons tableaux).

De là on gagne la ville d'hiver, véritable parc où l'on remarque le *buste de Brémontier* et la *promenade des Anglais* (laiterie de la Forêt où l'on peut prendre des bains et des douches), rendez-vous, avec la *place des Palmiers* (kiosque de musique; église anglicane), des étrangers dans la saison hivernale. Le **Casino de la Forêt** (vue étendue de la terrasse; parc de 8 hect.), de style mauresque, renferme une salle des fêtes, une salle d'été (bals), un théâtre, un Guignol et une bibliothèque. Il est relié par une passerelle à l'*observatoire-belvédère* (50 m. d'alt.; vue immense; ascens. 20 c., lorgnette 30 c.).

En continuant vers l'E. on vient passer devant les réservoirs d'eau amenée de l'étang de Cazaux, on croise le ch. de fer et, par le *boulevard Deganne*, on arrive à la magnifique place circulaire appelée *Rond-Point Deganne*, puis au *collège Saint-Elme* et ensuite à la *pointe de l'Aiguillon* (belle plage). Retournant vers l'O. par le *boulevard Chanzy* et celui de la Plage on traverse le quartier *Saint-Ferdinand* (*église* récente; bains d'*Eyrac*).

Les branches principales de l'industrie locale sont l'ostréiculture (plus de 4,000 parcs; production annuelle, 300 millions d'huîtres), l'exploitation des forêts de pins et des produits qui en dérivent, ainsi que la pêche.

Le **Bassin d'Arcachon** est une grande dépression triangulaire (80 à 85 k. de tour) servant d'estuaire au petit fleuve de la Leyre et séparée de l'Océan par un cordon de dunes. Sa superficie, de 15,500 hect., se réduit à 4,900 à marée basse, par suite de la présence de nombreux bancs de sable vaseux ou « crassats », sur lesquels se fait la culture des huîtres. Le Bassin communique avec l'Océan par une entrée large de 2,960 m., mais avec une passe difficile de 500 m. seulement. Dans le Bassin l'*île aux Oiseaux* (nombreux lapins) émerge seule aux grandes marées. Deux bateaux à vapeur conduisent l'été, l'un à *Bélisaire* (restaurant), près du *phare* (belle vue), l'autre au *cap Ferret* (restaurant; sémaphore); de Bélisaire et du cap Ferret un tram (50 c. aller et ret.) conduit à l'Océan. A 5 k. N. du phare, belle *villa Algérienne*, à côté de laquelle est la chapelle *N.-D. des Dunes*.

A 4 k. S.-O. (omnibus; 50 c.), station balnéaire et hivernale de *Moulleau**, qu'avoisine un *sanatorium* (enfants débiles ou scrofuleux), d'où l'on peut monter à la *dune du Pilat* ou *du Sablonny* (100 m. env.), pour descendre ensuite à la *Pointe du Sud*, d'où l'on a une vue idéale sur les passes d'Arcachon et sur la péninsule du cap.

ROUTE 22

DE BAYONNE A BIARRITZ

8 k. par le 🚂 spécial dit « le B.-A.-B. » (75 c. et 45 c.), dont la gare est située sur les allées de Paulmy; des omnibus relient cette gare à la grande gare Saint-Esprit ou des ch. de fer du Midi. — Un tram à vapeur, partant de la place d'Armes, dessert la route de terre (7 k.). — Les voyageurs arrivant directement à Biarritz par les grandes lignes descendent à la station de Biarritz (ligne d'Hendaye), située à 3 k. de la Ville, où ils trouvent aussi des omnibus.

Le chemin de fer B.-A.-B. dessert une gare intermédiaire *Anglet*, et une halte, *Rue de France*.

Biarritz*, 12,812 hab., sur une falaise, présente l'intéressant spectacle de ses plages, qui sont admirables, de ses rochers et de la mer. Grâce à la douceur de son climat, cette ville est à la fois une station d'été et une station d'hiver (belles villas

On y entre par la *place de la Liberté*, où se trouve la gare du B.-A.-B et où viennent aboutir : à l'E., l'*avenue de la Négresse* (*jardin* public *Jaulerry*), par laquelle arrivent les voyageurs descendant de la gare du Midi; au N., la *rue de France*, et à l'O.-N.-O. la route de Bayonne, au commencement de laquelle est le terminus du tram à vapeur. A la place de la Liberté fait suite la *place de la Mairie*, d'où partent à g. la *rue Gambetta* (conduisant à la place du Marché, poste et télégraphe, et à la côte des Basques), à dr. la jolie *rue Mazagran* (beaux magasins), ombragée de platanes, qui laisse à dr. la *place Bellevue* (*Casino Bellevue*; grand *cercle du Palais Bellevue*), l'*hôtel d'Angleterre* et la *place Sainte-Eugénie* (église du même nom; concerts). La rue Mazagran se continue par les rues du Port-Vieux et Leroy aboutissant toutes deux au Port-Vieux.

En suivant le rivage depuis l'ancien *hôtel du Palais*, anc. résidence impériale (dans le voisinage, *chapelle* du style byzantin, avec peinture de Steinheil), d'où l'on aperçoit l'*église russe* et la curieuse *construction Genin*, on rencontre la *Grande Plage* (établissement de bains de mer et *Casino Municipal*), le chaos de rochers appelé *la Chinaougue*, le *port* et un tunnel percé sous le promontoire de l'*Atalaye* (laboratoire de biologie marine) et donnant accès au *Rocher de la Vierge*, surmonté d'une statue de la Vierge. Au delà du *Port-Vieux* (établissement de bains de mer) on traverse en tranchée le cap du Halde et le *pont du Diable* (*villa Belza*, dans une curieuse situation) et l'on arrive à l'établissement de bains de mer de la côte des Basques, derrière lequel un chemin en lacets monte à la *Perspective Miramar* (magnifique panorama).

En dehors de Biarritz, entre l'*avenue de la Reine-Victoria* (nouvelle *église Saint-Charles*) et l'avenue de la Reine-Nathalie, le bel établissement des *Thermes Salins* utilise l'eau salée amenée de Briscous, v. à une vingtaine de k. à l'E.

[**Promenades** : — (35 à 40 min. à pied aller et ret.) le *Phare* (73 m. au-dessus de la grève), situé sur la *pointe Saint-Martin*, et la *Chambre d'Amour*; sur le plateau du phare s'élève l'*hôtel Regina*, attenant aux terrains du golf; — *tour des lacs* (2 h. 30 à pied; 1 h. 30 en voit.), par la *villa Marbella*, dominant les rochers de *la Goureppe*, le *bois de Boulogne*, le *lac Mouriscot*, la Négresse (*V.* p. 145) et le *lac Marion*; — (15 k. E.-S.-E.) *la Croix de Mouguerre* (vue magnifique); — (5 k. S.-O.) *Bidart* (3 h. aller et ret.) par la plage; — (2 h. en voit. aller et ret.) l'embouchure de l'Adour.]

ROUTE 23

DE BAYONNE A TOULOUSE

322 k. — 🚂 6 h. 40 à 7 h. 20 par trains express, en 9 h. 35 par trains omnibus. — 36 fr. 05; 24 fr. 35; 15 fr. 85. — Se placer à dr. pour la vue des Pyrénées.

Pont sur l'Adour; tunnel de Mousserolles; à dr., lignes d'Espagne et de Saint-Jean-Pied-de-Port-Saint-Etienne-de-Baïgorry; tunnel; on remonte la rive dr. de l'Adour.

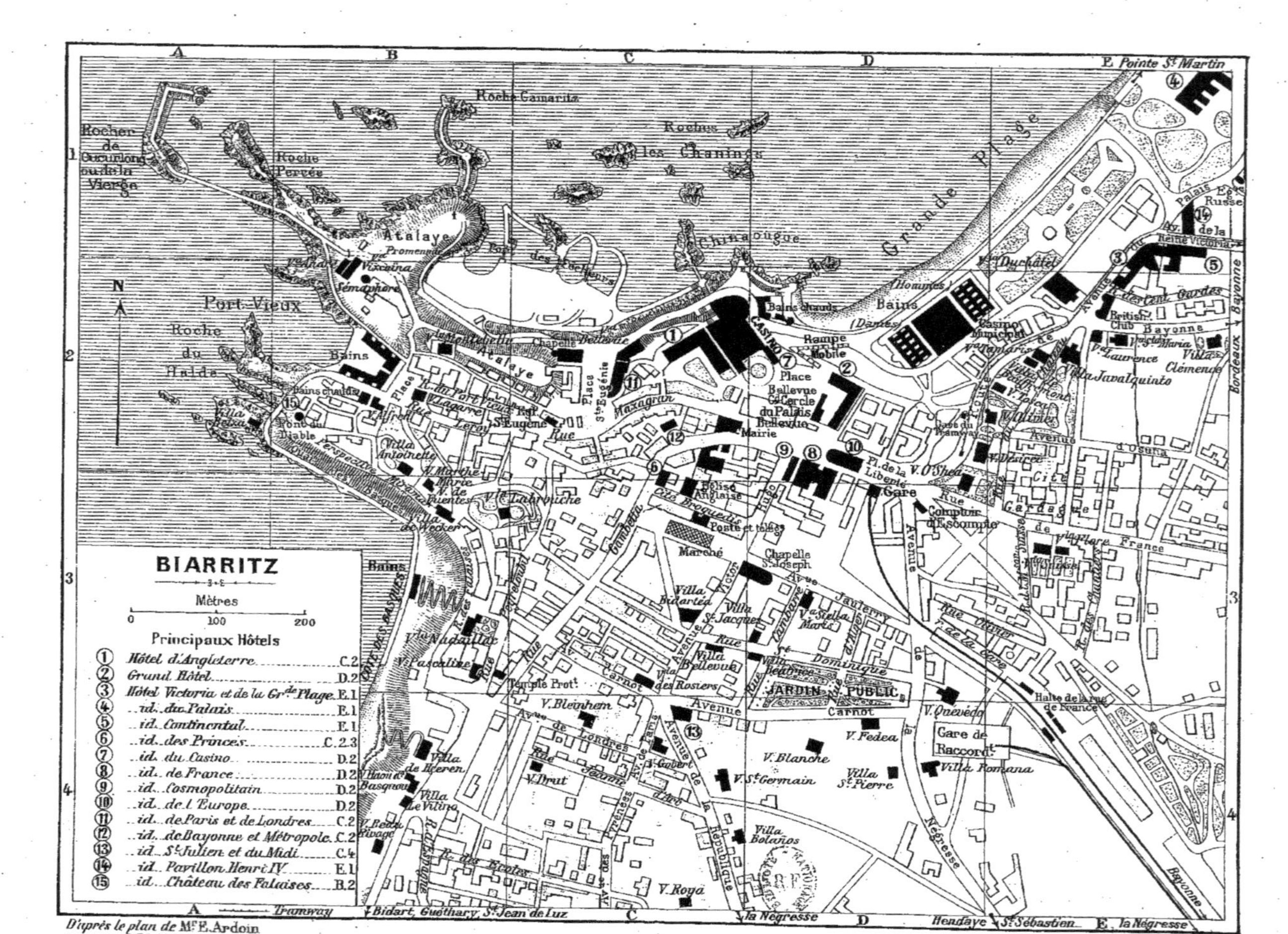

D'après le plan de M.r E. Ardoin revu par M.r L. Villedary

7-07

Imp. Dufrénoy, Paris.

4 k. *Le Gaz.* — 9 k. *Lahonce.* — 12 k. *Urcuit.* — 17 k. *Urt*, au confl. de l'Adour et de la Joyeuse, dont on remonte la vallée. — 20 k. *Pont-de-l'Arran.* — 24 k. *Guiche* (château ruiné du XIIe s.). — On croise la Bidouze. — 26 k. *Sames*, halte desservant *Hastingues*, bastide du XIIIe s. — Pont de 7 arches sur le Gave de Pau (gracieux paysages). — 31 k. *Orthevielle.*

34 k. *Peyrehorade*, 2,597 hab., sur le Gave, au pied du coteau d'*Aspremont* (ruines d'un *château*); *église* moderne, style du XIIe s.; restes du château de *Montréal* (XVIe s.). — 36 k. *L'Eglise de Peyrehorade.* — 43 k. *Labatut.*

51 k. **Puyoô** Ⓑ, gare de jonction des lignes de Bayonne-Toulouse, de Dax et de Mauléon-Saint-Palais, est reliée par un pont à (1 k. 5 S.-S.-E.) *Bellocq* (ruines d'un *château* du XIVe s., où résida Jeanne d'Albret; *portail* d'église à sculptures romanes).

[**De Puyoô à Saint-Palais** (29 k. 🚌 1 h. 5; 3 fr. 35, 2 fr. 25, 1 fr. 50). — Pont sur le Gave de Pau; tunnel de 846 m. — 7 k. **Salies** *, 5,994 hab., station balnéaire dont les eaux salées sont renommées; *établissement* de bains; casino; salines. — 19 k. *Autevielle.* — 29 k. *Saint-Palais* *, 1,836 hab., dans la vallée de la Bidouze (*église* moderne).

De Puyoô à Mauléon (46 k. 🚌 1 h. 39 à 1 h. 48; 5 fr. 15, 3 fr. 50, 2 fr. 25). — 19 k. Autevielle (V. ci-dessus). — 24 k. *Sauveterre-de-Béarn*, 1,586 hab., sur les hauteurs (belle vue) de la rive dr. du gave d'Oloron (restes de *remparts*; curieuse *église*, XIIIe s.; *donjon de Montréal*, XIIe et XIIIe s.). De Sauveterre à Oloron, p. 157. — 46 k. *Mauléon-Soule* *, 3,368 hab., anc. capitale de la vicomté de Soule, sur les deux rives du Saison, au pied d'une colline couronnée par un *château* ruiné; belle *église* moderne; *hôtel d'Andurrain*, Renaissance; *source minérale* sulfurée-sodique *de Saint-Jean-de-Licharre*; *orme* remarquable de la promenade des Allées. — A Tardets et Oloron, R. 25.]

58 k. *Baigts* (sur le *Saint-Pic*, haut de 149 m., ruines d'un château du XIIe s.; bains sulfureux de *Baure*).

66 k. **Orthez** *, 6,365 hab., anc. capitale du Béarn, sur la rive dr. du Gave de Pau pittoresquement bordé de roches. — **Pont** des XIIIe et XIVe s., portant une tour. — *Tour de Moncade* (XIIIe s.), reste du château des Gastons (belle vue; observatoire). — *Eglise* rebâtie au XVe s., sur des murs du XIIe. — *Maison* de Jeanne d'Albret (XVe-XVIe s.).

[A 3 k. O., sur la route de Dax, *colonne* érigée au général Foy sur le champ de bataille d'Orthez (1814); vue admirable sur les Pyrénées.]

74 k. *Argagnon.* — 80 k. *Lacq.* — 86 k. *Artix.* — 91 k. *Denguin.* — 94 k. *Poey.*

99 k. *Lescar*, 1,554 hab. — Ancienne *cathédrale* du XIIe s., remaniée à la Renaissance (stalles de la Renaissance; chapiteaux historiés; *mosaïques* du XIe s.). — Vieux *fort*, en brique, de *l'Esquirette* (XIVe s.).

A g., *Billères* (maison où fut nourri Henri IV).

106 k. Pau (Ⓑ R. 25). — 113 k. *Assat* (château du XVe s.). — A g., canal du Lagoin. — 117 k. 5. *Bezing.* — 120 k. *Baudreix.*

123 k. *Coarraze-Nay.*

[A 2 k. O., au delà du Gave, **Nay** *, V. manufacturière de 3,670 hab. — *Eglise* du XVe s. (à dr., en entrant, sculpture curieuse; panneaux de la porte de la sacristie). — *Maison Carrée* ou *de Jeanne d'Albret*, de la Renaissance. — Maison dite le *Petit-Logis* (XVe-XVIe s.).

A 2 k. de la station, à dr. de la voie, *Coarraze* (débris de *remparts*; *église* crénelée; tour, reste du château où fut élevé Henri IV). A Coarraze commence le *canal de Lagoin*.]

125 k. *Dufau*. — 130 k. *Montaut-Bétharram*. Au delà du Gave (vieux *pont* pittoresque tout enguirlandé de lierre), **N.-D. de Bétharram**, pèlerinage, où conduit un omnibus; belle vue du plateau du *Calvaire*; aux environs, **grottes** remarquables (restaurant; 5 fr. pour 1 pers., 4 fr. par pers. pour 2, 3 fr. 50 pour 3; au delà 3 fr. par pers., guide compris; pourboire facultatif; 300 m. de navigation souterraine, à 90 m. de profondeur).

134 k. *Saint-Pé*, 1,969 hab., au-dessus de la rive dr. du Gave, que longe une belle promenade (*église* en partie romane et portion d'un cloître, restes d'un monastère; carr. de marbre). — Tout à coup, à dr., sur un fond verdoyant, apparaissent la basilique, la ville neuve puis le rocher et le vieux château de Lourdes.

145 k. Lourdes* (Ⓑ R. 26). — Laissant à dr. la ligne de Pierrefitte et le Gave, on remonte le vallon de la Geune. — 148 k. *Adé*. — La voie parcourt le plateau de *Lanne-Mourine*.

155 k. *Ossun*. — Vallée de l'Echez. — 160 k. *Juillan*.

165 k. Tarbes (Ⓑ R. 28). — Pont sur l'Adour. — 166 k. 5. *Marcadieu*. — On s'élève sur les coteaux qui forment la ceinture E. de la *plaine de Tarbes* (magnifiques vues sur les Pyrénées). — Tunnel de 454 m. — 176 k. *Lespouey-Laslades*. — Pont de 9 arches sur l'Arrêt-Darré; tunnel de 634 m. — 179 k. *Bordes-Lhez*. — Pont sur l'Arrêt. — 183 k. *Tournay*, 1,180 hab. — Pont sur l'Arros. — 186 k. *Ozon-Lanespède*. — La voie passe 2 *viaducs* de 30 et de 7 arches pour gravir les pentes du *plateau de Lannemezan*.

195 k. *Station de Capvern*, desservant (4 k. 5; omnibus, 1 fr.) les bains de **Capvern*** (eaux thermales, sulfatées calciques et ferrugineuses).

201 k. **Lannemezan** 2,023 hab., près de la source du Gers. — *Eglise* avec *portail* du XIIIe s. — Au S.-O., *camp de manœuvres*.

[**De Lannemezan à Aragnouet** (51 k.: jusqu'à Arreau : 26 k., en 45 à 50 min.; 2 fr. 90, 1 fr. 95, 1 fr. 30; d'Arreau à Aragnouet, 25 k.). — On descend vers la vallée de la Neste. — 6 k. *Laburthe-Avezac* (établissement thermal). — On entre dans **la vallée d'Aure**, une des plus riches des Pyrénées en eaux thermales, en marbres et en forêts. — 9 k. *Lortet* (*grottes* préhistoriques). — 18 k. *Sarrancolin* (curieuse *église*, XIIe s., avec une magnifique *châsse* du XIIIe s.; *porte* fortifiée; carrières de *marbre*). — 26 k. *Arreau* *, 1,000 hab., à 698 m., au confluent des deux Nestes et de la Lastie (2 églises à *portes* romanes), est relié à (34 k. 5) Luchon (R. 30) par une route qui passe à Saint-Aventin (*V.* p. 176), au *col de Peyresourde* (1.545 m.) et à *Bordères-Louron*, 403 hab. — 28 k. *Cadéac* (donjon, XIe s.; 2 *établissements de bains*). — 31 k. *Guchen* (750 m.), d'où l'on peut faire en 5 h. l'ascens. du *Pic d'Arbizon* (2,831 m.). — Au delà de *Bourisp* (église des XIe et XIIe s., avec *peintures* de 1592 figurant les Péchés capitaux) on atteint (37 k.) *Saint-Lary*, à 825 m. (à l'église, crypte romane). — Ponts sur la Neste, au-dessous du rocher portant l'église de *Tramezaïgues*. De l'autre côté de la riv., établiss. thermal de *la Garel*. — 48 k. *Fabián* (bon gîte chez M. Fouga). — 51 k. *Aragnouet*, dernière com. de la vallée, à 1,210 m.]

206 k. *Cantaous-Tuzaguet* (à 1 h. 20 S.-S.-O., ruines du *château de Montoussé*, à 671 m., vue admirable). — La voie descend dans la vallée de la Neste. — 211 k. *Saint-Laurent-Saint-Paul*. — 214 k. *Aventignan*, d'où l'on va visiter (5 k. 5 S.-E.; le gardien réside à Tibiran, 1 fr. 50 par pers.) la **grotte de Gargas**, l'une des plus belles des Pyrénées. — Pont sur la Garonne.

218 k. **Montrejeau** * Ⓑ, 2,618 hab., à l'extrémité d'un plateau (500 m.) dominant la rive g. de la Garonne. — Vue admirable sur la vallée de la Garonne à l'E. et au S., sur celle de la Neste à l'O. et sur la grande chaîne des Pyrénées. — Près de la gare, séminaire de *Polignan* (chap. et retable du XVIe s., avec Vierge vénérée, XIIe ou XIIIe s.). A 2 k. O., dans une position admirable, somptueux *château* moderne *de Valmirande*.

A Bagnères-de-Luchon, R. 30.

224 k. *Martres-de-Rivière*, dans la *plaine de Rivière*, anc. fond de lac que la Garonne traverse entre Montrejeau et St-Gaudens. — Pont sur la Garonne.

231 k. **Saint-Gaudens** *, 7,277 h., V. industrielle, anc. capitale du Nébouzan, à 1 k. N., sur un plateau (vue magnifique sur la vallée de la Garonne et la chaîne des Pyrénées). — **Eglise** des XIe et XIIe s., restaurée (à l'int., chapiteaux sculptés et tapisseries), avec restes d'une salle capitulaire.

[**De Saint-Gaudens à Aspet** (21 k. 🚂 1 h. 9; 1 fr. 60 et 1 fr. 20). — 9 k. *Pointis-Isnard-Ganties*. — 14 k. *Lespiteau-Encausse*. A *Encausse* *, établissement thermal (eaux sulfatées calciques). — 17 k. *Soueich*. — 21 k. *Aspet*, 2,048 hab. (donjon du XIVe s.; carr. de marbre).]

242 k. *Labarthe-Isnard*, stat. desservant (3 k. S.) *Montespan* (ruines d'un *château* des XIIIe, XVe et XVIe s.) et (6 k. S.-S.-O.) la petite stat. thermale de *Ganties*. — Pont sur la Garonne.

250 k. *Saint-Martory* *, 1,051 h. (*église* du XVIe s., avec porte romane; *pont* du XVIIIe s., avec arc de triomphe et *croix* du XVe s.; *château* en partie des XVe et XVIe s.), à l'origine du *canal* d'irrigation *de Saint-Martory*. A l'E.-N.-E., sur une colline (belle vue), *château de Montpezat* (XIe s.), restauré.

La voie franchit la Garonne au confluent du Salat.

256 k. **Boussens**, ⛌ sur Saint-Girons. On peut monter en 1 h. 30 S. aller et ret. aux *ruines* féodales *de Roquefort* (XIIe s.; belle vue).

[**De Boussens à Saint-Girons** (33 k. 🚂 1 h. 5 à 1 h. 20; 3 fr. 70, 2 fr. 50, 1 fr. 65). — 10 k. *Salies-du-Salat*, 1,032 hab., station thermale (eaux chlorurées sodiques et sulfatées calciques), sur la rive g. du Salat, au pied d'une colline portant les ruines d'un *château* des comtes de Comminges. *Sanatorium* départemental pour les enfants assistés. *Statue du général Compans* (1769-1845). — 31 k. *Saint-Lizier*, 1,273 hab., anc. cité gallo-romaine, puis capit. du *Couserans*, autrefois siège d'un évêché, sur une colline rocheuse de la rive dr. du Salat (*pont* du XIIe ou du XIIIe s., près d'un moulin fortifié; restes de *remparts*; *église Saint-Lizier*, XIIe et XIVe s., avec inscription romaine et *cloître* roman; palais épiscopal du XVIIe s., converti en *asile d'aliénés* et dans lequel est enclavée l'anc. *cathédrale* de *Sainte-Marie de la Sède*, XIVe s., avec salle capitulaire du XIIe; *Notre-Dame*, XIVe s., avec cloître).

33 k. **Saint-Girons***, 6,018 hab., au confl. du Salat, du Bez et du Baup (*église* moderne avec clocher du XIVe s.; *Saint-Vallier*, XIVe s.). Excurs à (24 k.) **la grotte du Mas-d'Azil** percée à travers la Roche du même nom et traversée par l'Arize. — De St-Girons à Foix, *V.* p. 178.

DE SAINT-GIRONS A AULUS (33 k. 3 h.; 3 fr.). — 17 k. *Oust*, 1,115 hab. — 25 k. *Ercé*. — 33 k. **Aulus***, à 762 m., sur le Garbet (six *sources*, thermales ou froides, sulfatées calciques, employées en boisson, bains et douches; *établissement de bains, Casino*, parc).]

260 k. *Martres-Tolosane* (*église* de la fin du XIIIe s.) est célèbre par les fouilles qui, à diverses reprises, y ont fait découvrir de nombreuses sculptures romaines. — A dr., sur une colline, tour d'*Ausseing* (XVe s.).

266 k. *Cazères-sur-Garonne*, 2,677 hab. (beau *pont* sur la Garonne; église du XIVe s.). — 273 k. *Saint-Julien*.

280 k. *Carbonne*, 2,387 hab.

[35 k. (voit. publique 1 fr. 50) de Carbonne au Mas-d'Azil (*V.* ci-dessus), par (6 k.) *Rieux*, 1,586 hab., dans un méandre de l'Arize (*pont* du XVIIe s.), anc. évêché (anc. cathédrale avec *clocher* octogonal en briques du XVe s.), et (12 k.) *Montesquieu-Volvestre*, 3,111 hab., curieuse bastide régulière bâtie en briques, sur la rive dr. de l'Arize.]

287 k. *Longages*. — 293 k. *Fauga*. — Pont sur la Louge.

301 k. *Muret**, anc. capitale féodale du Comminges, 3,911 h., au confl. de la Louge et de la Garonne. — Eglise avec *clocher* du XVe s. (à l'int., croix russe prise à Bomarsund, en 1854). — *Statues du maréchal Niel* et du compositeur *Delayrac*.

De Muret à Toulouse par Seysses, et à Saint-Sulpice-sur-Lèze, *V.* p. 140.

310 k. *Portet-Saint-Simon* (en face du confl. de l'Ariège et de la Garonne), station d'où part à dr. la ligne de Foix et d'Ax (R. 31). — Ponts d'*Empalot* sur les deux bras de la Garonne. Belle vue à g. sur Toulouse.

316 k. *Saint-Agne*. — Pont sur le canal du Midi.

322 k. Toulouse (R. 19).

ROUTE 24

DE BAYONNE A SAINT-JEAN-PIED-DE-PORT

PAR CAMBO-LES-BAINS

52 k. — 1 h. 50 à 2 h. — 5 fr. 80; 3 fr. 95; 2 fr. 55. — Wagon-terrasse à certains trains (1re cl.) sans suppl., recommandé pour la vue.

Pont sur l'Adour; tunnel de 218 m. On suit la rive dr. de la gracieuse vallée de la Nive; deux tunnels. — 10 k. *Villefranque*. — Tunnel.

13 k. *Ustaritz*, 2,485 hab., ancienne capitale du *Labourd*. — 16 k. *Halsou*. — Petit tunnel.

19 k. **Cambo-les-Bains***, stat. climatique et station thermale, sur une colline (belle vue) dominant la Nive. Source thermale sulfureuse et source ferrugineuse froide; établissement thermal. *Villa Arnaga*, propriété de M. Edmond Rostand, qui a créé en 1903 le *Mimosa-Club*, destiné à favoriser tous les sports.

[Excurs. : (30 min.) *Montagne des Dames*; — (35 à 40 min.) *Montagne de la Bergerie*; — (6 k. de route de voit. et 10 à 15 min. à pied) le **Pas** de Roland; — ascens. du (5 h. aller et ret.) *Montdarrain* (750 m.), de (3 h. 30 d'Itsatsou) l'*Arsamendi* (923 m.) et de (montée 2 h.) l'*Ursouia* (678 m.).]

21 k. *Cambo-les-Thermes*, halte reliée par un pont suspendu (péage 5 c.) aux thermes de Cambo. — Trois tunnels.

25 k. *Itsatsou* (à l'église, riches ornements d'autel en argent massif). — Tunnel; *défilé du Pas-de-Roland*. — Deux tunnels. — 30 k. *Louhossoa*. — 35 k. *Bidarray* (truites renommées; à 1 h. S.-O., *grotte* de Bidarray, pèlerinage). — Trois ponts sur la Nive et tunnel.

41 k. *Ossès* (embranch. pour Saint-Etienne-de-Baïgorry), dans un bassin où se réunissent les deux Nives.

[**D'Ossès à Saint-Etienne-de-Baïgorry** (9 k. 🚌 en 18 min.; 1 fr., 70 c., 45 c.). — On remonte la superbe gorge (tunnel) de la Nive de Saint-Etienne. — 9 k. *Saint-Etienne-de-Baïgorry* *, 2,414 hab. (*château d'Etchaux*, du XIVe s., où naquit le maréchal Harispe, 1768-1855), est relié par une route de 17 k. (excursion intéressante) au v. des *Aldudes*, d'où l'on peut passer en Espagne.]

52 k. **Saint-Jean-Pied-de-Port***, 1,682 hab., station climatique, place de guerre (remparts en partie du XVe s.), charmante petite V. à l'aspect déjà espagnol, à 168 m., sur la Nive, à la base d'une colline que couronne une vieille *citadelle*. — 2 anciennes *portes* dont l'une est contiguë à l'*église* (XVe s.). — A *Uhart-Cize*, *église* avec beau chœur du XIVe s.

[**Sources de la Nive** (14 k. 🚌 et sentier; voit. partic. 10 fr.) jaillissant d'un gouffre surmonté de grottes.

Roncevaux (28 k. 🚌 voit. publique, en 6 h.; 4 fr., aller et ret. 8 fr.; voit. particulière, 50 fr.). — On remonte la rive dr. de la Nive d'Arnéguy. — 8 k. *Arnéguy*, dernier v. français. — La Nive franchie, on est en territoire espagnol. — 10 k. *Valcarlos* ou *Luzaïde* (établiss. hydrothérapique). — La route s'élève en lacets dans le *défilé de Valcarlos*. — 27 k. *Port* ou col *d'Ibañeta* ou *de Roncevaux* (1,057 m.).

28 k. **Roncevaux** *, pauvre v., à 981 m., doit sa célébrité à la défaite de l'arrière-garde de Charlemagne (15 août 778), consommée dans un vallon boisé descendu du *Pic d'Altabiscar* (1,494 m.). *Couvent* fortifié dont l'*église* (XIIIe s.) possède une célèbre image de la Vierge, but de pèlerinage, et un trésor précieux. — A Burguete et à Pampelune, V. l'Itinéraire de l'*Espagne*.]

ROUTE 25

DE PARIS A PAU, AUX EAUX-BONNES ET AUX EAUX-CHAUDES

DE PARIS A PAU

821 k. — 🚂 en 12 h. 15 par le train rapide de 7 h. 40 soir (1re et 2e cl.), en 12 h. 30 par le rapide de jour (1re cl. seulement), en 11 h. 45 par le rapide de jour (1re cl. seulement jusqu'à Bordeaux), en 13 h. 30 par le train express du soir (3e cl.). — 81 fr. 60; 61 fr. 90; 40 fr. 35.

588 k. de Paris à Bordeaux (R. 12). — 148 k. de Bordeaux à (736 k.) Dax (R. 20). — *Pont* de 6 arches sur l'Adour (à g., belle vue sur Dax). — 740 k. *Peyrouton*. — On franchit le Luy.

749 k. *Mimbaste*. — 757 k. *Misson-Habas* (à *Habas*, très belle vue sur les Pyrénées), stat. desservant (5 k. 5 N.-O.) *Pouillon*, 3,342 hab. (*église* avec abside

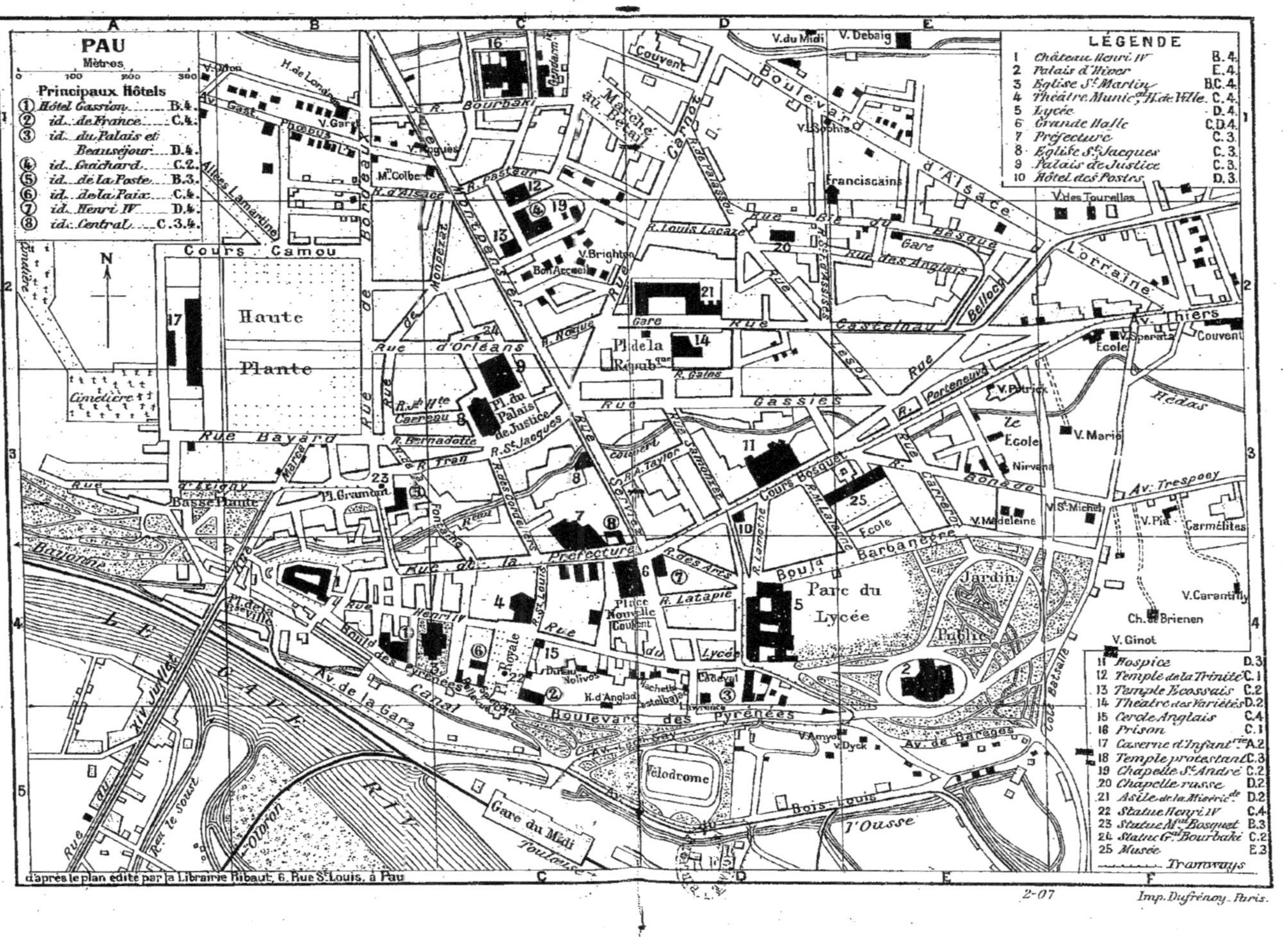
PAU
Mètres
0 100 200 300
Principaux Hôtels
① Hôtel Gassion B.4.
② id. de France C.4.
③ id. du Palais et Beauséjour D.4.
④ id. Guichard C.2.
⑤ id. de la Poste B.3.
⑥ id. de la Paix C.4.
⑦ id. Henri IV D.4.
⑧ id. Central C.3.4.
LÉGENDE
1 Château Henri IV B.4.
2 Palais d'Hiver E.4.
3 Eglise St Martin B.C.4.
4 Théâtre Munic.al, H. de Ville C.4.
5 Lycée D.4.
6 Grande Halle C.D.4.
7 Préfecture C.3.
8 Eglise St Jacques C.3.
9 Palais de Justice C.3.
10 Hôtel des Postes D.3.
11 Hospice D.3
12 Temple de la Trinité C.1
13 Temple Ecossais C.2
14 Théâtre des Variétés D.2
15 Cercle Anglais C.4
16 Prison C.1
17 Caserne d'Infant.rie A.2
18 Temple protestant C.3
19 Chapelle St André C.2
20 Chapelle russe D.2
21 Asile de la Miséric.de D.2
22 Statue Henri IV C.4
23 Statue M.al Bosquet B.3
24 Statue G.al Bourbaki C.2
25 Musée E.3
Tramways
Haute Plante
Parc du Lycée
Jardin Public
Vélodrome
Gare du Midi
Boulevard des Pyrénées
Boulevard d'Alsace
Cours Bosquet
Rue de la Préfecture
d'après le plan édité par la Librairie Ribaut, 6, Rue St Louis, à Pau
2-07
Imp. Dufrénoy, Paris.

du XIe s.; à 3 k. N., source salée de *Biras*). — Au delà d'un tunnel de 343 m. on descend dans la vallée du Gave de Pau.

767 k. Puyoô Ⓑ, et 54 k. de Puyoô à Pau.

824 k. **Pau*** Ⓑ, ch.-l. du départ. des Basses-Pyrénées, V. de 34,268 hab., à 210 m. d'altit., sur un plateau qui domine de 35 m. le confl. de l'Ousse dans la vallée du Gave de Pau. — Pau jouit d'un climat exceptionnel, qui y attire en hiver un grand nombre de malades et de convalescents et dont l'action bienfaisante se combine avec l'hygiène de jeux sportifs fort variés : polo, golf, lawn-tennis, cricket, jeu de paume, etc. Des chasses au renard attirent, comme les courses de chevaux, un grand nombre d'amateurs.

De la gare on monte à la ville, en voiture par un long détour, à pied (5 min.) par une rampe en zigzag qui aboutit à la **place Royale** (*statue de Henri IV*, par Raggi, avec bas-reliefs par Etex) et au **boulevard des Pyrénées**, d'où l'on découvre un admirable **panorama de la chaîne des Pyrénées** (sur la balustrade du boulevard des *lignes de visée* indiquent les principaux sommets).

Le boulevard des Pyrénées conduit, à l'E., au **parc Beaumont** (**palais d'hiver**, avec théâtre, *casino*, café-restaurant et *palmarium*; *statue* du chanteur *Pierre Jéliotte*, 1710-1788; monument *Salut, Noble Beau*, par Desca; vélodrome); vers l'O. le boulevard aboutit aux jardins (statue de Gaston Phœbus, par De Triqueti) du château, à l'entrée duquel on parvient par la *rue Henri-IV*. Dans cette rue se trouve l'*église Saint-Martin*, moderne, style du XIIIe s. (clocher haut de 77 m.). Le **Château** (visible t. l. j., de 10 h. à 5 h. en été, à 4 en hiver), anc. résidence des rois de Navarre et berceau de Henri IV, a été rebâti au XIVe s. par Gaston Phœbus, agrandi au XVe s. et embelli au XVIe par Marguerite de Valois, femme de Henri d'Albret. A g. de l'entrée on remarque la *chapelle* et le *donjon de Gaston-Phœbus*, en briques. L'intérieur renferme un grand nombre d'objets d'art, de curiosité ou d'un intérêt historique.

Un pont fait communiquer les jardins du château avec la promenade de *la Basse-Plante*, contiguë au **Parc**, magnifique hêtraie dominée par *la Haute-Plante*. La Basse-Plante avoisine la *place Gramont* (*statue* en bronze *du maréchal Bosquet*, par Millet de Marcilly), communiquant par la *rue Bernadotte* (au n° 5, *maison* natale *de Bernadotte*) avec la *place du Palais-de-Justice* (*église* moderne *Saint-Jacques*, du style ogival). Derrière le palais, *place Duplaà*, avec la *statue du général Bourbaki*, par Millet de Marcilly. De là on parvient par la *rue Serviez* (temple protestant) à la *place de la Halle* (*bibliothèque* publique de 51,000 vol.). De cette place, où commence la **rue de la Préfecture**, la plus fréquentée de Pau, la rue de la *Nouvelle-Halle* mène à la *place Bosquet*, à l'hospice et au **musée** (sculptures par *Etchelo*, *Barrias*, *Oliva*, etc.; toiles de *Rubens*, *Jordaens*, *Zurbaran*, *Rigaud*, *Oudry*, *Devéria*, *Daubigny*, *Adan*, *Butin*, *Duez*, *Louise Abbéma*, *Hugues Merle*, etc.; hist. naturelle).

En face de l'hospice la *rue Lamothe* conduit à l'*église Saint-Louis de Gonzague* et au *lycée*. — On revient à la place Royale par la *rue du Lycée*, en laissant à dr., dans la *rue Notre-Dame*, la *chapelle des Ursulines* (style du XIVe s.).

[Au N., *landes du Pont-Long* (tombelles; champ de courses de Pau).

De Pau à Pontacq (27 k. 🚂 1 h. 30; 2 fr. 80 et 1 fr. 40). — 12 k. *Artigueloutan* (anc. enceinte fortifiée dite *camp de César*). — 14 k. *Nousty*. — 16 k. *Soumoulou*. — 19 k. *Espoey*. — 24 k. *Barzun* (château du XVe s.). — 27 k. *Pontacq*, 2,815 hab., sur l'Ousse. Eglise du XVe s., avec tour du XIIe. *Statue du général Barbanègre*, par Marqueste.

De Pau à Aire-sur-l'Adour (69 k. 🚂 3 h. 45 et 3 h. 55; 7 fr. 10 et 3 fr. 55). — On traverse la lande de Pont-Long. — 14 k. *Morlaàs*, 1,467 hab., ancienne capitale du Béarn. A l'*église*, fondée en 1089, admirable portail romano-byzantin restauré et crypte romane. *Buste* du médecin *Depaul*. — 19 k. *Gabaston*. — 22 k. *Saint-Laurent-Bretagne* : ⚔ sur (9 k.) *Simacourbe* (église du XIIe s.; manoir du XVIe) et (24 k.) *Lembeye*, 1,071 hab. (église du XVe s.; tour féodale). — 32 k. *Sévignacq* (église du XIIe s. avec beau portail roman et boiseries sculptées du XVIe s.). — 46 k. *Garlin*, 1,274 hab., bastide fondée vers 1315 par une comtesse de Béarn. — 57 k. *Aurensan*, dans la vallée du Larcis. Eaux minérales froides bicarbonatées mixtes, ferrugineuses (petit établissement). — 69 k. Aire-sur-l'Adour (*V.* p. 167).

De Pau à Monein (27 k. 🚂 1 h. 30; 2 fr. 80 et 1 fr. 40). — 3 k. *Jurançon* (mosaïque romaine du *Pont-d'Oly*; vin renommé). — 8 k. *Laroin*. — 11 k. *Artiguelouve* (château féodal restauré). — 15 k. *Arbus*. — 27 k. *Monein*, 4,209 hab. (belle *église* des XVe et XVIe s.; bon vin blanc).]

De Pau à Orthez, Bayonne, Lourdes, Tarbes, Montrejeau, Saint-Gaudens et Toulouse, R. 23; — à Cauterets, Luz-Saint-Sauveur et Barèges, R. 27.

DE PAU A LARUNS

39 k. — 🚂 en 1 h. 11 à 1 h. 32. — 4 fr. 40; 2 fr. 95; 1 fr. 95.

Pont de 3 arches sur l'Ousse, puis *viaduc métallique* (220 m. de long.) sur le Gave de Pau. — 4 k. 5. *Croix-du-Prince*.

8 k. *Gan* (*porte*, reste des remparts; *maisons* du XVIe s.). — Au delà d'un petit tunnel on passe sur un viaduc de 6 arches, long de 112 m., haut de 20, que suivent à peu d'intervalle le *viaduc de las Hies* (313 m. de long.; 16 arches, 30 m. de haut) et deux autres viaducs. — 16 k. *Haut-de-Gan*. — Deux tunnels.

20 k. **Buzy** ⚔ sur Oloron.

[**De Buzy à Oloron** (15 k. 🚂 30 min.; 1 fr. 65, 1 fr. 15, 70 c.). — 5 k. *Ogeu* (sources minérales et établissement). — 9 k. *Escou*. — 15 k. **Oloron-Sainte-Marie***, V. industr. de 9,078 hab., dans un site d'une beauté peu commune, au confl. des gaves d'Aspe et d'Ossau, qui y forment le gave d'Oloron, se compose de trois quartiers : Oloron proprement dite, la ville du commerce (*palais de justice*, au bord du gave d'Aspe, et *monument des Morts pour la Patrie*, par Desca, 1903; *église Notre-Dame*, moderne, du style roman; *buste* du poète *Navarrot*, par Escouta); *Sainte-Croix*, la ville du moyen âge, sur la colline entre les deux gaves (jolis paysages; restes des anc. *remparts*, XIVe s.; *tour Forie*, reste d'un château du XIVe s.; *église Sainte-Croix*, du XIe s., avec immense retable en bois doré et sculpté du XVIIe s.; maisons anciennes); enfin *Sainte-Marie*, sur le versant g. du gave d'Aspe (belle *tour* de l'anc. évêché), dont l'*église* (ancienne cathédrale) est remarquable par son portail roman sculpté, qui a été habilement restauré.

D'Oloron a Sauveterre (40 k.; tram à vapeur, en 2 h. 16; 4 fr. 10 et 2 fr. 05). — On descend la vallée du gave d'Oloron. — 4 k. *Moumour* (à l'église, peintures du XVe s.). — 22 k. *Navarrenx*, 1,288 hab., a été rebâtie sur plan régulier par le roi de Navarre Henri d'Albret en 1546 et entourée de *fortifications* plus tard renouvelées par Vauban (porte Saint-Antoine; tour Herrère, XVe s.). — 40 k. Sauveterre (p. 150).

D'Oloron a Mauléon (44 k. 🚌 2 h. 40; 4 fr. 55 et 2 fr. 25). — 9 k. *Féas*, sur le Vert, dans la vallée de Barétous. — 14 k. *Aramits*, 153 hab. (maison de la Vallée, XVIe s., où se réunissaient autrefois les syndics de la vallée de Barétous). — 18 k. *Lanne*. — 25 k. *Montory*. — 30 k. *Tardets*, 1,080 hab. (inscription romaine), dans la charmante vallée du Saison, qu'on descend jusqu'à (44 k.) Mauléon (R. 23). De Tardets, excurs. aux *gorges de Cacoueta*, par (7 k.) *Licq-Atherey*, où l'on trouve des guides et mulets à l'hôtel des Touristes; 3 k., puis 2 h. 30, de Licq à l'entrée des gorges.

D'Oloron a Jaca (83 k. 🚌 serv. public jusqu'à Urdos, en 6 h.). — Une belle route, très fréquentée, qui passe d'abord à *Bidos* et à *Gurmençon*, remonte **la vallée d'Aspe**, longue de 40 k., large de 18 k. env., et formant une suite de défilés étroits. A Bidos se détache à g. la route (qui franchit le gave) de (8 k.) *Saint-Christau* *, charmante station balnéaire située dans un parc délicieux au pied du *Mont-Binet* (4 *sources* froides, ferrugineuses et cuivreuses, employées en boisson, bains et douches, dans 2 *établissements*; casino). — La route d'Urdos franchit plusieurs fois le gave sur des ponts pittoresques. — 16 k. *Escot* (petit établissement thermal). — 19 k. *Sarrance*, célèbre au moyen âge par son pèlerinage. — 25 k. *Bedous* *. — 29 k. *Accous*, 1,053 hab., autrefois la capitale de la vallée d'Aspe (obélisque à la mémoire du poète Despourrins). — A g., taillé dans le roc, *fort d'Urdos* ou *du Portalet* (794 m. d'altit.), réuni à la route par le *pont d'Enfer*. — 41 k. *Urdos* *, dernier v. français. — 53 k. **Le Somport**, col à 1,640 m., sur la frontière d'Espagne. — 65 k. Canfranc, et 18 k. de Canfranc à (83 k.) Jaca (*V.* les *Pyrénées*).]

Pont sur le gave d'Ossau, en aval du beau *pont* à 2 étages de la route de terre.

26 k. **Arudy** *, 1,710 hab., à 413 m. (église du XVe s.), presque à l'entrée de la **vallée d'Ossau**, dirigée du N. au S., longue de 16 k., large de 2 k., et dont le gave contourne au N. Arudy.

28 k. *Izeste* (*grotte*). — A g., *Louvie-Juzon* (*église*, avec *flèche* en pierre, la seule du Béarn), puis *Castet* (ruine du *Château-Gélos*, XIIIe s.).

32 k. **Bielle** *, anc. capitale de la vallée d'Ossau, sur l'Arriumaye. — *Eglise* des XVe et XVIe s. avec colonnes (antiques) en marbre d'Italie. — *Maisons* des XVe et XVIe s. ornées de sculptures et de mosaïques antiques. — 34 k. *Pont-de-Béon*.

39 k. **Laruns** *, 2,061 hab., à 504 m. — *Eglise* (1882) avec *bénitier* du XVIe s. — *Fontaine* en marbre. — Devant l'église, *monument*, avec *buste* par Coutan-Montorgueil, à la mémoire de *Jean-Baptiste Guindey* (1785-1843), du 10e hussards, qui tua le prince Louis de Prusse, neveu du grand Frédéric, à Saalfeld (10 oct. 1806).

DE LARUNS AUX EAUX-BONNES

6 k. — 🚌 omnibus à tous les trains (1 fr. 50).

On traverse l'Arrieuzé; à dr., ancien chemin des Eaux-Chaudes; on franchit le Gave d'Ossau. — Bifurcation des routes qui conduisent : celle de dr., aux Eaux-Chaudes (*V.* ci-dessous); celle de g., aux Eaux-Bonnes. La route s'élève au-dessus du torrent du Valentin par des sinuosités d'où l'on a le panorama du bassin de Laruns.

6 k. **Eaux-Bonnes***, station thermale à 750 m., à l'entrée de la gorge de la Sourde, au-dessus du confl. de ce ruisseau avec le torrent du Valentin, se compose principalement d'une grande rue qui longe à dr. le **Casino** en terrasse, s'évase en une place ou square appelé *jardin Darralde*, bordé de beaux hôtels, puis monte au *Grand établissement* thermal et à l'*église*. — *Etablissement d'Orteig*, élégant et bien aménagé. — *Etablissement hydrothérapique*. — A l'hôtel de ville, *musée* minéralogique, botanique et zoologique *Gaston Sacaze*.

Les *sources*, au nombre de 7, thermales ou froides (12° à 32°), jaillissant à la base de la *butte du Trésor*, fournissent ensemble, par 24 h., 75 m. cubes d'eau sulfurée sodique. Cette eau s'emploie surtout en boisson.

[*Promenades et excursions*. — **Promenade Horizontale**. — *Promenade Grammont*, d'où l'on monte jusqu'au plateau du *Gourzy* (1,839 m.). — *Promenade Jacqueminot*. — *Kiosque*, pavillon sur la *butte du Trésor*, hauteur rocheuse isolée qui domine la gorge de la Soude. — *Promenades Eynard* et *du Pleiss*. — *Promenades de l'Établissement d'Orteig* et *de l'Impératrice* ou *du Gros-Hêtre*, dans la gorge du pic de Ger et dans la vallée du Valentin. — Chemin de la *Montagne-Verte*.

Cascades formées par le Valentin : *cascades des Eaux-Bonnes*, *d'Iscoo* (20 min.), *du Gros-Hêtre* (1 h.), *du Serpent* et *de Larressec* (2 h.). — *Lacs d'Anglas et d'Uzious*; *col d'Uzious* (1 j.; guides nécess.).

Ascensions. — *Pic de Saint-Mont* (1,902 m.; 9 h. aller et ret.). — *Pic de Goupey* (2,209 m.; 7 h. aller et ret.). — **Pic de Gabizos** (2,684 et 2,639 m.; magnifique panorama; 1 jour). — *Pic d'Ar-Sourins*, (2,618 m.; 10 h.). — *Pic de Ger* (2,612 m.; 10 h.). — *Lac d'Artouste* (1,964 m.; 6 h. montée; à la rigueur, on peut y aller à cheval).]

DE LARUNS AUX EAUX-CHAUDES

6 k. — (omnibus) omnibus à tous les trains, 1 fr. 50.

Après avoir suivi quelque temps la route des Eaux-Bonnes on la laisse à g., pour remonter le défilé du *Hourat*, sur la rive dr. du Gave, qui bondit, tourbillonne dans des vasques, sur des rochers, à une grande profondeur.

6 k. **Les Eaux-Chaudes***, v. sur le Gave d'Ossau ou de Gabas, à 675 m. d'alt., dans une gorge sauvage. — *Etablissement thermal* très bien aménagé. — *Place* ou promenade *Henri-IV*,

7 *sources* thermales ou froides (10°,6 à 36°,25), sulfurées sodiques. Les 3 principales débitent, en 24 h., 1,365 hectol. Elles sont employées en boisson, bains et douches.

[**Promenades** *et excursions*. — *Promenade d'Argout*. — *Ancienne promenade Horizontale* (2 k.; petite cascade). — *Nouvelle promenade Horizontale* (2 k.), aboutissant à la *promenade Minvielle*, sur un beau plateau.

A 30 min. (sentier de mulets), *Goust*, ham. — A 45 min. de montée (chemin de mulets), *grotte des Eaux-Chaudes*, profonde de 450 m. (visite et éclairage, 2 fr. par visiteur isolé; 1 fr. 50 pour plusieurs; café-restaurant). — A 8 k., *Gabas*. — A 13 k., *Bious-Artigues* (omnibus) de Bious-Ar-

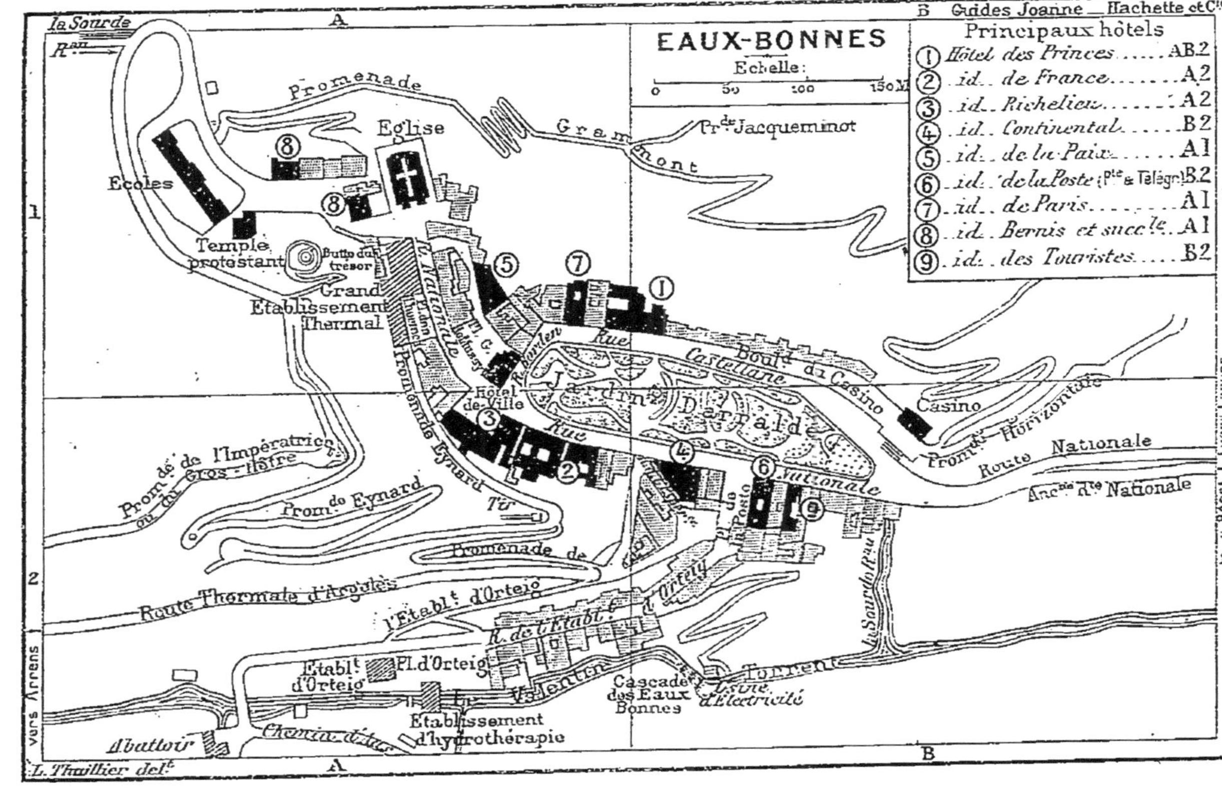
Guides Joanne — Hachette et Cie
EAUX-BONNES
Echelle:
0 50 100 150 M
Principaux hôtels
(1) Hôtel des Princes AB2
(2) id. de France A2
(3) id. Richelieu A2
(4) id. Continental B2
(5) id. de la Paix A1
(6) id. de la Poste (Pte & Télégr.) B2
(7) id. de Paris A1
(8) id. Bernis et succle ... A1
(9) id. des Touristes B2
la Sourde
Promenade
Eglise
Ecoles
Gramont
Pr. de Jacqueminot
Temple protestant
Butte du trésor
Grand Etablissement Thermal
R. Nationale
Promenade Eynard
Hôtel de Ville
Rue
Jardin Darralde
Boulᵈ du Casino
Castellane
Casino
Promᵈᵉ Horizontale
Route Nationale
Ancⁿᵉ Rᵗᵉ Nationale
Nationale
Pl. de la Poste
Promᵈᵉ de l'Impératrice ou du Gros-Hêtre
Promᵈᵉ Eynard
Tir
Promenade de
Route Thermale d'Argelès
l'Etablᵗ d'Orteig
R. de l'Etablᵗ d'Orteig
Etablᵗ d'Orteig
Pl. d'Orteig
Valentin
Torrent
Cascade des Eaux Bonnes
Usine d'Electricité
Etablissement d'hydrothérapie
Abattoir
vers Arrens
v. Béost
vers Laruns
L. Thuillier delᵗ
A
B
1
2

tigues, vue admirable sur le Pic du Midi). — *Lac d'Aule* (1 j., all. et ret.). — *Lac d'Artouste* (6 h.). — *Val de Bitet* et *col d'Iseye* (3 h.). — *Lacs de Montagnon* et *pic de la Gentiane* (1 jour).

Ascensions. — *Pic Scarput* (2,605 m.; 9 h. aller et ret.). — *Lac d'Isabe* et *pic de Sesques* (2,605 m.; 10 h. 30; beau panorama). — *Pic d'Arriel* (2,828 m.; 6 h. de montée). — *Pic du Midi d'Ossau* (2,885 m.; 1 j.; pénible). — *Le Balaïtous* (3,146 m.; 2 j.; difficile).]

ROUTE 26

DE PARIS A LOURDES ET A CAUTERETS

DE PARIS A LOURDES

PAR BORDEAUX ET PAU

860 k. — 🚂 en 13 h. 42 (rapide du soir, 1re cl.) et en 16 h. 26 (express du soir, 1re, 2e et 3e cl.). — 95 fr. 50; 64 fr. 55; 42 fr. 10. — On peut se rendre aussi à Lourdes : 1° par Bordeaux et Tarbes; 2° par Agen et Tarbes; 3° par Montauban et Toulouse; mais le traj. est un peu plus long, si par Agen les prix sont moindres.

821 k. de Paris à Pau (R. 25). — 39 k. de Pau à (860 k.) Lourdes (R. 23).

Lourdes * Ⓑ, 8,708 hab., à l'entrée des grands massifs pyrénéens, dans la vallée du Gave de Pau, est séparé par le torrent et le roc escarpé portant le vieux château en deux parties : à l'E., la ville proprement dite; à l'O., la cité religieuse ou du pèlerinage qui doit son existence aux visions de Bernadette (1858) : Lourdes est devenu le sanctuaire le plus célèbre de la catholicité. Des trams électriques desservent les deux cités.

Par l'*avenue de la Gare*, on parvient, après avoir laissé à g. la *chaussée Maransin* menant dans la vieille ville, à une rue montante qui longe à dr. l'hôpital. A g., n° 4 de la *rue Bernadette-Soubirous*, en contrebas de la rue du Bourg, *maison* natale (on visite) *de Bernadette Soubirous*, la jeune fille dont le nom est lié à l'essor prodigieux de Lourdes; du même côté, rocher portant le **château** du moyen âge (porte du XVIe s.; donjon carré du XIVe). A la *place Lapaca* on entre dans le *boulevard de la Grotte*, bordé d'hôtels, de restaurants, de magasins d'objets de piété; on franchit le Gave sur le *pont de la Grotte*, pour pénétrer dans l'*Esplanade des Processions* (statue de St Michel; *Croix des Bretons;* statue de *la Vierge couronnée*, par Raffl), bordée à dr. par les quais du Gave, vers lequel descendent, sur l'autre rive, des pentes gazonnées où se sont bâtis de vastes couvents. Dans ce parc, posée comme sur un socle au-dessus de la **grotte de Massabielle**, où la Vierge apparut, dit-on, en 1858, et à g. de laquelle est la *fontaine miraculeuse* (on visite les piscines de 2 h. à 3 h.), s'élève l'**église Notre-Dame**, vaste basilique à deux étages, bâtie par l'architecte Hippolyte Durand dans le style du XIIIe s. (à l'int., innombrables bannières, oriflammes, ex-voto). En avant et au-dessous est l'*église du Rosaire* du style byzantin. A g. de la grotte (statue de la Vierge, par Fabisch) sont disposés plusieurs robinets par lesquels coule l'eau de la fontaine miraculeuse et des piscines où les pèlerins font leurs ablutions. A g. de la basilique est l'habitation des *Missionnaires* (qui desservent le pèlerinage) dominée par les grottes dites les *Spélugues* et par un *calvaire* (belle vue).

On laisse à dr. le *passage de la Merlasse* (*panorama de Jérusalem*) et la petite *rue Saint-Joseph*, à l'extrémité de laquelle on voit le *Panorama* de Lourdes (entrée, 1 fr.), avoisinant l'*hospice N.-D. des Douleurs*. Après avoir franchi le Gave sur le *Pont-Vieux*, et laissant à g. le *couvent des Clarisses*, on prend la *rue de la Grotte*, sur laquelle à g. s'ouvre la *rue du Bourg*, débouchant dans la *rue du Tribunal*, qu'un petit passage à g. soude à la *rue du Château*, donnant accès à l'entrée de la vieille forteresse (entrée 25 c. par pers., de 8 h. matin à 6 h. soir).

La rue de la Grotte aboutit sur la *place du Marcadal*, communiquant avec la *place du Porche* (*fontaine*), que bordent l'*hôtel de ville* et l'*église paroissiale*. Par la *rue Saint-Pierre* on gagne la *rue de Langelle*, d'où un passage à dr. conduit à la *nouvelle église* (belles colonnes de marbre; dans la crypte, tombeau du curé Peyramale). De la rue Saint-Pierre la *chaussée Maransin* ramène à la gare.

Chocolat et bonbons renommés; carrières de pierre éminemment architecturale.

[A 3 k. N.-N.-O., *lac de Lourdes* (voit. publ., 75 c. aller et ret.).

Pic du Grand-Jer, S.-O., 950 m. d'altit. (tram électr., 15 c. ou 10 c. selon la saison, de la gare de Lourdes-Midi à la halte de Soum, d'où l'on suit pendant 300 m. la route d'Argelès pour gagner la gare du funiculaire; mont. en 15 min.; 2 fr. 50 all. et ret.). — Le funiculaire s'élève en 15 min. de l'altit. de 400 m. à celle de 900. Il traverse un tunnel de 80 m., passe sur un viaduc (10 arches) de 20 m. de haut., puis dans un deuxième tunnel de 75 m. et passe sur un second viaduc (12 arches). — 15 min. *Gare-sommet du Pic de Jer* (900 m.). De là des lacets conduisent à un restaurant (930 m. d'alt.) et au sommet (950 m.; kiosque-observatoire, entrée 50 c.), d'où la vue est admirable; ce sommet est couronné par une croix de 30 m. Le panorama des Pyrénées est de toute beauté.]

De Lourdes à Pau, Orthez, Bayonne, Tarbes, Montrejeau, Saint-Gaudens et Toulouse, R. 23; — à Luz-Saint-Sauveur, Gavarnie et Barèges, R. 27.

DE LOURDES A PIERREFITTE

21 k. — [chemin de fer] en 45 min. — 2 fr. 35; 1 fr. 60; 1 fr. 05.

Quand on a laissé à g. la ligne de Toulouse on contourne (à g.) le pic du Grand-Jer, pour se rapprocher du Gave de Pau.

3 k. *Soum*. — On entre dans la célèbre **vallée de Lavedan** où débouchent sept autres vallées latérales, appelées « rivières ».

6 k. *Lugagnan*, où l'on entre dans la belle **vallée d'Argelès**. Au S.-E., vallée de *Castelloubon* (ruines d'un *château* des vicomtes de Lavedan).

12 k. *Bôo-Silhen*. — On traverse le Gave, au débouché de la vallée d'*Estrem de Salles*.

15 k. **Argelès-Gazost** *, 1,836

hab., station d'hiver et station balnéaire, sur la rive g. du Gave d'Azun, près de son confl. avec le Gave de Pau, au pied des pentes boisées du *Gez* (1,097 m.), dans un charmant bassin entouré de montagnes. La ville (*château de Vieuzac*, avec donjon du XIVe s., modernisé, dans une gracieuse situation; *buste du poète Despourrins*) s'étage à mi-côte au-dessus de la plaine où s'étend la station thermale comprenant de jolis chalets, un grand *parc*, l'*Institut de thérapeutique physique* et l'*établissement thermal* où sont utilisées les eaux froides sulfureuses amenées du v. de Gazost. Au-dessus de la ville, promenade de *Canarie* ou *Tirelire*.

[A 3 k. S. **Saint-Savin** possède les restes d'une abbaye, dont l'**église**, un des édifices romans les plus remarquables des Pyrénées, paraît dater du XIe s., à l'exception du clocher octogonal (XIVe s.). A l'int., tombeau de St Savin (X^e et XIVe s.) et curieux tableaux gothiques à compartiments; *salle capitulaire* du XIIe s. : pour la visiter et voir la châsse (XIIe s.) de la sacristie, s'adr. à M. le curé. — *Château de Miremont*, bâti par le poète Despourrins. — En face de Saint-Savin, sur la rive dr. du Gave, ruines pittoresques du **château de Beaucens**, dominant le village et l'*établissement thermal de Beaucens*.]

On franchit le Gave d'Azun.

21 k. **Pierrefitte-Nestalas** *, à 500 m., sur la rive g. du Gave de Cauterets.

DE PIERREFITTE A CAUTERETS

11 k. — Tram électrique, en 45 min. — 2 fr. 25 et 1 fr. 70.

1 k. *Nestalas*. — La voie décrit un énorme lacet (pentes tapissées de beaux châtaigniers) pour s'élever au-dessus du v. et de la route de Cauterets, passe dans un tunnel, puis sur un *viaduc* aérien (à g., vue admirable sur la vallée), et, en corniche extrêmement hardie, surplombe le gouffre dans lequel roule à g. le Gave de Cauterets, qu'elle franchit ensuite sur le viaduc de *Meyabat*. Au ressaut du Limaçon le train arrive si près de la paroi qu'il semble que l'on va buter contre le rocher; mais soudain il rebrousse en s'élevant pour gagner la différence de niveau, et gravit les pentes du Viscos.

11 k. **Cauterets** *, b. de 1,547 hab., station thermale célèbre et séjour climatique, situé à 925-932 m., sur les deux rives du Gave de Cauterets, dans un étroit bassin, entre de hautes montagnes : à l'E., *Peyraute* (forêts de sapins); au S., *Péguère* (hêtres et sapins); au N.-O., *Peyrenère*, au triple sommet couvert de pâturages. Entre Péguère et Peyrenère on aperçoit à l'O. la cime du Monné, au N. le Cabaliros.

22 *sources* thermales (24° à 56°), sulfurées sodiques, formant deux groupes distincts, l'un à Cauterets même, et l'autre, plus au S., au confl. des Gaves de Lutour et de Marcadau, alimentent 9 établissements dans lesquels elles sont employées en boisson, bains, douches, piscine, humage, pulvérisations, gargarismes, etc. Ce sont : les *Thermes de César et des Espagnols*, *Pauze-Vieux*, *Néothermes*, *la Raillère* (où conduit en 7 min. un tram électrique, 70 c. et 50 c. aller et ret.), *les Thermes des Œufs*, *du*

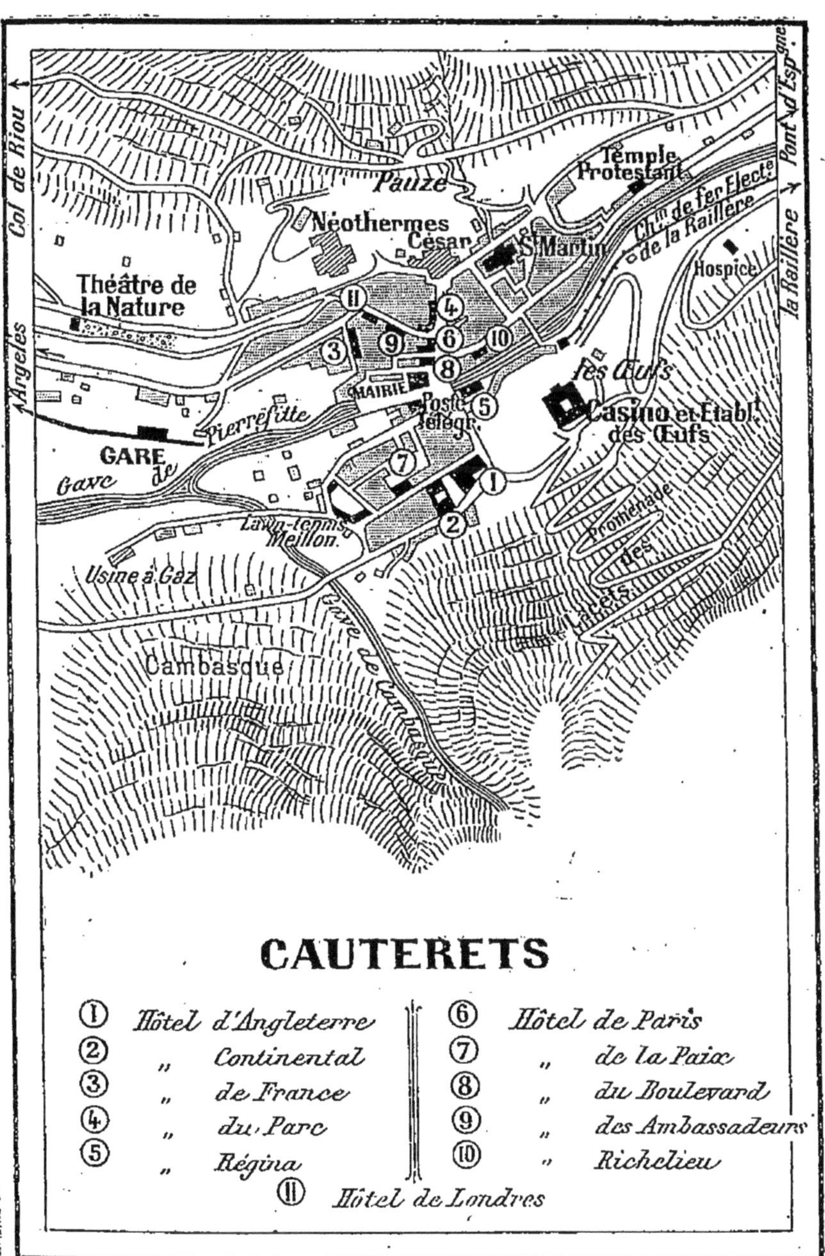

L. Hermann, del. — d'après le plan communiqué par Mr le Dr A. Meillon.

Pré, *du Bois*, *du Petit-Saint-Sauveur* et la buvette de *Mauhourat*. Le débit total des sources en 24 h. dépasse 1,400,000 litres.

De la gare l'*avenue de Cauterets*, continuée par la *rue Richelieu*, d'où un passage à g. conduit au *Parc* et au *théâtre de la Nature*, mène à la *place Saint-Martin*, centre vital du bourg, continuée par la *place de l'Hôtel-de-Ville* (*relief Wallon*, entrée 50 c.). Le Gave franchi, on voit s'ouvrir à g. l'*Esplanade des Œufs*, rendez-vous pour les étrangers. A dr., au delà des *allées de l'Harmonie* (kiosque de concert : à 1 h. et 8 h. soir), qui s'étendent jusqu'au pied de la montagne escaladée par la *promenade des Lacets* ou *futaie*, s'élèvent les Thermes des Œufs (à l'int., peintures par M. Baudoin), dont le 1er étage est occupé par le *Casino*. Au fond de l'Esplanade, gare du ch. de fer électrique de la Raillère, établiss. où l'on parvient aussi par la charmante *promenade Demonzey*.

[**Promenades et excursions**. — *Promenade du Mamelon-Vert*. — *Promenade de Cambasque*. — *Grange de la Reine-Hortense* (30 min.). — *Cascade de Cérisey* (1 h.) et (1 h. 50) *pont d'Espagne* (breaks, 4 fr. aller et ret.; hôtel), sur le Gave de Marcadau (3 h. 30). — *Lac de Gaube* (4 h. aller et retour), à 1,789 m. d'alt., d'une superficie de 20 hect. — *Lac d'Estom* (3 h. 30 de la Raillère; hôtellerie). — *Lacs d'Estom-Soubiran* et *col d'Estom* (10 h. 30). — *Col de Riou*, 1,927 m. (2 h. 30; hôtel), chemin de Luz.

Ascensions. — Le *Monné* (2,724 m.); cheval, 12 fr.; on peut monter à chev. jusqu'à 150 m. du sommet (6 h. 30, aller et retour; guide, 12 fr.). — Le *Cabaliros* (2,333 m.), par (3 h.) le *col de Contente* (2,119 m.; hôtellerie); 6 h. aller et retour; guide, 10 fr.; vue admirable. — Le Balaïtous (p. 160). — Le **Vignemale** (3,298 m.), la plus haute cime des Pyrénées françaises (montée, 9 h. par le lac de Gaube et le refuge d'*Ossoue*; guide, 30 fr.; au-dessous du sommet, grottes-abris creusés par M. le comte Russell).]

ROUTE 27

DE PARIS A LUZ-SAINT-SAUVEUR ET A BARÈGES

De Paris à Pierrefitte, *V.* R. 26.

DE PIERREFITTE A LUZ

13 k. — Tram électrique, en 50 min — 2 fr. 70 et 2 fr. — Toutes les gares du Midi, Orléans, Etat, P.-L.-M. délivrent des billets directs et enregistrent les bagages pour la gare de Luz.

La ligne de Luz se détache de celle de Cauterets à la halte de Nestalas (*V.* R. 26) pour suivre jusqu'au (4 k. 5) *pont de l'Echelle* la route nationale, qui passe à *Soulom* (église romane) et remonte la magnifique gorge du Gave de Pau, sur lequel le *pont de la Hiladère* porte un obélisque avec inscription en l'honneur de la reine Hortense. Au delà d'un tunnel de 390 m. le tram retrouve la route, qui traverse *Sère*.

13 k. **Luz*** 1,509 hab., dans un bassin triangulaire, au débouché de la vallée du Bastan dans la vallée du Gave de Pau, est dominé par un monticu

portant les ruines du *château de Sainte-Marie* (XIVe et XVe s.). — **Eglise** du XIIe et du XVe s., entourée d'une enceinte crénelée; chevet flanqué de 2 tours dont l'une renferme un petit musée pyrénéen (50 cent. d'entrée). — *Chapelle* moderne (style roman) *de Solférino* (belle vue).

Une route de 1,500 m. (omnibus à la gare de Luz, 50 c.; pont sur le Gave) monte de Luz à **Saint-Sauveur** *, station thermale formée d'une rue à flanc de montagne, régulière et jolie. — 2 *établissements thermaux*, exploitant deux *sources* thermales (20°,9 à 34°), sulfurées sodiques, employées en boisson, bains et douches. — *Salon des Etrangers* ou *Casino*. — *Pont Napoléon*, long de 67 m. (ouverture de l'arche, 47 m.), haut de 65 m. au-dessus du torrent.

[Belles promenades du *Parc* ou *Jardin anglais*, du *plateau de la Hontalade* (belle vue) et du *chemin de Sassis*.

Ascensions. — C'est ordinairement de Saint-Sauveur que l'on monte: — au (4 h. 45; guide nécess.) *pic d'Ardiden* (2,988 m.); — au (7 h. aller et ret.; course facile et recommandée; guide, 12 fr.; chev., 10 fr.) *Som* ou *pic de Néré* (2,401 m.), par (2 h. 30) *les cabanes d'Arbéousse* (1,783 m.; lait excellent, fontaine délicieuse); — au (3 h.; 1 chev., 6 fr.) *pic de Bergons* (2,070 m.).

De Luz et de Saint-Sauveur à Gavarnie (19 k. 4; on trouve à la gare de Luz, l'été, un service de corresp., landaus et breaks, pour Gavarnie, dont les prix sont depuis Luz, 2 fr. 50; all. et ret., 3 fr. 50; voit. à 2 chev., 4 pl., 16 fr.; landaus, 20 fr. et depuis Lourdes, traj. en ch. de fer compris, de 12 fr. 95, 11 fr. 95 et 9 fr. 65; excursion très recommandée). — Les deux routes de Luz et de Saint-Sauveur à Gavarnie se rejoignent sur la rive dr. du Gave au pont Napoléon. On suit d'abord le pied du Bergons. — Chaos de pierres roulées du Rioumaou dans un défilé où la route est ouverte dans le roc. — A dr., au pied du pic d'Aubiste, *cascades de Lassariou* et *de Sia*.

5 k. *Pont de Sia*. — 7 k. *Pont Desdouroucat*. — Bassin de *Pragnères*, où le torrent de Bugaret vient se jeter dans le Gave. — Pont sur le Gave de Pragnères. — On aperçoit le Marboré.

11 k. 3. **Gèdre** *, à 995 m., à la jonction des vallées d'Héas et de Gavarnie (*grotte de Gèdre*, 25 c.).

[Ascension du **Pimené** (2,803 m.; montée 4 h. 30; on peut faire une grande partie du chemin à cheval; guide, utile, 10 fr.; asc. recommandée, beau panorama).

En remontant le Gave d'Héas on atteint successivement : — (4 h. 20) *la Peyrade*, amas de rochers détachés, d'où, en remontant le torrent d'Estaubé, on atteindrait en 1 h. le **Cirque d'Estaubé** (cascade); — le bloc erratique dit le *Caillou de l'Arrayé*; — (2 h.) le ham. et la *chapelle d'Héas* * — et enfin (3 h. 30 à 4 h. de Gèdre) le **Cirque de Troumouse**, dominé par le *pic de Troumouse* (3,086 m.), *Serre-Mourenne* (3,144 m.) et la **Munia** (3,150 m.).]

La route de Gèdre à Gavarnie se développe en lacets. — A dr., cascade de *Saussa*, puis **cascade d'Arroudet**. — *Chaos*, blocs énormes écroulés de la montagne de *Couméty*. — A dr., le Vignemale (*V.* p. 164). — Pont sur le Gave de Pau.

19 k. **Gavarnie** *, à 1,350 m. A 1 h. (on peut aller à cheval jusqu'à l'hôtel, à l'entrée du Cirque; âne 3 fr. sans ânier, 4 fr. avec ânier; chev. 4 fr., 5 fr. avec conducteur), célèbre **Cirque de Gavarnie** (3,600 m. de développement et 3 étages de murs verticaux, divisés en nombreux gradins), dominé : par l'*Astazou* (3,024 m.), le *pic du Marboré* (3,253 m.), l'*Epaule du Marboré* (3,118 m.), les *Tours* et le *Casque du Marboré* (3,018 et 3,006 m.), le *Rocher de la Fausse-Brèche* (2,948 m.). D'innombrables filets d'eau, venus de la plus haute

assise, bondissent de gradin en gradin. L'une des deux *cascades* principales, qui ne tarissent jamais, la **cascade de Gavarnie**, a 422 m. de haut; en été elle est rompue aux deux tiers de sa hauteur par une saillie du rocher.

Excursions de Gavarnie : — (10 min. aller et ret.) *cascade de Lapaca*; — (6 à 7 h. aller et ret.) la **Brèche de Roland** (2,804 m.), ouverture de 40 m. à sa base et de 60 m. au tiers de sa hauteur, que le paladin, dit la légende, tailla dans le roc vif d'un coup de sa Durandal; — le *Gabiétou* (3,033 m.; 7 h. 30 à 8 h. aller et ret.; guide, 20 fr.); — *Pic du Marboré* (3,253 m.; 10 h. 30, aller et ret. par la Brèche de Roland; guide, 20 fr.); — le **Mont-Perdu** (3,352 m.; guide, 30 fr.) : montée 6 h. 15, desc. 5 h. par la *Brèche d'Allanz* et l'*Echelle de Tuquerouye* (refuge du C. A. F.); mont. 6 h. 30 par la *Brèche d'Astazou* ou par les *terrasses du Marboré*; en 2 j. aller et ret. en couchant à la *cabane inférieure de Gaulis*; — **Soum de Ramond** (3,248 m.; 7 h. 15; mont. 2 h. de l'abri du Cylindre).]

DE LUZ A BARÈGES

7 k. 6. — 🚌 voit. de corresp. à la gare de Luz l'été, 2 fr.; aller et ret., 3 fr. 50; voit. à 2 chev., 4 pl., 16 fr., landaus, 20 fr.

La route s'élève par de fortes rampes sur la rive g. du Bastan. — 700 m. *Esterre*. — 1 k. 2. *Viella*. — La route contourne Betpouey dans le lit du Bastan, passe sur la rive dr. par un pont en pierre, puis revient sur la rive g. par une passerelle. Ensuite on monte par une série de tourniquets soutenus par des murs sur les prés en déclivité. Sur la rive dr., petit établissement de *Barèges-Barzun*.

7 k. 6. **Barèges** *, station thermale célèbre, v. dépendant de la com. de Betpouey, forme une longue rue, bâtie sur la rive g. du Gave de Bastan, à 1,232 m., entre la montagne d'Ayré au S. et la montagne de Labas-Blancs au N. Les habitants émigrent l'hiver, laissant à quelques montagnards la garde des maisons. — *Etablissement thermal* bien aménagé. — *Hôpital militaire*, sur le bord du gave. — *Hospice Sainte-Eugénie*. — Petit *Casino*. — 13 *sources* thermales (32° à 44°,25), sulfurées sodiques, sont employées en boisson, bains et douches. Leur débit total est d'env. 1,681 hectol. en 24 h.

[**Promenades et excursions.** — *Promenade Horizontale*. — Clairière de *l'Allée-Verte*, que l'on atteint par les sentiers de la belle *forêt de Barèges* (hêtres). — *L'Héritage à Colas* (50 min. aller et retour), ferme sur un petit plateau à la base du pic d'Ayré. — *Ermitage de Saint-Justin* (45 min. à la montée; belle vue). — (1 h. aller et ret.) *Sers* (eau de noix réputée) sur des rochers, à 1,130 m. — *Ravins de Midaou* (3 h. 15 aller et ret.), *de Pontis* et *du Rioulet* (4 h. 30 aller et ret.), intéressants par leurs travaux de boisement et de protection contre les avalanches. — *Pic d'Ayré* (2,418 m.; 6 h. aller et ret. guide, 5 fr.; chev., 5 fr.). — *Pic de Lienz, d'Ereslids* ou *de la Piquett* (2,286 m.; 4 h. aller et ret.). — *Vallée de la Glaire* et ses *lacs* (3 h. 4 ou 7 h. 30 aller et ret.). — *La d'Escoubous*; à 1,949 m. (2 h., montée guide, 5 fr.; chev., 5 fr.). — *Lacs de Coueyla-Grande* et *d'Aigues-Cluse* (5 h. aller et ret.; guide, 7 fr.; chev 7 fr.). — *Lac Bleu* ou *de Lhéo* (5 h. 45 aller et ret.; guide, 10 fr. chev., 7 fr.). — *Pic de Madamet* (2,539 m.; 8 h. aller et ret.; guide 10 fr.). — Le **Néouvielle** (10 h.) c *pic d'Aubert* (3,092 m.; 10 h. aller ret., par le col d'Aure; guide, 20 fr — **Pic du Midi de Bigorre** (2,877 m mont. 4 h.; on peut aller à che jusqu'au sommet; guide, 10 fr.; chev., 7 fr.; course très recommandée; à 1 h. au-dessous du sommet, bonne hôtellerie ouverte de juillet au 1er oct.; au sommet, *observatoire météorologique* que l'on peut visiter; magnifique panorama). — Le *Labas-Blancs* (2,630 m.; 5 h. aller et ret.; guide, 5 fr.). — Gavarnie (*V.* p. 165). — Cauterets, par Luz et le col de Riou (R. 26).]

ROUTE 28

DE PARIS A BAGNÈRES-DE-BIGORRE

PAR MORCENX ET TARBES

856 k. — 🚂 en 14 h. 30 par le rapide du soir, service d'été (1re et 2e cl.; voit. directe de 1re cl. de Paris à Bagnères), en 14 h. 45 par l'express du soir (3 cl.). — 95 fr. 50; 64 fr. 50; 42 fr. 05.

On peut aussi se rendre de Paris à Bagnères-de-Bigorre *via* Périgueux et Agen (voie kilométriquement la plus courte, mais plus longue comme temps employé) et *via* Dax-Puyôo-Pau-Lourdes (voie la plus longue comme kilométrage, mais la plus courte en 1re cl. pour le parcours de retour).

588 k. de Paris à Bordeaux (R. 12). — 109 k. de Bordeaux à (697 k.) Morcenx (R. 20).

702 k. *Arjuzanx*, 645 hab., sur le Bez. — 706 k. *Arengosse*. — 713 k. *Ygos*. — 722 k. *Saint-Martin-d'Oney*. — On traverse la Midouze.

736 k. **Mont-de-Marsan** *, ch.-l. du départ. des Landes, V. de 11,604 hab., au confl. de la Douze et du Midou. — Belles *arènes* (courses de taureaux en juillet). — *Musée* (hist. naturelle). — Jardin public, dit la *Pépinière*, sur le bord de la Douze.

[**De Mont-de-Marsan à Luxey** (46 k. 🚂 2 h. env.; 4 fr. 75, 3 fr. 55, 2 fr. 60). — 10 k. *Parentis-Uchacq*. — 14 k. *Cère*, sur la rive g. de l'Estrigon (beau domaine de *Pocyferré*, ancienne bergerie royale; jolie église ogivale moderne). — 20 k. *Brocas*, 1,341 hab. — 27 k. *Labrit*, 1,167 hab., appelé autrefois *Albret*, sur l'Estrigon, fut avant Nérac la capitale du duché d'Albret. Mosaïque antique. Redoute et fossés de l'ancien château des ducs d'Albret. — 46 k. Luxey (*V.* p. 141).]

A Marmande, Nérac et Port-Sainte-Marie, R. 18; — à Saint-Sever et Dax, R. 20.

750 k. *Grenade*, 1,337 hab., bastide du XIIIe s., sur la rive dr. de l'Adour (*église* du XVe s.). — A 10 k. S. (voit. 1 fr. 50), petite station thermale d'*Eugénie-les-Bains*.

759 k. *Cazères-sur-l'Adour*, anc. bastide (1314).

768 k. *Aire* *, 4,266 hab., siège d'un évêché, sur la rive g. de l'Adour. — *Cathédrale* de divers styles. — *Eglise du Mas-d'Aire* (XIIIe-XIVe s.), avec crypte renfermant le *tombeau de Ste Quitterie*. — *Grand* et *petit séminaires*.

D'Aire à Garlin, Lembeye et Pau, *V.* p. 150.

770 k. *Barcelonne-du-Gers*, anc. bastide de 1300. — 777 k. *Saint-Germé*. — On franchit l'Adour.

783 k. *Riscle*, 1,769 hab., sur la rive g. de l'Adour.

A Eauze, Condom, Nérac et à Port-Sainte-Marie, R. 18, p. 119.

792 k. *Castelnau-Rivière-Basse*, 953 hab. (*église* du XVe s.; reste d'un château des comtes d'Armagnac), sur une colline

escarpée (belle vue). — 797 k. *Hères*. — 801 k. *Caussade*. — On franchit l'Echez.

808 k. *Maubourguet* *, 2,278 hab. (*église*, XIIe-XIVe s.), au confl. de l'Adour et de l'Echez. — 813 k. *Nouilhan*.

817 k. *Vic-en-Bigorre*, 3,796 h., sur la rive dr. de l'Echez (église du XIVe s.). A 8 k. O.-S.-O., *Montaner*, 619 hab. (ruines d'un *château* de Gaston Phœbus).

A Auch et Agen, R. 29.

824 k. *Andrest*.

834 k. **Tarbes** * Ⓑ, ancienne capitale du Bigorre, ch.-l. du départ. des Hautes-Pyrénées, évêché, centre militaire, V. de 26,055 hab., sur la rive g. de l'Adour, à 309 m. d'alt., dans une plaine fertile que dominent au S. les Pyrénées, sur lesquelles on jouit d'une vue fort belle. Les chevaux de Tarbes sont renommés.

La gare est reliée par l'*avenue Bertrand-Barrère* à la *place Maubourguet* (l'*Inondation*, beau groupe en marbre par Louis Mathet), centre de la ville. Mais pour visiter Tarbes rapidement on doit suivre à g. en arrivant, l'*avenue de la Gare*, conduisant au beau **jardin Massey** (14 hect.), renfermant : un *établissement de pisciculture*; le *buste de Placide Massey*, directeur des jardins de Versailles, qui a légué cette promenade à la ville; le *buste de Théophile Gautier*; un *cloître* du XVe s., provenant de Saint-Sever-de-Rustan, et un bâtiment en briques de style mauresque (belle vue du haut de la tour, 25 c.) renfermant le *musée*.

Du jardin on revient par la *rue Massey* à la place Maubourguet, reliée par la *rue Abbé-Torn* à la *cathédrale* (coupole du transept XIVe s.) et à la *préfecture*, anc. palais épiscopal (XVIIIe s.). Contournant la préfecture par la rue qui s'ouvre à dr. de l'édifice, on gagne les *allées du Pradeau* par la *rue Pradeau*, dans laquelle aboutit le *cours de Reffye* (*buste du général de Reffye*).

A dr. la *rue des Pyrénées* mène au **haras**, que l'on peut visiter et d'où la *rue Cronstadt* conduit aux *allées Carnot* (*statue du chirurgien Larrey*). Des allées la longue *rue Larrey* (théâtre) mène à la *place Marcadieu* (**Fontaine des Quatre-Vallées**, œuvre des sculpteurs bigourdans Desca, Escoula et Mathet; halle; *église des Carmes* ou *Sainte-Thérèse*, en partie du XVe s.), d'où la *rue des Grands-Fossés*, l'artère la plus commerçante de la ville, ramène à la place Maubourguet en passant par la *place de la République* (*hôtel de ville* avec *bibliothèque* de 35,000 vol.; **monument de Danton**, œuvre du sculpteur Desca) et près de l'*église Saint-Jean*, puis du *palais de justice*.

A Lourdes, Pau, Bayonne, Montrejeau et Toulouse, R. 23; — à Auch et Agen, R. 29.

Pont sur l'Adour. — 836 k. *Marcadieu*. — A g., ligne de Toulouse. — 841 k. *Salles-Adour*.

843 k. *Bernac-Debat*. — 845 k. *Vielle-Adour*. — 848 k. *Montgaillard*. — 850 k. *Ordizan*. — Le ch. de fer longe le *canal d'Alaric*, qui prend son origine dans l'Adour, près de

853 k. *Pouzac* (*église* du XVe s., avec voûte en bois du XVIe s. et

retable du XVIIIe). — On traverse l'Adour.

856 k. **Bagnères-de-Bigorre***, 8,671 hab., à 556 m. d'alt., sur l'Adour, à l'entrée de la vallée de Campan, est à la fois une station thermale et une charmante villégiature. — On y compte près de 50 *sources minérales*, dont 26 env. sont exploitées. Leurs eaux, dont la température varie de 18°,7 à 51°,5, sont sulfatées calciques ou ferrugineuses; la source de *Labassère* est froide, sulfurée sodique. Elles sont employées en boisson, bains, douches, etc., dans de nombreux établissements thermaux.

De la gare l'*avenue de la Gare* conduit à la *place* et au *square des Vignaux*, puis à l'*église Saint-Vincent*, en partie des XIVe et XVe s. (*Vierge* par Clésinger), et à la **promenade des Coustous**, rendez-vous des étrangers (*buste d'Alfred Roland*, le créateur des orphéons français, par Escoula), contiguë à la *place Lafayette*. Celle-ci se continue à l'O. par le *boulevard Carnot* jusqu'au *boulevard du Casino*, où sont les **Néo-Thermes**, affectés à l'exploitation des deux *sources* les plus abondantes de la station, celles *de la Tour* et *de Salies* (magnifique *piscine*). A côté est le **Casino municipal**, avec parc, restaurant, café-glacier, salle d'armes. En sortant du Casino on traverse diagonalement le boulevard du Casino et l'on atteint bientôt la *villa Théas*, renfermant les *musées* de peinture et de géologie. Au S. du Casino les **Thermes** renferment, au 1er étage, la *Bibliothèque* de la ville.

En quittant les Thermes, prenant à l'E., on laisse à dr. le *square Soubies*, où un modeste monument rappelle un représentant du peuple de 1848, et à dr. les *allées de l'hospice civil*, dont la chapelle ou *église Saint-Barthélemy* date du XIIIe s. Ces allées sont le point de départ de toutes les promenades qui serpentent sur les flancs du Bédat et du Mont-Olivet. A dr. (S.) du prolongement de la place des Thermes s'ouvre l'*avenue de Salut*, conduisant à l'**établissement de Salut.**

Pour regagner Bagnères on prend à g. au sortir de l'établissement un chemin ombragé qui descend en la dominant la rive g. du ruisseau de Constance et passe près de la *fontaine de Rieunel*. Le chemin rejoint la route près des *bains Tivoli* à l'entrée de la *rue du Pont-de-la-Moulette*, conduisant aux *allées de Maintenon*. De là on descend à la *place du Pouey*, près d'un bras de l'Adour, et à la *promenade Saint-Martin* qui borde l'avenue de Campan et qu'avoisine la *villa Frossard* (*musée* d'histoire naturelle). Le long de la rive dr. du bras de l'Adour on suit la *rue des Pyrénées*, allant aux *allées Tournefort*, à la *place des Pyrénées*, puis à la promenade des Coustous.

A g. de l'hôt. de Paris la *rue de Lorry* va déboucher sur le quai que borde le *collège Victor-Duruy*.

Revenu aux Coustous, on passe par le *passage des Coustous* sur la *place de Strasbourg*, d'où l'on revient à la place des Thermes par la rue des Thermes ou par celle de l'Horloge.

La *rue des Thermes* (*hôtel de ville*) traverse la *place Ramond* (marché; poste et télégraphe) et laisse à dr., à l'angle de la *rue Saint-Jean* (maison en bois du XVIe s.), un portail du style de transition et plusieurs arcatures d'un cloître à colonnettes de marbre, restes de l'*église Saint-Jean*.

La *rue de l'Horloge* va déboucher sur la place des Thermes sous le nom de *rue de Salies* (*bains Lias*). On y voit la *tour des Jacobins* (XVe s.), octogonale, haute de 44 m., reste d'un couvent fondé en 1344. En face de cette tour la *rue du Vieux-Moulin* conduit à la *place* du même nom, entourée d'habitations à galeries et sur laquelle subsiste la *maison de Jeanne d'Albret*, à croisées de marbre et décorée de fines sculptures.

Marbreries, ardoisières, fabr. de lainages (1,500 ouvriers).

[**Promenades et excursions.** — *Allées de la Fontaine-Ferrugineuse*, qui s'élèvent en serpentant sur les terrasses du *Mont-Olivet* (814 m.); *Métaou*, métairie aux magnifiques ombrages, et *la Fontaine-Lavigne*; la promenade des *allées Dramatiques* (à chev., 2 h.; à pied, 3 h.), entre le Bédat et le Mont-Olivet; vallon de l'*Elysée-Cottin* (40 min.).

Camp de César (2 h. aller et retour), plateau à 731 m. d'alt. — Le *Bédat* (881 m.; 1 h. de montée; à mi-côte, grottes). — (2 h. à 2 h. 30) *Castel-Mouly* (1,142 m.; source incrustante; grotte). — *Palomières de Gerde* et *d'Asté Médous* (2 h. à cheval aller et retour; 3 h. à pied), ainsi nommées à cause des palombes qu'y guettent les chasseurs (dans l'église d'*Asté*, Vierge vénérée et tableau attribué à Philippe de Champaigne), et d'où l'on peut regagner Bagnères en passant par *Médous* (château avec parc renfermant un châtaignier et une source remarquables). — Le *Monné* (1,258 m.; 4 h. 30 aller et retour; guide, 6 fr.; chev., 10 fr.; vue étendue). — Le *Mont-Aigu* (2,341 m.; 10 h. aller et retour; guide, 15 fr.). — *Ardoisières* et *fontaine sulfureuse de Labassère* (6 h. aller et retour; guide, 6 fr.; chev. 10 fr.). — **Pic du Midi de Bigorre** (S.; 2,877 m. d'alt.). On se fait conduire en voit. à *Artigues* (aub. et guides) ou bien aux cabanes de *Thou*. D'Artigues en 3 h. 30, des cabanes de Thou en 1 h., on monte à cheval ou à pied à l'hôtellerie Plantade, où l'on dîne et couche pour voir le lever du soleil du sommet. Desc. sur Bagnères par le chemin direct ou par le lac Bleu (*V.* ci-dessous), ou sur Barèges (*V.* R. 27). — La *Pène de Lhéris* (1,593 m.; 2 h. 45 à la montée; belle vue). — *Houn Blanquo* (1,954 m.; 9 h. all. et ret.; guide, 8 fr.; chev., 10 fr.; très belle vue). — Charmante *vallée de Lesponne* et **lac Bleu** (1,968 m.; 9 h. aller et retour ⊛ jusqu'au fond de la vallée de Lesponne; guide, 10 fr.; chev. 10 fr.).

De Bagnères-de-Bigorre à Barèges (40 k. 4 ⊛ 5 h.; retour, 4 h.; voit., 40 à 60 fr.). — 5 k. 5. *Baudéan* (église du XVIe s.). On entre dans la charmante **vallée de Campan.** — 7 k. 2. *Campan*, 2,744 hab. (église du XVIe s.), à 668 m. — 13 k. *Sainte-Marie*. — 17 k. 5. *Gripp**. — 19 k. *Artigues** (à 25 min., aller et ret., *cascade de Garet*). — 29 k. 4. **Col du Tourmalet** (2,122 m.), la plus élevée des routes carrossables des Pyrénées, entre le *pic de Tourmalet* (2,467 m.), au N., et le *pic d'Espade* (2,461 m.), au S. — 40 k. 4. Barèges (R. 27).

De Bagnères-de-Bigorre à la vallée d'Aure, par le col d'Aspin (38 k. 2 4 h. ⊛ voit., 25 fr.). — 13 k. Sainte-Marie (*V.* ci-dessus). — 19 k. 6. *Auberge de Paillole*, à 1,110 m. — Au S., plaine de *Saint-Jean* ou *Champ-Bataillé*. — 20 k. 8. *Espiadet*, ham. au pied de la marbrière de **Campan.** — 25 k. 9. **Col d'Aspin** (1,497 m.; belle vue). — On descend à *Aspin*. — 38 k. 2. Arreau (p. 151).

ROUTE 29

D'AGEN A TARBES

PAR AUCH

148 k. — ⛟ en 4 à 5 h. — 16 fr. 60; 11 fr. 20; 7 fr. 30.

6 k. Bon-Encontre (p. 121), où on laisse à g. la ligne de Toulouse pour franchir la Garonne sur le *viaduc de Saint-Pey* (17 arches). — 10 arches sur le ruisseau marécageux de l'Estressol; 3 arches sur le Gers, que la voie ferrée remonte jusqu'à Auch.

11 k. *Layrac* (*église* romane, avec peintures par Franceschini). — 15 k. *Goulens.* — Pont sur le Gers.

19 k. *Astaffort*, 1,960 hab.

28 k. *Castex-Lectourois.*

36 k. **Lectoure** * (la station est située dans la vallée, à 1,500 m. de la ville), 4,495 hab., l'antique *Lactora*, sur un promontoire dominant la rive dr. du Gers. La rue Nationale (à g., *portail*, XIVe s., de l'anc. couvent *des Cordeliers*) conduit à la *place des Halles*, où l'on voit s'ouvrir à g. la *rue Montebello* (maison du XVe s. et maison natale du maréchal Lannes). A dr. de la place la *rue du 14-Juillet* conduit à l'*église du Saint-Esprit* (XVe et XVIe s.; tableaux et boiseries). La rue Nationale, au delà des halles, aboutit à l'*ancienne cathédrale* (XVe-XVIIIe s.), à côté de laquelle est l'*ancien évêché* renfermant auj. la mairie, les postes et télégraphes, la sous-préfecture et le *musée*. Derrière la cathédrale la *promenade du Bastion* (*statue* en marbre blanc *de Lannes*, duc de Montebello, né à Lectoure) domine un immense horizon. La *rue Fontélie*, qui part de la sous-préfecture, descend, en longeant les anciens *remparts*, à la *fontaine de Fontélie* ou *Houndélie* (XIIIe s.).

La voie franchit le Gers.

46 k. *Fleurance* *, V. de 4,102 h., fondée en 1280. — *Eglise* du XIVe s. (vitraux et fonts du XVIe s.). — Arènes de taureaux.

52 k. *Montestruc.* — 57 k. *Sainte-Christie.* — 62 k. *Rambert-Preignan.*

70 k. **Auch** *, l'antique *Elimberris*, auj. ch.-l. du départ. du Gers et siège d'un archevêché, V. de 13,939 hab., en amphithéâtre sur une colline aux pentes rapides, dominant la rive g. du Gers.

De la gare une rue conduit à l'*avenue d'Alsace*. On franchit le Gers et l'on monte dans la ville par la *rue de Lorraine*. A dr., *statue de* l'amiral *Villaret-Joyeuse* (1884). On tourne à g. dans la *rue Gambetta* (*église Saint-Orens*, dont la sacristie renferme un *oliphant* en ivoire du VIIe s.), que la rue de Lorraine rejoint en face de la *Préfecture*, anc. palais des intendants, en longeant la halle, devant laquelle est la *statue du général Espagne*; à côté, l'anc. *couvent des Cordeliers* est occupé en partie par les archives départementales. La rue Gambetta aboutit à l'*hôtel de ville* (*musée* de peinture), près duquel s'ouvre le *cours d'Etigny* (*statue de* l'intendant *d'Etigny*, XVIIIe s.), bordé à g. par le *séminaire*. Sur la place de l'Hôtel-de-Ville s'ouvre la *place Sainte-Marie*, bordée

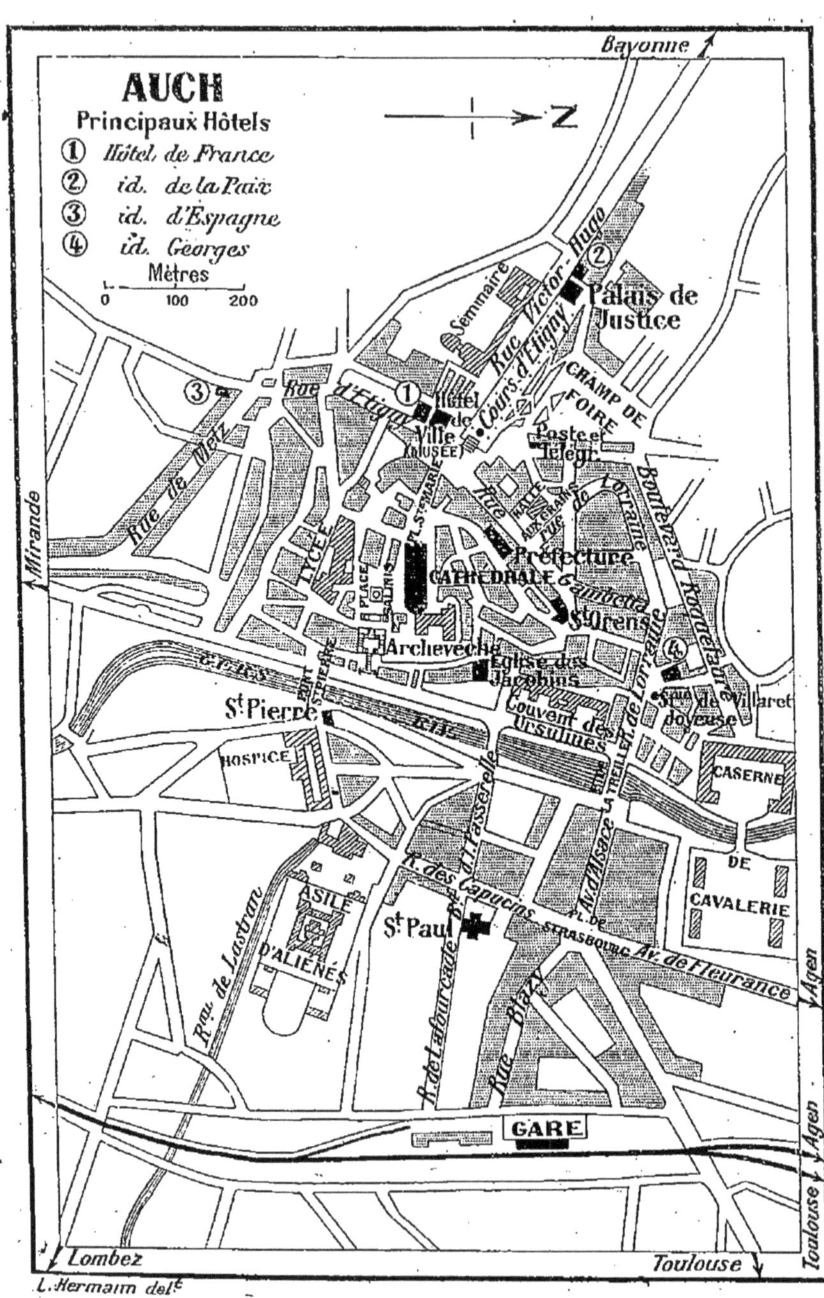
AUCH
Principaux Hôtels
① Hôtel de France
② id. de la Paix
③ id. d'Espagne
④ id. Georges
Mètres
0 100 200
Bayonne
Z
Séminaire
Rue Victor-Hugo
Palais de Justice
Cours d'Etigny
Champ de Foire
Rue d'Etigny
Hôtel de Ville (Musée)
Poste et Télégr.
Rue de Metz
Boulevard Roquelaure
Rue de Lorraine
Lycée
Préfecture
Cathédrale
Gambetta
St Orens
Archevêché
Eglise des Jacobins
St Pierre
Couvent des Ursulines
R. de Lorraine
Caserne
Hospice
Mirande
R. des Capucins
St Paul
Passerelle
Av. d'Alsace
Pl. de Strasbourg
De Cavalerie
Av. de Fleurance
Agen
Asile d'Aliénés
Rue de Lastran
R. de Labourcade
Rue Blazy
Gare
Lombez
Toulouse
L. Hermann delt

au fond par la façade de la cathédrale; à dr., sur une petite place, *buste* du poète *Du Bartas* (XVIe s.) et anc. chapelle des Carmélites (XVIIe s.), occupée par la *Bibliothèque* et un petit *musée archéologique*.

La cathédrale Sainte-Marie a été bâtie de 1489 à 1662 dans le style gothique (façade du XVIIe s.). Sous le portique, statues de St Roch et de St Austinde.

A l'int. (belles voûtes à nervures) : splendide collection de **vitraux** exécutés de 1506 à 1513 par l'artiste gascon Arnaud de Moles; 113 **stalles** de la Renaissance, sculptées avec une délicatesse merveilleuse; mosaïque de 1861; *maître-autel* et retable en pierre du XVIIe s.; *orgues* célèbres, dont le buffet est un chef-d'œuvre de Payerle; monuments funéraires. — Dans la crypte, sarcophage en marbre sculpté de St Léothade.

Derrière la basilique est l'*archevêché* (XVIIIe s.; salle romane; donjon du XIVe s.). Dans les salles de l'anc. *Canonie*, *musée de la Société historique de Gascogne*. — A dr. de la cathédrale la *place Salinis* domine la vallée du Gers au-dessus de l'*escalier Monumental* (232 marches).

[**D'Auch à Toulouse** (89 k. 🚌 en 2 h. 40 à 3 h.; 9 fr. 90, 6 fr. 75, 4 fr. 40). — A g., château de *Saint-Cricq*. — 12 k. *Marsan* (*château* du duc de Montesquiou). — Pont sur l'Arrats. — 26 k. *Gimont-Cahuzac*. A Cahuzac, chap. ogivale (1513) de *N.-D. de Pitié*. A *Gimont*, 2,731 hab., bastide de 1322, sur la Gimone : *halle* du XVIe s., et *église* du XIVe s., avec triptyque provenant d'une abbaye (XIIe s.) dont on voit les restes à 1 k. du b. — 47 k. *L'Isle-Jourdain*, 4,122 hab., sur la Save (*église* moderne, avec tour du XVe s.; *statue de St Bertrand*, évêque de Comminges, né à l'Isle, † 1123). — 62 k. *Brax-Léguevin* (*château* de Brax, XVIe s.). — 66 k. *Pibrac*, sur une colline au-dessus du Courbet, est célèbre par son pèlerinage à la bergère Germaine Cousin (1601), canonisée en 1867 et dont l'église renferme le tombeau. *Château* (fin du XVIe s.) du poète Guy du Faur de Pibrac. — 89 k. Toulouse (R. 19).]

On franchit le Gers pour remonter le Sousson. — 79 k. *Saint-Jean-le-Comtal*. — On pénètre par une série de rampes dans la vallée de la Petite-Baïse. — 88 k. *Ortholas*. — On croise la Petite-Baïse.

94 k. *L'Isle-de-Noé* (*château* du XVIIIe s. où naquit le caricaturiste Cham, 1819-1879), au confluent des deux Baïses. — Pont sur la Baïse.

98 k. *Mirande* *, 3,867 hab., bastide régulière du XIIIe s. — *Eglise* très curieuse, du XVe s. — Petit *musée*. — Des boulevards (restes de l'enceinte), vue agréable.

Viaduc, haut de 20 m., sur l'Osse. — 107 k. *Laas*. — 111 k. *Rouget*. — Pont sur le Bouès.

114 k. *Miélan*, 1,538 hab., bastide du XIIIe s., à 2 k. E., sur une des collines de la petite chaîne du *Mont-d'Astarac* (390 m.; vue magnifique sur les Pyrénées). — La voie monte par de fortes rampes, puis descend vers l'Arros.

123 k. *Villecomtal*, où l'on croise l'Arros.

128 k. *Rabastens*, 1,108 hab., au confl. de l'Estérous et du canal d'Alaric, dans une plaine d'une admirable fertilité. — *Eglise* du XIVe s.

On franchit l'Adour pour rejoindre la ligne de Mont-de-Marsan.

135 k. Vic-Bigorre, et 13 k. de Vic à (148 k.) Tarbes (R. 28).

ROUTE 30

DE PARIS A LUCHON

PAR MONTAUBAN ET TOULOUSE

857 k. — 🚂 14 h. par le rapide de 7 h. soir (3 cl.), qui contient des voit. directes de 1re cl. et un wagon-lits, à destination de Luchon. 95 fr., 64 fr. 80, 42 fr. 25. — On peut aussi se rendre à Luchon par Bordeaux-Morcenx-Tarbes ou par Bordeaux-Dax-Pau : 103 fr. 25, 69 fr. 70, 45 fr. 45. — Du commenc. de juillet à la 1re quinzaine de sept. et 3 fois par semaine, train de luxe direct de la Cie des Wagons-lits dit *Luchon-Express*, partant de Paris-Nord : traj. en 13 h. 30; prix du supp. à percevoir par la Cie des Wagons-lits en outre du prix du billet de 1re cl., 48 fr. 65.

717 k. de Paris à Toulouse par Montauban (R. 19). — 104 k. de Toulouse à (821 k.) Montrejeau (R. 23, en sens inverse). — A dr., ligne de Bayonne (R. 23). — 826 k. *Labroquère.*

[Du pont de Labroquère, sur la Garonne, une route conduit par la rive g. de la Garonne à (3 k.) *Valcabrère* (donjon, XIe s.) et à **Saint-Just de Valcabrère**, église isolée à 400 m. du v. (demander la clef au sacristain), avec chœur, bâti de débris romains, datant au moins du VIIIe s.; portail roman (quatre *statues*); derrière l'autel, tombeau dans une sorte de châsse en pierre du XIVe s.; pierre tumulaire du IVe s.

Une montée de 1 k. mène à **Saint-Bertrand-de-Comminges** *, 581 hab. (où l'on entre par la *porte Cabirole*), l'antique *Lugdunum Convenarum*, détruite en 587, jadis siège d'un évêché, située sur un rocher isolé (515 m.) qui domine la plaine où l'Ourse et la Garonne opèrent leur confluent. — Restes de *remparts* et autres *débris romains*. — *Porte Majou*, avec inscription romaine (à l'intérieur). — Ancienne **cathédrale**, XIIe et XIVe s., avec curieux portail roman; **stalles**, **autel**, retable, jubé, clôture du chœur, chaire, débris de verrières et buffet d'orgues de la Renaissance (*arbre de Jessé*); *mausolée de St Bertrand* (XVe s.); *tombeau* en marbre sculpté *de Hughes de Châtillon* (XVe s.); autres tombeaux avec épitaphes des XIIIe et XIVe s. dans l'église et dans le **cloître** roman, au S., où se voient aussi encastrées d'intéressantes inscriptions romaines et du moyen âge; dans la sacristie, long bâton en ivoire ayant appartenu à St Bertrand.]

825 k. *Loures-Barbazan. Loures-Barousse* *, à 455 m., sur la rive g. de la Garonne et près du confl. de l'Ourse, est la véritable résidence des étrangers qui fréquentent la station thermale de (1 k. 3 N.-E.) **Barbazan** *; 431 hab., à 450 m., au pied d'une montagne de 891 m. (3 sources sulfatées calciques, établissement thermal; château des XVIe et XVIIe s.; petit lac).

829 k. *Galié.*

832 k. *Saléchan* (au cimetière, chapelle romane dans laquelle sont encastrés des débris romains), station qui dessert les établiss. thermaux de (1 k. N.-O.) *Sainte-Marie-les-Bains* * (eaux salines), (1 k. 5 O.-N.-O.) *Siradan* * (eaux sulfatées calciques ou ferrugineuses, bicarbonatées) et de (11 k. O.-S.-O.) *Saint-Nérée-les-Bains.*

Pont sur la Garonne. — 834 k. *Fronsac* (ruines d'un *château* des comtes de Comminges, XIIe s.). — Pont sur la Garonne; vallée de la Pique.

838 k. *Marignac-Saint-Béat.* A Marignac, église et donjon du XIIe s.

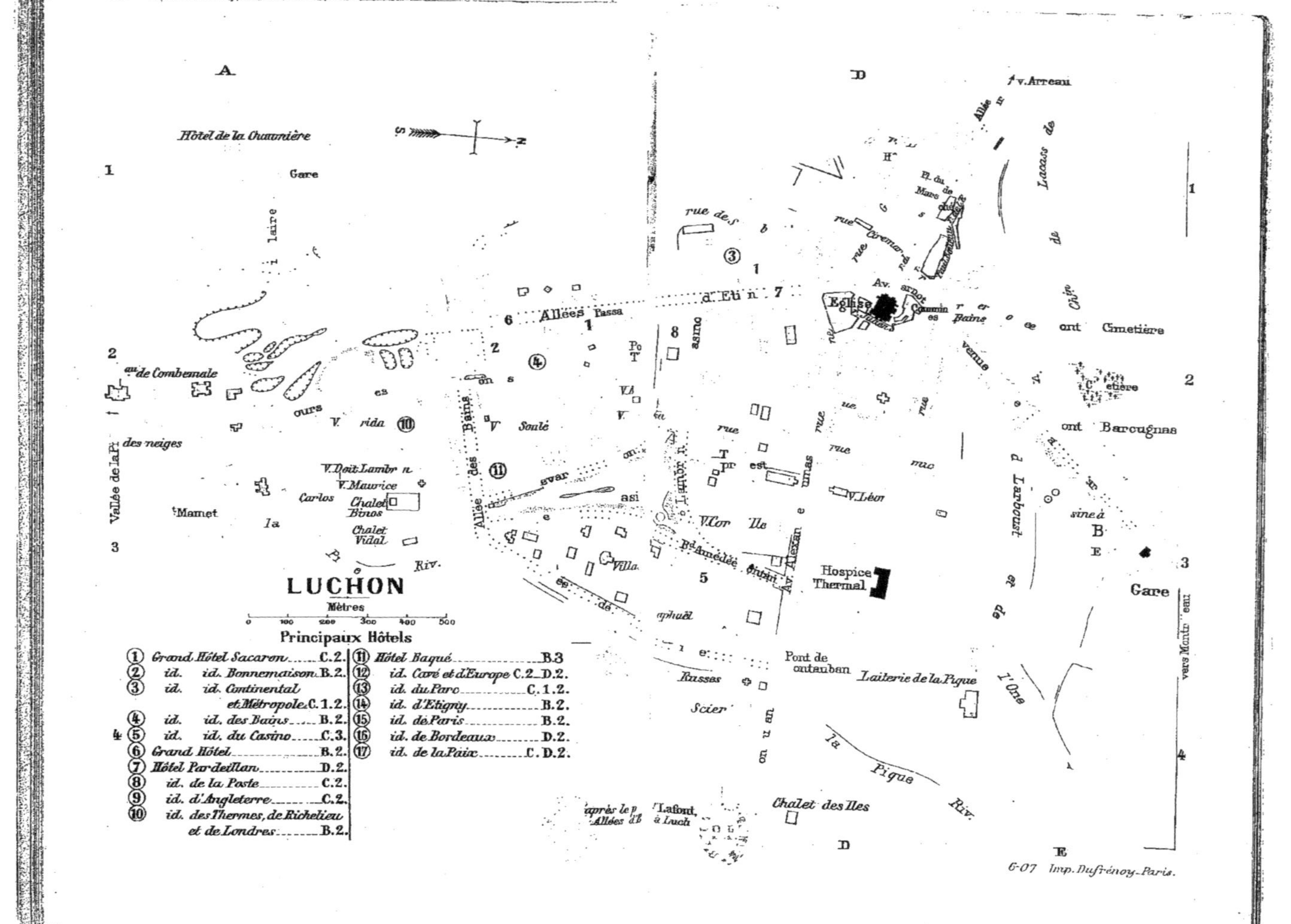

LUCHON
Mètres
0 100 200 300 400 500
Principaux Hôtels
① Grand Hôtel Sacaron C.2.
② id. id. Bonnemaison B.2.
③ id. id. Continental et Métropole C.1.2.
④ id. id. des Bains B.2.
⑤ id. id. du Casino C.3.
⑥ Grand Hôtel B.2.
⑦ Hôtel Pardeillan D.2.
⑧ id. de la Poste C.2.
⑨ id. d'Angleterre C.2.
⑩ id. des Thermes, de Richelieu et de Londres B.2.
⑪ Hôtel Baqué B.3
⑫ id. Caré et d'Europe C.2. D.2.
⑬ id. du Parc C.1.2.
⑭ id. d'Etigny B.2.
⑮ id. de Paris B.2.
⑯ id. de Bordeaux D.2.
⑰ id. de la Paix C.D.2.
Hôtel de la Chaumière
Gare
des neiges
Mamet
Carlos
V. Maurice
Chalet Binos
Chalet Vidal
Soulé
Allées
Allée des Bains
Eglise
Hospice Thermal
V. Léon
Av. Alexan
Bd Amédée
Villa
Pont de
Laiterie de la Pique
Chalet des Iles
Cimetière
Barcugnas
Larboust
l'One
la Pique
Riv.
Gare
v. Arreau
Lafont
6-07 Imp. Dufrénoy-Paris.

[A 3 k. E., *Saint-Béat* *, 944 hab., à 525 m., à l'entrée d'une gorge pittoresque creusée par la Garonne entre les *Caps del Mount* (1,250 m.) et *d'Arie* (1,140 m.), montagnes renfermant de belles *carrières de marbre* gris et blanc (*église* du XIe s.; ruines d'un *château*, avec une statue colossale de la Vierge, en bronze).]

On franchit 2 fois la Pique.
844 k. *Lège*.
846 k. *Cier-de-Luchon*. — On entre dans le *Val de Luchon*, ample bassin riant et cultivé, encadré de montagnes boisées. — 849 k. *Antignac* (inscription romaine dans l'église).

853 k. **Luchon** ou **Bagnères de-Luchon** *, 3,260 hab., station thermale célèbre, villégiature très mondaine, dans le délicieux Val de Luchon, arrosé par la Pique qui y reçoit l'One, à 630 m. d'alt. De la gare l'*avenue de la Gare*, bordée de platanes, conduit à la *place de Comminges*, continuée par l'*avenue Carnot* et la *place de l'Eglise*, où, à g., s'élève *l'église Notre-Dame* (peintures par Romain Caze et Caminade), moderne, avec une *porte* du XVIe s.

A l'avenue Carnot font suite les **allées d'Etigny** (600 m. de long.), ombragées de tilleuls plantés en 1766 par M. d'Etigny, intendant d'Auch. Ces allées, bordées d'hôtels, de restaurants, cafés, magasins, forment l'endroit le plus vivant de la station. A g. le *passage Sacarrère* conduit au bureau de poste.

Des allées se détache à g. l'*avenue du Casino*, qui conduit au **Grand Casino** (entrée le jour 1 fr. 50; *parc* de 4 hect.), renfermant le *musée Lézat* (reliefs et plans, hist. naturelle; belle vue sur les montagnes). Les allées aboutissent au **Parc des Quinconces** (superbe *Wellingtonia*; Caïn et Abel et statue de la vallée du Lys, en marbre, par *Meng*), sur lequel s'élèvent, précédés de la *statue de* l'intendant *D'Etigny*, par Crauk, les **Thermes** (remarquable installation balnéaire), décorés de fresques par Romain Caze; au-dessous s'étendent des galeries souterraines où les sources minérales ont été captées.

Les *eaux minérales* (13°,5 à 64°), thermales ou froides, se divisent en deux groupes : celui des sources sulfurées sodiques et celui des sources ferrugineuses.

Des Quinconces l'*allée des Bains*, plantée d'ormeaux, conduit à la Pique, où elle se continue à g. par l'*allée de la Pique*, qui suit la rive g. du torrent, et, arrivée au pont de Montauban (*croix* sculptée, style Renaissance), rencontre à g. l'*avenue Alexandre-Dumas*, plantée d'érables-platanes (à g. *hôpital Ramel*, à dr. hôpital Thermal). De la *rue Lamartine*, continuation de cette avenue, on revient à l'avenue Carnot, sur laquelle s'embranche à g. la *rue de l'Hôtel-de-Ville*, menant au *Champ de Mars* (mairie et marché), à la *rue de Larboust* et à son prolongement l'*allée des Soupirs*, bordée de sycomores et de sorbiers.

[***Promenades et excursions*** (dans la pleine saison, breaks l'après-midi pour le lac d'Oô et la vallée du Lys : 5 fr. par place). — A 20 min. O., *pont de Mousquères*, par le *cours de Lacasseyde*. — A 40 min. O., *source* minérale *de Sourrouille* (chalet-restaurant). — Au-dessus des Thermes, *Jardin anglais* dont les allées donnent accès à la *fontaine d'Amour* (restaurant; belle vue), d'où l'on parvient en 30 min. au rocher dit *Mail de Soulan* (beau panorama). — En 5 min. par le funiculaire (50 c.; gare aux Quinconces), à la *Chaumière de Bellevue* (hôt.-restaurant réputé).

(3 k. 5 N.-E.) *Cascade de Juzet* (40 m. de haut; 25 c. d'entrée). — (2 k. E.) *Cascade de Montauban* (église avec peintures de B. Bernard; *cascade*, 50 c. d'entrée). — (1 k. 5 S.-E.) *Saint-Mamet* (église avec fresques par R. Caze; grottes de *Berdot*). — (3 k. 5 S.-S.-E.) *Tour de Castelvieil*, du XIVe s., à 772 m. (belle vue). — (13 k. 7; voit. 6 à 8 fr.) *Tour de la vallée de Luchon*. — (22 k. aller et ret.) *Mayrègne* (église romane) et la *vallée d'Oueil*, par (9 k.) *Saint-Paul-d'Oueil* (église romane; château avec *tour* Renaissance au curieux escalier). — **Vallée du Lys**, une des plus charmantes des Pyrénées, *cascades* principales *d'Enfer et du Cœur*, *Gouffre Infernal* (13 k.; route de voit. sur 10 k., jusqu'à l'hôtellerie; voit. publique d'excursion, 5 fr. aller et ret.). — **Vallée de Larboust et lac d'Oô** (voit. d'excursion, 5 fr.). La route passe par : (5 k. 5) *Saint-Aventin* (*église* du XIIe s., avec inscriptions romaines et peintures du XVe s.); (7 k.) *Cazaux-de-Larboust* (*église* de la fin du XIIe s., avec fresques du XVe); (9 k.) *Oô* (*tour* du XVe s.; église romane); (13 k.) l'*auberge du Val d'Asto*, d'où l'on monte à pied ou à cheval (2 fr. 50, conducteur 2 fr. 50, péage 25 c. par visiteur et par monture) au *lac d'Oô* ou de *Seculéjo* (38 hect.; 67 m. de profondeur), à 1,497 m. (restaurant; tour du lac en barque, 1 fr. 50; magnifique *cascade* de 273 m.). L'aub. est le point de départ d'autres excursions, plus difficiles, notamment : (montée 6 h.) le **Pic de Perdighero** (3,220 m.), par le *lac Saounsat* (1,962 m.), le *lac glacé du Portillon* (2,650 m.) et le *col de Litayrolles* (3,020 m.): (5 h. 40) le *lac de Caillaouas* (1,165 m.), d'où l'on monte en 3 h. au **Pic des Gourgs-Blancs** (3,114 m.; vue magnifique); au (4 h. 30) **port d'Oô** (3,002 m.), par le *lac d'Espingo* (1,875 m.) et le lac Saounsat. — *Haute vallée de la Pique* (10 k.; voit. 25 et 35 fr.): *Hospice de France* (1,360 m.), hôtellerie (fruitière; fontaine de la Pique) d'où l'on pourrait monter en 2 h. au *Pic de l'Entécade* (2,220 m.); (17 k.; route jusqu'à l'hospice de France, puis 7 k. de bon sentier muletier; 2 h. 30 de l'hospice) **Port de Vénasque** (2,448 m.), frontière avec l'Espagne [et point de départ pour l'ascens. (difficile) du **Pic de Néthou** (3,404 m.), le plus haut sommet des Pyrénées, par (2 h.) la cabane de *la Rencluse* (2,125 m.), où l'on peut coucher et d'où l'on peut gravir en 4 h. 30 le Pic du Milieu (3,354 m.) et aussi en 4 h. 30 le **Pic de la Maladetta** (3,312 m.), deux autres sommets du groupe granitique des **Monts-Maudits**]; (3 h. 30) *Port de la Picade* (2,505 m.). — (Magnifique circuit de 54 k. qui demande une journée et fait voir un curieux coin de la vallée d'Aran) *Port du Portillon* (1,308 m.), front. espagnole; (15 k.) *Bosost* (église du XIIe s., avec curieux carillon dans la sacristie); (18 k.) *Lès* (établis. thermal d'eau sulfureuse; mines de fer et de plomb); (23 k.) *Pont du Roi* (casino); (34 k). Saint-Béat (V. p. 175) et ret. à Luchon. — (31 k.) *Viella*, ch.-l. du *pays d'Aran*, d'où l'on peut excursionner aux (6 k. 5) *Bains d'Artiès* (sources sulfureuses), à (7 k. 5) *Artiès* (église romane; ascens. en 3 h. 30 vers l'*Estañ del Mar*, lac à 2,224 m. dans un site grandiose, et en 6 h. du *Pic de Montarto d'Aran*, 2,827 m.), à (10 k.) *Salardu*, sur un promontoire dominant le confl. du rio Juela avec la Garonne. — (32 k. 2) Arreau (V. p. 151), par (15 k.) *Bourg-d'Oueil*, et (18 k.) le *col de Pierrefitte* (1,855 m.). — (33 k.; 8 h. 30 de marche) *Vénasque*, par (4 h.) le port de Vénasque (V. ci-dessus), (5 h.) l'*hospice de Vénasque* (1,705 m.) et (6 h.) les *Bains de Vénasque* (sources sulfureuses). A *Vénasque*, à 1,143 m., V. forte de 1,500 hab., au bord de l'Esera, se voient une *église* romane (crucifix en argent du XIe s.; magnifiques ornements sacerdotaux), l'anc. palais du *Regatillo* et la *maison du Juste*, XIIe s. — (5 h. aller et ret.) *Superbagnère* (1,797 m.; beau panorama). — (5 h. aller et ret.) *Cazaril-Laspènes* (970 m. *église* avec abside du XIe s.; 2 inscrip

tions romaines), *tour de Castelblancat* (1,481 m.) et *Tuc de l'Abécède* ou *Tuc d'Avède* (beau panorama). — (Mont. 4 h., desc. 2 h. 30; on va à cheval jusqu'au sommet; chev. et guide, 7 fr. chacun le j., 10 fr. la nuit) **Auténac** (2,000 m. env.; vue superbe), par Saint-Paul-d'Oueil (*V.* p. 176). — (Mont. 4 h. 30, desc. 3 h.; chev. et guide, 10 fr. chacun le j., 12 fr. la nuit) **Montné** (2,147 m.; vue très étendue), par *Bourg-d'Oueil*, à 1,354 m. (aub. dans un ancien château). — (6 h. all. et ret.; chev. et guide, 7 fr. chacun) *Montagne d'Espiaup* ou *d'Espiaux*, célèbre par ses pierres sacrées et où ont été faites de curieuses découvertes d'archéologie préhistorique. — (Mont. 4 h. 30; chev. et guide, 7 fr. chacun) *Pic de Monségu* ou *Cap de las Hittes* (2,405 m.; très belle vue des glaciers de la grande chaîne). — (Mont. 4 h. 30, desc. par le val du Lys 3 h. 30; chev. et guide, 10 fr. chacun) **Pic de Céciré** (plus de 2,000 m.; magnifique panorama). — (Mont. 5 h., desc. 3 h. 30; une des plus belles courses des environs de Luchon) **Pales de Burat** (2,150 m.; panorama des Pyrénées, du Mont-Vallier, à l'E., au Pic du Midi de Bigorre, à l'O.), par (4 h. 30) *Bacanère* ou *Bocanère* (2,195 m.). — (Mont. 4 h. 30, desc. 3 h. 50; chev. et guide, 7 fr. chacun) *Pic de Poujastou* (1,930 m.; belle vue sur le pays d'Aran). — (Mont. 3 h. 15, desc. 2 h. 30; chev. et guide, 8 fr. chacun) **Couradilles** ou *Plan de la Serre* (1,985 m.; vue magnifique et étendue).]

De Luchon à Arreau, à Bagnères-de-Bigorre et à Barèges, *V.* R. 23 et 28.

ROUTE 31

DE TOULOUSE A AX-LES-THERMES

124 k. — 4 h. 6 à 5 h. — 13 fr. 60; 9 fr. 25; 6 fr. 10.

12 k. Portet (R. 23), où on laisse à dr. la ligne de Montrejeau.

14 k. *Pinsaguel.* — Pont de 7 arches sur la Garonne. — 18 k. *Pins-Justaret*, sur la rive g. de l'Ariège, dont on remonte la vallée. — On croise la Lèze.

23 k. *Venerque-le-Vernet.* *Eglise* romane de *Venerque* (3 k. E., rive dr.), reste d'un prieuré (*reliquaire* du XIIe s.). — 28 k. *Miremont.*

34 k. *Auterive* *, 2,623 hab., sur la rive dr. de l'Ariège.

40 k. *Cintegabelle*, 2,196 hab.; *église* du XIIIe s., avec portail roman, clocher octogonal et flèche du XIVe s., tableaux de Despax. A 2 k. E., dans l'angle du confluent de l'Ariège et de l'Hers, restes de l'*abbaye de Boulbonne.*

49 k. *Saverdun*, 3,362 hab. — On passe sur la rive dr. de l'Ariège. — 57 k. *Le Vernet-d'Ariège.*

65 k. **Pamiers** *, 10,886 hab., siège d'un évêché, sur la rive dr. de l'Ariège. — *Cathédrale* du XVIIe s. (clocher octogonal du XIVe s.). — *Notre-Dame du Camp*, avec *façade* fortifiée du XIVe s. — *Clocher* octogonal (1512) de l'anc. église *des Cordeliers.* — *Maisons* anciennes. — Promenade du *Castelas*, sur la butte où fut le château. — Forges importantes.

A Mirepoix et à Bram, R. 44.

69 k. *Verniolle.* — 74 k. *Varilhes*, 1,631 hab. — A dr. (rive g.), minoterie de *Crampagna* (*château* en partie moderne; tour du XIIe s.). — On franchit l'Ariège.

78 k. *Saint-Jean-de-Verges.* — Défilé du *Pas de la Barre.* — Pont sur l'Ariège.

83 k. **Foix***, ch.-l. du départ. de l'Ariège, V. de 7,065 hab., au

confluent de l'Ariège avec le Larget, dominée par un *rocher* de 58 m. qui porte les restes d'un château appelés les **tours de Foix**; la plus belle de ces 3 tours est un donjon cylindrique attribué à Gaston Phœbus, mais qui ne paraît dater que du XVe s. — *Palais de justice*, ancien *château des Gouverneurs*, renfermant un petit *musée*. — *Saint-Volusien*, du XIVe s., avec porte romane (saint-sépulcre du XVIe s.). — *Hôtel de ville* (*bibliothèque* avec précieux manuscrits de la fin du XVe s.). — *Statue de Lakanal* (1882).

[**De Foix à Saint-Girons** (47 k. ⛟ 1 h. 15 à 1 h. 35; 5 fr. 25, 3 fr. 55, 2 fr. 30). — 19 k. *Labastide-de-Sérou*, 2,539 hab., sur un promontoire au confluent de l'Arize et de l'Aujole (*église* du XVIe s.). — 27 k. *Castelnau-Durban* (ruines d'un *château* féodal; aux environs, *grotte* préhistorique *de Malarnaud* et belles ruines du *château de Durban*). — 33 k. *Rimont*, 1,542 hab. (*château de la Vignasse*, beau *clocher*, XIVe s.; restes de l'*abbaye de Combelongue*). — On suit la vallée du Baup. — 47 k. Saint-Girons (p. 153).

De Foix à Quillan (65 k. ⛟ dilig. t. l. j.). — A g., *Roquefixade* (*château* des XIIIe et XVIe s.). — 27 k. *Lavelanet*, 3,196 hab., V. industr., sur la Touyre. A Bram et à Pamiers, *V.* R. 44. — 35 k. *Bélesta*, sur la rive g. de l'Hers; belle *forêt de Bélesta*. A 1,500 m. S., **fontaine** intermittente de **Fontestorbes**. — 47 k. *Puivert*, sur le Blau (*château* ruiné, XIIe et XIVe s.). — 65 k. Quillan (R. 44).]

On remonte la rive dr. de l'Ariège et l'on franchit le Scios. — A g., *Montgaillard*, au pied du *Pain de Sucre* (629 m.).

89 k. *Saint-Paul-Saint-Antoine* (aciérie). A dr., vieux *pont* fortifié. — 94 k. *Mercus*. — A dr., singulière montagne de *Soudours*.

98 k. **Tarascon** *, 1,445 hab., au confl. de l'Ariège et du Vicdessos, est divisé en nouvelle ville ou *faub. de Sainte-Quitterie* (forges), entre le ch. de fer et l'Ariège, et en vieille ville au pied et sur le flanc des rochers de *Maselbieil* et du *Castella* (tour d'un ancien château).

[**De Tarascon à Vicdessos** (14 k. ⛟ corresp. : 1 h. 10, 1 fr.). — 1 k. *Notre-Dame de Sabart*, pèlerinage (*église* romane). — 5 k. *Niaux* (grotte de *la Calbière*, très curieuse). — 14 k. *Vicdessos*, 655 hab. (*château* ruiné *de Montréal*; nombreuses mines de fer, de plomb et de cuivre aux environs, notamment dans la *montagne de Rancié*), d'où l'on peut faire l'ascension du (7 h. 45) *Pic de Montcalm* (3,080 m.) et de (8 h. 25) la *Pique d'Estats* (3,141 m.).]

Pont sur le Vicdessos; on remonte la rive g. de l'Ariège (défilé grandiose).

102 k. **Ussat-les-Bains** *, coquette stat. thermale. — *Sources thermales* (31°,5 à 36°,2), bicarbonatées calciques, employées surtout en bains et douches, dans 3 *établissements*. Casino.

[A 20 min., vaste et curieuse *grotte de Lombrive* (1 fr. 50 d'entrée, plus le pourboire au gardien).]

109 k. *Les Cabannes*, 452 hab., dans un magnifique bassin au confl. de l'Ariège et de l'Aston (sur un rocher, ruines du *Château-Verdun* et *chapelle de Notre-Dame*, pèlerinage). — 2 ponts sur l'Ariège et petit tunnel. A g., sur un pic, *château* ruiné *de Lordat* (XIIIe et XVe s.).

115 k. *Luzenac-Garanou*. — 3 ponts sur l'Ariège et 3 tunnels. — 118 k. *Costelet*.

124 k. **Ax-les-Thermes***, 1,503 hab., stat. thermale, à 702-736 m., dans un magnifique bassin

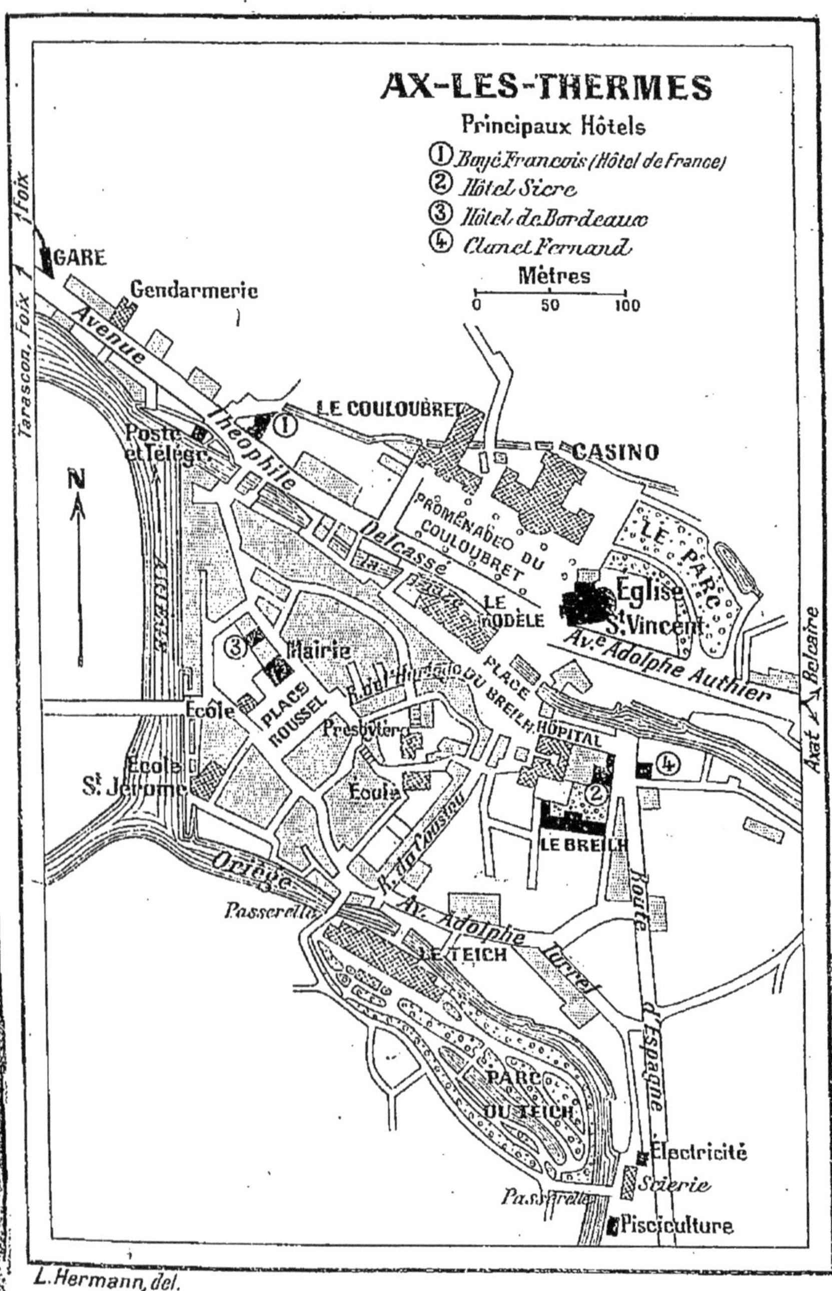

L. Hermann, del.

de montagnes, au confl. de l'Ariège avec l'Oriège, l'Auze et le torrent de Fouis. — *Hôpital Saint-Louis*, fondé en 1260, rebâti depuis. — 61 **sources** thermales ou froides (78° à 24°,6), sulfurées sodiques, employées en boisson, bains et douches, par *4 établissements*.

[Promenades du *Coulonbret*, du *parc du Teich*, des *Allées* et du *Grand-Parc*. — *Pic Saquet* ou *Tute de l'Ours* (2,259 m.; 7 h. 45 aller et retour). — *Pic de Tarbézou* (2,366 m.; 9 h. 15 aller et retour).

D'Ax aux Bains de Carcanières et d'Escouloubre (8 h. 30 à pied; chemin muletier, puis ⊛). — 3 h. 10. *Métairie del Péré*, aub. — 5 h. *Col de Paillères* (1,972 m.). — 6 h. 50. *Mijanès* (1,150 m.). — Descendant la rive g. de la Sonne ou Bruyante, on traverse le v. de *Rouze* et l'on débouche dans la magnifique gorge de l'Aude, dominée par le rocher portant les ruines du *château d'Usson*. — 7 h. 30. Bains d'Usson, et 1 h. d'Usson à (8 h. 30) Carcanières (*V*. R. 44).]

ROUTE 32

DE PARIS A BOURGES

235 k. — 🚆 4 h. à 8 h. 44. — 26 fr.; 17 fr. 55; 11 fr. 45.

204 k. de Paris à Vierzon (R. 16). — On suit l'Yèvre et le canal du Berry, à g.; à dr. on s'éloigne peu à peu du Cher. — 214 k. *Foëcy*.

219 k. *Mehun-sur-Yèvre*, 6,345 hab. (ruines d'un **château** des XIIIe et XVe s. où séjourna et où mourut Charles VII; *église* romane; *porte de l'Horloge*, XIVe s.; *statue de Jeanne d'Arc*, par la duchesse d'Uzès; *buste du Dr Méreau*, anc. maire, par J. Baffier; manufacture de porcelaine, fabr. de serrurerie d'art et moulins à plâtre).

226 k. *Marmagne*. — A dr., ligne de Montluçon; la voie franchit le canal du Berry et l'Yèvre.

235 k. **Bourges** * Ⓑ, l'antique *Avaricum* des Gaulois, ch.-l. du départ. du Cher, siège d'un archevêché, centre stratégique important de la défense nationale (établissements militaires considérables), est une V. de 46,551 hab., bâtie en amphithéâtre sur une colline entourée de prairies et dont l'Yèvre, l'Auron et leurs dérivations baignent la base.

Bourges a conservé la majeure partie de ses **remparts** du IVe s. Presque partout des maisons ont été construites sur cette enceinte gallo-romaine et d'autres à ses pieds, de sorte qu'on ne l'aperçoit que de place en place, en suivant les rues Bourbonnoux, Mirebeau, des Toiles, des Arènes, Fernault, l'esplanade Marceau, le jardin de l'archevêché et l'abside de la cathédrale. On voit une partie considérable des remparts place Berry, sous l'hôtel de Jacques Cœur. Rue Fernault, 5, au fond d'un jardin, on visite des restes imposants de **bains romains** (descente assez pénible).

De la gare, située au N. de la ville, on monte au S., par l'*avenue de la Gare*, vers la *place Planchat*. Dans la *rue Gambon*, à dr., n° 8, est la **maison de la Reine-Blanche**, en bois, très ornementée. La place est reliée par la *rue Cambournac* à l'**église Notre-Dame**, des XVe et XVIe s., flanquée d'une tour de

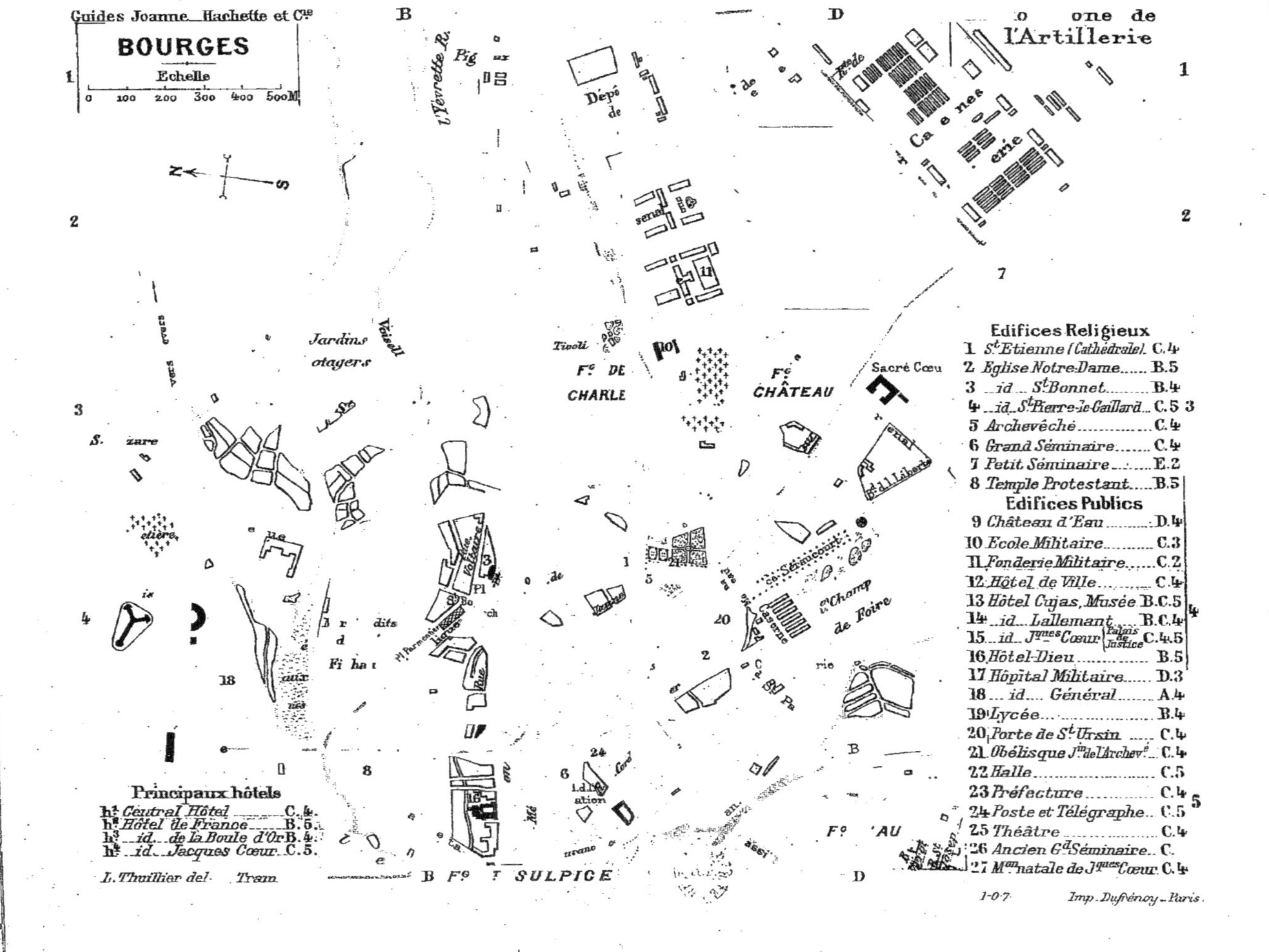

Guides Joanne _ Hachette et Cie
BOURGES
Echelle
0 100 200 300 400 500M
Edifices Religieux
1 St Etienne (Cathédrale). C.4
2 Eglise Notre-Dame B.5
3 id. St Bonnet B.4
4 id. St Pierre-le-Guillard C.5
5 Archevêché C.4
6 Grand Séminaire C.4
7 Petit Séminaire E.2
8 Temple Protestant B.5
Edifices Publics
9 Château d'Eau D.4
10 Ecole Militaire C.3
11 Fonderie Militaire C.2
12 Hôtel de Ville C.4
13 Hôtel Cujas, Musée B.C.5
14 id. Lallemant B.C.4
15 id. Jques Cœur (Palais de Justice) C.4.5
16 Hôtel-Dieu B.5
17 Hôpital Militaire D.3
18 id. Général A.4
19 Lycée B.4
20 Porte de St Ursin C.4
21 Obélisque Jin de l'Archevé C.4
22 Halle C.5
23 Préfecture C.4
24 Poste et Télégraphe C.5
25 Théâtre C.4
26 Ancien Gd Séminaire C.
27 Mon natale de Jques Cœur C.4
Principaux hôtels
h1 Central Hôtel C.4.
h2 Hôtel de France B.5.
h3 id. de la Boule d'Or B.4.
h4 id. Jacques Cœur C.5.
L. Thuillier del.
Imp. Dufrénoy _ Paris.
l'Artillerie
Jardins
Tivoli
Fg DE CHARLE
Fg CHÂTEAU
Sacré Cœu
Caserne
de Foire
SULPICE

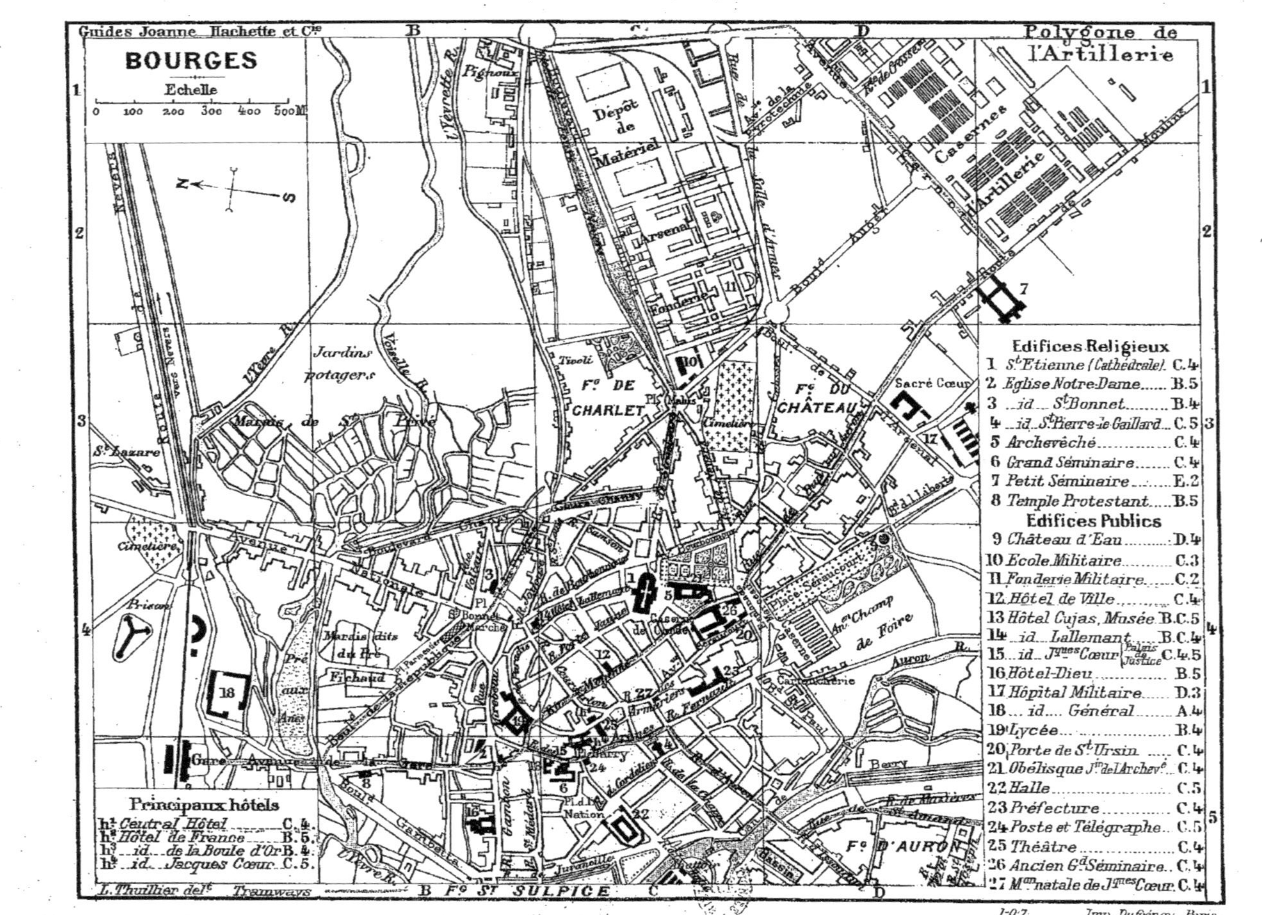

Guides Joanne Hachette et Cie
BOURGES
Echelle
0 100 200 300 400 500M
Polygone de l'Artillerie
Casernes d'Artillerie
Dépôt de Matériel
Arsenal
Fonderie
Fg DE CHARLET
Fg DU CHÂTEAU
Fg D'AURON
Fg St SULPICE
Jardins potagers
Marais de St Privé
Marais dits du Pré
Pré aux Ânes
Cimetière
Prison
St Lazare
Gare
Avenue Nationale
Anc. Champ de Foire
Place Séraucourt
Sacré Cœur
Tivoli
Edifices Religieux
1 St Etienne (Cathédrale). C.4
2 Eglise Notre-Dame B.5
3 id. St Bonnet B.4
4 id. St Pierre-le-Gaillard C.5
5 Archevêché C.4
6 Grand Séminaire C.4
7 Petit Séminaire E.2
8 Temple Protestant B.5
Edifices Publics
9 Château d'Eau D.4
10 Ecole Militaire C.3
11 Fonderie Militaire C.2
12 Hôtel de Ville C.4
13 Hôtel Cujas, Musée B.C.5
14 id. Lallemant B.C.4
15 id. Jques Cœur (Palais de Justice) C.4.5
16 Hôtel-Dieu B.5
17 Hôpital Militaire D.3
18 id. Général A.4
19 Lycée B.4
20 Porte de St Ursin C.4
21 Obélisque Jin de l'Archevé C.4
22 Halle C.5
23 Préfecture C.4
24 Poste et Télégraphe C.5
25 Théâtre C.4
26 Ancien Gd Séminaire C.4
27 Mon natale de Jques Cœur C.4
Principaux hôtels
h1 Central Hôtel C.4.
h2 Hôtel de France B.5.
h3 id. de la Boule d'Or B.4.
h4 id. Jacques Cœur C.5.
L. Thuillier delt
Tramways
1-07
Imp. Dufrénoy - Paris.

la Renaissance (jolie porte latérale; à l'int., verrière et deux bénitiers sculptés du XVIIe s.).

De la *place Notre-Dame*, à dr., la *rue des Toiles* (**hôtel Pelvoysin**, n° 15, et maisons en bois) va rejoindre la place Planchat. Laissant à g. la *rue du Commerce*, qui, par la rue Moyenne, conduirait directement à l'archevêché et à la place Séraucourt, on suit la *rue des Arènes*. A dr., n° 6, est l'**hôtel Cujas**, édifice de la Renaissance, renfermant le **Musée** (ouvert au public le dimanche de midi à 4 h., tous les jours aux étrangers).

Rez-de-chaussée. — Statue de Louis XI, par *Baffier*; cheminée en pierre du XVIIe s., avec fresque; « *Pleureurs* » du tombeau du duc Jean placé autrefois dans cet édifice; *masque funèbre d'Agnès Sorel*; statues tombales de l'archevêque Richard II et d'un religieux de Saint-Ambroise; *bas-reliefs* de l'ancien jubé et du chancel de la cathédrale de Bourges (XIVe s.); antiquités; moulages de médailles italiennes; portraits de juristes et d'échevins; *objets en bronze* trouvés dans une sépulture gallo-romaine; statue de l'Odalisque, par *Jacquot*; peintures du peintre berruyer *Jean Boucher* (XVIIe s.); modèle de l'ancienne Sainte-Chapelle de Bourges; belle urne romaine; collection lapidaire; *colonnes* de la Renaissance provenant d'une église de Bourges; le Semeur d'ivraie, statue en bronze par *Valette*; *stèles romaines*. — Salle de peintures modernes (par *Weber*, *Bertin*, *Barillot*, *Appian*, *A. Boulanger*, *Hanoteau*, *Lehoux*, *Karl Girardet*, *C. Roqueplan*, *Deyrolle*, *Guignet*, etc.) et de sculptures (*Corbel*, la Colombe et la Fourmi; *Rulxiel*, Pandore; *J. Valette*, la Menade; *Blanchard*, Diane surprise; *Laure Coutan*, la Source, etc.).

Entresol. — Céramique; peinture de *Bon Boullongne*.

1er étage. — Entrée sculptée du XVIe s. avec médaillon en marbre; portrait de Cujas; *lavabo* en chêne sculpté avec bassin en étain; *cabinet* italien en ébène (XVIe s.); peintures anciennes: *émaux* de Limoges; *table* Renaissance avec étain de *Baffier* et buste de sa mère; vœu de P. Tullier, maire de Bourges, à N.-D. de Liesse (peste de 1628), par *Jean Boucher*; meubles et bahuts; tableau de *Boucher le fils* (l'Architecture); *cartel* Louis XV; peintures et dessins de Greuze.

2e étage. — Histoire naturelle.

Plus loin, à dr., la *chapelle du grand séminaire*, bâtie sur les dessins de Mansart, renferme une grande fresque (l'*Assomption*). On arrive à la *place Berry* (poste et télégraphe), sur laquelle donne la façade O. de l'hôtel de Jacques Cœur, dont il faut voir d'ici les *tours* à la base romaine. De la rue des Arènes un escalier monte à la *place Jacques-Cœur* (*statue de Jacques Cœur*, en marbre, par Préault).

L'ancien **hôtel de Jacques Cœur**, aujourd'hui le **Palais de Justice**, élevé de 1443 à 1451, comprend 2 tours de l'ancienne enceinte romaine de la ville. Les bâtiments d'habitation sont précédés d'une cour entourée de portiques et de la façade principale qui donne sur la rue Jacques-Cœur. Sur le portail (panneaux et marteau ciselé, reproduction exacte de l'ancien « heurtoir » de l'hôtel), comme sur toutes les parties de l'édifice, apparaissent les cœurs, les coquilles de pèlerin et la devise: A VAILLANS COEURS RIEN IMPOSSIBLE. A l'extérieur, à g. de l'horloge, on remarque une ravissante tourelle, toute en pierre sculptée. La tourelle ou escalier qui conduit à la chapelle (pour visiter s'adresser au concierge) est ornée de bas-reliefs représentant des prêtres ou des clercs préparant les cérémonies religieuses; la chapelle elle-même est ornée de fresques très remarquables.

On suit la *rue des Quatre-Piliers* (à dr. la *rue Linières* conduit à l'*église Saint-Pierre-le-Guillard*, remaniée; dans une chap. latérale de g., *tombeau* du jurisconsulte *Cujas*), puis la *rue des Armuriers* (à l'angle de cette rue et de la rue d'Auron, *maison* natale *de Jacques Cœur*), jusqu'à la *place de l'Arsenal*, ornée d'une fontaine et au S. de laquelle est la *préfecture*. L'*avenue Séraucourt* (belle *porte* romane de l'ancienne *église Saint-Ursin* encastrée dans le mur de la préfecture) mène à la *place Séraucourt*, à l'extrémité S. de laquelle se trouve le *château d'eau*. De l'avenue Séraucourt on gagne à l'E. le *jardin de l'Archevêché* ou *jardin public*, belle promenade dessinée par Le Nôtre (*obélisque* élevé à la mémoire du duc de Béthune-Charost; *bustes* de Bourdaloue et du physicien Sigaud de Lafont; beaux vases en bronze par Léon Cugnot). Dans le jardin, contre l'archevêché, un hangar abrite un *musée lapidaire*.

La **cathédrale Saint-Etienne**, un des plus beaux édifices gothiques de France, admirable surtout par l'aspect imposant de son quintuple portail, par la majesté et l'harmonie de ses cinq nefs intérieures, fut commencée à la fin du XIIe s., consacrée en 1324; elle a 113 m. de long. et 37 m. de haut. sous voûte. Les portails de la façade, ornés de sculptures, sont précédés d'un large escalier. Les deux tours, que sépare une immense fenêtre du XIVe s., datent du XIVe au XVIe s. et sont inachevées. La *tour de Beurre*, au N. (XVIe s.; 65 m.), porte sur sa plate-forme un curieux ouvrage de cuivrerie abritant le timbre de l'horloge; celle du S., dite *tour Sourde*, est appuyée par une construction massive ayant servi de prison, sous laquelle se voit un cadran d'horloge du XVIe s. Deux portes latérales d'un style charmant sont les restes de la cathédrale romane. Le chœur, bâti au-dessus des fossés primitifs de la ville, est supporté par une *crypte* spacieuse.

A l'int. de l'église, on remarque : les magnifiques **vitraux** du XIIIe s., comprenant 1,610 figures; d'autres verrières, des XIVe, XVe et XVIe s.; les grilles du chœur, bonne imitation du XIIIe s.; une horloge à cadran astronomique, du XVe s., dans le collatéral dr.; dans la chapelle du Sacré-Cœur, 2 tapisseries des Gobelins; en avant de la chapelle absidale, 2 statues agenouillées figurant Jean de Berry et sa seconde femme; dans une chapelle voisine, des statues analogues qui faisaient partie du mausolée des Laubépine; un bénitier du XVe s. en bronze; un second bénitier, à trois anses; le buffet d'orgues (XVIIe s.). — *Sacristie*, construite aux frais de Jacques Cœur par l'archevêque Jean Cœur, son fils. — L'église souterraine (pour visiter, s'adr. aux suisses, 15 c.; tour, 25 c.); du XIIIe s., qui enveloppe une *crypte* romane, est réservée à la sépulture des archevêques. Dans ce chœur inférieur se voient des vitraux du XVe s. et un du XIe ou du XIIe s., la statue couchée en marbre du duc Jean de Berry, une autre statue agenouillée du même prince, celle de sa première femme et un beau *saint-sépulcre* de la Renaissance, refait en 1640.

A g. de la cathédrale, à l'angle des rues des Trois-Maillets et Molière, subsiste un ancien bâtiment des dîmes appelé *cellier et greniers du Chapitre* (XIIIe ou XIVe s.).

On prend, en face du portail N., la *rue Molière*, et, à la suite, la *rue Hôtel-Lallemant*, où se trouve, au n° 5, l'**hôtel Lallemant** (ne pas manquer de le visiter; s'adresser au concierge, 6, rue Bourbonnoux), de la Renaissance, remanié au XVIIe s. (tourelle élégante, jolis médaillons encadrant des figures de terre cuite; petit oratoire; petit musée lapidaire de la Société des Antiquaires du Centre). Longeant la *place George-Sand* et tournant à dr., on arrive par un petit escalier à la *rue Bourbonnoux*; au n° 50 est la **maison de Bienaimé-Georges** (1464; dans la cour, portes et fenêtres sculptées). D'autres maisons anciennes se voient dans cette rue (n° 13, *maison des Trois-Flûtes*), ainsi que sur la *place Gordaine*, où elle aboutit et d'où la *rue Nationale* conduit à l'église Saint-Bonnet.

L'*église Saint-Bonnet*, dont il ne reste que le chœur, date du XVIe s. (tableaux de J. Boucher; vitraux du XVIe s. et de la Renaissance; ancien bénitier en bronze et verrière moderne, style du XIIIe s.). — De là le *boulevard de la République* conduit directement à la gare.

Revenu à la place Gordaine, on la traverse pour prendre à dr. la *rue Coursalon*, puis la *rue de Paradis* (au n° 13, **ancien hôtel de ville,** du XVe s.; belle tour d'escalier). Plus loin, tournant à g., on passe dans la *rue Mirebeau* (vieilles maisons), qui aboutit à la place Notre-Dame, d'où l'on rejoint l'avenue de la Gare.

[**De Bourges à Beaune-la-Rolande** (135 k. 🚂 en 4 h. à 5 h. 15; 15 fr. 10, 10 fr. 20, 6 fr. 65). — On remonte le vallon du Moulon jusqu'à son origine. — 14 k. *Saint-Martin-d'Auxigny*, 2,513 hab. — On passe dans la vallée de la Petite-Sauldre. — 28 k. *Henrichemont* *, 3,441 hab., petite V. fondée sur un plan régulier en 1606 par Sully, dont la création resta incomplète. — La voie court à travers la Sologne. — 38 k. *La Chapelle-d'Angillon*, 961 hab. (château de *Béthune*, XVe et XVIe s.). — La voie ferrée gagne la vallée de la Nère. — 53 k. *Aubigny-Ville*, 2,636 hab. (à l'église, vitrail du XVe s.; *maisons* en bois du XVIe s.; promenade dessinée par Le Nôtre). — On descend vers la Sauldre. — 62 k. *Argent*, 2,198 hab. (*château* ayant appartenu à Sully; église du XVe s.), est relié à (23 k.) Gien (*V.* le Réseau *P.-L.-M.*) par un embranch. (en 35 min. à 1 h.; 2 fr. 60, 1 fr. 75, 1 fr. 15) qui dessert (15 k.) *Coullons*, sur la Tiolle (*église* des XIe, XVe et XIXe s.) et qui franchit la Loire sur un pont métallique long de 367 m., prolongé sur la plaine du Val par 2 importants viaducs en maçonnerie. — 87 k. *Sully-sur-Loire*, 2,553 hab., sur la rive g. de la Loire (*château*, des XIVe et XVIIe s., ayant appartenu au célèbre ministre de Henri IV dont on voit la statue dans la cour). — Pont tubulaire sur la Loire. — 94 k. Les Bordes, stat. où l'on croise le ch. de fer d'Orléans à Gien (*V.* p. 7). — La voie traverse sur 8 k. la forêt d'Orléans. — 107 k. *Lorris*, 2,181 hab. (*église* des XIe et XIIIe s., avec stalles du XVe et boiseries Renaissance; *hôtel de ville* du XVIe s.). — Pont sur le canal d'Orléans. — 121 k. Bellegarde-Quiers, stat. où l'on croise le ch. de fer d'Orléans à Montargis (*V.* p. 7). — 130 k. *Beaune-la-Rolande*, 1,860 hab., dans le vallon de la Rolande (*église* du XVe s., avec crypte romane; colonne commémorative du combat du 28 nov. 1870). De Beaune à Pithiviers et Étampes, *V.* p. 3. — 135 k. Auxy-Beaune-la-Rolande, gare où l'on joint la ligne de Paris à Montargis par Corbeil (*V.* le Réseau *P.-L.-M.*).

D'Argent au Blanc (191 k. 14 fr. 45 et 9 fr. 40). — La voie suit la vallée de la Sauldre. — 42 k. Salbris, où l'on croise le ch. de fer d'Orléans à Vierzon (p. 100). — 51 k. *La Ferté-Imbault*, 1,036 hab. (chapelle romane de Saint-Thaurin, renfermant le tombeau du maréchal de Praslin). — 54 k. *Selles-Saint-Denis* (chapelle de Saint-Genoux, avec fresques, XVe s.). — 71 k. Romorantin, où l'on croise le ch. de fer de Blois à Villefranche-sur-Cher (p. 94). — 82 k. Gièvres, où l'on passe sous le ch. de fer de Tours à Vierzon (p. 94). — 85 k. *Chabris*, 2,780 hab. ; l'*église* (crypte romane avec statue vénérée de St Phalier), des Xe, XIIe, XIIIe et XVe s., offre des systèmes d'appareil et des sculptures remontant aux premiers siècles du christianisme.

98 k. **Valençay** *, 3,346 hab. Le **château**, sur de vastes terrasses au-dessus du vallon du Nahon, fut construit dans le style de la Renaissance, vers 1540, par Jacques d'Étampes, acquis par le prince de Talleyrand en 1805 et assigné pour résidence, en 1808, à Ferdinand VII d'Espagne. De Valençay à Châteauroux, *V.* p. 104.

A dr., *forêt de Gâtine* (2,500 hect.). — 109 k. *Luçay-le-Mâle*, 1,890 hab., sur la rive dr. du Modon (château du XVe s.). — 118 k. *Écueillé*, sur la Tourmente. — 132 k. *Pellevoisin*, 1,070 hab. (tumulus haut de 15 m. ; château féodal du *Mée* ; *N.-D. de Pellevoisin*, pèlerinage le 9 sept.). — 137 k. *Argy*, 1,346 hab. (château des XVe et XVIe s.). — La voie descend dans la vallée de l'Indre.

143 k. Buzançais, où l'on croise la ligne de Tours à Châteauroux (V. p. 96). — 154 k. *Vendœuvres*, 2,055 hab. — On parcourt la *Brenne*, région lacustre, appelée quelquefois la « Petite Sologne », naguère déshéritée, mais auj. améliorée et transformée. — 167 k. *Mézières-en-Brenne*, 1,996 hab., sur la Claise. *Église*, anc. collégiale, fondée en 1339, avec porche surmonté de 3 clochers et *chapelle d'Anjou*, du XVIe s., décorée de beaux vitraux. — 191 k. Le Blanc (p. 81).

De Bourges à Cosne (68 k. 1 h. 50 à 2 h. 45; 7 fr. 60, 5 fr. 15, 3 fr. 35). — 22 k. *Les Aix-d'Angillon*, 1,434 hab., dans le vallon du Colin (*église* avec chœur du XIIe s.). — On parcourt la région accidentée du Sancerrois. — 39 k. *Veaugues* : ⚔ sur la Guerche (*V.* p. 185). Viaduc de 15 arches sur le vallon de *Ménétréol*, puis viaduc métallique de 5 travées, long de 212 m., sur le vallon de l'Étang.

54 k. **Sancerre** *, 2,998 hab., au sommet d'une colline isolée de 306 m. d'altit., est entouré de boulevards d'où l'on jouit d'une vue admirable sur la vallée de la Loire. — *Château* moderne, style Renaissance, de la famille d'Uzès, ayant remplacé un château fort dont il reste la *tour des Fiefs* (XVe s.).

Viaduc de 26 arches, long. de 420 m., sur le vallon de Saint-Satur. — 56 k. *Saint-Satur* (chœur remarquable d'une anc. *église* abbatiale, commenc. du XVe s.). — 62 k. *Bannay*, au débouché du vallon de la Belaine (château avec parc dessiné par Le Nôtre). — Pont (826 m. de long.) sur la Loire. — 68 k. Cosne (*V.* le Réseau *P.-L.-M.*).

De Bourges à Laugère (56 k. en 2 h. env.; 4 fr. 35 et 3 fr. 15). — 4 k. *Mazières* (forges). — 11 k. *Trouy-Plaimpied* (à 5 k., belle *église* romane de Plaimpied). — 21 k. *Levet*, 964 hab., sur le Bougnon. — 24 k. *Saint-Germain-des-Bois*, 976 hab. (église romane). — 34 k. *Dun-sur-Auron*, 4,462 hab. (*église* romane avec chap. du XVe s., retables du XVe s. et de la Renaissance; porte et 2 tours des anc. remparts; *maisons* du XIIIe au XVIe s.). — 46 k. *Thaumiers* (*église* romane dont la chapelle seigneuriale, du XVe s., renferme un retable de la même époque). — 50 k. *Bannegon* (château des XIIIe-XVIIe s.). — 56 k. Laugère (R. 33, p. 185).]

De Bourges à Nevers, R. 33.

ROUTE 33

DE BOURGES A NEVERS

69 k. — 🚂 2 h. à 2 h. 45.

Le ch. de fer remonte la vallée de l'Yèvre.

7 k. *Saint-Germain-du-Puy* (châteaux de *Turly*, XVe s., et de *Villemenard*, XVIe s.): — 10 k. *Moulins-sur-Yèvre* (église du XIIe s.), au confl. de l'Yèvre et de l'Ouatier.

16 k. *Savigny-en-Septaine.* — 21 k. *Avord* (camp important). — 30 k. *Bengy* (*église* des XIe-XIIe s.). — On franchit le Craon.

36 k. *Nérondes*, 2,207 hab. (église du XIIe s., avec pierres tombales; château de *Verrières*, XIIIe-XVIIe s.; manoir du *Briou*, Renaissance). — Un tunnel conduit dans la vallée de l'Aubois, que suit le canal du Berry.

48 k. *La Guerche-sur-l'Aubois*, 3,254 hab. (église du *Gravier*, XIe et XVe s.; sucrerie; carr. de pierres lithographiques).

[**De la Guerche à Châteaumeillant** (88 k. 🚂 3 h. 30 à 4 h. 10; 9 fr. 85 et 5 fr. 40). — On remonte la vallée parcourue par l'Aubois et le canal du Berry. — 15 k. *Sancoins*, 4,737 hab., d'où part le ch. de fer de Lapeyrouse (*V.* ci-dessous). — 24 k. *Augy-sur-l'Aubois*, à la source de l'Aubois. — 39 k. *Laugère*, ham. relié par un embranch. à Bourges (R. 32).

42 k. *Charenton-sur-Cher*, 1,985 h., sur la Marmande et le canal du Berry (mairie du XVe s.; à l'église, fonts baptismaux du XVe s.; restes d'une abbaye).

52 k. Saint-Amand-Ville (R. 34). — Pont sur l'Arnon. — 64 k. *Marçais* ⚔ pour Lignières (*V.* ci-dessous). Petite église des XIIe et XIIIe s.; château de *la Motte-Fleury* (XVe s.). — 75 k. *Le Châtelet*, 2,099 hab., sur un coteau de la rive dr. du Portefeuille (restes d'un château; dans la chapelle Saint-Martial, 7 stalles sculptées provenant de l'abbaye d'Orsan; de l'abbaye de Puyferrand il reste un bâtiment du XVIe s. et l'église avec belles parties romanes, chap. du XIIIe s., bénitier et fonts baptismaux Renaissance). — 88 k. Châteaumeillant (R. 16, p. 104).

DE SANCOINS A LAPEYROUSE (88 k. 🚂 en 4 à 5 h.; 9 fr. 85 et 5 fr. 40). — 13 k. *Lurcy-Lévy*, 3,623 h., sur l'Anduise. — On dépasse les manuf. de porcelaine de *la Rencontre* (à g.) et de *Lévy* (à dr.). — 19 k. *Couleuvre* (manuf. de porcelaine). — 28 k. *Saint-Pardoux*, dont la source minérale est utilisée à Bourbon-l'Archambault (*V.* le Réseau *P.-L.-M.*). — 32 k. *Theneuille* (source minérale de *la Trollière*). — 46 k. *Cosne-sur-l'Œil*, b. industriel (église romane), où aboutit le ch. de fer de Bourbon-l'Archambault et de Moulins (*V.* le Réseau *P.-L.-M.*). — 55 k. Villefranche, stat. du ch. de fer de Montluçon à Moulins (R. 34). — 75 k. Montmarault, où l'on croise le ch. de fer de Varennes à Marcillat (R. 35). — 88 k. Lapeyrouse (R. 35).

DE MARÇAIS A SAINT-FLORENT (52 k. 🚂 en 2 h. 35; 4 fr. et 2 fr. 95). — 6 k. *Morlac* (restes du prieuré de *Bois-d'Abert*, XVe s.; chapelle de *Souages*, du XIIIe s., convertie en magasins). — 11 k. *Ids-Saint-Roch*, au-dessus de la vallée de l'Arnon (église du XIIIe s.). — 14 k. *Touchay* (château de *l'Isle-sur-Arnon*, XVe s.). — 15 k. *Saint-Hilaire-en-Lignières* (église romane avec crypte; château du *Plaix*, XIVe s.). — 21 k. *Lignières*, 2,833 hab., sur l'Arnon. Eglise en partie du XIIe s., avec 4 stalles du XVe. Château de 1654. — On descend la vallée de l'Arnon. — 26 k. *La Celle-Condé* (à *Condé*, église du XIIe s. sur crypte; château du *Plessis*, XVe s.). — 30 k. *Saint-Baudel* (église du XIIe s.; manoir de *Colombe*, XVIIe s.). — 37 k. *Mareuil*, près d'un étang traversé par l'Arnon (église romane moderne, avec belle sculpture du Christ au tombeau, XVIe s.). — 52 k. Saint-Florent (R. 34).

De la Guerche à Veaugues (49 k. 🚂 en 2 h. 25 à 3 h. 35; 3 fr. 80 et 2 fr. 80). — La voie suit la vallée où courent parallèlement l'Aubois et le canal du Berry. — 5 k. *Le Chautay* (église romane, manoir du XVe s.). — 11 k. *Torteron*, 1,215 hab. (manoir de *Milly*, XVe s.). — 14 k. *Jouet-sur-l'Aubois*, 2,015 hab. — La voie débouche dans la vallée de la Loire. — 17 k. *Marseilles-lès-Aubigny*. — 19 k. *Beffes*. — On s'éloigne de la Loire à l'O. pour traverser la forêt d'Aubigny et gagner le vallon de la Vauvize. — 24 k. *Précy* (château). — 28 k. *Jussy-le-Chaudrier* (église en partie du XIIIe s.; anc. commanderie des *Bordes*). — 30 k. *Sancergues*, 1,070 hab., dans le vallon de la Vauvize, a une belle *église* composée d'un chœur roman à triple abside et d'une nef du XIIIe s., en partie détruite, avec beau triforium. — 39 k. *Lugny-Champagne*. — 49 k. Veaugues (*V.* p. 184).]

57 k. *Le Guétin*, ham. de la com. de *Cuffy* (église romane; ruines d'un *château* des comtes de Nevers). — La voie ferrée franchit l'Allier sur un *pont-viaduc* (14 arches) haut de 20 m. et long de 381 m. 45, situé à une petite distance en amont du *pont-aqueduc* (500 m. de long., 18 arches) du canal latéral à la Loire, qui fait passer ce canal au-dessus de l'Allier et le réunit au canal du Berry.

59 k. Saincaize, où l'on joint la ligne de Paris à Lyon par le Bourbonnais; — 69 k. Nevers (*V.* le Réseau *P.-L.-M.*).

ROUTE 34

DE PARIS AU MONT-DORE ET A LA BOURBOULE

455 k. et 450 k. 🚂 Du 8 juin au 20 sept., 2 trains express (1re, 2e et 3e cl.; voit.-couloir de 1re cl.) vont de Paris au MontDore, l'un de jour (wagon-restaurant), arrivant à la Bourboule et au Mont-Dore pour le dîner, l'autre de nuit (lits-toilette et couchettes). — 50 fr. 95 et 50 fr. 40, 34 fr. 40 et 34 fr., 22 fr. 40 et 22 fr. 20.

204 k. de Paris à Vierzon (R. 16). — 230 k. *La Chapelle-Saint-Ursin*. — On traverse un plateau riche en mines de fer. 238 k. *Saint-Florent-sur-Cher* (château du XVe s.).

A Issoudun, par Charost, *V.* p. 101; — à Lignières et à Marçais, *V.* p. 185.

On remonte le Cher. — 242 k. *Rosières*. — 245 k. *Lunery*. — A dr., *Corquoy* (mines de fer).

255 k. **Châteauneuf-sur-Cher***, 2,389 hab., sur la rive dr. du Cher, est dominé par un *château* des XIIIe et XVIe s., entouré de beaux ombrages.

263 k. *Bigny* (grande usine à fer). — 269 k. *La Celle-Bruère*.

[Le petit bourg de *Bruère* a conservé son aspect du moyen âge. A 7 k. E.-N.-E., **château de Meillant**, construit de 1500 à 1510 par l'amiral Charles d'Amboise. — A 3 k. S. de la Celle, abbaye de *Noirlac* (XIIe s.), auj. manuf. de porcelaine.

277 k. **Saint-Amand-Montrond***, 8,326 hab., entre la rive dr. du Cher, la Marmande et le canal du Berry. Débris du châ-

teau de Montrond, sur une butte (jolie vue) transformée en promenade. — *Église* des XIIe, XVe et XVIe s., avec *portail* du XIIIe s. — *Église des Capucins* (auj. marché), Renaissance. — *Maisons* anciennes. — Vins « gris ».

[A *Orval*, sur la rive dr., près de la station, *église* (*croix* en vermeil donnée par St Louis) et *fontaine du Bois-de-la-Garenne* (cascade haute de 30 m.). — A 4 k. S., importantes ruines romaines de *Drévant*.]

De Saint-Amand à la Guerche et à Châteaumeillant, *V.* p. 185.

On remonte le Cher côtoyé par le canal du Berry.

286 k. *Ainay-le-Vieil* (*château* de la Renaissance, avec tours plus anciennes). — 292 k. *Urçay*. — A g., confl. du Cher (rive dr.) et de l'Aumance (gorge profonde). — 303 k. *Vallon-en-Sully* (*église* romane, belle flèche; corresp. pour *Hérisson**, dans la belle vallée de l'Aumance). — 312 k. *Magnette*. — Pont sur la Magière. — 318 k. *Les Trilliers*. — Au delà de la rive dr., *château* ruiné *de Thizon*.

326 k. **Montluçon** * Ⓑ, 35,062 hab., est formée de deux villes distinctes séparées par le Cher (pont de 6 arches) : sur la rive g., la ville industrielle (*manufacture de glaces*; verreries, forges et fonderies, etc.); sur la rive dr., la ville proprement dite. Celle-ci est partagée à son tour en deux cités : la ville haute, où sont deux *églises* délabrées et le *château* (XVe s.), transformé en caserne; la ville basse, formée principalement du beau *boulevard Courtais* (cafés; poste-télégraphe). Sur ce boulevard donnent le *palais de justice*, la place de l'*Hôtel-de-Ville* et aboutit la belle avenue-promenade de la Gare. La ville industrielle est traversée dans toute sa longueur par la large *rue de la République* (à dr., *église Saint-Paul*).

[**De Montluçon à Moulins** (81 k. 🚌 2 h. 30 à 3 h. 30; 9 fr. 10, 6 fr. 10, 4 fr. 50). — 13 k. de Montluçon à Commentry (*V.* R. 35). — A l'E., ligne de Gannat. — 23 k. *Doyet-la-Presle* (houillères) est relié par un embranch. de 6 k. (13 min.; 70 c., 55 c., 35 c.) à *Bézenet* (houillères). De Bézenet à Marcillat, Montmarault, Chantelle, Saint-Pourçain et Varennes, *V.* R. 35. — 30 k. *Villefranche* (église romane; mines de houille), au croisement du ch. de fer de Sancoins à Lapeyrouse (R. 33, p. 185). — Plus loin, à dr., belles ruines du *château de Murat*, XIIIe-XIVe s. — 67 k. **Souvigny***, 3,068 hab. (*église*, XIIe et XVe s., d'une ancienne abbaye, avec les *tombeaux de Louis II de Bourbon et de* sa femme *Anne d'Auvergne*, *de Charles Ier et de* sa femme *Agnès*, fille de Jean Sans-Peur; *verrerie*). — 81 k. Moulins (*V.* le Réseau *P.-L.-M.*).]

De Montluçon à Châteaumeillant, la Châtre et Châteauroux, R. 16, p. 104; — à Aubusson, Felletin, Guéret, Bourganeuf, Saint-Sulpice-Laurière, Néris et Gannat, R. 35.

La voie remonte la rive g. du Cher. — 335 k. *Lignerolles*. — Sur la rive dr., *Saint-Genest* (*château de l'Ours*, XIIIe s.). — 341 k. *Teillet-Argenty*. — On s'éloigne du Cher pour s'approcher de la Tardes.

349 k. *Budelière-Chambon*, stat. où il faut descendre pour visiter le **pont de la Tardes**, long de 250 m. et élevé de 92 m. au-dessus de la rivière.

[A 3 k. S.-O. (omnibus, 60 c.), *Chambon-sur-Voueize* *, en amphithéâtre au confl. de la Tardes et de la Voueize, au sein de gracieux paysages (*église* des XIe et XIIe s.), d'où l'on peut excursionner à (7 k. N.-

N.-O.) *Lépaud* (*château* des ducs de Montpensier, en partie du xvᵉ s.) et à (9 k. O.) l'*étang des Landes* (123 hect.).

Pont sur la Tardes; tranchée profonde de 13 m. dans le roc.

354 k. **Evaux-les-Bains***, 3,443 hab., stat. thermale, anc. capitale de la Combraille (*église* des xiiiᵉ-xviiᵉ s., reste d'un monastère de Génovéfains occupé auj. par des religieuses). — A 2 k. de la gare (omnibus), dans un profond ravin au-dessous de la ville, *établissement de bains* (restes de thermes romains), attenant à un parc de 8 hect. et où sont employées des eaux thermales (34° à 56°,7) sulfatées sodiques ou ferrugineuses (18 sources).

363 k. *Reterre*. — 372 k. *Auzances*, 1,472 hab. (église romane et ogivale). — 379 k. *Les Mars*. — 385 k. *Mérinchal*. — 390 k. *Létrade*. A g., *étang* et château *de Tix*. — 404 k. *Giat* (tumulus). — 407 k. *Saint-Merd-la-Breuille*. — 412 k. *Feyt*.

419 k. Eygurande-Merlines Ⓑ, stat. où l'on joint la ligne de Limoges à Clermont; — 423 k. La Cellette; — 428 k. Bourg-Lastic-Messeix; — 441 k. Laqueuille Ⓑ (*V*. R. 36), gare d'où part l'embranch. de la Bourboule-le-Mont-Dore. Cet embranch. se dirige au S. pour gagner la vallée de la Dordogne. A g., sommités des Monts Dore, notamment la Banne d'Ordenche et le Puy Gros, reconnaissable à sa forme rectangulaire.

445 k. *Saint-Sauves*, sur un promontoire de grès rouge qui domine la rive dr. de la Dordogne (sur la place, portique Renaissance de l'anc. église). — A dr., profonde vallée boisée de la Dordogne, vers laquelle on descend par une combe de prairies. Au loin, du même côté, se profilent les masses montagneuses du Plateau de Millevaches et des Monédières. A 1,500 m. de la Bourboule on a formé à l'aide d'un barrage un *lac* artificiel dont la chute d'eau fournit la force motrice à l'usine d'électricité qui assure l'éclairage de la stat. balnéaire.

450 k. **La Bourboule***, célèbre station thermale, à 846 m. d'altit., sur la rive dr. de la Dordogne, utilise dans le bel *établissement des Thermes* (on visite de 1 h. à 3 h.) et dans deux autres moins importants des eaux, thermales ou froides, chlorurées sodiques arsenicales, bicarbonatées gazeuses, jaillissant de sources dont les principales sont les *sources Choussy* (56°), *Perrière* (60°) et *de Sedaiges* (59°); elles réussissent particulièrement contre la scrofule, les affections cutanées, les fièvres intermittentes, etc. — *Eglise* moderne, du style roman auvergnat (beaux vitraux). — *Casino*. — *Parc Fenestre*.

[*Excursions* : — (15 min. en ch) de fer funiculaire, 1 fr. aller et ret.. *Plateau de Charlanne* (1,200 m. env. d'altit.); — (15 min.) le *Rocher* (banc du T. C. F. au sommet; très belle vue), par le sentier qui prend naissance entre l'hôtel de l'Univers et l'hospice thermal Guillaume-Lacoste; — (1 k. 5) le *lac du Barrage*, par la route de Saint-Sauves; — (2 k. 8) les cascades du Plat-à-Barbe et de la Vernière (*V*. ci-après, le Mont-Dore); — (3 k. 8) *la Roche-Vendeix* (1,131 m.; vue superbe sur les forêts); — (4 h. 15 all. et ret.) le *Puy Gros* (1,482 m.) et la *Banne d'Ordenche* (1,517 m.): vue magnifique; — (11 k. par Liournat) *la Tour-d'Auvergne*, 2,113 hab., à 1,009 m., sur un promontoire de basalte terminé par des orgues pris matiques qui dominent la vallée de la Burande, par (5 k.) Saint-Sauves (*V.* ci-dessus), (15 k.) *Tauves*, 2,364 hab. (*église* du XIIe s., avec 2 cloches du XVe s.) et (22 k.) *Saint-Pardoux* (*église* des XIIIe-XVIIe s.); — (42 k.) *gorges d'Avèze*, par *Avèze*, *les Vialles* et Saint-Sauves; — (40 k.) Bort (R. 37), par (19 k.) *Pont-Vieux*, site charmant au fond des gorges de la Burande, le plateau du *Cimetière Enragé*, qui, d'après les légendes, fut le théâtre d'une bataille entre les Romains et les Arvernes (en réalité c'est probablement le reste d'une ancienne moraine), et *la Pradelle*.]

Continuant de remonter la rive g. de la Dordogne, dominée par des forêts de sapins et de hêtres, on aperçoit tout à coup, à une courbe de la voie ferrée, le bourg du Mont-Dore.

455 k. **Mont-Dore-les-Bains***, célèbre station thermale, 2,092 hab., est situé à 1,050 m. d'altit., sur la rive dr. de la Dordogne naissante, dans une vallée profonde dominée à l'E. par le *puy de l'Angle* (1,728 m.), au S.-O. par le Capucin, et dont l'origine est un cirque grandiose qu'enveloppent les plus hautes montagnes du massif des Monts Dore commandées par le puy de Sancy. — 12 *sources minérales* (38° à 47°) d'eaux bicarbonatées sodiques, arsenicales et ferrugineuses, employées principalement dans les maladies des voies respiratoires. — Bel **établissement des bains**, dans lequel ont été adaptés des débris d'architecture provenant des thermes antiques qui l'ont précédé. Il forme le côté de la *place Michel-Bertrand* (beaux hôtels) reliée par la *rue Ramond*, bordée de magasins, à la promenade du **Parc** (concerts quotidiens), limitée à l'O. par la Dordogne et sur laquelle est le *Casino* (vaste café-véranda). — *Eglise* gothique moderne, avec crypte.

[**Excursions** : — *Salon du Capucin* (10 min. par funiculaire, 1 fr. aller et ret. le mat., 1 fr. 25 l'après-midi), à 1,286 m. d'alt., où se trouve un café-restaurant et d'où l'on atteint, en 30 min., à travers une belle forêt de pins et de hêtres, le sommet du *Pic du Capucin* (1,463 m.; belle vue); — (15 min.) *Promenade des Artistes*; — (45 min.) *Grande-Cascade*, tombant du sommet d'un rocher de trachyte; —(3 à 4 h. à pied aller et ret.) *Grande-Scierie, cascades du Plat-à-Barbe* et *de la Vernière*; ret. par *Rigolet-Bas*, le *Salon de Mirabeau* et la route de la Bourboule; — (3 h. env. à pied aller et ret.) *cascades du Rossignolet*, *de Queureilh* et *du Saut-du-Loup*; ret. par la route de Saint-Nectaire; — (8 k. ⊛) *lac de Guéry* (22 hect.), dans un site mélancolique (bon hôt.-restaurant; établiss. d'aquiculture: pêche et barques de promenade). Du lac on parvient en 15 à 20 min. à un col d'où l'on découvre subitement un des sites les plus grandioses de la France, dont le seuil est formé par les *Roches Tuilière* (1,296 m.) et *Sanadoire* (1,288 m.), dykes de phonolithe entre lesquels le regard embrasse la vallée de Rochefort; — (2 h. 30; on peut aller en voit. jusqu'à la buvette dite « Fin de route ») **Puy de Sancy** (1,886 m.), la plus haute montagne de la France centrale; excurs. facile et très recommandée.

Du Mont-Dore à Issoire par le col de Dyanne, Chambon, Murols et Saint-Nectaire (49 k. ⊛ serv. quotidien de cars ou chars-à-bancs : dép. 9 h. matin; arrivée à Murols à midi, déjeuner, dép. 2 h. 30; arrivée à Saint-Nectaire 3 h. 10 soir, dép. 3 h. 30; arrivée à Issoire, 6 h. soir; prix pour Murols 2 fr. 50, Saint-Nectaire 3 fr., Issoire 6 fr. 50). — 7 k. 5. *Col de Dyanne* (1,335 m.). — 18 k. 5. *Chambon*, à 892 m. (*église* romane précédée d'une croix du XVe s.), d'où l'on peut aller, par (1 k. 5) *Voissière* (belle *cascade*), visiter la *vallée de*

Chaudefour, où la Couse a son origine. — A g., le *Baptistère*, édifice du XIe s. ayant servi de chap. sépulcrale. — A dr., *lac Chambon* (880 m. d'altit.), formé par la Couse, qu'arrête dans son cours une digue de lave descendue autrefois du *Tartaret*, volcan dont le cratère égueulé est auj. revêtu de hêtres et de sapins. — 23 k. **Murols** *, v. dominé par les ruines imposantes d'un *château* du moyen âge (15 min. pour y monter; 50 c. pour visiter), sur un cône basaltique (929 m.).

28 k. **Saint-Nectaire-le-Haut** *, 1,209 hab., sur une colline au-dessus de la rive g. du Fredet ou Courançon, forme avec Saint-Nectaire-le-Bas une double station thermale, utilisant en partie de nombreuses sources minérales, thermales ou froides, et aussi incrustantes, dont les eaux sont excitantes, toniques et reconstituantes par l'acide carbonique, le chlorure sodique, le fer et l'arsenic qu'elles contiennent. Son *établissement du Mont-Cornadore* renferme tous les éléments d'une station thermale : installation balnéaire, hôtel, salles de lecture, de jeu. L'église, romane, au sommet d'une butte, est fort remarquable.

29 k. **Saint-Nectaire-le-Bas** *, dans une situation plus commode et plus gaie, se compose des *Bains Romains* et du *Nouvel Etablissement*, de plusieurs hôtels, notamment l'*hôtel* monumental *du Parc*, d'un casino, d'une chapelle et de quelques magasins. On y voit le plus beau *dolmen* du Puy-de-Dôme.

Los principaux buts d'excursions sont : les *grottes du Mont-Cornadore* et *du Puy de Châteauneuf* (934 m.); — (3 k. S.) la **cascade des Granges**; — (une demi-journée) *Besse* *, 1,743 hab., à 1,036 m., sur une colline basaltique dominant la rive dr. de la Couse, curieuse petite V. ayant gardé, avec son église et ses maisons anciennes, sa physionomie du moyen âge; — le *lac Pavin*, à 1,197 m., et ret. par les *grottes de Jonas* et la *vallée du Valbeleix* (charmante; car t. l. dim. d'Issoire à Valbeleix par *Perrier* et *Chidrac*, du 15 juin au 15 sept.).

Au delà de Saint-Nectaire la route du Mont-Dore à Issoire passe à (38 k.) *Montaigut-le-Blanc*, vieux b. fortifié dans une situation pittoresque (ruines d'un *château* du moyen âge), et à (41 k.) *Champeix*, 1,682 hab., sur la Couse (église romane; ruines d'un château et vieille tour portant une horloge). — 49 k. Issoire (*V.* le Réseau *P.-L.-M.*).]

ROUTE 35

DE SAINT-SULPICE-LAURIÈRE A GANNAT

PAR MONTLUÇON

191 k. — 🚂 5 à 7 h. — 21 fr. 45; 14 fr. 45; 9 fr. 40.

Tunnel de 55 m. — On longe l'Ardour. — 13 k. *Marsac*.

21 k. *Vieilleville*.

[**De Vieilleville à Bourganeuf** (20 k. 🚂 1 h. env.; 2 fr. 25, 1 fr. 50, 1 fr.). — 8 k. *Saint-Dizier*. — 14 k. *Bosmoreau-les-Mines* (houillères). — 20 k. **Bourganeuf** *, V. industr. de 3,675 hab., sur le bord d'un plateau qui domine les vallées du Taurion et de la Gane-Molle (2 églises, XIIe et XVe s.; en face de l'église principale, *maison* du XVe s.; *tour de Zizim*, de 1484, où mourut prisonnier Zizim, frère de Bajazet II; *chapelle de Notre-Dame du Puy*, pèlerinage; *monument de Martin Nadaud*, ancien questeur de la Chambre des députés). Aux environs, belle *cascade des Jarreaux*.]

29 k. *Montaigut-le-Blanc*, à 2 k. S. (*château* ruiné). — On franchit la Gartempe. — 37 k. *La Brionne*. — Tunnel.

45 k. **Guéret** Ⓑ *, ch.-l. du départ. de la Creuse, 8,083 hab., au pied de la colline de *Maupuy* (686 m.). De la gare un omnibus conduit à la *place Bonniaud*, d'où la *rue Martin-Na*.

daud mène à la place de la *Préfecture*, où est l'*hôtel des Monneyroux*, bel édifice du XVe s. (à l'int., cheminées sculptées; archives du département), improprement appelé le *palais des comtes de la Marche*. D'ici la *Grande-Rue* descend à la *place du Marché*; à g. sont l'*hôtel de ville* et le *musée*.

[**De Guéret à la Châtre** (76 k. 🚂 en 2 h. 15 à 2 h. 52; 8 fr. 50, 5 fr. 75, 3 fr. 75). — 6 k. *Saint-Fiel* (château Renaissance). — 9 k. *Glénic*, 1,203 hab., sur la rive dr. de la Creuse. — 14 k. *Jouillat*, 1,231 hab. — 23 k. *Bonnat*, 2,601 hab. (église du XIIe ou du XIIIe s.; restes d'un prieuré fortifié; vieux château de *Beauvais*, avec belle avenue d'ormes). — 31 k. *Genouillac-Châtelus*. A Genouillac, église fortifiée du XIVe s. A *Châtelus-Malvaleix*, 1,282 hab., église avec bas-relief en albâtre du XIVe s., et *tilleul* phénomal *des Pinards* (10 m. de circonf.). — On franchit la Petite-Creuse. — 38 k. *Mortroux-Moutier*. A Mortroux, église du XVe s., **anc.** chapelle castrale. A *Moutier-Malcard*, à l'entrée de l'église, *croix* en pierre du XVe s. — 50 k. *Aigurande*, 2,366 hab., près des sources de la Bouzanne. Église du XIIIe s. Dolmen. — 59 k. *Crozon*. Château de *Lalande* (XVIe s.). — 64 k. *Saint-Denis-de-Jouhet*, 2,116 hab. (église du XIIIe s.). — 76 k. La Châtre (*V*. p. 104).

A Saint-Sébastien, R. 16, p. 105.

51 k. *Sainte-Feyre* (sanatorium pour les instituteurs et institutrices); à 3 k. O., le *Puy de Gaudy* (651 m.; restes d'un oppidum gaulois).

60 k. **Le Busseau-d'Ahun** Ⓑ.

[**Du Busseau-d'Ahun à Ussel par Aubusson** (80 k. 🚂 en 2 h. 55 à 3 h. 45; 5 fr. 05, 3 fr. 40, 2 fr. 20). — 5 k. *Ahun*, 2,307 hab. (*église* en partie du XIIe s., avec Pietà du XVe; mines de houille), stat. desservant aussi, sur la rive g. de la Creuse (pont du XIIe s.), *Moûtier-d'Ahun* (*église* d'une anc. abbaye, avec *stalles* et *boiseries* du XVIIe s.). — 8 k. *Lavaveix-les-Mines*. — On suit la vallée pittoresque de la Creuse.

25 k. **Aubusson** *, V. industr., 7,067 hab., sur la Creuse (**manufactures de tapisseries renommées occupant** 2,000 ouv.; *école nationale d'art décoratif; tour de l'Horloge*, XVIe s.; *maisons* des XVe et XVIe s.). — Ponts sur la Creuse et tunnels. — 35 k. *Felletin* *, 3,206 hab. (fabriques de tapis; *église*, XVe s.; à côté du collège, *chapelle* de l'ancien château, XVe s.; maisons anciennes; bustes du musicien Quinault et de l'helléniste Courtaud-Diverneresse; au cimetière, *lanterne des morts*, du XIIIe s.). — On continue de remonter la vallée de la Creuse. — 43 k. *Croze*. — 49 k. *Clairavaux*. — Après avoir laissé à dr. la source de la Creuse on descend dans le vallon d'un tributaire de la Diège. — 56 k. *Le Mas-d'Artiges*. — 61 k. *La Courtine*, 1,033 hab., ch.-l. d'un cant. dont les grandes forêts sont peuplées de sangliers et de loups. — 67 k. *Sornac*, 1,762 hab. (église du XIIe s.; ruines du château de *Rochefort*, sur un rocher escarpé), à l'E. du massif de *Millevaches*, plateau granitique d'une altit. d'env. 950 m. très important au point de vue hydrographique. — 74 k. *Saint-Pardoux-le-Vieux*. — 80 k. Ussel (*V*. p. 194).]

Viaduc métallique long de 300 m., haut de 56 m., au-dessus de la Creuse. — 68 k. *Cressat*. — 77 k. *Parsac-Gouzon*. — 88 k. *Chanon*. — 94 k. *Lavaufranche*.

[**De Lavaufranche à Champillet-Urciers** (38 k. 🚂 1 h. 16 à 1 h. 29; 4 fr. 25, 2 fr. 85, 1 fr. 85). — 7 k. **Boussac** *, 1,386 hab., sur un promontoire rocheux, au confl. de la Petite-Creuse et du Béroux (*château* du XVe s., auj. sous-préfecture; église du XIIe s.). — 17 k. *Saint-Marien*. — 26 k. *Saint-Saturnin*. — 38 k. Champillet-Urciers (R. 16, p. 104).]

On franchit la Petite-Creuse. — 100 k. *Treignat* (fromages). — On suit la Magière (à g.).

112 k. *Huriel*, 2,921 hab. (*église* du XIe s.; *donjon* du XIIe s. et tours du XVe, restes d'un château). — Viaduc sur le ruisseau de Crevant.

118 k. *Domérat*. — Beau *pont-viaduc* sur le Cher.

123 k. Montluçon (B); R. 34). — On croise le ch. de fer industriel de Commentry. Tunnel. Gorges sauvages du Lamaron.

133 k. *Chamblet-Néris*, station desservant (5 k. S.-S.-O.; omnibus à tous les trains, 45 min.; 1 fr.) **Néris** *, V. de 2,821 hab., célèbre par ses *eaux thermales* (52°,5), bicarbonatées sodiques (6 *sources*), employées surtout en bains et douches dans un grand *établissement* (restes de *thermes* romains; *église* romane; beau *casino; musée Riekötter; jardins des Arènes* et *Boissier*).

137 k. **Commentry**, 11,169 hab., V. industrielle toute moderne, au confl. de l'OEil et de la Banne (*mines de houille* et usine à fer).

[A g. pour (25 k.) *Marcillat*, 2,075 hab. (*château* du XVe s.).

De Commentry à Varennes-sur-Allier (78 k. 3 h. 36 et 4 h. 20; 6 fr. 45 et 4 fr. 40). — 12 k. Bezenet (*V.* p. 187). — 23 k. Montmarault, où l'on croise le chemin de fer de Sancoin à Lapeyrouse (*V.* p. 185). — 49 k. *Chantelle*, 1,876 hab., sur un promontoire contourné par la Bouble (anc. abbaye de Génovéfains occupée auj. par des religieuses; à côté, restes d'un château des ducs de Bourbon), est relié par un embranch. de 23 k. (en 1 h. 10 à 1 h. 25; 1 fr. 90 et 1 fr. 30) à *Ebreuil*, 2,118 hab., sur la Sioule, qui a possédé une abbaye de Bénédictins dont il reste le palais abbatial, auj. *hospice*, et l'*église* (XIe et XIIe s.), avec une châsse du XVe s. — 68 k. *Saint-Pourçain-sur-Sioule*, 4,943 hab. (*église*, anc. abbatiale, du XIIe s., remaniée du XIIIe au XVIIIe s.; vins estimés). — On franchit l'Allier. — 78 k. Varennes (*V.* le Réseau *P.-L.-M.*).]

De Commentry à Moulins, p. 187.

On franchit puis on remonte l'OEil. — 143 k. *Hyds*. — Pont sur l'OEil; deux viaducs.

155 k. *Lapeyrouse*.

[**De Lapeyrouse à Saint-Gervais-Châteauneuf** (27 k. 1 h. 20). — 9 k. *Saint-Eloy* (houillères). — 15 k. *Youx*. — 21 k. *Gouttières*. — 27 k. *Saint-Gervais-Châteauneuf*, station desservant le b. de *Saint-Gervais*, 2,561 hab. (église romane), et (8 k.) la station thermale de **Châteauneuf-les-Bains** *, sur la Sioule, dans un très beau site. *Eaux thermales* ou *froides* (11° à 33°) bicarbonatées sodiques, ferrugineuses; 22 *sources* employées en boisson, bains et douches dans les divers *établissements*.]

De Lapeyrouse à Sancoins, p. 185.

Viaduc sur la Bouble; tunnel de *Montrognon*. — 163 k. *Louroux-de-Bouble*. — 2 tunnels.

171 k. *Bellenaves* (*église* des XIIe et XIVe s.; *château* du XVIe s.). — A g., deux petits plateaux presque symétriques sur l'un desquels se trouve *Charroux* (beffroi); plus près de la voie, ancien château de *Lignat*.

181 k. *Saint-Bonnet-de-Rochefort* (*église* des XIIe et XIVe s.; *château* du XVe s.), où l'on croise le ch. de fer de Chantelle à Ebreuil (*V.* ci-dessus). — On franchit la gorge de la Sioule sur un *viaduc* qui domine le pont de la route de Gannat; 3 tunnels; pont sur un ravin.

191 k. Gannat (*V.* le Réseau *P.-L.-M.*).

ROUTE 36

DE LIMOGES A CLERMONT

217 k. — 🚂 en 6 h. 40 à 8 h. 45. — 24 fr. 10; 16 fr. 50; 10 fr. 75.

On suit pendant 8 k. la ligne de Saint-Sulpice-Laurière. — 6 k. *Le Palais*. — On se dirige à l'E. vers la vallée du Taurion, rivière que l'on franchit sur un viaduc de 10 arches non loin de son embouchure dans la Vienne.

14 k. *Saint-Priest-Taurion* (église des XIIe et XVe s., avec une croix émaillée du moyen âge; vieux pont bâti par les moines de Grandmont; borne de justice dressée au XVe s. par les consuls de Limoges). — On remonte la rive dr. de la Vienne, dans une pittoresque vallée granitique.

18 k. *Brignac*. — *Viaduc* de 20 arches. — A dr., beau *pont de Noblac* (XVIIIe s.).

24 k. **Saint-Léonard** *, b. industriel (exploit. de wolfram, fabr. de papier paille, manuf. de porcelaine, etc.) de 5,851 hab., sur une colline dominant la Vienne et son affluent le Tarn. — **Eglise** des XIe-XIIIe s. (bas-relief en albâtre et stalles du XVe s.). — Nombreuses *maisons* anciennes. — *Buste* et *maison natale de Gay-Lussac*. — *Monument de Denis Dussoubs*.

27 k. *Farebout*, papeterie sur la Vienne. — On franchit la Maulde. — 34 k. *Saint-Denis-des-Murs*. — Petit tunnel. — 41 k. *Châteauneuf-Bujaleuf*. — 2 tunnels. — 45 k. *Bussy-Varache*. — 4 tunnels.

50 k. **Eymoutiers**, 4,213 hab. (*église* des XIe et XVe s., avec vitraux du XVe s.). — 58 k. *Plénartige*. — On croise 3 fois la Celle.

65 k. *La Celle-Corrèze* (à g., belle vue sur les montagnes de la Creuse).

71 k. *Viam*. — Pont sur la Vezère.

75 k. *Bugeat*, 1,143 hab. — 80 k. *Pérols*. — 84 k. *Barsanges*. — On s'élève sur le plateau de Millevaches, à 856 m. d'alt. — Petit tunnel; à g., profonde vallée de la Luzège; belles vues.

89 k. *Beynat-Ambrugeat*. — Deux tunnels; viaduc.

96 k. *Jassonet*. — On atteint la ligne de Brive à Ussel.

99 k. **Meymac** *, 3,765 hab. (*église* romane; *tour* féodale du XVe s.).

[De Meymac à Brive (79 k. 🚂 2 h. 35 à 2 h. 50; 8 fr. 85, 5 fr. 95, 3 fr. 90). — On descend dans la jolie vallée de la Luzège, que l'on franchit (belle vue). — 6 k. *Lapleau-Maussac* (mines de houille). — La voie gagne la vallée de la Soudeilles. — 12 k. *Soudeilles* (*église* avec *tombeau* sculpté du XIVe s. et buste en vermeil de St Martin, dont la mitre est ornée d'émaux). — 19 k. *Egletons*, 1,697 hab. (*église* du XIIIe s., en grande partie reconstruite, avec ostensoir-reliquaire du XIVe s.), d'où l'on peut aller visiter (10 k. E.) les ruines du **château de Ventadour** (XIIe s.), l'une des forteresses les plus considérables du Limousin. — Au S.-E., vue du Cantal; au S., étangs d'où sort le Doustre. — A g., étang de *Chabrière*. — Pont sur la Montane. — 33 k. *Eyrein* (au chevet de l'église, *retable* sculpté et doré du XVIe s.). — 37 k. *Corrèze*, 1,806 hab., à 5 k. N. (*N.-D. du Pont-de-Salut*, pèlerinage; porte des anc. remparts; maisons anc.; *statue du général Tramond*). — A dr., *étang de Brach*; à g., *étang de Ruffaud*. On parcourt le plateau désert appelé *Champs de Brach*. — 41 k. *Gimel* est connu par les superbes cascades de la Montane, dans un site splendide; elles ont été aménagées par l'éminent artiste Gaston Vuillier, qui y a fait construire un délicieux petit hôtel-restaurant, dit le *Pavillon des Eaux-Vives*. — La voie descend en dominant la vallée de la Montane. — 4 tunnels. — On débouche dans la vallée de la Corrèze, que l'on franchit.

53 k. **Tulle** * (⛌ pour Argentat : V. ci-dessous), 17,412 hab., ch.-l. du départ. de la Corrèze et siège d'un évêché, tout en longueur sur les rives de la Corrèze, a une importante *manufacture d'armes*. — *Cathédrale*, du XIIe s., avec *clocher* du XIVe, haut de 71 m.; à côté, *cloître* et autres restes d'une abbaye renfermant le *musée*. — Habitations anciennes, notamment sur la place Gambetta, la *maison de l'Abbé*, du style Louis XII. — Belle *préfecture*. — De Tulle à Uzerche, V. p. 124.

2 ponts sur la Corrèze et 2 tunnels. — 61 k. *Cornil* (église romane; tour du XVe s.). — 2 tunnels. — 68 k. *Aubazine* (église romane, avec *tombeau de St Étienne*, du XIIe s., *trésor*, vitraux et armoire du XIIe s., stalles de 1719; elle dépendait d'une abbaye dont il subsiste notamment une salle capitulaire et une cuisine), d'où l'on peut faire en 1 h. une charmante excurs. aux *gorges du Coiroux* en longeant le canal d'irrigation du même nom. — 79 k. Brive (R. 19).

De Tulle a Argentat (32 k. 🚃 1 h. 25 à 2 h.; 2 fr. 40 et 1 fr. 60). — La voie franchit la Montane pour remonter le vallon de Laguenne. — 6 k. *Laguenne* (dans l'*église*, du XIIe s., curieuses inscriptions et colombe eucharistique du XIIIe s. en cuivre doré et émaillé; maison du XIVe s., bâtie par le cardinal Sudre). — On descend le vallon de la Souvigne jusqu'à son débouché dans la vallée de la Dordogne. — 23 k. *Forgès*, sur la Sourcigne. — A g., magnifiques rochers à pic. — 27 k. *Saint-Chamant* (belles sculptures sur la porte de l'église; ruines d'un château). Au S., *Signal de Monceaux* (408 m.).

32 k. *Argentat*, 2,801 hab. (mines de houille), point de départ de la navigation sur la Dordogne. Dans la *Bibliothèque* publique, antiquités romaines. *Statue du général Delmas*, par Boverie.]

Laissant à dr. la ligne de Brive et à g. celle de Limoges, on franchit la Triousonne, la Diège et la Sarsonne.

113 k. **Ussel** * Ⓑ, 4,693 h., entre la Diège et la Sarsonne. — *Eglise* des XIIe, XVe et XIXe s. — Sur la place Voltaire, *aigle romaine* en granit. — *Maisons* anciennes notamment l'*hôtel des ducs de Ventadour* (fin du XVIe s.). — *Buste* en bronze de l'explorateur *Treich-Laplègne*. — *N.-D. de la Chabanne*, pèlerinage.

D'Ussel à Felletin, Aubusson et au Busseau-d'Ahun, V. p. 191.

On franchit la Sarsonne. — 124 k. *Aix-la-Marsalouse*, à 2 k. N.-O. de la station (du *château d'Aix*, vue magnifique).

131 k. **Eygurande-Merlines** Ⓑ, stat. au croisement des ch. de fer de Montluçon et d'Aurillac.

A Montluçon, Vierzon, Orléans et Paris, R. 34; — à Mauriac et Aurillac, R. 37.

Pont sur le Chavanon; vallée de la Clidane. — Tunnel de *la Verviallc*. — 135 k. *La Cellette* (*asile d'aliénés* dans une abbaye en partie rebâtie). — On franchit la Clidane, qui parcourt des gorges boisées.

140 k. *Bourg-Lastic-Messeix*. — Tunnel; on quitte la Clidane.

153 k. **Laqueuille** Ⓑ, à 930 m. d'altit., ⛌ sur la Bourboule-le-Mont-Dore (V. R. 34). Le b., situé sur une hauteur (1,000 m.), a une église du XVe s. et les ruines d'un château.

Vallée de la Miouse. — 160 k. *Bourgheade.* — Pénétrant dans la région des « puys », on quitte la vallée de la Miouse pour celle de la Sioule; en avant on aperçoit le Puy de Dôme et toute la chaîne des monts Dôme. — 172 k. *La Miouse-Rochefort.* A 10 k. S. (voit. publique, 1 fr.), *Rochefort-Montagne*, 1,416 hab. (ruines d'un *château*). — 176 k. *Les Rosiers-sur-Sioule.*

179 k. **Pontgibaud***, 868 hab., à 675 m., sur le penchant de la coulée de lave du Puy de Dôme (*château* de la fin du XIIe s., remanié au XVe s. et restauré de nos jours, avec collection de tableaux et de curiosités; *porte* de ville du XVe s.; *église* avec tableau de Parrocel, provenant, comme le maître-autel et le bénitier, de la *chartreuse de Port-Sainte-Marie*, dont on peut aller, à 15 k., visiter les ruines; *fonderies de plomb argentifère*; à 2 k. S.-E., *camp des Chazaloux*, de l'époque des grandes invasions barbares).

185 k. *Saint-Ours-les-Roches.* — 188 k. *Le Vaurial*, dominé à l'E. par l'ancien volcan ou *Puy de Louchadière* (1,200 m.).

197 k. *Volvic*, stat. (vue magnifique) située à 4 k. de la ville du même nom et reliée à Riom par un ch. de fer à voie étroite (*V.* le Réseau *P.-L.-M.*); elle est dominée par le *Puy de la Nugère* (994 m.; ascens. en 50 min.), dominé lui-même au S. par le *Puy de Jumes* (1,163 m.). — 201 k. *Chanat.* — Tunnels. — 208 k. *Durtol.* — Vue superbe en descendant, principalement sur la Limagne. — Viaduc de 16 arches sur le vallon de la Tirtaine.

212 k. Royat. — Petit tunnel. — 217 k. Clermont-Ferrand (*V.* le Réseau *P.-L.-M.*).

ROUTE 37

DE PARIS A AURILLAC

PAR MONTLUÇON ET EYGURANDE

555 k. — [train] en 13 h. par l'express de nuit, qui permet de voir, le matin (en été), le magnifique trajet d'Eygurande à Aurillac. — 62 fr. 25; 42 fr. 05; 27 fr. 45.

419 k. de Paris à Eygurande-Merlines (*V.* R. 34). — Gorges sauvages du Chavanon. — 426 k. *Savennes - Saint-Etienne - aux - Clos*, au confl. du Chavanon et de la Barricade (fours à chaux de *Gioux*). — Tunnels, notamment celui de *Confolent* (388 m.), par lequel la voie débouche dans la vallée de la Dordogne.

435 k. *Singles*, en face du confl. de la Burande. — Tunnel. — 439 k. *Port-Dieu* (restes d'un prieuré). — 444 k. *Mialet.* — On passe devant les ruines du château de *Thynières*, perché sur un rocher. Sur la rive dr. de la Dordogne, ravin du Lys (cascade). A g., château de *Vals* (XVe s.). — Au delà d'un défilé, pont sur la Dordogne.

453 k. **Bort***, 3,698 hab., V. industrielle, sur les deux rives de la Dordogne, au pied de la montagne qui porte les magnifiques colonnades basaltiques dites *Orgues de Bort* (339 m. au-dessus de la rivière). — *Eglise* des XIIe et XVe s. — *Buste* du littérateur *Marmontel*, né à Bort en 1723. — Excurs. au

(1 h. 45 aller et ret.) *Saut de la Saule*, ou cascade de la Rhue, près d'un important moulinage de soie, et à (5 k. 5) *Madic* (*château* ruiné du XIVe s.).

On franchit la Rhue, pour gagner la vallée de la Sumène. — 462 k. *Saignes-Ydes*. A 2 k. S.-E., *Saignes*, 605 hab. (église des XIe et XIVe s.), au pied d'un dyke portant une chap. et les débris d'un château. A 2 k. S., *Ydes*, au bord de la Sumène (église du XIIe s.; château de 1449), petite station thermale.

[A 3 k. S.-E., *Chastel-Marlhac*, sur un plateau présentant un front de magnifiques prismes basaltiques, occupe l'emplacement du *castrum Meroliacense*, assiégé par le roi Thierry en 532.]

465 k. *Champagnac-les-Mines* (houillères). — 468 k. *Largnac*. Aux environs (2 h. aller et ret.), belles ruines du *château de Charlus*. — 2 tunnels; viaduc de 300 m. sur la Sumène. — 474 k. *Vendes*, beau site au confl. de la Sumène et de la Mars. — La voie s'élève vers le plateau de Mauriac par la merveilleuse *rampe de Vendes*. — Viaducs dont l'un sur la vallée de la Mars; on contourne le cirque de *Jaleyrac*; vue immense; tunnel. — 483 k. *Jaleyrac-Sourniac* (château gothique de Sourniac, de 1636). — Viaduc de 10 arches.

491 k. **Mauriac** *, 3,580 hab., au-dessus du petit vallon de Saint-Jean. — *Église N.-D. des Miracles* (XIIe s.; Vierge Noire, vénérée). — Maisons anciennes. — Obélisque en l'honneur de Montyon, qui fut intendant de la province d'Auvergne sous Louis XV. — Au cimetière, *lanterne des morts* de 1268. — A 30 min. (aller et ret.), chapelle du *Puy Saint-Mary* (vue magnifique).

Nombreux tunnels et viaducs en deçà et au delà de la halte de (497 k.) *Salins* (*cascade*).

501 k. *Drugeac*, stat. desservant (14 k. E.; voit. publique, 1 fr. 25) **Salers** *, 887 hab., très curieuse petite V. ayant conservé son aspect du moyen âge (*maisons* des XVe et XVIe s.; *église*, des XIIe et XVe s., sauf le clocher, avec saint-sépulcre; restes des *remparts*, avec *portes de l'Horloge* et *de la Martille*; sur la place, *buste* de l'agronome *Tissandier d'Escous*) et occupant une admirable situation, à 918 m., sur le rebord d'un plateau basaltique qui domine de 250 m. env. la rive dr. de la Maronne, dont on peut contempler les beaux paysages depuis la *promenade de Barrouze*. Race bovine renommée.

[Excurs. : à (6 k.) la *cascade de Couderc*, formée par la Maronne; dans la vallée de (5 k.) *Fontanges* (ruines d'un château) et (recommandée) à Murat par le Puy Mary (*V.* R. 35, p. 198).]

Viaduc sur la Sionne; 3 tunnels. — 505 k. *Drignac-Ally*. — 2 viaducs. — 512 k. *Loupiac-Saint-Christophe*. — Belles *gorges de la Maronne;* nombreux tunnels et viaducs. — 524 k. *Saint-Illide*. — Remontant la vallée de l'Etze, on croise la Soulane. — Tunnel. — 530 k. *Nieudan-Saint-Victor*. — 536 k. Miécaze, où l'on joint la ligne de Saint-Denis-près-Martel, et 19 k. de Miécaze à Aurillac (*V.* p. 132).

555 k. **Aurillac** * Ⓑ, ch.-l. du départ. du Cantal, V. de 17,459 hab., à 622 m., sur la rive g. de la Jordane, à 1 k.

de la gare. L'omnibus de la gare conduit à la *place du Palais-de-Justice* (square) : au N., *palais de justice*; à l'angle N.-O., *église des Cordeliers* (XIIIe ou XIVe s.; Vierge Noire vénérée), avec clocher moderne. L'*avenue Gambetta* descend au quai, devant la *statue du général Delzons*. A g. la rivière est bordée par la *promenade du Gravier*, à l'extrémité de laquelle s'élève la **statue de Gerbert** (le pape Sylvestre II), par David d'Angers.

De la place Gerbert les *rues Chazérat* et *du Monastère* mènent à l'**église Saint-Géraud** (XVIIe et XIXe s.); de style gothique; sur la place précédant l'église, *fontaine* avec cuve en serpentine du XIVe s. Près de l'église, *maisons* du XIIIe au XVIe s.

Par les *rues du Monastère* et *du Collège* on gagne le **Musée** (dans la chapelle de l'ancien collège; *sculptures* de la Renaissance à la porte d'entrée). L'ancien collège renferme aussi la *bibliothèque* (20,000 vol.; manuscrits et incunables).

Revenant sur ses pas dans la rue du Collège, on trouve à dr., dans la *rue Marchande*, la *maison des Consuls* (XVIe s.). La rue Marchande aboutit à la *place de l'Hôtel-de-Ville* (*mairie* avec le **Musée Rames**, contenant la collection de l'illustre géologue aurillacois). De l'hôtel de ville on peut revenir directement par la *rue Neuve* à la place du Palais-de-Justice ; mais il vaut mieux, par la *rue de Noailles* (ancien *hôtel de Noailles*) et la *rue de la Coste*, aller voir la *chapelle d'Aurinques* (à l'int., trois curieux tableaux), construite à la fin du XVIe s. (restaurée) sur l'emplacement où un noble d'Aurillac, Guinot de Veyre, avait trouvé la mort en défendant la ville contre les huguenots (1581). De là on regagne la place du Palais par la *rue des Fossés*.

Fabr. de *chaudronnerie* (jolis objets en cuivre poli, martelé ou repoussé) et de parapluies; grand commerce de fromages du Cantal et de bestiaux.

A Figeac, Vic-sur-Cère, au Lioran, à Murat, Neussargues et Arvant, R. 38.

ROUTE 38

D'ARVANT A FIGEAC

PAR AURILLAC

171 k. — 🚂 en 7 h.

5 k. *Lempdes*, où l'on franchit l'Alagnon pour en remonter la vallée. — 6 ponts sur l'Alagnon et 1 sur la Bave; 5 tunnels, le dernier de 632 m.; à g., sur un rocher escarpé de la rive opposée, belles ruines de *Léotoing*.

17 k. *Blesle*, 1,544 hab., sur la rive g. de la Voireuze (*église* romane; *donjon*, tours et poternes des anc. *fortifications*; *maisons* anciennes; mines d'antimoine), à 1,500 m. N.-O., au pied des rochers basaltiques appelés *Orgues de Blesle*.

20 k. *Massiac*, 1,974 hab. — 30 k. *Molompize* (ruines du château d'*Aurouze*). — 39 k. *Ferrière-Saint-Mary*. — Tunnel; à dr., sur un rocher basaltique (belle vue), ruines du *château de Merdogne*.

49 k. **Neussargues** Ⓑ, d'où

part la ligne de Saint-Flour, Mende et Béziers (R. 39).

Pont sur l'Alagnon.

58 k. **Murat** *, 3,099 hab., au pied du rocher de *Bonnevie* (1,070 m.), curieux par ses colonnades basaltiques (Vierge colossale, en fonte). — *Eglise Notre-Dame des Oliviers*, XVIe s. (Vierge noire donnée, dit-on, par St Louis). — *Maisons* des XVe et XVIe s. — Pâtisserie dite *Cornets de Murat*.

[En face de Murat, *église* romane *de Bredons*, sur un dyke volcanique escarpé. — Excurs. recommandée (43 k.; voit. de louage, 10 à 50 fr.) à Salers (*V.* p. 196), par le **Puy Mary** (1,787 m.; vue panoramique de toute beauté) et le *cirque du Falgoux*.]

A dr., *château* gothique *d'Anterroche;* viaduc de Chambeuil; tunnel de *Fraysse-Haut*, près d'une grotte; 5 viaducs. — Vue superbe à dr.

69 k. *Le Lioran* *, stat. isolée (à 1,152 m.), au pied du *Puy Lioran* ou *Massebiau* (1,368 m.), est un centre d'excurs. très fréquenté (2 hôt., dont l'un construit par la Cie d'Orléans).

[Ascensions (3 h. aller et retour; guide, 5 fr.) du **Plomb du Cantal** (1,858 m., vue magnifique); — (6 h.; guide, 5 fr.) du Puy Mary (*V.* ci-dessus); — (3 h.; guide, 5 fr.) du *Puy Griou* (1,694 m.).]

Pont sur l'Alagnon. — **Tunnel du Lioran** (1,956 m.), à 1,152 m. d'alt., dans le massif du Plomb du Cantal, entre les bassins de la Loire et de la Garonne, percé au-dessous du *tunnel* de 1,410 m. dans lequel passe la route de terre. On débouche dans la pittoresque vallée de la Cère; viaduc de *Naguin*, long de 196 m., haut de 32; tunnel des *Chazes*; hauts viaducs de *Veyrières*, de *Saguissoulle* et d'*Elbarat*.

75 k. *Saint-Jacques-des-Blats*. — La voie domine le *Pas de Compaing* (ravins et précipices; cascades); 2 tunnels; 2 viaducs, hauts de 24 m.; cascade.

82 k. *Thiézac* (*église* ogivale; chapelle *Notre-Dame de Consolation*, avec fresques; cascade). — Viaducs; 3 tunnels; château de *Trémoulet*, au-dessus du Pas de la Cère (*V.* ci-dessous).

86 k. **Vic-sur-Cère** *, 1,826 hab., petite V. (700 m. d'alt.) ayant conservé son aspect moyen âge (maisons curieuses), et station thermale (sources froides ferrugineuses, bicarbonatées et chlorurées sodiques). Un bel hôtel y a été construit par la Cie des Ch. de fer d'Orléans.

[Charmante excurs. (2 h. env. all. et ret.) au **Pas de la Cère**, avec retour par la route du Lioran.]

A dr., *Comblat-le-Château* (manoir des XIVe et XVe s. avec belles tapisseries d'Aubusson).

91 k. *Polminhac*, au pied du *donjon de Pestel*, haut de 30 m.; en face, à g., château de *Vixouse* (XIIIe et XVIIIe s.). — 96 k. *Yolet-le-Doux*. — A g., châteaux de *Caillac* et de *Carbonnat*.

102 k. *Arpajon*. — On quitte momentanément la Cère et l'on franchit la Jordane.

106 k. Aurillac (Ⓑ; R. 37).

114 k. *Ytrac* (ancien *château*). — A dr., viaduc de la ligne de St-Denis sur l'Authre et *château* (XVIe s.) de *Viescamp*. — 121 k. *Viescamp-sous-Jallès*, où on laisse à dr. la ligne d'Eygurande (R. 37).

122 k. *La Capelle-Viescamp*. — Viaduc sur la Cère. — 131 k.

Le Rouget. — À dr., *Cayrols* (châteaux gothiques). On suit la vallée de la Mouleyre, que l'on croise dix fois.

140 k. *Boisset.* — Aux gorges de la Mouleyre succèdent celles de la Rance; 2 tunnels; vieux châteaux de *Murat*, à dr., et de *Senergues*, à g.

151 k. *Maurs*, 2,816 hab. (*église* des XIVe et XVIe s., beau portail). — On franchit deux fois la Rance. Au delà de l'embouchure de la Rance on longe le Célé; tunnel; à g., château de *Trioulou* (XVe s.); pont biais sur le Célé. — 156 k. *Bagnac.* — Gorges du Célé; tunnel de *Listours*, sous un ancien château; deux ponts sur le Célé en deçà et au delà de (163 k.) *Viazac.*

171 k. Figeac (p. 133).

ROUTE 39

DE NEUSSARGUES A BÉZIERS

277 k. — 🚂 en 7 h. 45 à 11 h. 20. — 31 fr.; 20 fr. 95; 13 fr. 65.

La voie ferrée monte sur le plateau de la *Planèze*. — Tunnel de *Mallet* (1,451 m.).

5 k. *Talizat.* — La voie croise le ruisseau *du Saillans* près des ruines du *château* du même nom, bâti sur un rocher au-dessus de la *cascade de Basborie*. — Viaduc du *Blaud* (8 arches). — 15 k. *Andelat.* — Vallée du Lander.

19 k. **Saint-Flour***, ch.-l. judiciaire du Cantal et siège d'un évêché, V. de 5,634 hab., à 885 m., sur des colonnades de basalte, au bord du plateau à pic de la Planèze dominant de 108 m. le confluent du Lander et d'un autre ruisseau. — *Cathédrale* de 1396 à 1466 (tombeau d'un évêque, avec *statue* par Oliva; vitraux modernes; grand *Christ noir*, du XIIIe s., très vénéré). — *Palais épiscopal* du XVIIe s. — *Saint-Vincent*, XIVe s. — *Notre-Dame*, du XIVe s., auj. halle au blé (jolie tourelle). — *Collège*, bâtiment de la Renaissance, donnant sur de belles *promenades*. — Restes des *remparts*. — *Maisons* du XVIe s.

[A 30 k. S. (🚌 qui franchit la gorge de la Truyère au *pont de Lanau*; service public), *Chaudesaigues**, 1,645 hab., dans le vallon du Remontalou. *Sources* thermales (57° à 82°; débit en 24 h., 9,749 hectol.), bicarbonatées sodiques, ou froides ferrugineuses, employées en boisson, bains, douches, etc. La source du *Par* (82°) chauffe les maisons et sert à préparer les aliments.]

Viaduc de *la Varilette* sur un affluent du Lander.

29 k. *Ruines*, 1,118 hab.

Viaduc ou **pont de Garabit**, remarquable ouvrage d'art construit par Eiffel, sur les plans de Boyer, franchissant les gorges profondes de la Truyère (tablier métallique long de 448 m. entre les deux culées en maçonnerie, haut de 122 m. 20 au-dessus de la rivière, reposant sur 5 colonnes formées de pièces de fer, soutenu au-dessus de la rivière par un arc double, en fer, de 165 m. d'ouverture).

33 k. *Garabit*, halte. — La voie ferrée court sur le plateau granitique de Saint-Chély.

40 k. *Loubaresse.* — 48 k. *Arcomie.* — Tunnel d'*Herbouze.*

55 k. *Saint-Chély-d'Apcher*,

1,971 hab., dominé par une *tour* carrée. — Viaduc (10 arches) sur la Rimeize.

66 k. *Aumont*, 1,282 hab.

[Voit. publique pour (24 k.) *Nasbinals**, 1,215 hab., à 1,155 m. (*église* romane du XIVᵉ s.), et (31 k.) *Aubrac**, à 1,215 m., station d'été au sein des monts d'Aubrac, très fréquentée par des familles de goûts modestes.]

Tunnel. — 73 k. *Saint-Sauveur-de-Peyre.* — Tunnel de 508 m. — Beau viaduc sur la vallée de *la Crueize*, ou vallée d'Enfer, haut de 65 m. (6 arches). — 3 tunnels dont un de 1,100 m.; 4 viaducs.

88 k. **Marvejols***, V. ancienne de 3,955 hab., dans la vallée de la Colagne. — 3 *portes* des anciennes fortifications. — Dans l'église, statue très ancienne de *Notre-Dame de la Carce.*

De Marvejols à Mende, R. 41.

91 k. *Chirac* (2 vieilles églises curieuses).

93 k. *Le Monastier* (église des XIᵉ et XVIᵉ s. offrant des sculptures grotesques).

A Mende, R. 41.

A g., ligne de Mende. On descend la vallée du Lot (ponts et tunnels).

97 k. *Banassac-la-Canourgue.* A 2 k. 5, *la Canourgue*, 1,640 hab. (église des XIᵉ et XIVᵉ s.; vieilles maisons; à 1 k., *source* et *chapelle de Saint-Frézal*, pèlerinage; dolmens), une des gares d'où l'on accède aux gorges du Tarn en voit. : 28 k. jusqu'à Sainte-Enimie, 26 k. jusqu'à la Malène.

105 k. *Saint-Laurent-d'Olt.* — 2 viaducs, puis tunnel de 1,198 m.

115 k. *Campagnac-Saint-Geniez.* A 2 k. 5 E.-S.-E., *Campagnac*, 1,036 hab. (*église* du XIIIᵉ s.). A 13 k. O.-N.-O. (route et serv. de voit., 1 fr. 50), *Saint-Geniez*, 3,149 hab., V. industrielle (fabr. d'étoffes), dans la vallée du Lot (*église* avec le tombeau de Mgr de Frayssinous, anc. ministre de Charles X; mairie dans un anc. couvent d'Augustins, avec cloître et église du XIVᵉ s.; tombeau monumental de Mme Talabot). — Deux tunnels.

119 k. *Tarnesque.* — Tunnel de *Bez.* — On monte au *col de la Garde* (802 m.), et l'on traverse une partie du *causse de Sévérac* ou *de Sauveterre*,

129 k. **Sévérac-le-Château*** Ⓑ, 3,134 hab., à 2 k. N.-O. des sources de l'Aveyron (*château* ruiné, vue étendue).

A Rodez et à Figeac, R. 40.

On franchit l'Aveyron naissant. — Tunnel (825 m.), au point culminant de la ligne (818 m.).

136 k. *Engayresque.* — 2 tunnels; viaduc; 2 tunnels. On débouche dans la vallée du Tarn. — 144 k. *Quézaquet.* — Le ch. de fer franchit la Lumensonnesque.

153 k. *Aguessac.* — La voie descend au fond de la vallée du Tarn.

159 k. **Millau***, V. industrielle (chamoiseries renommées, fabr. de gants) de 18,701 hab., sur la rive dr. du Tarn, en face du confl. de la Dourbie. — *Notre-Dame*, romane, remaniée à la Renaissance (clocher octogonal du XVIᵉ ou XVIIᵉ s.). — A *l'église des Pénitents*, Descente de Croix, de Crayer. — *Place d'Armes* : curieuses galeries en bois sup-

portées par des colonnes du XIIe au XVe s. — *Beffroi* du XIVe s., sur l'ancien *hôtel de ville* (Renaissance). — *Porte fortifiée* du XIIe s. — *Lavoir* du XVIIIe s. — *Monument* (par Puech) élevé par la ville de Millau à la mémoire de ses enfants tués à l'ennemi. — *Maisons* des XIIe, XIIIe et XVIe s.

[**Montpellier-le-Vieux** (excursion recommandée). — L'itinéraire le plus court consiste à se rendre en voit. particulière (prix 15 fr.), par la *vallée de la Dourbie*, au v. de (14 k. E.) *la Roque-Sainte-Marguerite*, d'où l'on monte en 1 h. 30, à pied ou à mulet, à Montpellier-le-Vieux. En choisissant le second itinéraire, celui du Rozier, on peut faire l'excursion entièrement en voiture. On peut se rendre par la voit. publique au (21 k.) Rozier, où le propriétaire de l'hôtel des Voyageurs loue spécialement des voit. (10 fr.) pour la promenade de Montpellier. En résumé, la meilleure combinaison, pour les personnes qui ne craignent pas la marche, consiste à aller par le Rozier et à redescendre (à pied) par la Roque. La montée (2 h.) par le Rozier et Peyreleau est surtout intéressante en ce qu'elle permet d'embrasser en ligne droite, sur une longueur d'une quinzaine de k., les admirables gorges du Tarn. Que l'on arrive par Peyreleau ou par la Roque, il faut prendre un guide dans l'un de ces deux villages, ou à celui de Maubert, pour visiter, sans s'égarer, l'agglomération de rochers étranges qui constituent *Montpellier-le-Vieux*, et ressemblent à une ville fantastique.]

De Millau à Meyrueis (vallée de la Dourbie), à Sainte-Enimie (gorges du Tarn), à Florac et Mende, R. 42.

On suit la rive dr. du Tarn; sur la rive opposée, *Creissels* (vieux *château*), près d'un cirque d'où sort, au pied de grands rochers, le ruisseau de l'Homède (cascade).

166 k. *Peyre* (église creusée dans le roc). — On franchit le Tarn, pour remonter la vallée du Cernon.

170 k. *Saint-Georges-de-Luzançon* (à l'O., vieux château de *Luzançon*). — On passe sur la rive dr. du Cernon.

177 k. *Saint-Rome-de-Cernon*. — On croise le Cernon pour remonter le Soulsou.

184 k. **Tournemire**, gare qui dessert (3 k. N.-O.) **Roquefort**, sur le flanc d'une montagne de 774 à 791 m., où se fabriquent, dans des caves, les célèbres *fromages* de Roquefort.

[**De Tournemire à Albi, par Saint-Affrique** (🚂 jusqu'à Saint-Affrique, 32 min.; 1 fr. 70, 1 fr. 15, 75 c. 🚌 et service de voit. de Saint-Affrique à Albi).

15 k. **Saint-Affrique** *, V. de 6,699 hab., sur la rive dr. de la Sorgues. — *Eglise* gothique moderne, avec une magnifique *flèche* à la façade. — Beau *collège* ecclésiastique *St-Gabriel*. — Au N., curieux *rocher de Caylus* (295 m.). — *Vieux pont* pittoresque sur la Sorgues.

Il y a deux 🚌 de Saint-Affrique à Albi : l'une (81 k.) par (4 k.) *Vabres* (anc. *cathédrale* du XIVe s., remaniée au XVIIIe, beau clocher moderne), (33 k.) *Saint-Sernin*, 1,088 hab. (à l'église, *sculptures* sur bois), (52 k.) *Alban*, 926 hab. (souterrains-refuges; au cimetière, *croix* de la Renaissance; 2 dolmens), et (64 k.) *Villefranche-d'Albigeois*, 1,209 hab., bastide fondée en 1239; la seconde (91 k.) par (50 k.) *Requista*, 2,776 hab., et (64 k.) *Valence-d'Albigeois*, 1,429 hab., V. régulière, fondée au XIIIe s., d'où se fait l'excurs. de (9 k. 5) *Ambialet*, site curieux des gorges du Tarn, haut promontoire rocheux où un isthme de quelques m. sépare les sinuosités de la rivière.

De Tournemire au Vigan (62 k. 🚂 2 h. à 2 h. 30; 6 fr. 95, 4 fr. 70, 3 fr. 05). — Au delà d'un grand tunnel (1,885 m.) montée pittoresque sur le flanc de la vallée du Cernon.— 14 k. *Sainte-Eulalie-de-Cernon* (célèbre *commanderie* du Temple, fondée en 1158). — On parcourt le plateau ou causse du *Larzac*. — 30 k. *Nant-Comberedonde* : à 8 k. N., *Nant*, 2,171 hab., dans la vallée de la Dourbie, au confluent du Durzon (*église* du XIe s.; grotte de *la Poujade*). — Descente du Larzac dans la vallée de la Virenque : à g., montagnes de St-Guiral et du Lingas. — 37 k. *Sauclières*. Jusqu'au Vigan admirable descente en grands contours à flanc de montagne (viaducs et tunnels). — 43 k. *Alzon*, 683 hab., sur la Vis (colonie agricole de jeunes détenus). — 50 k. *Aumessas* (cascade de l'Albaigne; mont. pyramidale de Rochelongue). — 59 k. *Avèze*, 1,088 hab. (château de *Montcalm*; fontaine d'Isis; pont naturel, appelé pont de Mousse, sur le ruisseau de Vézenobres). — 62 k. Le Vigan (*V.* le Réseau *P.-L.-M.*).]

On franchit le *col des Poiriers* (561 m.). — 190 k. *Saint-Jean-Saint-Paul* (château ruiné; aux environs, ruines de l'*abbaye de Nonenque*, XIIe et XVe s.).

194 k. *Lauglanet*. — On franchit la Sorgues.

200 k. *Montpaon* (*château* ruiné), d'où l'on peut faire en 4 h. 30 l'intéressante excurs. de la source de la Sorgues. — Tunnel de *Saint-Sixt* (1,711 m.), entre les versants de l'Atlantique et de la Méditerranée; pont sur l'Orb.

208 k. *Ceilhes-Roqueredonde*.

[A 32 k. ⊛, *Camarès*, 2,004 hab., par (22 k.) les *Bains de Sylvanès* (sources thermales ferrugineuses), (26 k.) *Andabre*, (28 k.) *le Cayla* et (29 k.) *Prugnes* (*établissements de bains*, sources froides, ferrugineuses).]

On remonte le Thès, que l'on croise quatre fois. — 213 k. *Les Cabrils*. — Tunnels des *Cabrils* (1,676 m.) et de *la Boissière*; on descend en longeant le Gravezou. — 217 k. *Joncels*.

221 k. *Lunas*, 1,149 hab. — Tunnel; ponts sur l'embouchure du Gravezou et sur l'Orb, qu'on longe jusqu'au delà de Bédarieux.

225 k. *Le Bousquet-d'Orb* (mines de houille et de cuivre; verrerie).

[A 14 k. O. (⊛ omnibus), *Bains d'Avène* (*sources* thermales, bicarbonatées mixtes).]

231 k. *La Tour*, d'où un embranch. de 6 k. (beau viaduc de 7 arches; tunnels de 800 et 270 m.) conduit, en laissant à g. *Boussagues* (nombreux restes du moyen âge), à *Graissessac-Estréchoux*. **Graissessac** (2 k. de la gare) est le centre d'un bassin houiller produisant 200,000 tonnes de combustible par an.

On laisse à g. l'ancienne ligne qui franchit l'Orb sur un viaduc de 37 arches.

234 k. **Bédarieux** * Ⓑ, V. industrielle de 6,406 hab., près du confl. de l'Orb et du Courbezou. — *Eglises* des XVe et XVIe s. — *Pont* du XVIe s. au faub. Saint-Louis. — *Monument* du romancier *Ferdinand Fabre*, œuvre de M. Villeneuve. — *Buste* du peintre *Auguste Cot*, par Mercié.

A Saint-Pons, Castres et Montauban, R. 43; — à Montpellier, R. 46.

On laisse à dr. la ligne de Castres. Pont sur l'Orb. On rejoint à g. l'ancienne ligne. Long tunnel.

244 k. *Faugères*; à g., ligne de Montpellier (R. 46). — 251 k. *Laurens*. — 258 k. *Magalas*. — 261 k. *Espondeilhan* (église romane). — 265 k. *Bassan* (église

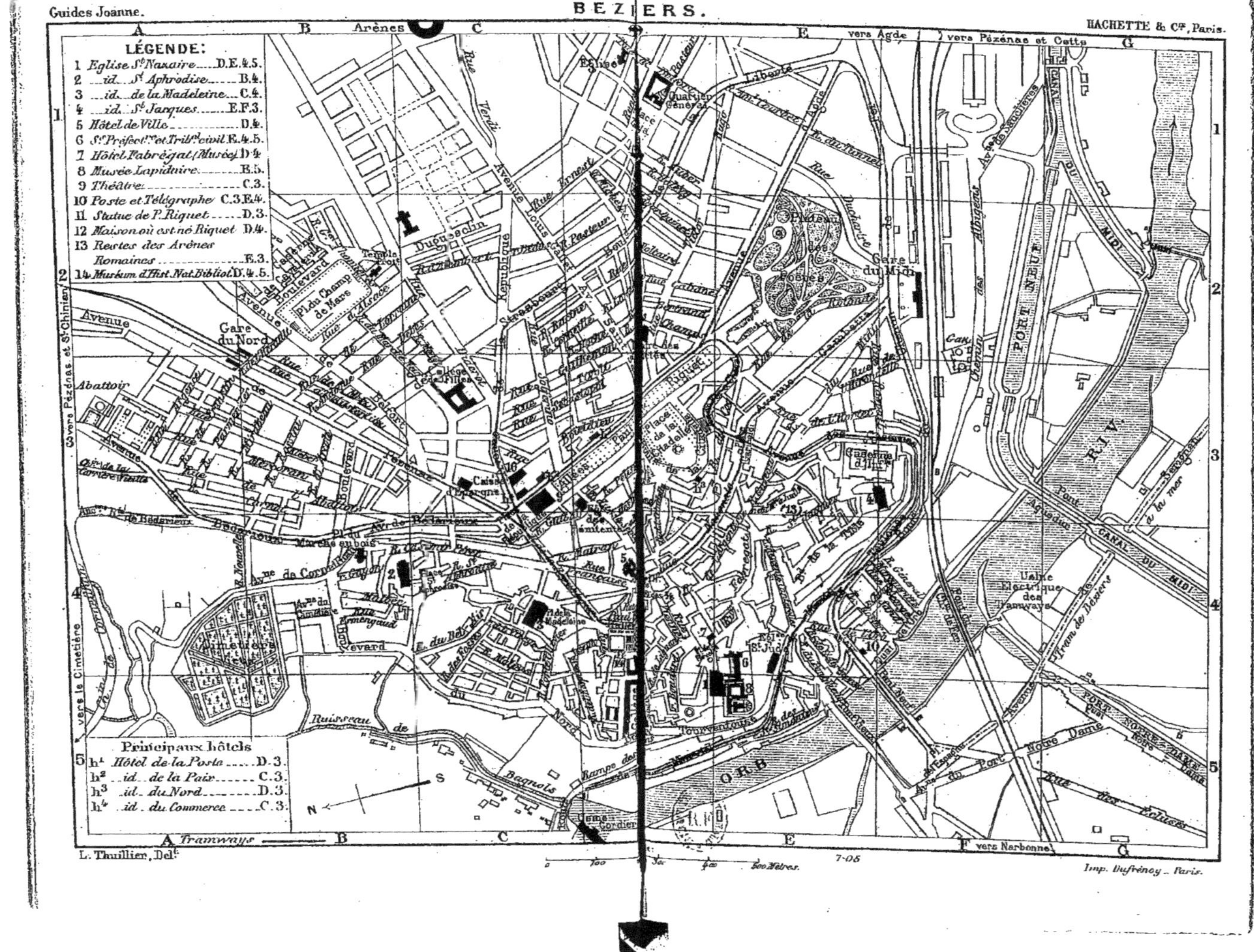
Guides Joanne.
BEZIERS.
HACHETTE & Cie, Paris.
LÉGENDE:
1 Eglise St Nazaire D.E.4.5.
2 id. St Aphrodise B.4.
3 id. de la Madeleine C.4.
4 id. St Jacques E.F.3.
5 Hôtel de Ville D.4.
6 Sr Préfectre et Trib.l civil E.4.5.
7 Hôtel Fabrégat (Musée) D.4.
8 Musée Lapidaire E.5.
9 Théâtre C.3.
10 Poste et Télégraphe C.3.E.4.
11 Statue de P. Riquet D.3.
12 Maison où est né Riquet D.4.
13 Restes des Arènes Romaines E.3.
14 Muséum d'Hist. Nat. Bibliot. D.4.5.
Principaux hôtels
h1 Hôtel de la Poste D.3.
h2 id. de la Paix C.3.
h3 id. du Nord D.3.
h4 id. du Commerce C.3.
Tramways
Arènes
vers Agde
vers Pézénas et Cette
vers Pézénas et St Chinian
vers le Cimetière
vers Narbonne
Gare du Nord
Gare du Midi
Abattoir
Pl. du Champ de Mars
Place de la Citadelle
Plateau des Poètes
Canal du Midi
Port Neuf
Chemin des Albigeois
Usine Électrique des Tramways
Tram de Béziers
Pont Aqueduc
Port Notre-Dame
Rue des Écluses
Ruisseau de Bagnols
Cimetière
ORB
Rue Verdi
Avenue Louis Pasteur
Rue Duguesclin
Rue Diderot
Rue de Belfort
Rue Solférino
République
Strasbourg
Rue Riquet
Rue Ducharte
Boulevard
Quartier Général
L. Thuillier, Delt
0 100 200 300 400 500 Mètres.
7-05
Imp. Dufrénoy - Paris.

du XIIe s.; porte fortifiée du XIVe). — Vallée du Libron. — 267 k. *Lieuran-Ribaute* (château du XVe s.). — On croise le ch. de fer de Montpellier à Saint-Chinian.

277 k. **Béziers** * Ⓑ, 52,310 hab., sur une colline dominant l'Orb et le canal du Midi, est une grande V. riche et animée, une des plus pittoresques de France et aussi l'une des plus actives par son immense commerce de vins et d'alcools.

De la gare on monte à travers le jardin public (Titan par Injalbert) du *plateau des Poètes*, jusqu'aux **Allées Paul-Riquet**, centre élégant de la ville (*statue de Riquet*, par David d'Angers), à l'extrémité desquelles le **théâtre** est décoré de bas-reliefs en terre cuite, de David d'Angers. A g. la *rue du Quatre-Septembre* conduit à l'*Hôtel de Ville* (XVIIIe s.).

Un peu plus loin, au S.-O., s'élève l'ancienne cathédrale **Saint-Nazaire**, des XIIe-XIVe s. (façade avec 2 tourelles; belle rose; fenêtres à grillages protégeant des vitraux du XIVe s., cachés à l'int. par un grand retable du XVIIIe s.). Sur le flanc S. de la nef, *cloître* du XIVe s. (musée lapidaire). — Non loin de l'église, à l'entrée de la rue Fabrégat, le bel *hôtel Fabrégat* renferme le **musée** (tableaux; buste du poète latin Vanière par David d'Angers; hist. naturelle, médaillier, etc.).

On peut visiter aussi: — *Saint-Aphrodise*, des XIIIe et XVe s. (tombeau antique en marbre gris, servant de cuve baptismale; Christ par Injalbert; crypte); — *la Madeleine*, du XIe s., remaniée au XVIIIe s.; — *Saint-Jacques*, du XIIe s.

Ancien évêché (sous-préfecture et palais de justice). — *Maison* où naquit, dit-on, Riquet (place Saint-Félix). — Rue Française, antique *statue de Pépezuc*. — Sur l'Orb, **Pont-Vieux** (XIIIe s.; 17 arches, 245 m. de long) et *pont-aqueduc* du canal du Midi.

[A 1 k. S.-O., *écluse de Fonserannes*, construite par Riquet et composée de huit sas étagés (312 m. de long, sur une haut. perpendiculaire de 25 m.).

Tram (en 1 h. 30; 75 c.), par (7 k.) *Sauvian* et (9 k.) *Sérignan*, pour (14 k. S.-E.) l'embouch. de l'Orb qu'avoisinent des *bains de mer* (belle plage, hôtels).]

De Béziers à Narbonne, Carcassonne, Castelnaudary, Toulouse, Agde et Cette, R. 44; — à Saint-Chinian, Pézenas, Mèze et Montbazin, R. 46.

ROUTE 40

DE FIGEAC A SÉVÉRAC

PAR RODEZ

117 k. — 🚂 4 h. 10 à 6 h. 40. — 13 fr. 20; 8 fr. 90; 5 fr. 80.

5 k. de Figeac à Capdenac (R. 19, *B*). — On laisse à dr. la ligne de Toulouse pour remonter la jolie vallée du Lot. Tunnel. — 9 k. *Vernet*. — Tunnel. — 13 k. *Saint-Martin-de-Bouillac* (château). — Tunnel. — A g., sur un rocher noirâtre, ruines du château de *la Roque-Bouillac*. — 17 k. *Penchot* (verrerie, usines métall.), au confl. du Lot et du Rieu-Mort; on s'engage dans le vallon de ce dernier cours d'eau; tunnel.

21 k. *Viviez* (fonderie de zinc),

à la jonction des vallées du Rieu-Mort, de l'Enne et du Rieu-Vieux, est relié par un embranch. de 3 k. à *Decazeville**, 11,536 hab., agglomération industrielle (établiss. métallurgiques; mines de houille et de fer) qui doit son origine aux forges créées en 1830 par *François Cabrol* et le *duc Decazes*, qui y ont des *statues*, œuvres de Dumont et Puech. — Vallée de l'Enne.

25 k. *Aubin**, 9,973 hab., centre industriel (*église* des XIIe et XVe s., avec bénitier en bronze du XIIIe s. et grand crucifix du XVe) dominé par une colline portant la vieille ville (2 tours d'un anc. château; grande statue de la Vierge du Fort). — Viaduc haut de 20 m. sur un ruisseau; tunnel.

27 k. *Cransac**, 6,715 hab., agglomération ouvrière (établis. d'eaux minérales froides sulfatées calciques, magnésiennes; collines du *Montet* et des *Fontaines* renfermant d'anc. houillères embrasées depuis des siècles et dans lesquelles ont été creusées des étuves très utiles dans les sciatiques, les rhumatismes et la goutte). — 2 tunnels.

34 k. *Auzits-Aussibals.* — Tunnel. — Pont sur la Bengouyre. — 41 k. *Saint-Christophe.* — Viaduc de 12 arches sur la vallée de l'Ady; tunnel.

48 k. *Marcillac**, 1,595 hab., dans un bassin où se réunissent le Créneau, le Cruou et l'Ady, est relié par des voit. publiques (1 fr. 25) à (18 k. N.-O.) **Conques***, 993 hab., dont l'anc. *église* abbatiale possède un **trésor** renfermant des objets très remarquables dont quelques-uns remontent au Xe s. — Tunnel. — 53 k. *Nuces.* — Tunnel. — 57 k. *Vanc.* — Belle vue sur la vallée de Salles-la-Source (viaduc haut de 35 m.).

62 k. **Salles-la-Source** est un des lieux les plus pittoresques de la France par ses cascades, ses rochers et ses grottes (ruines du château d'*Armanhac*). A 5 k. E., puits naturel appelé *Tindoul de la Vayssière.* — 67 k. *Sebazac.* — Viaduc sur l'Auterne.

72 k. **Rodez*** Ⓑ, 16,105 hab., ch.-l. du départ. de l'Aveyron et siège d'un évêché, est située à 2 k. de la gare, sur une haute colline (633 m.) contournée par l'Aveyron. Elle est entourée de *boulevards* d'où l'on a une belle vue, notamment d'un square où est la *statue* de l'historien *Alexis Monteil.* De la gare l'*avenue Tarayre* (à dr., *église* romane moderne *du Sacré-Cœur*), puis la *rue Béteille* donnent accès sur la *place d'Armes* (statue de *Samson*, par Gayrard), qui s'étend devant la **cathédrale** (XIIIe-XVIe s.; *tour*, haute de 77 m., que surmonte une statue de la Vierge entourée des Evangélistes; à l'int., *grille* en pierre et *saint-sépulcre* de la 3e chap. dr.; beau *jubé* dans le croisillon dr.; sarcophage chrétien du VIe s. dans la 6e chap. g.; *tombeaux* du XIVe s. ou modernes). A g. de la cathédrale, *palais épiscopal* (XVe et XVIIe s.; belle *tour des Corbières*); derrière, *tour des Anglais* (XIVe s.).

Entre la cathédrale et l'évêché la *rue Frayssinous* conduit à la *place de la Cité* (*statue de Mgr Affre*, archevêque de Paris, par Barre). A dr. de la cathédrale s'ouvre le *boulevard Gambetta* (*lycée* avec porte et chap.

de la Renaissance; *fontaine* avec naïade et buste de M. Gally, bienfaiteur de la ville) menant au *palais de justice* (*Musée*), situé sur une terrasse ombragée (belle vue).

A g. du palais la *rue du Bal*, continuée par la *rue d'Armagnac* (maison du XVe s.) et la *place d'Olmet* (*hôtel d'Armagnac*, du temps de François Ier), va aboutir à la *place du Bourg* (*buste de Lebon*, bienfaiteur de la ville, par D. Puech), reliée par une petite rue à l'*église Saint-Amans* (XIe et XVIIIe s.).

[Excurs. à (22 k.) **Bozouls**, un des sites les plus curieux de la France, dans la vallée du Dourdou, et à (32 k.) **Espalion** *, 4,149 hab., sur le Lot que domine une montagne portant les ruines (XIIe et XIVe s.) du château de *Calmont-d'Olt* (*ancien hôtel de ville*, Renaissance; *pont* du XIIIe s.; promenade du *champ de foire*; au cimetière, *église* romane *de Pers*). Route de voit. en 5 h. d'Espalion à Aubrac (*V*. p. 200).]

De Rodez à Carmaux, Albi et Castelnaudary, R. 45.

De Rodez à Sévérac la voie remonte la vallée de l'Aveyron dominée au S. par la montagne boisée des Palanges. — 79 k. *Canabols*. — 84 k. *Gages* (houillères). — 90 k. *Bertholène* (château ruiné). — 96 k. *Laissac*, 1,267 hab., sur le Mayroux (grotte de la Roque). — 102 k. *Lugans* (château). — Ponts sur l'Aveyron. — 105 k. *Gaillac-d'Aveyron* (église romane). — 110 k. *Recoules* (château).

117 k. Sévérac-le-Château (Ⓑ R. 39).

ROUTE 41

DE MARVEJOLS A MENDE

35 k. — 1 h. 20. — 3 fr. 90; 2 fr. 65; 1 fr. 70.

6 k. de Marvejols au Monastier (R. 39). — 2 tunnels et 2 ponts sur le Lot. — 11 k. *Villard-Salelles*.

16 k. *Chanac*, 1,380 hab., sur la rive g. du Lot (*tour* d'un ancien château). — 23 k. *Barjac*. — Tunnels.

29 k. *Balsièges*, v. dominé par le causse de Sauveterre. — Pont de *la Farelle*, puis tunnel dans un éperon du causse de Mende.

35 k. **Mende** *, anc. capitale du Gévaudan, ch.-l. du départ. de la Lozère, siège d'un évêché, V. de 7,349 hab., entre la rive g. du Lot ou Olt et le *causse de Mende* ou *mont Mimat*, qui la domine à pic de près de 350 m.

Cathédrale gothique des XIVe-XVIe s. (magnifiques clochers à flèches, hauts de 84 et 65 m.; buffet d'orgues de 1640; peinture de l'Assomption; riche retable; statue miraculeuse de la Vierge Noire; candélabres en bois sculpté de la Renaissance). Sur la place, *statue* (par Dumont) du pape *Urbain V*, né en Gévaudan. — *Eglise des Pénitents*, dont le clocher est une tour (1595) de l'ancienne citadelle. — *Pont* du XIVe s. sur le Lot. — Près des casernes, au faubourg de Toulouse, *musée* (objets préhistoriques et poteries gallo-romaines). — Sur le flanc du Mont-Mimat, pittoresque *ermitage de Saint-Privat*, en partie taillé dans le roc. — *Grotte du Merdanson*, d'où sort un torrent.

Fabr. de serges; brasseries renommées.

[**De Mende à la Bastide** (48 k. 🚂 en 2 h. à 2 h. 20; 5 fr. 40, 3 fr. 65, 2 fr. 35; traj. extrêmement pittoresque). — La voie remonte la sinueuse vallée du Lot. — 6 k. *Badaroux*. — 15 k. *Bagnols-Chadenet*, station desservant (3 k. 5) la station thermale de **Bagnols-les-Bains*** (6 *sources* thermales, sulfurées sodiques, employées en boisson, bains, douches, etc., dans un *établissement*). — Le ch. de fer s'éloigne du Lot pour remonter le vallon de Salelles. — 18 k. *Allenc* (église romane; château). — 30 k. *Belvezet*. — 40 k. *Chasseradès*. — 48 k. La Bastide-Saint-Laurent-les-Bains (*V.* le Réseau *P.-L.-M.*).]

A Millau, R. 42; — à Bagnols-les-Bains et à Villefort, *V.* le Réseau *P.-L.-M.*

ROUTE 42

DE MENDE A MILLAU

A. Par le chemin de fer.

29 k. de Mende au Monastier (R. 41). — 66 k. du Monastier à (95 k.) Millau (R. 39).

B. Par les causses et les Gorges du Tarn.

On appelle **causses** une immense table de calcaire jurassique qui, au S. des monts d'Aubrac et des plateaux granitiques entourant Marvejols, au delà de la profonde vallée du Lot, se prolonge au loin jusqu'à l'extrémité S. du Larzac et qui, entaillée par les eaux, forme les grandes presqu'îles de *Sauveterre*, causse *Méjan*, causse *Noir* et *Larzac*, séparés les uns des autres par de magnifiques cluses, profondes de 300 à 700 m., au fond desquelles coulent le Lot, le Tarn, le Tarnon, la Jonte, la Dourbie, la Vis, la Lergue, la Sorgues, etc. Ces causses sont des déserts presque sans arbres, presque sans cultures, torrides en été, glacés en hiver, dont le sol, par des gouffres ou « avens », laisse filtrer les eaux, qui vont sortir en sources admirables au fond des cluses, dont la végétation épanouie contraste avec la tristesse des plateaux, qui pourtant sont relativement assez peuplés.

DE MENDE A SAINTE-ÉNIMIE

1° PAR SAUVETERRE

26 k. 5. 🚗 Voit. partic. à 1 chev. 15 fr., à 2 chev. 19 fr.

La route se dirige au S., dominée par les escarpements du causse de Mende, et suit la rive g. du Lot. — 3 k. *Le Pont-Neuf*. On passe sur la rive dr. — 6 k. *Julliers*. — Pont sur le Lot.

7 k. *Balsièges* (ermitage de Saint-Théodore).

Des lacets montent sur le *causse de Sauveterre* (nombreux *dolmens*). — 11 k. A g., route d'Ispagnac (*V.* ci-dessous, 2°). — 12 k. *Château de Choizal* (XVIIe s.), auj. ferme, à 974 m.

19 k. *Sauveterre*. — On commence à descendre (vue étendue). — 22 k. *Le Bac*, ham. — Parvenue au bord du causse, la route descend en lacets pour atteindre, à plus de 400 m. de profondeur verticale, les bords du Tarn, de l'autre côté duquel se dresse, d'un seul jet de 600 m., la falaise du causse Méjan.

26 k. 5. **Sainte-Enimie***, b. pittoresque de 1,002 hab., étagé au-dessus de la rive dr. du Tarn (vieux *pont* du XVIIe s.) et dominé par son église et un ancien mo

nastère (beau *réfectoire* roman, XIe s.). — Belles sources de *Burle* et de *Coussac*. — Ascension en 25 min. à l'*Ermitage de Sainte-Enimie*, curieuse grotte-chapelle (vue superbe).

2° PAR ISPAGNAC

48 k. ⊛ Voit. particulière à 1 chev. et 2 pl., 21 fr.; à 2 chev. et 5 pl., 27 fr. — Excurs. très recommandée.

11 k. de Mende à la bifurc. de la route de Sauveterre (*V.* ci-dessus, 1°).

Laissant à dr. la route de Sauveterre, on parcourt (1,000 m. env. d'altit.) le désert du causse de Falisson. — 18 k. *Baraque des Gendarmes*, maison de secours tenue par un cantonnier.

21 k. *Baraque de l'Estrade* et grand *tournant de Paros*, où commence la descente vers le Tarn : très belle vue sur le cagnon du Tarn, la *Chaumette* (1,046 m.), etc.

27 k. *Molines*, ham. (hôtel).

28 k. *Ispagnac* (restes d'un prieuré englobant l'église romane; maisons du XVIe s.; ancien château, auj. couvent). — A 1,500 m. O., sur la rive g. du Tarn (pont gothique, de 1335, rebâti sous Louis XIII), *Quézac* (source d'eau gazeuse sodique; dans l'*église Notre-Dame*, du style ogival fleuri, beau maître autel et madone vénérée).

On revient sur ses pas jusqu'à Molines où l'on prend à g. la route de Sainte-Enimie. Celle-ci passe devant le *château de Rocheblave* (XVIe s.), surplombé par une grande aiguille de roc et dominé par les restes du castel de l'*Aiguillette* (XIIe s.). On pénètre dans la gorge ou cagnon où pendant plus de 50 k. le Tarn se déroule en replis sinueux entre deux escarpements parallèles, écartés de 1,500 à 2,000 m. et tombant de 400, 500 et 600 m. de hauteur verticale. Sur la rive dr. est la muraille du causse de Sauveterre, sur la rive g. la muraille du causse Méjan. Ces gorges sont admirables par leur originalité, par la fraîcheur de la végétation, par le coloris superbe et les découpures étranges des falaises.

36 k. *Montbrun* (cascades). — Sur la rive g., ruines du *château de Charbonnières*. — 39 k. *Castelbouc*, sur la rive g. (on peut s'y faire passer en barque), ham. étrange, au pied d'une aiguille de rocher couronnée d'anciennes ruines inaccessibles et découpée par un ravin sauvage (belle *source*).

41 k. *Prades* (vieux château; bon vin).

48 k. Sainte-Enimie (*V.* ci-dessus, 1°).

3° PAR FLORAC

70 k. ⊛ Voit. à 1 chev. 30 fr., à 2 chev. 40 fr.

7 k. Balsièges (*V.* ci-dessus, 1°). — A dr., route du causse de Sauveterre.

11 k. *Rouffiac* (à 8 k. E., *Lanuéjols*, où subsistent les restes d'un mausolée romain appelé *lou Mazelet*). — On franchit un torrent, pour suivre la vallée du Bramont. — 17 k. *Aub. de Malinette* (relais). — Montée très raide.

21 k. *Col de Montmirat* (1,046 m.). — On descend en lacets.

27 k. *Nozières*. — A dr., profonds ravins. Au loin, à g., l'*Eschino d'Ase* (dos d'âne; 1,295 m.). — Descendu dans la

vallée du Tarn, on en remonte la rive dr.

37 k. *Saint-Julien-du-Gourg.* — Ponts sur le Tarn et sur le Tarnon. On longe à dr. la base du causse Méjan.

40 k. **Florac** *, 1,953 hab., sur la rive g. du Tarnon, au pied du causse Méjan. — **Source du Pêcher,** jaillissant d'un magnifique site, au pied du rocher de *Rochefort* (belles cascades). — *Château* (1703), auj. prison. — Couvent de la *Présentation* (1583). — *Buste* de l'ingénieur *Boyer*, l'un des constructeurs du viaduc de Garabit.

[35 k. de Florac (🚗 et serv. de voit.) à Meyrueis (*V.* p. 209), par (13 k.) *Vébron* et (24 k.) le *col de Perjuret* (1,031 m.).]

On revient sur ses pas. — 47 k. On laisse à dr. la route du col de Montmirat pour continuer à suivre le Tarn. — 50 k. Ispagnac, et 20 k. d'Ispagnac à (70 k.) Sainte-Enimie (*V.* ci-dessus, 1° et 2°).

DE SAINTE-ÉNIMIE AU ROZIER

DESCENTE DU TARN

42 k. — Excursion très recommandée qui se fait en barque en 12 h. env. avec 1 h. d'arrêt au château de la Caze et 1 h. 30 à la Malène pour déjeuner. — Tarif : 36 fr., plus 2 fr. de pourboire à chaque équipe de bateliers (4 équipes successives); chaque barque peut contenir 5 voyageurs au maximum, avec 35 kilogr. de bagages à la main, au total.

On arrive en 1 h. 10 env. à *Saint-Chély* (1er changement de barque), charmant v. (église romane; grands arbres sur la place; grotte, source et chapelle de *N.-D. de Cénaret*). On entre ensuite dans le beau cirque de *Pougnadoires* (hameau; grottes), où la digue du moulin de Pougnadoires force à changer de bateau. — 2 h. 10. A dr., pittoresque *château de la Caze* (xve s.), aménagé en hôtellerie moyen-âge par la société de la France Pittoresque.

2 h. 30. *Barrage d'Hauterive* (on change de barque), au-dessous des ruines d'un château. — Sur la rive g., *source* considérable *des Ardennes*.

4 h. **La Malène** *, v. sur la rive dr. avec un pont sur le Tarn, à la croisée de deux ravins sans eau (*château* restauré aménagé en hôtel; église romane; grottes; source de *Galène*). On y change de barque, et la plupart des touristes, partis le matin de Sainte-Enimie, y déjeunent. — Bientôt la gorge semble barrée par le *rocher du Planiol* (vestiges d'un château), au delà duquel apparaissent d'autres ruines, celles du *château de Montesquieu*. Plus bas, dans la falaise de la rive dr., *grotte de la Momie*.

1 h. (de la Malène). **Le Détroit,** passage célèbre, étranglé entre deux hautes falaises et précédant le **cirque** grandiose **des Baumes**, appelé aussi cirque de *Saint-Ilère*, du nom d'un *ermitage*. — Au delà du ham. des *Baumes-Basses* on traverse un magnifique étroit.

1 h. 50. **Le Pas-de-Soucy.** On débarque sur la rive dr., au-dessous des roches de la *Sourde* et de l'*Aiguille*. — Des blocs tombés des causses encombrent et recouvrent le lit du Tarn, qui ne reparaît au jour que près des Vignes. On suit, à pied ou en voit., un chemin tracé sur la rive dr. pendant 2 k.

2 h. 20. *Les Vignes* (pont; auberges, changement de barque). — Rive g., sur une falaise rouge, ruines du *château de Blanquefort*, qu'avoisine la *caverne de l'Ironselle*, d'où sort une fontaine. Au delà du *Villaret* et de *Cambon*, v. de *la Sablière*, dominé par le *Pic de Cinglegros* (1,000 m. environ). En cet endroit on franchit le plus grand rapide du parcours (aucun danger). Plus loin, rive dr., cirque de *Saint-Marcellin*.

4 h. 30 (de la Malène). *Pont de la Muze* et Grand-Hôtel du Rozier, point de débarquement à 800 m. en amont du Rozier.

42 k. **Le Rozier***, sur la rive dr. de la Jonte à son débouché dans la vallée du Tarn, en face de **Peyreleau***, 317 hab. (tour crénelée), étagé sur une colline de la rive g. au pied du causse Noir, célèbre par le site étrange de Montpellier-le-Vieux (*V.* p. 201).

[Une route de voit. très pittoresque (service public) remonte à l'E. le beau *cagnon de la Jonte*, encaissé entre le causse Méjan au N. et le causse Noir au S. Elle laisse à g. (16 k.) un chemin montant sur le causse Méjan à l'*Aven Armand*, où sont les plus belles stalactites connues, et plus loin à dr. un sentier montant à (1 h.) la **grotte de Dargilan** (visite 5 fr.; location de costume spécial 1 fr. 50; chalet-restaurant à l'entrée), très remarquable, ouverte dans la muraille du causse Noir.

La route aboutit à (20 k.) **Meyrueis** *, ch.-l. de c. de 1,487 hab., à 766 m., à l'entrée de cagnon de la Jonte qui y reçoit le Bétuzon et la Brèze, et au pied d'un rocher portant la chapelle N.-D. de Bon-Secours (*tour de l'Horloge*; *maison* de la Renaissance; petit *musée* des Frères; beaux *ormes* de Sully et grands platanes sur la place).

De Meyrueis on peut aller, par une bonne route de voit. (19 k. S.-E.; auberges au ham. voisin de *Camprieu*), visiter la célèbre rivière souterraine de **Bramabiau** (entrée et guide, 3 fr.), où le ruisseau du Bonheur disparaît sur une long. de 700 m. et revient au jour par une belle cascade au fond d'un cirque de falaise dit l'*Alcôve*. En continuant la même route on peut monter (excursion très recommandée), par le *col de la Serreyrède* (1,388 m.; maison forestière), jusqu'au sommet de l'**Aigoual** (32 k. de Meyrueis; 1,567 m.), le plus beau belvédère des Cévennes méridionales, au-dessus de la haute vallée de l'Hérault : il porte un bel *observatoire* météorologique et un chalet-restaurant du C. A. F.]

DU ROZIER A MILLAU

La route descend constamment sur la rive dr. la belle vallée du Tarn. — 6 k. *Pont de Boyne* sur le Trébans. — 10 k. *Rivière*; en face, château de *Caylus*, sur un rocher. — 11 k. A g., *la Cresse* (pont sur le Tarn). — 16 k. Aguessac (R. 39).

22 k. Millau (R. 39).

ROUTE 43

DE MONTAUBAN A BÉDARIEUX

PAR CASTRES ET SAINT-PONS

190 k. — 5 h. 50. — 21 fr. 30 14 fr. 35; 9 fr. 35.

La voie remonte la rive g. du Tarn. — 6 k. *Bressols*. — 13 k. *Labastide-Saint-Pierre*. — 16 k. *Orgueil*. — 19 k. *Nohic*.

25 k. *Villemur*, 3,951 hab. (église moderne de style roman; moulin en partie des xve et

XVIIe s.; pont suspendu sur le Lot). — 34 k. *La Magdeleine.* — 37 k. *Bessières.* — 40 k. *Buzet-sur-Tarn.*

44 k. Saint-Sulpice-du-Tarn (Ⓑ; *V.* R. 19, *B*). — On remonte la vallée de l'Agout. — 52 k. *Saint-Jean-de-Rives.*

59 k. **Lavaur** *, 6,535 hab., sur la rive g. de l'Agout profondément encaissé, fut de 1317 à 1790 le siège d'un évêché qui compte Fléchier parmi ses titulaires. — Anc. *cathédrale* (XIVe s.), en briques, avec clocher octogonal de 1515, et petite tour renfermant un jacquemart du XVIe s., tableau sur bois de la même époque et Christ de Ribera. — *Eglise Saint-François* (XIVe s.). — Derrière le *palais de justice, jardin de l'Evêché* (*statue de Las Cases*, le fidèle compagnon de Napoléon à Sainte-Hélène), dominant les deux beaux *ponts* de l'Agout. — Dans un square, *buste* du poète *Lucien Mengaud.*

Pont sur l'Agout. — 66 k. *Fiac.* — 71 k. *Brazis*, halte desservant *Viterbe*, anc. bastide du XIIIe s. — 75 k. *Damiatte-Saint-Paul. Damiatte*, bastide du XIIIe s., sur la rive dr. de l'Agout, est relié par un pont à *Saint-Paul-Cap-de-Joux*, 1,055 hab., patrie du célèbre médecin Pinel. — 81 k. *Lalbarède.*

86 k. *Vielmur*, 877 hab. (anc. église d'une abbaye; château de *Cuq*, XIIIe s.). — Pont sur l'Agout. — 89 k. *Semalens.* — 92 k. *La Cremade.* — Pont sur l'Agout. — A dr., *chartreuse de Saix* et belle vue sur la Montagne-Noire.

99 k. **Castres** * Ⓑ, 27,308 hab., V. manufacturière, au confl. de l'Agout et de la Durenque, ancien évêché. — *Place Nationale* (fontaine monumentale). — Ancienne *cathédrale*, XVIIe s. (tableaux de Coypel, de Rivals et de Despax). — *N.-D. de la Platé* (XVIIIe s.), richement peinte (2 tableaux de Despax; retable et fonts baptismaux en marbre sculpté). — *Saint-Jacques*, de 1754, avec porche et clocher plus anciens (tableau de Lesueur). — *Temple protestant*, anc. église des Capucins. — *Donjon* carré d'un château féodal au *collège.* — *Hôtel de ville* (1666), ancien évêché (clocher roman de l'anc. abbaye Saint-Benoît), bâti par Mansart (*bibliothèque* et *musée*; magnifiques *jardins*, plantés par Le Nôtre). — *Maisons* des XVIe et XVIIe s. — Fontaines alimentées par un *aqueduc*, creusé presque en entier dans le roc, portant les eaux du Lignon et de l'Agout. — Castres est un excellent centre d'excursions dans la Montagne-Noire et dans le (7 k. S.-E.) *Sidobre*, curieux plateau granitique, fort accidenté, hérissé de blocs de granit étranges (nombreux rochers tremblants) et d'où l'on jouit de fort belles vues.

[**De Castres à Brassac** (36 k. 🚌 2 h. 20 et 2 h. 35; 3 fr. 35 et 1 fr. 85). — 10 k. *Roquecourbe*, 1,562 hab., b. industriel (bonnets et bas de laine) sur l'Agout. Ruines d'un château. — 27 k. *Vabre*, 2,220 hab., b. industriel sur le Gijou. — 29 k. *Ferrières*, sur un coteau dominant les belles gorges du l'Agout. A 1 k., ruines du *château* de Ferrières (XVe et XVIe s.). — 36 k. *Brassac*, 1,997 hab. (fabr. d'étoffes), sur l'Agout. Sur la rive g., *château* des comtes de Brassac (XIIIe s.); en face, sur la rive dr., restes d'un château de la même époque.]

A Castelnaudary, Albi, Carmaux et Rodez, R. 45.

105 k. *Lostange*.

107 k. *Labruguière*, 3,133 hab. (*clocher* octogonal roman du XIIIe s.; ruines d'un château). — 113 k. *La Roubinarié*. — 116 k. *Saint-Alby*.

118 k. **Mazamet** *, 13,978 hab., sur l'Arnette, au pied de la Montagne-Noire, dont le sommet le plus élevé est le *Pic de Nore* (1,210 m.; ascension en 4 h. 30), est une des agglomérations manufacturières les plus prospères et les plus importantes du Midi (fabr. de draps, flanelles et molletons). — Ruines du château d'*Hautpoul*.

122 k. *Les Alberts*.

127 k. *Saint-Amans-Soult*, 2,566 hab. (*tombeau* du maréchal Soult, † 1851, dans un château voisin). — 132 k. *Albine*. — 136 k. *Lacabarède*. — Pont sur le Thoré. — 140 k. *La Bastide-Rouairoux*. — Au *col de Fenille* ou *de la Feuille* (350 m.) le chemin de fer traverse, par un tunnel de 760 m., l'axe des Cévennes, séparant le bassin de l'Océan de celui de la Méditerranée. — Vallée de la Salesse. — 147 k. *Courniou*.

153 k. **Saint-Pons** *, 3,040 hab., sur le Jaur (ancienne *cathédrale* du XIIe s., avec façade du XVIIIe; près d'une chapelle du XIVe s., *source* du Jaur, dominée par une *tour* du XVIe s.; *promenades* ombragées de platanes; *grotte* préhistorique *du Pontil*).

[A 26 k. S. (⊛ accidentée, fort belle), site extraordinaire de **Minerve**, anc. b. fortifié bâti sur un roc escarpé au pied duquel se réunissent les gorges du Brian et de la Cesse, rivière qui mugit dans une caverne haute de 15 m.]

De Saint-Pons à Montpellier, par Saint-Chinian, Béziers et Pézenas, V. le Réseau *P.-L.-M.*

Le chemin de fer descend la vallée du Jaur. — 157 k. *Riols* (fabr. de draps; mines de plomb argentifère). — 161 k. *Prémian* (*Saut de Besoles*, formé par le torrent de Bureau). — 163 k. *Saint-Etienne-d'Albagnan*.

169 k. *Olargues*, 913 hab. — A g., *Saint-Julien* (bains d'eau gazeuse; grotte). — 173 k. *Mons-la-Trivalle*. — A g., grandioses *Gorges d'Héric*. — Vallée de l'Orb. — 177 k. *Colombières* (château; cascade du torrent d'Arle). — 182 k. *Le Poujol*.

184 k. **Lamalou-les-Bains** *, sur le Bitoulet, est une station thermale fréquentée, composée de 3 établissements (eaux thermales ou froides, ferrugineuses ou bicarbonatées), espacés dans la vallée et reliés entre eux par une route ombragée de platanes (omnibus-tram). Autour de chaque établissement sont groupés des hôtels, des cafés, un cercle, des maisons meublées, des villas et des magasins. — Somptueux *casino*. — *Fontaine du Monument du D*[r] *Charcot* : buste par Mme Charcot; bas-reliefs par Louis Paul; fontaine par Tassin.

[Ascension en 3 h. 30 (guide 6 fr., âne 5 fr.) du *Caroux* (1,093 m.).]

A g., *Saint-Pierre-de-Redes*, curieuse église romane (Xe s.). — 187 k. *Hérépian*. — 190 k. Bédarieux (R. 39).

ROUTE 44

DE TOULOUSE A CETTE

219 k. [train] en 3 h. 30 à 7 h. 35. — 24 fr. 50; 16 fr. 55; 10 fr. 80.

On remonte la vallée du Lhers. — 13 k. *Escalquens*. — 19 k. *Montlaur*. — A dr., *Montgiscard*, 811 hab. (clocher fortifié du XIVe s.).

23 k. *Baziège* (clocher fortifié du XIVe s.). — 27 k. *Villenouvelle*, ancienne bastide (*clocher* du XVe s.).

33 k. **Villefranche-de-Lauraguais** *, V. de 2,277 hab., bastide régulière fondée en 1271 (clocher fortifié du XIVe s.).

40 k. *Avignonet* (*église*, du XIVe s., avec clocher octogonal). — On croise le canal du Midi, pour traverser le *Seuil de Naurouse*. — 45 k. *Ségala*.

[A 1 k. 5, **Pierres de Naurouse** (215 m. d'altit.), amas de rochers que domine un *obélisque* élevé en l'honneur de Riquet, le créateur du canal du Midi; cet obélisque est placé au-dessus du *bassin de Naurouse*, pour marquer le point où le canal passe du versant de l'Atlantique sur celui de la Méditerranée.]

La voie atteint son point culminant (196 m.) et descend sur le versant de la Méditerranée.

50 k. *Mas-Saintes-Puelles*.

55 k. **Castelnaudary** *, 9,397 hab., sur une colline au-dessus du canal du Midi (moulins à vent). — Beaux portails de l'*église Saint-Michel* (XIVe s.). — Grand *bassin*, long de 1,200 m., qui sert de port sur le canal, et que termine la quadruple *écluse de Saint-Roch*; au-dessus, *promenade* (vue étendue).

[Un tram. à vapeur relie Castelnaudary à (17 k. O.) *Salles-sur-l'Hers*, 921 hab., et (30 k.) *Belpech*, 2,097 hab. (à l'église, *portail* roman; maison et croix de pierre du XIVe s.).]

A Castres, Albi et Rodez, R. 45.

63 k. *Pexiora*. — 71 k. *Bram* (*château* des Lordat, du XVIIe s.).

[**De Bram à Prouille** (8 k. [train] 20 min.; 80 c. et 60 c.). — *Prouille* est au pied de la colline qui porte *Fanjeaux*, 1,288 hab. (belle vue; *église* du XIIIe s.). A Prouille, célèbre monastère de *N.-D. de Prouille*, fondé en 1206 par St Dominique).

De Bram à Saint-Denis (28 k. [train] 1 h. 30; 2 fr. 90 et 2 fr. 15). — 9 k. *Saint-Martin-le-Vieil*. — 13 k. *Cenne-Monestiès*. — 21 k. *Saissac*, 1,143 hab. (vieux remparts et château ruiné). — 28 k. *Saint-Denis*.

De Bram à Pamiers (63 k. [train] 1 h. 45 à 2 h. 40; 7 fr. 05, 4 fr. 75, 3 fr. 10). — 7 k. *Montréal*, 2,073 hab., à 2 k. à g., sur une colline escarpée (261 m.; moulins à vent); *église* du XIVe s., avec orgue du XVIIIe. — 16 k. *Belvèze*, d'où un embranch. de 17 k. conduit à Limoux (*V.* p. 214). — *Moulin-Neuf*, d'où un embranch. conduit à (32 k.) Lavelanet (*V.* p. 178). — 38 k. *Mirepoix* *, 3,368 hab., anc. évêché, jolie ville régulière, dans la plaine de l'Hers (pont de 7 arches; *Saint-Maurice*, anc. cathédrale, XVe-XVIe s., avec clocher haut de 60 m.; au cimetière, *mausolée du maréchal Clausel*; ruines du *château de Terride*, XIIIe-XIVe s.). — Pont sur la Douctouyre, dont le confl. avec l'Hers est dominé au N. par un promontoire portant le v. de *Vals* (*église* des XIIe et XIIIe s., à 2 étages dont l'un taillé dans le roc, pèlerinage le 8 sept.; belle *tour* découronnée). — 63 k. Pamiers (R. 31).]

76 k. *Alzonne*, 1,530 hab., sur la rive g. du Fresquel, près de

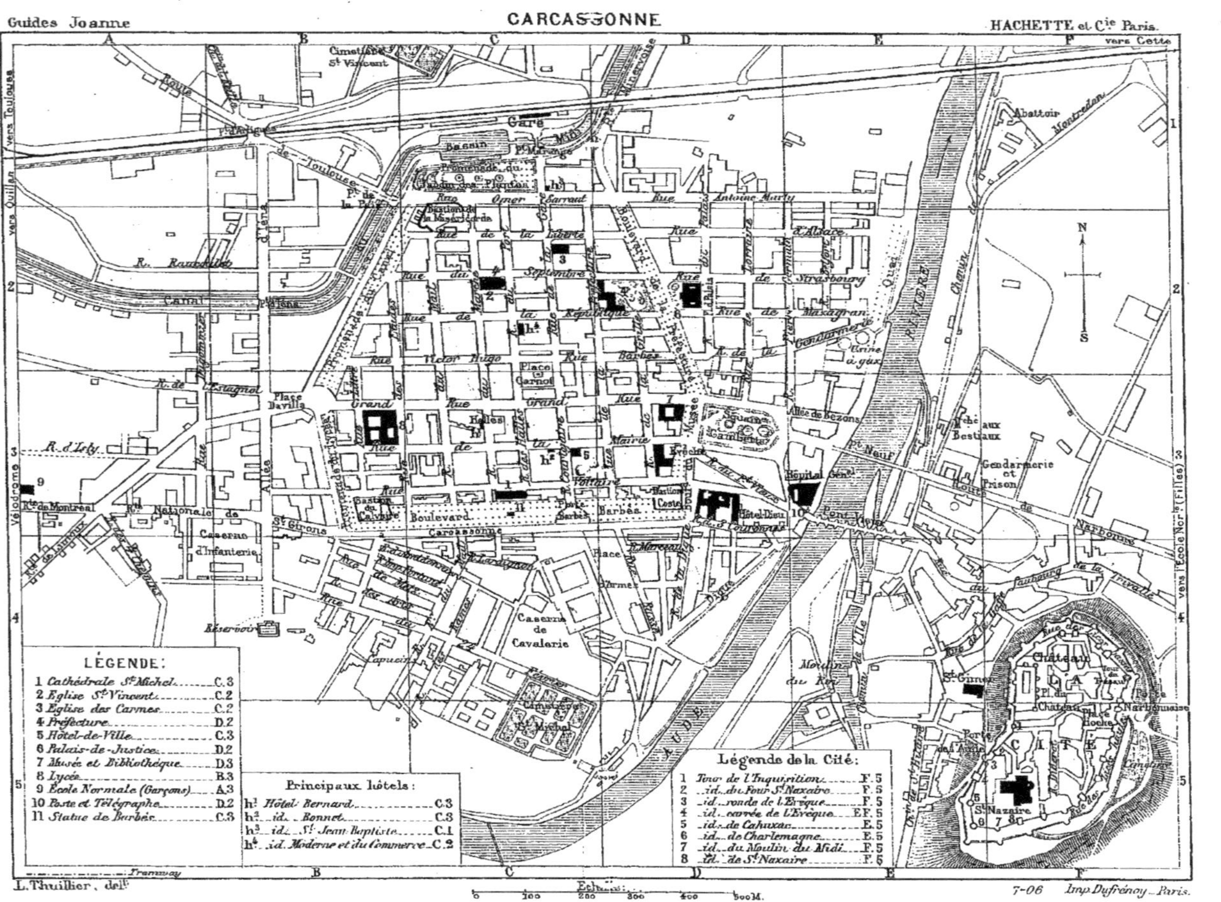
Guides Joanne
CARCASSONNE
HACHETTE et Cie Paris.
LÉGENDE:
1 Cathédrale St Michel C.3
2 Eglise St Vincent C.2
3 Eglise des Carmes C.2
4 Préfecture D.2
5 Hôtel-de-Ville C.3
6 Palais-de-Justice D.2
7 Musée et Bibliothèque D.3
8 Lycée B.3
9 École Normale (Garçons) A.3
10 Poste et Télégraphe D.2
11 Statue de Barbès C.3
Principaux hôtels:
h1 Hôtel Bernard C.3
h2 id. Bonnet C.3
h3 id. St Jean Baptiste C.1
h4 id. Moderne et du Commerce C.2
Légende de la Cité:
1 Tour de l'Inquisition F.5
2 id. du Four St Nazaire F.5
3 id. ronde de l'Evêque F.5
4 id. carrée de l'Evêque EF.5
5 id. de Cahuzac E.5
6 id. de Charlemagne E.5
7 id. du Moulin du Midi F.5
8 id. de St Nazaire F.5
Gare
Bassin
Caserne de Cavalerie
Caserne d'Infanterie
Boulevard
Carcassonne
Place Carnot
Square Gambetta
Hôpital Génl
Hôtel-Dieu
Pont Neuf
Pont Vieux
Gendarmerie et Prison
Abattoir
Cimetière St Vincent
Cimetière St Michel
Moulin du Roi
Château
CITÉ
St Nazaire
Route de Narbonne
Canal
Rivière
Aude
vers Toulouse
vers Quillan
vers Cette
vers l'École Norle (Filles)
Vélodrome
Réservoir
Tramway
L. Thuillier, delt
Echelle
0 100 200 300 400 500 M.
7-06
Imp. Dufrénoy _ Paris.

l'embouch. commune du Lampy et de la Vernassonne.

83 k. *Pezens* (*église* du XIVe s.).

91 k. **Carcassonne** * Ⓑ, ch.-l. du départ. de l'Aude, V. de 30,720 hab., sur l'Aude, qui la divise en deux parties : la Ville-Basse, dans la plaine de la rive g. et sur une colline de la rive dr., la **Cité**, une des merveilles de la France, la plus complète des villes fortifiées qu'ait laissée le moyen âge.

La VILLE-BASSE, sur la rive g., qui est le quartier riche et commerçant, et où sont tous les monuments publics, est entourée de jolis *boulevards* occupant l'emplacement des fossés de l'ancienne enceinte. Elle fut bâtie en 1247, avec des rues régulières. En quittant la gare on traverse le canal du Midi (port) et on laisse à dr. le *Jardin des Plantes* (*monument d'Omer Sarraut*, ancien maire, par Ducuing) pour suivre la *rue de la Gare* (*église des Carmes*), qui laisse à dr., dans la *rue du Quatre-Septembre*, l'*église Saint-Vincent* (XIVe s.; tour imposante; beau portail à statues; voûte ogivale très hardie; vitraux du XVe ou du XVIe s.) et mène à la *place Carnot* (*fontaine* en marbre blanc, de 1770), ainsi qu'à la *cathédrale Saint-Michel* (XIIIe s.), restaurée par Viollet-le-Duc en 1849, près de laquelle se voit la *statue* du révolutionnaire *Barbès*. Les rues perpendiculaires à celle de la Gare conduisent, à l'E., au *square Gambetta* (Mercure en marbre par Ludovic Durand) où l'on arrive directement de la gare en suivant les boulevards à g.; c'est même le chemin le plus court pour visiter d'abord la Ville-Haute.

A l'angle de la place et de la Grande-Rue le **Musée** (ouver les dim. et jeudi, de midi à 4 h.) se compose principalement de tableaux, la plupart de peintres modernes.

Pour monter à la VILLE-HAUTE ou la **Cité** (restaurée par Viollet-le-Duc) il faut franchir l'Aude sur le *Pont-Vieux* (XIIe ou XIIIe s.) ou sur le *Pont-Neuf* (1841-1846), et traverser le faub. de *la Trivalle*. Après avoir dépassé à g. le couvent des sœurs de Marie-Thérèse on suit à dr. un chemin allant aboutir à la *porte Narbonnaise* (fin du XIIIe s.). Les **fortifications**, construites par les Romains, remaniées peut-être par les Visigoths, puis successivement complétées et modifiées du XIe s. au commenc. du XIVe, se composent de deux enceintes protégées par une cinquantaine de **tours**. On devra faire le tour du chemin de ronde intérieur (on entre par la tour de la Justice). De la porte Narbonnaise la *rue Clos-Mayrevieille* conduit au **Château** (caserne) du XIe au XVe s., grand bâtiment quadrangulaire dominé par une tour élégante du XIIe s., flanqué de fortes tours rondes (XIIIe s.), et protégé de trois côtés par un chemin de défilement. De la place du Château la *rue Viollet-le-Duc* mène à un *puits* légendaire, et la *rue Porte-d'Aude* à la belle **église Saint-Nazaire**, ancienne cathédrale (nef de 1100; transept et chœur de 1330).

A l'int. : *vitraux* des XIVe, XVe et XVIe s. ; dalle tumulaire de Simon de Montfort; à dr., *bas-reliefs* représentant le siège de Toulouse en

1218; dans la chap. des catéchismes, *tombeau de l'évêque Radulph* (1266); à l'entrée du chœur, à g., tombeau de Simon de Vigor, archevêque de Narbonne (1575); à g. de la nef, *statue de Pierre de Roquefort* ayant deux diacres à ses côtés, chefs-d'œuvre du XIVe s. *Crypte* du XIe s.

De Carcassonne à Lastours (17 k. 🚂 1 h. à 1 h. 10; 1 fr. 75 et 1 fr. 30). — 9 k. *Conques*, 1,569 hab., sur l'Orbiel (donjon des XIIe et XVIe s.; murs d'enceinte, portes du moyen âge; à l'église, retable du XVIe s.; châteaux des *Soptes* et de *Russec*, XVIe s.). — 17 k. *Lastours*. Curieuses ruines de 4 châteaux forts, formant un groupe de défense établi par St Louis. Fontaine de *Pristil*, qui jaillit dans le lit même de l'Orbiel.

De Carcassonne à Caunes (23 k. 🚂 1 h. 20; 2 fr. 35 et 1 fr. 80). — 10 k. *Bagnoles* (ruines d'un château). — 17 k. *Villeneuve-Minervois* (dolmen). — 23 k. Caunes (*V.* p. 215).

[**De Carcassonne à Quillan** (55 k. 🚂 2 h. env.; 6 fr. 15, 4 fr. 05, 2 fr. 70). — 27 k. **Limoux** *, 7,084 hab., sur l'Aude (*église Saint-Martin*, XIIe et XVe s.; vin blanc ou *blanquette* renommé), est relié par un embranch. de 17 k. à Belvèze (*V.* p. 212). — 36 k. *Alet*, 819 hab., stat. thermale, sur la rive dr. de l'Aude (pont du XVIe s.), utilise dans 2 établissements des sources d'eaux bicarbonatées calciques. Ruines de l'*ancienne cathédrale Saint-Pierre* (XIe et XVIe s.); à côté, *église Saint-André* (XIVe-XVe s.); maisons anc. — 2 tunnels. — 43 k. *Couiza*, 1,088 hab. (*château* Renaissance), dont la gare dessert (8 k. 3 E.) la jolie stat. thermale de *Rennes-les-Bains*, située au milieu des *Corbières*, région montagneuse dont le point culminant est le *Pic de Bugarach* (1,231 m.). — 49 k. *Campagne-sur-Aude* (2 *sources* ferrugineuses; *établissement de bains*). — 55 k. *Quillan* *, 2,511 hab. (château ruiné; *statue* de l'abbé *Armand*, qui fit percer la route de Pierre-Lis; à 1,500 m. O., établissement de bains de *Ginoles*).

De Quillan a Montlouis (68 k.; admirable route de voit. suivant la *haute vallée de l'Aude*; voit. publ. jusqu'aux Bains de Carcanières-Escouloubre, 3 fr.). — Au-dessous de la grande *forêt des Fanges* l'Aude parcourt le grandiose **défilé de Pierre-Lis**, long de plus de 2 k. (tunnels; beaux travaux d'art du ch. de fer de Quillan à Perpignan). — 12 k. Axat (*V.* ci-dessous). — On passe sous un viaduc de la voie ferrée, puis la route franchit l'Aude pour s'engager dans l'admirable *défilé de Saint-Georges*, à une entrée duquel est une usine hydro-électrique considérable. — 32 k. *Bains d'Usson*, modeste établiss. (eaux sulfureuses et arsenicales) en aval des ruines du *château d'Usson* situées sur un piton rocheux dominant le confl. de l'Aude et de la Sonne ou Bruyante. — 36 k. *Bains de Carcanières et d'Escouloubre*, petite stat. thermale composée de 3 établiss.-hôtels, de quelques maisons et d'une chap. échelonnés au fond de la gorge, sur les deux rives de l'Aude. — La route s'élève au-dessus de la rivière, pour pénétrer dans le *Capcir*, sorte de haute plaine encerclée de montagnes et contenant le bassin supérieur de l'Aude; située tout entière au-dessus de 1,600 m. d'altit., cette région naturelle est l'une des contrées habitées les plus froides de France. — 50 k. *Puyvalador*. — 54 k. *Formiguères*, 612 h., ch.-l. du Capcir, à 1,480 m., sur la Lladure. — On traverse un coin de la *forêt de la Matte*. — 62 k. *Col de la Quillane* ou *de Casteillou* (1,746 m.), entre le Capcir et la Cerdagne. — 65 k. *La Llagone*, à 1,688 m. — On descend vers la Têt. — 68 k. Montlouis (*V.* p. 225).

De Quillan a Perpignan (78 k. 🚂 remarquable par ses travaux d'art; 3 h. 30 env.; 8 fr. 75, 5 fr. 90, 3 fr. 85). — On remonte la vallée de l'Aude. Tunnel de 300 m. — 3 k. *Belvianes*. — La rivière franchie, on pénètre dans le défilé de Pierre-Lis (*V.* ci-dessus) par un souterrain de 1,374 m. 3 tunnels. — 9 k. *Saint-Martin-Lis*. — 2 tunnels; 2 ponts sur l'Aude. — 11 k. *Axat* *, 838 hab. (ruines d'un château). — Viaduc de 9 arches. Tournant à l'E., on s'éloigne de l'Aude pour passer dans le bassin de l'Agly. 3 tunnels. — 19 k. *La Pradelle*, ham. au confl. du ruisseau de Magnac et de la Boulzanne (château de 1255 sur un rocher escarpé, 693 m. d'altit.). — On suit la vallée de la Boulzanne. — 24 k. *Caudiès-de-Fenouillèdes*, à 328 m. (aux environs, ruines du château de *Fenouillet* ou Fenouillèdes, qui a donné son nom à tout le pays environnant). — 36 k. *Saint-Paul-de-Fenouillet*, 2,310 hab., au-dessus de la rive g. de l'Agly (beaux défilés), en amont de son confl. avec la Boulzanne (église du XIVe s. et tour de l'anc. chapitre). A 1 k. S., établiss. du *Pont de la Fou* (eaux sulfurées calciques), non loin duquel l'Agly coupe le chaînon calcaire de Lesquerde par une superbe cluse. A 4 k. N., dans un autre défilé, admirable de formes et de couleurs, traversé par une route de corniche, se trouve l'*ermitage de Saint-Antoine-de-Galamus*. — 43 k. *Maury*. — 54 k. *Estagel*, 2,789 hab., sur l'Agly (*statue*, par Oliva, *de* l'astronome *François Arago*, dont la famille est originaire d'Estagel). — 63 k. *Cases-de-Pène* (ermitage de *N.-D. de Pène*, beaux rochers). — On débouche dans la plaine du Roussillon. — 66 k. *Espira-de-l'Agly* (*église Notre-Dame*, XIIe s.). — 70 k. Rivesaltes, et 8 k. de Rivesaltes à (78 k.) Perpignan (R. 47).]

De Quillan à Foix, R. 31, p. 178.

On franchit le canal du Midi, puis l'Aude. — Tunnel de 300 m.

98 k. *Trèbes*, au confl. de l'Aude et de l'Orbiel (*aqueduc* construit par Vauban, et donnant passage, par-dessus le canal du Midi, à l'Orbiel). — 103 k. *Floure-Barbaira*.

108 k. *Capendu*, 1,440 hab. (ruines d'un *château* et d'une *église* du XIVe s.), au pied de la *montagne d'Alaric* (503-595 m.). — On franchit le Rieugras à (111 k.) *Douzens* (beau *château* moderne; *château* du XVe s.).

116 k. *Moux* (vastes carrières de la montagne d'Alaric).

[**De Moux à Caunes** (28 k. 🚌 1 h. env.; 3 fr. 15, 2 fr. 10, 1 fr. 40). — Vallée de l'Argentdouble. — 7 k. *Puichéric* (église du XIVe s.; vieux château). — Ponts sur le canal du Midi et sur l'Argentdouble. — 22 k. *Rieux-Peyriac*, station de *Rieux-Minervois* (*église* en rotonde du XIe s.) et de *Peyriac-Minervois*, 1,252 hab. (église fortifiée du XVIe s.). — 28 k. *Caunes*, sur l'Argentdouble, est célèbre pour ses *marbres* et pour son *église*, en partie du XIIe s., jadis abbatiale; portes des anciens remparts. De Caunes à Carcassonne, V. p. 214.]

127 k. *Lézignan*, 4,951 hab. (*église* du XIVe au XVe s.).

[**De Lézignan à Olonzac** (16 k. 🚌 50 min.; 1 fr. 65 et 1 fr. 25). — On franchit l'Aude près de *Tourouzelle*. — 16 k. *Olonzac*, 2,296 hab. (restes de remparts).

De Lézignan à la Nouvelle (52 k.; tram à vapeur en 3 h. 30, 5 fr. 25 et 3 fr. 95). — 11 k. *Fabrezan*, sur l'Orbieu, d'où un embranch. qui remonte l'Orbieu dessert (9 k.) *Lagrasse*, 998 hab. (beaux restes d'une *abbaye* fondée en 779) et (15 k.) *Saint-Pierre-des-Champs*. — 17 k. *Les Palais*, d'où un embranch. de 30 k. conduit, par (3 k.) *Saint-Laurent-de-la-Cabrerisse*, 1,134 hab., et (17 k.) *Villerouge* (ancien château des archevêques de Narbonne); à *Monthoumet*, 205 hab. — 32 k. *Ripaud*, d'où un embranch. conduit, au S., à (7 k.) *Durban* et à (25 k.) *Tuchan*, 1,473 hab. — 46 k. *Sigean*, 3,384 hab. (salins). — 52 k. La Nouvelle (R. 47).]

A g., donjon de *Montrabech* (XIIe s.). On franchit l'Orbieu.

135 k. *Villedaigne*.

140 k. *Marcorignan*. — On traverse le canal de la Robine.

150 k. **Narbonne** * Ⓑ, 28,852 hab., à 8 k. de la Méditerranée, sur le *canal de la Robine*, qui la divise en deux parties, le *Bourg* et la *Cité*.

De la gare, en longeant à dr.,

le chemin de fer et tournant à g., en face de la gare des marchandises, on arrive au centre de la ville.

Saint-Just, anc. cathédrale, a été commencée en 1272; le chœur, seul terminé, est fortifié à l'extérieur et mesure à l'int. 40 m. de haut. sous voûte; les deux tours datent du xve s.

A l'int. : vitraux du xive s., la plupart en grisaille; *tombeaux* d'évêques (xive-xvie s.) formant la clôture du sanctuaire; saint-sépulcre du xvie s.; la *Chute des Anges rebelles*, tableau de Rivalz; *statue* de la Vierge, en albâtre (xve s.); copie, par C. Van Loo, du tableau de Sébastien del Piombo, *la Résurrection de Lazare*; orgue de 1741. Dans le *trésor*, curieux ivoires (x^e et xiie s.); trois autels portatifs, du xiiie et du xive s.; manuscrits enluminés; missels des xive, xve et xvie s.; croix, calices, ostensoirs précieux, collection de sceaux des archevêques, etc. — Salle capitulaire du xve s. — *Cloître* (xive et xve s.).

L'ancien **palais des archevêques** offre, sur sa façade, trois *tours* des xiiie et xive s., entre deux desquelles est la façade de l'*hôtel de ville*, construite par Viollet-le-Duc, dans le style ogival du xiiie s. Entre 2 des tours le *passage de l'Ancre* (belle porte en marbre) conduit à la cathédrale par le cloître.

Derrière l'hôtel de ville le *jardin public* contient quelques antiquités du *musée lapidaire*, dont la plus grande partie est déposée dans l'église (xiiie-xive s.) d'un ancien couvent (bâtiment de *Lamourguier*, xiiie-xviiie s.). Du jardin public on entre dans le

Musée (ouvert le jeudi et le dim., et t. l. j. aux étrangers, de 2 h. à 4 h.), occupant 9 salles du second étage de l'hôtel de ville.

Antiquités. — Objets trouvés dans les cavernes de Bize, situées à 24 k. N.-O. de Narbonne; épée gauloise; stèle grecque de la plus belle époque; manuscrit égyptien sur papyrus; stèle romaine avec inscription punique; inscriptions; tombeau romain avec des figures de faunes et de génies bachiques; *Silène* en marbre blanc, de la meilleure époque, trouvé dans les fouilles de la gare, exécuté peut-être par un sculpteur grec. — 16 sarcophages ou fragments de sarcophages très intéressants des premiers siècles; 2 bas-reliefs mérovingiens; 15 chapiteaux romans; 2 belles statues tombales des xiie et xive s.; Christ carolingien en bronze doré; crosse en ivoire d'un abbé de Lagrasse, du xiie s.; calice du xve s. — Pied en marbre, sculpté par Michel-Ange; médaillons en terre cuite, représentant les Apôtres, le Christ et une Sibylle, par Lucas; la Lutte entre deux Amours, joli groupe en bronze (xviiie s.).

Céramique. — Cette collection est la plus importante du Midi.

Médaillier. — 3,000 pièces.

Tableaux. — École française. — 18. *Bon Boullongne*. Le Goux de la Berchère, évêque de Narbonne. — 22. *Fr. Boucher*. Paysage. — 42. *Chardin*. Jeune fille. — 54, 55. *David*. David et Goliath. Portrait d'un de ses élèves. — 77. *Garneray*. Combat de Navarin. — 97. *Hubert Robert*. L'Arrivée des pêcheurs. — 103. *Lagrenée*. Ulysse dans le palais d'Alcinoüs. — 105. *Lantara*. Soleil couchant. — 109. *Lavielle*. Un gué. — **125. P. Mignard. St Charles Borromée donnant la communion aux pestiférés de Milan.** — 128, 129. *N. Mignard*. Portraits de femmes. — *Monginot*. Un puits. — 131, 132. *Monnoyer*. Fleurs. — 140. *Nattier*. La duchesse de Bourbon, mère du duc d'Enghien (?). — 141. *Oudry*. Chienne allaitant ses petits. — 154, 155. *Rigaud*. Portraits, dont l'un est le sien. — 156, 157. *Ant. Rivalz*. Diane et Actéon. Mort de Cléopâtre. — 162. *Subleyras*. La

Charité romaine. — 174. *Watelet.* Paysage.

Écoles italiennes. — Fresque de la Magliana (le *Martyre de Ste Cécile*) par *Raphaël.* — 234. *P. de Cortone.* Le Massacre des Innocents. — 237. *Castiglione.* Le Voyage de Jacob. — 245. *Le Guerchin.* Judith. — 250. *Luini.* Le Chef de St Jean-Baptiste. — 251. *Lucatelli.* Paysans changés en grenouilles. — 254, 255. *Panini.* Ruines. — 258. *Salvator Rosa.* St Jérôme. — 260. *Sassoferrato.* La Vierge. — 261. *Sébastien del Piombo.* Portrait. — 262. *Titien.* Vincenzo Capello, amiral vénitien. — 266. *Le Tintoret.* Un Sacrifice. — 268. *Véronèse.* La Vierge.

École espagnole. — 275. *Estehan*, dit *des Batailles.* Sortie de nuit contre les Maures. — 280. *Ribera.* St André. — 283. *Vélasquez.* Portrait.

Écoles flamande, allemande et hollandaise. — 290. *A. Brauwer.* Tabagie. — 295. *J. David de Heem.* Nature morte. — 296-299. *Jordaens.* L'Ivresse de Silène. La Famille de Darius devant Alexandre. Le Triomphe de Silène. Grande bacchanale. — 304. *Ommeganck.* Paysage avec figures et animaux. — 314. *Van Dyck.* Portrait d'Honoré de Savoie. — 317. *Van der Kabel.* Marine. — 318. *Van Ostade* (*Isaac*). Paysage d'hiver. — 319. *Van den Velde* (*Adrien*). Paysages avec figures et animaux. — 321. *Verelst.* Vieillard. — 323. *P. de Vos.* Amazones chassant le cerf.

Sculptures originales. — 529. Silène, statue antique en marbre blanc. — 531. Andromède, par *Lescorné.* — 533. Leucosis, par *Ollin.* — 537. Lequesne, buste en marbre, par *Pradier.* — 538. Louis XIV, par *Puget.* — 539. André Morosini, historien de Venise. — 542. Jules Canonge, buste par *Pradier.* — Dr Delpech, buste par *Falguière.* — Dom Montfaucon, buste par *Oliva.*

Saint-Paul-Serge (vers l'extrémité de la ville) est un spécimen, rare dans le Midi, d'un édifice ogival de la 1re moitié du XIIIe s. (deux tours : celle de g. du XVIIe s.).

Commerce important de vin et de miel renommé.

[A 14 k. S.-O., **abbaye de Fontfroide** : église et salle capitulaire du XIIe s.; *cloître* du XIIIe. — A l'E., entre Narbonne et la mer, *collines de la Clap* (miel renommé; chapelle de *N.-D. das Aouxils*), dont le point culminant est à 214 m.

De Narbonne à Bize (21 k. 🚂 40 min. à 1 h. 10; 2 fr. 35, 1 fr. 60, 1 fr. 05). — Ponts sur l'Aude et le canal de la Robine. — 12 k. *Sallèles-d'Aude*, 2,314 hab. On traverse le canal du Midi. — 21 k. *Bize*, 1,551 hab. (*grottes* préhistoriques).

De Narbonne à Ouveillan (15 k. 🚂 1 h. env.; 1 fr. 55 et 1 fr. 15). — 9 k. *Cuxac-d'Aude*, 2,857 hab. — 15 k. *Ouveillan*, 2,845 hab. (église romane; château ruiné).

De Narbonne à Fleury (17 k. 🚂 1 h. env.; 1 fr. 75 et 1 fr. 30). — 16 k. *Salles-d'Aude*, 1,790 hab. (puits artésien). — 17 k. *Fleury*, 2,250 hab. (église en partie romane; château ruiné; gouffre de *l'Œil-Doux*).

De Narbonne à Thézan (27 k. 🚂 1 h. 30; 2 fr. 80 et 2 fr. 10). — 23 k. *Montséral* (château ruiné de *Saint-Martin-de-Telgué*). — 27 k. *Thézan* (ancien château de *Donos*).]

De Narbonne à Perpignan et à Port-Bou, R. 47.

156 k. *Coursan*, 3,829 hab. (*puits artésien* d'eau thermale gazeuze et ferrugineuse; *église* gothique avec tour romane; *pont* du XVe s., sur l'Aude). — On croise l'Aude et des canaux de dessèchement.

165 k. *Nissan.* — Tunnel de 500 m. sous le *col de Malpas*, qui sépare le bassin de l'Aude de celui de l'Orb; ce tunnel est percé au-dessous de celui du canal du Midi et au-dessus de la *galerie de Montady.* On franchit l'Orb.

168 k. *Colombiers*.

175 k. Béziers (Ⓑ; *V*. R. 39). — 181 k. *Villeneuve-lès-Béziers*, entre le canal et l'Orb (église romane; tour d'un anc. château). — On franchit le Libron.

193 k. *Vias* (*église* fortifiée du XIVe s.; maison romane).

[A 1 k. S.-O., **pont-aqueduc**, sur le Libron, un des travaux d'art les plus remarquables du canal du Midi.

De Vias à Paulhan (29 k. 🚌 1 h. env.; 3 fr. 15, 2 fr. 15, 1 fr. 35). — 9 k. *Florensac*, 3,677 hab. — 12 k. *Saint-Thibéry* (*pont* romain ruiné sur l'Hérault). — 18 k. Pézenas, où l'on croise le chemin de fer de Montpellier à Saint-Chinian (R. 46). — 29 k. Paulhan (R. 46).]

On franchit le canal du Midi.

196 k. **Agde***, 9,533 hab., jadis évêché, sur le canal du Midi et la rive g. de l'Hérault (pont suspendu), à 4 k. de la mer. — *Port* pouvant contenir 30 à 40 bâtiments de 400 tonnes. — Ancienne **cathédrale** du XIIe s. (à l'ext., grandes arcades évidées en mâchicoulis, des plus anciens que l'on connaisse; à l'int., belle toile de Chenavard). — A g., restes d'un *cloître* (XIIIe ou XIVe s.). — Sur l'*Esplanade*, *buste de Terrisse*, bienfaiteur d'Agde, et *fontaine* surmontée d'une statue de la Ville, en marbre.

[A 4 k., belle plage du *Grau d'Agde* (hôt. et bains de mer). — On distingue sur les flancs de la *montagne de Saint-Loup* (115 m.) deux courants de lave sur l'un desquels est bâtie la ville; l'autre forme le *cap d'Agde*, en face duquel se trouve l'*île* basaltique *de Brescou*, autrefois fortifiée.

D'Agde à Mèze (26 k. 🚌 1 h. 25; 2 fr. 15 et 1 fr. 35). — 14 k. *Florensac*, 3,677 hab. — 19 k. *Marseillan*, 4,218 hab., port commerçant sur l'étang de Thau. — 26 k. Mèze (R. 46).]

On franchit le canal, puis l'Hérault; à g., *Salins de Bagnas*.

202 k. *Les Onglous*. — La voie s'engage, entre le vaste *étang de Thau* et la mer, sur la curieuse langue de terre appelée *isthme des Onglous*. A g., *Salins du Midi*, que borde un canal de circonvallation. Parvenu à l'extrémité (13 k.) de l'isthme, on contourne le Mont-Saint-Clair et l'on croise le canal de Cette.

219 k. **Cette*** Ⓑ, 33,246 hab., belle V. maritime, au pied d'une montagne isolée entre l'étang de Thau et la Méditerranée, le *Mont-Saint-Clair* (180 m.). — **Port** de 13 hect., profond de 5 à 6 m., entre deux jetées portant deux forts et un phare à feu fixe de 15 milles de portée. *Bains de mer* et casino.

[**De Cette à Montbazin** (13 k. 🚌 35 min. env.; 1 fr. 45, 1 fr., 65 c.). — Après avoir longé l'*étang de Thau*, long de 18 k. sur 5 à 8 k. de large, le ch. de fer le franchit dans sa partie la plus rétrécie, ainsi que le canal des Étangs, qui le fait communiquer avec l'étang d'Ingril. — 6 k. *Balaruc-les-Bains** (hauts fourneaux, raffinerie de pétrole et huiles minérales près de la gare), stat. thermale (eaux chlorurées sodiques fortes, bromurées, 47°,5 à 48°; établis. comprenant aussi un bon hôtel entouré d'un beau parc). — 7 k. *Balaruc-le-Vieux* (ruines d'un château). — 10 k. *Poussan-les-Oulettes*. — 13 k. Montbazin-Gigean (R. 46).]

De Cette à Montpellier, Nîmes et Tarascon, *V*. le Réseau *P.-L.-M.*

ROUTE 45

DE CASTELNAUDARY A ALBI ET A RODEZ

185 k. — [diligence]. — 20 fr. 70 ; 14 fr. ; 9 fr. 10.

Ponts sur le canal du Midi et le Fresquel. — 11 k. *Soupex.* — A g., sur une colline, *Saint-Paulet* (château où est conservé le cœur de Turenne).

20 k. *Saint-Félix.*

26 k. **Revel** *, 5,457 hab., bastide régulière fondée en 1332 (liqueur « pippermint »).

[A 6 k. E., *Sorèze*, au pied de la Montagne-Noire (clocher polygonal du XVe s.), est célèbre par son *collège* fondé, vers la fin du XVIe s., par des Bénédictins, acquis en 1854 par les Dominicains et qui a eu pour supérieur le P. Lacordaire.

Excurs. très recommandée (33 k., 1 journée) dans la *Montagne-Noire*, couverte de belles forêts, aux *bassins de Saint-Ferréol* et *du Lampy* et à la *prise d'eau d'Alzau*, qui alimentent le canal du Midi ; voit. 20 à 40 fr. suivant le nombre de pers. ; on peut déjeuner à Lampy.]

De Revel à Caraman et Toulouse, V. p. 140.

Pont sur le Sor. — 32 k. *Blan.* — A dr., château de *Las Cases*, où est né l'auteur du « Mémorial de Sainte-Hélène ». — 38 k. *Lempaut.* — 43 k. *Soual* (clocher du XIIIe s.).

48 k. *La Crémade.*

55 k. Castres (Ⓑ ; R. 43). — A g., tours ruinées du château de *Montvert.* — 63 k. *Mandoul* (ferme-école dans un ancien château).

70 k. *Lautrec*, 2,538 hab. (restes des remparts ; à l'église, retable de l'anc. collégiale de Burlats et stalles sculptées).

77 k. *Francoumas.* — On franchit le Dadou sur le viaduc de *Tatéco.*

83 k. *Laboutarié* est relié par un tram à vap. : à (5 k. E.) *Réalmont*, 2,642 hab. (*église* du XVe s. remaniée) et à (30 k. S.-O.) Lavaur (V. p. 210), par (12 k.) *Graulhet*, 7,900 hab., V. industrielle, sur le Dadou (*statue*, par Pech, du vice-amiral *Jaurès*, 1823-1889 ; *château de Crins*).

85 k. *Lombers.* — 89 k. *Mousquette.* — 94 k. *Labastide-Dénat* (église ogivale). — 100 k. *Ranteils.*

103 k. **Albi** *, 22,571 hab., ch.-l. du départ. du Tarn, siège d'un archevêché, sur les berges escarpées de la rive g. du Tarn, est une des villes les plus pittoresques et les plus intéressantes de France. La riv. y est traversée par le *Pont-Vieux* (XIIIe ou XIVe s.), un beau *pont* moderne et par le *viaduc* du ch. de fer de Carmaux, tous trois en briques. — A l'extrémité de l'*avenue de la Gare* l'*avenue Lapérouse* conduit à la *place Lapérouse*, où l'on remarque, à l'entrée des *Allées Lapérouse*, la *statue de Lapérouse* (par Raggi), célèbre navigateur né à Albi (1741-1788) ; en face, le *palais de justice* renferme l'anc. cloître des Carmes. Les Allées forment la première partie d'une série de promenades appelées plus loin *jardin National*, *place du Vigan* et les *Lices* : c'est là que sont les principaux hôt. et cafés.

Sur la place du Vigan s'ouvre à g. la rue de l'*Hôtel-de-Ville* et la *rue Timbal* (maisons du

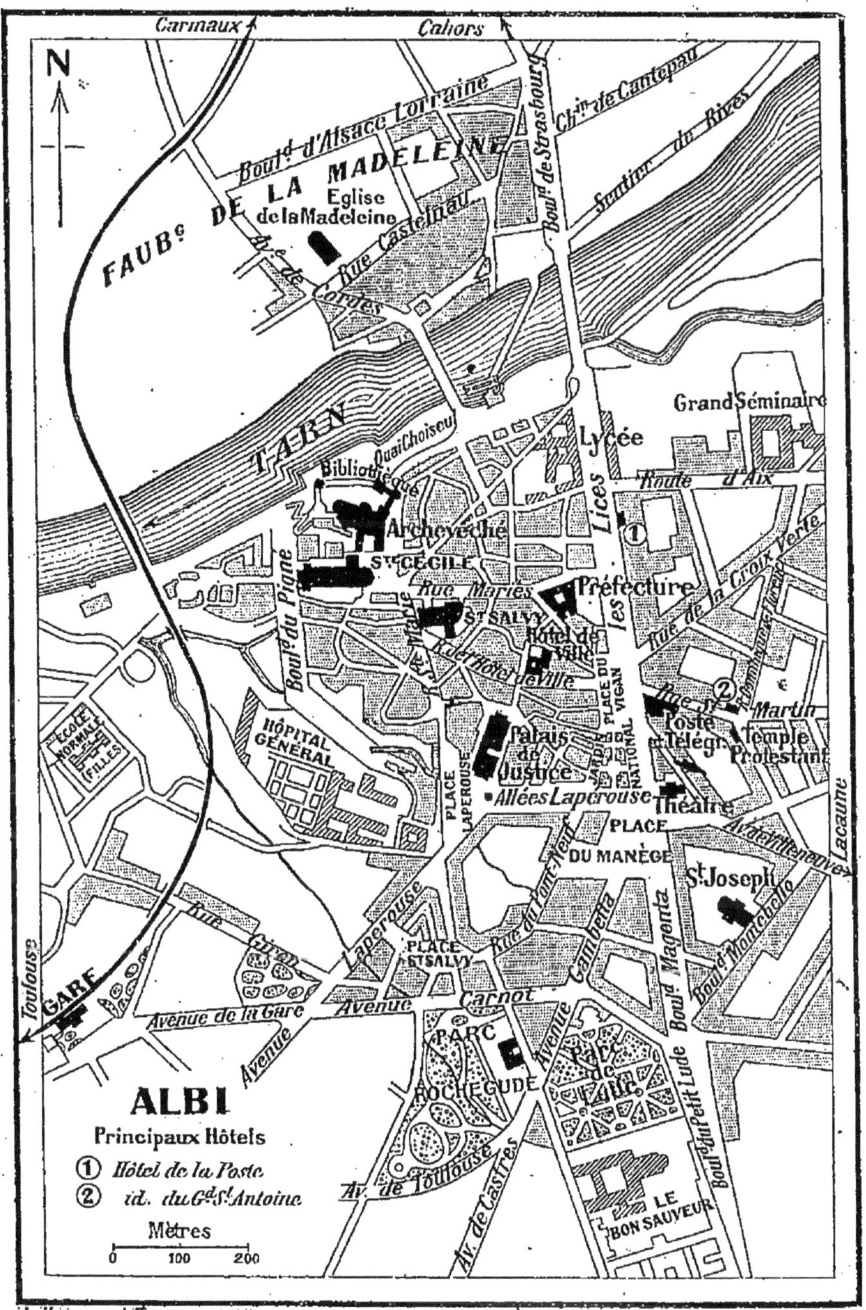

L. Hermann del^t

xvie s. n°s 16 et 23), conduisant à la *Préfecture*, d'où la *rue Mariès* mène à la cathédrale en laissant à g. l'escalier de l'église **Saint-Salvi**, en partie romane, partie des xiiie et xve s. (tour avec statues sur le croisillon N.; crypte); à côté, cloître du xiiie s.

La **cathédrale Sainte-Cécile**, en briques, l'une des merveilles du style ogival dans le Midi, fut commencée en 1277 et terminée en 1512; *tour*, véritable donjon, haute de 78 m.; magnifique **porche** du xve s.

A l'int. : **jubé** en pierre de 1501, le plus beau de France; admirable **clôture** entourant le chœur du chapitre (120 stalles); **peintures** à fresque des xve et xvie s., exécutées en grande partie par des artistes italiens; chaire et orgue du xviiie s.

A côté de la cathédrale le *palais archiépiscopal* est une construction féodale du xive s.

Sur la rive dr. du Tarn, faub. de *la Madeleine*, avec église décorée de peintures par R. Cazes et Denuelle. — Au S. de la ville l'*avenue Gambetta* conduit au *parc Rochegude* (curieuse *fontaine du Griffon*, xiiie et xvie s.). Ce parc (buste du donateur) a été légué à la ville par le contre-amiral de Rochegude, avec l'hôtel qu'il entoure et dans lequel est installé le Musée.

Ce **musée** de peinture et de sculpture occupe trois salles du rez-de-chaussée et deux du 1er étage. Les autres salles sont affectées aux collections d'histoire naturelle et d'archéologie. Principaux tableaux : *Guardi*. La Salute à Venise; *Castiglione*. Jacob quitte Laban (esquisse); *Taillasson*. Héro et Léandre; *W. Fergusson*. Intérieurs de grottes; *Sassoferrato*. Tête de V.; *Bonav. Peters*. Départ et retour de chasse; *Van der Wert*. L'Enchanteur; *Deschamps*. J. au Jardin des Oliviers; *Feyen-Perrin*. Portrait de femme; *Ginain*. Le duc Decazes; *Escol de Gaillac*. Mgr Lionnet; *Thirion*. Martyre de St Sébastien; *Boutigny*. La Confrontation. — *Email* du xve s. (Enée en chasse); statuettes en pierre et en bois des xve et xvie s.; *ivoire* (Martyre de St Barthélemy), de *Jacobus Aguésius*.

En face du parc Rochegude le *jardin du Bon-Sauveur* renferme l'ancien manoir épiscopal du *Petit-Lude*, auj. asile d'aliénés et institution.

On peut visiter la *verrerie ouvrière*, fondée en 1896 sous les auspices du parti socialiste.

[**D'Albi à Saint-Juéry** (10 k. [tramway] 18 min.; 1 fr. 10, 75 c., 50 c.). — *Saint-Juéry*, 2,748 hab. (à l'église, beau retable et autres boiseries provenant de l'église Sainte-Martianne d'Albi, et reliquaire en argent du xve s.), est situé sur la rive dr. du Tarn, qui s'abat par le *Saut de Sabo*, groupe de cascades près d'importants établis. métallurgiques).

D'Albi à Valence-d'Albigeois (30 k. [voiture] 1 h. 25; 2 fr. 70 et 1 fr. 50). — 15 k. *Valderiès*, 887 hab. (dolmen). — 30 k. *Valence-d'Albigeois*, 1,429 hab. (église du xve s.).]

D'Albi à Tessonnières, R. 19, *B*; — à Ambialet et Saint-Affrique, R. 39.

On franchit un ravin sur un viaduc de 10 arches en briques, puis le Tarn sur un viaduc de 7 arches (belle vue). — 109 k. *La Drèche* (pèlerinage de Notre-Dame). — 2 tunnels. — 116 k. *Le Garric*.

119 k. *Carmaux*, agglom. industrielle de 10,068 hab., au-dessus de la rive g. du Cérou (mines de houille, verrerie).

127 k. *Farguettes*. — 134 k. *Moularès*. — 137 k. *Tanus*, dans

la gorge du Viaur (sur un rocher, ruines d'un *château* des XIIe et XVe s.; église romane de *N.-D. de Lasplanques*, du XIe s., avec peintures du XIVe). — 139 k. *Viaur-Pont-de-Tanus*. — 143 k. *Saint-Martial*. — La voie franchit le gigantesque **viaduc de Tanus**, d'une seule travée métallique de 250 m. de portée jetée à 114 m. de haut au-dessus de la pittoresque *vallée du Viaur*. — 148 k. *Naucelle*, 1,532 hab. — k. *Rancillac* — 163 k. *Carcenac-Peyralès*. — 170 k. *Le Lac*. — 174 k. *Luc-Primaube*. — 179 k. *Paraire*. — 185 k. Rodez (p. 204).

ROUTE 46

DE BÉDARIEUX A MONTPELLIER

80 k. — 🚂 2 h. à 3 h. 15. — 8 fr. 95; 6 fr. 05; 3 fr. 95.

40 k. de Bédarieux à Faugères (R. 39). — On passe dans 3 tunnels, pour longer, à g., le Roquessels et la Tougue.

20 k. *Gabian* (restes de *remparts*; *fontaine* du XVIe s.; ruines du château de Sainte-Marthe). — Pont sur la Lène; tunnel; pont sur la Peyne.

24 k. *Roujan-Neffiès*. — A 2 k. 5 S., **Roujan**, 2,040 hab., au centre d'un bassin houiller de 7,000 hect. (*église* ogivale; *château* des XVe et XVIe s.; au S., *église Saint-Nazaire*, avec porche roman; à 2 k. N., eaux minérales de *Saint-Majau*).

28 k. *Caux*. — Tunnel.

33 k. *Nizas-Fontes*. — Pont sur la Boyne. — A dr., ligne de Vias.

38 k. **Paulhan** Ⓑ.

[**De Paulhan à Lodève** (30 k. 🚂 1 h. 10; 3 fr. 25, 2 fr. 20, 1 fr. 45). — Pont sur la Dourbie. — Vallée de la Lergue. — 12 k. *Clermont-l'Hérault* *, 5,280 hab. (*église Saint-Paul*, XIVe s., belle rose; autre *église* du XVe s.; fabr. de draps, tanneries), d'où l'on peut faire en 4 h. une intéressante excurs. au *cirque* étrange *de Mourèze*. — 17 k. *Rabieux*, d'où part le ch. de fer de Montpellier par Gignac et Aniane (*V.* ci-dessous).

30 k. **Lodève** * 8,200 hab., à 174 m., au confl. de la Lergue et de la Soulondres. Anc. *cathédrale*, XIIIe et XVIe s. (façade fortifiée; *tombeau* d'un évêque; *cloître* ruiné, XVe-XVIIe s.; belle *promenade*, ancien jardin de l'évêché). Fabr. de draps.

De Rabieux a Montpellier (46 k. 🚂 en 2 h. 5 à 2 h. 25; 3 fr. 80 et 2 h. 35). — 3 k. *Ceyras-Saint-Félix*. — 6 k. *Saint-André-de-Sangonis*. — On franchit l'Hérault. — 10 k. *Gignac*, 2,538 hab., dans une plaine fertile (tour anc. servant de réservoir; église *N.-D. de Grâce*, sur une colline, belle vue). — 14 k. *Aniane*, 2,520 hab., sur le torrent des Corbières, grossi par une forte source (église qui dépendait d'une abbaye dont les bâtiments sont auj. une colonie publique d'éducation pénitentiaire de jeunes gens), d'où l'on peut faire une très belle excurs. à la *source de la Clamouse* et à (7 k.) *Saint-Guilhem-le-Désert* *, un des plus étranges et des plus pittoresques v. de France, situé dans la gorge du Verdus (ruines d'un château; *église* romane, reste d'une abbaye). — On s'éloigne de la vallée de l'Hérault. — 29 k. *Saint-Paul-Montarnaud*. — On franchit le vallon de la Mosson. — 46 k. Montpellier-Chaptal (*V.* le Réseau *P.-L.-M.*).]

De Paulhan à Pézenas et Vias, R. 44, p. 218.

Pont sur l'Hérault. — 42 k. *Campagnan*.

44 k. *Saint-Pargoire* (*église* du XIIIe s.). — Tunnel.

52 k. *Villeveyrac*. A. 4 k. O.-S.-O., anc. *abbaye de Valmagne*, du XIIe s., convertie en ferme. — Viaduc de 6 arches; tunnel.

60 k. *Montbazin-Gigean*, l'anc. *Forum Domitii* (tombeau d'un flamine; reste de la voie Domitienne; château ruiné).

[**De Montbazin à Saint-Chinian par Mèze, Pézenas et Béziers** (93 k. 🚂 4 h. 55 et 6 h. 30). — 5 k. *Poussan*. — 7 k. Balaruc (*V.* p. 218). — On côtoie l'étang de Thau. — 10 k. *Bouzigues*, petit port. — 14 k. *Loupian* (belle *église* gothique). — Pont sur le Pallas. — 17 k. *Mèze*, 6,107 hab., la principale des V. riveraines de l'étang de Thau (salines). De Mèze à Agde, *V.* R. 44, p. 218. — A g., château de *Croyssels*, où naquit Latude. — 30 k. *Montagnac*, 3,580 hab., dans une belle situation (*église* du XIVe s.; *tour Constance*). — Ponts sur l'Hérault et la Peyne.

36 k. **Pézenas** *, 7,073 hab., sur le Peyne, dans un bassin riant et fertile appelé le « Jardin de l'Hérault » (*porte de la Juiverie*, XIVe s.; *maisons* des XVe et XVIe s.; *promenade du Pré*; grand commerce d'eaux-de-vie). De Pézenas à Paulhan et à Vias, R. 44, p. 218. — Pont sur la Tongue. — 40 k. *Servian*, 3,649 hab. (église du XVIe s.). — 52 k. *Bassan*, curieux v. d'aspect féodal. — 57 k. *Boujan* (église fortifiée du XIVe s.). — 61 k. Béziers (R. 39). — Vallée de l'Orb. — 68 k. *Maraussan* (église du XIIIe s.). — 74 k. *Cazouls-lès-Béziers* (château ruiné; vin de muscat; prunes renommées). — Tunnel. — 80 k. *Béals*, stat. de (4 k. E.) *Murviel*, 2,494 hab. — 84 k. *Cessenon* (église des XIIe et XVIe s.). — Vallée de la Vernazobres. — 93 k. *Saint-Chinian*, 3,181 hab., jolie petite V. industrielle.]

65 k. *Cournonterral* (petit lac de *Ramassol*). — 68 k. *Fabrègues*. — On franchit le Mosson. — 73 k. *Saint-Jean-de-Védas*.

80 k. Montpellier (Ⓑ; *V.* le Réseau *P.-L.-M.*).

ROUTE 47

DE NARBONNE A PORT-BOU

PAR PERPIGNAN

107 k. 5. — 🚂 2 h. à 4 h. — 12 fr.; 8 fr. 10; 5 fr. 25.

9 k. *Mandirac*. — 10 k. *Gruissan-Tournebelle*. *Gruissan* (*tour Barberousse* sur un rocher; au cimetière, *tombeau* avec statue de la Douleur par Injalbert) est bâti sur une presqu'île s'avançant au milieu de vastes étangs salins et à l'entrée du *Grau du Grazel*, qui va déboucher à 2 k. 5 S.-E. dans la Méditerranée sur une belle *plage* (café-rest.). — On longe le canal de la Robine, *l'étang de Bages et de Sigean* à l'O., *l'étang de Gruissan* à l'E.

16 k. *Sainte-Lucie*. — On franchit le chenal du port de la Nouvelle.

21 k. **La Nouvelle** *, petite V. maritime. — *Port* formé par le chenal qui relie l'étang de Sigean à la mer (long de 2,425 m., large de 60 à 80 m.). — Etablissement de *bains de mer*.

De la Nouvelle à Lézignan, R. 44.

La voie court entre la mer et *l'étang de Lapalme*. — 27 k. *Lapalme*.

33 k. *Leucate* (*statue de Françoise de Cézelly*, qui défendit la ville contre les Espagnols au temps de la Ligue), à 3 k. S.-E., au point culminant (72 m.) du *plateau de Leucate*, anc. île qui projette dans la mer les falaises blanchâtres du cap Leucate.

[A 1,800 m. E. de la gare (omnibus en été), bel établissement de bains de mer du *Grau de la Franqui* (hôt., rest.), dans un beau parc.]

36 k. *Filou.* — A dr., *fort de Salses* (1497).

46 k. *Salses* doit son nom à 2 sources salines, la *Font Estramer* et la *Font Dama.* — La voie parcourt la plaine fertile du Roussillon (vignobles), fermée au S. par les Pyrénées; on remarque surtout le Canigou. — Pont sur l'Agly.

55 k. **Rivesaltes**, 5,788 hab., sur la rive dr. de l'Agly, est renommé pour ses vins muscats (belle *promenade* avec fontaine monumentale et statue de Minerve; dans l'église, tableau d'Antoine Guerra).

De Rivesaltes à Saint-Paul-de-Fenouillet et à Quillan, V. p. 215.

On franchit la Têt.

64 k. **Perpignan***, 36,157 hab., ch.-l. du départ. des Pyrénées-Orientales, évêché, sur la rive dr. de la Têt et les deux rives de la Basse, à 11 k. de la Méditerranée.

De la gare (tram pour la place de la Loge) une avenue de platanes conduit à la *porte de la République* et à la *place de la Banque*, d'où, par la *rue de la République*, la *place Bardou-Job* et la *rue du 4-Septembre*, on parvient sur les quais de la Basse, qui divisent Perpignan en 2 parties bien inégales (la vieille ville est sur la rive dr.). Franchissant la rivière, on se trouve sur la *place Arago* (*statue d'Arago*, par Mercié).

Suivant à g. le *quai Sadi-Carnot*, on arrive au **Castillet**, ouvrage de défense bâti en briques de 1367 à 1369 et contigu à la *porte Notre-Dame* (1481). En face, la *rue L.-Blanc* aboutit à la **place de la Loge**, le cœur de Perpignan, environnée de beaux magasins et cafés; elle doit son nom à une charmante construction élevée en 1397 pour servir de bourse, à côté de l'*hôtel de ville* (XIIIe, XVIe et XVIIe s.), contigu lui-même à l'*ancien palais de justice* (XVe s.).

De la Loge, par la petite *rue Saint-Jean*, on gagne la *place Gambetta* et la **cathédrale Saint-Jean** (1324-1509), dont la nef unique est une des plus larges et des plus hardies qui existent. Sous la tour (élégante cage en fer; cloche de 1399) subsiste une partie du *Vieux Saint-Jean*, église primitive de Perpignan.

A l'int.: immense **retable** en marbre, œuvre de Barth. Soler de Barcelone (XVIIe s.); fonts baptismaux du XIIe ou XIIIe s.; peintures par Gamelin dans la chap. de l'Immaculée-Conception; buffet d'orgues avec boiseries de 1504; au transept g., tombeau d'un évêque, † 1695.

En sortant par la porte latérale de la cathédrale on va déboucher dans la *rue de la Révolution*, où s'ouvre la *rue de la Main-de-Fer* (*hôtel* gothique de 1510), menant à la *place Rigaud* (*statue* du peintre *Hyacinthe Rigaud*, par Farraill). Non loin de là, *rue de l'Université*, le **Musée** occupe les bâtiments de l'ancienne Université.

Près du Musée la *rue Saint-Sauveur* conduit à l'*église Sainte-Marie-la-Real* (1320), située au pied de la **Citadelle**, ensemble de fortifications élevées à diverses époques autour du *château* bâti à la fin du XIIIe s. par le 1er roi de Majorque (intéressante cour intérieure; chapelle romano-ogivale, belle vue du haut de la tour).

L'*église Saint-Jacques* (en partie du XVIe s.), à l'extrémité E. de la ville, possède un beau *retable* du XVe s. — Il faut sortir de Perpignan par la porte Notre-Dame et tourner à dr. pour visiter la **promenade des Platanes** (monument de 1870-71, avec statue par Belloc). — A l'O. du faub. Notre-Dame, promenade de *la Pépinière* bordant la Têt.

Importante fabrique de papier à cigarettes.

[Une route (tram électrique), qui laisse à g. la *tour de Castell-Rossello* XIIe ou XIIIe s.), reste de l'antique capitale du pays, *Ruscino* (d'où Roussillon), relie Perpignan à (10 k.) *Canet* (*buste* du conventionnel *Cassanyes*) et à (12 k. 5 S.-E.) la *plage de Canet*, où les Perpignanais affluent en été.

De Perpignan à Puigcerda (47 k. et 🚂 de Perpignan à Villefranche, 1 h. 40 env., 5 fr. 25, 3 fr. 55, 2 fr. 30; 51 k. et ⊛ de Villefranche à Puigcerda, corresp. du chem. de fer jusqu'à Bourg-Madame, 5 h. 45, 5 fr. 75 et 4 fr. 75). — Vallée de la Têt. — 17 k. *Millas*, 2,244 hab. (à l'église, *reliquaire de Ste Eulalie*). — A g., belle vue du Canigou. — 23 k. *Ille* (murailles de l'église revêtues de marbre, XIVe s.; portes des anc. remparts près de l'une desquelles est une *croix* du XVe s.). — 32 k. *Vinça*, 1,732 hab. (*établissement* de bains; *sources* thermales, sulfurées sodiques).

41 k. **Prades** *, 3,835 hab., sur la Têt, à 350 m. d'alt. *Eglise*, retable du XVIe s.; *fontaine* en marbre rouge. A 3 k. S., restes de l'**abbaye de Saint-Michel-de-Cuxa**, fondée en 878 et dont quelques colonnes ornent un établissement de bains de la ville. A 8 k. N.-O., *Bains de Molitg* (eaux thermales, sulfurées sodiques). De Prades au Vernet, *V.* ci-dessous.

47 k. *Villefranche-de-Conflent* (⊛ pour le Vernet : *V.* ci-dessous), place forte, au confl. des rivières de Vernet et de la Têt; *église* romane; *maisons* romanes, grottes de *Cova Bastera*. — 56 k. **Olette** *, 918 hab. — On parcourt le *défilé des Graus* (tunnels) en dominant l'établissement thermal des *Graus de Canaveilles* (sources sulfurées sodiques). — 60 k. *Bains de Thuès*, à 747 m., avec une quarantaine de sources (22° à 78°) sulfureuses. — On dépasse le confluent d'un torrent qui sort des admirables *gorges de Carença*.

76 k. **Montlouis** *, 431 hab., place de guerre, à 1,600 m. d'alt. (*citadelle* construite par Vauban; devant l'église, *tombeau* du général Dagobert). — 79 k. *Col de la Perche* (1,577 m.). On domine la vaste plaine de la Cerdagne. — 88 k. *Saillagouse* *, 530 hab., à 1,309 m., sur la Sègre. — On franchit la Sègre. — 97 k. **Bourg-Madame** *, à 1,140 m., au confl. de la Sègre et de la Raur; douane française. — On passe le pont-frontière de la Raur. — 98 k. **Puigcerda** (*V.* les *Pyrénées*).

De Villefranche a Vernet-les-Bains (6 k. ⊛ et serv. de voit., en 50 min., 75 c.). — 3 k. *Corneilla-de-Conflent* (*église* romane, avec portail de marbre et retable en pierre, de 1345). — 6 k. **Vernet-les-Bains** *, station thermale, séjour d'été et station d'hiver, à 620 m., dans un cirque de verdure dominé par les contreforts du Canigou, possède des *thermes* (installation hydrothérapique très complète), de somptueux hôtels et un *casino* à l'entrée d'un beau parc. 12 sources sulfurées sodiques (8° à 66°). Sanatorium. Ascension du **Canigou** (2,785 m.) : ⊛ par la *forêt de Balatg*, jusqu'au (6 h.) plateau des *Cortalets* (2,200 m.), où l'on peut séjourner confortablement et coucher au chalet-hôtel du Club Alpin; du chalet au sommet, 2 h. 30.]

De Perpignan à Quillan, *V.* p. 214.

On passe sous un ancien *aqueduc* construit par un roi de Majorque. — Pont sur le Réart. — 71 k. *Corneilla*.

77 k. **Elne**, l'antique *Illiberri*,

puis *Helena*, ancien évêché, sur une éminence au milieu de la plaine. — *Cathédrale* du XIe s., en partie remaniée au XVe s.; *bénitier* en marbre blanc; *tombeau* du XIVe s.; porte du XIIIe s., conduisant au **cloître** (XIIe-XVe s.; sculptures, inscriptions antiques). — *Murailles* du XVe s. flanquées de tours.

[D'Elne à Arles-sur-Tech (35 k. 1 h. 10 à 1 h. 40; 3 fr. 90, 2 fr. 65, 1 fr. 70). — On remonte la vallée du Tech. — 16 k. *Le Boulou*, sur la grande route internationale du col de Perthus (*église* du XIe s., avec portail en marbre; grande industrie du liège; à 2 k., *Bains du Boulou* : eaux froides, bicarbonatées sodiques, ferrugineuses et gazeuses). — Le ch. de fer franchit le Tech sur un viaduc de 10 arches en amont du *pont de Céret* (XIVe s.), arche de 45 m., à 29 m. au-dessus de la riv. — 24 k. *Céret* *, 3,840 hab., sur les premières pentes des Albères (anc. remparts; à l'église, portail du XIVe s.; *fontaine* en marbre sculpté).

32 k. **Amélie-les-Bains** *, 1,340 hab., célèbre station thermale et climatique, sur la rive dr. du Tech, au confl. du Mondony, est dominé par un *fort* pittoresque (374 m. d'alt.), bâti sous Louis XIV. Les *eaux* thermales, sulfurées sodiques (20 sources de 31° à 63°), sont utilisées dans les *Thermes Pujade*, dont les terrasses dominent le Mondony à son débouché de gorges extraordinaires (une galerie permet de les visiter), et barrées pour un canal d'irrigation par le *mur* dit *d'Annibal* (cascade), et dans les *Thermes Romains* (auprès, ancienne église du XIIe s.), occupant l'emplacement des thermes antiques. L'*établissement militaire* peut recevoir 480 malades.

35 k. *Arles-sur-Tech*, 2,386 hab.; centre commercial du *Vallespir*, au confl. du Tech et du Riuferrer, a possédé une abbaye dont il reste l'*église* (XIIe s.; tour du XIVe; retable en bois doré du XVIIe s.; bustes du XVe s. contenant les reliques des Sts martyrs Abdon et Sennen, dont le tombeau en marbre, du Ve s., précède la porte romane de l'édifice) et le *cloître* (fin du XIIIe s.).

D'ARLES A LA PRESTE (30 k. serv. public, en 3 h. 40; 5 fr.). — Vallée du Tech. — 9 k. *Pont du Pas-du-Loup*, site pittoresque. — 15 k. *Le Tech*. — 22 k. *Prats-de-Mollo*, 2,525 hab., petite place de guerre (fortifications pittoresques) et station climatique d'avenir, dont l'*église* (tour romane, nef ogivale du XVIIe s.; retables sculptés et dorés) communique par un souterrain avec le *Fort-la-Garde*, bâti par Vauban. *Hospice* pour les soldats coloniaux convalescents. Mines de cuivre argentifère et carrières de marbre. — 30 k. *Bains de la Preste* *, à 1,130 m., sur une terrasse formant promontoire entre la gorge du Tech et celle de la Llabone; établissement utilisant des *eaux* thermales (45°) alcalines, sulfurées sodiques et silicatées.]

On franchit le Tech. — 80 k. *Palau-del-Vidre* (dans l'église, retable et chape brodée du XVIe s.).

86 k. *Argelès-sur-Mer*, 3,358 h., sur la Massane, à 2 k. de la mer (belle plage), et au pied des Albères. — *Église* (tableaux curieux sur bois et sur cuir; fonts baptismaux du XIIIe s.).

On se rapproche de la mer; tunnel de la *Croix-de-la-Force* (557 m.).

91 k. **Collioure** *, autour d'une baie semi-circulaire, port de pêche. — Vieux *château*, sur un rocher. — A l'entrée du port, pittoresque *tour* de l'église (*trésor* d'orfèvrerie religieuse). — Sur une colline du S.-E., *fort Saint-Elme*, qui commande Collioure et Port-Vendres. — Un môle relie au rivage un îlot rocheux avec une *chapelle* dédiée à St Vincent.

Tunnel de 840 m.

95 k. **Port-Vendres** *, port de

commerce, au fond d'une rade qui est une des meilleures de la Méditerranée (*obélisque* en marbre, de 26 m., élevé en l'honneur de Louis XVI). — Tunnel sous la crête qui porte le *fort Béar* (203 m.; phare) et projette à l'E. le *cap Béar*. — A g., *anse des Paulilles* (fabr. de dynamite). — 3 tunnels. — A g., dans l'*anse des Elmes*, sanatorium pour les enfants assistés de la ville de Paris.

100 k. **Banyuls-sur-Mer**, station balnéaire et hivernale sur une petite anse. — A l'église, Assomption par le sculpteur Oliva. — *Saint-Jean-d'Amont* (joli portail roman). — Monument commémoratif de la bataille du col de Banyuls en 1793. — 2 *établissements de bains de mer* au bord de l'*anse du Fontaulé*; auprès, station zoologique appelée *laboratoire Arago*.

Viaduc sur le torrent de Banyuls; 2 tunnels dont un de 1,222 m.

107 k. **Cerbère** ⓑⓗ, au fond d'une anse fermée au S. par le *cap Cerbère*, dernière localité française et grande gare internationale (douane française; buffet-hôtel avec bureau de change de monnaie). — On entre en Espagne par le tunnel des *Balistres*, long de 1,071 m. et percé sous le col du même nom (260 m.).

107 k. 5. Port-Bou.

ROUTE 48

DE PARIS A SCEAUX ET A LIMOURS

DE PARIS A SCEAUX

12 k. — 🚂 gare du Luxembourg à Paris, boulev. Saint-Michel, 69, et rue Gay-Lussac, 2. — Traj. en 32 min. — 1 fr. 35; 90 c.; 60 c.

Le ch. de fer, presque entièrement souterrain entre la *gare du Luxembourg* et l'ancienne gare de Sceaux, dessert (850 m.) la gare de *Port-Royal*, puis (1,750 m.) la *gare Denfert*.

2 k. 9. *Sceaux-Ceinture*, station près de laquelle on croise le ch. de fer de Ceinture.

3 k. 6. *Gentilly*, sur la Bièvre; au delà de la Bièvre, au-dessus des carrières de Gentilly, *hospice de Bicêtre* (3,000 vieillards ou aliénés). — 4 k. 5. *Laplace*, station à l'entrée du parc de l'ancienne *Ecole Albert-le-Grand* (chapelle funéraire renfermant les tombeaux des Dominicains massacrés sous la Commune, le 25 mai 1871; *statue du P. Captier*, par Bonnassieux; *statue du P. Didon*, par Denys Puech).

6 k. *Arcueil*, 8,425 hab.; deux *aqueducs* superposés portant au-dessus de la Bièvre, l'un (1613-1624) les eaux de la fontaine de Rungis, l'autre (1868-1872) les eaux de la Vanne; *église* du XIIe s.; beau parc de Mme de Provigny; à l'hôtel de ville, peintures de Paul Baudouin; dans la rue Emile-Raspail, nº 24, belle maison (ancien commun d'un château royal); *hospice Raspail*, avec musée et beau parc.

[A 3 k. O., *Châtillon*, 3,353 hab., sur

le penchant d'un plateau (belle vue), par (1,500 m.) *Bagneux* (*église* du XIIIe s.; *monument* commémoratif du siège de Paris).]

9 k. *Bourg-la-Reine* (*buste* de Condorcet, par Truphème). — La ligne de Sceaux et celle de Limours se séparent : à la première monte, à dr., vers

10 k. **Sceaux***, 4,541 hab., sur une colline. — Restes du *parc* de l'ancien château. — *Lycée Lakanal* (1885). — Près de l'*église* (Baptême du Christ, groupe en marbre par Tuby, 1681), tombeau de Florian, *bustes de Florian* et du poète provençal *Théodore Aubanel*.

11 k. *Fontenay-aux-Roses*, charmante localité renommée pour ses fraises et sa violette, est dominé par le *fort de Châtillon*. — Collège de *Sainte-Barbe-des-Champs*. — *Asile de vieillards* fondé par Mme Boucicaut. — *Buste de La Fontaine*.

12 k. *Sceaux-Robinson*. *Robinson* (beaux châtaigniers; restaurants) est un rendez-vous de plaisir, pendant l'été.

[A 2 k. O.-N.-O., *le Plessis-Piquet* (clocher roman; belles maisons de campagne). — A 20 min., *Aulnay* et jolie *vallée aux Loups* (*maison de Chateaubriand*). — A 2 k. S., *Châtenay*, patrie de Voltaire.]

DE PARIS A LIMOURS

41 k. — 🚂 1 h. 10 à 1 h. 42. — 4 fr. 60; 3 fr. 10; 2 fr.

Au delà de Bourg-la-Reine la ligne de Limours traverse un petit tunnel. — 11 k. *La Croix-de-Berny* (champ de courses). — 12 k. *Antony* (*église* des XIIe et XVe s.), où l'on franchit la Bièvre. — 15 k. *Massy-Verrières*. A 3 k. N.-O., v. et *bois* (charmants points de vue sur la vallée de la Bièvre; 5 batteries) *de Verrières*.

17 k. *Massy-Palaiseau-Grande-Ceinture*, où l'on croise le chemin de fer de Grande-Ceinture et le chemin de fer stratégique de Palaiseau à Valenton.

18 k. *Palaiseau*, 2,808 hab. (*église* des XIIe et XVe s.; en face, anc. bâtiment monastique du XIIIe s.; *statue de Joseph Barra*, par A. Lefeuvre, 1884; rue de Paris, n° 91, ancienne villa de Tronchet, défenseur de Louis XVI).

[Agréable route (et ch. de fer de Grande-Ceinture) remontant, au N.-O., la vallée de la Bièvre, par : (2 k.) le *château de Vilgenis*, ancienne propriété de Jérôme Napoléon; — (3 k. 5) *Igny* (clocher roman; *château* moderne); — (5 k. 5) *Bièvres* (grottes artificielles); — (8 k. 5) *Jouy-en-Josas* (dans l'église, *sculptures* de la Renaissance), — et (12 k.) *Buc* (*aqueduc* du XVIIe s., portant au-dessus de la Bièvre, pour le parc de Versailles, les eaux du plateau de Saclay). — Buc est à 3 k. S. de Versailles (*V.* le Réseau *Ouest*).]

On remonte l'Yvette. — 19 k. *Palaiseau-Villebon*. — 21 k. *Lozère*. — 23 k. *Le Guichet*. — Viaduc sur l'Yvette.

24 k. *Orsay* (à l'église, Ste Geneviève par Etex; *Temple de la Gloire*, élevé au général Moreau; beaux paysages). — 25 k. *Bures*.

28 k. *Gif* (anc. *abbaye*, appartenant à Mme Juliette Adam). — 30 k. *Courcelle*. — A g., *château de Vaugien*.

33 k. *Saint-Remy-lès-Chevreuse* (à l'église, fresques par le baron de Coubertin).

[Corresp. pour (3 k. O.) **Chevreuse***, 1,826 hab. (*église* du XIVe s.; restes du prieuré de *Saint-Saturnin*; maison à tourelle), dans la vallée de l'Yvette, dominée par les ruines imposantes d'un **château** (XIe et XIVe s.). — Au N.-O. de Saint-Remy, vallon de *Milon-la-Chapelle*, au fond duquel se trouvait l'abbaye de Port-Royal. — A 4 k. de Chevreuse (omnibus), **château de Dampierre** (ouvert le vendredi aux visiteurs munis d'une permission spéciale de la duchesse de Luynes), reconstruit par H. Mansart et richement décoré par le dernier duc de Luynes (œuvres d'art). — A 6 k. 6 de Dampierre, vallée des *Vaux-de-Cernay*, où s'élèvent, dans un parc, les ruines (XIIe et XIIIe s.), en partie restaurées, d'une **abbaye** (il n'est pas permis de les visiter; mais on voit bien du dehors ce qui mérite d'être vu). — En remontant au N.-O. de Dampierre la vallée de l'Yvette, puis celle d'un de ses affluents, on arriverait en 1 h. à N.-D. de la Roche, et en 1 h. 40 à la station de la Verrière.]

On quitte l'Yvette pour monter sur un plateau.

37 k. *Boullay-les-Troux.*

41 k. **Limours** *, 1,362 hab. (*église* du XVIe s., *vitraux*).

[A 4 k. S.-E., *Forges-les-Bains* * (dans l'église, tableau de C. Van Loo), où la ville de Paris a établi un hôpital d'enfants scrofuleux.]

CAOUTCHOUC DE VOYAGE HYGIÈNE — CHIRURGIE

Maison Charbonnier
J. VECRIGNER, Succr
376, rue Saint-Honoré, 376

Caoutchouc manufacturé anglais, français et américain. Chaussures américaines et gants, bottes de marais.

Vêtements imperméables, toile-caoutchouc. Tubs anglais ou bains portatifs, cuvettes pliantes, sacs à eau chaude, coussins et matelas à air et à eau pour malades et pour voyages. Urinaux. Bidets et bassins, etc. Atelier de réparation.

TÉLÉPHONE 241-67

CHOCOLAT

Chocolat **Menier**. (V. p. 147).

DENTIFRICE

Docteur Pierre. (Voir p. 49).

EXERCISEUR

APPAREIL EXERCISEUR MICHELIN. Dames, 8 fr.; hommes, 9 fr.; athlètes, 10 fr.; hercules, 12 fr. (Voir p. 148).

GLACIÈRE

Glacière Portative

J. Schaller, *332, r. Saint-Honoré,* **Paris.** (Voir p. 50).

HOTELS

Grand Hôtel de l'Amirauté, *5, rue Daunou* (rue de la Paix). Grands et petits appartements. Chambres depuis 4 fr. Pension, 12 fr. Cuisine et cave recommandées. TÉLÉPHONE 231-86.

HOTELS (*suite*)

Grand Hôtel de l'Athénée
15, rue Scribe, Paris

Grand Hôtel des Capucines, *37, boulevard des Capucines.* Maison recommandée. Sans succursale. Table d'hôte. Excellente cuisine. Bains. Ascenseur. Eclairage électrique. TÉLÉPHONE 250-52.
Mme E. Chabanette, propriétaire

Hôtel du Chariot d'Or

39, rue de Turbigo, près du boulevard de Sébastopol. Entièrement transformé. Confort moderne. Chambres depuis 3 fr. Table d'hôte. Restaurant. Ascenseur. Lumière électrique. TÉLÉPHONE 264-84.
L. Percepied, propriétaire

Hôtel Chatham

17 et 19, rue Daunou, Paris

Hôtel de la Chaussée d'Antin *35, rue de la Chaussée-d'Antin,* Paris. **Vve Caux,** propriétaire.

Hôtel de la Cité Bergère

4, cité Bergère, 4 (Gds boulevards). Chambres, 3 fr. à 8 fr., tout compris. Lumière électrique et téléphone dans les chambres. Bains. Table d'hôte. On parle anglais, allemand, espagnol. TÉLÉPHONE 217-34.

Même Maison : **Hôtel de Belgique et Hollande,** *7, rue Trévise.* Chauffage central. TÉLÉPHONE 255.89.

Hôtel Corneille, *5, rue Corneille.* Chambres de 3 à 6 fr. Restaurant. Lumière électrique. Bains. Douches. Calorifère. TÉLÉPHONE 810-80.
Agréé par le T. C. F.

COSMOPOLITE HOTEL

62, rue de l'Arcade, face gare St-Lazare. Chambres très confortables depuis 3 fr. Electricité, bains. TÉLÉPHONE 290.44.

Hôtel du Danube (*suite*)
58, rue Jacob. Maison de famille, près les Tuileries et la gare d'Orsay. Lumière électrique. TÉLÉPHONE 733.71. Teissèdre, propriétaire.

Grand Hôtel des Etrangers, 148, *Fg St-Martin.* Gares Est-Nord.

Hôtel Fénelon, *11, rue Férou* (près de Saint-Sulpice). Chambres de 2 à 5 fr.; au mois de 25 à 80 fr. Repas, 2 fr. 25. Pension, 115 fr.

Grand Hôtel Louvois, *place Louvois*, situé sur un beau square, au centre de Paris. Appartements et chambres seules. Restaurant et table d'hôte. Ascenseur. Bains. Lumière électrique. TÉLÉPHONE 260-04.
L. Dhuit, propriétaire

GRAND HOTEL DE NORMANDIE
4, rue d'Amsterdam, Paris
En face la gare St-Lazare
(V. à la fin des *Adresses Utiles*, p. 7).

Hôtel d'Oxford et de Cambridge, *13, rue d'Alger*, près des Tuileries. Pension et service à la carte. Table d'hôte. Maison de famille, recommandée pour son confortable et ses prix modérés. *Salle de bains. Lumière électrique.* TÉLÉPHONE 217-26. Tarif franco sur demande.

Grand Hôtel de Rochefort, Restaurant à la carte, *6, rue Dupuytren*, près de l'Ecole de médecine et boulevard Saint-Germain. Chambres depuis 1 fr. 50 par jour et 20 fr. par mois. Recommandé.

HOTELS

Hôtel de Seine, *52, rue de Seine* (boulevard Saint-Germain), Paris. Appartements et chambres confortables. Table d'hôte. Service à volonté. Prix modérés.
Bonhomme, propriétaire

GRAND HOTEL SLAVE (*suite*)
16, rue Baudin (9e). Centre des affaires. Table d'hôte et pens., prix modérés. Salle de bains. TÉLÉPHONE 263-90.

THE AVENUE
Private apartments
157, rue de la Pompe, Paris
(avenue du Bois-de-Boulogne).
Appartements meublés avec ou sans pension. Confort moderne. Service très soigné. Clientèle anglaise et américaine. — Télégraphe : *Morbar.* TÉLÉPHONE 684-83

Hôtel Vignon, *23, rue Vignon* (gare Saint-Lazare, Madeleine). Chambres depuis 3 fr. 50. Pension depuis 8 fr. Installation moderne.
TÉLÉPHONE 311-10

INSTITUTIONS

INSTITUTION J.-B. DUMAS
Rue Oudinot, 23.
Directeur : A. SOLDÉ,
Ingénieur des arts et Manufactures
Préparation à l'Ecole Centrale des Arts et Manufactures, à l'Institut agronomique et aux écoles d'agriculture; à l'école de cavalerie de Saumur, aux baccalauréats.
INTERNAT, DEMI-PENSION ET EXTERNAT
Nombre limité de pensionnaires (en chambre)
JARDIN

Institut Rudy, *58, avenue d'Antin*, Paris. 47e année. Cours et leçons. Langues, Lettres, Sciences, Musique, Chant, Peinture, Danse, Escrime, etc. 150 professeurs.

INSTITUTION
NOTRE-DAME-DE-SAINTE-CROIX
30, Av. du Roule, Neuilly, Paris
Près la Porte Maillot et le Bois de Boulogne
Internat, demi-pension, externat.
ENSEIGNEMENT COMPLET
Depuis les classes enfantines jusqu'au baccalauréat. — Cours spacieuses, ombragées
Abbé LITTER, DIRECTEUR

INSTITUTIONS

Institution A. Ruelle (✠ C.-A.), 62, *avenue de Neuilly* (Neuilly-sur-Seine). — Baccalauréats. — Pension, demi-pension. — Externat. — **Vie de famille. — Récréations au Bois de Boulogne.**

SURESNES. Inst. Maniette (*s.*). Etudes complètes. Larg. confort. *Boarding school for young gentlemen.*

LANTERNES D'AUTOMOBILES

DENICH (A.), *144, rue Saint-Maur*, Paris. (Voir p. 50.)

MAISONS DE SANTÉ
ÉTABLISSEMENTS MÉDICAUX
HYDROTHÉRAPIQUES
ET GYMNASTIQUES

ÉTABLISSEMENT
HYDROTHÉRAPIQUE
d'Auteuil

12, rue Boileau, Paris (16e).

Dr OBERTHUR, Directeur

Maladies nerveuses, maladies de l'estomac ou des intestins. Convalescences. Maladies des femmes.

CURES DE RÉGIME — ÉLECTRICITÉ
MASSAGE — MÉCANOTHÉRAPIE
BAINS LUMINEUX — HYDROTHÉRAPIE

Luxe et confort modernes.

ÉTABLISSEMENT KELLER
MAISON DE SANTE

Hydrothéraphie, Électrothérapie
127, FAUB. ST-HONORÉ. TÉLÉPHONE 572-67
Dr **Taguet**, ancien interne des hôpitaux de Paris, et Dr **J. Keller**, Directeurs.

TRAITEMENT des MALADIES NERVEUSES et DIGESTIVES

Entièrement restauré à neuf avec tout le confort moderne. — Situation au centre de Paris, près des Champs-Élysées.

PENSIONNAIRES ET EXTERNES
Ni aliénés ni contagieux.

Institut Physicothérapique, Paris

25, *rue des Mathurins*, no sign

ÉTABLISSEMENT MÉDICAL
Le plus complet du monde

Traitement des maladies chroniques et dites incurables à l'aide des agents les plus puissants de la physique moderne. — **Electricité.** *Static, high Freqency, électric light bath.* **Hydropathy.** *Electric water bath, carbonic acide bath.* Radiant heat, Massage, exercise, X rays, Radium, **Mécanothérapy** — Vibrothérapy. — *Docteur Speaks english.*

Institut ZANDER

21, RUE D'ARTOIS — *PARIS* (*VIIIe*)
MÉCANOTHÉRAPIE. — MASSAGE
Dr **KRUGER**, Dir. — TÉLÉPHONE 590-78.

Maison d'Hydrothérapie & de Convalescence

6, boulevard du Château, 6
NEUILLY-sur-SEINE

Dirigée par les **Docteurs A. DEVAUX** *et* **L. BOUR** (*Anc. Dr Accolas*).

AFFECTIONS NERVEUSES. — CHRONIQUES. — RÉGIMES. — CURES DE REPOS ET D'ISOLEMENT. — MORPHINOMANIE. — HYDROTHÉRAPIE. — ÉLECTROTHÉRAPIE. — INSTALLATION LUXUEUSE. — GRAND PARC.
TÉLÉPHONE 512.84

MAISONS DE SANTÉ, ETC. (*suite*)

MAISON DE SANTÉ DES CHAMPS-ÉLYSÉES

11 ter, rue Montaigne, Paris

Dr F. BISSERIÉ, Dir. Tél. 516-89

Hydrothérapie — Electrothérapie — Photothérapie — Radiothérapie — Médecine — Chirurgie.

Chambres confortables pour l'hospitalisation des malades.

Infirmières — Religieuses.

MAISON VELPEAU

Direct.-Fondat. : Dr CH. BONNET

7, r. de la Chaise (Square Bon Marché)

Ancien Hôtel du Prince Borghèse

CHIRURGIE-MÉDECINE

Établissement le plus luxueux et le plus central de Paris. Vaste parc.

TÉLÉPHONE 719-16 et 734-21.

ÉTABLISSEMENT d'HYDROTHÉRAPIE MÉDICALE de BOULOGNE

SANATORIUM

Pour les maladies du système nerveux et la morphinomanie

ROUTE de VERSAILLES, 145

(BOULOGNE-SUR-SEINE)

TÉLÉPHONE 694-41

Médecins directeurs : Dr **Paul SOLLIER** (I). Ancien Interne des Hôpitaux et des Hospices de Bicêtre et de la Salpêtrière. — Ex-chef de Clinique-Adjoint des Maladies Mentales à la Faculté. — Dr **Alice SOLLIER** (Mme). — Médecin adjoint : Dr **Paul DUHEM**.

Etablissement scientifique construit sur des plans nouveaux et installé suivant les derniers perfectionnements, au point de vue de l'hygiène, du confort et du luxe. GRAND PARC.

Renseignements tous les jours à Boulogne.

Consultations à Paris, *14, rue Clément-Marot* : mardi, vendredi, de 4 heures à 6 heures.

MAISONS DE SANTÉ, ETC. (*suite*)

VILLA MOLIÈRE

Maisons Médico-Chirurgicales d'Auteuil

61, 63, 65, boulevard de Montmorency

Paris (XVIe)

Médecine, Chirurgie, Accouchements, Convalescence, Hydrothérapie. *Ni contagieux, ni aliénés.*

TÉLÉPHONE 696-52.

MÉDECINS SPÉCIALISTES

Traitement et Guérison des Rétrécissements et des maladies des voies urinaires. Le docteur J.-A. FORT, professeur libre d'Anatomie à la Faculté de Médecine de Paris, auteur de plusieurs ouvrages devenus classiques, guérit tous les **Rétrécissements** avec son **Electrolyseur**, récompensé à l'Exposition universelle.

Avec l'**Electrolyse linéaire**, pas de douleur, pas de séjour au lit, pas de sonde à demeure, pas d'accidents et de périlleuses complications. Guérison des rétrécissements de l'urèthre en 24 heures. Traitement des rétrécissements de l'œsophage par le même procédé. S'adresser au docteur FORT, 25, rue Caumartin, Paris.

Dr **PHILIPPEAU**, 8 *bis*, rue de Châteaudun, Paris. — Accouchements. — Maladies des femmes. De 1 h. à 3 h. sauf mardi et vendredi. — Clinique : 5, *rue Blondel*, de 4 à 6 heures.

VILLA KATHERINE

14, passage Doisy

Me *POKITONOFF*, Dr.

Laboratoire pour les soins de la peau.

OBJETS D'ART

A. **Herzog**, objets d'art, *41, rue de Châteaudun*. Annexe, 40, *rue de Châteaudun*.

*Montélimar.
* Montereau.
* Montluçon.
* Montpellier.
Montreuil-sur-Mer.
Montrichard.
Moret-s.-Loing.
Morez-du-Jura.
* Morlaix.
* Moulins.
* Nancy.
* Nantes.
Nantua.
* Narbonne.
* Nemours.
* Nevers.
* Nice.
* Nîmes.
* Niort.
* Nogent-le-Rotrou.
* Noyon.
Nuits - Saint - Georges.
*Oloron-Sainte-Marie.
* Orléans.
*Orthez.
*Oyonnax.
* Pamiers.
Parthenay.
* Pau.
* Périgueux.
Péronne.
* Perpignan.
Pertuis.
* Pézenas.
Pithiviers.
* Poitiers.
Pons.
*Pont-à-Mousson
*Pont-Audemer.
Pont-de-Beauvoisin.
Pontivy.
Pont-l'Évêque.
* Pontoise
* Provins.
* Puy (Le).
Quesnoy (Le).
* Quimper.
Redon.
* Reims.
Remiremont.
* Rennes.
Rethel.
Revel.
Rive-de-Gier.
* Roanne.
*Rochefort-sur-Mer.
* Rochelle (La).
*Roche-s.-Yon(La)
* Rodez.
Romans.
* Romilly-sur-Seine.
Romorantin.
* Roubaix.
* Rouen.
* Royan.
* Rueil.
Ruffec.
Saint-Affrique.
*Saint-Amand.
* Saint-Brieuc.
*Saint-Chamond
* Saint-Claude.
Saint-Cloud.
* Saint-Dié.
*Saint-Dizier.
* Saint-Etienne.
Sainte-Foy-la-Grande.
* Saintes.
* Saint-Gaudens.
* Saint-Germain-en-Laye.
Saint-Girons.
* Saint-Jean-d'Angély.
* St-Jean-de-Luz
* Saint-Lô.
Saint-Loup-sur-Semouse.
* Saint-Malo.
* Saint-Nazaire.
* Saint-Omer.
* Saint-Quentin.
Saint-Remy-de-Provence.
Saint-Servan.
Salins-du-Jura.
Salon.
Sancoins.
Sarlat.
* Saumur.
* Sedan.
Semur.
* Senlis.
Senones.
* Sens.
Sèvres.
* Soissons.
* Tarare.
* Tarascon.
* Tarbes.
Terrasson.
* Thiers.
Thizy.
Thonon-les-Bains
*Thouars.
Tonnerre.
* Toul.
* Toulon.
* Toulouse.
Tourcoing.
*Tournus.
* Tours.
* Troyes.
Tulle.
Tullins.
Uzès.
* Valence.
Valence-d'Agen.
* Valenciennes.
Valognes.
Vals-les-Bains.
* Vannes.
* Vendôme.
Verneuil-s.-Avre
* Vernon.
* Versailles.
Vervins.
* Vesoul.
* Vichy.
* Vienne.
Vierzon.
Villedieu-les-Poëles.
* Villefranche-de-Rouergue.
* Villefranche-s.-Saône.
Villeneuve-sur-Lot.
Villeneuve-sur-Yonne.
* Villers-Cotterets.
Villeurbanne.
Vitré.
* Voiron.

Agences à l'Étranger :

Londres, Old Broad Street, 53, et **St-Sébastien** (Espagne), avenida de la Libertad, 37

La **Société** a, en outre, **83 Succursales, Agences** et **Bureaux** à Paris et dans la Banlieue, **161 Bureaux auxiliaires** rattachés aux agences, et des **Correspondants** sur toutes les places de France et de l'Etranger.

Correspondant en Belgique : Société Française de Banque et de Dépôts, Bruxelles, 70, Rue Royale ; — Anvers, 22, Place de Meir.

OPÉRATIONS de la SOCIÉTÉ GÉNÉRALE :

Dépôts de fonds à intérêts en compte ou à échéance fixe (taux des dépôts de 3 à 5 ans : 3 1/2 0/0, net d'impôt et de timbre) ; — **Ordres de Bourse** (France et Etranger) ; — **Souscriptions sans frais** ; — **Vente aux guichets de valeurs livrées immédiatement** (obligations de chemins de fer, obligations et Bons à lots etc.) ; — **Escompte et Encaissement de coupons français et étrangers** ; — **Mise en règle de titres** ; — **Avances sur titres** ; — **Escompte et Encaissement d'effets de commerce** ; — **Garde de titres** ; — **Garantie contre le remboursement au pair** et les risques de non-vérification des tirages ; — **Virements et chèques sur la France et l'Etranger** ; — **Lettres de crédit et Billets de crédit circulaires** ; — **Change de monnaies étrangères** ; — **Assurances** (vie, incendie, accidents), etc.

Service de coffres-forts et de compartiments de coffres-forts au Siège social, dans les succursales, dans plusieurs bureaux et dans un très grand nombre d'agences, **depuis 5 fr. par mois** ; tarif décroissant en proportion de la durée et de la dimension. — (**Demander les notices spéciales** à tous les guichets de la **Société**.)

(*) Les agences marquées d'un astérisque sont pourvues d'un service de coffres-forts.

LA DÉPÊCHE

Quotidien, 6, 8, 10 ou 12 pages. Quatorze éditions régionales spéciales : 5 cent. le Numéro. ABONNEMENTS : *France, Algérie et Tunisie* : 3 mois, 5 fr; 6 mois, 10 fr.; 1 an, 20 fr. Durée facultative, 6 cent. le N°. *Etranger* (Un. post.) : 9 fr.; 18 fr.; 36 fr. Républicain radical. **La Dépêche** est le journal le plus répandu de la région du Midi et du Sud-Ouest. — Tirage quotidien 225 000 exemplaires en moyenne. Fil télégraphique spécial. Correspondance particulière dans la plupart des grandes villes d'Europe : Londres, Madrid, Berlin, Barcelone, Bruxelles, Genève et toutes les villes de la région. *Dir.* MM. SANS et HUC. — **La Dépêche** publie chaque jour un arcticle politique et un article littéraire. Principaux collaborateurs : A. AULARD, J. JAURÈS, G. CLEMENCEAU, RANC, Edmond HARAUCOURT, E. LOCKROY, Camille PELLETAN, Henri BRISSON, RÉMO, Paul et Victor MARGUERITTE, J. RENÉ, E. CONTE, O UZANNE, G. GEFFROY, Jacques CLAIR, LEMASSON, L. MILLOT, B. MARCEL, J. CLAIR, PIERRE et PAUL, Remy DE GOURMONT. — *Administration et Rédaction* : **57, rue Bayard, Toulouse** ; Téléphone **133**. — *Bureaux à Paris* : **4, rue du Faubourg-Montmartre** ; Téléphone : **134-02**.

CHEMINS DE FER
PARIS-LYON-MÉDITERRANÉE

FÊTES DE NICE

' ccasion : 1° *des Fêtes de Noël et du Jour de l'an*; 2° *des Courses de Nice;* ° *du Carnaval de Nice; des Régates internationales de Cannes et de Nice et des vacances de Pâques;* des

BILLETS D'ALLER ET RETOUR DE 1re ET 2e CLASSES

sont délivrés pour **Cannes, Nice, Menton**, par les gares désignées ci-après ; **Paris, Belfort, Vesoul, Besançon, Gray, Nevers, Is-sur-Tille, Dijon, Genève, Clermont-Ferrand, Saint-Etienne, Lyon (Perrache et Brotteaux), Grenoble, Valence, Avignon, Cette, Nîmes.**

Les dates d'émission de ces billets sont annoncées au public par des affiches, quelques jours à l'avance.

La *validité* desdits billets est de 20 *jours*, y compris le jour du départ, avec faculté de prolongation de deux périodes de 10 jours, moyennant payement, pour chaque période, d'un supplément égal de 10 0/0 du prix du billet.

Les voyageurs peuvent s'arrêter, tant à l'aller qu'au retour, à deux gares de leur choix, à condition de faire viser leur billet dès l'arrivée à la gare d'arrêt.

Billets d'aller et retour collectifs (*de Famille*)

DE

STATIONS HIVERNALES

pour Nice, Cannes, Menton, Hyères, Saint-Raphaël, etc.

Délivrés dans toutes les gares du réseau P.-L.-M.

1° — Billets d'aller et retour collectifs de 1re 2e et 3e classes

VALABLES 33 JOURS

Délivrés du **15 Octobre** au **15 Mai** sous condition d'effectuer un minimum de parcours simple de 150 kilomètres, aux familles d'au moins trois personnes voyageant ensemble pour les stations hivernales suivantes : **Toulon, Hyères** et toutes les gares situées entre **Saint-Raphaël-Valescure, Grasse, Nice** et **Menton** inclusivement.

2° — Billets d'aller et retour collectifs de 2e et 3e classes

VALABLES JUSQU'AU 15 MAI

Délivrés du **1er Octobre** au **15 Novembre** aux familles composées d'au moins trois personnes voyageant ensemble pour **Toulon** et toutes les gares P.-L.-M. situées au delà. Le parcours simple doit être d'au moins 400 kilomètres.

Le coupon d'aller de ces billets n'est valable que du **1er Octobre** au **15 Novembre**.

Le prix des billets d'aller et retour collectifs indiqués ci-dessus s'obtient en ajoutant au prix de quatre billets simples ordinaires (pour les deux premières personnes), le prix d'un billet simple pour la troisième personne, la moitié de ce prix pour la quatrième et chacune des suivantes. — Arrêts facultatifs. — Faire la demande de billets 4 jours au moins à l'avance, à la gare de départ.

Bains de Mer de la Méditerranée

BILLETS D'ALLER ET RETOUR

à prix très réduits

individuels ou collectifs de famille

DÉLIVRÉS DANS TOUTES LES GARES DU RÉSEAU P.-L.-M.

du 15 Mai au 1er Octobre

Validité : 33 jours, avec faculté de prolongation (1).

1° Billets d'Aller et Retour individuels de Bains de Mer de 1re, 2e et 3e classes

Ces billets sont délivrés pour les stations balnéaires désignées ci-après :

Agay, Aigues-Mortes, Antibes, Bandol, Beaulieu, Cannes, Cassis, Cette, Golfe-Juan-Vallauris, Hyères, Juan-les-Pins, La Ciotat, La Seyne-Tamaris-sur-Mer, Menton, Monaco, Monte-Carlo, Montpellier, Nice, Ollioules-Sanary, Palavas, Saint-Cyr-La Cadière, Saint-Raphaël-Valescure, Toulon et Villefranche-sur-Mer.

Minimum de parcours simple : 150 kilomètres.

Prix : Le prix des billets est calculé d'après la distance totale, aller et retour, résultant de l'itinéraire choisi et d'après un barème faisant ressortir des réductions importantes.

2° Billets d'Aller et Retour Collectifs de Bains de Mer de 1re, 2e et 3e classes pour Familles

Ces billets sont délivrés aux familles d'au moins deux personnes, voyageant ensemble, pour les stations balnéaires désignées ci-dessus.

Minimum de parcours simple : 150 kilomètres.

Le prix s'obtient en ajoutant au prix de deux billets simples au tarif général (pour la première personne), le prix d'un billet simple pour la deuxième personne, la moitié de ce prix pour la troisième et chacune des suivantes.

Nota. — Les titulaires de billets de Bains de mer **collectifs** peuvent obtenir, conjointement avec ces billets ou sur la présentation de ceux-ci, **des cartes d'abonnement d'un mois avec 50 0/0 de réduction sur le prix des abonnements ordinaires pour un parcours d'au plus 100 kilomètres** comprenant la plage désignée sur le billet de bains de mer. Ces cartes d'abonnement peuvent être prises isolément par chacune des personnes nommément *désignées* sur le billet d'aller et retour collectif.

Arrêts Facultatifs

Faire la demande de billets (individuels ou collectifs) quatre jours au moins avant le départ à la gare où le voyage doit être commencé.

(1) La durée de validité peut être prolongée une ou plusieurs fois de 15 jours moyennant le paiement, pour chaque prolongation, d'un supplément égal à 10 0/0 du prix du billet.

CHEMINS DE FER PARIS-LYON-MÉDITERRANÉE (Suite)

VILLES D'EAUX

DESSERVIES PAR LE RÉSEAU P.-L.-M.

1° Billets d'aller et retour collectifs de 1re, 2e et 3e classes
Valables 33 jours, avec faculté de prolongation

Il est délivré, du **1er mai au 15 octobre**, dans toutes les **gares** du **réseau P.-L.-M.**, sous condition d'effectuer un parcours simple minimum de 150 kilomètres, aux familles d'au moins trois personnes voyageant ensemble, des billets d'aller et retour collectifs de 1re, 2e et 3e classes, pour les stations thermales du réseau et notamment pour : **Aix-les-Bains, Clermont-Ferrand (Royat), Vichy, Evian-les-Bains**, etc.

Le prix des billets s'obtient en ajoutant au prix de quatre billets simples ordinaires (pour les deux premières personnes) le prix d'un billet simple pour la troisième personne, la moitié de ce prix pour la quatrième et chacune des suivantes.

2° Billets d'aller et retour individuels de 1re, 2e et 3e classes
Valables **10** jours, avec faculté de prolongation

Il est délivré, du 1er mai au 31 octobre, dans toutes les gares du réseau, des billets d'aller et retour de 1re, 2e et 3e classes comportant une réduction de 25 0/0 en 1re classe, et de 20 0/0 en 2e et 3e classes, pour les stations dénommées ci-dessus.

Arrêts facultatifs

Faire la demande de billets (collectifs ou individuels), quatre jours au moins à l'avance, à la gare où le voyage doit être commencé.

Billets de Vacances à prix réduits

Il est délivré, aux familles d'au moins trois personnes, des billets d'aller et retour collectifs de vacances de 1re 2e et 3e classes, de toutes gares P.-L.-M. à toutes gares P.-L.-M., sous condition d'effectuer un parcours simple minimum de 300 kilomètres ou de payer pour ce parcours :

1° Du vendredi qui précède la Fête des Rameaux, au Lundi de Pâques inclus.

Durée de validité : **33 jours** avec faculté de prolongation d'une ou plusieurs périodes de 15 jours, moyennant le paiement, pour chaque prolongation, d'un supplément de 10 0/0 de la valeur du billet collectif.

2° Du 15 juin au 15 septembre. Validité : jusqu'au 1er novembre.

Le prix s'obtient en ajoutant au prix de quatre billets simples (pour les deux premières personnes), le prix d'un billet simple pour la troisième personne, la moitié de ce prix pour la quatrième et chacune des suivantes.

Lorsqu'un billet de vacances ne comprend que trois voyageurs, ceux-ci sont tenus de voyager ensemble à l'aller et au retour; lorsqu'un billet de vacances comprend plus de trois voyageurs, trois d'entre eux au moins sont tenus de voyager ensemble à l'aller et au retour; les autres ont la faculté, quand la demande du billet collectif en fait mention, de voyager isolément dans des conditions déterminées.

Les voyageurs ont la faculté de s'arrêter sur le réseau P.-L.-M. à toutes les gares de l'itinéraire.

Faire la demande de billets, quatre jours au moins à l'avance, à la gare de départ.

CHEMIN DE FER D'ORLÉANS

Billets d'Aller et Retour Collectifs de Famille

EN 1re, 2e ET 3e CLASSES

A L'OCCASION DES VACANCES

délivrés de toute station du réseau située à 125 kilomètres au moins du point de destination choisi

1° **Vacances de Pâques**, de la veille des Rameaux inclus au Lundi de Pâques inclus, validité 33 jours sans prolongation, réduction variant de 20 à 50 0/0 suivant le nombre de personnes (il peut être délivré au chef de famille, qui a d'ailleurs la faculté de revenir seul à son point de départ, une carte d'identité lui permettant de voyager isolément à moitié prix pendant la durée de villégiature de la famille).

2° **Grandes Vacances**, à partir du 1er juillet avec validité sans supplément jusqu'au 1er novembre inclus; réduction des aller et retour ordinaires pour les 3 premières personnes, du 50 0/0 pour la 4e, et de 75 0/0 pour la 5e et les suivantes sans que toutefois la réduction par personne puisse excéder 50 0/0. (Le chef de famille bénéficie des avantages mentionnés ci-dessus).

En outre, les membres de la famille au-dessus de 3 personnes ont la faculté d'effectuer, **isolément** leur voyage d'aller et retour à la condition de se munir préalablement à la gare de départ d'un billet au tarif militaire.

BAINS DE MER ET EXCURSIONS

SUR LES PLAGES DE BRETAGNE

Billets d'aller et retour individuels délivrés de toute gare du réseau :

De la veille des Rameaux au 31 octobre, valables 33 jours avec faculté de prolongation, réduction pouvant s'élever suivant le rayon de délivrance à 40 0/0 en 1re classe, 35 0/0 en 2e classe et 30 0/0 en 3e classe.

Billets d'aller et retour collectifs de famille en 1re, 2e et 3e classes délivrés de toute station du réseau située à 125 kilomètres au moins du point de destination choisi.

1° Pour les stations balnéaires, du samedi veille des Rameaux inclus au 1er octobre inclus, validité deux mois avec faculté de prolongation ;

2° **Vacances de Pâques** ; } Voir ci-dessus,
3° **Grandes vacances**. } Chapitre spécial « Vacances ».

Billets spéciaux d'excursion aux plages de Bretagne à itinéraire tracé à l'avance permettant de visiter Le Croisic, Guérande, Saint-Nazaire, Savenay, Questembert, Ploërmel, Vannes, Auray, Pontivy, Quiberon, Le Palais (Belle-Ile en Mer), Lorient, Quimperlé, Rosporden, Concarneau, Quimper, Douarnenez, Pont-l'Abbé, Châteaulin, délivrés du 1er mai au 31 octobre, validité 30 jours avec faculté de prolongation.

Prix : **45** francs en 1re classe, **36** francs en 2e classe.

Le voyage peut être commencé à l'un quelconque des points situés sur le parcours.

Cartes de libre circulation individuelles et de famille au départ de toute gare de réseau, en 1re et en 2e classes, sur les lignes desservant les plages du Sud de la Bretagne délivrés de la veille des Rameaux au 31 octobre, et valables 33 jours avec faculté de prolongation

Réduction pour les familles variant de 10 à 50 0/0 selon le nombre de personnes.

PYRÉNÉES ET GOLFE DE GASCOGNE

Billets d'aller et retour individuels pour les stations thermales et balnéaires délivrés toute l'année de toutes les gares du réseau, valables 33 jours avec faculté de prolongation et comportant une réduction de 25 0/0 en 1re classe et de 20 0/0 en 2e et 3e classes.

Billets d'aller et retour de famille pour les stations thermales et balnéaires, délivrés toute l'année de toutes les stations du réseau, réduction de 20 à 40 0/0 suivant le nombre de personnes, validité 33 jours avec faculté de prolongation.

Billets d'excursion délivrés toute l'année au départ de Paris avec **3 itinéraires** différents, *via* Bordeaux ou Toulouse, permettant de visiter Bordeaux, Arcachon, Dax, Bayonne, Pau, Lourdes, Luchon, etc., validité 30 jours avec faculté de prolongation ; prix : 2e itinéraire : 1re classe, **163** fr. **50** ; 2e classe, **122** fr. **50**. Prix : 1er et 3e itinéraires : 1re classe, **164** fr. **50** ; 2e classe, **123** francs.

Cartes d'excursions individuelles et de famille dans le centre de la France et les Pyrénées, **divisés en 5 zones**, délivrées au départ de Paris et des principales gares du réseau du 15 juin au 15 septembre et donnant aux voyageurs le droit de circuler à leur gré dans la zone de libre circulation choisie par eux, validité un mois avec faculté de prolongation.

Pour les billets de famille, la réduction varie suivant le nombre des personnes de 10 à 50 0/0.

NOTA. — Pour plus amples renseignements consulter le *Livret Guide Officiel* de la Compagnie d'Orléans adressé *franco* contre l'envoi de 0 fr. 70 à l'Administration Centrale du chemin de fer d'Orléans, 1, place Valhubert, à Paris, bureau du Trafic-Voyageurs (Publicité).

CHEMINS DE FER DE L'ÉTAT

BILLETS DE BAINS DE MER

Valables 33 jours, non compris le jour du départ

Billets d'aller et retour, à validité prolongeable, délivrés du vendredi, avant-veille de la fête des Rameaux, au 31 octobre

1° — BILLETS DE BAINS DE MER

AU DÉPART DE PARIS

De **PARIS (Montparnasse)** ou de **PARIS (quai d'Orsay, pont St-Michel** ou **Austerlitz)** par toute voie État *viâ* Chartres et Saumur ou *viâ* Chartres et Chinon ou par Tours transit) aux gares ci-après et retour.	PRIX ALLER ET RETOUR — SECTION I sans faculté d'arrêt aux gares intermédiaires. 1re cl.	2e cl.	3e cl.	SECTION II — § 1. Faculté d'arrêt entre CHARTRES ou TOURS et la station balnéaire. 1re cl.	2e cl.	3e cl.
Royan	71 30	52 40	38 10	80 65	61 20	43 50
La Tremblade (Ronce-les-Bains)	74 25	54 20	39 »	83 30	63 30	44 55
Le Chapus	67 20	49 10	35 »	77 05	58 20	40 »
Le Chateau-Quai (île d'Oléron)	68 70	50 60	36 20	78 55	59 70	41 20
Marennes	66 25	48 35	34 50	76 10	57 50	39 45
Fouras	63 90	46 50	33 20	78 75	55 75	37 90
Chatelaillon	62 35	46 10	32 40	71 95	55 23	37 05
Angoulins-sur-Mer	61 80	45 70	32 15	71 35	54 75	36 70
La Rochelle (ville)	61 10	45 10	31 80	70 50	54 20	36 30
La Rochelle-Pallice (île de Ré)	61 95	45 75	32 20	71 50	54 95	36 80
L'Aiguillon-Port. *Via* Chantonnay-Transit	59 40	45 60	31 75	67 60	54 60	35 75
L'Aiguillon-Port. *Via* Luçon-Transit	61 35	45 93	32 25	70 40	55 05	36 65
La Tranche. *Via* Chantonnay-Transit	61 90	48 10	34 25	70 10	57 »	38 25
La Tranche. *Via* Luçon-Transit	63 85	48 45	34 75	72 90	58 45	39 15
Les Sables-d'Olonne	62 60	46 30	32 55	72 25	56 95	37 20
Saint-Hilaire-de-Riez (Sion)	64 30	46 10	32 40	74 20	56 70	37 05
Saint-Gilles-Croix-de-Vie (Sion)	64 55	46 55	32 70	74 50	57 30	37 25
De PARIS-MONTPARNASSE ou SAINT-LAZARE par Segré et Nantes-Etat transit, ou Angers St-Laud transit, et Nantes-Orléans transit, aux gares ci-après et retour.				§ 2. Faculté d'arrêt entre Sainte-Pazanne incl. et la station balnéaire.		
Challans (île de Noirmoutier, île d'Yeu, Saint-Jean-de-Monts)	63 35	44 65	31 35	71 35	50 65	35 35
Bourgneuf-en-Retz	58 50	42 90	30 10	66 50	48 90	34 40
Les Moutiers	58 50	43 30	30 40	66 50	48 30	34 40
La Bernerie	58 50	43 55	30 60	66 50	49 55	34 60
Pornic (île de Noirmoutier) (1)	58 80	44 30	31 15	66 80	50 30	35 15
Saint-Père-en-Retz (Saint-Brevin-l'Océan)	58 50	43 30	30 65	66 50	49 30	34 65
Paimbœuf (Saint-Brevin-l'Océan)	59 05	43 30	30 80	67 05	43 30	34 80

2° — BILLETS DE BAINS DE MER

AU DÉPART DES GARES AUTRES QUE PARIS, VALABLES 33 JOURS

non compris le jour du départ

Ces billets sont délivrés par toutes les gares, stations et haltes du réseau de l'Etat (**Paris excepté**), pour toutes les stations balnéaires désignées ci-dessus. Ils comportent les mêmes réductions de prix que les billets d'aller et retour ordinaires et donnent le droit de s'arrêter aux gares intermédiaires.

Dispositions spéciales au 1° et au 2°

Enfants. — Les enfants de 3 à 7 ans payent moitié du prix des billets de bains de mer.

Prolongation de la durée de validité. — La durée de validité peut être prolongée de 30 jours, moyennant un supplément égal à 10 0/0 du prix du billet. Cette prolongation peut être accordée deux fois au plus ; le supplément à payer pour chaque prolongation de 30 jours est de 10 0/0 du prix primitif.

3° — BILLETS DE BAINS DE MER

A VALIDITÉ RÉDUITE, SANS FACULTÉ DE PROLONGATION

A) **Billets de toutes classes valables pendant 5 jours, du vendredi de chaque semaine au mardi suivant, ou de l'avant-veille au surlendemain d'un jour férié.** — Leurs prix sont ceux des billets simples augmentés d'un dixième avec minimum de perception, par place, de 12 fr. en 1re classe, de 9 fr. en 2e classe et de 5 fr. en 3e classe.

B) **Billets de 2e et de 3e classes délivrés par toutes les gares du réseau de l'Etat situées au sud de la Loire, valables un jour seulement : le dimanche ou un jour férié.** — Leurs prix sont les deux tiers de ceux des billets de bains de mer de 33 jours, avec minimum de perception par place de 4 fr. en 2e classe et de 2 fr. 50 en 3e classe.

(*Pour les conditions d'utilisation des billets de bains de mer, voir les Tarifs G. V. nos 6 et 106.*)

(1) Un service régulier de bateaux à vapeur est organisé entre Pornic et Noirmoutier pendant la période du 1er juillet au 30 septembre.

ABONNEMENTS DE BAINS DE MER

Des cartes d'abonnement de Bains de mer valables un mois, trois mois ou six mois et comportant une réduction de 40 0/0 sur les prix des cartes ordinaires d'abonnement de même durée, sont délivrées chaque année, à partir du vendredi, avant-veille de la fête des Rameaux, jusqu'au 31 octobre pour les cartes d'un ou trois mois, et jusqu'au 31 juillet pour les cartes de six mois. Ces cartes ne sont délivrées qu'aux personnes qui prennent en même temps au moins trois billets ordinaires ou de bains de mer.

(*Pour les autres conditions, voir le Tarif spécial G. V. n° 3.*)

BILLETS D'ALLER ET RETOUR DE FAMILLE

POUR LES VACANCES

Valables 33 jours, non compris le jour du départ

Délivrés du vendredi, avant-veille de la fête des Rameaux, au lundi de Pâques inclus (sans prolongation), et du 1er juillet au 1er octobre, avec prolongation facultative, moyennant surtaxe, aux familles d'au moins trois personnes payant place entière et voyageant ensemble :

a) Au départ de PARIS, pour les gares, stations et haltes du réseau de l'État situées à 125 kilomètres au moins de Paris, ou réciproquement;

b) Au départ de toutes les gares, stations et haltes du réseau de l'Etat (Paris excepté), pour les gares, stations et haltes situées à 100 kilomètres au moins du point de départ.

Il peut être délivré à un ou plusieurs des voyageurs compris dans un billet collectif et en même temps que ce billet une carte d'identité sur la présentation de laquelle le titulaire sera admis à voyager isolément à moitié prix du tarif ordinaire des billets simples, pendant la durée de la villégiature de la famille, entre la gare de délivrance du billet collectif et le point de destination mentionné sur ce billet.

Enfants.— Les enfants de 3 à 7 ans payent la moitié du prix que paye un voyageur à place entière.

(*Pour les autres conditions, voir les Tarifs spéciaux G. V. nos 2* bis *et 9* bis.)

VOYAGE CIRCULAIRE AU LITTORAL DE L'OCÉAN

ENTRE BORDEAUX ET NANTES

Billets individuels et de famille

délivrés du vendredi, avant-veille de la fête des Rameaux, au 31 octobre

Valables 33 jours (non compris le jour de la délivrance)

avec faculté de prolongation de trois fois 20 jours moyennant un supplément de 10 0/0 pour chaque prolongation

PRIX :

1° **Billets individuels** : 1re classe, **60** fr. — 2e classe, **45** fr. — 3e classe, **30** fr.

2° **Billets de famille** : Prix ci-dessus réduits de **10** 0/0 pour une famille de 3 personnes, jusqu'à **25** 0/0 pour un nombre de 6 personnes ou plus.

Billets spéciaux de parcours complémentaires pour rejoindre ou quitter l'itinéraire du voyage d'excursion.

(*Pour les autres conditions, voir le Tarif spécial G. V. N° 5.*)

CARTES D'EXCURSION VALABLES 15 JOURS

Pendant la période du vendredi, avant-veille de la fête des Rameaux, au 31 octobre, il sera délivré, par toutes les gares, stations et haltes du réseau de l'Etat, des cartes d'excursion valables pendant 15 jours et comportant la libre circulation, savoir :

Cartes A. — Sur l'ensemble du réseau de l'Etat.

Cartes B. — Sur toutes les lignes du réseau de l'Etat situées au Sud de la Loire (y compris les gares de Nantes, Angers, La Possonnière, Saumur et Port-Boulet).

Ces cartes sont délivrées aux prix ci-après :

Cartes A (valables sur l'ensemble du réseau) : 1re classe, **135** fr.; 2e cl., **100** fr.; 3e cl., **75** fr.

Cartes B (valables sur le réseau sud seulement) : 1re classe, **100** fr.; 2e cl., **75** fr.; 3e cl., **50** fr.

Les demandes de cartes d'excursion pourront être adressées aux chefs de toutes les gares ou stations du réseau de l'Etat, ou au chef du contrôle de ce réseau (rue Saint-Lazare, n° 45, à Paris).

(*Pour les autres conditions, voir le Tarif spécial G. V. n° 5.*)

RELATIONS DIRECTES ENTRE PARIS ET VALPARAISO

Par **La Rochelle-Pallice** et la **Compagnie de navigation à vapeur du Pacifique**

Service tous les 15 jours

Train spécial (1re, 2e et 3e classes), entre Paris-Montparnasse et La Rochelle-Pallice

(Sans transbordement)

TRAJET DIRECT EN 9 HEURES

Départ de Paris le samedi à 10 h. 40 du soir — Arrivée à La Rochelle-Pallice (Bassin à flot) le lendemain à 7 h. 29 du matin

CHEMIN DE FER DU NORD

PARIS-NORD A LONDRES

Via Calais ou Boulogne

Cinq services rapides quotidiens dans chaque sens — Voie la plus rapide

SERVICES OFFICIELS DE LA POSTE

(*Via Calais*)

La gare de Paris-Nord, située au centre des affaires, est le point de départ de tous les grands express européens pour l'Angleterre, la Belgique, la Hollande, le Danemark, la Suède, la Norvège, l'Allemagne, la Russie, la Chine, le Japon, l'Autriche, l'Orient, la Suisse, l'Italie, la Côte d'Azur, l'Égypte, les Indes et l'Australie.

SERVICES RAPIDES

ENTRE PARIS, LA BELGIQUE, LA HOLLANDE, L'ALLEMAGNE, LA RUSSIE, LE DANEMARK LA SUÈDE ET LA NORVÈGE

			Trajet en
6	express dans chaque sens entre	Paris et Bruxelles	3 h 50
3	—	Paris et Amsterdam	8 30
5	—	Paris et Cologne	8 »
5	—	Paris et Francfort-sur-Mein	12 »
3	—	Paris et Hambourg	16 »
5	—	Paris et Berlin	18 »
2	—	Paris et St-Pétersbourg	51 »
	Par le Nord-express, bihebdomadaire		46 »
1	express dans chaque sens entre	Paris et Moscou	62 »
2	—	Paris et Copenhague	27 »
2	—	Paris et Stockholm	43 »
2	—	Paris et Christiania	49 »

SAISON DES BAINS DE MER

Billets à prix réduits

Pendant la saison, de la veille de la fête des Rameaux au 31 octobre, *toutes les gares du Chemin de fer du Nord* délivrent des billets de bains de mer de 1re, 2e et 3e classes, à destination des stations balnéaires suivantes : AULT-ONIVAL *via* Feuquières-Fressenneville), BERCK (station du Chemin de fer d'intérêt local), *via* Montreuil-sur-Mer ou *via* Rang-du-Fliers-Verton, BOULOGNE-VILLE ou TINTELLERIES (Le Portel), CALAIS-VILLE, CAYEUX (station du chemin de fer d'intérêt local), *via* Saint-Valery-sur-Somme, QUEND-FORT-MAHON, QUEND-PLAGE, FORT-MAHON-PLAGE. RANG-DU-FLIERS-VERTON (Plage de Merlimont), ROSENDAEL (Plage de Malo-les-Bains), CONCHIL-LE-TEMPLE (Fort-Mahon), DANNES-CAMIERS (plages Sainte-Cécile et Saint-Gabriel), DUNKERQUE (plages de Malo-les-Bains et Rosendael), ETAPLES. PARIS-PLAGE (station du chemin de fer électrique), *via* Etaples, EU (plages du Bourg-d'Ault et d'Onival), GRAVELINES (Petit-Fort-Philippe), GRYVELDE (Bray-Dunes), LE CROTOY (station du chemin de fer d'intérêt local), *via* Noyelles, LEFFRINCKOUCKE (MALO TERMINUS), LE TREPORT-MERS, LOON-PLAGE. MARQUISE-RINXENT (plage de Wissant), NOYELLES, SAINT-VALERY-SUR-SOMME, WIMILLE-WIMEREUX (plages de Wimereux, Audresselles et Ambleteuse), ZUYDCOOTE (Nord-Plage).

Il existe trois catégories de billets, savoir :

1° **Billets de saison** (1) de 1re, 2e et 3e classes, valables pendant 33 jours, non compris le jour de l'émission, avec facilité de prolongation pendant plusieurs périodes de 15 jours (2), sous condition d'effectuer un parcours minimum de 100 kilomètres aller et retour. Ces billets, créés pour les familles, sont *nominatifs* et *collectifs*. Il est accordé une *réduction de 50 0/0* à chaque membre de la famille en plus du troisième. Les billets dont il s'agit doivent être demandés au moins 4 jours à l'avance à la gare où le voyage doit être commencé.

2° **Billets hebdomadaires et carnets d'aller et retour** (1) de 1re, 2e et 3e classes. Les billets hebdomadaires sont valables pendant 5 jours, du vendredi au mardi et de l'avant-veille au surlendemain des fêtes légales. Ces billets et carnets sont individuels. Les prix varient selon la distance et présentent des *réductions de 25 à 40 0/0*. Les carnets contiennent 5 billets d'aller et retour et peuvent être utilisés à une date quelconque dans le délai de 33 jours, non compris le jour de distribution.

CHEMIN DE FER DU NORD *(Suite)*

3° **Billets d'excursions** (1) de 2e et 3e classes, les dimanches et jours de fêtes légales, valables pendant une journée. Ces billets sont individuels ou de famille. — Les prix réduits des billets individuels sont indiqués dans le tableau ci-dessous. — Pour les *familles* (ascendants et descendants), il est accordé une nouvelle réduction sur le prix des billets individuels d'excursion, allant de 5 à 25 0/0, selon que la famille se compose de 2, 3, 4, 5 personnes et plus.

Les billets de saison et les billets hebdomadaires sont valables dans les mêmes trains et aux mêmes conditions que les billets ordinaires du service intérieur.

Les billets d'excursion ne sont valables que dans des **trains spéciaux** *ou dans des* **trains du service ordinaire** *désignés à cet effet par la Compagnie.*

4° **Cartes d'abonnement** (1) de 1re, 2e et 3e classes, valables pendant 33 jours, et comportant une réduction de 20 0/0 sur le prix des abonnements ordinaires d'un mois. Ces cartes ne sont délivrées qu'à toute personne qui prend deux billets ordinaires au moins ou un billet de saison pour les membres de sa famille ou domestiques allant séjourner sous le même toit dans une station balnéaire désignée ci-dessous.

Les prix au départ de Paris, pour les trois catégories, sont les suivants :

Prix des billets (3) de saison, hebdomadaires et d'excursion

DE PARIS AUX STATIONS CI-DESSOUS	Billets de saison de famille valables pendant 33 jours — Prix pour 3 personnes			Prix pour chaque personne en plus			BILLETS HEBDOMADAIRES — Prix (**) par personne			BILLETS d'excursion — Prix ( ) par personne	
	1re cl.	2e cl.	3e cl.	1re cl.	2e cl.	3e cl.	1re cl.	2e cl.	3e cl.	2e cl.	3 cl.
Ault-Onival (*via Fouquières-Fressenneville*)	137 40	95 40	62 70	24 20	17 20	11 40	29 »	23 30	16 »	11 40	7 45
Berck	149 40	101 40	66 30	25 60	17 45	11 45	31 »	24 15	17 »	11 15	7 35
Boulogne (ville)	170 70	115 20	75 »	28 45	19 20	12 50	34 »	25 70	18 90	11 10	7 30
Calais (ville)	198 30	133 80	87 30	33 05	22 30	14 55	37 90	29 »	21 85	12 35	8 10
Cayeux	137 55	93 60	61 20	24 »	16 45	10 80	29 30	23 05	15 95	11 »	7 25
Conchil-le-Temple (Fort-Mahon)	140 40	94 80	61 80	23 40	15 80	10 30	28 80	22 50	15 75	9 75	6 35
Dannes-Camiers	157 20	106 20	69 30	26 20	17 70	11 55	31 70	24 40	17 50	10 50	6 85
Dunkerque	204 90	138 30	90 30	34 15	23 05	15 05	38 85	29 95	22 60	12 50	8 20
Enghien-les-Bains	»	»	»	»	»	»	2 »	1 45	» 95	»	»
Etaples	152 40	102 90	67 20	25 40	17 15	11 20	30 90	23 95	17 »	10 35	6 75
Eu	120 90	81 60	53 10	20 15	13 60	8 85	25 40	20 10	13 70	8 85	5 75
Fort-Mahon (plage)	141 30	96 60	64 20	24 15	16 70	11 30	29 50	23 35	16 65	10 80	7 75
Ghyvelde (Bray-Dunes)	213 »	143 70	93 60	35 50	23 95	15 60	39 95	31 15	23 40	12 50	8 20
Gravelines (Petit-Fort-Philippe)	204 90	138 30	90 30	34 15	23 05	15 05	38 85	29 95	22 60	12 50	8 20
Le Crotoy	131 25	89 10	58 20	22 60	15 40	10 10	27 90	21 95	15 15	10 25	6 75
Leffrinckoucke (Malo-Terminus)	209 10	141 »	92 10	34 85	23 50	15 35	39 40	30 55	23 05	12 50	8 20
Le Tréport-Mers	123 »	83 10	54 »	20 50	13 85	9 »	25 75	20 35	13 90	9 »	5 85
Loon-Plage	204 30	138 »	90 »	34 05	23 »	15 »	38 75	29 90	22 50	12 50	8 20
Marquise-Rinxent	182 10	123 »	80 10	30 35	20 50	13 85	35 60	26 80	20 05	11 75	7 70
Noyelles	126 90	85 80	55 80	21 15	14 30	9 30	26 45	20 85	14 35	9 15	5 95
Paris-Plage	156 »	105 90	70 20	26 60	18 15	12 20	32 10	24 95	18 »	11 35	7 75
Pierrefonds	66 »	44 40	29 10	11 »	7 40	4 85	15 40	11 50	7 60	»	»
Quend Fort-Mahon	137 70	93 »	60 60	22 95	15 50	10 10	28 30	22 15	15 45	9 60	6 25
Quend-Plage (5)	140 70	96 »	63 60	23 95	16 50	11 10	29 30	23 15	16 45	10 60	7 25
Rang-du-Fliers-Verton	145 20	98 10	63 90	24 20	16 35	10 65	29 60	23 05	16 20	10 05	6 55
Rosendaël (plage de Malo-les-Bains	207 60	140 10	91 50	34 60	23 35	15 25	39 20	30 35	22 90	12 50	8 20
Saint-Amand	159 90	108 »	70 50	26 65	18 »	11 75	32 20	24 65	17 75	»	»
Saint-Amand-Thermal	163 20	110 10	72 »	27 20	18 35	12 »	32 80	24 95	18 10	»	»
Saint-Valery-sur-Somme	131 10	88 50	57 60	21 85	14 75	9 60	27 15	21 85	14 75	9 30	6 05
Serqueux (Forges-les-Eaux)	98 70	66 60	43 [illegible]	16 45	11 10	7 25	21 50	16 70	11 25	»	»
Wimille-Wimereux	174 60	117 90	76 80	29 10	19 65	12 80	34 55	26 10	19 30	11 25	7 40
Zuydcoote (Nord-Plage)	211 80	142 80	93 »	35 30	23 80	15 50	39 80	30 95	23 25	12 50	8 20

(*) Sur les prix afférents au parcours de la Compagnie du Nord, une nouvelle réduction de 5 à 25 0/0 est faite sur les billets de famille, selon que la famille est composée de 2 à 5 personnes et au delà.

(**) Des carnets individuels, contenant 5 billets hebdomadaires d'aller et retour, peuvent être utilisés à une date quelconque dans le délai de 33 jours, non compris le jour de distribution.

(1) Ces billets sont personnels et ne peuvent être vendus, sous peine de poursuites judiciaires.

(2) Cette prolongation est faite, au retour, par les soins de la gare de départ, avant l'expiration de la première période moyennant le supplément de 10 0/0 du prix total du billet.

(3) Ces prix ne comprennent pas les 0 fr. 10 de timbre pour les sommes supérieures à 10 francs.

(4) Les billets à destination de Fort-Mahon-Plage et de Quend-Plage ne sont délivrés que du 11 juin au 5 octobre, période pendant laquelle fonctionne le tramway. Avant et après cette période, la distribution et la prolongation restent limitées à Quend-Fort-Mahon.

CHEMINS DE FER DU MIDI

Les voyageurs peuvent effectuer des voyages sur le réseau du Midi (notamment dans les Pyrénées et aux gorges du Tarn), au moyen d'une des combinaisons suivantes, comportant de notables réductions sur les prix ordinaires des places :

1° Billets d'aller et retour individuels et de famille, de toutes classes

A destination des stations thermales et balnéaires situées sur le réseau du Midi.

Durée (1) : 33 jours, non compris les jours de départ et d'arrivée.

2° Billets de voyages circulaires : Paris, centre de la France, Pyrénées, Provence et gorges du Tarn (de 1re et 2e classes)

Durée (1) : 20 jours pour les voyages intérieurs du Midi (G. V., 5) et 30 jours pour les voyages communs avec l'Orléans et le P.-L.-M. (G. V., 105). — En outre, il est délivré, sur les réseaux du Midi et d'Orléans, des billets spéciaux d'aller et retour à prix réduits, pour permettre aux voyageurs porteurs de billets de voyages circulaires de visiter des points situés en dehors du voyage circulaire : notamment Carcassonne.

3° Billets d'aller et retour de famille pour les vacances

Durée (1) : 33 jours, noncompris le jour du départ.

4° Cartes d'excursions dans le centre de la France et les Pyrénées
donnant droit à la libre circulation dans les zones à explorer

Ces cartes sont délivrées du 15 juin au 15 septembre, au départ de toutes les gares des réseaux du Midi et de l'Orléans.

Durée de valadité : un mois avec faculté de prolongation moyennant supplément.

Il existe 5 zones d'excursions sur lesquelles le voyageur a droit à la *libre circulation.*

Les prix varient suivant le point de départ et la zone choisie. — Des réductions allant de 10 0/0 pour la 2me personne jusqu'à 50 0/0 pour la 6e et les suivantes sont consenties à toute personne qui souscrit en même temps plusieurs cartes de même nature en faveur des membres de sa famille (2).

5° Billets spéciaux d'aller et retour, de toutes classes, pour Lourdes

Délivrés au départ de toutes les gares des réseaux de l'État, du Nord, de l'Ouest, de l'Est, de P.-L.-M., d'Orléans, et dans toutes les gares du Midi situées à plus de 150 kilomètres de Lourdes. — Durée de validité variable suivant la longueur du parcours : 4 à 12 jours, non compris le jour du départ. Réduction de 20 0/0 à 40 0/0 suivant la classe et la distance parcourue (3).

AVIS. — *Un* livret *indiquant en détail les conditions dans lesquelles peuvent être effectués les divers voyages d'excursion, de famille, etc. sera envoyé gratuitement à toute personne qui fera parvenir au service commercial de la Compagnie, boulevard Haussmann, 54, à Paris (IXe arr.), le montant de l'affranchissement du livret, soit 25 centimes.*

---

(1) Faculté de prolongation moyennant supplément de 10 p. 100.
(2) Consulter, pour les détails le Tarif commun G.V., no 106.
(3) Consulter pour les détails le tarif commun G. V., no 102.

CHEMINS DE FER DE L'EST

I. — RELATIONS DIRECTES DE LA COMPAGNIE DE L'EST

(SERVICES PERMANENTS)

a) Avec la Suisse, *via* Belfort-Bâle (trains rapides)
b) Avec l'Italie, *via* Belfort-Bâle et le Saint-Gothard (trains rapides);
c) Avec Mayence, Wiesbaden, Ems et Hombourg-les-Bains, *via* Metz-Sarrebruck (trains rapides);
d) Avec Francfort-sur-Mein, *via* Metz-Sarrebruck (trains rapides), et *via* Avricourt-Strasbourg (train d'Orient), en correspondance à Carlsruhe avec des trains express pour Francfort;
e) Avec Coblence et Ems, *via* Pagny-sur-Moselle-Metz-Trèves et *via* Longwy-Luxembourg-Trèves (trains rapides).
f) Avec l'Autriche-Hongrie, la Roumanie, la Serbie, la Bulgarie et la Turquie : 1° *via* Avricourt-Strasbourg (train d'Orient); 2° *via* Belfort-Bale, la Suisse orientale et l'Arlberg (trains rapides);
g) Avec Luxembourg, *via* Charleville, Longuyon, Longwy, Dippach (trains rapides).

II. — VOYAGES CIRCULAIRES ET EXCURSIONS A PRIX RÉDUITS

(SAISON D'ÉTÉ)

A. — EN FRANCE

1° Billets d'aller et retour de famille pour les stations thermales situées sur le réseau de l'Est et pour Givet (vallée de la Meuse). — 2° Billets d'aller et retour de famille de vacances pour toutes les stations du réseau de l'Est.

Voyages circulaires à prix réduits pour visiter les Vosges et Belfort avec arrêts facultatifs à toutes les stations du parcours

Billets individuels et billets collectifs valables 33 jours

1° De Paris à Paris; 2° de Laon à Laon; de Nancy à Nancy : *via* Blainville, Charmes et *via* Pagny sur-Meuse, Vaucouleurs.

Billets d'aller et retour individuels, valables 33 jours

Délivrés dans toutes les gares du réseau de l'Est conjointement avec les billets circulaires individuels et collectifs des Vosges au départ de Nancy.

B. — VOYAGES INTERNATIONAUX, à prix réduits, à itinéraires facultatifs

La Compagnie des chemins de fer de l'Est délivre toute l'année des Livrets internationaux à coupons combinables, à prix réduits, permettant aux voyageurs de composer à leur gré un voyage circulaire ou d'aller et retour à l'étranger, comprenant des parcours sur les grands réseaux français, sur les Chemins de fer algériens de l'Etat, algériens P.-L.-M., Ouest-Algérien, Bône-Guelma, sur les Chemins de fer départementaux de la Corse et sur certaines lignes maritimes des services par la Compagnie générale transatlantique, la Compagnie de navigation mixte (Cie Touache), la Société de transports maritimes à vapeur, la Compagnie des Messageries maritimes, la Compagnie marseillaise de navigation à vapeur Fraissinet, ainsi que sur la plupart des lignes des pays désignés ci-après : Allemagne, Autriche-Hongrie, Belgique, Bosnie-Herzégovine, Bulgarie, Danemark, Finlande, Italie, grand-duché de Luxembourg, Pays-Bas, Norvège, Roumanie, Serbie, Suède, Suisse et Turquie.

La réduction par rapport aux prix des billets simples atteint environ 20 0/0.

Les principales conditions d'émission de ces livrets sont les suivantes.

L'itinéraire doit emprunter à la fois des lignes françaises et étrangères et ramener le voyageur à son point de départ initial.

Le parcours tarifé ne peut être inférieur à 600 kilomètres; la durée de validité des livrets est de 60 jours lorsque le parcours ne dépasse pas 3000 kilomètres; 90 jours pour les parcours de 3001 à 5000 kilomètres, et 120 jours pour les parcours supérieurs à 5000 kilomètres.

Les livrets doivent être demandés à l'avance; il n'est pas concédé de franchise de bagages.

Les enfants âgés de 4 ans et moins sont transportés gratuitement, s'ils n'occupent pas une place distincte; au-dessus de 4 ans jusqu'à 10 ans, ils bénéficient d'une réduction de 50 0/0.

C. — VOYAGES CIRCULAIRES, à itinéraires fixes, NORD ET SUD DES ALPES

Via Saint-Gothard, Mont Cenis, Vintimille

Les voyageurs qui désirent se rendre en Italie peuvent se procurer, à Paris et dans toutes les gares du réseau de l'Est situées sur l'itinéraire, des billets circulaires à itinéraires fixes dits « **Au Nord et au Sud des Alpes** », qui permettent de faire des excursions variées en Italie dans des conditions économiques.

Les touristes ont le choix entre quatre excursions au **Nord des Alpes** (parcours en dehors de l'Italie) et un grand nombre d'excursions au **Sud des Alpes** (parcours italiens), qu'ils peuvent effectuer avec deux billets délivrés conjointement.

Durée de validité des billets circulaires : **60** jours

Nota. — Pour tous autres renseignements concernant les livrets à coupons combinables, consulter le Tarif International G. V. n° 205 déposé dans les gares, et, pour les billets circulaires à itinéraires fixes, le Livret des voyages circulaires et excursions de la Compagnie des chemins de fer de l'Est.

VOYAGES A

Afin de faciliter les voyages sur son réseau, la Compagnie des chemins de fer de l'Ouest met à la disposition du public, les billets à PRIX RÉDUITS, dont la nomenclature suit, comportant jusqu'à 50 0/0 de réduction sur les prix du tarif ordinaire :

1° *Billets Bains de Mer*

(De la veille de la fête des Rameaux au 31 octobre)

I. — Billets délivrés au départ de PARIS, valables selon la distance, 3, 4, 10 et 33 jours.

II. — Billets délivrés au départ de la PROVINCE, valables selon la distance, 3, 4, 10 et 33 jours.

III. — Billets délivrés au départ des réseaux du NORD, de l'EST, d'ORLEANS et de l'ETAT, pour les stations balnéaires du réseau de l'Ouest, valables 33 jours.

IV. — Billets de famille pour 4 personnes au moins délivrés au départ des gares du réseau de P.-L.-M. pour les stations balnéaires et thermales du réseau de l'Ouest, valables 33 jours.

2° *Billets de Voyages circulaires*

(1er mai au 31 octobre)

Billets valables UN MOIS
délivrés au départ de PARIS et de la PROVINCE.

ONZE ITINÉRAIRES différents permettent de visiter les points les plus intéressants de la Normandie, de la Bretagne et l'Ile de Jersey.

3° *Excursion au Mont-Saint-Michel*

(De la veille de la fête des Rameaux au 31 octobre)

Billets délivrés par toutes les gares du réseau, valables selon la distance, de 3 à 8 jours.

4° *Excursion au Havre*

(Juin à septembre)

Billets délivrés au départ de PARIS et de ROUEN (R. D.), donnant droit au trajet en bateau dans un sens entre ROUEN et le HAVRE.

5° *Excursion à l'Ile de Jersey*

Toute l'année, par GRANVILLE et SAINT-MALO. — Mai à octobre, par CARTERET. Billets délivrés au départ de PARIS et de certaines gares de la PROVINCE, valables UN mois.

6° *Voyage Circulaire en Bretagne*

Billets circulaires délivrés TOUTE L'ANNÉE avec billets d'aller et retour complémentaires à prix réduits, permettant de rejoindre l'itinéraire.

ITINÉRAIRE. — Rennes, Saint-Malo, Dinard-Saint-Enogat, Dinan, Saint-Brieuc, Guingamp, Lannion, Morlaix, Roscoff, Brest, Quimper, Douarnenez, Pont-l'Abbé, Concarneau, Lorient, Auray, Quiberon, Vannes, Savenay, Le Croisic, Guérande, Saint-Nazaire, Pont-Château, Redon, Rennes.

PRIX RÉDUITS

7° Excursions en Bretagne

Facilités accordées par cartes d'abonnement individuelles et de famille, valables pendant 33 jours.

ABONNEMENTS INDIVIDUELS

Il est délivré, de la veille de la fête des Rameaux au 31 octobre, des cartes d'abonnement spéciales permettant de partir d'une gare quelconque (grandes lignes) du réseau de l'Ouest pour une gare au choix des lignes désignées aux alinéas ci-dessous en s'arrêtant sur le parcours; de circuler ensuite, à son gré, pendant un mois, non seulement sur ces lignes, mais aussi sur tous leurs embranchements qui conduisent à la mer, et enfin, une fois l'excursion terminée, de revenir au point de départ avec les mêmes facilités d'arrêt qu'à l'aller.

Carte valable sur la côte nord de Bretagne : 1re classe, 100 fr.; 2e classe, 75 fr. — Parcours : Ligne de **Granville à Brest** (par **Folligny, Dol et Lamballe**) et les embranchements de cette ligne vers la mer.

Carte valable sur la côte sud de Bretagne : 1re classe, 100 fr.; 2e classe, 75 fr. — Parcours : Ligne du **Croisic** et de **Guérande** à **Châteaulin** et les embranchements de cette ligne vers la mer.

Carte valable sur les côtes nord et sud de Bretagne : 1re classe, 130 fr.; 2e classe, 95 fr. — Parcours : Lignes de **Granville** à **Brest** (par **Folligny, Dol et Lamballe**) et de **Brest** au **Croisic** et à **Guérande** et les embranchements de ces lignes vers la mer.

Carte valable sur les côtes nord et sud de Bretagne et lignes intérieures situées à l'ouest de celle de Saint-Malo à Redon : 1re classe, 150 fr.; 2e classe. 110 fr.— Parcours : Lignes de **Granville** à **Brest** (par **Folligny, Dol et Lamballe**) et de **Brest** au **Croisic** et à **Guérande** et les embranchements de ces lignes vers la mer, ainsi que les lignes de **Dol** à **Redon**, de **Messac** à **Ploërmel**, de **Lamballe** à **Rennes**, de **Dinan** à **Questembert**, de **Saint-Brieuc** à **Auray**, de **Loudéac** à **Carhaix**, de **Morlaix** et de **Guingamp** à **Rosporden**.

ABONNEMENTS DE FAMILLE

Toute personne qui souscrit, en même temps que l'abonnement qui lui est propre, un ou plusieurs autres abonnements de même nature en faveur des membres de sa famille ou domestiques habitant avec elle, bénéficie, pour ces cartes supplémentaires, de réductions variant entre 10 et 50 0/0, suivant le nombre de cartes délivrées.

8° Paris à Londres

Via ROUEN, DIEPPE et NEWAVEN, par la gare SAINT-LAZARE

Deux départs tous les jours et toute l'année, matin et soir (dimanches et fêtes compris)

Billets simples valables Sept jours			Billets d'aller et retour valables Un mois		
1re classe	2e classe	3e classe	1re classe	2e classe	3e classe
48 fr. 35	35 fr. »	23 fr. 25	82 fr. 75	58 fr. 75	41 fr. 50

Ces billets donnent le droit de s'arrêter, sans supplément de prix, à toutes les gares situées sur le parcours

Nota. — Les trains du service de jour entre Paris et Dieppe et vice versa comportent des voitures de 1re et de 2e classes à couloir avec W.-C. et Toilette ainsi qu'un wagon-restaurant; ceux du service de nuit comportent des voitures à couloir des trois classes avec W.-C. et Toilette.

La voiture de 1re classe à couloir des trains de nuit comporte des compartiments à couchettes (supplément 5 francs par place). Les couchettes peuvent être retenues à l'avance aux gares de Paris et de Dieppe moyennant une surtaxe de 1 francs par couchette.

Pour plus de renseignements, demander le bulletin spécial du service de Paris à Londres, que la Compagnie de l'Ouest envoie franco à domicile sur demande affranchie adressée au Service de la Publicité, 20, rue de Rome, à Paris.

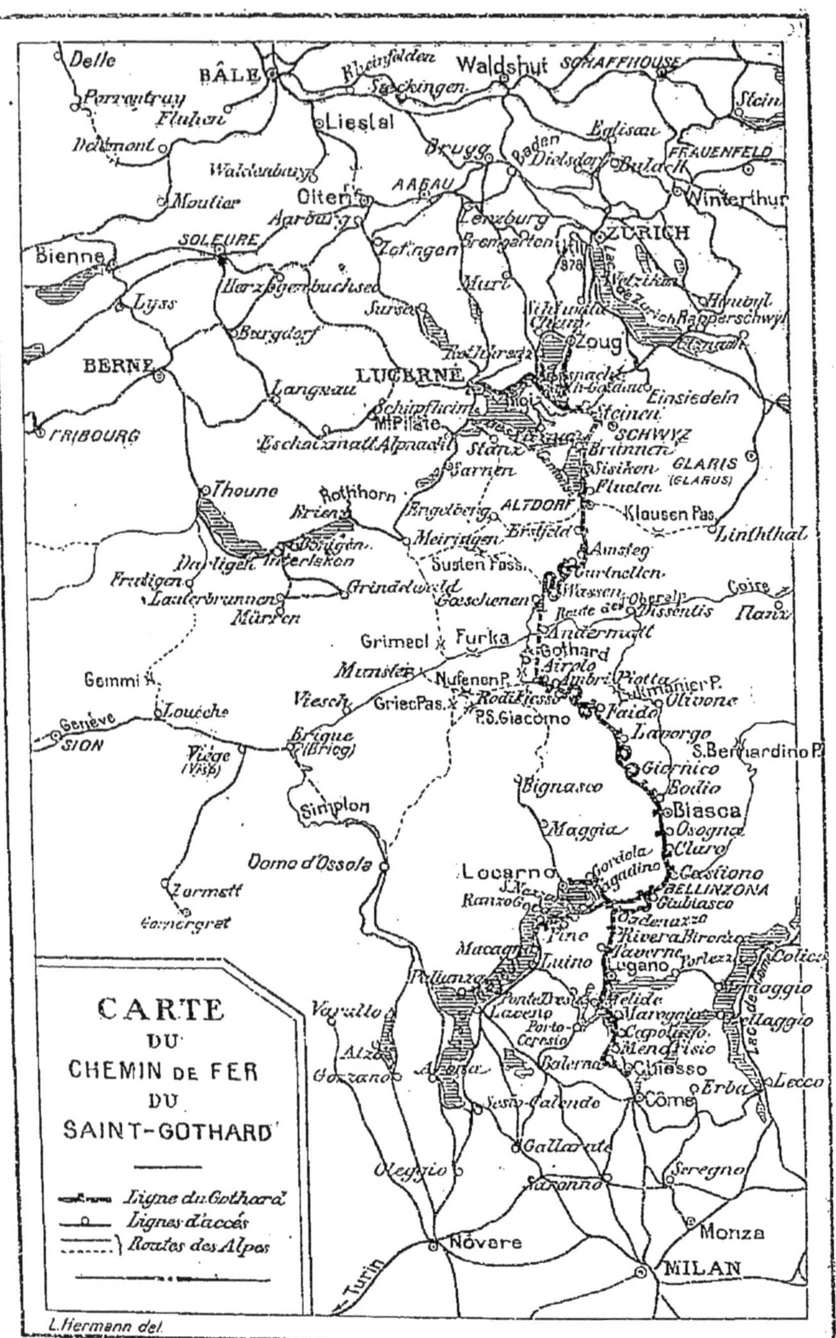
CARTE
DU
CHEMIN DE FER
DU
SAINT-GOTHARD
Ligne du Gothard
Lignes d'accès
Routes des Alpes
L. Hermann del.

TOURING-CLUB DE FRANCE

Fondé le 26 janvier 1890 pour favoriser le développement du tourisme en France

(Autorisé par arrêté ministériel en date du 15 novembre 1890)

Haut patronage de M. le Président de la République

Le **TOURING-CLUB DE FRANCE** a pour but de développer le tourisme sous toutes ses formes — à pied — à bicyclette — en automobile — à cheval et en voiture attelée — en chemin de fer — en yacht.

Son insigne, aujourd'hui répandu partout, assure à chaque sociétaire, dans ses voyages, les bons offices et l'assistance de ses collègues; des *délégués*, au nombre de plus de trois mille, placés dans tous les chefs-lieux, renseignent les touristes sur les curiosités artistiques ou naturelles de la contrée, les routes, les hôtels, etc.

Indépendamment de l'insigne, chaque sociétaire reçoit *gratuitement*, une carte d'identité, les itinéraires dont il peut avoir besoin, une *Revue mensuelle*, organe officiel de l'Association, contenant des articles techniques, des relations de voyages, des plans d'excursions, et généralement tout ce qui peut intéresser le touriste ; il a droit enfin aux prix spéciaux faits par les hôtels affiliés et indiqués dans l'*Annuaire*, à des remises appréciables sur les livres, guides, cartes, etc.

Une partie importante des ressources de l'Associations (crédit alloué pour 1907 : 180 000 francs) est affectée à des travaux ou à des publications *d'intérêt général*, amélioration des routes tant pour le cycliste que pour le voituriste, et le yachtman, création de routes de voitures ou de sentiers dans les régions pittoresques, cartes routières, guides routiers, trottoirs cyclables, poteaux indicateurs sur les routes, aux carrefours, aux descentes dangereuses, postes de secours, pontons d'atterrissage, etc.

Enfin, il a créé une *Caisse de secours immédiats aux cantonniers et éclusiers*, alimentée : 1° par des crédits votés par le **Touring-Club** ; 2° par des dons.

(Depuis sa création la Caisse a délivré plus de 125 000 francs de secours.)

SIÈGE SOCIAL :

Avenue de la Grande-Armée, 65, PARIS (16e ARR.)

COMPAGNIE DE NAVIGATION MIXTE

SOCIÉTÉ ANONYME AU CAPITAL DE 4 038 300 FRANCS

PAQUEBOTS-POSTE FRANÇAIS

ALGÉRIE, TUNISIE, SICILE, TRIPOLITAINE, ESPAGNE, MAROC

Départs de MARSEILLE pour :

Tunis (rapide), **Sousse, Monastir, Mehdia, Sfax, Gabès, Djerbah** et **Tripoli** } mercredi 1 h. soir.

Oran, Melilia, Nemours, Tanger (toutes les semaines). **Beni-Saf, Tetouan, Gibraltar, Tanger, Malaga** (par quinzaine) } mercredi 6 h. soir.

Philippeville (rapide) et **Bône**. jeudi midi.

Alger (rapide). . . . mardi et jeudi 6 h. s.

Bizerte, Tunis et **Palerme**. par quinzaine. sam. 7 h. s.

Départs de PORT-VENDRES pour :

Alger (rapide) . . . . dimanche 5 h. s.

Oran (rapide). . . . . vendr. 3 h. 30 s.

Départs de CETTE pour :

Alger (*via* **Port-Vendres**). samedi minuit.

Oran — jeudi minuit.

SERVICES COMBINÉS AVEC LES CHEMINS DE FER

Toutes les gares françaises délivrent, aux conditions du Tarif commun G. V. n° 205 des chemins de fer, des **Billets circulaires à itinéraires facultatifs** établis au gré des voyageurs, valables 30 jours, et comportant à la fois des parcours en chemin de fer et des traversées maritimes à effectuer à *prix réduits* sur les paquebots de la **Compagnie de navigation mixte**. Ces billets permettent l'arrêt facultatif dans tous les ports ou gares de l'itinéraire qu'ils comportent.

La Compagnie participe en outre à la délivrance des Coupons combinables du VERÈIN (Union des chemins de fer allemands).

POUR FRET ET PASSAGES, S'ADRESSER A :

MARSEILLE exploitation, 54, rue Cannebière.

LYON, siège social, 41, rue de la République.

PARIS, MM. Marzolff et Cie, 51, rue du Faubourg-Poissonnière. — Compagnie de navigation mixte. — Bureau des passages, 9, rue de Rome. — Télégramme : Buenos-Paris. — Téléphone 280-99. — Général Ticket Office, Hôtel Terminus (gare Saint-Lazare).

PORT-VENDRES, M. Gaston Pams.

CETTE, M. P. Caffarel, 13, quai de Bosc.

NICE, MM. Aug. Carles et Berrugia, 1, quai Lunel.

PALERME, MM. Tagliava et Frères.

Et en général aux correspondants de la Compagnie ou aux Agences Cook, Duchemin, Fournier, Gaze, Lubin, etc.

GRANDS PRIX

PARIS 1900 — SAINT LOUIS 1904
HANOI 1902-1903 — LIÉGE 1905

EAU PATE ET POUDRES DENTIFRICES DU DOCTEUR PIERRE

DE LA FACULTÉ DE MÉDECINE DE PARIS

En vente partout

VEILLEUSES FRANÇAISES

FABRIQUE A LA GARE

MAISON JEUNET, fondée en 1838

JEUNET FILS

SUCCESSEUR DE SON PÈRE

Actuellement rue Saint-Merri, 11

Toutes nos boîtes portent en timbre sec

JEUNET INVENTEUR

Aix-les-Bains

GRAND HOTEL DES BERGUES et NEW-YORK

Avenue de la Gare en face des deux Casinos et près de l'Établissement thermal. — Installation nouvelle. — Grand confort moderne. — Lumière électrique générale. — Salle de bains. — Chauffage central. — Ascenseur. — Pension depuis 9 francs.

MILLIET et GARCIN, Propriétaires.

Aix-les-Bains

HOTEL DE PARIS

Rue Daquin et place Carnot *à une minute des Thermes et près les Casinos.* Confortable. — Cuisine très soignée. — Lumière électrique. — *Téléphone.* — Jardin. — Pension depuis 8 francs et arrangements pour familles. — *Omnibus gare.*

CROIZÉ, Propriétaire

Aix-les-Bains

HOTEL DUSSUEL

A dix mètres en face de l'Établissement thermal. — Situation unique. — Pension depuis 8 francs. — **Très recommandé.** — Saison d'hiver : HOTEL DE PARIS, à Cannes. — **E. VERT**, Propriétaire.

Aix-les-Bains

HOTEL BEAU-SÉJOUR

Boulevard Berthollet. — Situation hygiénique parfaite. — Vue splendide sur le lac et les montagnes. — Grand confortable. — Lumière électrique. — *Téléphone.* — Service de break pour les Bains et les Casinos. — Pension depuis 8 fr.

Pension Chabert et Hôtel des Bains (même propriétaire). **BERGERAT.**

Aix-les-Bains

GRANDE AGENCE

Location de villas et appartements meublés. — Vente et achat de propriétés. — Renseignements gratuits. — *Téléphone,* — *English spoken.* — **A. BALOZET**

ALLEVARD-LES-BAINS (Isère)

Établissement thermal le plus complet pour le traitement des maladies de poitrine et des voies respiratoires. — Service de désinfection. — **Magnifique Parc, Casino, Théâtre, Concerts**

Allevard

HOTEL DU LOUVRE

Restaurant. — Près de l'Établissement thermal et du Casino. — De premier ordre. — Entièrement transformé et remis à neuf. — Lumière électrique partout. — Installation sanitaire parfaite. — Immense parc. — Auto-garage. — **Pension depuis 7 francs.** — Correspondant du T. C. F. — Saison d'hiver : **HOTEL DE L'EUROPE A HYÈRES.**

Louis **VALLET-ARNOLD**, Propriétaire (Suisse)

Amélie-les-Bains (Pyrénées-Orientales)

THERMES ROMAINS

HOTEL DE PREMIER ORDRE

Entièrement remis à neuf. — Diplômé du T. C. F. — Bains sulfureux. — Douches. — Massage. — Etuve à désinfection. — Éclairage électrique. — Grand Parc. — Chalets. — Tennis. — *Garage.*

Amélie-les-Bains

HOTEL MARTINET

A 1 minute des Thermes

Vue magnifique sur le parc et la montagne. — Ancienne réputation. — Prix : 6 fr. par jour ; pension 5 fr. 50. — *Éclairage électrique.*

MARTINET

Annecy et son lac

GRAND HOTEL D'ANGLETERRE

ET

GRAND HOTEL RÉUNIS

PREMIER ORDRE. — *Électricité.* — Garage dans les jardins de l'hôtel — Chauffage moderne. — Hôtel des Postes et Crédit lyonnais attenant à l'hôtel. — *Succursales* aux gorges du Fier et sur les Bateaux du lac. — Arrangements pour séjour et pension.

M. VALLIN, Propriétaire

Annecy

GRAND HOTEL DU MONT-BLANC

DE PREMIER ORDRE

Entièrement neuf et à proximité du lac. — Médaillé du T. C. F. — Garage pour autos. — Pension depuis 8 fr.

A. MICHAUD, Propriétaire

Annecy

GRAND HOTEL VERDUN ET DE GENÈVE

Premier ordre. — *Le seul en face du Lac.* — Lumière électrique. — Chauffage. — Grand garage pour automobiles dans l'hôtel. — Pension depuis 8 fr. 50.

BRUCHON, Propriétaire.

ARCACHON

(GIRONDE)

STATION HIVERNALE ET ESTIVALE

Située à **une heure de Bordeaux, à huit heures de Paris,** cette station jouit d'un climat tempéré et régulier; c'est un des rares points du monde où, dans une même journée, on n'éprouve pas de changement brusque de température Arcachon est par excellence la station des convalescents.

En hiver comme en été, Arcachon offre des ressources uniques, ses forêts, son bassin merveilleux qui est sans égal au point de vue des régates et du tourisme nautique, de la pêche, de la chasse aux oiseaux de mer, qui abondent toute l'année.

Deux fois par semaine, chasses municipales avec équipage de premier ordre. Tous les étrangers sont admis à suivre à cheval, sans redevance.

Chasse aux sangliers en toute saison. Deux casinos complètent les attractions de la station : Cercle nautique et des sports, bals, représentations, concerts, golf, law-tennis, etc.; une mention spéciale pour le nouveau casino de la plage : d'une construction récente, c'est un palais moderne

Terrasse avec vue splendide sur la mer. La décoration magistrale et le confort de ce casino le placent au premier rang des établissements similaires.

Pour de *plus amples renseignements*, il convient de demander les brochures spéciales du *Syndicat d'initiative d'Arcachon*, qui les adresse *franco*.

Envoi franco de toutes brochures

Arcachon (Gironde) (*Suite*)

Mais on ne peut aller à **Arcachon** sans visiter **Bordeaux.** Cette ville offre aux touristes un très grand intérêt par son magnifique port, ses monuments de toutes les époques, si nombreux, si variés, ses musées remplis de toiles de grande valeur.

D'Arcachon à Bordeaux, on bénéficie par chemin de fer d'un tarif spécial très réduit.

La visite du département de la Gironde, organisée avec soin, révèle aux étrangers des richesses artistiques et historiques peu connues.

Il convient de s'adresser pour tous renseignements au *Syndicat d'initiative de Bordeaux* (Place de la Comédie).

Arcachon

GRAND HOTEL DES PINS & CONTINENTAL

De tout premier ordre. — Situation unique. — Grand jardin.
Salles de bains. — Calorifères. — Lumière électrique. — Ascenseur.
B. FERRAS, Propriétaire-Directeur.

Arcachon

GRAND HOTEL DE FRANCE

Sur la plage. — Vue splendide sur tout le bassin. — Recommandé aux familles. — *Prix modérés.* — Ancienne Maison GRENIER Père.
GUSTAVE GRENIER Fils, Directeur.

Arcachon

GRAND HOTEL RÉGINA-FORÊT & D'ANGLETERRE

Allée Corrigan. — Premier ordre. — Installation et confort modernes. — Situation exceptionnelle dans la forêt de pins. — **Grand parc.** — Arrangements pour séjour. — *Prix modéré.* — Salons. — Billard. — Lawn-Tennis. — Salle de bains. — Chauffage à vapeur. — Auto-garage. — Omnibus à tous les trains. — Eclairage électrique.

Arcachon

VICTORIA HOTEL ET RESTAURANT

L'établissement moderne d'Arcachon, unique par son installation modèle, par sa situation agréable et par sa cuisine soignée. — **Ouvert toute l'année.**
M. et Mme OTTO KERN, nouveaux Propriétaires.

Arcachon

HOTEL RESTAURANT JAMPY

BOULEVARD DE LA PLAGE, 268

Terrasse de 200 couverts avec aperçu sur le bassin. — Salon de lecture et de correspondance. — **L. CURAN, Directeur.**

Arcachon

HOTEL MODERNE

Jardin et parc dépendants de l'hôtel. — Médaillé du T. C. F. — Correspondant du Cyclist's Touring club. — *Ouvert toute l'année.* — Aménagement et confort modernes. — Chauffage central à vapeur. — Meilleure exposition de la Ville d'hiver. — Cuisine de famille. — Arrangements pour long séjour. — Ascenseur. — Téléphone 0.97. — Salles de bains. — Coupons Cook série R. acceptés. — **P. FORTIN, Directeur.**

Arles-sur-Rhône

GRAND HOTEL DU FORUM

De tout premier ordre. — Plein midi. — Au centre des curiosités romaines. — Vue superbe sur le Rhône et la Camargue. — Auto-garage avec fosse. — *English spoken*. — *Téléphone*. — *Omnibus*. — Correspondant des T. C. F. et étrangers. — Famille MICHEL, Propr^res^.

Arles

GRAND HOTEL DU NORD-PINUS

Place du Forum. — Maison de tout premier ordre et des mieux exposée par ses divers appartements. — Forum romain dans l'hôtel. — Auto-garage et mécanicien. — Electricité. — Téléphone. — Confort et prix modérés. — English spoken.

F. BESSIÈRE, Propriétaire

Arras

HOTEL DE L'UNIVERS

MAISON DE PREMIER ORDRE

Recommandée aux familles et aux voyageurs. — Grands et petits appartements. — Jardin. — Salons. — Garage. — **Chauffage à la vapeur.** — Téléphone. — Electricité. — *Omnibus à la gare.*

DURET, Propriétaire

Avignon

HOTEL CRILLON

Le plus près de la gare, à une minute sur l'avenue, touchant aux Postes et Télégraphes. — Maison spécialement fréquentée par les familles. — Cuisine renommée. — Service par petites tables, à la carte et à prix fixe. — L'été, restaurant dans le jardin. — **Téléphone.** — *Omnibus à tous les trains.* — **H. PONS**, Propriétaire.

Avignon

GRAND HOTEL D'AVIGNON

Rue de la République. — Près des Postes et Télégraphes. — Le mieux situé. — De premier ordre. — 80 chambres et salons. — *Grand confortable.* — Cuisine très soignée. — Prix modérés. — *Omnibus.* — Spécialité des grands vins de Châteauneuf-du-Pape.

J. CANDY, Propriétaire

Avignon

GRAND HOTEL DE L'EUROPE

Le seul de tout premier ordre. — Entièrement remis à neuf. — Maison de très ancienne réputation, recommandée aux familles et aux touristes pour son confortable et ses prix modérés. — Salle de bains. — Grand garage. — **English spoken.** — *Omnibus.*

VILLE, Propriétaire

Bagnères-de-Bigorre

GRAND HOTEL VICTORIA

La plus belle situation sur la promenade des Coustous

De premier ordre. — Tout le confort moderne. — Auto-garage. — **Electricité partout.** — *Téléphone.*

PEREZ, Propriétaire

Luchon

GRAND HOTEL DES BAINS

De premier ordre. — Allées d'Étigny, à 50 mètres des Thermes et des Quinconces. — Clientèle d'élite. — Spécialement recommandé aux familles. — Cuisine réputée. — Auto-garage.
MERENS-MIFFRE, Propriétaire

Luchon

HOTEL DE LA POSTE

Allées d'Étigny. — Premier ordre. — Ouvert toute l'année. — Grande réputation. — Confort moderne. — Arrangements sanitaires. — Terrasse. — Eclairage électrique. — Bains. — Téléphone. — Garage pour autos. — Pension depuis 9 fr. par jour. — PEYRAFITTE-SECAIL, Propr.

Bagnères-de-Luchon

HOTEL PARDEILLAN — GRAND PARC BEAU-SÉJOUR

Allées d'Étigny, 7. — Magnifique et vaste parc. — Les plus beaux ombrages de Luchon. — Vue splendide sur le port de Vénasque. — Grand confortable comme chambres et appartements. — Table d'hôte et restaurant. — Ouvert toute l'année. — *Omnibus à tous les trains.* — Mme Vve PARDEILLAN, Propriétaire.

Bagnères-de-Luchon

GRANDS HOTELS CAVÉ ET D'EUROPE

12 et 30, Allées d'Étigny. — Ouverts toute l'année. — Confortable moderne. — Cuisine de famille. — Electricité. — Arrangements sanitaires. — Cabinets de toilette, lavabos. — Restaurant : déjeuner. 2 fr. 50 ; diner, 3 fr. ; pension depuis 7 fr. — Garage pour autos. — B. CAVÉ, propriétaire.

Luchon

MAISON DES QUINCONCES

Hôtel de famille. — De premier ordre. — Clientèle de choix. — Le mieux situé, en face les Thermes et le parc des Quinconces, près du Casino et de la Poste. — *Cuisine très soignée.* — Confort moderne. — DARBON, Directeur-Propriétaire.

Bagnères-de-Luchon

AGENCE DE LOCATION

Location de Villas et d'Appartements

Renseignements gratuits. — Pension de famille. — Maison BONNETTE. Merveilleuse situation, place du Casino, en face du port de Vénasque. — Cuisine très soignée. — Pension depuis 8 fr., sauf août. — Arrangements pour familles. — Latitude d'amener son personnel. — Ecrire ou télégraphier : BONNETTE, Luchon.

Bayonne

GRAND-HOTEL

Rue Thiers. — Premier ordre. — Dans le plus beau quartier. — Appartements et chambres très confortables pour familles et touristes. Cuisine réputée. — Arrangements sanitaires. — Electricité. — Garage et fosse. — Prix modérés.

Bayonne

CHOCOLAT CAZENAVE

La plus ancienne réputation

Seule maison pour la fabrication spéciale des bonbons et des chocolats de santé. — Franco de port de 4 kilogrammes.

Bayonne

CHOCOLAT FAGALDE

USINE A VAPEUR A CAMBO-LES-BAINS

MAISONS PRINCIPALES DE VENTE

A BAYONNE, arceaux du Pont-Neuf, 31. — A BORDEAUX, cours du Jardin-Public, 10. — A PARIS, rue de Sèvres, 55.

Bayonne

HYGIÈNE DE LA FEMME

COALTAR SAPONINÉ LEBEUF

Voir le supplément à la fin du cahier

Beaulieu-sur-Mer

EMPRESS-HOTEL

Superbe situation, dominant la baie et le cap Ferrat. — Plein midi — Grand confort moderne. — Jardin. — Restaurant. — *Ascenseur.* — Cuisine très soignée. — Prix modérés. — E. EXNER, Propriétaire.

Beaulieu-sur-Mer

HOTEL BEAU-RIVAGE

Situation très abritée. — Magnifique vue de mer. — Plein midi. — Jardin. — *Arrangements sanitaires.* — Service et cuisine très soignés. — Pension depuis 8 fr. — P CARAVEU, Propriétaire.

Beaulieu

AGENCE GÉNÉRALE

E. KURZ, éditeur de l'annuaire de Beaulieu

Ventes et achats de propriétés. — Location de villas et d'appartements. — Gérance d'immeubles. — Bureaux : en face la Gare.

Beaulieu

AGENCE INTERNATIONALE

BOVIS, Architecte-Directeur. — Location de villas et d'appartements de choix. — Vente et achat de propriétés. — M. Bovis, éditeur de l'unique *Guide avec plan* de Beaulieu et ses environs, l'expédiera gratuitement aux lecteurs des Guides Joanne.

Berck-Plage

GRAND HOTEL DE FRANCE ET DES BAINS

De premier ordre. — Sur la plage. — Très recommandé. — Chambres et appartements avec grande terrasse. — Arrangements sanitaires parfaits. — Cuisine très soignée. — Pension, vin compris, depuis 7 fr.. — *Téléphone.* — Garage pour autos, — Omnibus. LANDAIS, Propriétaire.

Berck-Plage

AGENCE DE LOCATION

PLACE DE L'ENTONNOIR

Ventes et achats de propriétés. — Grand choix de villas et de chalets à louer. — Renseignements exacts et gratuits.

LAFFILLÉ et GÉRARDIN, Directeurs.

Biarritz

HOTEL COSMOPOLITAIN

Place de la Mairie. — Situation la plus centrale. — Vue de la mer. — Construction récente. — Mobilier entièrement neuf. — Chambres et appartements très confortables. — **Cuisine très soignée.** — Pension depuis 8 fr. par jour, sauf en août et en septembre. — *Lumière électrique.* — Chauffage à vapeur. — Ascenseur. —

GENETIER, Propriétaire

Biarritz

HOTEL BELLE-VUE

Boulevard de la Grande-Plage, à côté du *Casino municipal*, et à 5 minutes des Thermes salins. — Vue splendide sur la mer. — Grands et petits appartements. — Restaurant. — Table d'hôte. — Cuisine et cave recommandées. — **Prix modérés.**

Victor SASSISSOU, Propriétaire

Biarritz

HOTEL SAINT-JAMES

Restaurant, rue Gambetta, 15. — Situation centrale et vue sur la mer. — Appartements et chambres confortables. — Terrasse ombragée. — Cuisine faite par le propriétaire. — Déjeuner, 2 fr. 50. — Dîner, 3 fr., vin compris. — Pension depuis 7 fr. par jour. — **L. BEAUXIS, Propriétaire.**

Biarritz

PENSION DE FAMILLE

VILLA SAINT-JACQUES, *avenue Saint-Dominique*

De construction récente. — Très confortable. — Hygiène parfaite. — Situation centrale. — **Calorifère.** — *Eau et gaz à tous les étages.* — Prix depuis 7 fr. par jour, tout compris, même le petit déjeuner du matin.

Docteur TOUSSAINT, Propriétaire-Directeur

Biarritz

HOTEL BRISTOL

Ancienne villa Piron. — **Sur la plage, à côté du Casino municipal.** — La plus belle vue de mer et à tous les étages. — Grand confortable. — Cuisine très soignée. — Pension, tout compris, même le vin et le petit déjeuner, depuis 8 fr., sauf août et septembre. — Lumière électrique. — Téléphone. — *English spoken.* — *Se habla español.* — **CAMGRAND, nouveau propriétaire.**

Biarritz

HOTEL-CHATEAU DES FALAISES

Panorama unique et merveilleux sur l'Océan et les côtes d'Espagne. — Maison de premier ordre située sur la falaise, entre la côte des Basques et le Port-Vieux. — Grands et petits appartements. — Chambres séparées. — Service par petites tables. — Confortable moderne. — Installation sanitaire. — Lumière électrique. — Bains. — **Téléphone.** — Arrangements pour familles. — Prix modérés. — **BERTHOUD, Propriétaire.**

Biarritz

PAVILLON HENRI IV

Hôtel de premier ordre

CONFORT MODERNE — VUE SUR LA MER

M. SENERS, Propriétaire

Biarritz

VILLA MARIA

RUE DE FRANCE. — **Pension de famille.** — Au centre de la ville, près de la Grande Plage et des Casinos. — Lumière électrique. — Jardin ombragé. — Chambres et appartements confortables. — Cuisine et service soignés. — Pension depuis 8 fr. — Arrangements pour familles. — *English spoken.*

GERMAIN HÉGUILLOR, Propriétaire

Biarritz

HOTEL BIARRITZ-SALINS ET DES THERMES

Ce splendide établissement communique avec les Thermes salins par une passerelle couverte. Il est installé avec tout le confort moderne. — Restaurant. — Billard. — Ascenseur. — Chauffage central et dans les chambres. — Lawn-tennis. — Deux jardins bien ombragés. — *Station du tramway en face de l'hôtel.* — A 5 minutes de la Grande Plage. — *Prix modérés.* — **A. MOUSSIÈRE**, Propriétaire.

Biarritz

MAISON PÉDAUGA

PENSION DE FAMILLE

Précédemment avenue Victoria, à côté des Thermes salins

Belle situation. — **Jardin.** — Cuisine très soignée. — Station du tramway devant la maison, à 3 minutes de la plage. — Pension depuis 7 fr. — **DABAT**, Propriétaire.

Biarritz

HOTEL CARRÉ

Pension de famille. — *Au rond-point*, en face du Jardin des Thermes salins. — Entièrement transformé et agrandi. — Dernier confort moderne. — Appartements complets pour familles, avec service particulier. — Table d'hôte par petites tables. — Pension depuis 8 francs. — Lumière électrique. — Calorifère. — Bains. — Téléphone. — Ascenseur. — Henri **VISPALY**. Propriétaire.

Biarritz

HOTEL PAVILLON ALPHONSE XIII

A 200 mètres de la plage et à 200 mètres des Thermes salins. — 50 chambres meublées à neuf et très confortables. — Salle à manger avec terrasse. — Vue sur la mer. — Chauffage central. — *Lumière électrique dans toutes les chambres.* — Grand jardin. — **A. HUFFLING**, Pro.

Biarritz

PAVILLON LOUIS XIV

Thermes Salins. — Pension de famille de 1er ordre. — Grand confortable. — Calorifère. — *Electricité.* — Téléphone 3.09. — Ascenseur. — Cuisine très soignée. — *Pension depuis 8 fr.* — Arrangements pour familles. — *Station du tramway en face de l'hôtel.* — **BRATEL**, Pro.

Biarritz

LES CHARDONS

Grande Villa moderne à la porte des Thermes Salins. — Mobilier *entièrement* neuf. — Pension de famille. — Tout le confort moderne. — Electricité. — Bains. — Téléphone. — Calorifère. — Service par petites tables. — **Mme TÉTARD**, Propriétaire.

ASCENSEUR **Bordeaux** TÉLÉPHONE

HOTEL DES 4 SŒURS

Place de la Comédie (Grand centre)

Situation splendide et unique. — Vue sur l'Opéra. — À proximité des Messageries maritimes. — Chambres depuis 2 fr. 50. — Restaurant à la carte et à prix fixe. — *Eclairage électrique.* — G. SIMION, Propr.

Bordeaux

GRAND HOTEL DE NICE

5 Place du Chapelet. — Magnifique situation, au centre des plus beaux quartiers. — Chambres et appartements très confortables au rez-de-chaussée et à tous les étages. — *Service du petit déjeuner.* — Bains. — Calorifère. — Téléphone. — Electricité. — *Se habla español.*

PHILIP et Cie, Propriétaires

Bordeaux

GRAND HOTEL FRANÇAIS

Rue du Temple, 12 (Intendance)

Maisonde famille, de construction récente. — 80 chambres très confortables depuis 2 fr. — Magnifique hall. — Restaurant. — Pension depuis 6 fr. par jour. — *Bains à tous les étages.* — Téléphone. — Eclairage électrique. — *Interprète.* — AUPIN, Propriétaire-Directeur.

Bordeaux

HOTEL DU PRINTEMPS

Restaurant. — En face de la cour d'arrivée de la gare Saint-Jean. — Entièrement transformé. — Electricité partout. — Chambres très confortables depuis 2 fr. — Salle de bains. — Déjeuner, 2 fr. 50; dîner, 3 fr. — Service à la carte et à toute heure. — Vins fins des meilleurs crus. — Salon de musique. — À proximité des lignes de tramways. — Transport des bagages gratuit à l'aller et au retour. — *Téléphone.* — A. SAUVANT, Propriétaire.

Bordeaux

HOTEL DU FAISAN

Restaurant. — En face de la cour d'arrivée de la gare Saint-Jean. — *Entièrement transformé.* — Chambres très confortables depuis 2 fr. — Déjeuner, 2 fr. 50; dîner, 3 fr. — Service à la carte et à toute heure. — Arrangements pour séjour. — Eclairage électrique — Transport des bagages gratuit à l'aller et au retour. — Téléphone pour toute la France.

HAU-GUILHEM et LAMBERT, Propriétaires

Bordeaux

JARDIN-RESTAURANT BEELI

10, rue Voltaire (Intendance)

Déjeuner : 2 fr. (vin compris) Dîner : 2 fr. (vin compris)

Les plus jolies salles de Bordeaux. — Service, cave et cuisine de premier ordre. — *Recommandé par le T. C. de France.*

Bordeaux

Grand Hôtel d'Angleterre et Restaurant Lanta

RUE MONTESQUIEU. — Plein centre. — Entièrement transformé. — Installation moderne. — Bains. — Electricité. — Interprète. — Déjeuner, 2 fr. 50; dîner, 3 fr. — Depuis 8 fr. par jour. — Arrangements pour familles. — T. C. F. — L. **DUPRET**, Propriétaire.

Bordeaux

GRAND HOTEL DU CENTRE

RUE DU TEMPLE, 8 et 10 (Intendance). — Dans le plus beau quartier, près de la poste et des théâtres. — Appartements très confortables et chambres depuis 2 fr. — Service du petit déjeuner. — Electricité partout. — J. **LOUSTAU**, Propriétaire.

Bordeaux

PRUNES D'ENTE J. FAU

Si vous voulez vous bien porter, ayez toujours sur votre table les excellentes prunes J. FAU.

Colis postaux de 3 à 10 kilogr., qualité extra-supérieure. Prix suivant grosseur du fruit.

Adresse télégraphique : Fau-Prunes-Bordeaux

La Bourboule

GRAND HOTEL DES AMBASSADEURS

Premier ordre. — Très recommandé pour sa cuisine spéciale suivant prescriptions des docteurs. — Conditions réduites en juin et en septembre. — Garage pour automobiles. — *Lumière électrique.* — Omnibus à tous les trains. — Saison d'hiver : **Sun Palace, Monte-Carlo.**

DUPEYRIX, Propriétaire

La Bourboule

GRAND HOTEL DU LOUVRE

Boulevard de l'Hôtel-de-Ville. — Premier ordre. — En face de l'Etablissement thermal. — Succursale à Nice : **Grand Hôtel de Paris,** boulevard Carabacel. — Ascenseur. — Téléphone. — Calorifère. — Bains. — Douches. — *Eclairage électrique.*

DUITTOZ-JURY, Propriétaire

La Bourboule

GRAND HOTEL RICHELIEU

Premier ordre. — Le plus près de l'Établissement thermal. — Conditions spéciales pour familles. — Chambre pour photographie. — *Lumière électrique.* — Ascenseur. — Garage de bicyclettes. — *English spoken.*

PASSAVY-PANET, Propriétaire

La Bourboule

HOTEL DU PARC

Premier ordre. — Nouveaux agrandissements. — *Situation unique dans le Parc et près du Casino.* — Cuisine très soignée. — Service parfait. — Pension, chambre, déjeuner et dîner, **depuis 8 fr. par jour, tout compris.** — Arrangements pour familles avec enfants. — Electricité dans toutes les chambres. — *Se habla español.*

Mme **FAURE-FOURNIER,** Propriétaire

La Bourboule

PALACE HOTEL et VILLA MÉDICIS

Tout premier ordre. — Au centre de la station, près du Parc, des Thermes et du Casino. — Installation hygiénique modèle. — Chambres depuis 5 fr. — Pension par petites tables depuis 7 fr. — Sur demande, table de régime. — Restaurant à la carte. — Cuisine renommée. — Prix réduits en juin et en septembre. — Chambre noire. — Eclairage électrique partout. — Téléphone. — Ascenseur. — Grand garage avec fosses, ateliers de réparations et service de toilette. — Bains et douches. — Lawn-tennis attenant à l'hôtel. — Interprète. — Omnibus. — **A. SENNEGY,** Propriétaire.

Cancale

HOTEL DU GUESCLIN

Restaurant de premier ordre

Ouvert toute l'année. — De création récente ; modèle de confort et d'hygiène. — Admirablement situé en face du Mont-Saint-Michel et au pied de la falaise qui l'abrite. **Arrangements pour familles et séjour.** — Recommandé de l'A. C. F., du T. C. F. et du T. C. A. — Auto-garage avec fosse. — Ecuries. — Tramway de Saint-Malo.

Cannes

RIVIERA PALACE

HOTEL DU PRINCE DE GALLES

Grand parc à mi-côte. — Vue splendide sur la mer. — Position à l'abri de la poussière. — Lawn-tennis et croquet. — Restaurant à la carte au jardin d'hiver. — Hall moderne pour le five o'clock tea. — **Appartements avec salle de bains. Douches.** — Salle d'étude et salle de jeu pour les enfants. — Cuisine recherchée. — Vins des premiers crus. — Chauffage central à tous les étages. — Ascenseurs. — Lumière électrique. — Prix modérés. — **Vve HENRY de la BLANCHETAIS**, Propriétaire.

Cannes

HOTEL GONNET

BOULEVARD DE LA CROISETTE

Ouvert toute l'année. — Magnifiquement situé en face des îles de Lérins. — *Premier ordre.* — Grand jardin. — Arrangements pour séjour. — **F. DAUMAS**, Propriétaire.

Cannes

HOTEL BEAU-RIVAGE

Maison de premier ordre sur la Croisette. — Magnifique vue de mer. — Plein midi. — Jardin d'hiver — Grand jardin. — Atrium. — Electricité. — Téléphone. — Ascenseur. — Interprètes. **HAINZL**, Dr.

Cannes

HOTEL DES PINS

Premier ordre. — A proximité de l'église russe. — Abrité des vents par une forêt de pins. — Vaste jardin. — Téléphone. — Eclairage électrique. — Service spécial de voitures pour la promenade et la ville.

Cannes

GRAND HOTEL DE PROVENCE

Entièrement rénové été 1906. — Confort moderne. — Grand parc. — Vue magnifique. — Appartements avec salle de bains. — Garage.

A. CHAMPENDAL, nouveau Propriétaire

Cannes

GRAND HOTEL DU PAVILLON

Premier ordre. — Tous les conforts. — Vue splendide. — Grand jardin. — Arrangements pour familles. — Pension. — Prix modérés. — **P. BORGO**, Propriétaire. — Même maison à Baveno, Lac Majeur. Ligne Simplon en été.

Cannes

HOTEL NÉVA

RUE DE LA COLLINE

Vue sur la mer. — Plein midi. — Arrangements sanitaires. — Bains. — Electricité. — Grand jardin. — Lawn-tennis. — **Cuisine recherchée.** — Pension depuis 8 fr. par jour. — *Téléphone.* — Saison d'été, **Central hôtel, Chamonix. — J. Couttet, Propriétaire.**

Cannes

ÉLYSÉE PALACE

ci-devant PALAIS ELDORADO

PALAIS ne se louant que par APPARTEMENTS

PALAIS ne se louant que par APPARTEMENTS

Chaque appartement a sa salle à manger particulière. — Cuisine et service très soignés. — Ascenseur et chauffage électriques.

J.-B. CERRATO, Propriétaire.

Cannes

GRAND HOTEL DE LA TERRASSE

ET RICHEMOND

Entièrement remis à neuf. — 120 chambres et salons. — Position centrale. — Plein midi, dans un vaste parc de 2 hectares. — Service soigné. — Pension depuis 8 fr. par jour. G. ECKHARDT, Propriétaire.

Cannes

HOTEL COSMOPOLITAIN

JARDIN AU MIDI — VUE DE LA MER

Appartements confortables. — Service et cuisine de premier ordre. — Pension depuis 8 fr. — *Ascenseur*. — Electricité. — Calorifère. — Bains. — *Téléphone* n° 291. — A. WEHRLÉ, Propriétaire.

Cannes

HOTEL RÉGINA

ROUTE D'ANTIBES

Entièrement remis à neuf.— Ouvert du 1er octobre à fin mai.— Premier ordre.— Plein midi. — Grand jardin. — Arrangements sanitaires perfectionnés. — Electricité. — *Téléphone*. — Calorifère. — Bains. — Auto-garage. — Cuisine française très soignée. — Pension depuis 8 fr. et arrangements pour familles. — H. ALETTI, Propriétaire.

En été : GRAND HOTEL, Abriès (H.-A.), ouvert du 15 juin au 15 septembre.

Cannes

HOTEL RICHELIEU

Exposition en plein midi. — Sur la plage, en face de la poste. — Vue des îles et des montagnes de l'Esterel. — Pension depuis 8 fr. par jour, vin compris, et arrangements pour séjour prolongé. — *English spoken.* — A. CHABAUD-RIX, Propriétaire.

Cannes

HOTEL-PENSION SAINT-NICOLAS

QUARTIER SAINT-NICOLAS

Plein midi. — Vaste jardin. — Jeux de lawn-tennis. — Bains dans la maison. — Pension depuis 8 fr. par jour, tout compris. — Saison d'été : Hôtel de Toreno (Alpes-Maritimes). — Altitude : 1200 mètres.

Mme JOURTAU, Propriétaire

Cannes

TERMINUS HOTEL

Ouvert toute l'année. — Situé (en ville) à 50 mètres de la gare et au midi. — Chambres confortables. — Journée depuis 7 fr. 50. — Cuisine spécialement soignée. — Électricité. — Calorifère. — Salon de lecture. — Salle de bains. — Pas de frais d'omnibus. — GILLES, Propriétaire, *parle anglais et allemand.* — Annexe à l'hôtel : AMERICAN BAR 1er ordre. — En été : Hôtel Terminus, Le Fayet-Saint-Gervais.

Cannes

HOTEL VICTORIA

Ouvert toute l'année. — Plein midi. — Grand jardin, — Très confortable. — 8 à 15 fr. par jour.

Écrire au nouveau propriétaire : L.-W. PILATTE

Cannes

HOTEL SUISSE

Entièrement meublé à neuf. — Situation centrale. — Plein midi. — Beau jardin abrité. — Ascenseur. — Lumière électrique. — Chauffage central. — Grandes chambres bien aérées. — Arrangements sanitaires. — Pension depuis 9 fr. — A. KELLER (Suisse), Propriétaire.

Cannes

HOTEL DE FRANCE

Ouvert d'octobre à juin

Plein midi. — A 10 min. de la mer. — Grand jardin. — Ascenseur hydraulique. — Salons. — Billard. — Salle de bains. — Appartements hauts et aérés. — Drainage et assainissement. — Confort avec prix modérés.

Cannes

PENSION ANNE-THÉRÈSE

ET HOTEL DU LUXEMBOURG

Rue d'Antibes. — Situation centrale. — Jardin au midi. — Pension depuis 7 fr. — WICKENHAGEN-CRETTON.

Le Cannet

AGENCE DU CANNET

La plus ancienne. — **BACCHIALONE, Directeur**, *rue de la République*, 53 (terminus du train de Cannes). — Location et vente de maisons et villas. — Renseignements sur hôtels et pensions. — Formalités de douane. — Téléphone n° 2. — **Renseignements gratuits.**

CAPVERN

(HAUTES-PYRÉNÉES)

A 15 heures de Paris, à 6 heures de Bordeaux, à 2 heures de Toulouse, à 4 heures de Bayonne, à 1 heure de Luchon, à 1 heure de Lourdes. — Station célèbre de vieille date pour la grande efficacité de ses eaux. — N'a pas de similaire, grâce au traitement combiné de ses deux sources : **Houn-Caoudo**, stimulante, tonique, puissamment reconstituante, et **Bouridé**, éminemment sédative et décongestionnante. — Eau de table non gazeuse, ne troublant pas le vin, d'un goût agréable, légère et digestive.

ÉTABLISSEMENT OUVERT TOUTE L'ANNÉE

Saison du 15 mai au 31 octobre

Exportation importante d'eau en bouteilles toute l'année

EAU TRÈS STABLE

Eaux calciques et magnésiennes (sulfatées et bicarbonatées). — T. 24°. — Diurétiques, laxatives, dépuratives, résolutives, toniques et reconstituantes.

Souveraines dans : *Gravelle urinaire et Coliques néphrétiques, Gravelle biliaire et Coliques hépatiques, Affections des Reins, de la Vessie, des Voies urinaires, Engorgements du Foie et des Voies biliaires, Goutte, Diabète, Affections rhumatismales et arthritiques, Affections de l'Estomac, de l'Intestin, du Foie et des Voies biliaires, Etats hémorroïdaires, Affections de la matrice, Troubles de la menstruation (Etouffements et Vapeurs, Age critique), Anémies diverses, Etats nerveux divers, Neurasthénie.*

Postes — Télégraphe — Casino — Parc — Promenades — Excursions

HOTELS DE PREMIER ORDRE

Capvern-les-Bains

GRAND HOTEL DU PARC

1er ordre. — Près de l'Etablissement. — Tout le confort moderne. — *Grand parc ombragé attenant à l'hôtel.* — Cuisine très soignée spécialement recommandée. — Pension depuis 7 fr. — Garage et fosse pour autos. — Omnibus à la gare. — **BEAUPERTUIS, Propriétaire.**

Capvern-les-Bains

GRAND HOTEL BEAU-SÉJOUR

1er ordre. — Le plus confortable. — Vaste parc. — *Un omnibus de l'hôtel conduit gratuitement les clients à l'établissement.* — Garage pour autos. — Pension depuis 8 fr. — Omnibus à la gare.

ROUZAUD, Propriétaire.

Cauterets

CONTINENTAL-HOTEL

De tout premier ordre. — Situation exceptionnelle. — Jardin dans l'intérieur de l'hôtel. — Ascenseur. — Lumière électrique. — 250 chambres. — Grand restaurant Louis XV. — Salle des fêtes. — Garage avec fosse attenant à l'hôtel. — Correspondant du T. C. F. et de l'A. C. F. — Omnibus à la gare. — **Ch. DUCONTE**, Propriétaire.

Cauterets

GRAND HOTEL D'ANGLETERRE

OUVERT TOUTE L'ANNÉE

De tout premier ordre. — 350 chambres. — Situation unique. — Réputation universelle. — Grand restaurant Louis XV. — Garage et fosse pour autos. — *Lumière électrique.* — Ascenseur.

A. MEILLON, Propriétaire de l'Hôtel Gassion, à Pau

Cauterets

GRAND HOTEL DU PARC

Premier ordre. — Dans le Parc. — Entièrement remis à neuf. — Grands et petits appartements. — Table d'hôte. — Restaurant. — Cuisine très recommandée. — Fumoir. — *Lumière électrique.* — Prix modérés. — Omnibus à la gare.

LÉON FERRÉ, Propriétaire, ex-Directeur de l'*Hôtel des Promenades*

Cauterets

HOTEL REGINA

Ancien Hôtel des Promenades, complètement transformé. — De premier ordre. — Seul situé sur la place des Œufs. — Restaurant. — Véranda. — Salle de bains. — Fumoir. — Billard. — Ascenseur. — *Lumière électrique.* — Omnibus à tous les trains.

Mme GUICHARD, anciennement à l'*Hôtel de France*, Propriétaire

---

Cauterets

HOTEL DE LA PAIX

Place de la Mairie.—Situation la plus centrale, la plus rapprochée des Etablissements thermaux. — Vue magnifique des montagnes. — Lumière électrique dans toutes les chambres. — Grand confortable. — *Prix très modérés.* — *Omnibus à la gare.* — **J. LARRIEU**, Propriétaire.

Même maison : Hôtel de Strasbourg, à Tarbes

Cauterets

GRAND HOTEL DE L'UNIVERS

Ouvert du 1er mai à fin octobre.— Place Saint-Martin, près du Casino, des Thermes et du tramway de la Raillère.—150 chambres et salons.— Table d'hôte et restaurant. — Grand confort moderne. — Eclairage électrique. — Arrangements pour familles, depuis 8 fr.— *English spoken.* — *Se habla español.* —Omnibus à tous les trains. — **A. CIER**, Propre.

Cauterets

Maison LABORDE-MANAGAU

PENSION DE FAMILLE — Rue de la Raillère, 19, et rue de l'Église, 8

Jouissant d'une honorable et grande réputation. — Très bien située auprès des Thermes et de l'église paroissiale. — Excellente cuisine. — **Prix** : depuis 7 fr. par jour, petit déjeuner du matin et service compris. — *Très belle vue des montagnes.*

Cauterets

HOTEL BELLE-VUE

Près de la gare et du grand parc. — Vue merveilleuse. — Table d'hôte. — Restaurant à la carte. — Spécialement recommandé aux familles et aux touristes par son confortable et sa cuisine soignée. — Electricité. — Garage pour autos. — *Pension depuis 7 fr.* —
B. SALLES, Propriétaire.

Cauterets

GRAND HOTEL THERMAL

6, RUE D'ÉTIGNY

Pension complète depuis 6 francs par jour

MAISON DE SANTÉ DE CAUTERETS

Rue de César, 5, et Place des Thermes

Médecin en chef : **M. le Dr PÉGOT, de Paris**

Professeur agrégé (A D) en Sorbonne, Bi-Licencié ès sciences, ancien chef de la clinique nationale des sourds-muets de Paris

Prix à partir de 8 fr. par jour, tout compris. — Les Inscriptions se font à l'avance.

Challes-les-Eaux

GRAND HOTEL CHATEAUBRIAND

De premier ordre. — Construit en 1897, agrandi en 1902. — Merveilleusement situé au levant. — Vue superbe sur le Nivolet, Saint-Michel et les Alpes. — Très recommandé pour sa situation, son grand confortable et son installation hygiénique perfectionnée. — **Bains.** — Electricité. — Tennis. — Garage et fosse. — Villas séparées; — Arrangements pour familles et pour séjour. *Prix modérés.* — Omnibus à Chambéry. — **Arrêt du tramway.**

Challes-les-Eaux (Savoie)

à 6 kilomètres de Chambéry

GRAND HOTEL DU CENTRE

Table d'hôte. — Restaurant à prix fixe et à la carte. — Salons. — Ombrages. — Jardin. — **Lumière électrique.** — Cuisine bourgeoise. — Service soigné. — **Pension depuis 7 fr. par jour.** — Le tramway à vapeur partant de la gare de Chambéry s'arrête devant l'hôtel.
L'hiver : Hôtel des Etrangers à Hyères. — **E. TOURNAFOND**, Prop.

Chambéry (Savoie)

HOTEL DE FRANCE

ETABLISSEMENT DE PREMIER ORDRE

A PROXIMITÉ DE LA GARE ET DES PROMENADES

LEON REYNAUD, Propriétaire

English spoken — Salles de bains — Chauffage central — Téléphone — Electricité — Garage pour automobiles — Chambre noire pour photographie

Chambéry

GRAND HOTEL DE LA PAIX ET DE LA GARE

A 30 mètres en face de la gare. — 80 chambres et salons. — *Premier ordre.* — Entièrement neuf. — Table d'hôte et service par petites tables. — Salle de bains. — Chambre noire. — Calorifère. — **Ascenseur Stigler.** — Vaste garage à automobiles. — Arrangements pour familles et pour séjour. — **Prix modérés.**

Pierre-Joseph TRABBIA, Propriétaire

Chamonix

HOTEL ROYAL ET DE SAUSSURE

Sur la place du monument de Saussure. — Maison de premier ordre, entièrement restaurée et remontée. — Appartements très confortables. — **Restaurant.** — Cuisine et cave soignées. — *Prix modérés.* — Arrangements depuis 9 fr. — Bains. — Lumière électrique. — Grand jardin. — Parc. — Observatoire. — Vue superbe sur le mont Blanc et sa chaîne. — Saison d'hiver. — **COUTTET Frères, Propriétaires.**

Chamonix

GRAND HOTEL COUTTET ET DU PARC

HOTEL-PENSION COUTTET, ouvert toute l'année. — De premier ordre. — Magnifique situation en face du mont Blanc et entouré d'un grand jardin. — *Lumière électrique.* — Ascenseur. — Chauffage central. — Bains. — *Téléphone.* — Chambre noire. — Garage pour autos. — **Saison d'hiver** : Patinage appartenant à l'hôtel.
COUTTET Frères, Propriétaires

Chamonix

HOTEL DE LA POSTE

Considérablement agrandi en 1902 et meublé avec tout le confort moderne.— **Ascenseur.** — Lumière électrique partout. — Téléphone à l'hôtel. — Bains, douches. — Grand garage pour automobiles et vélos. — Chambres hygiéniques Touring-club. — Salons, fumoirs. — *Omnibus à tous les trains.* — Déjeuner à la fourchette, 2 fr. 50 ; dîner table d'hôte, 3 fr. 50. — 100 lits de 2 fr. 50 à 5 fr. — **A.-V. SIMOND,** Prop^re^.

Chamonix

HOTEL CROIX-BLANCHE ET SIMOND

Ouvert toute l'année

Confort moderne. — Lumière électrique. — Chauffage central. — *Arrangements pour familles.* — Chambres depuis 2 fr. — Pension depuis 7 fr. — **Ed. SIMOND,** Propriétaire.

Chamonix

CENTRAL HOTEL

De construction récente. — Très belle vue sur la chaîne du mont Blanc. — **Confort moderne.** — Lumière électrique. — Bains. — *Téléphone.* — Arrangements depuis 7 fr. — Saison d'hiver ; **Hôtel Néva, Cannes.** — **J. COUTTET,** Propriétaire.

Chamonix

HOTEL DE L'EUROPE

PENSION COUTTET. — En face de la Poste. — Vue merveilleuse sur a chaîne du mont Blanc. — Grand confort. — Service soigné. — Bains. — Lumière électrique. — Garage pour autos. — Pension depuis 7 fr. — *On parle anglais et allemand.*
FRANÇOIS COUTTET, Propriétaire.

Chamonix

HOTEL BRISTOL

Vue splendide sur toute la chaîne du mont Blanc. — Chambres et appartements très confortables pour familles et touristes. — Jardin. — Electricité partout. — Cuisine recommandée. — Pension : chambre, petit déjeuner, déjeuner, dîner, vin compris, depuis 7 fr. par jour. — Arrangements pour familles. — *English spoken.* — *Man spricht deutsch.* — **JOSEPH CLARET-TOURNIER.** Propriétaire.

Chamonix

GRAND HOTEL VICTORIA & MODERNE

PREMIER ORDRE. — Dernier confort. — Ascenseur. — Garage. — Prix de pension : depuis 8 fr. en juin ; 9 fr. en juillet ; 11 fr. en août ; 9 fr en septembre.
Succursale de l'Hôtel Bristol à Naples et de l'Exelsior Palace Hôtel à Palerme.

Châtel-Guyon

HOTEL DES BRUYÈRES

Premier ordre. — Situation hygiénique. — Eclairage électrique.— Pension depuis 9 francs, vin et service compris. — Arrangements pour familles. — *We speak english.* — *Man spricht deutsch.*

Châtel-Guyon

RÉGENCE HOTEL

AVENUE DES BAINS

Premier ordre. — Confort moderne. — Cuisine de famille et de régime. — Pension depuis 8 fr. — Eclairage électrique. — Garage pour autos. — *Omnibus à tous les trains.* — Mme GALL, Propriétaire.

Châtel-Guyon

VILLA DES HIRONDELLES

Hôtel-restaurant. — *Avenue Baraduc.* — Chambres confortables. — Cuisine de famille. — Tables de régime. — Eclairage électrique. — Jardin. — Pension depuis 7 fr. — HÉLAS, Propriétaire

---

Châtel-Guyon

HOTEL DES NATIONS

Correspondant du Touring-Club. — *Garage.* — Vaste jardin et terrasse ombragés. — Situation exceptionnelle. — Vue splendide. — Ameublement hygiénique. — Lumière électrique. — Cuisine de famille et de régime. — Pension depuis 7 fr. — Arrangements pour familles. — *Omnibus gare de Riom.* — A. SAHUT, Propriétaire.

Châtel-Guyon-les-Bains (Puy-de-Dôme)

HOTEL TERMINUS

Maison de famille. — Confort moderne. — Lumière électrique. — Terrasse et jardin ombragés. — Cuisine réputée et de régime. — Prix très modérés. — Arrangements pour familles. — *Omnibus à tous les trains, gare de Riom.* — *Téléphone.* — DESMARET, Propriétaire.

Cherbourg

HOTELS DE FRANCE ET DU COMMERCE RÉUNIS

41, RUE DU BASSIN

Le plus important de la région. — A proximité du port et des transatlantiques. — T. C. F. — Confort moderne. — A. C. F. — Salons de famille. — Salle de fêtes de 150 couverts. — Bains dans l'hôtel. — *Omnibus à tous les trains.* — Eclairage électrique. — *Téléphone n° 24.* — *English spoken.* — *Man spricht deutsch.*

Clermont-Ferrand

HOTEL TERMINUS

En face de la gare. — Confortable moderne. — Lumière électrique.— Téléphone. — Salle de bains. — Garage pour automobiles. — Recommandé par le T.-C. et l'Automobile-Club de France. — Prix modérés. Succursale : RICHELIEU PALACE HOTEL, Royat-les-Bains

---

Clermont-Ferrand

HOTEL DE LYON

PLACE DE JAUDE

Chambres Touring. — Chauffage à vapeur. — Eclairage électrique. — *Téléphone.* — LACRAMPE, Propriétaire.

Granville

GRAND HOTEL DU NORD

De tout premier ordre. — Entièrement remis à neuf. — Restaurant à la carte. — La meilleure situation au centre de la ville, près de la Poste et des bateaux de Jersey. — *Annexe avec vue sur la mer.* — *Splendide salle à manger.*— Arrangements pour familles et pour séjour. — Prix modérés. — **COSTE, Propriétaire.**

Grasse

GRAND HOTEL VICTORIA

Entièrement neuf. — **Premier ordre.** — Plein midi. — Vue splendide. — Grand jardin. — Hydrothérapie complète. — Calorifère. — Garage pour autos. — **Cuisine française très soignée.** — Pension depuis 8 francs. — Arrangements pour familles. — **Téléphone.** — *Omnibus à tous les trains.*— **MARENCO-SICARD, Propriétaire.**

Grasse

PARFUMERIE DE NOTRE-DAME-DES-FLEURS

Fabrique de Matières premières pour la Parfumerie

Fondée en 1812

BRUNO COURT

Fournisseur breveté de feu S. M. la reine d'Angleterre
de S. M. la reine Alexandra, de S. M. le roi Edouard VII
de la Cour princière de Bulgarie, de S. A. I. le prince Napoléon

EXPORTATION POUR TOUS PAYS

Grenoble

GRAND HOTEL MODERNE

INAUGURATION ÉTÉ 1902—**Place Grenette**—**Place Victor-Hugo**

Établissement de 1er ordre répondant à toutes les exigences du grand confort moderne. — **200 chambres et salons.** — Appartements indépendants pour familles. — Chambres Touring-Club. — Ascenseurs. — *Lumière électrique.* — Chauffage dans toutes les chambres. — Bains et douches. — **Table d'hôte.** — **Restaurant de 1er ordre.**

Prix modérés

Le Havre

HOTEL DE NORMANDIE

Rue de Paris, 106 et 108, et rue Bazan, 71

1er ordre. — Agrandissements considérables. — Complètement modernisé.— 100 chambres de 3 à 5 fr. chauffées à la vapeur. — Electricité. — **Le seul hôtel ayant ascenseur.**— Table d'hôte : déjeuner, 2 fr. 50; dîner, 3 fr. 50. — Restaurant de 1er ordre. — Cave renommée. — Omnibus de l'hôtel à tous les trains. — Interprète. — Téléphone 961.

Recommandé par A. C. F. T. C. F. A. G. F.

Garage pour autos

Plage du Havre

GRAND HOTEL & BAINS FRASCATI

De tout premier ordre — Ouvert toute l'année

SEUL HOTEL DU HAVRE SITUÉ AU BORD DE LA MER

Entièrement transformé. — 300 chambres et salons éclairés à la lumière électrique. — Chambres depuis 4 fr., éclairage compris. — Magnifique galerie avec restaurant sur la mer. — Arrangements pour familles. — *Omnibus à tous les trains.* — Bains chauds à l'eau douce et à l'eau de mer. — Salles de bains. — Hydrothérapie. — Bains à la lame. — Casino et Cercle Frascati. — Théâtre, Concerts, Musiques militaires, Soirées dansantes, Bals d'enfants, Petits chevaux. — Grand jardin. — Les voyageurs de l'hôtel ont droit à l'entrée du Casino.

Le Havre

HOTEL TORTONI

Place Gambetta

Premier ordre. — Absolument distinct et indépendant de la brasserie du même nom. — Salles de bains. — Chambre noire. — *Téléphone n° 736.* — Eclairage électrique. — Service par petites tables. — Journée depuis 10 fr.

Le Havre

HOTEL CONTINENTAL

De premier ordre. — Situation splendide sur les jetées et la mer. — Restaurant à la carte et à prix fixe. — Cuisine et cave renommées. — Chauffage central. — Salle de bains. — Garage gratuit pour autos. — *Téléphone 2.26.* — *Omnibus à tous les trains.* — Prix modérés.

J. GIOAN, Propriétaire, ex-directeur du restaurant Frascati.

Le Havre

HOTEL D'ANGLETERRE

Rue de Paris, 124 et 126

De premier ordre. — Le plus près de l'Hôtel de Ville et de la poste. — Chauffage central. — Bains. — Electricité. — *Téléphone 2.95.* — Garage pour autos. — *Pension depuis 9 fr., vin compris et arrangements pour familles.* — *English spoken.* — Omnibus de l'Ouest. — **THORIN, Propriétaire.**

Lamalou-le-Bas

GRAND-HOTEL

Premier ordre.—Grand confortable.—*En face du Casino, à 50 mètres de l'Etablissement thermal.* — Parc attenant à l'hôtel. — Voitures de luxe. — *Omnibus à tous les trains.* — Téléphone. — Garage et fosse pour automobiles (gratuits). — **MAS** Frères.

Lamalou-les-Bains

GRAND HOTEL DE LA PAIX

De premier ordre. — Près de l'Etablissement thermal, attenant au parc des Sources et à proximité du Casino. — Grand confortable et cuisine recommandée. — Prix modérés et arrangements pour familles. — Téléphone. — *Omnibus à tous les trains.* — *Se habla español.* — Succursale : Villa Marguerite, maison meublée. — **ROUQUAIROL**, Propre.

Lamalou-les-Bains

GRAND HOTEL DU CENTRE

Grand parc devant l'hôtel. — Téléphone. — Lawn-tennis. — Croquet. — Voitures pour promenades. — Pension depuis 8 fr. — Les officiers et fonctionnaires logés à l'hôtel ne payent que demi-tarif pour les bains du Centre et du Bas. — *L'hiver* : Régina-Hôtel, à Pau.

CANCEL, Propriétaire

Langrune-sur-Mer

HOTEL DU PETIT-PARADIS

Sur la plage. — Ouvert du 1er juin au 1er octobre. — Fréquenté par l'élite de la société. — Très recommandé pour sa situation unique, son confortable et son excellente cuisine. — Grand jardin ombragé. — *Pension depuis 6 fr. par jour.* — Garage et fosse pour automobiles. — Ecuries et remises. — **G. MORIN**, Propriétaire.

Limoges

GRAND-HOTEL

PREMIER ORDRE

Rue Montmailler, au centre de la ville. — Entièrement neuf. — Eclairage électrique. — Téléphone. — Jardin. — Garage pour autos. — *English spoken.* — Prix depuis 8 fr. — Omnibus à la gare.

Limoges

CENTRAL HOTEL

CARREFOUR TOURNY

Prix modérés. — Hôtel entièrement neuf, installé avec tout le confort moderne. — Ascenseur. — Electricité dans toutes les chambres.

Arrangements pour séjour

Lourdes

BUFFET DANS LA GARE MÊME

GRAND CONFORTABLE

Paniers et provisions de voyage. — Table d'hôte : déjeuner, 3 fr.; dîner, 3 fr. 50. — Tables particulières : déjeuner, 3 fr. 50 ; dîner, 4 fr., vin toujours compris.

Terminus-Touring hôtel attenant au buffet. — Installation moderne.

CLAVERIE, Directeur

Lourdes

GRAND HOTEL D'ANGLETERRE

Premier ordre. — Maison très en réputation et très recommandée par sa situation, comme étant la plus près de la grotte et la plus confortable. — Se méfier des pisteurs payés par certains hôtels pour déprécier l'**Hôtel d'Angleterre,** afin d'attirer les clients dans les hôtels par lesquels ils sont payés. — Eclairage électrique.

Omnibus à tous les trains. — **J. FOURNEAU**, Propriétaire.

Lourdes

GRAND HOTEL DE LA GROTTE

DE TOUT PREMIER ORDRE

Ouvert toute l'année. — Eclairage électrique. — Bains. — Douches. — Garage pour autos. — Vue des processions.

VOGEL, Propriétaire.

Lourdes

GRAND HOTEL HEINS

Villa Solitude et grand Hôtel du boulevard. — Maisons de premier ordre. — Grand confortable. — 150 chambres, 5 salons. — Bains. — *Lumière électrique.* — Spécialement recommandées au clergé et aux familles. — Pension. — **Prix modérés.** — *Omnibus à tous les trains.* — *Se habla español.* — *English spoken.* — *Man spricht deutsch.* — Garage et fosse pour autos. — **FRANÇOIS HEINS, Propriétaire.**

Lourdes

Grands Hôtels des Ambassadeurs

ET DE TOULOUSE RÉUNIS

Le plus beau de Lourdes. — **Confort et service de tout premier ordre.** — Vue splendide. — **Le plus près de la grotte.** — **En face de la basilique.** — Très recommandé. — Lumière électrique. — Laboratoire pour photographie. — *English spoken.* — *Man spricht deutsch.* — *Se habla español.* — Omnibus à la gare.

MARIUS ROMAIN, Propriétaire.

Lyon

LE GRAND HOTEL

16, rue de la République. — Entièrement moderne. — Le restaurant du Grand-Hôtel est le rendez-vous de la meilleure Société.

J. DUFOUR, directeur. — Précédemment : Aix-les-Bains. Hôtel Régina-Bernascon.

Lyon

GRAND NOUVEL HOTEL

Rue Grolée, 11. — Maison de premier ordre, avec vue sur le Rhône. — Ascenseur. — *Téléphone.* — Electricité. — Chauffage central. — Arrangements sanitaires.

Lyon

GRAND HOTEL DU GLOBE

Rue Gasparin, 21 (pl. Bellecour). — Ancienne réputation. — Complètement remis à neuf et pourvu de tout le confort moderne. — Ascenseur. — Lumière électrique et chauffage à eau chaude dans toutes les chambres. — Journées depuis 8 fr. 50 et arrangements pour familles. — Téléphone 1-52. — *English spoken.* — *Man spricht deutsch.* — O. GIRARD, Propriétaire.

Lyon

GRAND HOTEL DES BEAUX-ARTS

Rue de l'Hôtel-de-Ville, 75. — Ascenseur. — *Téléphone 4-75.* — Salle de bains et douches. — Chauffage central à vapeur. — *Maison restaurée avec tout le confort moderne.*

Lyon

HOTEL D'ANGLETERRE

Place Carnot 21 et 22 — *De premier ordre.* — Entièrement remis à neuf. — Chauffage central. — Electricité. — Arrangements sanitaires. — Ascenseur. — Grand garage avec fosse et atelier de réparations. — Pension depuis 9 fr. — Arrangements pour familles. — Recommandé par le T. C. F. — English spoken. — Man spricht deutsch. — Si parla italiano. — E. VRAY, Propriétaire.

Mâcon

GRAND HOTEL DE FRANCE

ET DES ÉTRANGERS

Hôtel de premier ordre, à la sortie de la gare, le plus fréquenté par les familles et les touristes. — *Garçon de l'hôtel à tous les trains, pour les bagages.* — Garage et essence pour automobiles. — Salon de lecture. — Café. — *Excellente cuisine.* — **M. DUPANLOUP**, Propriétaire.

Marseille

Grand Hôtel des Princes et des Colonies

Annexes du Rosbif — Spécialité de Mets de Provence

Square de la Bourse, 12.— Appartements et chambres confortables depuis 2 fr. 50. — Sans table d'hôte ni restaurant. — *Maison recommandée aux touristes et aux familles.* — **J. GUEYRARD, Fils.**

Marseille

GRAND HOTEL BEAUVAU

Rue Beauveau, rue Cannebière, quai de la Fraternité.— Seul hôtel de premier ordre **ayant façade sur la mer**, au centre de la ville et au midi.— Entièrement remis à neuf.— **Ascenseur.**— *Bains.*— *Téléphone* 849. — Chambre noire. — Pension depuis 8 fr. par jour. — Arrangements pour familles. — *Omnibus à tous les trains.*
H. TEISSIER, Propriétaire.

Marseille

GRAND HOTEL DE RUSSIE ET D'ANGLETERRE

Le seul ayant le chauffage central dans les chambres

Boulevard d'Athènes, 31. — Hôtel-villa de premier ordre, le plus coquet de Marseille et le plus près de la gare. — A deux minutes de la Cannebière. — Correspondant du T. C. français et anglais. — Bains. — Téléphone. — Garage. — Ascenseur. — Electricité.—Interprètes.—Pension depuis 8 fr.— *Omnibus.* — **L. PINET, Propriétaire.**

Marseille

Grand Hôtel-Restaurant Californie et Colonial

Cours Belzunce, 42 et 44 — 110 chambres depuis 2 fr. — Complètement remis à neuf.— Le plus ancien et le plus central de Marseille. — Déjeuner, 2 fr. 50; dîner, 2 fr. — Cuisine de premier ordre et au beurre. — **Arrangements à la journée** à partir de 6 fr. 50 et 7 fr., tout compris.— **Téléphone 739.** —Bains dans l'hôtel. — Omnibus à tous les trains. — Grandes terrasses et balcons en plein air.— Eclairage électrique dans toutes les chambres. — **ALBERT et DUC, Propriétaires.**

Marseille

HOTEL DU XXe SIÈCLE

Sur la Cannebière et cours Saint-Louis

Hôtel **meublé** de *tout premier ordre* et entièrement neuf. — Luxueusement installé. — Arrangements sanitaires. —Eau courante froide et chaude.—Bains. — Calorifère. — Eclairage électrique. — Ascenseur. — Interprètes. — **L. MOLLARET Propriétaire.**

Marseille

HOTEL CONTINENTAL

Recommandé aux familles. — Agrandissements. — 6, rue Beauvau. — Vue sur la mer. — Près de la Cannebière et des Compagnies de navigation. — Salon de lecture. — Fumoir. — Pension depuis 7 fr. 50 par jour.— Bains. — Garage. — Téléphone. —On parle anglais, allemand, hollandais, espagnol.— *Omnibus.*— **G. LAZAR, Propr.**

Marseille

GRAND HOTEL DES PHOCÉENS

RESTAURANT ISNARD

Premier ordre. — Maison spéciale pour la Bouillabaisse. — Réputation européenne comme cuisine et **cave.**— Recommandé aux familles et aux touristes. — **Omnibus à tous les trains.** — Expéditions de la Bouillabaisse Isnard en boite-panier. — **ISNARD.**

Marseille

HOTEL DU PETIT LOUVRE

Le seul et unique Restaurant en plein midi sur la Cannebière. — Chambres depuis 2 fr. 50 et arrangements pour familles. — Ascenseur. — Omnibus. — Interprète. — *Téléphone.* — **Veuve GARRONE, Prop.**

Marseille

GRAND NOUVEL HOTEL MEUBLÉ

10. boulevard du Musée, près la rue Noailles (Cannebière). — Electricité et chauffage central. — Ascenseur. — Interprètes. — Bains. — Grand hall. — Jardin. — Chambres, 3, 4, 5 francs et au-dessus. — Grand confort. — Garçons de courses. — Renseignements. — Correspondant du *Touring-Club de France.* — Chambre noire.
Télégrammes : Noutel-Marseille. — **CHEVRET, Propriétaire.**

Marseille

BOUILLABAISSE

RESTAURANT BODOUL

FONDÉ EN 1798

PEYTAVIN, Propriétaire

23, *Rue Pavillon*, 23

Complètement transformé par ses nouveaux agrandissements et sa nouvelle salle de Restaurant réunissant le luxe et le confortable les plus modernes.

Spécialité de Bouillabaisse fraîche expédiée en boîtes en France et à l'Etranger. — La boîte pour quatre personnes, **12 fr.**, *franco.* — Il suffit, pour pouvoir manger la bouillabaisse à point, d'un bain-marie d'un quart d'heure, après avoir ouvert la boîte. — Toute boîte est accompagnée d'un prospectus explicatif. — **Bodoul** est la plus ancienne maison de Marseille dans son genre. C'est toujours le nom en réputation, en grande vogue : réputation d'ailleurs méritée, car c'est une maison de toute confiance.

Adresse : BODOUL, Marseille

NOTA. — Les expéditions de bouillabaisse et de pâtés de thon se font pendant la saison froide, d'octobre en avril.

Marseille

RESTAURANTS DE 1ER ORDRE J. BASSO

ET SALONS BRÉGAILLON (ANNEXE)

Quai de la Fraternité, 3 et 5. — Maisons recommandées. — Coquillages des parcs Basso. — **D. GOT et M. DAVID,** Successeurs. — 1er prix Exposition culinaire de Paris, 1900 et 1901, pour leurs Coquillages, Bouillabaisses, Soupes de poissons, etc., etc. — *Service irréprochable.* — Vue splendide sur la mer. — Expéditions de coquillages et de bouillabaisses en boîtes soudées. — **Prix modérés.**

Menton

GRAND HOTEL MONT-FLEURI

Premier ordre. — Plein midi. — **Situation exceptionnelle.** — Magnifique vue de mer. — Très abrité à mi-côte. — Entièrement meublé à neuf avec tout le confortable moderne. — *Chambre noire pour photographie.* — Garage pour bicyclettes. — Téléphone. — Ascenseur.

L. NAVONI, Propriétaire

Menton

GRAND HOTEL VICTORIA ET DES PRINCES

PREMIER ORDRE

Plein midi. — Grand jardin. — Chauffage dans tous les corridors. — Bains. — Fumoir. — PRIX MODÉRÉS. — Ascenseur — **Omnibus à tous les trains.** — **R. LEUBNER**, Propriétaire.

Menton

HOTEL DE LONDRES

PRÈS DU JARDIN PUBLIC

Plein midi. — Vue de mer. — Bains. — Électricité. — **Service par petites tables.** — Pension depuis 7 fr., petit déjeuner du matin compris. — C. SCHWARZMANN.

Menton

BALMORAL HOTEL

Ouvert toute l'année. — Situation centrale. — Plein midi. — Jardin. — Magnifique véranda et restaurant sur la mer. — Bains. — Douches. — **Ascenseur.** — *Lumière électrique.* — Bonnes chambres depuis 3 fr. — Petit déjeuner, 1 fr. 25; déjeuner, 3 fr.; dîner, 4 fr. — Pension pour séjour depuis 8 fr., petit déjeuner compris.— **Cuisine renommée.**

Victor RÉ, Propriétaire-Directeur

Menton

GRANDE AGENCE DE MENTON FONDÉE EN 1870

GUSTAVE AMARANTE ✠, ✠, ✠

Location de toutes les villas et de tous les appartements meublés ou non meublés à Menton et au Cap Martin. — Vente et achat de villas, hôtels, châteaux et terrains. — Indications sérieuses, précises et gratuites. — Maison de premier ordre.

Ne pas oublier le prénom **GUSTAVE.**

Menton

AGENCE AMARANTE FONDÉE EN 1867

TONIN AMARANTE

Agence spéciale pour la location de **toutes** les villas et de **tous** les appartements meublés ou non meublés à **Menton.** — Vente et achat de propriétés. — Renseignements gratuits et précis. — **Ancienne réputation.**

Adresse télégraphique : Agence Amarante

Monte-Carlo

Grand Hotel HARTER et MÉDITERRANÉE

Hôtel de premier ordre, près de la gare, du Casino et des jardins publics. — Vue superbe sur la mer et les montagnes. — Chauffage central. — Ascenseur. — Bains. — Lumière électrique. — Prix modérés.

C. HARTER, Propriétaire

Monte-Carlo

GRAND HOTEL VICTORIA

Premier ordre. — Entièrement remis à neuf, avec tout le confort moderne. — **Plein midi.** — Grand hall. — Appartements particuliers avec salle de bains. — **Veuve E. REY, Propriétaire.**

Monte-Carlo

HOTEL ET RESTAURANT DU HELDER

Maison de premier ordre. — **Situation** splendide. — **Plein** midi. — A proximité du Casino. — 100 chambres et salons.— Salles de bains.— Ascenseur. — Eclairage électrique. — **Arrangements pour séjour** et prix modérés. — **BREMOND Albert**, Propriétaire.

Monte-Carlo

GRAND HOTEL DU PRINCE DE GALLES

Maison de premier ordre, réunissant tout le confort moderne, située à 2 minutes du Casino, en plein midi et dominant Monte-Carlo, La Condamine, Monaco et la mer. — Ascenseurs.— Lumière électrique. — Appartements avec salle de bains. — **Veuve D. REY**, Propriétaire.

Monte-Carlo

SUN-PALACE

Maison de premier ordre. — Situation exceptionnelle en plein midi. — Ascenseur.— Lumière électrique.— Chauffage à la vapeur.— Salle de bains à chaque étage. — **Pension depuis 11 fr.** — Arrangements avantageux pour familles. — *Omnibus à la gare.*

OTTO RITSCHARD, Propriétaire

Monte-Carlo

NOUVEL HOTEL DU LOUVRE

Près du Casino. — Inauguré en 1903.— Maison spécialement construite pour hôtel, avec tout le confort moderne. — Electricité. — Chauffage central. — Bains. — **Téléphone.** Ascenseur. — Prix modérés. — *Moderate charges. — Massige Preise.*

L'été : à Vichy, Hôtel Molière — **J. BOURBONNAIS**, Propriétaire

Mont-Dore

HOTEL SARCIRON-RAINALDY

Le plus important de la station. — Réputation ancienne. — Grand confort hygiénique. — Villa Chabaury aîné, Villa des Clauzels et Chalets des Pics, maisons d'air à 1 100 mètres, avec parc, lawn-tennis et jeux divers. — Ascenseurs. — Electricité. — Téléphone. — Interprètes. — Vaste garage avec fosse et atelier de réparation. — Automobile à la gare à tous les trains.

Écrire à **M. SARCIRON-RAINALDY**, Propriétaire-Directeur.

Mont-Dore

NOUVEL HOTEL ET GRAND HOTEL DE LA POSTE

Maisons de premier ordre situées en face de l'Etablissement. — Chalets, villas pour familles. — Parc. — Lawn-tennis. — Jeux divers. — Téléphone. — Lumière électrique. — Ascenseur. — Lift. — Garages. — Interprètes pour toutes langues. — **G. BELLON**, Prop.-Directeur.

Mont-Dore

GRANDS HOTELS DE PARIS ET DU PARC

En face des Thermes et sur le parc. — Ascenseur. — Téléphone. — Lumière électrique dans toutes les chambres. Installation hygiénique. — Villas dans le parc, chalets dans la montagne, — Lawn-tennis. — Garage pour bicyclettes et autos. — *English spoken.* — Prix modérés.

Léon CHABORY, Propriétaire, membre du *Touring-Club*.

Mont-Dore

INTERNATIONAL HOTEL

Premier ordre. — Le plus moderne comme installation hygiénique, construit en 1900 et entouré d'un parc de 8 000 mètres.

Téléphone — Lumière électrique — Ascenseur

Garage et fosse pour autos

VEYSSEYRE Frères, Propriétaires-Directeurs

Mont-Dore

HOTEL RAMADE AINÉ

1er ORDRE — GRAND CONFORTABLE

Le plus près de l'Établissement thermal. — Appartements hygiéniques — **Excellente cuisine.** — Pension, vin compris, depuis 9 fr. — Arrangements pour familles avec enfants. — *Garage pour automobiles.* — Omnibus à tous les trains. — **RAMADE aîné, Propriétaire.**

Mont-Dore

GRAND HOTEL DU NORD

PRÈS DU PARC ET DES ÉTABLISSEMENTS

Appartements et chambres confortables pour familles et touristes. — Pension de 8 à 11 fr., suivant chambre. — **Service soigné.** — Omnibus à tous les trains. — **J. CONSTANTIN, Propriétaire.**

Mont-Dore

HOTEL DU VATICAN

A proximité de l'Établissement thermal. — Recommandé aux familles et à MM. les ecclésiastiques. — Pension : 7, 8 et 9 fr. par jour, suivant chambre, tout compris. — *Omnibus à tous les trains.*

DUCROS, Propriétaire.

Mont-Dore

HOTEL RICHELIEU

Ouvert en 1901. — Offrant le confort des hôtels de premier ordre et la tranquillité d'une maison de famille. — Conditions rigoureuses d'hygiène. — Murs peints à l'huile : ni tentures, ni rideaux. — Excellente cuisine. — *Prix avantageux.*

Mmes MAISONNEUVE, Propriétaires

Montpellier

HOTEL DE LA MÉTROPOLE

PRÈS DE LA GARE. — De tout premier ordre. — Merveilleusement installé. — Très recommandé aux familles. — Appartements au midi. — Restaurant. — Grand hall. — Jardin. — Salles de bains. — Calorifères. — Lumière électrique. — Ascenseur. — Téléphone. — **Prix modérés.**

Montpellier

GRAND HOTEL MODERNE

Hôtel meublé T. C. F. — Électricité. — Chauffage avec radiateurs. — Lavabos avec eau chaude et eau froide. — Bains. — Chambre pour photo. — Garage avec fosse. — Ascenseur. — *Omnibus.* — Chambres depuis 2 fr. 50. — Téléphone n° 4-36. — A deux pas de l'hôtel : **Grande Brasserie du Coq d'Or**, place de la Comédie. — Déjeuners et dîners à toute heure. — Lavabos Touring.

Montpellier

RICHE HOTEL ET CONTINENTAL

Le mieux situé place de la Comédie, près du Théâtre et de l'Esplanade. — Remis à neuf. — Confortable moderne. — Electricité. — Téléphone. — Ascenseur. — **Pension depuis 8 fr. 50.** — Omnibus à la gare. — **DUCAILAR**, Propriétaire.

Nantes

GRAND HOTEL DE FRANCE

PLACE DU THÉATRE-GRASLIN

Le plus central — Complètement remis à neuf
Electricité — Bains — **Téléphone 635** — Confort moderne
Garage pour autos dans l'hôtel — A. C. F., A. C. A.

Nantes

GRAND HOTEL DES VOYAGEURS

Au centre de la ville, près du Théâtre. — **Installation et confort modernes.** — Electricité dans les chambres. — Calorifère — Bains et douches. — Téléphone. — Jardin d'hiver. — **Table renommée.** — **Service par petites tables.** — **Maison de premier ordre, spécialement recommandée pour sa bonne tenue, son confortable et ses prix consciencieux.** — **Garage pour autos.** — *English spoken.* — **G. CRÉTAUX**, Propriétaire.

Néris

GRAND HOTEL DUMOULIN

DE TOUT PREMIER ORDRE

EN FACE DES THERMES

Villas pour familles

Garage pour autos

Omnibus à tous les trains

Néris-les-Bains

GRAND HOTEL DE PARIS

Premier ordre. — En face de l'Etablissement thermal. — Pavillon et villa séparés de l'hôtel en face du Parc. — Excellente cuisine sous la direction du propriétaire. — **Arrangements pour familles depuis 8 fr.** — Garage pour autos. — *Omnibus à tous les trains.*

LASSALAS, Propriétaire.

Néris-les-Bains

GRAND HOTEL DE LA PROMENADE

Premier ordre. — Sur le Parc. — Arrangements pour familles depuis 8 fr. — Pavillons séparés. — Tennis. — Garage pour automobiles. *Omnibus à tous les trains.*

Mme **FORICHON-SAUVANET**, Propriétaire.

Néris-les-Bains

GRAND HOTEL ROCHETTE

DE FRANCE ET DU PARC

Premier ordre. — En face de l'Etablissement thermal et du Parc. — Grand jardin. — Villas. — *Garage pour autos.* — Pension depuis 8 fr. — *Omnibus à tous les trains.* — **ROCHETTE**, Propriétaire.

Néris-les-Bains

GRAND HOTEL DU JARDIN

Premier ordre. — Situation unique sur le parc de l'Établissement thermal et du Casino. — **Cuisine très soignée faite sous la direction du propriétaire, chef de cuisine.** — Pension depuis 8 fr. et arrangements pour familles. — Jardin avec villa. — *Garage pour autos.* — Omnibus à la gare. — **J. AUTISSIER**, Propriétaire.

Nevers

GRAND HOTEL DE LA PAIX

Premier ordre. — En face de la gare. — Chambres et appartements très confortables pour familles. — Petit déjeuner, 1 fr.; déjeuner, 3 fr.; dîner, 3 fr. 50. — Chambres depuis 2 fr. — Cuisine très recommandée aux familles. — Location d'équipages en tous genres.

FAUCONNIER, Propriétaire

Nice

LE GRAND HOTEL

En face le square Masséna — 600 chambres et salons à proximité des Théâtres et Casinos. — Vaste et magnifique hall. — Chauffage central. — Appartements et chambres avec salles de bains communicantes.

Nice

HOTEL BEAU-RIVAGE

QUAI DU MIDI, EN FACE DE LA MER

Prix modérés. — Ascenseurs — Electricité dans toutes les chambres. — Arrangements pour séjour.

Nice

PALACE HOTEL

Tout le confort moderne. — Plein midi. — Situation très centrale. — Grand jardin. — **W. MEYER, Propriétaire.**

Nice

HOTEL-RESTAURANT HELDER-ARMENONVILLE

PLACE MASSÉNA

MAISON D'ÉTÉ

Hôtel de Paris, à TROUVILLE-SUR-MER

Nice

HOTEL WESTMINSTER

Promenade des Anglais

Premier ordre. — 150 chambres et salons. — Eclairage électrique. — Service à tables séparées. — Cuisine française. — Plein midi. — Confort moderne. — Bains. — Jardin d'hiver chauffé. — Ascenseurs. — Grand auto-garage. — Chambre noire, etc., etc. — Arrangements depuis 12 fr. par jour. — Maison très fréquentée.

François REBETEZ, Propriétaire.

Nice

HOTEL GALLIA

RUE DE LA PAIX

OUVERTURE NOVEMBRE 1900

Pension complète avec chambre, depuis 8 fr. par jour

1er ORDRE — ASCENSEUR

PLEIN MIDI — JARDIN

140 chambres et salons avec tout le confort moderne et entièrement éclairés à la lumière électrique. — **Chauffage central dans les chambres. — Arrangements sanitaires parfaits. — Salles de bains à chaque étage.** — Billards. — Fumoir. — Magnifiques salons. — *Table d'hôte par petites tables et restaurant à la carte.* — Garage pour automobiles et bicyclettes. — **G. FORTÉPAULE**, Propriétaire.

L'ÉTÉ : GRAND HÔTEL DE LA TERRASSE, A TROUVILLE-DEAUVILLE

Nice

TERMINUS HOTEL

Maison de premier ordre située en face de la gare

Ouverte toute l'année. — Confort moderne

HENRI MORLOCK, nouveau Propriétaire

Nice

HOTEL DE SUÈDE EX-ROUBION

36, AVENUE DE BEAULIEU, 36

Premier ordre. — Jardin. — Plein midi. — *Ascenseur et lumière électriques.* — Chauffage central dans chaque chambre.

HENRI MORLOCK, Propriétaire

Nice

HOTEL DE BERNE

EN FACE DE LA GARE

Ouvert toute l'année. — **Prix modérés**

N.-B. — Le transport des bagages est gratuit.

HENRI MORLOCK, Propriétaire

Nice

HOTEL-PENSION SUISSE

Maison suisse renommée. — Premier ordre. — Situation magnifique sur le bord de la mer. — Vue splendide. — Jardin. — Arrangements sanitaires. — Bains. — Calorifère. — Téléphone. — *Lumière électrique.* — Ascenseur. — Arrangements pour familles depuis 9 fr. — **J.-P. HUG**, Popr[tre].

Nice

HOTEL NATIONAL

Avenue de la Gare, à une minute de la gare. — Ouvert toute l'année. — *Lumière électrique.* — *Ascenseur.* — Téléphone. — Bains. — Service par petites tables. — **Cuisine de premier ordre.** — Pension depuis 8 fr. 50, vin compris. — **ALFRED GUILLIER**, Propriétaire-Directeur.

Nice

HOTEL DES DEUX-MONDES

20, RUE PAGANINI, à 100 mètres de la gare. — *Ouvert toute l'année.*

Entièrement transformé. — *Chambres hygiéniques.* — Electricité. — Téléphone. — Garage pour autos. — Correspondant des Touring français et anglais. — Pension depuis 8 fr. — **RIGUELLE, Propriétaire.**

Nice

GRANDE PENSION DE FRANCE

Rue de France, 35, près de la promenade des Anglais. — Premier ordre. — Plein midi. — Grand jardin. — Bains. — Lumière électrique. — Cuisine très soignée. — Pension de 7 à 12 fr. — *English spoken.* — *Man spricht deutsch.* — Auto-garage gratuit.

Nice

HOTEL DE LA GARE

7, rue de Belgique et rue Paganini (*à deux pas de la gare*)

Excellente maison recommandée pour sa bonne tenue et sa cuisine bourgeoise — **Transport gratuit**, par le personnel de l'hôtel, des bagages à l'aller et au retour. — Chambres depuis 2 fr. — Prix de la journée : 7 fr. 50, tout compris. — L'hôtel est ouvert toute l'année. — **H. RHEINHEIMER**, Propriétaire.

Nice

HOTEL SAINT-GEORGES

Rue de la Paix, 7.

Sur jardin. — Plein midi. — Confort moderne. — **Pension depuis 8 francs par jour et arrangements pour familles. — Service par petites tables.** — **ARBET, Propriétaire.**

Nice

HOTEL DE CASTILLE SAINT-ANDRÉ

30, rue Masséna. — Pension depuis 7 fr. par jour, vin compris. — Entièrement remis a neuf. — Situation très centrale. — **Plein midi.** — Maison très recommandée pour son excellente cuisine bourgeoise. — Vins des propriétés de la maison. — Déjeuner, 2 fr. 50; dîner, 3 fr. — **H. FOURNIER, Propriétaire.**

Nice

GRAND HOTEL BONFILS ET SAINT-LOUIS

Rue d'Angleterre, 37, et rue de Belgique, 6

A 100 mètres de la gare du P.-L.-M. — *Plein midi.* — Chambres confortables. — Restaurant système Duval. — Déjeuner, 2 fr. 50; dîner, 3 fr. — Pension depuis 7 fr., tout compris. — **BONFILS, Prop**[re].

Nice

Hôtel du Tzaréwitch

Boulevard du Tzaréwitch

Chauffage central dans toutes les chambres

Vue sur la mer. Prix très modérés.

A cinq minutes du centre, par le tramway.
Entièrement meublé à neuf. — Situation hygiénique parfaite.
Parc privé de 22 000 mètres. — Eau de source sur la Propriété.
Garage pour autos. — Panorama idéal.

S. LE BROCQ, Propriétaire.

Nice

HOTEL RICHELIEU

Rue Assalit, 30, *près de la gare.* — Transport des bagages gratuit, aller et retour. — Plein midi. — Entièrement neuf. — Chambres et appartements confortables. — Bains. — Cuisine très soignée, faite par le propriétaire. — **Pension depuis 7 fr.** — Faculté de prendre ou non ses repas à l'hôtel. — Chambres depuis 2 fr. 50. — En été : *Grand Hôtel de l'Etablissement thermal, à GREOUX (B.-A.)*

PICHE, Propriétaire

Paramé

BRISTOL PALACE HOTEL

Créé en 1900. — De tout premier ordre. — *Sur la plage, accès direct.* — Grand confort. — Pension depuis 10 fr. par jour.
HOTEL DE LA PLAGE (annexe du Bristol). — *Même situation.* — Pension depuis 8 fr. par jour. — J.-C. GALLET, Propriétaire.

Paramé

ANCIENNE AGENCE BIDEL

L. VILLALON, Successeur, CARREFOUR DE ROCHEBONNE

Agence générale pour la **location des villas** et appartements meublés à Paramé, Rothéneuf, Saint-Malo, Saint-Servan, Dinard et la région. — **Vente et achat** de terrains, villas, châteaux, fermes et fonds de commerce. — Gérance de propriétés. — Renseignements précis et gratuits. — *Bureau ouvert toute l'année.*

L. VILLALON, Directeur. — Téléphone n° 1.

Paramé

AGENCE GÉNÉRALE

CARREFOUR DE ROCHEBONNE

G. BAZANTAY, successeur de MM. **Hollain** et **Esnault**. — Location de villas et appartements à Paramé, Rothéneuf, St-Malo, St-Servan, Dinard et la région. — Vente et achat de propriétés, villas, terrains, fonds de commerce. — Bureau ouvert toute l'année. — Renseignements gratuits. — **G. BAZANTAY**, directeur. — **Téléphone 0.07.**

Pau

L.-O. SARRADET

12, rue Taylor, 12

La plus ancienne agence de location de villas et d'appartements. — Vente d'immeubles et de propriétés. — Fondée en 1847. — Renseignements prompts et précis. — **Répertoires complets.**

Pau

CENTRAL OFFICE

BOURDILA, Directeur — **Rue Gambetta, 2**
Près de la Poste et de la Société Générale
Membre fondateur du Syndicat des hommes d'affaires de France

Villas et appartements à louer. — Propriétés et immeubles à vendre. — Agence de location la plus centrale et la plus avantageusement connue. — Renseignements exacts et gratuits. — Télégr. : BOURDILA-PAU.

Pau

AGENCE PYRÉNÉENNE

PLACE DE LA HALLE, 6, près de la Préfecture

Location d'appartements et de villas meublés ou non meublés à Pau et dans la région pyrénéenne. — Vente et achat d'immeubles de toute nature. — Liste et renseignements. — **P. BARRÈRE.**

Pau

AGENCE AUBERT

6, RUE ADOUE, 6

Agence spéciale pour la location des villas et appartements et la vente des propriétés

Bascule médicale pour pesage des personnes

Adresse télégraphique : AUBERADOUE-PAU — TÉLÉPHONE N° 0.93

Royan

GRAND HOTEL DE BORDEAUX

Ouvert du 1er mars au 1er novembre

Magnifique vue de mer. — Jardin

GRAND HOTEL DE L'EUROPE

A PONTAILLAC

Situation merveilleuse sur la mer, avec jardin de 6000 mètres
Les deux hôtels sont de tout premier ordre et sous la même direction.

Royan

LE GRAND-HOTEL

Au Parc. — Le seul donnant sur la Grande Plage. — Agrandissement considérable. — 150 chambres. — Salle de bains. — Magnifique terrasse sur la mer. Grand jardin dans les Pins. — Appartements pour familles. — Maison de premier ordre. — Ouvert du 1er mars au 1er novembre. — *English spoken.* — *Se habla español.* — *Omnibus de l'hôtel à tous les trains.* — *Téléphone.* — *Garage pour automobiles.*

Royan

HOTEL D'ORLÉANS

Façade du port, boulevard Thiers

Ouvert toute l'année. — Grand restaurant avec salles d'été et d'hiver. — Arrangements pour familles. — Prix modérés. — *Garage pour automobiles.* — Chambre noire pour photographie. — **A. Dejean, Propriétaire.**

Royan

ROYAL-HOTEL

BOULEVARD THIERS, EN FACE DE LA MER

Ouvert du 1er avril au 15 octobre. — Installation moderne. — Garage d'automobiles. — Electricité. — Téléphone. — *Prix modérés.*

Mme BAULEY, Directrice

Royan

FAMILY HOTEL

Premier ordre. — Agrandissement considérable. — Installation moderne. — En face de la Grande Plage, à l'entrée du Parc. — La plus belle situation de Royan.

Très recommandé pour le confortable de ses chambres et sa *cuisine très soignée*.

Pension depuis **8 francs** par jour, excepté le mois d'août, petit déjeuner, vin, service, tout compris. — Prix spéciaux et très modérés pour l'hiver. — **Vve PINSON, Propre.**

Royan

AGENCE DEVEAUD

31, rue Gambetta

LOCATION DE VILLAS ET D'APPARTEMENTS

Ventes et achats d'immeubles — Renseignements gratuits

Téléphone

Royat

GRAND-HOTEL

Le plus important, situé près de l'Établissement. — Vaste parc. — *Lumière électrique.* — *Ascenseur.* — **Perfect sanitary arrangements.** — **SERVANT**, Propriétaire.

Royat

CASTEL-HOTEL

OUVERT DU 15 MAI AU 15 OCTOBRE

Maison de premier ordre. — Dans le parc de l'Établissement. — Lumière électrique dans toutes les chambres. — Téléphone. — Ascenseur Lift. — **A. HERPIN**, Propriétaire.

Royat

GRAND HOTEL DE LYON

PREMIER ORDRE

Sur le nouveau Parc, près de l'Établissement. — Vue splendide sur toute la vallée. = Hall. — Terrasse. — Jardin. = *Pension depuis 8 fr. par jour.* — **DELAVAL**, Propriétaire

---

Royat

HOTEL VICTORIA ET DE NICE

PRÈS DE L'ÉTABLISSEMENT

Vue sur le Parc. — Recommandé aux familles pour son grand confortable et sa cuisine très soignée. — *Prix depuis* **7 fr. 50** *par jour, tout compris même le petit déjeuner du matin.* — Arrangements pour familles avec enfants.

GIDON-HUGUET, Propriétaire.

Royat

GRAND HOTEL BRISTOL

Situé face à une porte d'entrée du Parc et de l'Établissement thermal. — **Pension de 7 à 12 fr. par jour.**

Grand confortable. — Garage pour autos et bicyclettes. — Installation photographique. — **PÉCHERET**, Propriétaire.

St-Gervais-les-Bains (Village, Cure d'air)

LE GRAND HOTEL

De premier ordre et de construction récente. — Vue magnifique sur la vallée de l'Arve, la chaîne du mont Blanc et le mont Fleuri. — Très confortable. — Grande terrasse. — Parc. — Lumière électrique. — Chambre noire.— *Garage et fosse.*—Excellente cuisine.— *Pension depuis 8 fr.* — On parle les principales langues. — **MARTIN**, Propriétaire.

St-Gervais-les-Bains (Village, Cure d'air)

GRAND HOTEL DU MONT-JOLY

ET SES ANNEXES

Premier ordre. — 150 chambres et salons. — Appartements privés avec cabinet de toilette. — Grand confort. — Vastes Parc et jardins ombragés. — Etablissement d'hydrothérapie complète annexé à l'hôtel. — Renommé pour son excellente cuisine.—Pension depuis 8 fr., —Arrangements particuliers en juin et septembre.

G. **DORIN**, Propriétaire-Directeur.

Saint-Gervais-les-Bains

SPLENDID HOTEL ET DES ÉTRANGERS

Premier ordre. — Vue superbe sur les vallées et les montagnes. — Grand confortable. — Bains. — Vaste jardin ombragé. — Deux grandes terrasses. — Tennis. — Lumière électrique partout. — Garage. — *Pension au Splendid Hôtel depuis 8 fr., aux Etrangers depuis 7 fr.* — **E. BATTENDIER**, Propriétaire, Membre du C. A. F.

Saint-Honoré-les-Bains (Nièvre)

ÉTABLISSEMENT THERMAL

Ouvert du 1er juin au 30 Septembre

Maladies des voies respiratoires. — Bronchites. —Asthme. — Rhume des foins. — Affections de la peau. — Débilité des enfants. — Arthritisme. — Eaux thermales sulfurées, sodiques, arsenicales. — Casino.— Théâtre. — Concerts dans le parc.

GRAND HOTEL DU MORVAN

ET DES BAINS

Considérablement agrandis et entièrement meublés à neuf les seuls situés dans le parc. — *Pour renseignements s'adresser au Directeur de l'Etablissement Thermal.*

Saint-Honoré-les-Bains (Nièvre)

GRAND HOTEL VAUX-MARTIN

Ouvert du 1er juin au 1er octobre. — Premier ordre. — Grand confortable. — Cuisine très soignée. — Billard. — Grand Jardin. — *Pension depuis 7 fr., par jour.* — Omnibus à tous les trains à Vandenesse et Remilly. — Mme **BAYEUX-RASSE**, Prop.

Saint-Honoré-les-Bains (Nièvre)

HOTEL HARDY

Près le Parc et les Thermes. — Chambres confortables. — Cuisine de famillle très-soignée. — Jardin. — Garage pour autos. — *Pension depuis 7 fr. par jour.* — Omnibus de la correspondance du chemin de fer. — **CAILLOT-HARDY**, Propriétaire.

Saint-Jean-de-Luz

GRAND HOTEL DE LA POSTE

Exposition midi et nord. — **Belle vue des Pyrénées et de la mer.** — Promenades et jardins anglais autour de l'hôtel. — Pension : l'hiver, depuis 7 fr. ; l'été, depuis 8 fr., tout compris. — Voitures pour excursions. — **G. DUMAS**, Propriétaire.

Saint-Jean-de-Luz

HOTEL D'ANGLETERRE ET HOTEL DE LA PLAGE

A côté des Bains. — Hôtels ouverts toute l'année. — Situation exceptionnelle sur la plage et vue splendide sur les Pyrénées. — Annexe nouvellement construite avec appartements au midi. — Chauffage moderne perfectionné. — Excellente cuisine. — *Omnibus à tous les trains.* — Auto-Garage. — Prix de 9 à 14 fr. par personne, du 15 octobre au 15 juillet; saison balnéaire, de 12 à 20 fr., par jour, suivant situation de la chambre et durée du séjour. — **C. MONIN**, Propriétaire.

Saint-Jean-de-Luz

GRAND HOTEL DE PARIS

En face de la Gare

Pension de famille. — A 3 minutes de la plage. — Entièrement remis à neuf. — Plein midi. — Vue exceptionnelle. — Cuisine et cave renommées. — Depuis 7 fr. par jour tout compris. — Arrangements avantageux pour séjour. — **A. DULOUT**, Propriétaire.

Saint-Jean-de-Luz (Côte Basque)

GOLF-HOTEL BEAU-RIVAGE

De premier ordre. — Ouverture septembre 1907. — Merveilleuse situation : la montagne et la mer. — Grand Parc. — Tennis. — Chauffage central dans toutes les chambres. — Electricité. — Ascenseur. — Pension depuis 8 fr. — Août et septembre depuis 10 fr. — **LEON FOURNEAU fils**, Propriétaire.

Saint-Jean-Pied-de-Port

HOTEL CENTRAL

Situé sur les bords de la Nive, en face de la cascade. — Recommandé pour son confort et son excellente cuisine. — Bains. — Garage. — Chambre noire. — **Voitures pour excursions.** — *Correspondant du Touring-Club de France.*

CADIOU, Propriétaire

Saint-Jean-sur-Mer

PRÈS BEAULIEU

HOTEL PANORAMA PALACE

Station de Chemins de fer P.-L.-M., à Beaulieu

Tramways Nice-Monte-Carlo, Station Pont-Saint-Jean

Hotel de 1er ordre. — Dernier confort. — Situation splendide et tranquille en plein Midi, protégé du mistral et de la poussière. — *Merveilleuses promenades à pied et en voiture.* — Grande terrasse pour restaurant. — **Five o'clok tea.** — Parc de 12 000 mèt. — Chauffage central dans toute la maison. — Lumière électrique et ascenseur. — Bains de mer chauds et massage. — Port pour canots automobiles. — *Arrangements à prix modérés.* — **W. KLUNDER, Propriétaire.**

Saint-Malo

Grand Hôtel de France et de Chateaubriand

Place Chateaubriand, ouvert du 1er avril à fin octobre à l'entrée de la plage. — Vue sur la mer. — De tout premier ordre. — Exclusivement fréquenté par les familles soucieuses du bien-être et de la bonne tenue. — 135 chambres. — Salles de bains. — Eclairage électrique. — Installation sanitaire. — **Bains.** — Chambre noire. — Interprète. — Auto-garage A. C. F., C. T. C. — **Prix de pension : 10 à 15 fr.** — Même direction : **Restaurant Continental**, ouvert seulement en juillet, août et septembre. — En face l'entrée de la plage. — Service à la carte de 1er ordre.

Saint-Malo

HOTEL DE PROVENCE ET D'ANGLETERRE

Rue de la Poissonnerie, 11

Situation centrale. — Chambres confortables et cuisine très recommandée, faite par le propriétaire, ex-chef des plus grandes maisons de Londres. — Prix de la journée : chambre, déjeuner et dîner avec vin, petit déjeuner, tout compris, depuis **7 fr. 50.** — **Proprietors speack english.**— Prendre l'omnibus de la ville.— **Jules SEUX**, Propriétaire.

Saint-Malo

HOTEL CHADOIN

A la porte de la gare. — OUVERT TOUTE L'ANNÉE. — **Pas de** frais d'omnibus. — Transport des bagages gratuit aller et retour. — Chambres confortables, cave et cuisine très soignées. — **Depuis 6 fr. 50** par jour. — **Téléphone.** — Station de tramways à la porte de l'hôtel pour Paramé et Saint-Servan.

CHADOIN, Propriétaire

Saint-Malo

HOTEL DES VOYAGEURS ET DE LA GARE

Seul hôtel, en face de la gare et de la station des tramways, ayant **téléphone.** — Journée depuis 6 fr. 50 par jour. — *English spoken.*

Ancienne Maison BISSON — **P. LEROY**, Successeur

Saint-Malo — Paramé

PENSION DE FAMILLE

LES CHARMETTES — VILLA KER-ANTREZ

Ouverte toute l'année. — Très belle situation et terrasse sur la mer. — Magnifique vue. — Charmant séjour. — Jardin. — Excellente cuisine. — Pension depuis 7 fr. — Arrangements pour familles nombreuses et réductions de prix pour l'hiver. — *English spoken.* — Omnibus à tous les trains et bateaux. — **Mme Vve BESNIER**, Propriétaire.

Saint-Sébastien

GRAND HOTEL CONTINENTAL

LE SEUL AVEC VUE SUR LA MER

Ouvert toute l'année. — Premier ordre. — La plus belle situation sur la plage, entre le Palais-Royal et le Casino. — *Cuisine française très soignée.* — On parle français, anglais, portugais et italien. — Bains. — *Téléphone.* — Ascenseur. — Garage. — Eclairage électrique.

François ESTRADE, Propriétaire.

Saint-Sébastien

HOTEL DU PALAIS

AVENUE DE LA LIBERTÉ

Ouvert toute l'année. — De tout premier ordre. — Appartements avec salle de bains. — Chauffage central. — *English sanitary arrangements.* — Cuisine française très soignée. — Electricité. — *Ascenseur.* — **E. JOURNEAU**, Propriétaire, ex-Directeur de l'*Hôtel du Palais*, à Biarritz.

Saint-Sébastien

GRAND-HOTEL

PASEO DE LA ZURRIOLA

De premier ordre. — Bains et douches. — Lumière électrique. — *Téléphone.* — *Ascenseur.* — Arrangements pour familles. — Voitures pour excursions. — **VIUDA DE EZCURRA y Hijas.**

Saint-Sébastien

HOTEL DE FRANCE

Camino 3

Très confortable. — Bien situé. — Lumière électrique dans toutes les chambres. — Cuisine recommandée. — Pension depuis 9 pesetas. — *Téléphone.* — **ALBERT BONNEHON**, Propriétaire.

Saint-Sébastien

HOTEL DE PARIS

RESTAURANT. — Calle Fuenterrabia et Principe. — Position centrale. — Installation moderne. — Cuisine française renommée. — Déjeuner, 4 pesetas ; dîner, 5 pesetas, vin compris. — Appartements complets pour familles. — Chambres depuis 4 pesetas. — **J. SESMA**, Prop[re].

Tours

GRAND HOTEL DE L'UNIVERS

Réputation européenne. — Central, près de la gare. — Lumière électrique. — Téléphone. — Salles de bains. — Ascenseur. — Garage. — Conditions particulières pour familles. — Saison d'hiver.

MAURICE ROBLIN, Directeur

Tours

GRAND HOTEL DE BORDEAUX

Sur le boulevard, en face de la gare

PREMIER ORDRE. — Renommée universelle. — Service à la carte et dans les salons. — Prix réduit pour séjour. — Omnibus à tous les trains. — Téléphone. — **DELIGNOU**, Propriétaire.

Tours

HOTEL DU CROISSANT

Rue Gambetta, en face de la Poste. — Chambres et appartements confortables et réservés pour familles et touristes. — Cave et cuisine renommées. — Arrangements pour séjour et pour familles avec enfants. — Omnibus à tous les trains. — Téléph. — **Maurice MARIE**, Propr[re].

Tours

HOTEL DU PALAIS

Place du Palais de Justice, faisant face à l'Hôtel de Ville près de la gare. — Chambres très confortables. — Electricité. — Prix modérés — *Grande salle de café et restaurant attenant à l'hôtel.* — Déjeuner 2 fr. dîner 2 fr. 50 et à la carte. — Téléphone 4.47. — TELLIER, Propr

---

Tours

HOTEL MÉTROPOLE

Place du Palais, 14 et 16, et Rue de Bordeaux, 1 et 3.

De tout premier ordre

Entièrement neuf. — Le plus confortable. — Le mieux situé

LORIN-BRUNE, Propriétaire-Directeur.

Le Trayas (Var)

A LA RÉSERVE — HOTEL ET PENSION

Installation moderne. — Magnifique véranda servant de salle à manger. — Panorama splendide. — Point de départ de magnifiques excursions. — Garage et fosses. — *Hôtel T.C.F.* — *Télégrammes : Sube Trayas gare.* — Mme SUBE, Propriétaire.

Le Tréport

HOTEL DE FRANCE

Ouvert du 15 juin au 1er octobre. — En face de la mer. — Premier ordre. — Cuisine très renommée. — Arrangements sanitaires parfaits. — Chambre noire. — Garage et fosse pour automobiles. — *Omnibus à tous les trains.* — Eclairage électrique. — Charge d'accumulateurs et de voitures électriques. — Téléphone n° 40.

RENÉ CHIMOT, Propriétaire

V. SUPPLÉMENT

Spécialités pharmaceutiques
Chocolat Menier, Le Pneu Michelin

FER BRAVAIS

le remède le plus efficace contre :

ANÉMIE CHOLOSE, PALES COULEURS

Manque de forces, faiblesse, etc.

Toutes Pharmacies. Brochure gratis sur demande. - *130, r. Lafayette, Paris*

Service spécial pour les expéditions en province

LIBRAIRIE HACHETTE & Cie

BOULEVARD SAINT-GERMAIN, 79, A PARIS

OUVRAGE COMPLET **P. JOANNE** OUVRAGE COMPLET

DICTIONNAIRE
GÉOGRAPHIQUE ET ADMINISTRATIF
DE LA FRANCE

Préface de M. PAUL JOANNE

Indroduction par ÉLISÉE RECLUS

Sept volumes in-4, imprimés sur 3 colonnes et contenant 2 666 gravures, 225 plans ou cartes dans le texte et 101 cartes ou plans de départements, tirés en couleurs hors texte.
Prix, broché . . . . 200 fr.

La reliure en sus, 5 fr. par volume

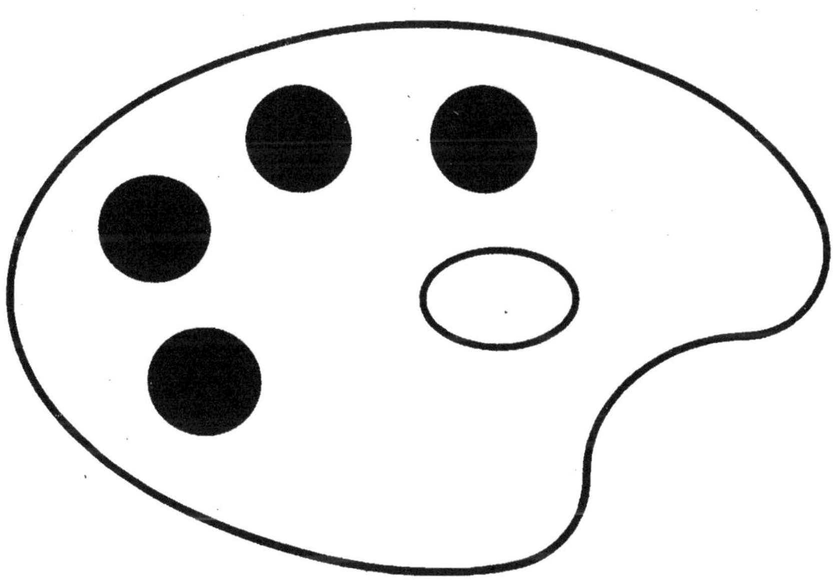

Original en couleur
NF Z 43-120-8

Contraste insuffisant

NF Z 43-120-14

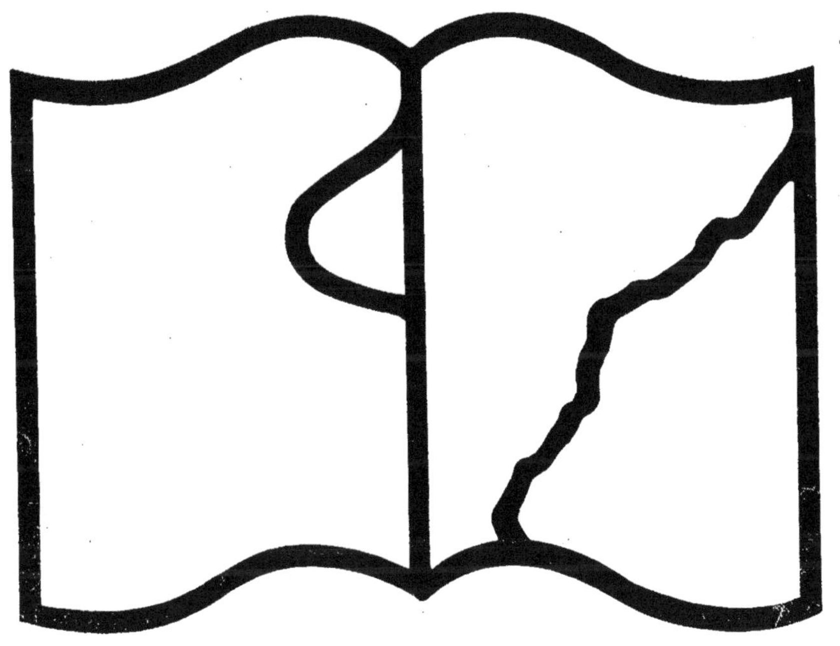

Texte détérioré — reliure défectueuse

NF Z 43-120-11

www.ingramcontent.com/pod-product-compliance
Ingram Content Group UK Ltd.
Pitfield, Milton Keynes, MK11 3LW, UK
UKHW021900260726
13966UKWH00006B/109